复合材料破坏与强度

黄争鸣　著

科学出版社

北　京

内 容 简 介

本书深入浅出地介绍了如何根据组分材料的性能数据，分析计算纤维增强复合材料的破坏和强度。内容包括：预备知识、内应力计算、弹性性能预报、多达 14 种细观力学模型的精度对比、基体应力集中系数、破坏判据和单向复合材料强度、层合板的破坏和强度分析、界面开裂判定、基体原始性能测定、热应力计算与塑性理论等。读者只需具备材料力学、初等微积分、矩阵运算及复变量的基础知识，并熟悉 Excel 工具即可。作者仿材料力学的做法，通过封闭解析公式，将复合材料的各种破坏特性与所受外载相连，使得任意载荷下的复合材料强度都可以借助 Excel 工具计算得到。

本书可作为大学工科本科生及研究生教材使用。作者曾以其中部分内容，作为同济大学本科生“复合材料力学”课程讲义授课多年，也可作为工程力学、航空航天、土木交通、化工船舶、汽车机械以及材料工程等领域与复合材料相关的学者和工程技术人员参考。

图书在版编目(CIP)数据

复合材料破坏与强度/黄争鸣著. —北京：科学出版社，2018. 6

ISBN 978-7-03-057253-0

Ⅰ. ①复… Ⅱ. ①黄… Ⅲ.①复合材料-研究 Ⅳ. ①TB33

中国版本图书馆 CIP 数据核字 (2018) 第 083803 号

责任编辑：赵敬伟 / 责任校对：邹慧卿
责任印制：赵 博 / 封面设计：耕者工作室

科学出版社 出版
北京东黄城根北街 16 号
邮政编码: 100717
http://www.sciencep.com

保定市中画美凯印刷有限公司印刷
科学出版社发行 各地新华书店经销

*

2018 年 6 月第 一 版 开本: 720 × 1000 B5
2025 年 1 月第五次印刷 印张: 22 1/2
字数: 454 000

定价: 149.00 元

(如有印装质量问题，我社负责调换)

前　言

继金属、陶瓷、聚合物之后的第四类结构材料 —— 纤维增强复合材料的大规模工业应用历史已超过 60 年。破坏和强度是结构材料最重要的特性，但复合材料的破坏和强度分析却依然还是固体力学面临的一个最大挑战。“复合材料破坏和强度说不清楚” 是工程界的普遍共识，Hashin 也曾断言：“我确信，即便最完整的单层板数据，都不足以预报由这些单层板所构成的层合板破坏 …… 我本人不知如何预报层合板的破坏，我也不相信任何其他人能够做到”(见 *Comp. Sci. Tech.*, 1998, p.1005)。先进复合材料结构设计只能依赖于大量实验，不仅耗资巨大，如航空复合材料选型实验动辄花费数以亿计，而且周期漫长，严重制约着复合材料的有效应用。

现有的破坏和强度理论，主要基于复合材料实验数据的唯象法建立，不关注组分材料纤维和基体的内应力。然而，不同于各向同性材料，很多与复合材料破坏和强度相关的问题，唯象方法无能为力。例如，纤维和基体界面对复合材料强度影响重大，界面开裂前、后的承载能力往往差异巨大，要确定界面何时开裂，必须基于细观力学，求出纤维和基体中的内应力才行；复合材料的非线性主要源自基体的塑性变形，经典的塑性理论表明，基体的塑性性能与其当前应力有关，该应力唯有通过细观力学分析方可确定；热残余应力原本是纤维和基体性能不匹配而产生的内应力，自然也只能由细观力学方法得到 …… 但是，根据纤维和基体性能分析复合材料的破坏和强度特性，除少数特例外，迄今在学术界及工程界还未能实现，被认为可望不可及。一方面，复合材料破坏和强度的深层次问题，只能借助于细观力学理论解决；另一方面，细观力学分析复合材料破坏和强度又举步维艰。如此困境，导致了 “破坏和强度说不清楚”。

本书首次指出，走出上述困境的途径是，细观力学求出纤维和基体中的均值应力后，必须转换成真实应力，方能由输入的纤维和基体的原始性能计算得到复合材料的等效性能。弹性阶段，材料特性与应力大小无关，由均值应力和真实应力求得的复合材料等效弹性常数相同；复合材料的其他性能，尤其是破坏和强度特性，皆与应力值相关，必须基于纤维和基体的真实应力得到。由于纤维中的应力场均匀，其真实应力与均值应力相同，因此，复合材料破坏与强度分析的瓶颈就在于求基体的真实应力。

应力计算只是复合材料破坏和强度预报的第一步，虽然是关键的一步，但还有很多其他因素都会对预报的精度产生重要影响。比如，如何准确判定各种材料层次的损伤与破坏，建立起相应的强度理论；怎样定量表征不同加工 (如预浸料与长丝缠绕) 工艺对复合材料破坏和强度的影响；单层板破坏后，如何在层合板中实施合理的刚度衰减？…… 为此，本书作者进行了长达 20 年的系统研究，试图一一解决这些问题。本书是作者研究工作的集大成，其中不少为首次公开发表。作者赞同狄拉克的观点："使一个方程具有美感，比使它去符合实验更重要"，并坚信，对自然规律的合理描述一定是简练的。阅读本书时读者会发现，作者建立和发展的理论及其数学公式都很精炼，这些理论包括：

(1) 统一的细观力学弹-塑性本构理论 —— 桥联模型、全封闭的内应力解析公式；

(2) 基体真实内应力理论；

(3) 各向同性 (基体) 材料的双参数塑性理论；

(4) 任意载荷下纤维和基体界面开裂的判据；

(5) 考虑纤维初始偏转的纤维压缩破坏判据；

(6) 各向同性 (基体) 材料 (强度) 的终极破坏判据；

(7) 复合材料 (层合板) 结构的致命与非致命破坏判据。

本书的最大亮点在于告知读者，复合材料的破坏和强度分析，主要根据纤维和基体的原始性能参数便可实现，几乎不需要复合材料本身的实验数据。本书开发的软件 ——BMANC(bridging model for analysis of composites)，是一款用途广泛的复合材料结构分析与设计程序包，可置入 ABAQUS、NASTRAN、ANASYS、LS/DANA 等现有 CAE 软件平台。它具有两大特点：其一，所需输入数据大幅减少，少量的组分材料性能参数甚至可从独立构建的数据库中提取，给用户带来极大方便；其二，所有运算皆由解析公式完成，因此，复合材料结构分析所耗机时将与相同金属结构分析所耗机时相当。

本书主要基于作者及其课题组的研究工作撰写，不妥之处，非常欢迎读者的批评、指正，作者的邮箱是：huangzm@tongji.edu.cn。

特别要感谢我的历届研究生们为发展桥联理论及其应用所做出的重要贡献，尤其是张华山、周晔欣、刘凌、姚展、辛理敏、周熠、王艳超、张春春、赵玉卿、顾嘉杰、杨江波等的工作。还感谢我的同事薛元德教授的有益讨论和帮助。

谨以此书献给我的母亲 —— 早年的一位全国劳模康兰英女士！

黄争鸣

2017 年 12 月 6 日于同济大学

目　　录

第1章 预备知识

1.1 复合材料

材料是人类科技进步与文明发展的基石。在许多工业领域，传统的金属、陶瓷、聚合物等各向同性结构材料已达到或接近它们的应用极限。纤维增强复合材料由于其具有高比刚度、高比强度以及材料性能的可设计特性，已成为航空航天领域的首选甚至是唯一候选材料。现代大型风力发电机叶片长度已超过 80m，只有采用纤维增强复合材料制造，才有可能将叶片重量降到最低，而若采用金属如铝合金等各向同性材料加工，要使叶片在其两个主惯性平面内的刚度与该平面内的最大外载之比达到相同将很难实现。在地面交通领域，复合材料的应用不仅能显著减轻车身自重、减少推动自身的能源消耗，而且重心下移也增加了行车的安全性。树脂基复合材料的天然耐腐蚀特性，使其在化工设备、船舶及海洋工程等领域成为一种优选材料。

复合材料是由两种或两种以上力学、物理或化学性能各异的单一材料，经过物理或者化学的方法组合而成的一种新型材料。其性能是其中任何单一的组成材料都无法具备的。复合材料可分为天然复合材料和人工合成复合材料两大类。天然复合材料种类繁多。典型的天然复合材料包括一些动植物组织，如人体骨骼、皮肤以及竹子等。本书只研究人工合成复合材料，并且一般只含有两种几何形状与物理特性相差显著的组成材料或称组分材料。第一种组成材料是连续体，构成复合材料的基本形态，称为基体 (matrix) 材料。三类常见的固体结构材料，即金属、陶瓷和聚合物，都可以作为基体材料使用。由此分别构成了金属基复合材料 (metal matrix composite, MMC)，陶瓷基复合材料 (ceramic matrix composite，CMC) 和聚合物基或树脂基复合材料 (polymer matrix composite，PMC)。第二种组成材料是离散体，通常比基体的性能更强，因而又称为增强材料。图 1-1 表示一些常见的人工合成复合材料的组成与分类。

常见的代表性的增强材料主要有三类。第一类是长纤维 (fiber) 或连续纤维材料，其长度与直径之比 (即长/径比) 一般大于或等于 10^5，与之对应的复合材料通常称为长纤维或者连续纤维增强复合材料，本书简称为纤维增强复合材料。纤维增强复合材料的最大优点是具有很高的比刚度和比强度，也就是说，这类材料的刚度和强度与它们的重量之比很大，往往比高强度的钢、铝、钛合金等金属材料大数倍。表 1-1 列出了一些常见复合材料及金属材料的典型力学性能数据。除了玻纤/环

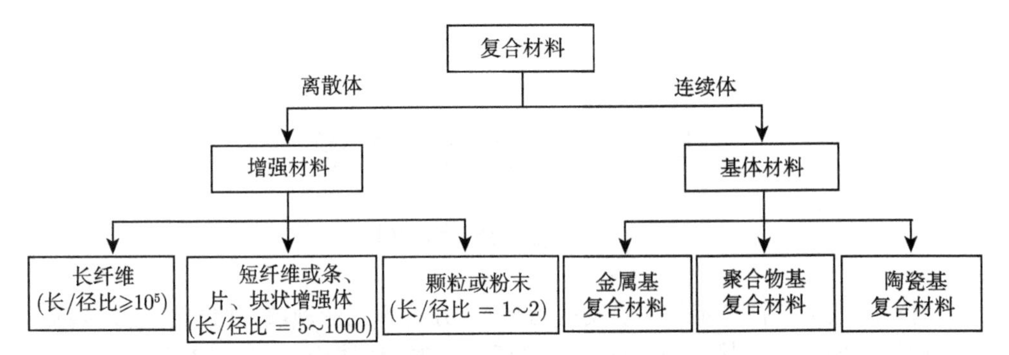

图 1-1　人工合成复合材料的组成与分类[1]

氧 (glass/epoxy) 单向复合材料的比模量与金属相当，其他复合材料的比模量和比强度都远高于金属材料的对应性能。因而，结构用复合材料大都采用纤维增强复合材料。其中，纤维增强聚合物基复合材料 (fiber reinforced polymer, FRP) 使用最广、用量最大，在很多工程甚至日常生活领域中都可见到这类材料产品，在航空航天工程领域的应用尤为广泛。纤维增强复合材料在体育用品中也得到了广泛应用，如网球拍、赛艇、高尔夫球杆等，大都采用纤维增强复合材料制造。

表 1-1　常见材料的典型力学性能

材料	密度 $\rho/(\mathrm{g/cm^3})$	拉伸模量 E/GPa	拉伸强度 σ_b/MPa	比模量 E/ρ	比强度 σ_b/ρ
铝	2.71	69	310	25.5	114.4
不锈钢	7.83	210	1034	26.8	132.1
玻纤/环氧单向复合材料	2.03	45.6	1280	22.5	630.5
碳纤 T300/环氧单向复合材料	1.65	138	1500	83.6	909.1
碳纤 AS4/环氧单向复合材料	1.65	126	1950	76.4	1181.8
硼纤/环氧单向复合材料	1.88	205	1296	109.0	689.4

第二类具有代表性的增强材料为短纤维，其长度与直径之比一般为 5~1000。由此得到的是短纤维增强复合材料。需要指出的是，短纤维只是这类增强材料的代表，其他可归入该种类别的还包括条状、片状、块状等增强材料。短纤维增强复合材料的最大优点是容易加工成形，生产成本低，在生产打印机外壳、台面板以及其他许多无须承受较高载荷的地方都有应用。过去，农民用切短的稻草或杂草掺于泥浆糊墙，就是这类复合材料的一种典型应用。

第三类增强材料为颗粒或者粉末材料，其长度与直径之比一般为 1~2。这类复合材料的设计大都不以提高材料的刚度和强度为目的，而是要改善或提高材料的其他性能，如耐磨、导电、吸波等，将这类复合材料更贴切地称为功能复合材料。比如，在金属基中加入陶瓷粉末或者其他更硬的金属颗粒制成的复合材料，其硬度和耐磨性均得到提高。这类复合材料也常用作生物材料，如人工骨、假牙填充材料等。

纤维增强复合材料的显著特征是各向异性，其强度和刚度沿不同方向是不一样的。在各式各样的纤维增强复合材料中，单向纤维增强复合材料 (简称单向复合材料，又称单向板) 是最基本的复合材料结构形式。就力学性能分析而言，任何其他连续纤维结构增强复合材料，都可以分解成一系列单向复合材料的组合。因此，单向复合材料构成了其他连续纤维结构增强复合材料分析的基本单元。在单向复合材料中，纤维的排列方向都是沿同一个方向，见示意图 1-2。图 1-3 则是单向硼 (boron) 纤维增强铝金属基复合材料横截面中的某一部分显微图。从这些图中不难看出，单向复合材料的力学性能在横截面内是完全对称的，而且在垂直于纤维轴线的截面内，其力学性能沿每个方向都相同，即各向同性。在连续介质力学中，把满足这种特性的材料，称为横观各向同性 (transversely isotropic) 材料。它们具有 5 个独立的弹性常数。因此，单向复合材料是横观各向同性材料，其对称轴沿纤维的轴向。

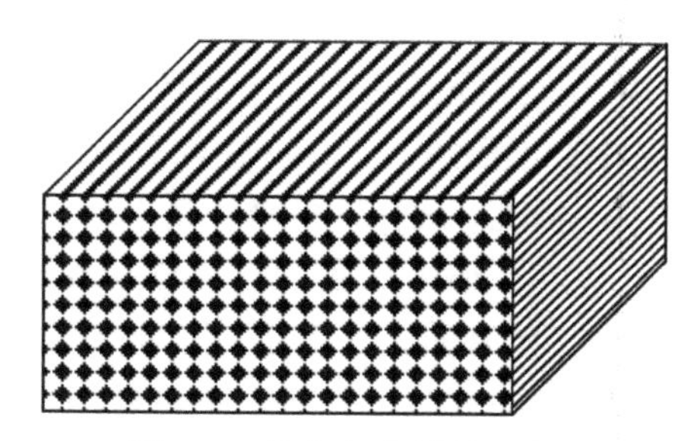

图 1-2 单向复合材料示意图

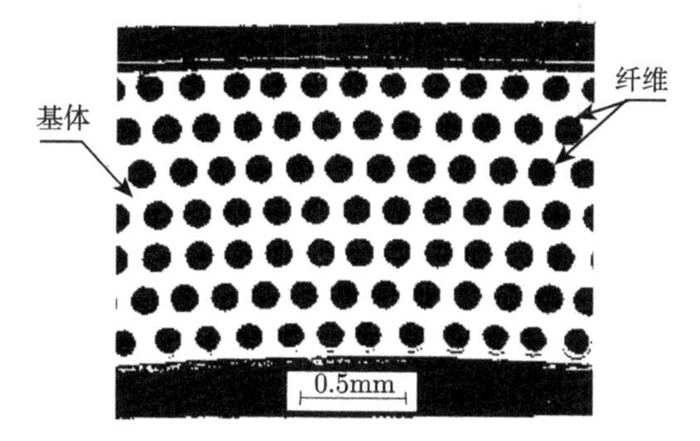

图 1-3 单向复合材料的横截面显微图

需要特别指出的是，虽然基体材料一般都是各向同性材料，但用作增强材料的纤维并不一定都是各向同性的。有些纤维材料与单向复合材料类似，也是横观各向同性的，如在实际中应用非常广泛的碳纤维或石墨纤维 (carbon or graphite fiber)，就是横观各向同性的，还有芳纶 (aramid) 或凯夫拉纤维 (kevlar 是杜邦公司生产的芳纶纤维注册商标) 也是横观各向同性的。这类纤维共有 5 个独立的弹性常数，对称轴也是沿纤维的轴向。

1.2 矩 阵 运 算

本书建立的分析计算复合材料力学性能尤其是破坏与强度的公式，几乎都可以在初等材料力学中找到相对应的表达式，这是因为所有材料的性能计算 (如果可以实现) 都遵循相同的原理。这也说明，复合材料的力学性能，哪怕是破坏与强度特性，可以由封闭的解析公式计算。只不过，材料力学中关于各向同性材料的力学性能的计算，一般针对的是标量 (单个量)，复合材料的力学性能计算，基本上针对的都是矩阵或矢量 (多个量)，最好借助 Excel 实施运算。

大括弧如 $\{b_i\}$表示一个列矢量，其转置 $\{b_i\}^{\mathrm{T}}=\{b_1, b_2, \cdots, b_n\}$表示行矢量，$b_i$ 是该矢量的第 i 个分量 (元素)，本书中，上标 T 一般表示转置 (除非另有说明)，n 表示矢量的阶次，如 $n=3$ 表明是三阶矢量。方括弧如 $[a_{ij}]$ 表示一个矩阵，a_{ij} 是该矩阵的第 i 行、第 j 列位置处的元素。本书中的所有矩阵皆为方形矩阵，即行和列的元素数目相等，其最大变化范围 $i=j=n$，称为矩阵的阶次。一个方形矩阵，又称为一个二阶张量 (注：严格说，只有直角坐标系下的二阶张量元素才可以用一个矩阵表示，彼此元素一一对应。但由于本书所用坐标系皆为直角坐标系，因此可以将一个方形矩阵称为一个二阶张量，反之亦然)，矢量则是一阶张量。只有阶次相同 (如同为 n) 的矩阵 $[a_{ij}]$ 和矢量 $\{b_i\}$之间才能相乘。进一步，矩阵与矢量之间，只可能有两种相乘方式，分别构成新的列矢量和行矢量：

$$\{c_i\}=[a_{ij}]\{b_j\}=\{a_{ij}b_j\},\quad c_i=a_{ij}b_j\equiv\sum_{j=1}^{n}a_{ij}b_j \tag{1.1a}$$

$$\{d_i\}^{\mathrm{T}}=\{b_i\}^{\mathrm{T}}[a_{ij}]=\{d_1,d_2,\cdots,d_n\},\quad d_i=b_ja_{ji}\equiv\sum_{j=1}^{n}b_ja_{ji} \tag{1.1b}$$

这里及本书的后续章节中，我们应用 Einstein 求和约定，如 $a_{ij}b_j$ 或 b_ja_{ji}。除非另有说明，否则，凡是两个重复出现的下标，一般都表示对应的元素在它们的变化范围内求和，称这种重复出现的下标为哑元，因为它们可以用任何一个其他符号置换，如 $a_{ij}b_j=a_{ik}b_k=a_{it}b_t$。非哑元下标称为定元，一般不可用其他符号替换。此外，在式 (1.1a) 和式 (1.1b) 中，一般而言，$c_i\neq d_i$。

同样，也只有两个阶次相等 (如同为 n) 的矩阵 $[a_{ij}]$ 和 $[b_{ij}]$ 之间方可相乘：

$$[c_{ij}]=[a_{ij}][b_{ij}]=[a_{ik}b_{kj}],\quad c_{ij}=a_{ik}b_{kj}\equiv\sum_{k=1}^{n}a_{ik}b_{kj} \tag{1.2}$$

注意，一般而言，$[a_{ij}][b_{ij}]=[a_{ik}b_{kj}]\neq[b_{ij}][a_{ij}]=[b_{ik}a_{kj}]$。

矩阵 $[a_{ij}]$ 的逆矩阵 $[b_{ij}]=[a_{ij}]^{-1}$ 满足条件：$[a_{ij}][b_{ij}]=[b_{ij}][a_{ij}]=[I]$，其中，$[I]$ 表示单位矩阵，即除了主对角线均为 1，其他元素皆为 0。

本书中，一般只涉及二阶和三阶矩阵的求逆。任意的二阶和三阶矩阵的逆矩阵由如下公式计算：

$$\begin{bmatrix} a & b \\ c & d \end{bmatrix}^{-1}=\frac{1}{ad-bc}\begin{bmatrix} d & -b \\ -c & a \end{bmatrix} \tag{1.3}$$

$$[A]^{-1}=\begin{bmatrix} a_1 & b_1 & c_1 \\ a_2 & b_2 & c_2 \\ a_3 & b_3 & c_3 \end{bmatrix}^{-1}=\begin{bmatrix} A_1 & B_1 & C_1 \\ A_2 & B_2 & C_2 \\ A_3 & B_3 & C_3 \end{bmatrix} \tag{1.4a}$$

$$A_1=(b_2c_3-c_2b_3)/d,\quad B_1=(c_1b_3-b_1c_3)/d,\quad C_1=(b_1c_2-c_1b_2)/d \tag{1.4b}$$

$$A_2=(c_2a_3-a_2c_3)/d,\quad B_2=(a_1c_3-c_1a_3)/d,\quad C_2=(c_1a_2-a_1c_2)/d \tag{1.4c}$$

$$A_3=(a_2b_3-b_2a_3)/d,\quad B_3=(b_1a_3-a_1b_3)/d,\quad C_3=(a_1b_2-b_1a_2)/d \tag{1.4d}$$

$$d=a_1(b_2c_3-c_2b_3)-a_2(b_1c_3-c_1b_3)+a_3(b_1c_2-c_1b_2) \tag{1.4e}$$

本书还可能需要求六阶矩阵的逆矩阵。利用三阶矩阵的相乘和求逆公式，得到六阶矩阵的求逆公式如下：

$$\begin{bmatrix} A & B \\ C & D \end{bmatrix}^{-1}=\begin{bmatrix} E & G \\ F & H \end{bmatrix} \tag{1.5a}$$

$$H=(-CA^{-1}B+D)^{-1} \tag{1.5b}$$

$$G=-A^{-1}BH \tag{1.5c}$$

$$E=(A-BD^{-1}C)^{-1} \tag{1.5d}$$

$$F=-D^{-1}CE \tag{1.5e}$$

式中，A、B、C、D 以及 E、F、G、H，皆为三阶子矩阵。证明式 (1.5) 成立，只需利用下式即可：

$$\begin{bmatrix} A & B \\ C & D \end{bmatrix}\begin{bmatrix} E & G \\ F & H \end{bmatrix}=\begin{bmatrix} I & 0 \\ 0 & I \end{bmatrix}$$

建议读者将公式 (1.1)~(1.5) 编制成 Excel 运算表格，作为应用本书后续各章节建立的公式求解复合材料等效性能的基础。

例 1-1 求下述 6 阶矩阵 $[w_{ij}]$ 的逆矩阵：

$$
[w_{ij}] = \begin{bmatrix} 110 & 113 & 115 & 215 & 216 & 217 \\ 310 & 313 & 315 & 315 & 316 & 317 \\ 510 & 513 & 415 & 415 & 416 & 417 \\ 107 & 108 & 109 & 610 & 613 & 615 \\ 207 & 208 & 209 & 210 & 213 & 215 \\ 307 & 308 & 309 & 310 & 313 & 415 \end{bmatrix}
$$

解 按式 (1.5a) 的分块，矩阵 $[w_{ij}]$ 的子矩阵分别是

$A=$	110	113	115	$B=$	215	216	217
	310	313	315		315	316	317
	510	513	415		415	416	417
$C=$	107	108	109	$D=$	610	613	615
	207	208	209		210	213	215
	307	308	309		310	313	415

再根据公式 (1.5b)~(1.5e)，应用三阶矩阵相乘及求逆公式 (1.4)，由 Excel 运算表格得到逆矩阵 $[w_{ij}]^{-1}$ 的各分块子阵为

$E=$	−0.51	0.145	0	$G=$	0.102	0.021	0.001
	0.519	−0.16	0.02		−0.1	−0.02	0
	−0.01	0.02	0		0	0	0
$F=$	−0.22	0.342	0	$H=$	0.046	−0.43	0.006
	0.209	−0.34	0		−0.04	0.434	−0.02
	0.006	−0.01	0		0	−0.01	0.01

1.3 Hooke 定律

材料中一点的直角坐标系通常可以有两种不同的表示法。一种是 (x, y, z) 表示法，另一种是 (x_1, x_2, x_3) 表示法，它们都遵循右手螺旋定则。如果这两种记法代表的是同一个直角坐标系，则有 $x_1 = x$、$x_2 = y$ 和 $x_3 = z$。

在直角坐标系 (x_1, x_2, x_3) 内，假定一点 P 沿 x_1、x_2 和 x_3 方向的无穷小位移分别是 u_1、u_2 和 u_3，终点为 P'(图 1-4)，那么，P 点的 Cauchy 应变 (小应变) 为[2]

$$
\varepsilon_{ij} = \frac{1}{2}\left(\frac{\partial u_i}{\partial x_j} + \frac{\partial u_j}{\partial x_i}\right) = \frac{1}{2}(u_{i,j} + u_{j,i}), \quad i, j = 1, 2, 3 \tag{1.6}
$$

两个下标分量相同如 ε_{11} 表示线应变，又称为正应变；两个下标不等如 ε_{12} 代表剪应变，工程剪应变 γ_{12} 与小应变 ε_{12} 之间相差系数 2，即 $\gamma_{12}=2\varepsilon_{12}$。

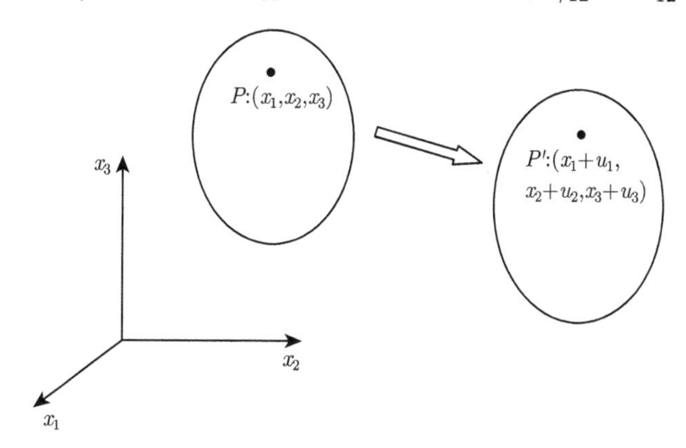

图 1-4 材料中点 P 的变形

一点的应变张量 $[\varepsilon_{ij}]$，可用紧缩的矢量表示：

$$\{\varepsilon_i\}^{\mathrm{T}}=\{\varepsilon_1,\varepsilon_2,\varepsilon_3,\varepsilon_4,\varepsilon_5,\varepsilon_6\}=\{\varepsilon_{11},\varepsilon_{22},\varepsilon_{33},2\varepsilon_{23},2\varepsilon_{13},2\varepsilon_{12}\} \tag{1.7}$$

注意，应变矢量中的剪应变前有一个系数 2。再用 $[\sigma_{ij}]$ 表示一点的应力张量，其紧缩的矢量形式为

$$\{\sigma_i\}^{\mathrm{T}}=\{\sigma_1,\sigma_2,\sigma_3,\sigma_4,\sigma_5,\sigma_6\}=\{\sigma_{11},\sigma_{22},\sigma_{33},\sigma_{23},\sigma_{13},\sigma_{12}\} \tag{1.8}$$

本书中，应力或应变的双下标表示二阶张量或矩阵元素，而单下标则表示矢量元素，其中应变及应力矢量与应变及应力张量元素之间的对应关系由式 (1.7) 和式 (1.8) 确定。倘若考虑的是一个平面问题，应力和应变矢量与其张量元素之间的对应关系如下：

$$\{\sigma_i\}^{\mathrm{T}}=\{\sigma_1,\sigma_2,\sigma_3\}=\{\sigma_{11},\sigma_{22},\sigma_{12}\} \tag{1.9a}$$

$$\{\varepsilon_i\}^{\mathrm{T}}=\{\varepsilon_1,\varepsilon_2,\varepsilon_3\}=\{\varepsilon_{11},\varepsilon_{22},2\varepsilon_{12}\} \tag{1.9b}$$

务必要分辨二维应力矢量中元素 σ_3 与三维应力矢量中元素 σ_3 所代表的不同应力分量。

对任意的三维应力和应变矢量，总可以找到两个系数矩阵，使得它们满足如下关系式：

$$\{\varepsilon_i\}=[S_{ij}]\{\sigma_j\} \tag{1.10a}$$

$$\{\sigma_i\}=[K_{ij}]\{\varepsilon_j\} \tag{1.10b}$$

这样一种联系应力–应变之间关系的物理方程，在变形体力学中称为本构方程。式中，6×6 阶的系数矩阵 $[S_{ij}]$ 和 $[K_{ij}]$ 分别称为材料的柔度矩阵和刚度矩阵。

本构方程 (1.10)，还可以写成如下更简洁的形式：

$$\varepsilon_i = S_{ij}\sigma_j, \quad \sigma_i = K_{ij}\varepsilon_j, \quad i,j=1,2,\cdots,6 \tag{1.11}$$

另外，材料中一点处的应力和应变，原本就都是二阶张量，比如：

$$[\sigma_{ij}] = \begin{bmatrix} \sigma_{11} & \sigma_{12} & \sigma_{13} \\ \sigma_{21} & \sigma_{22} & \sigma_{23} \\ \sigma_{31} & \sigma_{32} & \sigma_{33} \end{bmatrix}, \qquad [\varepsilon_{ij}] = \begin{bmatrix} \varepsilon_{11} & \varepsilon_{12} & \varepsilon_{13} \\ \varepsilon_{21} & \varepsilon_{22} & \varepsilon_{23} \\ \varepsilon_{31} & \varepsilon_{32} & \varepsilon_{33} \end{bmatrix}$$

两个二阶张量之间，也总可以用一个四阶张量相联系。于是，类比式 (1.11)，将应变张量与应力张量相联系的是材料的四阶柔度张量，而将应力张量与应变张量相联系的则是材料的四阶刚度张量，即

$$\varepsilon_{ij} = S_{ijkl}\sigma_{kl}, \quad \sigma_{ij} = K_{ijkl}\varepsilon_{kl}, \quad i,j,k,l=1,2,3 \tag{1.12}$$

式中，S_{ijkl} 和 K_{ijkl} 分别是材料的柔度元素和刚度元素。知道了式 (1.10a) 和式 (1.10b) 中的柔度矩阵 $[S_{ij}]$ 和刚度矩阵 $[K_{ij}]$，根据对号入座的法则，便不难确定四阶柔度和刚度张量元素 S_{ijkl} 和 K_{ijkl} 的表达式。

材料处于线弹性变形的充分必要条件是 $[S_{ij}]$ 和 $[K_{ij}]$ 为常数，此时，式 (1.10a) 或式 (1.10b) 称为胡克定律 (Hooke's law)。因此，Hooke 定律表征材料的线弹性本构方程。

由材料力学可知，一点的应变能密度 W 总是一个取正值的标量，其表达式 $2W=\{\varepsilon_i\}^{\mathrm{T}}\{\sigma_i\}=\{\sigma_i\}^{\mathrm{T}}[S_{ij}]^{\mathrm{T}}\{\sigma_j\}=\{\varepsilon_i\}^{\mathrm{T}}[K_{ij}]\{\varepsilon_j\}$，并且只有当所有应力和应变分量皆为 0 时，应变能密度才可能取零值。进一步，任何一个二次型中的方阵都只保留其对称部分，即

$$\begin{aligned}\{x_i\}^{\mathrm{T}}[A_{ij}]\{x_j\} &= \frac{1}{2}\{x_i\}^{\mathrm{T}}\left([A_{ij}]+[A_{ji}]\right)\{x_j\} + \frac{1}{2}\{x_i\}^{\mathrm{T}}\left([A_{ij}]-[A_{ji}]\right)\{x_j\} \\ &\equiv \frac{1}{2}\{x_i\}^{\mathrm{T}}\left([A_{ij}]+[A_{ji}]\right)\{x_j\}\end{aligned}$$

式中，$\{x_i\}$和 $[A_{ij}]$ 分别是阶次相同的任意矢量和矩阵。因此，任何材料的柔度矩阵和刚度矩阵 $[S_{ij}]$ 和 $[K_{ij}]$ 总是对称正定的。也就是说，任何材料最多只可能有 21 个独立的弹性常数。$[S_{ij}]$ 或者 $[K_{ij}]$ 中的元素分别称为材料的柔度系数和刚度系数，其对角线元素必须是大于 0 的量。显而易见，这两个弹性常数矩阵互为彼此的逆矩阵。根据 $[S_{ij}]$ 或者 $[K_{ij}]$ 中所含的独立弹性常数的数目，可以将材料划分为各向同性材料、横观各向同性材料、正交各向异性材料等。非各向同性材料皆称为各向异性材料。

除非材料表现为高度各向异性，否则，在弹性范围内加在材料上的法向应力 (又称正应力) 不会产生剪应变，切向应力 (又称剪应力) 不会产生线应变。因而，材料的柔度矩阵 (在本书中将更多地使用柔度矩阵而非刚度矩阵) 可以分解为

$$[S_{ij}] = \begin{bmatrix} [S_{ij}]_\sigma & 0 \\ 0 & [S_{ij}]_\tau \end{bmatrix} \tag{1.13}$$

式中，$[S_{ij}]_\sigma$ 和 $[S_{ij}]_\tau$ 分别称为柔度矩阵的法向分量和切向分量，这是联系法向应力与线应变以及切向应力与剪应变之间关系的子柔度矩阵。

1.3.1 各向同性材料的柔度矩阵

各向同性材料只有 2 个独立的弹性常数，通常以弹性模量 (又称杨氏模量，Young's modulus) E 和泊松比 (Poisson's ratio)ν表征。于是，各向同性材料的柔度矩阵的法向分量与切向分量分别是

$$[S_{ij}]_\sigma = \begin{bmatrix} \dfrac{1}{E} & -\dfrac{\nu}{E} & -\dfrac{\nu}{E} \\ & \dfrac{1}{E} & -\dfrac{\nu}{E} \\ \text{对称} & & \dfrac{1}{E} \end{bmatrix} \tag{1.14}$$

$$[S_{ij}]_\tau = \begin{bmatrix} \dfrac{1}{G} & 0 & 0 \\ & \dfrac{1}{G} & 0 \\ \text{对称} & & \dfrac{1}{G} \end{bmatrix} \tag{1.15}$$

式 (1.15) 中，剪切模量 G 与杨氏模量和泊松比之间的关系为

$$G = 0.5E/(1+\nu) \tag{1.16}$$

1.3.2 横观各向同性材料的柔度矩阵

任何非各向同性材料皆称为各向异性材料，其基本特征是，独立的弹性常数数目超过 2，其中，具有最少各向异性特征参数的材料是横观各向同性材料。物理上，横观各向同性材料中总存在一根对称轴，在与该轴垂直的平面内，材料是各向同性的。

取 x_1 为材料的**对称轴**, 在与 x_1 轴垂直的 x_2-x_3 平面内，沿任何一个方向的材料的弹性常数都相同。因此，x_1 和 x_2 平面内的弹性性能皆与 x_1 和 x_3 平面内的

弹性性能相同。横观各向同性材料柔度矩阵的法向分量和切向分量分别为

$$[S_{ij}]_\sigma = \begin{bmatrix} \dfrac{1}{E_{11}} & -\dfrac{\nu_{12}}{E_{11}} & -\dfrac{\nu_{12}}{E_{11}} \\ & \dfrac{1}{E_{22}} & -\dfrac{\nu_{23}}{E_{22}} \\ \text{对称} & & \dfrac{1}{E_{22}} \end{bmatrix} \tag{1.17}$$

$$[S_{ij}]_\tau = \begin{bmatrix} \dfrac{1}{G_{23}} & 0 & 0 \\ & \dfrac{1}{G_{12}} & 0 \\ \text{对称} & & \dfrac{1}{G_{12}} \end{bmatrix} \tag{1.18}$$

式 (1.17) 和式 (1.18) 中，E_{11} 和 E_{22} 分别是材料沿 x_1 和 x_2(以及 x_3, 因 $E_{33}=E_{22}$) 方向的杨氏模量；ν_{12} 和 ν_{23} 分别是在 x_1-x_2(以及 x_1-x_3, 因 $\nu_{13}=\nu_{12}$) 和 x_2-x_3 平面内的泊松比；G_{12} 和 G_{23} 则分别是在 x_1-x_2(以及 x_1-x_3) 和 x_2-x_3 平面内的剪切模量。通常，E_{11}、ν_{12} 和 G_{12} 分别称为轴向弹性模量、轴向泊松比和轴向剪切模量；E_{22}、ν_{23} 和 G_{23} 则分别称为横向弹性模量、横向泊松比和横向剪切模量。由于在 x_2-x_3 平面内各向同性，三个横向弹性常数 E_{22}、ν_{23} 和 G_{23} 并不是完全独立的，满足各向同性材料的关系式，即

$$G_{23} = E_{22}/(2+2\nu_{23}) \tag{1.19}$$

因此，横观各向同性材料只有 5 个独立的弹性常数。

横观各向同性材料在复合材料力学中占有特别重要的地位，因为复合材料力学研究的主要对象 —— 单向复合材料，就是一种横观各向同性材料。

1.3.3 正交各向异性材料的柔度矩阵

大多数复合材料都表现为正交各向异性。这种材料的基本特征是法向应力不产生剪应变，切向应力不产生线应变。否则，就是更为一般的各向异性材料了。因此，正交各向异性材料的柔度矩阵仍可按式 (1.13) 进行分解，其中：

$$[S_{ij}]_\sigma = \begin{bmatrix} \dfrac{1}{E_{11}} & -\dfrac{\nu_{12}}{E_{11}} & -\dfrac{\nu_{13}}{E_{11}} \\ & \dfrac{1}{E_{22}} & -\dfrac{\nu_{23}}{E_{22}} \\ \text{对称} & & \dfrac{1}{E_{33}} \end{bmatrix} \tag{1.20}$$

$$[S_{ij}]_\tau = \begin{bmatrix} \frac{1}{G_{23}} & 0 & 0 \\ & \frac{1}{G_{13}} & 0 \\ \text{对称} & & \frac{1}{G_{12}} \end{bmatrix} \tag{1.21}$$

式 (1.20) 和式 (1.21) 中，E_{11}、E_{22}、E_{33} 分别为材料沿 x_1、x_2 和 x_3 方向的杨氏模量；ν_{ij} 为 x_i 和 x_j 平面内的泊松比，本书中定义为$\nu_{ij}=(-\varepsilon_{jj}/\varepsilon_{ii})$，这里的下标 ii 和 jj 均不求和，其中 ε_{ii} 和 ε_{jj} 是由仅仅沿 x_i 方向施加的单位载荷引起的分别沿 x_i 和 x_j 方向的应变。不同方向的泊松比与杨氏模量之间满足如下的 Maxwell-Betti 互换关系：

$$\nu_{ij}/E_{ii} = \nu_{ji}/E_{jj}, \quad i \text{ 和 } j \text{ 不求和}, i,j=1,2,3 \tag{1.22}$$

G_{ij} 为 x_i 和 x_j 平面内的剪切模量。

式 (1.20) 和式 (1.21) 表明，正交各向异性材料共有 9 个独立的弹性常数。

材料的刚度矩阵可以通过对柔度矩阵求逆得到，即

$$[K_{ij}] = [S_{ij}]^{-1} = \begin{bmatrix} [S_{ij}]_\sigma & 0 \\ 0 & [S_{ij}]_\tau \end{bmatrix}^{-1} = \begin{bmatrix} [S_{ij}]_\sigma^{-1} & 0 \\ 0 & [S_{ij}]_\tau^{-1} \end{bmatrix} \tag{1.23}$$

在正交各向异性的情况下，有

$$[S_{ij}]_\sigma^{-1} = \begin{bmatrix} K_{11} & K_{12} & K_{13} \\ & K_{22} & K_{23} \\ \text{对称} & & K_{33} \end{bmatrix} \tag{1.24}$$

式中[3]

$$\begin{aligned} &K_{11} = (S_{22}S_{33} - S_{23}^2)/S, \quad K_{12} = (S_{13}S_{23} - S_{12}S_{33})/S \\ &K_{13} = (S_{12}S_{23} - S_{13}S_{22})/S, \quad K_{22} = (S_{33}S_{11} - S_{13}^2)/S \\ &K_{23} = (S_{12}S_{13} - S_{23}S_{11})/S, \quad K_{33} = (S_{11}S_{22} - S_{12}^2)/S \\ &S = S_{11}S_{22}S_{33} - S_{11}S_{23}^2 - S_{22}S_{13}^2 - S_{33}S_{12}^2 + 2S_{12}S_{13}S_{23} \end{aligned} \tag{1.25}$$

例 1-2 求各向同性材料的三维刚度矩阵元素，假定弹性模量 E 和泊松比ν 已知。

解 对各向同性材料，有 $S=\dfrac{1-3\nu^2-2\nu^3}{E^3}$，$K_{11}=K_{22}=K_{33}=(1-\nu)E/[(1+\nu)(1-2\nu)]$，$K_{12}=K_{13}=K_{23}=K_{21}=K_{31}=E\dfrac{\nu}{(1+\nu)(1-2\nu)}$，$K_{44}=K_{55}=K_{66}=\dfrac{2(1+\nu)}{E}$，其余元素皆为 0 值。

1.3.4　平面柔度矩阵

由于纤维增强复合材料沿厚度方向的尺寸一般都比其他两个方向的尺寸小很多，所以对复合材料的分析往往按平面问题处理，也就是假定面外方向 (沿厚度方向) 的应力分量忽略不计。

平面问题的坐标系一般取为 (x_1, x_2) 或者 (x, y)。对复合材料而言，另一个坐标轴方向 (即 x_3 或 z 方向) 必定沿其厚度方向。材料的非零应力与应变分量分别是式 (1.9a) 和式 (1.9b)。如果以柔度矩阵联系平面应变–应力之间的关系，那么，平面柔度矩阵 $[S_{ij}]_{3\times3}$ 就是三维柔度矩阵 $[S_{ij}]_{6\times6}$ 的缩减式，即

$$\begin{Bmatrix} \varepsilon_{11} \\ \varepsilon_{22} \\ 2\varepsilon_{12} \end{Bmatrix} = [S_{ij}]_{3\times3} \begin{Bmatrix} \sigma_{11} \\ \sigma_{22} \\ \sigma_{12} \end{Bmatrix} = \begin{bmatrix} S_{11} & S_{12} & 0 \\ S_{21} & S_{22} & 0 \\ 0 & 0 & S_{66} \end{bmatrix} \begin{Bmatrix} \sigma_{11} \\ \sigma_{22} \\ \sigma_{12} \end{Bmatrix} \tag{1.26}$$

这里，S_{ij} 是三维柔度矩阵中的对应元素。例如，对各向同性材料，有

$$[S_{ij}]_{3\times3} = \begin{bmatrix} \dfrac{1}{E} & -\dfrac{\nu}{E} & 0 \\ -\dfrac{\nu}{E} & \dfrac{1}{E} & 0 \\ 0 & 0 & \dfrac{1}{G} \end{bmatrix} \tag{1.27}$$

然而，如果用刚度矩阵联系平面应力–应变之间的关系，那么，平面刚度矩阵 $[C_{ij}]$ 就与三维刚度矩阵 $[K_{ij}]_{6\times6}$ 的缩减式 $[K_{ij}]_{3\times3}$ 不同，即

$$\begin{aligned} \begin{Bmatrix} \sigma_{11} \\ \sigma_{22} \\ \sigma_{12} \end{Bmatrix} &= [C_{ij}] \begin{Bmatrix} \varepsilon_{11} \\ \varepsilon_{22} \\ 2\varepsilon_{12} \end{Bmatrix} = [S_{ij}]_{3\times3}^{-1} \begin{Bmatrix} \varepsilon_{11} \\ \varepsilon_{22} \\ 2\varepsilon_{12} \end{Bmatrix} \\ &= \begin{bmatrix} C_{11} & C_{12} & 0 \\ C_{21} & C_{22} & 0 \\ 0 & 0 & C_{33} \end{bmatrix} \begin{Bmatrix} \varepsilon_{11} \\ \varepsilon_{22} \\ 2\varepsilon_{12} \end{Bmatrix} \\ &\neq \begin{bmatrix} K_{11} & K_{12} & 0 \\ K_{21} & K_{22} & 0 \\ 0 & 0 & K_{66} \end{bmatrix} \begin{Bmatrix} \varepsilon_{11} \\ \varepsilon_{22} \\ 2\varepsilon_{12} \end{Bmatrix} \end{aligned} \tag{1.28}$$

事实上，通过求逆并与式 (1.25) 对比，有

$$C_{11} = \frac{S_{22}}{S_{11}S_{22} - S_{12}^2} = K_{11} - \frac{K_{12}^2}{K_{22}}, \quad C_{22} = \frac{S_{11}}{S_{11}S_{22} - S_{12}^2} = K_{22} - \frac{K_{23}^2}{K_{22}} \tag{1.29a}$$

$$C_{12} = C_{21} = \frac{-S_{12}}{S_{11}S_{22} - S_{12}^2} = K_{12} - \frac{K_{12}K_{23}}{K_{22}}, \quad C_{33} = \frac{1}{S_{66}} = K_{66} \tag{1.29b}$$

例 1-3 求各向同性材料的平面刚度矩阵元素。

解 将式 (1.27) 中柔度矩阵的对应元素代入式 (1.29)，化简后得到

$$C_{11} = C_{22} = \frac{E}{1-\nu^2}, \quad C_{12} = C_{21} = \frac{\nu E}{1-\nu^2}, \quad C_{33} = \frac{E}{2(1+\nu)}$$

另外，对比例 1-2 的结果可以看到

$$K_{11} - C_{11} = \frac{\nu^2 E}{(1-\nu^2)(1-2\nu)}, \quad K_{12} - C_{12} = \frac{\nu^2 E}{(1-\nu^2)(1-2\nu)}, \quad K_{66} - C_{33} = 0$$

需要指出的是，横观各向同性与正交各向异性材料的平面柔度矩阵具有相同的形式，均为

$$[S_{ij}] = \begin{bmatrix} \dfrac{1}{E_{11}} & -\dfrac{\nu_{12}}{E_{11}} & 0 \\ -\dfrac{\nu_{12}}{E_{11}} & \dfrac{1}{E_{22}} & 0 \\ 0 & 0 & \dfrac{1}{G_{12}} \end{bmatrix} \tag{1.30}$$

由此可见，平面问题中横观各向同性材料与正交各向异性材料的独立弹性常数都只有 4 个，即 E_{11}、E_{22}、ν_{12} 和 G_{12}。

1.4 复杂应力状态的拉压判据

Hooke 定律式 (1.10a) 和式 (1.10b) 所表征的本构方程与应力状态无关，无论材料受到单向还是复杂应力状态作用，还是受到拉伸或压缩载荷作用，它们都适用。上述各种柔度矩阵中的材料常数 (各向同性材料的弹性模量 E 及泊松比ν) 皆由简单加载情况下材料的实验测试得到，而实际材料尤其是聚合物材料在简单拉伸与简单压缩下测定的材料性能参数通常并不相等，这就面临一个如何对复杂应力状态下材料究竟受拉伸还是压缩载荷作用进行界定的问题，进而选用相应的材料参数。

文献 [4] 中提出，根据材料的三个主应力之和来判别其受等效拉伸还是等效压缩作用。由于任何材料的三个主应力 σ^1、σ^2、σ^3 之和与其三个正应力之和相等 (参见 5.2 节中的主应力求解公式)，因此，材料受拉伸还是压缩载荷作用由以下条件界定：

$$\sigma^1 + \sigma^2 + \sigma^3 = \sigma_{11} + \sigma_{22} + \sigma_{33} = \begin{cases} \geqslant 0, & \text{受等效拉伸作用} \\ < 0, & \text{受等效压缩作用} \end{cases} \tag{1.31}$$

相应地，定义材料柔度矩阵所需的材料弹性常数则由单向拉伸或单向压缩实验数据确定。

例 1-4　实验测得环氧材料的拉伸与压缩模量分别是 3.5GPa 和 4.2GPa，泊松比皆为 0.34。若已知该材料当前所受的平面应力为 $\{\sigma_{11}, \sigma_{22}, \sigma_{12}\}^{\mathrm{T}} = \{20, -30, 25\}$(MPa)，试求当前柔度矩阵所需的弹性模量。

解　本例主应力之和$\sigma^1+\sigma^2+\sigma^3 = \sigma_{11}+\sigma_{22} = -10\text{MPa} < 0$，材料处于等效压缩，故当前柔度矩阵所需的弹性模量为 $E = 4.2\text{GPa}$。

1.5　基 本 假 设

本书的研究对象是连续纤维增强 (简称纤维增强) 复合材料，研究内容是这些复合材料的力学性能，尤其是破坏与强度特性。研究方法主要是细观力学 (micromchanics) 方法，也就是根据对组分材料中纤维和基体的受力分析来确定复合材料的弹性性能、破坏特性以及极限承载能力，称为复合材料的等效性能。

与其他力学理论一样，复合材料的细观力学理论同样建立在若干基本假设之上，其中主要有以下 3 条：

(1) 纤维均匀地分布在整个基体之中；

(2) 纤维和基体中的位移和应力在其接触面 (称为界面) 上满足弹性力学的连续性边界条件，即彼此的位移分量在界面处连续，彼此的法向应力与切向应力分量在界面上连续；

(3) 复合材料中孔隙与气泡体积的总和很小，可以忽略。

上述第 (2) 条假设通常称为 “理想界面假设”，物理上是指：纤维和基体在彼此共同表面上的每一点都直接接触，互相不脱开、不产生相对滑移。凡是位移和应力不是在纤维和基体界面上的每一点都满足连续性边界条件的情况，就统称为 “非理想界面”。需要指出的是，尽管实际复合材料会或多或少地不满足理想界面假设，但现代复合材料加工技术的发展已经将这一影响降低到可忽略的程度，尤其当复合材料受力较小如处于弹性变形时，除了某些特定材料或特定加工工艺导致的复合材料中纤维和基体界面天然接触不良 (例如，若复合材料是在两个金属薄膜或热塑性塑料薄膜中间夹增强纤维后，通过热压使上下薄膜粘结一起制成，那么，每根纤维截面一般都存在接触死角，在这些死角处，纤维和基体的应力和位移不满足界面连续性条件，但即便如此，非理想界面的长度与理想界面的长度相比也是一个可忽略的小量) 外，一般复合材料在受载的初始阶段皆可视为理想界面，如图 1-3 所示的纤维和基体界面，以及实际中广泛应用的碳纤维及玻璃纤维增强聚合物基复合材料中的界面。因此，复合材料的弹性理论往往建立在理想界面假设之上。

虽然复合材料的弹性性能一般与界面无关，但复合材料的强度却与界面息息相关。强界面 (界面皆为理想) 与弱界面 (出现部分非理想界面) 有可能会导致复合材料的承载能力大相径庭，通过界面改性来提升复合材料的整体承载能力也一直受到众多材料科学家、工程师及材料供应商的关注。这说明，理想界面假设一般只适合于加载初期的弹性变形阶段，复合材料的破坏与强度分析，则需要考虑非理想界面尤其是界面开裂的影响，这时，弹性阶段的理想界面假设一般不再成立。

上述第 (3) 条假设称为 “0 孔隙率假设”，实际的复合材料也或多或少存在孔隙率，尤其是陶瓷基复合材料，其孔隙率甚至超过 10%[5]。但是，实际应用中量大面广的树脂 (聚合物) 基复合材料的孔隙率往往小于 5%，应用本书建立的理论计算复合材料性能尤其是弹性性能，一般能够满足工程应用的要求。从材料力学可知，杆件的局部削弱对其刚度性能几乎没有影响，但对其强度会有影响。迄今，由于孔隙率对复合材料强度影响的解析理论尚未很好地建立，并且实际复合材料尤其是树脂基复合材料的孔隙率往往很小，因此本书自始至终认为假设 (3) 成立。

然而，与其他两条基本假设相比，上述第 (1) 条 “纤维均匀分布” 假设也会成为计算结果与实际结果之间有差异的一个可能因素。由于复合材料是人工合成体，单根纤维直径细小 (如常见的碳纤维、玻璃纤维的单丝直径一般不超过 20μm)，百万根纤维丝将很难确保都按同一方向排列，纤维丝束的弯曲或皱折会影响由此制成的复合材料性能的理论预报值与实验结果之间的吻合度。

有鉴于此，一方面，复合材料加工中应尽可能使纤维丝束按设计方向排列，对那些更多由机械装置控制丝束排列的加工工艺如预浸料工艺、长丝缠绕工艺、自动铺丝或自动铺带等生产的复合材料制品，其理论预报值与实验测试结果相对而言可能更为吻合；另一方面，也需要清醒地认识到，复合材料性能的理论计算值与实验结果之间存在一定差异在所难免。美国国防设计手册就规定将实验结果 (复合材料的测试强度) 折减 (按所谓 B-基准或 A-基准折减，其中 A-基准的折减高于 B-基准) 后再作为设计依据[6]，以补偿各种不确定因素对复合材料性能的影响。

1.6 均质化、特征体元与主轴坐标

在材料力学或弹性力学中，欲对材料中的某一点进行应力状态分析，通常是环绕该点取一个 “单元体”，假定单元体中每一点的应力皆相等，当单元体的体积趋向于无穷小时，单元体上的应力状态就代表了该点的应力状态。这是因为，任何材料 (哪怕金属等足够理想的各向同性材料) 在微观上都是非均质、不连续的，都需要在一个微小的体积上取平均后，方可定义一点的应力和应变，这一过程称为均质化 (homogenization)。当单元体的体积趋向无穷小时，得到的应力和应变分别称为材料的点应力 (逐点应力) 和点应变。复合材料是一种本征上的非均质材料，这可从图 1-3 清楚地看出，虽然基体材料是连续的，但分布在基体中的纤维却是离散

的。为获得复合材料的等效性能，必须先进行均质化。换言之，有

$$\sigma_i = \left(\int_{V'} \tilde{\sigma}_i \mathrm{d}V\right) \Big/ V' \tag{1.32a}$$

$$\varepsilon_i = \left(\int_{V'} \tilde{\varepsilon}_i \mathrm{d}V\right) \Big/ V' \tag{1.32b}$$

式中，应力和应变上方带符号 "~" 表示逐点量 (点应力和点应变)，未带 "~" 表示均值量；V' 表示所选的微元体积。根据定义，V' 应趋向于无穷小。当 V' 取无穷小时，式 (1.32) 中对应的量分别称为点应力和点应变；当 V' 事实上无法取无穷小时，称为均值量。需要注意的是，对于复合材料，微元 V' 的选取不可任意，它的选取必须能反映复合材料的基本几何特征，即无论多小，V' 内必须同时含有纤维和基体材料，并且其纤维体积含量必须与复合材料的纤维体积含量相同。理论上，将满足这一特征且体积最小的单元称为复合材料的特征体或代表性单元 (representative volume element, RVE)。

必须指出，实际应用中选取的 RVE 往往并非体积最小，而是具有有限的体积，由此也带来了一定的近似性。一般来说，选取的 RVE 的相对体积越大，由此产生的计算误差也越大。比如，对单向复合材料而言，典型的特征体元如图 1-5 所示，为一同心圆柱体，芯部为纤维圆柱，外部为基体柱壳，其中，纤维可以认为沿轴向 (x_1) 无限长。

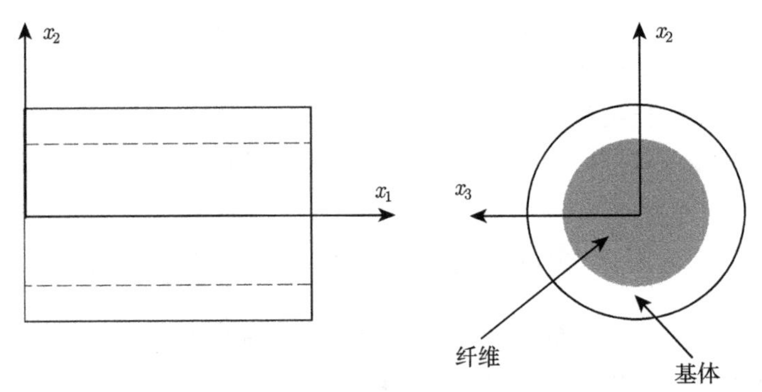

图 1-5　典型的单向复合材料特征体元 (RVE)

假定 a 是纤维的半径，b 为基体的半径，若 V_{f} 表示复合材料纤维的体积含量，根据对特征体元的要求，有

$$V_{\mathrm{f}} = 0.25\pi a^2/(0.25\pi b^2)$$

即

$$b = a/\sqrt{V_{\mathrm{f}}} \tag{1.33}$$

当然，纤维柱也可假想为椭圆截面、矩形截面或其他几何截面，只要纤维的截面积与特征体元的整体截面积之比等于纤维的体积含量即可。此外，RVE 的几何形状(原本带有近似性) 也不限于图 1-5 中的圆柱形。

在特征体元上，建立直角坐标系 (x_1，x_2，x_3)，其中 x_1 沿纤维的轴线方向，称为单向复合材料的轴向，另两个坐标 x_2 和 x_3 则位于和纤维垂直的平面内，称为单向复合材料的横向。由于单向复合材料的性能在垂直于轴向的平面内完全对称(x_2 和 x_3 构成的平面为各向同性平面)，因而 x_2 和 x_3 在该平面内的具体位置无关紧要。由此建立的坐标系称为单向复合材料的主轴坐标系，又称为局部坐标系。可见，单向复合材料主轴坐标系的标志是 x_1 沿纤维的轴向。

用 V' 代表特征体元的体积。特征体元内纤维和基体的体积分别用 V'_{f} 和 V'_{m} 表示。本书中，下标 (或者上标)“f” 表示与纤维有关的量 (几何量或物理量)，而下标 (或上标) “m” 则表示与基体有关的量。与之对应，不带任何下标 (或上标) 则一般表示与复合材料有关的量。由于积分的可加性，式 (1.32a) 变为

$$\sigma_i = \frac{1}{V'}\int\limits_{V'} \tilde{\sigma}_i \mathrm{d}V = \frac{1}{V'}\left[\int\limits_{V'_{\mathrm{f}}} \tilde{\sigma}_i \mathrm{d}V + \int\limits_{V'_{\mathrm{m}}} \tilde{\sigma}_i \mathrm{d}V\right] \tag{1.34a}$$

$$\begin{aligned} &= \left(\frac{V'_{\mathrm{f}}}{V'}\right)\left(\frac{1}{V'_{\mathrm{f}}}\int\limits_{V'_{\mathrm{f}}} \tilde{\sigma}_i \mathrm{d}V\right) + \left(\frac{V'_{\mathrm{m}}}{V'}\right)\left(\frac{1}{V'_{\mathrm{m}}}\int\limits_{V'_{\mathrm{m}}} \tilde{\sigma}_i \mathrm{d}V\right) \\ &= V_{\mathrm{f}}\sigma_i^{\mathrm{f}} + V_{\mathrm{m}}\sigma_i^{\mathrm{m}} \end{aligned} \tag{1.34b}$$

式中，$V_{\mathrm{f}} = V'_{\mathrm{f}}/V'$ 和 $V_{\mathrm{m}} = V'_{\mathrm{m}}/V'$ 分别是特征体元即复合材料中纤维和基体的体积含量；σ_i^{f} 和 σ_i^{m} 分别是相对特征体元取平均 (均质化) 后纤维和基体中的内应力，称为均值内应力。注意，即便孔隙率不为 0，式 (1.34b) 依然成立，因为孔隙处应力间断 (应力为 0)，在孔隙体积上的应力积分为 0。

类似地，对第 i 个应变分量取平均，得到

$$\begin{aligned} \varepsilon_i &= \frac{1}{V'}\int\limits_{V'} \tilde{\varepsilon}_i \mathrm{d}V = \frac{1}{V'}\left[\int\limits_{V'_{\mathrm{f}}} \tilde{\varepsilon}_i \mathrm{d}V + \int\limits_{V'_{\mathrm{m}}} \tilde{\varepsilon}_i \mathrm{d}V\right] \\ &= V_{\mathrm{f}}\varepsilon_i^{\mathrm{f}} + V_{\mathrm{m}}\varepsilon_i^{\mathrm{m}} \end{aligned} \tag{1.35}$$

式中，$\varepsilon_i^{\mathrm{f}}$ 和 $\varepsilon_i^{\mathrm{m}}$ 分别是取平均后的纤维和基体的均值应变分量。需要指出的是，如果存在孔隙率 V_v，那么，式 (1.35) 右边还须叠加一项 $V_v\varepsilon_i^v$，其中 ε_i^v 表示孔隙产生的平均应变。

式 (1.34) 和式 (1.35) 对所有的 $i=1,2,\cdots,6$ 都成立。于是，得到复合材料的两个基本方程为

$$\{\sigma_i\}=V_{\rm f}\{\sigma_i^{\rm f}\}+V_{\rm m}\{\sigma_i^{\rm m}\} \tag{1.36}$$

$$\{\varepsilon_i\}=V_{\rm f}\{\varepsilon_i^{\rm f}\}+V_{\rm m}\{\varepsilon_i^{\rm m}\} \tag{1.37}$$

将式 (1.36) 称为应力 (均值应力) 基本方程，而将式 (1.37) 称为应变 (均值应变) 基本方程。在推导这两个基本方程时，除了隐含体积 V'、$V_{\rm f}'$ 和 $V_{\rm m}'$ 不变，只存在纤维和基体两相材料以及孔隙率无穷小的假设，再没有用到其他假设。尤其是方程 (1.36) 和 (1.37) 与所取特征体元的几何形状无关，也就是说，在 $V'\to 0$ 时依然成立，只要 V' 的纤维体积含量为 $V_{\rm f}$ 即可。因此，在基本假设基础上建立的复合材料细观力学理论模型都必须满足这两个基本方程，它们成立的前提是均质化。由于忽略了孔隙率，因而有 $V_{\rm f}+V_{\rm m}=1$。

除了方程 (1.36) 和 (1.37)，连续介质力学中的其他基本方程在相对特征体元取平均后，形式上都保持不变。例如，若用 $[S_{ij}^{\rm f}]$、$[S_{ij}^{\rm m}]$ 和 $[S_{ij}]$ 分别表示纤维、基体以及复合材料的柔度矩阵，则有

$$\{\varepsilon_i^{\rm f}\}=[S_{ij}^{\rm f}]\{\sigma_j^{\rm f}\} \tag{1.38a}$$

$$\{\varepsilon_i^{\rm m}\}=[S_{ij}^{\rm m}]\{\sigma_j^{\rm m}\} \tag{1.38b}$$

$$\{\varepsilon_i\}=[S_{ij}]\{\sigma_j\} \tag{1.39}$$

1.7 夹杂问题

经典细观力学最初的研究对象是如图 1-6 所示的夹杂问题[7]：假定基体材料 (刚度矩阵 $K^{(0)}$) 中夹 n 个异质材料，其刚度矩阵为 $K^{(r)}$，r=1, 2, $\cdots$, n(图 1-6(a))，求等效均质材料 (图 1-6(b)) 的刚度矩阵 $\bar{K}$。

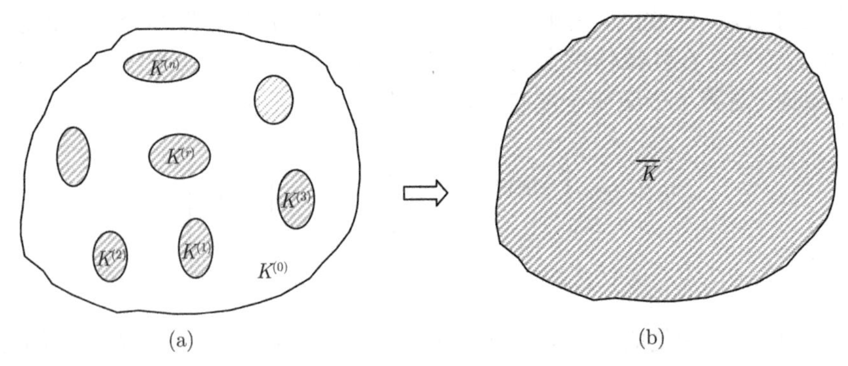

图 1-6　(a) 夹杂材料，(b) 等效均质材料

由类似式 (1.32a) 的应力均值化，得到

$$\sigma_i = \frac{1}{V}\int_{\Omega}\tilde{\sigma}_i \mathrm{d}V = \frac{1}{V}\sum_{r=0}^{n}\int_{\Omega_r}\tilde{\sigma}_i \mathrm{d}V = \sum_{r=0}^{n} c_r K^{(r)}\varepsilon_i^{(r)} \tag{1.40a}$$

即

$$\{\sigma_i\} = \sum_{r=0}^{n} c_r\{\sigma_i^{(r)}\} = \sum_{r=0}^{n} c_r[K_{ij}^{(r)}]\{\varepsilon_j^{(r)}\} \tag{1.40b}$$

同样有

$$\{\varepsilon_i\} = \sum_{r=0}^{n} c_r\{\varepsilon_i^{(r)}\} = \sum_{r=0}^{n} c_r[S_{ij}^{(r)}]\{\sigma_j^{(r)}\} \tag{1.41}$$

式中，$\{\sigma_i\}$、$\{\varepsilon_i\}$分别是等效均质材料 (图 1-6(b)) 的应力、应变矢量；Ω_r 代表第 r 相的体积，$r=0$ 为基体相；$c_r=\Omega_r/\Omega$ 是第 r 相的体积含量；$\sigma_i^{(r)}$、$\varepsilon_i^{(r)}$ 分别是 r 相的均值应力、均值应变。

Hill 引入了应力和应变集中张量 (或称分配矩阵) 的概念[8,9]：

$$\{\sigma_i^{(r)}\} = [M_{ij}^{(r)}]\{\sigma_j\} \tag{1.42a}$$

$$\{\varepsilon_i^{(r)}\} = [L_{ij}^{(r)}]\{\varepsilon_j\} \tag{1.42b}$$

式中，$[M_{ij}^{(r)}]$、$[L_{ij}^{(r)}]$ 分别称为第 r 相的应力、应变分配矩阵，表征第 r 相材料的均值应力、均值应变在等效均质材料的应力、应变中所占的比例。

对式 (1.41) 进行适当变换并结合式 (1.42b)，得到

$$c_0\{\varepsilon_i^{(0)}\} = \{\varepsilon_i\} - \sum_{r=1}^{n} c_r\{\varepsilon_i^{(r)}\} = \left([I] - \sum_{r=1}^{n} c_r[L_{ij}^{(r)}]\right)\{\varepsilon_j\}$$

再将上式和式 (1.42b) 一起代入式 (1.40b)，就有

$$\begin{aligned}\{\sigma_i\} &= [K_{ij}^{(0)}]c_0\{\varepsilon_j^{(0)}\} + \sum_{r=1}^{n} c_r[K_{ij}^{(r)}]\{\varepsilon_j^{(r)}\} = [K_{ij}^{(0)}]c_0\{\varepsilon_j^{(0)}\} + \sum_{r=1}^{n} c_r[K_{ij}^{(r)}][L_{ij}^{(r)}]\{\varepsilon_j\} \\ &= \left([K_{ij}^{(0)}] + \sum_{r=1}^{n} c_r([K_{ij}^{(r)}] - [K_{ij}^{(0)}])[L_{ij}^{(r)}]\right)\{\varepsilon_j\} = [K_{ij}]\{\varepsilon_j\}\end{aligned}$$

因此，等效均质材料的刚度矩阵就是

$$[K_{ij}] = [K_{ij}^{(0)}] + \sum_{r=1}^{n} c_r([K_{ij}^{(r)}] - [K_{ij}^{(0)}])[L_{ij}^{(r)}] \tag{1.43}$$

同理，可得等效均质材料的柔度矩阵为

$$[S_{ij}] = [S_{ij}^{(0)}] + \sum_{r=1}^{n} c_r([S_{ij}^{(r)}] - [S_{ij}^{(0)}])[M_{ij}^{(r)}] \tag{1.44}$$

注意，对任何材料都有 $[S_{ij}]=[K_{ij}]^{-1}$。因此，只要得到了除基体外的其他各相材料的应变或者应力分配矩阵，等效均质材料的刚度或柔度矩阵 (往往又称为等效刚度矩阵或等效柔度矩阵) 则可由式 (1.43) 或式 (1.44) 计算。求各相材料的应变或应力分配矩阵，是细观力学研究的基本问题。

在特殊情况下，两相夹杂就对应理想界面的纤维复合材料。此时，复合材料的刚度与柔度矩阵分别由对式 (1.43) 和式 (1.44) 简化后得到

$$[K_{ij}] = [K_{ij}^{\mathrm{m}}] + V_{\mathrm{f}}([K_{ij}^{\mathrm{f}}] - [K_{ij}^{\mathrm{m}}])[L_{ij}^{\mathrm{f}}] \tag{1.45a}$$

$$[S_{ij}] = [S_{ij}^{\mathrm{m}}] + V_{\mathrm{f}}([S_{ij}^{\mathrm{f}}] - [S_{ij}^{\mathrm{m}}])[M_{ij}^{\mathrm{f}}] \tag{1.45b}$$

如前，上标“f”“m”分别指与纤维和基体有关的量。

1.8 混合率模型

混合律 (rule of mixture) 模型是根据纤维和基体材料性能计算单向复合材料性能的一种最原始、最简单的方法。下面导出单向复合材料弹性常数的混合率模型计算公式。根据本构方程 (1.10)，只要知道了材料的柔度或刚度矩阵，复合材料的弹性响应也就完全确定了。另外，由式 (1.13)、式 (1.17)~(1.19)，只要能确定单向复合材料的 5 个等效弹性常数，即 E_{11}、E_{22}、G_{12}、ν_{12} 和 G_{23}，也就能知道其柔度矩阵。由组分材料的弹性性能计算复合材料的弹性常数，就是复合材料力学或更严格地说是细观力学研究的一个主要内容。

混合率模型公式可从以下三个假设导出[1]：

(1) 对单向复合材料施加单轴外载时纤维和基体中仅产生相对应的内应力，其他的内应力分量皆为 0；

(2) 轴向载荷作用下，纤维和基体中的轴向应变相等；

(3) 其他单轴外载作用下，纤维和基体中的内应力相等。

这里，“单轴外载” 是指沿复合材料主轴方向施加的单向拉伸 (压缩) 载荷或单一剪切载荷，它们之间没有耦合。

推导复合材料弹性性能细观力学计算公式的一般步骤是：对复合材料依次施加外载，由应力基本方程和补充条件或补充方程求出纤维和基体中的内应力，它势必为给定外载的函数；再根据应变基本方程和本构方程，消掉施加的外载，化简后得到复合材料的等效弹性常数。由于这些常数是复合材料的本征量，它们不会随外载的不同而改变，因此可选最简单的单轴加载方式。此外，对单向复合材料加载与对特征体元加载是等价的。

1.8.1 轴向加载

假定对特征体元 (图 1-5) 沿轴向加载，均质化后的应力只有σ_{11}，其他应力皆为 0。

1. 内应力计算

根据应力基本方程 (1.36)，有

$$\sigma_{11}=V_{\rm f}\sigma_{11}^{\rm f}+V_{\rm m}\sigma_{11}^{\rm m} \tag{1.46a}$$

$$0=V_{\rm f}\sigma_{i}^{\rm f}+V_{\rm m}\sigma_{i}^{\rm m},\quad i=2,3,\cdots,6 \qquad (1.46\text{b})\sim(1.46\text{f})$$

仅仅根据式 (1.46a)~(1.46f)，还不足以确定纤维和基体中所有的内应力，还必须补充方程。根据前述假设 (1)，在轴向加载下，只有 $\sigma_{11}^{\rm f}$ 和 $\sigma_{11}^{\rm m}$ 不等于 0，其他所有的内应力分量皆为 0。换言之，纤维、基体及复合材料都处于单向应力状态。但是，现有条件还不足以将 $\sigma_{11}^{\rm f}$ 和 $\sigma_{11}^{\rm m}$ 相对σ_{11} 解出。

2. 应变计算

根据本构方程，得到各相材料的轴向应变分量为

$$\varepsilon_{11}=\sigma_{11}/E_{11},\quad \varepsilon_{11}^{\rm f}=\sigma_{11}^{\rm f}/E_{11}^{\rm f},\quad \varepsilon_{11}^{\rm m}=\sigma_{11}^{\rm m}/E^{\rm m} \tag{1.47a}$$

因各相材料皆处于单向应力状态。横向应变分量是

$$\varepsilon_{22}=\varepsilon_{33}=-\nu_{12}\varepsilon_{11},\quad \varepsilon_{22}^{\rm f}=\varepsilon_{33}^{\rm f}=-\nu_{12}^{\rm f}\varepsilon_{11}^{\rm f},\quad \varepsilon_{22}^{\rm m}=\varepsilon_{33}^{\rm m}=-\nu^{\rm m}\varepsilon_{11}^{\rm m} \tag{1.47b}$$

3. 根据补充方程求 E_{11}

根据假设 (2)，有 $\varepsilon_{11}^{\rm f}=\varepsilon_{11}^{\rm m}$，再应用应变基本方程 $\varepsilon_{11}=V_{\rm f}\varepsilon_{11}^{\rm f}+V_{\rm m}\varepsilon_{11}^{\rm m}$，推出 $\varepsilon_{11}=\varepsilon_{11}^{\rm f}=\varepsilon_{11}^{\rm m}$。利用这一条件并将式 (1.47a) 代入式 (1.46a)，得到

$$\varepsilon_{11}E_{11}=V_{\rm f}E_{11}^{\rm f}\varepsilon_{11}^{\rm f}+V_{\rm m}E^{\rm m}\varepsilon_{11}^{\rm m}=(V_{\rm f}E_{11}^{\rm f}+V_{\rm m}E^{\rm m})\varepsilon_{11}$$

因此，$E_{11}=V_{\rm f}E_{11}^{\rm f}+V_{\rm m}E^{\rm m}$。

4. 根据应变基本方程求 ν_{12}

将式 (1.47b) 代入横向应变基本方程 $\varepsilon_{22}=V_{\rm f}\varepsilon_{22}^{\rm f}+V_{\rm m}\varepsilon_{22}^{\rm m}$，得到

$$-\nu_{12}\varepsilon_{11}=-(V_{\rm f}\nu_{12}^{\rm f}+V_{\rm m}\nu^{\rm m})\varepsilon_{11}$$

即

$$\nu_{12}=V_{\rm f}\nu_{12}^{\rm f}+V_{\rm m}\nu^{\rm m}$$

1.8.2　横向加载

假定对特征体元 (图 1-5) 沿横向 x_2 加载，均质化后的应力只有 σ_{22}，其他应力分量皆为 0。

1. 内应力计算

根据应力基本方程 (1.36) 和假设条件 (1) 和 (3)，得到

$$\sigma_{22} = \sigma_{22}^{\mathrm{f}} = \sigma_{22}^{\mathrm{m}} \tag{1.48a}$$

$$0 = \sigma_i^{\mathrm{f}} = \sigma_i^{\mathrm{m}}, \quad i = 1, 3, 4, 5, 6 \qquad (1.48\mathrm{b}) \sim (1.48\mathrm{f})$$

2. 应变计算

根据本构方程，各相材料的横向应变分量是

$$\varepsilon_{22} = \sigma_{22}/E_{22}, \quad \varepsilon_{22}^{\mathrm{f}} = \sigma_{22}^{\mathrm{f}}/E_{22}^{\mathrm{f}}, \quad \varepsilon_{22}^{\mathrm{m}} = \sigma_{22}^{\mathrm{m}}/E^{\mathrm{m}} \tag{1.49}$$

3. 根据应变基本方程求 E_{22}

将式 (1.49) 和式 (1.48a) 代入横向应变的基本方程$\varepsilon_{22} = V_{\mathrm{f}}\varepsilon_{22}^{\mathrm{f}} + V_{\mathrm{m}}\varepsilon_{22}^{\mathrm{m}}$，导出

$$\frac{1}{E_{22}} = \frac{V_{\mathrm{f}}}{E_{22}^{\mathrm{f}}} + \frac{V_{\mathrm{m}}}{E^{\mathrm{m}}} \tag{1.50}$$

1.8.3　面内剪切加载

类似地，假定对特征体元施加面内剪切载荷，均质化后的应力分量只有σ_{12}。

1. 内应力计算

根据应力基本方程 (1.36) 和假设条件 (1) 和 (3)，得到

$$\sigma_{12} = \sigma_{12}^{\mathrm{f}} = \sigma_{12}^{\mathrm{m}} \tag{1.51a}$$

$$0 = \sigma_i^{\mathrm{f}} = \sigma_i^{\mathrm{m}}, \quad i = 1, 2, 3, 4, 5 \qquad (1.51\mathrm{b}) \sim (1.51\mathrm{f})$$

2. 应变计算

根据本构方程，得到各相材料的面内剪应变分量是

$$2\varepsilon_{12} = \sigma_{12}/G_{12}, \quad 2\varepsilon_{12}^{\mathrm{f}} = \sigma_{12}^{\mathrm{f}}/G_{12}^{\mathrm{f}}, \quad 2\varepsilon_{12}^{\mathrm{m}} = \sigma_{12}^{\mathrm{m}}/G^{\mathrm{m}} \tag{1.52}$$

3. 根据应变基本方程求 G_{12}

将式 (1.52) 和式 (1.51a) 代入剪应变的基本方程 $2\varepsilon_{12} = 2V_{\mathrm{f}}\varepsilon_{12}^{\mathrm{f}} + 2V_{\mathrm{m}}\varepsilon_{12}^{\mathrm{m}}$，导出

$$\frac{1}{G_{12}} = \frac{V_{\mathrm{f}}}{G_{12}^{\mathrm{f}}} + \frac{V_{\mathrm{m}}}{G^{\mathrm{m}}} \tag{1.53}$$

类似可导出余下的弹性常数计算公式。

1.8.4 混合率模型公式

将所导出的公式整理如下：

$$E_{11} = V_{\mathrm{f}} E_{11}^{\mathrm{f}} + V_{\mathrm{m}} E^{\mathrm{m}} \tag{1.54a}$$

$$\nu_{12} = V_{\mathrm{f}} \nu_{12}^{\mathrm{f}} + V_{\mathrm{m}} \nu^{\mathrm{m}} \tag{1.54b}$$

$$E_{22} = \frac{E^{\mathrm{m}}}{1 - V_{\mathrm{f}}(1 - E^{\mathrm{m}}/E_{22}^{\mathrm{f}})} \tag{1.54c}$$

$$G_{12} = G_{13} = \frac{G^{\mathrm{m}}}{1 - V_{\mathrm{f}}(1 - G^{\mathrm{m}}/G_{12}^{\mathrm{f}})} \tag{1.54d}$$

$$G_{23} = \frac{G^{\mathrm{m}}}{1 - V_{\mathrm{f}}(1 - G^{\mathrm{m}}/G_{23}^{\mathrm{f}})} \tag{1.54e}$$

式中，E^{m}、ν^{m} 和 G^{m} 分别是基体的弹性模量、泊松比及剪切模量，三者间满足方程 (1.16)；E_{11}^{f}、E_{22}^{f}、ν_{12}^{f}、G_{12}^{f} 和 G_{23}^{f} 则分别是纤维的轴向模量、横向模量、面内 (或称轴向) 泊松比、面内 (又称轴向) 剪切模量和横向剪切模量。若纤维为各向同性的，可令 $E_{11}^{\mathrm{f}} = E_{22}^{\mathrm{f}} = E^{\mathrm{f}}$、$\nu_{12}^{\mathrm{f}} = \nu^{\mathrm{f}}$ 及 $G_{12}^{\mathrm{f}} = G_{23}^{\mathrm{f}} = G^{\mathrm{f}} = E^{\mathrm{f}}/(2+2\nu^{\mathrm{f}})$。公式 (1.54a)~(1.54e) 依次给出的是复合材料的轴向模量、轴向泊松比、横向模量、轴向 (面内) 剪切模量以及横向剪切模量。

大量的对比实验表明：根据混合率模型公式计算出的轴向模量及轴向泊松比具有足够的精度，与实验值吻合得相当好。然而，其他模量的计算值与实验值相比误差都比较大，详见 3.8 节。正是这些误差的存在，才促使人们发展出更多的细观力学模型公式，包括解析或半经验公式及离散解方法。

1.9 Chamis 模型

Hopkins 和 Chamis[10,11] 认为，纤维在基体中的排列方式不同，对复合材料的轴向模量和轴向泊松比影响不大，从而，由混合率模型计算的这两个弹性性能与实验值吻合良好，但不同的纤维排列对复合材料的横向模量及剪切模量则可能产生影响，这是混合率模型计算其他模量精度欠佳的一个重要原因。为此，他们从纤维排列方式入手，对混合率模型进行了修正。

Hopkins 和 Chamis 假定在复合材料中的纤维按方形排列，图 1-7(a) 是特征体元的横截面示意图。将纤维的圆截面用一个面积相同的等效方形截面代替，见图 1-7(b)。等效方形截面的边长为

$$s_{\mathrm{f}} = 0.5d\sqrt{\pi} \tag{1.55}$$

另外，由 V_f=$0.25\pi d^2/s^2$，导出

$$s=\sqrt{\frac{\pi}{4V_f}}d \tag{1.56}$$

将特征体元分成 A 和 B 两个子区, 如图 1-7(c) 所示。对 B 区沿 x_2 方向施加载荷。采用与推导混合率模型公式相同的假设，有 (见式 (1.50))

$$\frac{1}{E_{B22}}=\frac{(s_f/s)}{E_{22}^f}+\frac{(s_m/s)}{E^m} \tag{1.57}$$

这里，E_{B22} 代表 B 区在 x_2 方向的等效弹性模量；$s_m=s-s_f$ 是 B 区内基体的体积含量；E_{22}^f 代表纤维的横向弹性模量 (纤维可以是横观各向同性的，但基体则是各向同性的)。从式 (1.55) 和式 (1.56)，得到

$$\frac{s_f}{s}=\sqrt{V_f},\quad \frac{s_m}{s}=1-\sqrt{V_f} \tag{1.58}$$

将式 (1.58) 代入式 (1.57)，有

$$E_{B22}=\frac{E^m}{1-\sqrt{V_f}(1-E^m/E_{22}^f)} \tag{1.59}$$

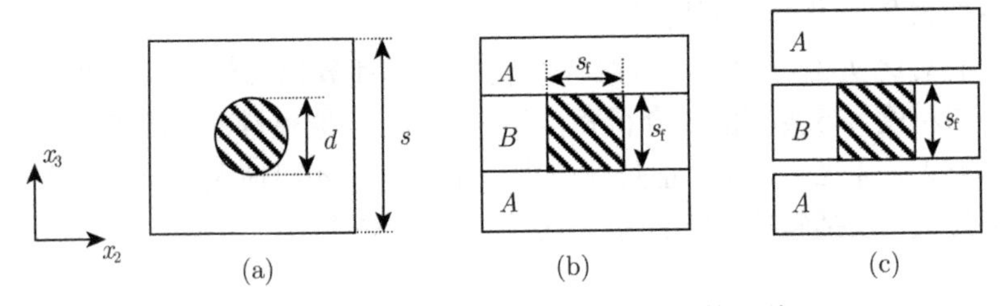

图 1-7　Hopkins 和 Chamis 模型中的特征体元

现在，把 B 区想象成一个等效的纤维 (用 E_{B22} 代表其沿 x_2 方向的等效模量)。于是，A 区和 B 区的组合就类似于特征体元中含一根等效纤维，求等效纤维的轴向 (x_2 方向) 模量，可由公式 (1.54a) 计算：

$$E_{22}=E_{B22}\frac{s_f}{s}+E^m\frac{s_m}{s}$$

利用式 (1.58) 和式 (1.59)，上式变成

$$E_{22}=E^m\left((1-\sqrt{V_f})+\frac{\sqrt{V_f}}{1-\sqrt{V_f}(1-E^m/E_{22}^f)}\right) \tag{1.60}$$

类似地，可以得到修正的 G_{12}、G_{23} 计算式。

Chamis[12] 后来发现，利用式 (1.59) 计算复合材料的横向模量，即

$$E_{22} \approx E_{B22} = \frac{E^{\mathrm{m}}}{1 - \sqrt{V_{\mathrm{f}}}(1 - E^{\mathrm{m}}/E_{22}^{\mathrm{f}})}$$

结果远比式 (1.60) 理想。因此，简化后的 Chamis 模型公式如下:

$$E_{11} = V_{\mathrm{f}} E_{11}^{\mathrm{f}} + V_{\mathrm{m}} E^{\mathrm{m}} \tag{1.61a}$$

$$\nu_{12} = V_{\mathrm{f}} \nu_{12}^{\mathrm{f}} + V_{\mathrm{m}} \nu^{\mathrm{m}} \tag{1.61b}$$

$$E_{22} = E_{33} = \frac{E^{\mathrm{m}}}{1 - \sqrt{V_{\mathrm{f}}}(1 - E^{\mathrm{m}}/E_{22}^{\mathrm{f}})} \tag{1.61c}$$

$$G_{12} = G_{13} = \frac{G^{\mathrm{m}}}{1 - \sqrt{V_{\mathrm{f}}}(1 - G^{\mathrm{m}}/G_{12}^{\mathrm{f}})} \tag{1.61d}$$

$$G_{23} = \frac{G^{\mathrm{m}}}{1 - \sqrt{V_{\mathrm{f}}}(1 - G^{\mathrm{m}}/G_{23}^{\mathrm{f}})} \tag{1.61e}$$

Chamis 模型公式的计算精度相比混合率模型公式的计算精度大幅提高，见 3.8 节的精度对比。如果将式 (1.54c)~(1.54e) 中的 V_{f} 用 $\sqrt{V_{\mathrm{f}}}$ 置换，它们就与式 (1.61c)~(1.61e) 完全相同了。

1.10 坐标变换

1.6 节中曾指出，单向复合材料的主轴 (局部) 坐标系须这样建立，使得 x_1 轴总是沿复合材料的纤维方向 (轴向)，其应力与应变分量的排序以及刚度和柔度矩阵各分量的位置，都是在主轴坐标系下定义的。但在实际应用中，往往需要选用另一个参考坐标系来表征这些量。例如，单向复合材料很少在工程中被直接应用，更普遍地是将多层单向复合材料按不同铺排角组合成层合板结构，必须在层合板上建立一个整体坐标系，因而，必须考虑局部 (主轴) 坐标系与整体坐标系之间的坐标变换，以便得到复合材料的力学性能在整体坐标系下的表达式。

假设 (x, y, z) 和 (x_1, x_2, x_3) 分别代表整体和局部坐标系，如图 1-8 所示。局部坐标轴 Ox_1、Ox_2、Ox_3 与整体坐标轴 Ox、Oy、Oz 之间夹角的方向余弦为 (l_i, m_i, n_i)，即

$$l_i = \cos(x_i, x), \quad m_i = \cos(x_i, y), \quad n_i = \cos(x_i, z), \quad i = 1, 2, 3 \tag{1.62}$$

假定沿整体坐标轴 x、y、z 的单位基矢量分别是 $\boldsymbol{i}$、$\boldsymbol{j}$、$\boldsymbol{k}$，沿局部坐标轴 x_1、x_2、x_3 的单位基矢量分别是 $\boldsymbol{e}_1$、$\boldsymbol{e}_2$、$\boldsymbol{e}_3$，则有 (图 1-8)

$$\boldsymbol{e}_1 = \cos(x_1, x)\boldsymbol{i} + \cos(x_1, y)\boldsymbol{j} + \cos(x_1, z)\boldsymbol{k}$$

$$\boldsymbol{e}_2 = \cos(x_2, x)\boldsymbol{i} + \cos(x_2, y)\boldsymbol{j} + \cos(x_2, z)\boldsymbol{k}$$

$$\boldsymbol{e}_3 = \cos(x_3, x)\boldsymbol{i} + \cos(x_3, y)\boldsymbol{j} + \cos(x_3, z)\boldsymbol{k}$$

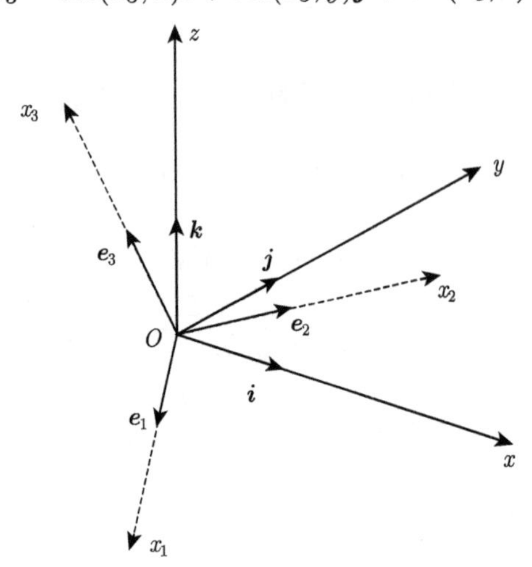

图 1-8　局部坐标与整体坐标之间的相对关系

两坐标系之间的变换式为

$$\begin{Bmatrix} x_1 \\ x_2 \\ x_3 \end{Bmatrix} = \begin{bmatrix} l_1 & m_1 & n_1 \\ l_2 & m_2 & n_2 \\ l_3 & m_3 & n_3 \end{bmatrix} \begin{Bmatrix} x \\ y \\ z \end{Bmatrix} = [e_{ij}] \begin{Bmatrix} x \\ y \\ z \end{Bmatrix} \tag{1.63}$$

分别用$[\sigma_{ij}^{\mathrm{G}}] = \begin{bmatrix} \sigma_{xx} & \sigma_{xy} & \sigma_{xz} \\ \sigma_{yx} & \sigma_{yy} & \sigma_{yz} \\ \sigma_{zx} & \sigma_{zy} & \sigma_{zz} \end{bmatrix}$和 $[\sigma_{ij}] = \begin{bmatrix} \sigma_{11} & \sigma_{12} & \sigma_{13} \\ \sigma_{21} & \sigma_{22} & \sigma_{23} \\ \sigma_{31} & \sigma_{32} & \sigma_{33} \end{bmatrix}$表示材料中的一点在整体坐标系和局部坐标系下的应力张量。由弹性力学或张量分析可知，不同直角坐标系下的应力张量之间满足如下的张量变换法则，即

$$\sigma_{kl}^{\mathrm{G}} = e_{ik} e_{jl} \sigma_{ij} \tag{1.64}$$

这里使用了求和约定。对式 (1.64) 展开 (如对 $k = l = 1$)，就有

$$\begin{aligned} \sigma_{11}^{\mathrm{G}} = \sigma_{xx} = e_{i1} e_{j1} \sigma_{ij} = & e_{11} e_{11} \sigma_{11} + e_{11} e_{21} \sigma_{12} + e_{11} e_{31} \sigma_{13} + e_{21} e_{11} \sigma_{21} + e_{21} e_{21} \sigma_{22} \\ & + e_{21} e_{31} \sigma_{23} + e_{31} e_{11} \sigma_{31} + e_{31} e_{21} \sigma_{32} + e_{31} e_{31} \sigma_{33} \end{aligned}$$

据此，按对号入座的方式，得到

$$\{\sigma_i^{\mathrm{G}}\} = [T_{ij}]_{\mathrm{c}} \{\sigma_j\} \tag{1.65}$$

式中，$\{\sigma_i^{\mathrm{G}}\}=\left\{\sigma_1^{\mathrm{G}},\sigma_2^{\mathrm{G}},\sigma_3^{\mathrm{G}},\sigma_4^{\mathrm{G}},\sigma_5^{\mathrm{G}},\sigma_6^{\mathrm{G}}\right\}^{\mathrm{T}}=\{\sigma_{xx},\sigma_{yy},\sigma_{zz},\sigma_{yz},\sigma_{xz},\sigma_{xy}\}^{\mathrm{T}}$ 是整体坐标系下的应力矢量，局部坐标系下应力矢量 $\{\sigma_j\}$见式 (1.8)，应力变换矩阵 $[T_{ij}]_{\mathrm{c}}$ 为

$$[T_{ij}]_{\mathrm{c}}=\begin{bmatrix} l_1^2 & l_2^2 & l_3^2 & 2l_2l_3 & 2l_3l_1 & 2l_1l_2 \\ m_1^2 & m_2^2 & m_3^2 & 2m_2m_3 & 2m_3m_1 & 2m_1m_2 \\ n_1^2 & n_2^2 & n_3^2 & 2n_2n_3 & 2n_3n_1 & 2n_1n_2 \\ m_1n_1 & m_2n_2 & m_3n_3 & m_2n_3+m_3n_2 & n_3m_1+n_1m_3 & m_1n_2+m_2n_1 \\ n_1l_1 & n_2l_2 & n_3l_3 & l_2n_3+l_3n_2 & n_3l_1+n_1l_3 & l_1n_2+l_2n_1 \\ l_1m_1 & l_2m_2 & l_3m_3 & l_2m_3+l_3m_2 & l_1m_3+l_3m_1 & l_1m_2+l_2m_1 \end{bmatrix} \tag{1.66}$$

类似地，根据应变张量变换公式 $\varepsilon_{kl}^{\mathrm{G}}=e_{ik}e_{jl}\varepsilon_{ij}$，得到

$$\{\varepsilon_i^{\mathrm{G}}\}=[T_{ij}]_{\mathrm{s}}\{\varepsilon_j\} \tag{1.67}$$

式中，$\{\varepsilon_i^{\mathrm{G}}\}=\left\{\varepsilon_1^{\mathrm{G}},\varepsilon_2^{\mathrm{G}},\varepsilon_3^{\mathrm{G}},\varepsilon_4^{\mathrm{G}},\varepsilon_5^{\mathrm{G}},\varepsilon_6^{\mathrm{G}}\right\}^{\mathrm{T}}=\{\varepsilon_{xx},\varepsilon_{yy},\varepsilon_{zz},2\varepsilon_{yz},2\varepsilon_{xz},2\varepsilon_{xy}\}^{\mathrm{T}}$ 和 $\{\varepsilon_j\}$分别是整体与局部坐标系下的应变矢量，$\{\varepsilon_j\}$见式 (1.7)，应变间的变换矩阵 $[T_{ij}]_{\mathrm{s}}$ 是

$$[T_{ij}]_{\mathrm{s}}=\begin{bmatrix} l_1^2 & l_2^2 & l_3^2 & l_2l_3 & l_3l_1 & l_1l_2 \\ m_1^2 & m_2^2 & m_3^2 & m_2m_3 & m_3m_1 & m_1m_2 \\ n_1^2 & n_2^2 & n_3^2 & n_2n_3 & n_3n_1 & n_1n_2 \\ 2m_1n_1 & 2m_2n_2 & 2m_3n_3 & m_2n_3+m_3n_2 & n_3m_1+n_1m_3 & m_1n_2+m_2n_1 \\ 2n_1l_1 & 2n_2l_2 & 2n_3l_3 & l_2n_3+l_3n_2 & n_3l_1+n_1l_3 & l_1n_2+l_2n_1 \\ 2l_1m_1 & 2l_2m_2 & 2l_3m_3 & l_2m_3+l_3m_2 & l_1m_3+l_3m_1 & l_1m_2+l_2m_1 \end{bmatrix} \tag{1.68}$$

由材料力学可知，将一点处的应变能密度定义为应力与应变矢量点乘的 1/2。无论坐标系如何选取，应变能密度的表达式都一样，并且是一个常量，即

$$\{\varepsilon_i^{\mathrm{G}}\}^{\mathrm{T}}\{\sigma_i^{\mathrm{G}}\}=\{\sigma_i^{\mathrm{G}}\}^{\mathrm{T}}\{\varepsilon_i^{\mathrm{G}}\}\equiv\{\sigma_i\}^{\mathrm{T}}\{\varepsilon_i\}=\mathrm{const} \tag{1.69}$$

将式 (1.65) 和式 (1.67) 代入式 (1.69) 的左边，立即得出 $[T_{ij}]_{\mathrm{c}}^{\mathrm{T}}[T_{ij}]_{\mathrm{s}}=[T_{ij}]_{\mathrm{c}}[T_{ij}]_{\mathrm{s}}^{\mathrm{T}}=[I]$，即

$$[T_{ij}]_{\mathrm{s}}^{\mathrm{T}}=[T_{ij}]_{\mathrm{c}}^{-1} \tag{1.70a}$$

$$[T_{ij}]_{\mathrm{c}}^{\mathrm{T}}=[T_{ij}]_{\mathrm{s}}^{-1} \tag{1.70b}$$

假定整体坐标系下的柔度矩阵和刚度矩阵分别是 $[S_{ij}^{\mathrm{G}}]$ 和 $[K_{ij}^{\mathrm{G}}]$，局部坐标系下的相应量为 $[S_{ij}]$ 和 $[K_{ij}]$，可导得

$$[S_{ij}^{\mathrm{G}}]=[T_{ij}]_{\mathrm{s}}[S_{ij}][T_{ij}]_{\mathrm{s}}^{\mathrm{T}} \tag{1.71}$$

$$[K_{ij}^{\mathrm{G}}] = [T_{ij}]_{\mathrm{c}}[K_{ij}][T_{ij}]_{\mathrm{c}}^{\mathrm{T}} \tag{1.72}$$

事实上，

$$\{\varepsilon_i^{\mathrm{G}}\} = [T_{ij}]_{\mathrm{s}}[S_{ij}][T_{ij}]_{\mathrm{c}}^{-1}\{\sigma_j^{\mathrm{G}}\} = [T_{ij}]_{\mathrm{s}}[S_{ij}][T_{ij}]_{\mathrm{s}}^{\mathrm{T}}\{\sigma_j^{\mathrm{G}}\},$$

$$\{\sigma_i^{\mathrm{G}}\} = [T_{ij}]_{\mathrm{c}}[K_{ij}]\{\varepsilon_j\} = [T_{ij}]_{\mathrm{c}}[K_{ij}][T_{ij}]_{\mathrm{s}}^{-1}\{\varepsilon_j^{\mathrm{G}}\} = [T_{ij}]_{\mathrm{c}}[K_{ij}][T_{ij}]_{\mathrm{c}}^{\mathrm{T}}\{\varepsilon_j^{\mathrm{G}}\}。$$

例 1-5　写出两个坐标系之间的平面坐标变换矩阵 $[T_{ij}]_{\mathrm{c}}$ 和 $[T_{ij}]_{\mathrm{s}}$。

解　由于两个坐标系在同一个平面内，一般总是约定局部坐标系的 x_3 轴平行于整体坐标系的 z 轴。假定局部 x_1 轴与整体坐标 x 轴的夹角为 θ，如图 1-9 所示。按右手螺旋定则，x_1 旋转到 x_2 的方向，须与 x 到 y 的转向一致。两个坐标系之间的方向余弦矩阵为

$$\begin{Bmatrix} x_1 \\ x_2 \end{Bmatrix} = \begin{bmatrix} l_1 & m_1 \\ l_2 & m_2 \end{bmatrix} \begin{Bmatrix} x \\ y \end{Bmatrix} = [e_{ij}] \begin{Bmatrix} x \\ y \end{Bmatrix}, \quad l_i = \cos(x_i, x), m_i = \cos(x_i, y), \quad i = 1, 2$$

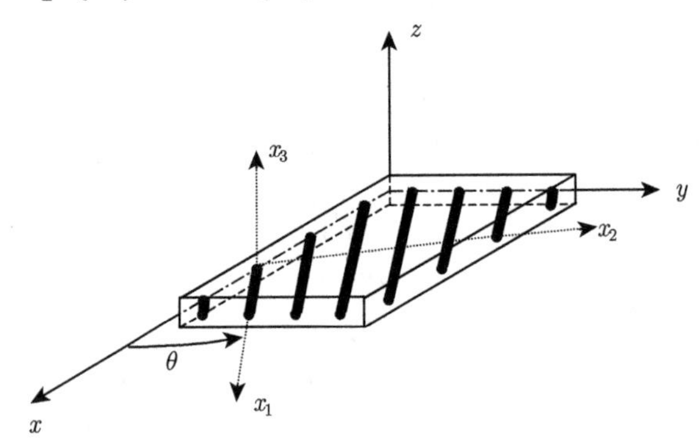

图 1-9　单向复合材料的两个平面坐标系 (x_1, x_2, x_3) 和 (x, y, z) 之间的变换

根据 $\sigma_{kl}^{\mathrm{G}} = e_{ik}e_{jl}\sigma_{ij}$ $(i, j, k, l = 1, 2)$，导出

$$\begin{aligned}
\sigma_{11}^{\mathrm{G}} &= \sigma_{xx} = e_{i1}e_{j1}\sigma_{ij} = e_{11}e_{11}\sigma_{11} + e_{11}e_{21}\sigma_{12} + e_{21}e_{11}\sigma_{21} + e_{21}e_{21}\sigma_{22} \\
&= l_1^2\sigma_{11} + l_2^2\sigma_{22} + 2l_1l_2\sigma_{12} \\
\sigma_{22}^{\mathrm{G}} &= \sigma_{yy} = e_{i2}e_{j2}\sigma_{ij} = e_{12}e_{12}\sigma_{11} + e_{12}e_{22}\sigma_{12} + e_{22}e_{12}\sigma_{21} + e_{22}e_{22}\sigma_{22} \\
&= m_1^2\sigma_{11} + m_2^2\sigma_{22} + 2m_1m_2\sigma_{12} \\
\sigma_{12}^{\mathrm{G}} &= \sigma_{xy} = e_{i1}e_{j2}\sigma_{ij} = e_{11}e_{12}\sigma_{11} + e_{11}e_{22}\sigma_{12} + e_{21}e_{12}\sigma_{21} + e_{21}e_{22}\sigma_{22} \\
&= l_1m_1\sigma_{11} + l_2m_2\sigma_{22} + (l_1m_2 + l_2m_1)\sigma_{12}
\end{aligned}$$

由此得到

$$[T_{ij}]_{\mathrm{c}} = \begin{bmatrix} l_1^2 & l_2^2 & 2l_1l_2 \\ m_1^2 & m_2^2 & 2m_1m_2 \\ l_1m_1 & l_2m_2 & l_1m_2 + l_2m_1 \end{bmatrix} \tag{1.73a}$$

另外，对比式 (1.73a) 与式 (1.66) 可以看出，前者是后者的缩减形式。因此，经对式 (1.68) 的缩减，得到平面 $[T_{ij}]_{\mathrm{s}}$ 矩阵为

$$[T_{ij}]_{\mathrm{s}}=\begin{bmatrix} l_1^2 & l_2^2 & l_1l_2 \\ m_1^2 & m_2^2 & m_1m_2 \\ 2l_1m_1 & 2l_2m_2 & l_1m_2+l_2m_1 \end{bmatrix} \tag{1.73b}$$

例 1-6 六面体各向同性基体中夹有两种横观各向同性的异质材料 I 和 II，见图 1-10，其中 I 的几何体为圆形柱，II 为矩形柱。假定异质 I 和 II 在各自主轴坐标下的应力分配矩阵分别是 $[M_{ij}^{\mathrm{f_I}}]$ 和 $[M_{ij}^{\mathrm{f_{II}}}]$，即

$$\{\sigma_i^{\mathrm{f_I}}\}=[M_{ij}^{\mathrm{f_I}}]\{\sigma_j^{\mathrm{I}}\},\quad \{\sigma_i^{\mathrm{f_{II}}}\}=[M_{ij}^{\mathrm{f_{II}}}]\{\sigma_j^{\mathrm{II}}\} \tag{1.74}$$

式中，$\{\sigma_j^{\mathrm{I}}\}$ 和 $\{\sigma_j^{\mathrm{II}}\}$ 分别代表复合材料 (夹杂体) 的应力矢量在 x_1^{I} 和 x_1^{II} 构建的两个主轴坐标下的表达式。试求复合材料在整体坐标下的柔度矩阵，各相材料的几何尺寸见图 1-10，即六面体：长 × 宽 × 高 $=C\times A\times b$，异质 I：直径 × 高 $=d\times b$，异质 II：长 × 宽 × 高 $=a\times c\times b$。

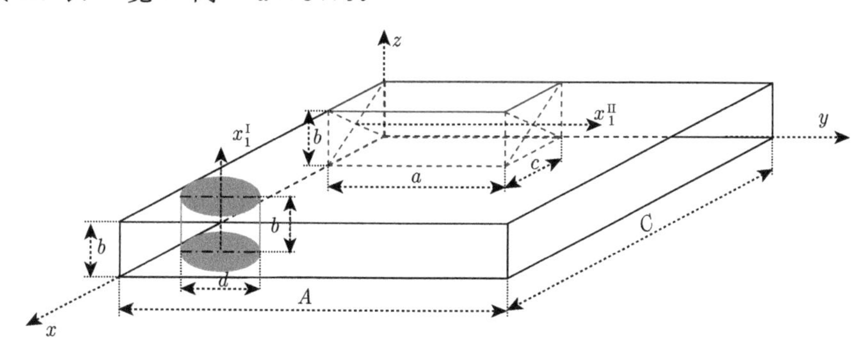

图 1-10 夹有两个异质的复合材料主轴坐标与整体坐标

解 复合材料整体坐标下的柔度矩阵由式 (1.44) 计算，但须求出异质 I 和 II 的柔度矩阵及应力分配矩阵在整体坐标下的表达式。

(1) 建立主轴坐标系 $(x_1^{\mathrm{I}},x_2^{\mathrm{I}},x_3^{\mathrm{I}})$ 和 $(x_1^{\mathrm{II}},x_2^{\mathrm{II}},x_3^{\mathrm{II}})$：分别取 x_1^{I} 和 x_1^{II} 轴平行于总体坐标的 z 和 y 轴，且总是沿各自夹杂体的对称轴方向，见图 1-10。由于异质 I 和 II 均为横观各向同性的，这样选择其各向同性平面内的坐标，使得 x_2^{I} 平行于 x 轴，x_3^{I} 平行于 y 轴，并且 x_2^{II} 平行于 z 轴，x_3^{II} 平行于 x 轴，确保 $(x_1^{\mathrm{I}},x_2^{\mathrm{I}},x_3^{\mathrm{I}})$、$(x_1^{\mathrm{II}},x_2^{\mathrm{II}},x_3^{\mathrm{II}})$ 与 (x,y,z) 一样构成右手坐标系。

(2) 异质 I 的体积含量：$V_{\mathrm{I}}=0.25\pi d^2b/(CAb)=0.25\pi d^2/(CA)$。

(3) 异质 II 的体积含量：$V_{\mathrm{II}}=acb/(CAb)=ac/(CA)$。

(4) 主轴坐标 $(x_i^{\rm I}, x_2^{\rm I}, x_3^{\rm I})$ 相对整体坐标 (x, y, z) 各方向的余弦：$l_i^{\rm I} = \cos(x_i^{\rm I},x)$, $m_i^{\rm I} = \cos(x_i^{\rm I},y)$, $n_i^{\rm I} = \cos(x_i^{\rm I},z)$, 即 $l_1^{\rm I} = 0$, $l_2^{\rm I} = 1$, $l_3^{\rm I} = 0$, $m_1^{\rm I} = 0$, $m_2^{\rm I} = 0$, $m_3^{\rm I} = 1$, $n_1^{\rm I} = 1$, $n_2^{\rm I} = 0$, $n_3^{\rm I} = 0$。

(5) 主轴坐标 $(x_1^{\rm I}, x_2^{\rm I}, x_3^{\rm I})$ 相对整体坐标 (x, y, z) 的应力和应变变换矩阵：

$$[T_{ij}^{\rm I}]_{\rm c} = \begin{bmatrix} 0 & 1 & 0 & 0 & 0 & 0 \\ 0 & 0 & 1 & 0 & 0 & 0 \\ 1 & 0 & 0 & 0 & 0 & 0 \\ 0 & 0 & 0 & 0 & 1 & 0 \\ 0 & 0 & 0 & 0 & 0 & 1 \\ 0 & 0 & 0 & 1 & 0 & 0 \end{bmatrix}, \quad [T_{ij}^{\rm I}]_{\rm s} = \begin{bmatrix} 0 & 1 & 0 & 0 & 0 & 0 \\ 0 & 0 & 1 & 0 & 0 & 0 \\ 1 & 0 & 0 & 0 & 0 & 0 \\ 0 & 0 & 0 & 0 & 1 & 0 \\ 0 & 0 & 0 & 0 & 0 & 1 \\ 0 & 0 & 0 & 1 & 0 & 0 \end{bmatrix}$$

(6) 主轴坐标 $(x_1^{\rm II},x_2^{\rm II},x_3^{\rm II})$ 相对整体坐标 (x,y,z) 各方向的余弦：$l_i^{\rm II} = \cos(x_i^{\rm II},x)$, $m_i^{\rm II}{=}\cos(x_i^{\rm II},y)$, $n_i^{\rm II}{=}\cos(x_i^{\rm II},z)$, 即 $l_1^{\rm II}{=}0$, $l_2^{\rm II}{=}0$, $l_3^{\rm II}{=}1$, $m_1^{\rm II}{=}1$, $m_2^{\rm II}{=}0$, $m_3^{\rm II}{=}0$, $n_1^{\rm II}{=}0$, $n_2^{\rm II}{=}1$, $n_3^{\rm I}{=}0$。

(7) 主轴坐标 $(x_1^{\rm II},x_2^{\rm II},x_3^{\rm II})$ 相对整体坐标 (x,y,z) 的应力和应变变换矩阵：

$$[T_{ij}^{\rm II}]_{\rm c} = \begin{bmatrix} 0 & 0 & 1 & 0 & 0 & 0 \\ 1 & 0 & 0 & 0 & 0 & 0 \\ 0 & 1 & 0 & 0 & 0 & 0 \\ 0 & 0 & 0 & 0 & 0 & 1 \\ 0 & 0 & 0 & 1 & 0 & 0 \\ 0 & 0 & 0 & 0 & 1 & 0 \end{bmatrix}, \quad [T_{ij}^{\rm II}]_{\rm s} = \begin{bmatrix} 0 & 0 & 1 & 0 & 0 & 0 \\ 1 & 0 & 0 & 0 & 0 & 0 \\ 0 & 1 & 0 & 0 & 0 & 0 \\ 0 & 0 & 0 & 0 & 0 & 1 \\ 0 & 0 & 0 & 1 & 0 & 0 \\ 0 & 0 & 0 & 0 & 1 & 0 \end{bmatrix}$$

(8) 异质 I 和 II 在整体坐标下的柔度矩阵：

假定 $[S_{ij}^{\rm f_I}]$ 和 $[S_{ij}^{\rm f_{II}}]$ 分别是异质 I 和II在各自局部坐标下的柔度矩阵，根据式 (1.71)，它们在整体坐标下的柔度矩阵为

$$[S_{ij}^{\rm f_I,G}] = [T_{ij}^{\rm I}]_{\rm s}[S_{ij}^{\rm f_I}][T_{ij}^{\rm I}]_{\rm s}^{\rm T}, \quad [S_{ij}^{\rm f_{II},G}] = [T_{ij}^{\rm II}]_{\rm s}[S_{ij}^{\rm f_{II}}][T_{ij}^{\rm II}]_{\rm s}^{\rm T}$$

(9) 异质 I 和 II 在整体坐标下的应力分配矩阵：

根据式 (1.65)，有 $\{\sigma_i^{\rm G}\} = [T_{ij}^{\rm I}]_{\rm c}\{\sigma_j^{\rm I}\} = [T_{ij}^{\rm II}]_{\rm c}\{\sigma_j^{\rm II}\}$，即 (见式 (1.70a))

$$\{\sigma_i^{\rm I}\} = [T_{ij}^{\rm I}]_{\rm s}^{\rm T}\left\{\sigma_j^{\rm G}\right\}, \quad \{\sigma_i^{\rm II}\} = [T_{ij}^{\rm II}]_{\rm s}^{\rm T}\left\{\sigma_j^{\rm G}\right\}$$

同理，

$$\{\sigma_i^{\rm f_I}\} = [T_{ij}^{\rm I}]_{\rm s}^{\rm T}\left\{\sigma_j^{\rm f_I,G}\right\}, \quad \{\sigma_i^{\rm f_{II}}\} = [T_{ij}^{\rm II}]_{\rm s}^{\rm T}\left\{\sigma_j^{\rm f_{II},G}\right\}$$

将这些应力表达式代入式 (1.74)，得到

$$\left\{\sigma_j^{\rm f_I,G}\right\} = [T_{ij}^{\rm I}]_{\rm c}[M_{ij}^{\rm f_I}][T_{ij}^{\rm I}]_{\rm s}^{\rm T}\{\sigma_j^{\rm G}\}, \quad \left\{\sigma_j^{\rm f_{II},G}\right\} = [T_{ij}^{\rm II}]_{\rm c}[M_{ij}^{\rm f_{II}}][T_{ij}^{\rm II}]_{\rm s}^{\rm T}\{\sigma_j^{\rm G}\}$$

整体坐标下的应力分配矩阵就是

$$[M_{ij}^{\mathrm{f_I,G}}] = [T_{ij}^{\mathrm{I}}]_{\mathrm{c}}[M_{ij}^{\mathrm{f_I}}][T_{ij}^{\mathrm{I}}]_{\mathrm{s}}^{\mathrm{T}}, \quad [M_{ij}^{\mathrm{f_{II},G}}] = [T_{ij}^{\mathrm{II}}]_{\mathrm{c}}[M_{ij}^{\mathrm{f_{II}}}][T_{ij}^{\mathrm{II}}]_{\mathrm{s}}^{\mathrm{T}} \tag{1.75}$$

(10) 复合材料整体坐标下的柔度矩阵。根据式 (1.44)，有

$$[S_{ij}^{\mathrm{G}}] = [S_{ij}^{\mathrm{m}}] + V_{\mathrm{I}}([S_{ij}^{\mathrm{f_I,G}}] - [S_{ij}^{\mathrm{m}}])[M_{ij}^{\mathrm{f_I,G}}] + V_{\mathrm{II}}([S_{ij}^{\mathrm{f_{II},G}}] - [S_{ij}^{\mathrm{m}}])[M_{ij}^{\mathrm{f_{II},G}}] \tag{1.76}$$

式中，$[S_{ij}^{\mathrm{m}}]$ 为基体材料的柔度矩阵。

本算例提供了如何计算短切纤维增强复合材料等效性能的一种途径，只要短切纤维复合材料特征体元内各纤维的几何坐标及应力分配矩阵已知即可。

1.11 剪应力正方向

由于复合材料是各向异性的，不同方向的承载能力互不相同，并且在同一方向承受拉伸和压缩载荷的能力也不一样。以常见的玻璃纤维及碳纤维增强树脂基单向复合材料为例，其沿纤维方向 (轴向) 的受拉能力一般高于受压能力，而与纤维垂直的横向承载能力则恰好相反，即横向受压能力高于横向受拉能力。换言之，这类复合材料的轴向拉伸强度一般高于轴向压缩强度，而横向拉伸强度则低于横向压缩强度。因此，如果剪应力并非施加在主轴坐标平面内，那么，该剪应力将分别对单向复合材料的轴向和横向加载，仅加载方向不同，将可能导致复合材料的承载能力大不一样。图 1-11 显示，不同剪应力方向将导致单向复合材料在主轴坐标平面内承载性质不同，进而引起承载能力的差异。

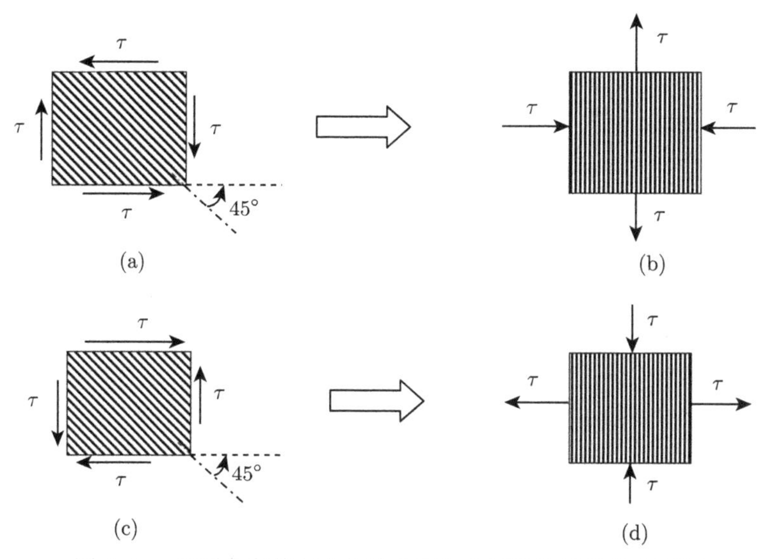

图 1-11 不同方向剪应力导致单向复合材料的承载能力不同

在图 1-11(a) 的加载情况下，根据材料力学知识，单向复合材料主轴坐标平面内的受载如图 1-11(b) 所示，即横向受压、轴向受拉，而图 1-11(c) 的加载情况将使复合材料轴向受压、横向受拉，参见图 1-11(d)。鉴于复合材料的轴向承载能力一般都远高于横向承载能力，因此，图 1-11(a) 与图 1-11(c) 仅仅存在剪应力方向的差异，而图 1-11(c) 下的承载能力可能要比图 1-11(a) 下的承载能力低数倍。

为确保剪应力经坐标变换后产生的正应力分量的符号与材料受拉压的状态一致，必须约定剪应力的正方向。应力双下标的第一个符号 (或数字) 代表该应力作用平面外法线方向所对应的坐标轴，第二个符号 (或数字) 代表应力指向对应的坐标轴，如 σ_{xy} 表示该应力作用在 x 平面 (即所在平面的外法线方向沿 x 轴)、指向 y 轴方向，σ_{11} 则表示该应力作用平面的外法线方向及指向均与 x_1 轴一致。本书约定：

若剪应力的双下标都对应各自坐标轴的正方向或负方向，该剪应力为正值 (>0)；**若双下标中的一个对应坐标轴正方向，另一个与负方向一致，该剪应力为负值** (<0)。

简言之，剪应力的正方向遵循“正正为正”“负负为正”“正负为负”及“负正为负”的原则。只有选定坐标系后才可确定剪应力的正负号，参见图 1-12(a) 和 (b)。

图 1-12　剪应力正方向的约定

在分析单向复合材料的平面问题时，两组坐标系 (x_1, x_2) 和 (x, y) 的 4 个坐标轴中，只有两个可“任意”选定，另外两个必须遵循约定的规则，其中 x_1 须总是沿纤维的轴向，剩下一个坐标轴的正方向将由“右手螺旋法则”确定，即由 x_1 轴按右手旋转到 x_2 轴的方向，要与 x 轴按右手旋转到 y 轴的方向一致。这里的基本要求是：x_3 轴与 z 轴的方向一致。然后，再按式 (1.62) 计算出方向余弦，而方向余弦取正或取负，可由两坐标轴之间所夹的是锐角还是钝角确定。

假定作用在整体坐标 (图 1-13(a)) 下的应力为 $\{\sigma_i^{\mathrm{G}}\}=\{\sigma_1^{\mathrm{G}},\sigma_2^{\mathrm{G}},\sigma_3^{\mathrm{G}}\}^{\mathrm{T}}=\{\sigma_{xx},\sigma_{yy},\sigma_{xy}\}^{\mathrm{T}}$，主轴坐标 (图 1-13(b)) 下的应力 $\{\sigma_j\}=\{\sigma_{11},\sigma_{22},\sigma_{12}\}^{\mathrm{T}}$ 由式 (1.65)、式 (1.70a) 和式 (1.73b) 导得为

$$\begin{Bmatrix} \sigma_{11} \\ \sigma_{22} \\ \sigma_{12} \end{Bmatrix} = \begin{bmatrix} l_1^2 & m_1^2 & 2l_1m_1 \\ l_2^2 & m_2^2 & 2l_2m_2 \\ l_1l_2 & m_1m_2 & l_1m_2+l_2m_1 \end{bmatrix} \begin{Bmatrix} \sigma_{xx} \\ \sigma_{yy} \\ \sigma_{xy} \end{Bmatrix} \tag{1.77}$$

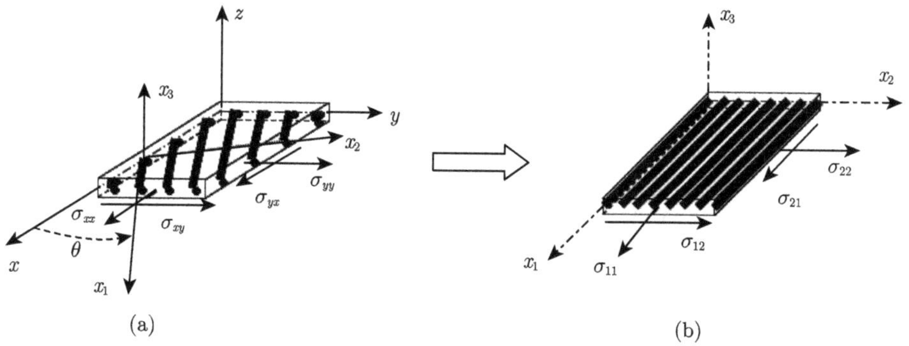

(a)　　(b)

图 1-13　整体坐标系与局部坐标系下的应力

例 1-7　单向复合材料受偏轴拉伸应力 σ_θ 作用，求主轴坐标系下的各应力分量，假定载荷方向与纤维轴向夹角为 θ。

解　此时，整体坐标系下的应力为 $\{\sigma_{xx}, \sigma_{yy}, \sigma_{xy}\}^{\mathrm{T}} = \{\sigma_\theta, 0, 0\}$。若按图 1-14 所示建立的整体和主轴坐标系，有 $l_1 = \cos\theta$、$l_2 = -\sin\theta$、$m_1 = \sin\theta$、$m_2 = \cos\theta$。代入式 (1.77)，解得

$$\sigma_{11} = \cos^2\theta\sigma_\theta, \quad \sigma_{22} = \sin^2\theta\sigma_\theta, \quad \sigma_{12} = -\sin\theta\cos\theta\sigma_\theta \tag{1.78a}$$

上述主轴坐标系下剪应力为负值，表示实际剪应力的作用方向与图 1-14(b) 中的剪应力方向相反。

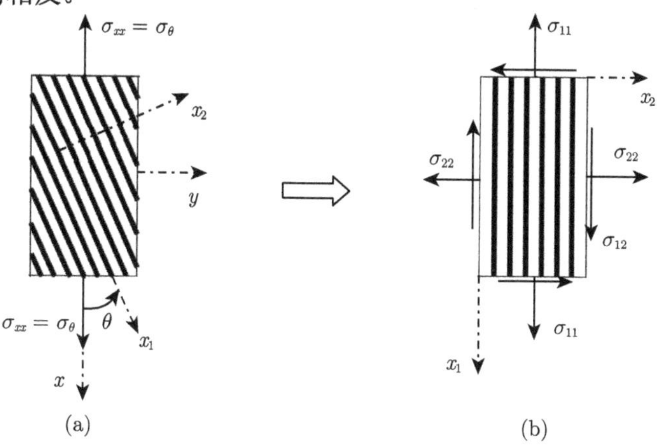

图 1-14　偏轴拉伸的坐标系变换

另外，也可以取如图 1-15(a) 所示的坐标系，与图 1-15(b) 所示主轴坐标系之间的坐标变换元素为 $l_1 = \cos\theta$，$l_2 = \sin\theta$，$m_1 = -\sin\theta$，$m_2 = \cos\theta$。由此得到

$$\sigma_{11} = \cos^2\theta\sigma_\theta, \quad \sigma_{22} = \sin^2\theta\sigma_\theta, \quad \sigma_{12} = \sin\theta\cos\theta\sigma_\theta \tag{1.78b}$$

上述公式给出的剪应力为正值 (> 0)，表明 σ_{12} 的实际作用方向与图 1-15(b) 中所示的剪应力方向相同。

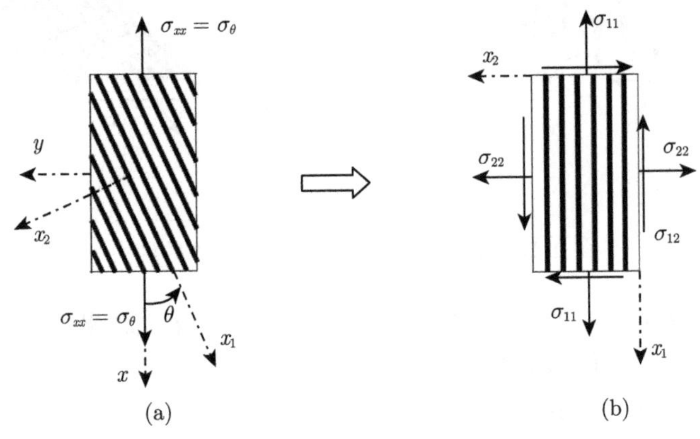

图 1-15　偏轴拉伸的另一对坐标系变换

1.12　偏 轴 模 量

实际应用中往往对材料的工程弹性常数更感兴趣。以图 1-13 为例，假定图 1-13(b) 所示的主轴坐标下的材料弹性常数为已知，如根据混合率模型或 Chamis 模型公式计算得到，那么，在图 1-13(a) 所示整体坐标下的材料弹性常数 E_{xx}、E_{yy}、ν_{xy}、G_{xy}、$\cdots$ 如何计算？应用坐标变换公式 (1.71)，可以解决这一问题。

单向复合材料在主轴坐标系 (图 1-13(b)) 下的应力–应变关系为

$$\begin{Bmatrix} \varepsilon_{11} \\ \varepsilon_{22} \\ 2\varepsilon_{12} \end{Bmatrix} = \begin{bmatrix} S_{11} & S_{12} & 0 \\ S_{12} & S_{22} & 0 \\ 0 & 0 & S_{66} \end{bmatrix} \begin{Bmatrix} \sigma_{11} \\ \sigma_{22} \\ \sigma_{12} \end{Bmatrix} = \begin{bmatrix} \dfrac{1}{E_{11}} & -\dfrac{\nu_{12}}{E_{11}} & 0 \\ -\dfrac{\nu_{12}}{E_{11}} & \dfrac{1}{E_{22}} & 0 \\ 0 & 0 & \dfrac{1}{G_{12}} \end{bmatrix} \begin{Bmatrix} \sigma_{11} \\ \sigma_{22} \\ \sigma_{12} \end{Bmatrix}$$

对应的，该复合材料在整体坐标系 (图 1-13(a)) 下的本构方程由如下公式给出：

$$\begin{Bmatrix} \varepsilon_{xx} \\ \varepsilon_{yy} \\ 2\varepsilon_{xy} \end{Bmatrix} = \begin{bmatrix} S_{11}^{\mathrm{G}} & S_{12}^{\mathrm{G}} & S_{16}^{\mathrm{G}} \\ S_{12}^{\mathrm{G}} & S_{22}^{\mathrm{G}} & S_{26}^{\mathrm{G}} \\ S_{16}^{\mathrm{G}} & S_{26}^{\mathrm{G}} & S_{66}^{\mathrm{G}} \end{bmatrix} \begin{Bmatrix} \sigma_{xx} \\ \sigma_{yy} \\ \sigma_{xy} \end{Bmatrix} = \begin{bmatrix} \dfrac{1}{E_{xx}} & -\dfrac{\nu_{xy}}{E_{xx}} & \dfrac{\eta_{xy,x}}{E_{xx}} \\ -\dfrac{\nu_{xy}}{E_{xx}} & \dfrac{1}{E_{yy}} & \dfrac{\eta_{xy,y}}{E_{yy}} \\ \dfrac{\eta_{xy,x}}{E_{xx}} & \dfrac{\eta_{xy,y}}{E_{yy}} & \dfrac{1}{G_{xy}} \end{bmatrix} \begin{Bmatrix} \sigma_{xx} \\ \sigma_{yy} \\ \sigma_{xy} \end{Bmatrix} \tag{1.79}$$

这里，整体坐标系下的 $[S_{ij}^{\mathrm{G}}]$ 可由坐标变换方程 (1.71) 导出，其中 $[T_{ij}]_{\mathrm{s}}$ 为 (参见式 (1.73b) 和图 1-13(a))

$$[T]_{\mathrm{s}} = \begin{bmatrix} \cos^2\theta & \sin^2\theta & -\sin 2\theta/2 \\ \sin^2\theta & \cos^2\theta & \sin 2\theta/2 \\ \sin 2\theta & -\sin 2\theta & \cos 2\theta \end{bmatrix}$$

直接进行矩阵相乘，得到

$$\begin{aligned} [S_{ij}^{\mathrm{G}}] &= \begin{bmatrix} \cos^2\theta & \sin^2\theta & -\sin 2\theta/2 \\ \sin^2\theta & \cos^2\theta & \sin 2\theta/2 \\ \sin 2\theta & -\sin 2\theta & \cos 2\theta \end{bmatrix} \begin{bmatrix} \dfrac{1}{E_{11}} & -\dfrac{\nu_{12}}{E_{11}} & 0 \\ -\dfrac{\nu_{12}}{E_{11}} & \dfrac{1}{E_{22}} & 0 \\ 0 & 0 & \dfrac{1}{G_{12}} \end{bmatrix} \\ &\cdot \begin{bmatrix} \cos^2\theta & \sin^2\theta & \sin 2\theta \\ \sin^2\theta & \cos^2\theta & -\sin 2\theta \\ -\sin 2\theta/2 & \sin 2\theta/2 & \cos 2\theta \end{bmatrix} \\ &= \begin{bmatrix} \dfrac{\cos^2\theta - \nu_{12}\sin^2\theta}{E_{11}} & \dfrac{\sin^2\theta}{E_{22}} - \dfrac{\nu_{12}\cos^2\theta}{E_{11}} & -\dfrac{\sin 2\theta}{2G_{12}} \\ \dfrac{\sin^2\theta - \nu_{12}\cos^2\theta}{E_{11}} & \dfrac{\cos^2\theta}{E_{22}} - \dfrac{\nu_{12}\sin^2\theta}{E_{11}} & \dfrac{\sin 2\theta}{2G_{12}} \\ \dfrac{\sin 2\theta(1+\nu_{12})}{E_{11}} & -\dfrac{\sin 2\theta}{E_{22}} - \dfrac{\nu_{12}\sin 2\theta}{E_{11}} & \dfrac{\cos 2\theta}{G_{12}} \end{bmatrix} \\ &\cdot \begin{bmatrix} \cos^2\theta & \sin^2\theta & \sin 2\theta \\ \sin^2\theta & \cos^2\theta & -\sin 2\theta \\ -\sin 2\theta/2 & \sin 2\theta/2 & \cos 2\theta \end{bmatrix} \end{aligned}$$

进一步化简后，就有

$$\frac{1}{E_{xx}} = \frac{1}{E_{11}}\cos^4\theta + \left(\frac{1}{G_{12}} - \frac{2\nu_{12}}{E_{11}}\right)\sin^2\theta\cos^2\theta + \frac{1}{E_{22}}\sin^4\theta \tag{1.80a}$$

$$\nu_{xy} = E_{xx}\left[\frac{\nu_{12}}{E_{11}}(\sin^4\theta + \cos^4\theta) - \left(\frac{1}{E_{11}} + \frac{1}{E_{22}} - \frac{1}{G_{12}}\right)\sin^2\theta\cos^2\theta\right] \tag{1.80b}$$

$$\frac{1}{E_{yy}} = \frac{1}{E_{11}}\sin^4\theta + \left(\frac{1}{G_{12}} - \frac{2\nu_{12}}{E_{11}}\right)\sin^2\theta\cos^2\theta + \frac{1}{E_{22}}\cos^4\theta \tag{1.80c}$$

$$\frac{1}{G_{xy}} = 2\left(\frac{2}{E_{11}} + \frac{2}{E_{22}} + \frac{4\nu_{12}}{E_{11}} - \frac{1}{G_{12}}\right)\sin^2\theta\cos^2\theta + \frac{1}{G_{12}}(\sin^4\theta + \cos^4\theta) \tag{1.80d}$$

$$\begin{aligned}\eta_{xy,x} =& E_{xx}\left[\left(\frac{2}{E_{11}} + \frac{2\nu_{12}}{E_{11}} - \frac{1}{G_{12}}\right)\sin\theta\cos^3\theta\right.\\ &\left.-\left(\frac{2}{E_{22}} + \frac{2\nu_{12}}{E_{11}} - \frac{1}{G_{12}}\right)\sin^3\theta\cos\theta\right]\end{aligned} \tag{1.80e}$$

$$\begin{aligned}\eta_{xy,y} =& E_{yy}\left[\left(\frac{2}{E_{11}} + \frac{2\nu_{12}}{E_{11}} - \frac{1}{G_{12}}\right)\sin^3\theta\cos\theta\right.\\ &\left.-\left(\frac{2}{E_{22}} + \frac{2\nu_{12}}{E_{11}} - \frac{1}{G_{12}}\right)\sin\theta\cos^3\theta\right]\end{aligned} \tag{1.80f}$$

注意：公式 (1.80a)~(1.80f) 中的θ角是纤维方向 (即单向复合材料的轴向) 与整体坐标x轴的夹角，主轴坐标 (x_1, x_2) 与整体坐标 (x, y) 之间的关系必须如同图 1-13(a) 建立。换言之，若按图 1-15(a) 建立坐标系，上述显式表达式可能不再成立。

例 1-8　单向复合材料主轴坐标下的弹性性能参数见表 1-2。试求该单向复合材料对应的 $\theta = 0°$ 和 $\theta = 90°$ 整体坐标下的平面柔度矩阵 $[S_{ij}]_0$ 及 $[S_{ij}]_{90}$。

表 1-2　单向复合材料弹性性能参数

E_{11}/GPa	E_{22}/GPa	ν_{12}	G_{12}/GPa
44.6	13.3	0.302	4.97

解　(1) $\theta = 0°$ 表示整体坐标与主轴 (局部) 坐标重合，此时的柔度矩阵是

$$[S_{ij}]_0 = \begin{bmatrix} \frac{1}{E_{11}} & -\frac{\nu_{12}}{E_{11}} & 0 \\ -\frac{\nu_{12}}{E_{11}} & \frac{1}{E_{22}} & 0 \\ 0 & 0 & \frac{1}{G_{12}} \end{bmatrix} = \begin{bmatrix} 0.0224 & -0.007 & 0 \\ -0.007 & 0.0752 & 0 \\ 0 & 0 & 0.2013 \end{bmatrix} (\mathrm{GPa}^{-1})$$

(2) $\theta = 90°$ 表示坐标系旋转 $90°$，x_1 轴与整体坐标 y 轴重合，x_2 轴沿 x 轴的负方向。将 $\theta = 90°$ 代入式 (1.80a)~(1.80f)，得到

$$E_{xx} = E_{22},\quad \nu_{xy}/E_{xx} = \nu_{12}/E_{11},\quad E_{yy} = E_{11},\quad G_{xy} = G_{12},\quad \eta_{xy,x} = \eta_{xy,y} = 0$$

上式说明，若整体坐标 x 轴沿纤维的横向，平面柔度矩阵只需将主对角线上的前两个元素位置互换即可，其整体坐标下的柔度矩阵为

$$[S_{ij}]_{90} = \begin{bmatrix} 0.0752 & -0.007 & 0 \\ -0.007 & 0.0224 & 0 \\ 0 & 0 & 0.2013 \end{bmatrix} (\mathrm{GPa}^{-1})$$

另外，若假想 x_1 轴沿复合材料的横向、x_2 轴沿复合材料的轴向，也可由式 (1.30) 直接写出 $[S_{ij}]_{90}$ 的表达式，只不过此时的非对角线元素将是 $(-\nu_{21}/E_{22})$，即

$$[S_{ij}]_{90} = \begin{bmatrix} \dfrac{1}{E_{22}} & -\dfrac{\nu_{21}}{E_{22}} & 0 \\ -\dfrac{\nu_{21}}{E_{22}} & \dfrac{1}{E_{11}} & 0 \\ 0 & 0 & \dfrac{1}{G_{12}} \end{bmatrix} = \begin{bmatrix} \dfrac{1}{E_{22}} & -\dfrac{\nu_{12}}{E_{11}} & 0 \\ -\dfrac{\nu_{12}}{E_{11}} & \dfrac{1}{E_{11}} & 0 \\ 0 & 0 & \dfrac{1}{G_{12}} \end{bmatrix}$$

后一个等式中 $(-\nu_{12}/E_{11}) = (-\nu_{21}/E_{22})$ 是由式 (1.22) 得到的。

1.13 破坏与强度分析步骤

材料力学分析杆件的强度必须完成三个方面的工作：第一，必须要求出外载作用下杆件横截面上的应力，包括正应力和剪应力；第二，必须将所求的应力代入合适的强度准则即破坏判据，判定它们是否达到了杆件材料的极限应力 (许用应力)，如果达到，就说杆件产生了破坏，对应的外载称为杆件的极限载荷或强度；第三，必须要准确地输入杆件材料的性能参数，包括极限应力或称许用应力。对各向同性材料如金属材料而言，其极限应力或许用应力通常可从材料手册中查到，也可直接对材料试样进行简单拉伸、压缩或剪切破坏实验测定。

复合材料的破坏与强度分析，同样必须解决三个方面的问题，即应力计算、破坏判据和输入数据。本书主要采用细观力学方法进行分析，也就是基于对组分材料 (纤维和基体) 的应力分析，来获得复合材料的破坏与强度特性。无论纤维还是基体达到了其极限破坏，就认为复合材料产生了破坏，对应的外载称为复合材料的强度。因此，首先必须要准确求出外载作用下，复合材料中纤维和基体所分担的应力，称为内应力；其次，必须要基于这些内应力，建立起控制复合材料破坏的有效判据，称为细观力学强度理论；最后，必须要能够准确定义纤维和基体材料性能的输入数据，尤其是许用应力。

需要指出的是，由材料力学分析各向同性材料杆件的性能参数只需通过简单实验就可以确定，输入数据直接取自实验测定的参数。但在复合材料中，纤维和基体性能的确定要复杂得多。纤维由于直径细小，其性能参数很难通过实验直接测

定，或者因测试数据的离散性太大而不具有实用价值，一般是测定单向复合材料以及基体材料的性能数据后，通过一些细观力学公式，反演得到纤维的性能。本书将纤维和基体在复合材料中的实际性能称为现场性能 (in-situ property)，而将直接由纯纤维和纯基体材料试样测试得到的性能，称为原始性能 (original property)。根据定义，由复合材料性能反演得到的纤维性能，原本是现场性能。但众多研究结果证实[13−15]，复合材料中纤维截面上的应力是均匀的，换言之，与基体复合后并没有改变纤维均匀受力的特性，因此，纤维的现场性能与其原始性能相同。

与纤维不同的是，复合材料中基体的现场强度与其原始强度往往并不相同，甚至相差很大，原因是添加纤维后的基体应力场是非均匀的，即使施加的外载是简单的、均匀的。任何细观力学理论计算出纤维和基体的内应力后，代入现有的破坏判据 (强度理论) 得到的单向复合材料的横向强度都会高于输入的基体强度 (假定纤维的弹性和强度性能参数大于基体的性能参数)，而一般实际复合材料 (如碳纤维或玻璃纤维增强树脂基复合材料) 的横向拉伸强度会远小于纯基体的原始拉伸强度。这表明，至少基体的现场横向拉伸强度远低于基体的原始拉伸强度。实验只能测定基体的原始强度，添加纤维后基体的现场强度是无法准确测量的。理论计算需要输入的是基体现场强度，实验可测量的则是基体原始强度。如果将基体的原始强度直接作为现场强度数据输入细观力学计算公式，所得到的复合材料破坏与强度特性与实验数据相比，有可能相差巨大；如果不能将基体的现场强度表作为原始强度的显式方程，那么，细观力学分析计算复合材料破坏与强度的理论与实用价值将会大打折扣。

本书的后续章节将主要围绕解决上述三个方面的问题依次展开。

习　题

习题 1-1　横观各向同性材料的 5 个弹性常数如题 1-1 表所示，试求该材料的三维柔度矩阵及刚度矩阵。

题 1-1 表　弹性常数

E_{11}/GPa	ν_{12}	E_{22}/GPa	G_{12}/GPa	ν_{23}
230	0.2	15.5	16	0.07

习题 1-2　正交各向异性材料的 9 个弹性常数如题 1-2 表所示。试求：

(1) 该材料在另三个平面内的泊松比 ν_{21}、ν_{31}、ν_{32}；

(2) 该材料的三维刚度矩阵 $[K_{ij}]$。

题 1-2 表　弹性常数

E_{11}/GPa	E_{22}/GPa	E_{33}/GPa	ν_{12}	ν_{13}	ν_{23}	G_{12}/GPa	G_{13}/GPa	G_{23}/GPa
237	29	15	0.2	0.3	0.36	15	17	7

习题 1-3　假定材料中某点所受的应力状态为 $\{\sigma_i\}^{\mathrm{T}} = \{\sigma_{11}, \sigma_{22}, \sigma_{33}, \sigma_{23}, \sigma_{13}, \sigma_{12}\} = \{-20, 25, -10, 0, 0, 30\}(\mathrm{MPa})$，试问该点此时受等效拉伸还是等效压缩作用？

习题 1-4　横观各向同性材料的 5 个弹性常数如题 1-4 表所示，实验测得材料中某点的应变为 $\{\varepsilon_i\}^{\mathrm{T}} = \{\varepsilon_{11}, \varepsilon_{22}, \varepsilon_{33}, 2\varepsilon_{23}, 2\varepsilon_{13}, 2\varepsilon_{12}\} = \{1.2, -0.3, 0, 0, 0, 2.5\} \times 10^{-2}$。试求该点所受的应力。

题 1-4 表　弹性常数

E_{11}/GPa	ν_{12}	E_{22}/GPa	G_{12}/GPa	ν_{23}
276	0.2	19	27	0.07

习题 1-5　假定基体材料域中含有两个夹杂体材料，各相材料的刚度分别为 $[K_{ij}^{(r)}]$，体积含量为 $c_r, r = 0, 1, 2$，其中 $r = 0$ 为基体。假定其他两相材料中的均值应力与基体均值应力之间满足如下关系：

$$\{\sigma_i^1\} = [F_{ij}^1]\{\sigma_j^0\}, \quad \{\sigma_i^2\} = [F_{ij}^2]\{\sigma_j^0\}$$

试求如题 1-5 图所示的等效均质材料的刚度矩阵 $[K_{ij}]$。

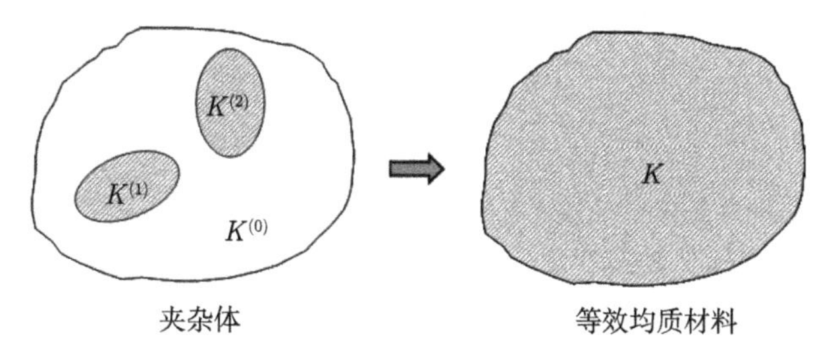

题 1-5 图

习题 1-6　方形 (边长 s) 各向同性基体内含 5 根纤维构成的夹杂体，长度与基体相同，其中 4 根纤维为圆柱体 (直径 d)，1 根为等边三角形柱 (边长 a)，如题 1-6 图所示，纤维性能与习题 1-4 相同，基体弹性模量 $E^{\mathrm{m}} = 3.5\mathrm{GPa}$、$\nu^{\mathrm{m}} = 0.35$，$d = a = s/3$。假定夹杂体的截面积相同，皆为 a^2，第 r 个夹杂体的柔度矩阵为

$$[S_{ij}^{(r)}] = \{V_{\mathrm{f}}^r[S_{ij}^{\mathrm{f}}] + (1 - V_{\mathrm{f}}^r)[S_{ij}^{\mathrm{m}}][A_{ij}]\}[M_{ij}^{(r)}]$$

$$[M_{ij}^{(r)}] = (V_{\mathrm{f}}^r[I] + V_{\mathrm{m}}[A_{ij}])^{-1}, \quad r = 1, 2, \cdots, 5$$

式中，$V_{\mathrm{f}}^r = A_{\mathrm{f}}^r/a^2$ 是第 r 根纤维在夹杂体中的体积含量，A_{f}^r 是第 r 根纤维的截面积；$[S_{ij}^{\mathrm{f}}]$ 和 $[S_{ij}^{\mathrm{m}}]$ 是纤维和基体的柔度矩阵；$[M_{ij}^{(r)}]$ 是第 r 个夹杂体的应力分配矩阵。假定矩阵 $[A_{ij}]$ 在纤维主轴坐标下的表达式为

$$[A_{ij}] = \begin{bmatrix} a_{11} & a_{12} & 0 \\ 0 & a_{22} & 0 \\ 0 & 0 & a_{33} \end{bmatrix}$$

$$a_{11} = E^{\mathrm{m}}/E_{11}^{\mathrm{f}}$$

$$a_{22} = 0.3 + 0.7\frac{E^{\mathrm{m}}}{E_{22}^{\mathrm{f}}}$$

$$a_{33} = 0.3 + 0.7\frac{G^{\mathrm{m}}}{G_{12}^{\mathrm{f}}}$$

$$a_{12} = \frac{\nu^{\mathrm{m}}E_{11}^{\mathrm{f}} - E^{\mathrm{m}}\nu_{12}^{\mathrm{f}}}{E^{\mathrm{m}} - E_{11}^{\mathrm{f}}}(a_{11} - a_{22})$$

试求等效均质材料的柔度矩阵 $[S_{ij}]$。

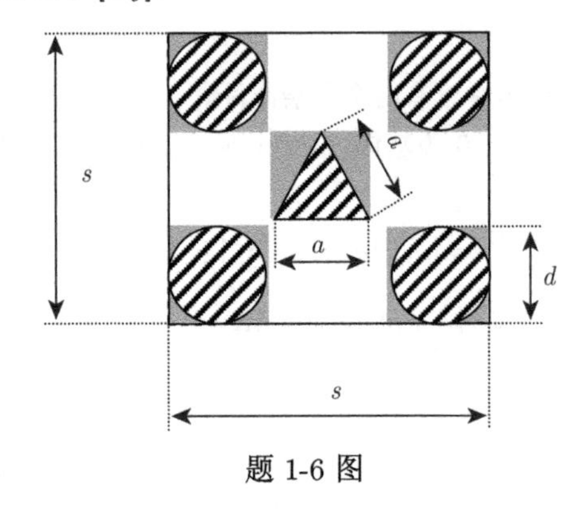

题 1-6 图

习题 1-7　各向同性基体中夹横观各向同性圆形和矩形柱异质 I 和 II，如题 1-7 图所示，其中圆柱轴线与整体坐标 z 轴夹 θ 角，几何尺寸见题图。假定异质 I 和异质 II 在局部坐标下的应力分配由下式描述：

$$\{\sigma_i^{\mathrm{f_I}}\} = [M_{ij}^{\mathrm{f_I}}]\{\sigma_j^{\mathrm{I}}\}, \quad \{\sigma_i^{\mathrm{f_{II}}}\} = [M_{ij}^{\mathrm{f_{II}}}]\{\sigma_j^{\mathrm{II}}\}$$

$\{\sigma_j^{\mathrm{I}}\}$ 和 $\{\sigma_j^{\mathrm{II}}\}$ 分别代表复合材料 (夹杂体) 的应力矢量在 x_1^{I} 和 x_1^{II} 构建的两个主轴坐标下的表达式。试求复合材料在整体坐标下的柔度矩阵。

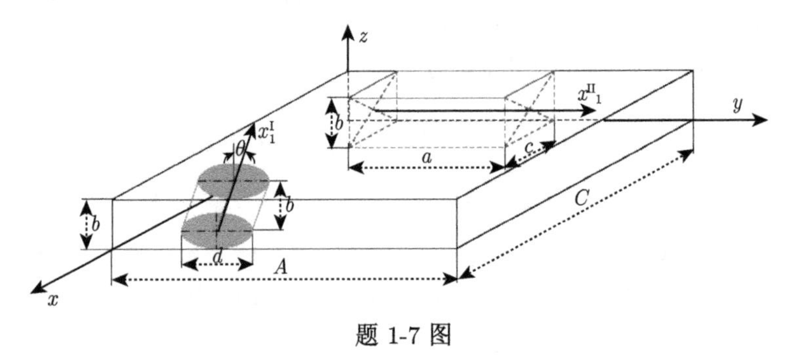

题 1-7 图

习题 1-8　单向复合材料主轴坐标下的 5 个弹性常数见题 1-8 表，整体坐标与主轴坐标之间的关系见题 1-8 图。试分别求 θ=0°、30°、45°、60°、90° 时该复合材料在整体坐标下的弹性模量 E_{xx}、E_{yy}、ν_{xy}、G_{xy}。

题 1-8 表　弹性常数

E_{11}/GPa	ν_{12}	E_{22}/GPa	G_{12}/GPa	G_{23}/GPa
126	0.28	11	6.6	3.9

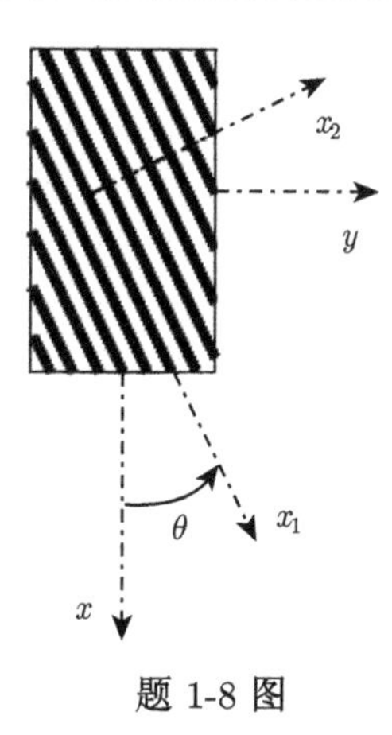

题 1-8 图

习题 1-9　参见题 1-8 图，单向复合材料受 $\theta=45°$ 偏轴拉伸作用，分别测得沿 x 和 y 方向的应变为 ε_{xx} 和ε_{yy}，试利用偏轴模量公式证明该单向复合材料的面内剪切模量可以由以下公式确定：

$$G_{12}=\frac{\sigma_{xx}}{2(\varepsilon_{xx}-\varepsilon_{yy})}$$

习题 1-10　单向复合材料的组分性能如题 1-10 表，纤维含量 $V_{\mathrm{f}}=0.6$，偏轴角 $\theta=45°$，受 $\sigma_{xx}=30\mathrm{MPa}$ 和 $\sigma_{xy}=25\mathrm{MPa}$ 作用 (题 1-10 图)，求沿主轴方向的应变 ε_{11} 和 ε_{22}。

题 1-10 表　单向复合材料的组分性能

	纤维	基体
E_{11}/GPa	207	3.5
E_{22}/GPa	17.5	3.5
ν_{12}	0.27	0.35
G_{12}/GPa	18.5	1.3
G_{23}/GPa	7	1.3

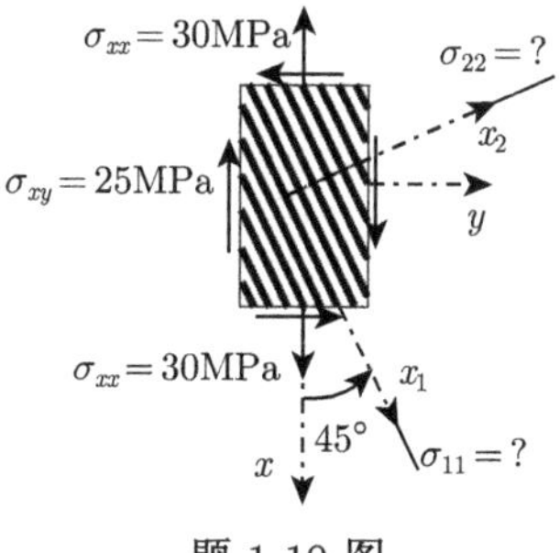

题 1-10 图

习题 1-11　根据剪应力正方向约定，在如题 1-11 图 (a) 和图 (b) 所示整体坐标下的剪应力彼此相差一个正、负号，试求题 1-11 图 (a) 和图 (b) 中主轴坐标系下的剪应力。

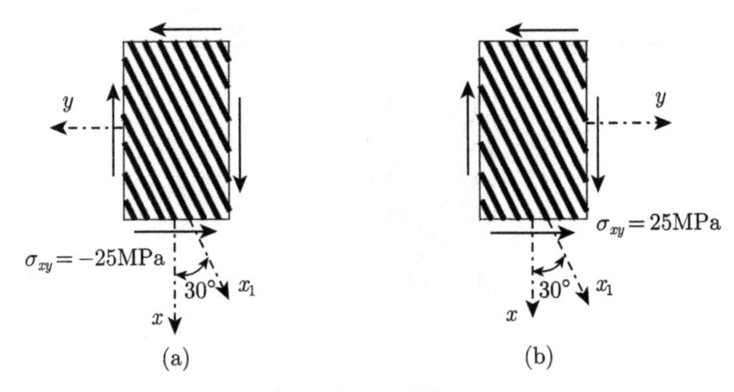

题 1-11 图

习题 1-12　单向复合材料的材料性能参数同习题 1-8，受如题 1-12 图所示载荷作用，试求该复合材料的主轴应力以及沿 x 方向的线应变。

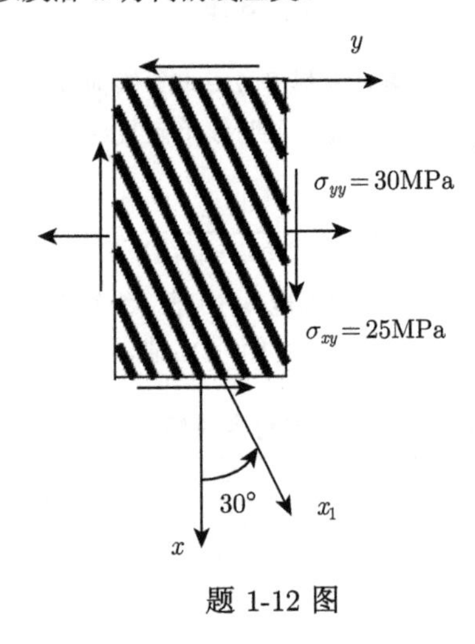

题 1-12 图

第2章　内应力计算

2.1　基 本 方 程

本章主要讨论两相材料 (纤维和基体) 构成的复合材料的内应力计算，并且假定纤维和基体界面是理想的，即纤维和基体的位移及应力在彼此接触的界面上满足弹性力学的所有连续性边界条件。如 1.5 节所述，尽管达到最终破坏前，纤维和基体的界面往往会出现脱粘或界面开裂，但在复合材料受力的初始阶段，纤维和基体的界面足以视为理想的。在只有两相材料的情况下，均质化后的应力和应变必须满足基本方程 (1.36) 和式 (1.37)，即

$$\{\sigma_i\} = V_{\mathrm{f}}\{\sigma_i^{\mathrm{f}}\} + V_{\mathrm{m}}\{\sigma_i^{\mathrm{m}}\} \tag{2.1}$$

$$\{\varepsilon_i\} = V_{\mathrm{f}}\{\varepsilon_i^{\mathrm{f}}\} + V_{\mathrm{m}}\{\varepsilon_i^{\mathrm{m}}\} \tag{2.2}$$

需要指出的是，方程 (2.1) 和 (2.2) 中各相 (纤维、基体、复合材料) 的应力和应变都必须在同一个坐标系内，并且均质化应相对特征体元进行，即体积最小的代表性单元，如图 1-5 所示。因此，本书认为式 (2.1) 和式 (2.2) 只适用于单向复合材料，该复合材料中所有纤维的排列方向均与特征体元中纤维的排列方向相同，尽管它们原本不限于单向复合材料。任何其他连续纤维结构增强复合材料，都可分解成一系列单向复合材料，通过对单向复合材料的坐标变换及叠加组合，来实现对非单向复合材料的分析。

对给定的复合材料，由于纤维和基体内应力在它们共同的界面上是相等的，因此纤维和基体的均值内应力之间必然存在一个非奇异的矩阵 (张量)，使两者彼此相连：

$$\{\sigma_i^{\mathrm{m}}\} = [A_{ij}]\{\sigma_j^{\mathrm{f}}\} \tag{2.3}$$

方程 (2.3) 称为桥联方程 (bridging equation)，其中的 $[A_{ij}]$ 称为桥联矩阵或桥联张量 (bridging matrix or tensor)。直观上，$[A_{ij}]$ 的作用类似于一座 “桥”，使纤维和基体中的 (均值) 应力彼此相连。一旦这座桥建立起来，即一旦 $[A_{ij}]$ 已知，复合材料的性能及各响应都可迎刃而解，“桥联方程”“桥联矩阵” 亦因此而得名。

事实上，将式 (2.3) 代入式 (2.1)，就有

$$\{\sigma_i^{\mathrm{f}}\} = (V_{\mathrm{f}}[I] + V_{\mathrm{m}}[A_{ij}])^{-1}\{\sigma_j\} = [B_{ij}]\{\sigma_j\} \tag{2.4}$$

式中，$[B_{ij}]=(V_{\rm f}[I]+V_{\rm m}[A_{ij}])^{-1}$；$[I]$ 为单位矩阵。再将式 (2.4) 代入式 (2.3) 得到

$$\{\sigma_i^{\rm m}\} = [A_{ij}](V_{\rm f}[I] + V_{\rm m}[A_{ij}])^{-1}\{\sigma_j\} = [A_{ij}][B_{ij}]\{\sigma_j\} \tag{2.5}$$

进一步，将纤维和基体的均值化本构方程 (1.38a) 和 (1.38b) 代入式 (2.2) 右边，并利用式 (2.4) 和式 (2.5)，就有

$$\begin{aligned}\{\varepsilon_i\} &= V_{\rm f}\{\varepsilon_i^{\rm f}\} + V_{\rm m}\{\varepsilon_i^{\rm m}\} = V_{\rm f}[S_{ij}^{\rm f}]\{\sigma_j^{\rm f}\} + V_{\rm m}[S_{ij}^{\rm m}]\{\sigma_j^{\rm m}\}\\ &= (V_{\rm f}[S_{ij}^{\rm f}] + V_{\rm m}[S_{ij}^{\rm m}][A_{ij}])(V_{\rm f}[I] + V_{\rm m}[A_{ij}])^{-1}\{\sigma_j\}\end{aligned}$$

与式 (1.39) 对比并注意到复合材料应力 $\{\sigma_j\}$和应变 $\{\varepsilon_i\}$的任意性，有

$$[S_{ij}] = (V_{\rm f}[S_{ij}^{\rm f}] + V_{\rm m}[S_{ij}^{\rm m}][A_{ij}])(V_{\rm f}[I] + V_{\rm m}[A_{ij}])^{-1} \tag{2.6}$$

式中，$[S_{ij}^{\rm f}]$ 和 $[S_{ij}^{\rm m}]$ 分别是纤维和基体的柔度矩阵，为已知量。

根据式 (2.6) 可以断定，弹性阶段的桥联矩阵最多只有 9+3 = 12 个非 0 元素，其余 24 个元素皆取 0 值。这是因为，在弹性阶段，纤维、基体及单向复合材料的柔度矩阵都可表作式 (1.13) 的分块对角阵，即

$$[S_{ij}^{\rm f}] = \begin{bmatrix} [S_{ij}^{\rm f}]_\sigma & 0 \\ 0 & [S_{ij}^{\rm f}]_\tau \end{bmatrix} \tag{2.7a}$$

$$[S_{ij}^{\rm m}] = \begin{bmatrix} [S_{ij}^{\rm m}]_\sigma & 0 \\ 0 & [S_{ij}^{\rm m}]_\tau \end{bmatrix} \tag{2.7b}$$

$$[S_{ij}] = \begin{bmatrix} [S_{ij}]_\sigma & 0 \\ 0 & [S_{ij}]_\tau \end{bmatrix} \tag{2.7c}$$

若对桥联矩阵按相同的行和列进行分块，就立即得出桥联矩阵 $[A_{ij}]$ 具有和式 (2.7) 相类似的分块对角形式。事实上，根据矩阵运算法则，从式 (2.6)，解出

$$[A_{ij}] = V_{\rm f}([S_{ij}] - [S_{ij}^{\rm m}])^{-1}([S_{ij}^{\rm f}] - [S_{ij}])/V_{\rm m} \tag{2.8}$$

将式 (2.7a)~(2.7c) 代入式 (2.8) 右边，可知

$$[A_{ij}] = \begin{bmatrix} [A_{ij}]_\sigma & 0 \\ 0 & [A_{ij}]_\tau \end{bmatrix} \tag{2.9a}$$

其中

$$[A_{ij}]_\sigma = V_{\rm f}([S_{ij}]_\sigma - [S_{ij}^{\rm m}]_\sigma)^{-1}([S_{ij}^{\rm f}]_\sigma - [S_{ij}]_\sigma)/V_{\rm m} \tag{2.9b}$$

$$[A_{ij}]_\tau = V_\mathrm{f}([S_{ij}]_\tau - [S_{ij}^\mathrm{m}]_\tau)^{-1}([S_{ij}^\mathrm{f}]_\tau - [S_{ij}]_\tau)/V_\mathrm{m} \tag{2.9c}$$

式 (2.9c) 右边的各矩阵皆为对角矩阵，主对角线上的 3 个元素不为 0，$[A_{ij}]_\tau$ 也具有相同的形态。

将式 (2.4) 和式 (2.5) 与式 (1.42a) 相比，可见，这里的 $[B_{ij}]$ 和 $[A_{ij}][B_{ij}]$ 就是式 (1.42a) 中纤维和基体的应力分配矩阵 $[M_{ij}^\mathrm{f}]$ 和 $[M_{ij}^\mathrm{m}]$。另外，分别在式 (2.4) 和式 (2.5) 的两边左乘 $[S_{ij}^\mathrm{f}]$ 和 $[S_{ij}^\mathrm{m}]$，再将右边的应力表作应变的函数，就有

$$\{\varepsilon_i^\mathrm{f}\} = [S_{ij}^\mathrm{f}]\{\sigma_i^\mathrm{f}\} = [S_{ij}^\mathrm{f}](V_\mathrm{f}[S_{ij}^\mathrm{f}] + V_\mathrm{m}[S_{ij}^\mathrm{m}][A_{ij}])^{-1}\{\varepsilon_j\} \tag{2.10a}$$

$$\{\varepsilon_i^\mathrm{m}\} = [S_{ij}^\mathrm{m}]\{\sigma_i^\mathrm{m}\} = [S_{ij}^\mathrm{m}][A_{ij}](V_\mathrm{f}[S_{ij}^\mathrm{f}] + V_\mathrm{m}[S_{ij}^\mathrm{m}][A_{ij}])^{-1}\{\varepsilon_j\} \tag{2.10b}$$

因此，$[S_{ij}^\mathrm{f}](V_\mathrm{f}[S_{ij}^\mathrm{f}] + V_\mathrm{m}[S_{ij}^\mathrm{m}][A_{ij}])^{-1}$ 和 $[S_{ij}^\mathrm{m}][A_{ij}](V_\mathrm{f}[S_{ij}^\mathrm{f}] + V_\mathrm{m}[S_{ij}^\mathrm{m}][A_{ij}])^{-1}$ 就是式 (1.42b) 中的应变分配矩阵 $[L_{ij}^\mathrm{f}]$ 和 $[L_{ij}^\mathrm{m}]$。由此可见，对纤维和基体两相复合材料而言，桥联矩阵 (张量) 与纤维的应力分配矩阵 (张量)、基体的应力分配矩阵 (张量)、纤维的应变分配矩阵 (张量)、基体的应变分配矩阵 (张量) 等价，知道了其中任何一个张量，都可以导出其余的 4 个张量。进一步，若知道了复合材料的柔度矩阵，桥联矩阵亦可由式 (2.8) 解出。例如，将混合率模型公式 (1.54a)~(1.54e) 计算的单向复合材料的弹性常数代入由式 (1.17)、式 (1.18) 和式 (1.13) 确定的复合材料的柔度矩阵 $[S_{ij}]_\mathrm{ROM}$ 后，再代入式 (2.8)，即得到混合率模型对应的桥联矩阵 $[A_{ij}]_\mathrm{ROM} = V_\mathrm{f}([S_{ij}]_\mathrm{ROM} - [S_{ij}^\mathrm{m}])^{-1}([S_{ij}^\mathrm{f}] - [S_{ij}]_\mathrm{ROM})/V_\mathrm{m}$。这表明，单向复合材料的柔度矩阵也与桥联矩阵等价。

将桥联矩阵 $[A_{ij}]$ 表作柔度矩阵的函数 (即式 (2.8)) 的一个重要作用，是可以定量评估桥联矩阵以及纤维和基体内应力公式 (2.4) 及 (2.5) 的计算精度。这是因为，虽然无法通过实验直接测定单向复合材料的桥联矩阵，也无法直接测定复合材料中纤维和基体的内应力，但可以测定单向复合材料及其组分纤维和基体的弹性性能参数，即它们的柔度矩阵。也就是说，式 (2.8) 右边的各矩阵及纤维和基体含量都是可以通过实验测定的，进而，桥联矩阵以及内应力的计算精度也就可以通过实验验证。

例 2-1 纤维和基体的性能参数如表 2-1 所示，纤维体积含量 $V_\mathrm{f} = 60\%$，试求 Chamis 模型定义的该复合材料的桥联矩阵。

表 2-1 纤维和基体的性能参数

材料	E_{11}/GPa	ν_{12}	E_{22}/GPa	G_{12}/GPa	ν_{23}
纤维	230	0.2	15	15	0.07
基体	3.5	0.35	3.5	1.3	0.35
复合材料	139.4	0.26	8.62	4.43	0.226

解 (1) 由 Chamis 模型公式 (1.61a)~(1.61e)，求得复合材料的等效弹性常数

如表 2-1 所示。注意，纤维及复合材料的三个横向弹性常数满足公式 (1.19)。

(2) 由式 (1.17)、式 (1.18) 和式 (1.13) 求柔度矩阵。

$$[S_{ij}]_{\sigma}^{\text{Chamis}} = \begin{bmatrix} 0.0072 & -0.002 & -0.002 \\ -0.002 & 0.116 & -0.026 \\ -0.002 & -0.026 & 0.116 \end{bmatrix}$$

$$[S_{ij}]_{\tau}^{\text{Chamis}} = \begin{bmatrix} 0.285 & 0 & 0 \\ 0 & 0.226 & 0 \\ 0 & 0 & 0.226 \end{bmatrix}$$

(3) 纤维和基体的柔度矩阵。

$$[S_{ij}^{\text{f}}]_{\sigma} = \begin{bmatrix} 0.0044 & -0.001 & -0.001 \\ -0.001 & 0.067 & -0.005 \\ -0.001 & -0.005 & 0.067 \end{bmatrix}, \quad [S_{ij}^{\text{f}}]_{\tau} = \begin{bmatrix} 0.143 & 0 & 0 \\ 0 & 0.067 & 0 \\ 0 & 0 & 0.067 \end{bmatrix}$$

$$[S_{ij}^{\text{m}}]_{\sigma} = \begin{bmatrix} 0.2857 & -0.1 & -0.1 \\ -0.1 & 0.2857 & -0.1 \\ -0.1 & -0.1 & 0.2857 \end{bmatrix}, \quad [S_{ij}^{\text{m}}]_{\tau} = \begin{bmatrix} 0.771 & 0 & 0 \\ 0 & 0.771 & 0 \\ 0 & 0 & 0.771 \end{bmatrix}$$

(4) 根据式 (1.4)(用 Excel 表格) 求逆矩阵。

$$[S_{ij}]_{\sigma}^{\text{Chamis}} - [S_{ij}^{\text{m}}]_{\sigma} = \begin{bmatrix} -0.2785 & 0.09813 & 0.09813 \\ 0.09813 & -0.1697 & 0.07377 \\ 0.09813 & 0.07377 & -0.1697 \end{bmatrix}$$

$$([S_{ij}]_{\sigma}^{\text{Chamis}} - [S_{ij}^{\text{m}}]_{\sigma})^{-1} = \begin{bmatrix} -12.87 & -13.17 & -13.17 \\ -13.17 & -20.74 & -16.64 \\ -13.17 & -16.64 & -20.74 \end{bmatrix}$$

$$[S_{ij}]_{\tau}^{\text{Chamis}} - [S_{ij}^{\text{m}}]_{\tau} = \begin{bmatrix} -0.487 & 0 & 0 \\ 0 & -0.546 & 0 \\ 0 & 0 & -0.546 \end{bmatrix}$$

$$([S_{ij}]_{\tau}^{\text{Chamis}} - [S_{ij}^{\text{m}}]_{\tau})^{-1} = \begin{bmatrix} -2.054 & 0 & 0 \\ 0 & -1.832 & 0 \\ 0 & 0 & -1.832 \end{bmatrix}$$

(5) 矩阵相乘得到 Chamis 模型的桥联矩阵。

$$[S_{ij}^{\mathrm{f}}]_\sigma - [S_{ij}]_\sigma^{\mathrm{Chamis}} = \begin{bmatrix} -0.003 & 0.001 & 0.001 \\ 0.001 & -0.049 & 0.0215 \\ 0.001 & 0.0215 & -0.049 \end{bmatrix}$$

$$[S_{ij}^{\mathrm{f}}]_\tau - [S_{ij}]_\tau^{\mathrm{Chamis}} = \begin{bmatrix} -0.142 & 0 & 0 \\ 0 & -0.159 & 0 \\ 0 & 0 & -0.159 \end{bmatrix}$$

$$\begin{aligned}[A_{ij}]_{\mathrm{Chamis}} &= V_{\mathrm{f}}([S_{ij}]_{\mathrm{Chamis}} - [S_{ij}^{\mathrm{m}}])^{-1}([S_{ij}^{\mathrm{f}}] - [S_{ij}]_{\mathrm{Chamis}})/V_{\mathrm{m}} \\ &= \begin{bmatrix} [A_{ij}]_\sigma^{\mathrm{Chamis}} & 0 \\ 0 & [A_{ij}]_\tau^{\mathrm{Chamis}} \end{bmatrix}\end{aligned}$$

$$[A_{ij}]_\sigma^{\mathrm{Chamis}} = \begin{bmatrix} 0.015 & 0.532 & 0.532 \\ 0 & 0.981 & 0.544 \\ 0 & 0.544 & 0.981 \end{bmatrix}$$

$$[A_{ij}]_\tau^{\mathrm{Chamis}} = \begin{bmatrix} 0.4365 & 0 & 0 \\ 0 & 0.4365 & 0 \\ 0 & 0 & 0.4365 \end{bmatrix}$$

由此可见，尽管式 (2.8) 右边的各矩阵是对称的，但桥联矩阵一般不对称。注意，所有的计算皆借助 Excel 表格完成。

本例说明，分析计算复合材料的响应，虽然可由封闭的解析公式实现，但运算与材料力学相比略为复杂。根本原因是，材料力学中杆件的应力–应变关系往往是单向应力状态下的本构方程，运算的“量”通常是标量，不含矩阵，而复合材料中纤维和基体的应力–应变关系必须由更一般的二维或三维 Hooke 定律相联，运算的“量”中含有矩阵。用于解答本书的例/习题，Excel 大概是既能够有效完成矩阵运算，又不失为对理解基本概念和培养分析能力最为合适的工具之一。

2.2 Eshelby 等效夹杂

基于材料力学方法建立的混合率模型和 Chamis 模型，引入了一些经验性假设条件，详见 1.8 节和 1.9 节，据此计算的桥联矩阵以及纤维和基体的内应力，精度可能受限。很显然，还需要借助更为严密的数学弹性力学方法，推导出桥联矩阵的计算公式。由于其中最著名的一些细观力学理论模型和计算公式，都与 Eshelby 等效夹杂原理[13] 有着千丝万缕的联系，本节将对此进行介绍。

求两个或多个不同介质组成的弹性体的应力场，是弹性力学的经典问题也是基本问题。由于复合材料往往是将纤维、颗粒或其他增强体包裹 (镶嵌) 在基体中，因此分析复合材料中基体和增强体 (更确切地称为夹杂体，因为夹杂体的性能参数也可能比基体的弱，甚至可能是空穴) 的应力和应变，就构成了固体力学的一个分支，称为细观力学 (micromechanics)。Eshelby 对现代细观力学的发展起到了引领性作用，他在 1957 年解决了无限域基体含任意夹杂体的应力场求解问题。

2.2.1　问题描述

假定无穷域 D 内夹有 (嵌有) 一个子域 Ω，如图 2-1 所示，并假定仅在 Ω 内产生一个特征应变ε_{ij}^*(如热应变)，该特征应变在 $D-\Omega$ 中为 0。求由特征应变引起的基体和夹杂体中的应力和应变，这就是 Eshelby 等效夹杂要解决的问题。

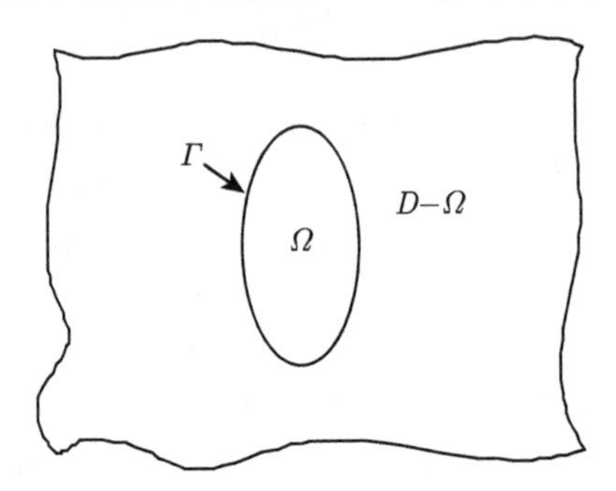

图 2-1　无穷域中含有一个夹杂体

由于受到 $D-\Omega$ 的约束，Ω 中出现特征应变ε_{ij}^* 后，必然会在 Ω 和 $D-\Omega$ 中产生应力σ_{ij} 和应变，后者与特征应变ε_{ij}^*(在 $D-\Omega$ 中为 0) 之和为实际应变ε_{ij}。参照材料力学中静不定杆件热应力的分析过程，该问题的求解可分解为三个子问题[16,17]：

(1) 将整个区域 D 分为两个彼此独立的子域 Ω 和 $D-\Omega$，由于 Ω 不受约束，特征应变 (如热膨胀应变)ε_{ij}^* 是自由的，Ω 和 $D-\Omega$ 中将不会产生任何应力。

(2) 在 Ω 的边界上施加外载 p_i^{out}，用于抵消特征应变，使 Ω 恢复到原来的几何形状，由应力边界条件，有

$$p_i^{\text{out}} = -\sigma_{ij}^* n_j \tag{2.11}$$

式中，n_j 是 Ω 边界Γ上的单位外法线矢量分量；σ_{ij}^* 称为特征应力且满足：

$$\sigma_{ij}^* = K_{ijkl}\varepsilon_{kl}^* \tag{2.12}$$

式中，K_{ijkl} 是 Ω 的四阶刚度张量。当 Ω 恢复至原样后，其应变不复存在，但产生了残余应力 $-\sigma_{ij}^*$。

(3) 将夹杂体 Ω 放回到 D 中，并令 Ω 和 $D-\Omega$ 变形协调，这相当于在 $D-\Omega$ 的边界 Γ ($D-\Omega$ 和 Ω 具有共同边界Γ) 上施加外载 $p_i=-p_i^{\text{out}}$，D 中任意点 $\boldsymbol{x}$ 处的位移可借助 Green 函数或基本解表作为[13]

$$u_i(\boldsymbol{x})=\int_{\Gamma}U_{ij}\left(\boldsymbol{x}-\boldsymbol{x}'\right)p_j\mathrm{d}s \tag{2.13}$$

式中，$\boldsymbol{x}'$ 位于 Ω 和 $D-\Omega$ 的共同边界 Γ 上，$U_{ij}(\boldsymbol{x}-\boldsymbol{x}')$ 为 Green 函数，表示在无限大空间中的 $\boldsymbol{x}'$ 点沿 x_j 方向施加单位载荷，引起的 $\boldsymbol{x}$ 点处沿 x_i 方向的弹性位移，各向同性弹性体的 Green 函数求解可在一般《弹性力学》教科书中找到。当 Ω 和 $D-\Omega$ 的性能相同且为各向同性时，其 Green 函数由 Kelvin 首先导出，为[18]

$$U_{ij}\left(\boldsymbol{x}-\boldsymbol{x}'\right)=\frac{1}{4\pi G}\frac{\delta_{ij}}{|\boldsymbol{x}-\boldsymbol{x}'|}-\frac{1}{16\pi G\left(1-\nu\right)}\frac{\partial^2}{\partial x_i\partial x_j}\left|\boldsymbol{x}-\boldsymbol{x}'\right| \tag{2.14}$$

式中，G 和ν分别是材料的剪切模量和泊松比。除了各向同性及横观各向同性材料 (Ω 和 $D-\Omega$ 为同一材料)，对一般各向异性弹性体，其 Green 函数无显式，但可通过数值积分等方法获得近似解。更多弹性体的 Green 函数可见文献 [16]。

将式 (2.13) 代入几何方程式 (1.6)，得到 D 中任意一点的应变：

$$\varepsilon_{ij}=\frac{1}{2}\left(u_{i,j}+u_{j,i}\right) \tag{2.15}$$

再由 Hooke 定律，D 中一点的应力表作：

$$\sigma_{ij}=K_{ijkl}\varepsilon_{kl}+(-\sigma_{ij}^*)=K_{ijkl}\varepsilon_{kl}-K_{ijkl}\varepsilon_{kl}^*,\quad \text{在}\Omega\text{中} \tag{2.16a}$$

$$\sigma_{ij}=K_{ijkl}\varepsilon_{kl},\qquad \text{在}D-\Omega\text{中} \tag{2.16b}$$

2.2.2 Eshelby 张量

假定 Ω 中的特征应变 ε_{ij}^* 均匀 (处处相等)，将式 (2.11) 和式 (2.12) 代入式 (2.13)，得到

$$u_i=-K_{jkpq}\varepsilon_{pq}^*\int_{\Gamma}U_{ij}(\boldsymbol{x}-\boldsymbol{x}')n_k\mathrm{d}\Gamma \tag{2.17}$$

如果材料还是各向同性的，Green 函数 $U_{ij}(\boldsymbol{x}-\boldsymbol{x}')$ 就由式 (2.14) 给出。

首先考虑位于 Ω 内的一点 $\boldsymbol{x}$ 处的位移。将式 (2.14) 代入式 (2.17) 并应用多元函数积分中的散度定理 (又称高斯–格林定理)，得到[13]

$$u_i(\boldsymbol{x})=\frac{\varepsilon_{jk}^*}{8\pi\left(1-\nu\right)}\int_{\Omega}\frac{g_{ijk}\left(\boldsymbol{l}\right)}{r^2}\mathrm{d}\boldsymbol{x}' \tag{2.18}$$

式中，$g_{ijk}\left(\boldsymbol{l}\right)=\left(1-2\nu\right)\left(\delta_{ij}l_k+\delta_{ik}l_j-\delta_{jk}l_i\right)+3l_il_jl_k$，$l_i=\dfrac{1}{r}\left(x_i-x_i'\right)$，$r=|\boldsymbol{x}-\boldsymbol{x}'|$。

如果 Ω 为一个椭球，其方程是

$$\left(\frac{x_1}{a_1}\right)^2+\left(\frac{x_2}{a_2}\right)^2+\left(\frac{x_3}{a_3}\right)^2\leqslant 1 \tag{2.19}$$

那么，式 (2.18) 的积分可按下述方式进行[13,16]。当 $\boldsymbol{x}=\boldsymbol{x}(x_1,x_2,x_3)$ 点位于夹杂体 Ω 之内 (图 2-2) 时，式 (2.18) 中的体积分微元 $\mathrm{d}\boldsymbol{x}'$ 变为

$$\mathrm{d}\boldsymbol{x}'=\mathrm{d}x_1'\mathrm{d}x_2'\mathrm{d}x_3'=\mathrm{d}r\mathrm{d}\Gamma=r^2\mathrm{d}r\mathrm{d}\omega \tag{2.20}$$

式中，r 的定义见前 (为 $\boldsymbol{x}$ 和 $\boldsymbol{x}'$ 之间的距离)；$\mathrm{d}\Gamma$是 Ω 的边界微元；$\mathrm{d}\omega$是无量纲的单位球体表面微元 (图 2-2)。将式 (2.20) 代入式 (2.18) 并对 r 求积，就有

$$u_i(x)=\frac{-\varepsilon_{jk}^*}{8\pi(1-\nu)}\int_{\Sigma} r' g_{ijk}(\boldsymbol{l})\mathrm{d}\omega \tag{2.21}$$

这里，特用 Σ 表示夹杂椭球 Ω 的边界，$r'(\boldsymbol{l})$ 则表示 $\boldsymbol{x}$ 到边界 Σ 上一点的距离，为以下方程的正根：

$$\frac{(x_1+r'l_1)^2}{a_1^2}+\frac{(x_2+r'l_2)^2}{a_2^2}+\frac{(x_3+r'l_3)^2}{a_3^2}=1 \tag{2.22}$$

解出

$$r'=\frac{-b+\sqrt{b^2-4ac}}{2a} \tag{2.23a}$$

其中

$$a=\frac{l_1^2}{a_1^2}+\frac{l_2^2}{a_2^2}+\frac{l_3^2}{a_3^2} \tag{2.23b}$$

$$b=2\left(\frac{l_1x_1}{a_1^2}+\frac{l_2x_2}{a_2^2}+\frac{l_3x_3}{a_3^2}\right) \tag{2.23c}$$

$$c=\frac{x_1^2}{a_1^2}+\frac{x_2^2}{a_2^2}+\frac{x_3^2}{a_3^2}-1 \tag{2.23d}$$

再令

$$\lambda_1=l_1/a_1^2,\quad \lambda_2=l_2/a_2^2,\quad \lambda_3=l_3/a_3^2 \tag{2.24}$$

将式 (2.23) 和式 (2.24) 代入式 (2.21)(注意，代入式 (2.21) 时，式 (2.23a) 中的 $\sqrt{b^2-4ac}$ 应略去，因为它相对 $\boldsymbol{l}$ 是偶函数，而 g_{ijk} 则是奇函数[13,16])，有

$$u_i(x)=\frac{x_m\varepsilon_{jk}^*}{8\pi(1-\nu)}\int_{\Sigma}\frac{\lambda_m g_{ijk}}{a}\mathrm{d}\omega \tag{2.25}$$

将式 (2.25) 代入式 (2.15)，得到

$$\varepsilon_{ij}(x)=\frac{\varepsilon^*_{kl}}{16\pi(1-\nu)}\int_{\Sigma}\frac{\lambda_i g_{jkl}+\lambda_j g_{ikl}}{a}\mathrm{d}\omega \tag{2.26}$$

因此

$$\varepsilon_{ij}=L_{ijkl}\varepsilon^*_{kl} \tag{2.27a}$$

其中

$$L_{ijkl}=\frac{1}{16\pi(1-\nu)}\int_{\Sigma}\frac{\lambda_i g_{jkl}+\lambda_j g_{ikl}}{a}\mathrm{d}\omega \tag{2.27b}$$

称为 Eshelby 张量，因为 Eshelby[13] 首次导出了式 (2.26)。借助 Mathematica，可以很容易得到积分 (2.27b) 的显式表达式。当椭球变成无限长圆柱体时，即 $a_2=a_3$、$a_1=\infty$，Eshelby 张量的显式公式为[17]

$$[L_{ij}]=\begin{bmatrix} L_{1111} & L_{1122} & L_{1133} & 0 & 0 & 0\\ L_{2211} & L_{2222} & L_{2233} & 0 & 0 & 0\\ L_{3311} & L_{3322} & L_{3333} & 0 & 0 & 0\\ 0 & 0 & 0 & 2L_{2323} & 0 & 0\\ 0 & 0 & 0 & 0 & 2L_{1313} & 0\\ 0 & 0 & 0 & 0 & 0 & 2L_{1212} \end{bmatrix} \tag{2.28a}$$

$$L_{2211}=L_{3311}=\frac{\nu}{2(1-\nu)} \tag{2.28b}$$

$$L_{2222}=L_{3333}=\frac{1}{2(1-\nu)}\left[\frac{3}{4}+\frac{(1-2\nu)}{2}\right] \tag{2.28c}$$

$$L_{2233}=L_{3322}=\frac{1}{2(1-\nu)}\left[\frac{1}{4}-\frac{(1-2\nu)}{2}\right] \tag{2.28d}$$

$$L_{2323}=\frac{1}{2(1-\nu)}\left[\frac{1}{4}+\frac{(1-2\nu)}{2}\right],\quad L_{1212}=L_{1313}=1/4 \tag{2.28e}$$

式中，ν 是材料的泊松比。式 (2.28a) 中的其他元素皆为 0。

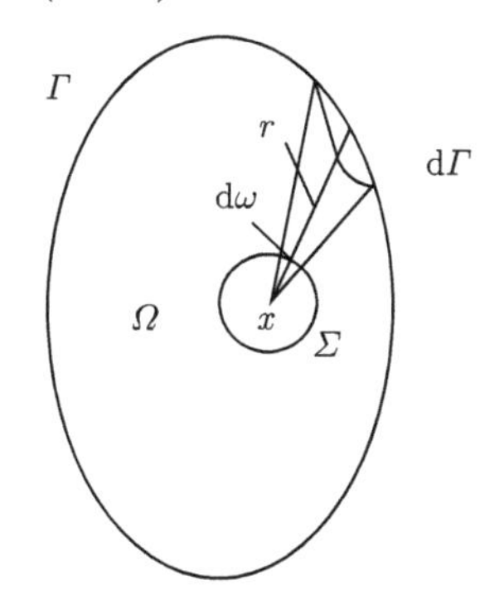

图 2-2 椭球夹杂及积分圆球

当 x 点落到夹杂体 Ω 的外部 (即在 $D-\Omega$ 内)，一般将很难得到 Eshelby 张量的显式表达式[19]。

2.2.3 等效夹杂法

Elshelby 张量式 (2.28) 是基于夹杂体 Ω 与基体 $D-\Omega$ 具有相同的材料性能导出的。如果 Ω 的弹性性能参数与基体 $D-\Omega$ 的不同，那么 Ω 称为异质[16]。

假定无残余应力，那么，含有异质的材料不受任何外载作用时的应力为 0。但是，如果材料受到外载作用，哪怕受均匀外载作用，异质的存在将导致基体材料中的应力场发生扰动 (非均匀分布)。Eshelby[13,20] 指出，该应力扰动问题可借助相同介质夹杂 (Ω 与 $D-\Omega$ 的材料性能相同) 的特征应变来解决，只要特征应变选取合适即可。这种用相同介质夹杂等效处理异质夹杂问题的方法，称为等效夹杂法[16]。Eshelby 的处理方式如下。

假定异质夹杂体 Ω 的弹性刚度张量为 $K_{ijkl}^{(1)}$，而无穷域基体材料 D 的刚度张量为 $K_{ijkl}^{(0)}$。无穷远处施加均匀应力 σ_{ij}^0 引起的应变为 ε_{ij}^0。如果 D 是均质材料，σ_{ij}^0 和 ε_{ij}^0 在 D 中的每一点都相同。假定异质 Ω 的存在导致应力和应变的扰动量分别为 σ_{ij}' 和 ε_{ij}'，D 中的实际应力和应变为 $\sigma_{ij}^0+\sigma_{ij}'$ 和 $\varepsilon_{ij}^0+\varepsilon_{ij}'$，并且有

$$\sigma_{ij}^0+\sigma_{ij}'=K_{ijkl}^{(1)}(\varepsilon_{ij}^0+\varepsilon_{ij}'),\quad \Omega\text{中} \tag{2.29a}$$

$$\sigma_{ij}^0+\sigma_{ij}'=K_{ijkl}^{(0)}(\varepsilon_{ij}^0+\varepsilon_{ij}'),\qquad D-\Omega\text{中} \tag{2.29b}$$

现在，假定各向同性均质材料受到相同的应力和应变 $\sigma_{ij}^0+\sigma_{ij}'$ 和 $\varepsilon_{ij}^0+\varepsilon_{ij}'$ 作用，但在 Ω(同质夹杂) 中出现了一个特征应变场ε_{ij}^*。于是有

$$\sigma_{ij}^0+\sigma_{ij}'=K_{ijkl}^{(0)}(\varepsilon_{ij}^0+\varepsilon_{ij}'-\varepsilon_{ij}^*),\quad \Omega\text{中} \tag{2.30a}$$

$$\sigma_{ij}^0+\sigma_{ij}'=K_{ijkl}^{(0)}(\varepsilon_{ij}^0+\varepsilon_{ij}'),\qquad D-\Omega\text{中} \tag{2.30b}$$

由式 (2.27a)，假定特征应变引起 Ω 中的绕动应变与 ε_{ij}' 相等，即

$$\varepsilon_{ij}'=L_{ijkl}\varepsilon_{kl}^*,\quad \Omega\text{中} \tag{2.31}$$

由式 (2.29a) 和式 (2.30a)，有

$$K_{ijkl}^{(1)}(\varepsilon_{ij}^0+\varepsilon_{ij}')=K_{ijkl}^{(0)}(\varepsilon_{ij}^0+\varepsilon_{ij}'-\varepsilon_{ij}^*),\quad \Omega\text{中} \tag{2.32}$$

将式 (2.31) 代入式 (2.32)，就得到特征应变ε_{ij}^* 与均匀场应变 ε_{ij}^0 之间的关系式。几个重要的复合材料细观力学模型都是基于式 (2.32) 建立起来的。

2.3 Mori-Tanaka 模型

Eshelby 考虑了无穷域基体中夹异质引起的均值应力和应变场的扰动问题，而复合材料内应力和内应变的计算恰恰建立在均质化基础之上。因此，基于 Eshelby 等效夹杂原理，Mori-Tanaka 很自然地导出了无限域基体中夹异质纤维 (为描述方便起见，这里用纤维代表异质夹杂) 复合材料均值应力之间桥联矩阵的精确表达式 [21,22]。Mori-Tanaka 工作的出发点是对所考虑的基体和纤维应力及应变场按式 (1.32a) 和式 (1.32b) 取平均，显然有

$$\{\sigma_i\} = V_{\mathrm{f}}\{\sigma_i^{\mathrm{f}}\} + V_{\mathrm{m}}\{\sigma_i^{\mathrm{m}}\}$$

$$\{\varepsilon_i\} = V_{\mathrm{f}}\{\varepsilon_i^{\mathrm{f}}\} + V_{\mathrm{m}}\{\varepsilon_i^{\mathrm{m}}\}$$

假定在无穷远边界处施加应力 σ_{ij}^0。均质各向同性基体材料中的平均应变和平均应力满足：

$$\varepsilon_{ij}^0 = S_{ijkl}^{\mathrm{m}}\sigma_{kl}^0 \tag{2.33a}$$

$$\sigma_{ij}^0 = K_{ijkl}^{\mathrm{m}}\varepsilon_{ij}^0 \tag{2.33b}$$

由于异质 (纤维) 夹杂的存在，基体的平均应力和应变须添加扰动量 $\tilde{\sigma}_{ij}$ 和 $\tilde{\varepsilon}_{ij}$，即

$$\sigma_{ij}^{\mathrm{m}} = \sigma_{ij}^0 + \tilde{\sigma}_{ij} = K_{ijkl}^{\mathrm{m}}(\varepsilon_{ij}^0 + \tilde{\varepsilon}_{ij}) \tag{2.34}$$

式中，$\varepsilon_{ij}^0 + \tilde{\varepsilon}_{ij} = \varepsilon_{ij}^{\mathrm{m}}$ 是基体的平均应变。纤维中的平均应力和平均应变与基体对应量之间的差异用 σ'_{ij} 和 ε'_{ij} 表示，即

$$\sigma_{ij}^{\mathrm{f}} = \sigma_{ij}^0 + \tilde{\sigma}_{ij} + \sigma'_{ij} = K_{ijkl}^{\mathrm{f}}(\varepsilon_{ij}^0 + \tilde{\varepsilon}_{ij} + \varepsilon'_{ij}) \tag{2.35}$$

式中，$\varepsilon_{ij}^0 + \tilde{\varepsilon}_{ij} + \varepsilon'_{ij} = \varepsilon_{ij}^{\mathrm{f}}$ 是纤维的平均应变。

类似等效夹杂，现在的问题是，需要找到将纤维用基体材料置换后的均值特征应变 ε_{ij}^*，使得 (见式 (2.32))

$$\sigma_{ij}^{\mathrm{f}} = K_{ijkl}^{\mathrm{f}}(\varepsilon_{ij}^0 + \tilde{\varepsilon}_{ij} + \varepsilon'_{ij}) = K_{ijkl}^{\mathrm{m}}(\varepsilon_{ij}^0 + \tilde{\varepsilon}_{ij} + \varepsilon'_{ij} - \varepsilon_{ij}^*) \tag{2.36a}$$

$$\varepsilon'_{ij} = L_{ijkl}\varepsilon_{kl}^* \tag{2.36b}$$

式中，L_{ijkl} 为 Eshelby 张量。从式 (2.36a)，解得

$$\varepsilon_{ij}^* = (K_{ijkl}^{\mathrm{m}})^{-1}(K_{klpq}^{\mathrm{m}} - K_{klpq}^{\mathrm{f}})\varepsilon_{pq}^{\mathrm{f}} \tag{2.37}$$

将式 (2.37) 代入式 (2.36b)，就有

$$\varepsilon'_{ij} = L_{ijkl}(K^{\mathrm{m}}_{klpq})^{-1}(K^{\mathrm{m}}_{pqrs} - K^{\mathrm{f}}_{pqrs})\varepsilon^{\mathrm{f}}_{rs} \tag{2.38}$$

由于纤维和基体中的平均应变 $\varepsilon^{\mathrm{f}}_{ij}$ 和 $\varepsilon^{\mathrm{m}}_{ij}$ 满足如下关系：

$$\varepsilon^{\mathrm{f}}_{ij} = \varepsilon^{\mathrm{m}}_{ij} + \varepsilon'_{ij}$$

将式 (2.38) 代入上式，就有

$$\varepsilon^{\mathrm{f}}_{ij} = T_{ijkl}\varepsilon^{\mathrm{m}}_{kl} \tag{2.39a}$$

其中

$$T_{ijkl} = \left[I_{ijkl} + L_{ijpq}(K^{\mathrm{m}}_{pqrs})^{-1}(K^{\mathrm{f}}_{rskl} - K^{\mathrm{m}}_{rskl})\right]^{-1} \tag{2.39b}$$

式中，I_{ijkl} 为四阶单位张量；L_{ijpq} 为四阶 Eshelby 张量。

进一步，将 $\varepsilon^{\mathrm{f}}_{ij} = S^{\mathrm{f}}_{ijkl}\sigma^{\mathrm{f}}_{kl}$、$\varepsilon^{\mathrm{m}}_{kl} = S^{\mathrm{f}}_{klpq}\sigma^{\mathrm{m}}_{pq}$ 代入式 (2.39a)，并将 σ^{m}_{ij} 表作 σ^{f}_{ij} 的函数，就得到四阶的桥联张量。写成式 (2.3) 的紧缩形式，Mori-Tanaka-Eshelby 桥联矩阵就是：

$$[A_{ij}] = [K^{\mathrm{m}}_{ij}]\left([I] + [L_{ij}][S^{\mathrm{m}}_{ij}]([K^{\mathrm{f}}_{ij}] - [K^{\mathrm{m}}_{ij}])\right)[S^{\mathrm{f}}_{ij}] \tag{2.40}$$

式中，$[I]$ 为单位矩阵；$[L_{ij}]$ 为二阶 Eshelby 张量。

式 (2.40) 对任意的夹杂几何体都成立，只要基体区域无限大。在夹杂体为无限长圆柱纤维的情况下，二阶 Eshelby 张量 $[L_{ij}]$ 的显式表达式见式 (2.28a)，只要将式 (2.28b)~(2.28e) 中的泊松比用基体泊松比ν^{m} 替代即可。

将各向同性纤维和基体的刚度及柔度矩阵 $[K^{\mathrm{f}}_{ij}]$、$[S^{\mathrm{f}}_{ij}]$ 和 $[K^{\mathrm{m}}_{ij}]$、$[S^{\mathrm{m}}_{ij}]$ 代入式 (2.40)，经过繁冗的矩阵相乘及化简运算，得到 Mori-Tanaka-Eshelby 非 0 桥联矩阵元素的显式表达式如下[23]：

$$A_{11} = \frac{E^{\mathrm{m}}}{E^{\mathrm{f}}}\left(1 + \frac{\nu^{\mathrm{m}}(\nu^{\mathrm{m}} - \nu^{\mathrm{f}})}{(1+\nu^{\mathrm{m}})(1-\nu^{\mathrm{m}})}\right) \tag{2.41a}$$

$$A_{12} = \frac{E^{\mathrm{m}}}{E^{\mathrm{f}}}\left(\frac{\nu^{\mathrm{m}} - \nu^{\mathrm{f}}}{2(1+\nu^{\mathrm{m}})(1-\nu^{\mathrm{m}})} - \frac{\nu^{\mathrm{f}}}{2(1-\nu^{\mathrm{m}})}\right) + \frac{\nu^{\mathrm{m}}}{2(1-\nu^{\mathrm{m}})} = A_{13} \tag{2.41b}$$

$$A_{21} = \frac{E^{\mathrm{m}}}{E^{\mathrm{f}}}\frac{\nu^{\mathrm{m}} - \nu^{\mathrm{f}}}{2(1+\nu^{\mathrm{m}})(1-\nu^{\mathrm{m}})} = A_{31} \tag{2.41c}$$

$$A_{22} = \frac{E^{\mathrm{m}}}{E^{\mathrm{f}}}\left(\frac{\nu^{\mathrm{m}} - \nu^{\mathrm{f}}}{2(1+\nu^{\mathrm{m}})(1-\nu^{\mathrm{m}})} + \frac{1+\nu^{\mathrm{f}}}{1+\nu^{\mathrm{m}}}(1 - L_{2222})\right) + L_{2222} \tag{2.41d}$$

$$A_{23} = \frac{E^{\mathrm{m}}}{E^{\mathrm{f}}}\left(\frac{\nu^{\mathrm{m}} - \nu^{\mathrm{f}}}{2(1-\nu^{\mathrm{m}})(1+\nu^{\mathrm{m}})} - \frac{1+\nu^{\mathrm{f}}}{1+\nu^{\mathrm{m}}}L_{2233}\right) + L_{2233} \tag{2.41e}$$

$$A_{32}=\frac{E^{\mathrm{m}}}{E^{\mathrm{f}}}\left(\frac{\nu^{\mathrm{m}}-\nu^{\mathrm{f}}}{2(1-\nu^{\mathrm{m}})(1+\nu^{\mathrm{m}})}-\frac{1+\nu^{\mathrm{f}}}{1+\nu^{\mathrm{m}}}L_{3322}\right)+L_{3322} \tag{2.41f}$$

$$A_{33}=\frac{E^{\mathrm{m}}}{E^{\mathrm{f}}}\left(\frac{\nu^{\mathrm{m}}-\nu^{\mathrm{f}}}{2(1+\nu^{\mathrm{m}})(1-\nu^{\mathrm{m}})}+\frac{1+\nu^{\mathrm{f}}}{1+\nu^{\mathrm{m}}}(1-L_{3333})\right)+L_{3333} \tag{2.41g}$$

$$A_{44}=\frac{G^{\mathrm{m}}}{G^{\mathrm{f}}}+2L_{2323}\frac{G^{\mathrm{f}}-G^{\mathrm{m}}}{G^{\mathrm{f}}} \tag{2.41h}$$

$$A_{55}=\frac{G^{\mathrm{m}}}{G^{\mathrm{f}}}+2L_{1313}\frac{G^{\mathrm{f}}-G^{\mathrm{m}}}{G^{\mathrm{f}}} \tag{2.41i}$$

$$A_{66}=\frac{G^{\mathrm{m}}}{G^{\mathrm{f}}}+2L_{1212}\frac{G^{\mathrm{f}}-G^{\mathrm{m}}}{G^{\mathrm{f}}} \tag{2.41j}$$

$$L_{2211}=L_{3311}=\frac{\nu^{\mathrm{m}}}{2(1-\nu^{\mathrm{m}})} \tag{2.41k}$$

$$L_{2222}=L_{3333}=\frac{1}{2(1-\nu^{\mathrm{m}})}\left[\frac{3}{4}+\frac{(1-2\nu^{\mathrm{m}})}{2}\right] \tag{2.41l}$$

$$L_{2233}=L_{3322}=\frac{1}{2(1-\nu^{\mathrm{m}})}\left[\frac{1}{4}-\frac{(1-2\nu^{\mathrm{m}})}{2}\right] \tag{2.41m}$$

$$L_{2323}=\frac{1}{2(1-\nu^{\mathrm{m}})}\left[\frac{1}{4}+\frac{(1-2\nu^{\mathrm{m}})}{2}\right],\quad L_{1212}=L_{1313}=1/4 \tag{2.41n}$$

所有其他桥联矩阵 (6×6 阶矩阵) 元素皆为 0 元。上述各式中，E^{f}、ν^{f} 和 E^{m}、ν^{m} 分别表示纤维和基体的弹性模量及泊松比。桥联矩阵元素的显式表达式 (2.41a)~(2.41n)，对掌握纤维和基体内应力与其性能以及结构之间关系，尤其对理解本书的理论基础 —— 桥联模型 (见 2.5 节) 具有重要的理论意义。

必须指出的是，由式 (2.40) 和式 (2.41) 定义的 Mori-Tanaka-Eshelby 桥联矩阵，适用于无限大基体夹单根无限长圆柱纤维组成的复合材料，与实际复合材料的特征体元 (图 1-5) 之间存在一定差异，因为从实际复合材料中取出的特征体元上的边界条件，并非与无穷大基体夹单根无限长纤维的外边界条件一致，基于桥联矩阵式 (2.41) 计算的复合材料的弹性性能与实验吻合也不够好，参见本书的 3.8 节。但是，Mori-Tanaka-Eshelby 模型毕竟提供了一种基于数学弹性理论计算复合材料桥联矩阵的解析方法，当基体进入塑性变形后，Mori-Tanaka-Eshelby 模型成为目前少数硕果仅存的分析复合材料非线性响应的理论工具，参见本书第 9 章。此外，本书着重推介的桥联模型 (bridging model)，可在一定程度上视为由 Mori-Tanaka-Eshelby 模型简化修正后得到的，见 2.5 节。

2.4　同心圆柱模型

同心圆柱 (concentric cylinder assemblage, CCA) 模型是假定所考虑的是不同介质构成的镶嵌的同心圆柱，其中圆柱在长度方向无限，最外层圆柱的直径为无穷大。在两相介质 (纤维和基体且界面理想) 的情况下，圆柱纤维为内柱，基体为外柱，参见图 2-3。

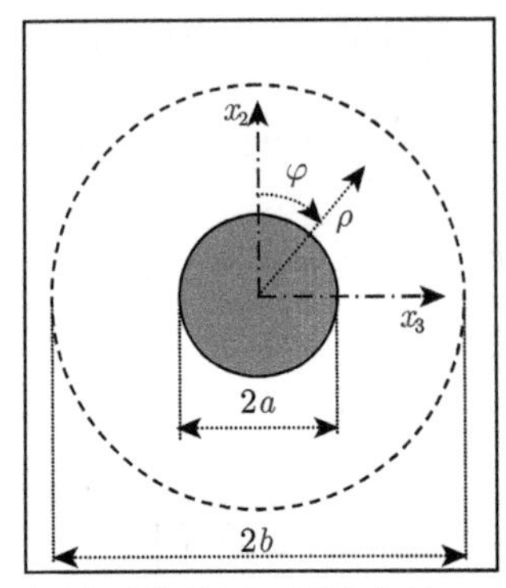

图 2-3　两相同心圆柱模型横截面 (纤维半径 a，基体半径 b，$b \to \infty$)

同心圆柱模型求解桥联矩阵的基本思路是：桥联方程 (2.3) 必须对所考虑的复合材料受任意载荷作用产生的纤维和基体的平均应力矢量都成立。假定这样选定 6 种加载方式，分别作用到同心圆柱模型后，依次在纤维和基体中产生的平均应力矢量之间满足线性无关。那么，这 6 个线性无关的纤维和基体应力矢量，将分别构成非奇异的纤维和基体应力矩阵，这两个应力矩阵同样必须能够由同一个桥联矩阵相联系，即

$$\begin{bmatrix} \sigma_{11}^{m,1} & \sigma_{11}^{m,2} & \sigma_{11}^{m,3} & \sigma_{11}^{m,4} & \sigma_{11}^{m,5} & \sigma_{11}^{m,6} \\ \sigma_{22}^{m,1} & \sigma_{22}^{m,2} & \sigma_{22}^{m,3} & \sigma_{22}^{m,4} & \sigma_{22}^{m,5} & \sigma_{22}^{m,6} \\ \sigma_{33}^{m,1} & \sigma_{33}^{m,2} & \sigma_{33}^{m,3} & \sigma_{33}^{m,4} & \sigma_{33}^{m,5} & \sigma_{33}^{m,6} \\ \sigma_{23}^{m,1} & \sigma_{23}^{m,2} & \sigma_{23}^{m,3} & \sigma_{23}^{m,4} & \sigma_{23}^{m,5} & \sigma_{23}^{m,6} \\ \sigma_{13}^{m,1} & \sigma_{13}^{m,2} & \sigma_{13}^{m,3} & \sigma_{13}^{m,4} & \sigma_{13}^{m,5} & \sigma_{13}^{m,6} \\ \sigma_{12}^{m,1} & \sigma_{12}^{m,2} & \sigma_{12}^{m,3} & \sigma_{12}^{m,4} & \sigma_{12}^{m,5} & \sigma_{12}^{m,6} \end{bmatrix}$$

$$= \begin{bmatrix} A_{11} & A_{12} & A_{13} & 0 & 0 & 0 \\ A_{21} & A_{22} & A_{23} & 0 & 0 & 0 \\ A_{31} & A_{32} & A_{33} & 0 & 0 & 0 \\ 0 & 0 & 0 & A_{44} & A_{45} & A_{46} \\ 0 & 0 & 0 & A_{54} & A_{55} & A_{56} \\ 0 & 0 & 0 & A_{64} & A_{65} & A_{66} \end{bmatrix} \begin{bmatrix} \sigma_{11}^{f,1} & \sigma_{11}^{f,2} & \sigma_{11}^{f,3} & \sigma_{11}^{f,4} & \sigma_{11}^{f,5} & \sigma_{11}^{f,6} \\ \sigma_{22}^{f,1} & \sigma_{22}^{f,2} & \sigma_{22}^{f,3} & \sigma_{22}^{f,4} & \sigma_{22}^{f,5} & \sigma_{22}^{f,6} \\ \sigma_{33}^{f,1} & \sigma_{33}^{f,2} & \sigma_{33}^{f,3} & \sigma_{33}^{f,4} & \sigma_{33}^{f,5} & \sigma_{33}^{f,6} \\ \sigma_{23}^{f,1} & \sigma_{23}^{f,2} & \sigma_{23}^{f,3} & \sigma_{23}^{f,4} & \sigma_{23}^{f,5} & \sigma_{23}^{f,6} \\ \sigma_{13}^{f,1} & \sigma_{13}^{f,2} & \sigma_{13}^{f,3} & \sigma_{13}^{f,4} & \sigma_{13}^{f,5} & \sigma_{13}^{f,6} \\ \sigma_{12}^{f,1} & \sigma_{12}^{f,2} & \sigma_{12}^{f,3} & \sigma_{12}^{f,4} & \sigma_{12}^{f,5} & \sigma_{12}^{f,6} \end{bmatrix} \tag{2.42}$$

式中，$\sigma_{ij}^{\mathrm{f},k}$ 和 $\sigma_{ij}^{\mathrm{m},k}$ 分别是施加在同心圆柱模型上的第 $k(k=1, 2, \cdots, 6)$ 种载荷引起的纤维和基体的均值应力分量。

不难看出，两相同心圆柱几何模型，与 Mori-Tanaka 所考虑的无限长圆柱夹杂几何模型相同，尽管 Eshelby 等效夹杂和 Mori-Tanaka 模型还适用于其他任意几何体 (短纤维、颗粒、楔形块等) 夹杂的情况。由弹性力学解的唯一性原理，从式 (2.42) 求出的各向同性纤维的桥联矩阵必然与式 (2.41) 相同。但是，用同心圆柱模型求导桥联矩阵的一个优势是：几乎任意多相同心圆柱中各材料相的应力场，前人都已经根据弹性力学控制方程求解得到，比如，Benveniste 等[15,24] 就给出了三相同心圆柱模型受不同远场载荷作用下各相介质中的应力场，用于描述纤维和基体之间夹有一个界面相的复合材料。同心圆柱模型求导桥联矩阵的另一个优势是：物理概念清晰，数学工具简单，更便于初学者理解和掌握。本节只考虑两相问题，三相问题参见 3.9 节，更多相问题可参见文献 [25]。

由线性代数 (矩阵分析) 可知，只要矩阵非奇异，任何相同阶数的向量都可以表作该矩阵的列向量或行向量的线性组合。因此，可任取 6 组施加到同心圆柱模型边界 (无穷远处) 的载荷，只要所产生的纤维或基体应力之间线性无关即可。

研究发现[26]，按图 2-4 选取的 6 种载荷，分别在纤维和基体中产生彼此线性无关的应力场。它们是：

(1) 横向单轴拉伸，如图 2-4(a) 所示；

(2) 横向双轴等值拉伸，如图 2-4(b) 所示；

(3) 轴向拉伸，如图 2-4(c) 所示；

(4) 横向剪切 (等价于两个垂直方向的等值拉、压)，如图 2-4(d) 所示；

(5) 在 x_1-x_3 平面内的轴向剪切，如图 2-4(e) 所示；

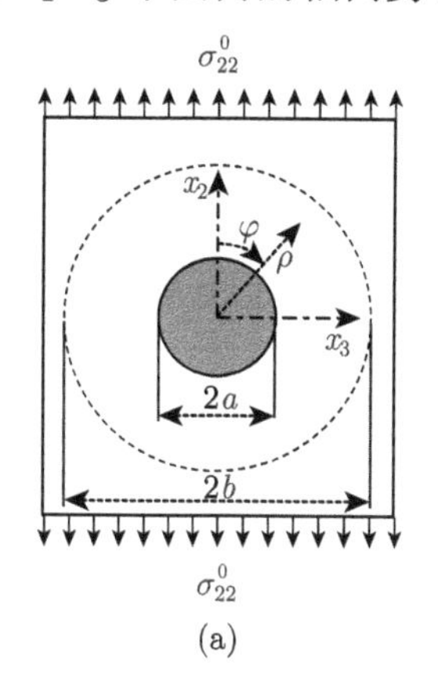

(a)

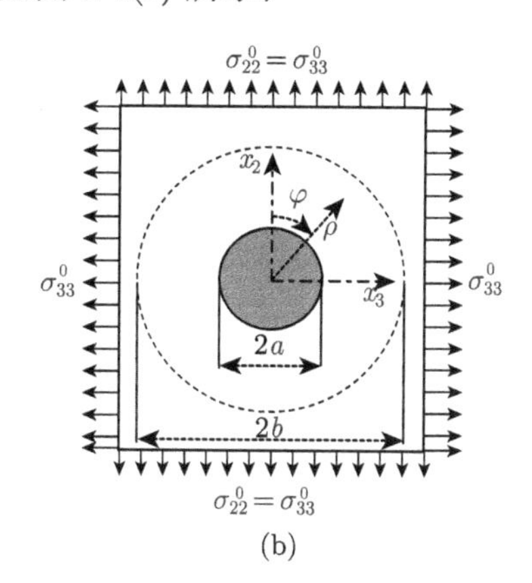

(b)

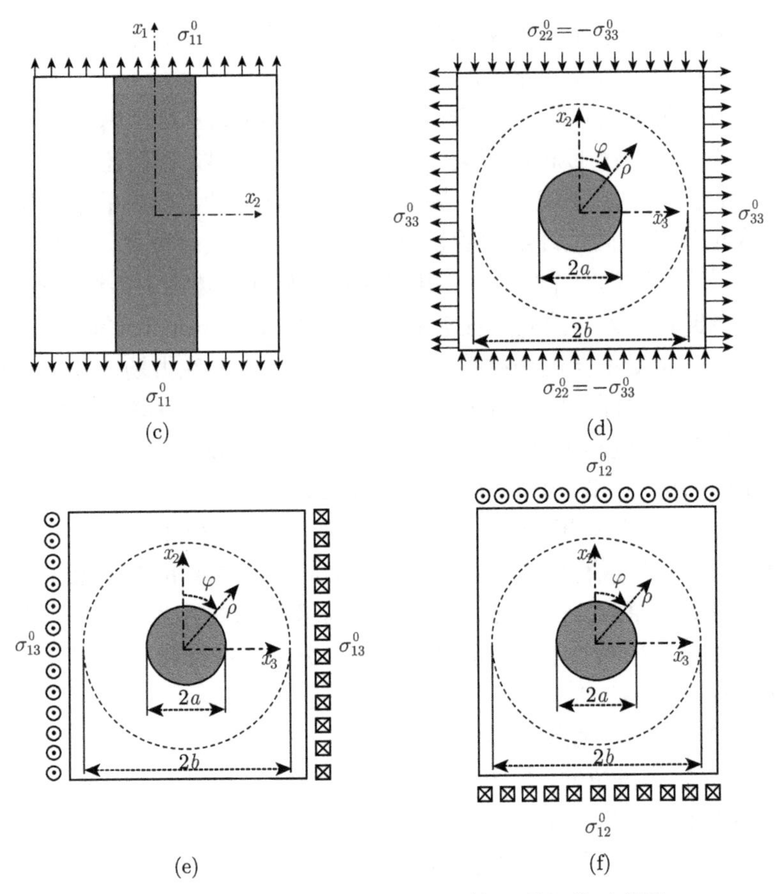

图 2-4　同心圆柱模型 ($b \to \infty$) 的 6 种加载示意图

(6) 在 x_1-x_2 平面内的轴向剪切，如图 2-4(f) 所示。

这 6 种加载情况下纤维和基体中的弹性应力场，已分别由文献 [14], [15], [24] 在柱坐标系下得到。例如，受第一种载荷 (图 2-4(a)) 作用，各向同性基体夹横观各向同性纤维柱，两相材料应力场在柱坐标系 (ρ, φ, z) 下的表达式 (节自文献 [24]) 为

$$\tilde{\sigma}_{\rho\rho}^{\mathrm{f},1} = \frac{\sigma_{22}^0}{2}[1 + A + (1 + B)\cos 2\varphi] \tag{2.43a}$$

$$\tilde{\sigma}_{\varphi\varphi}^{\mathrm{f},1} = \frac{\sigma_{22}^0}{2}[1 + A - (1 + B)\cos 2\varphi] \tag{2.43b}$$

$$\tilde{\sigma}_{zz}^{\mathrm{f},1} = v^{\mathrm{f}}(\tilde{\sigma}_{\rho\rho}^{\mathrm{f},1} + \tilde{\sigma}_{\varphi\varphi}^{\mathrm{f},1}) \tag{2.43c }$$

$$\tilde{\sigma}_{\rho\varphi}^{\mathrm{f},1} = -\frac{\sigma_{22}^0}{2}(1 + B)\sin 2\varphi \tag{2.43d}$$

$$\tilde{\sigma}_{z\rho}^{\mathrm{f},1} = \tilde{\sigma}_{z\varphi}^{\mathrm{f},1} = 0 \tag{2.43e}$$

$$\tilde{\sigma}_{\rho\rho}^{\mathrm{m},1}=\frac{\sigma_{22}^0}{2}\{1+Aa^2\rho^{-2}+[1+B(4a^2\rho^{-2}-3a^4\rho^{-4})]\cos 2\varphi\} \tag{2.44a}$$

$$\tilde{\sigma}_{\varphi\varphi}^{\mathrm{m},1}=\frac{\sigma_{22}^0}{2}[1-Aa^2\rho^{-2}-(1-3Ba^4\rho^{-4})\cos 2\varphi] \tag{2.44b}$$

$$\tilde{\sigma}_{zz}^{\mathrm{m},1}=v^{\mathrm{m}}(\tilde{\sigma}_{\rho\rho}^{\mathrm{m},1}+\tilde{\sigma}_{\varphi\varphi}^{\mathrm{m},1}) \tag{2.44c}$$

$$\tilde{\sigma}_{\rho\varphi}^{\mathrm{m},1}=-\frac{\sigma_{22}^0}{2}[1-B(2a^2\rho^{-2}-3a^4\rho^{-4})]\sin 2\varphi \tag{2.44d}$$

$$\tilde{\sigma}_{z\rho}^{\mathrm{m},1}=\tilde{\sigma}_{z\varphi}^{\mathrm{m},1}=0 \tag{2.44e}$$

$$A=\frac{2E_{22}^{\mathrm{f}}E^{\mathrm{m}}(\nu_{12}^{\mathrm{f}})^2+E_{11}^{\mathrm{f}}\{E^{\mathrm{m}}(\nu_{23}^{\mathrm{f}}-1)-E_{22}^{\mathrm{f}}[2(\nu^{\mathrm{m}})^2+\nu^{\mathrm{m}}-1]\}}{E_{11}^{\mathrm{f}}[E_{22}^{\mathrm{f}}+E^{\mathrm{m}}(1-\nu_{23}^{\mathrm{f}})+E_{22}^{\mathrm{f}}\nu^{\mathrm{m}}]-2E_{22}^{\mathrm{f}}E^{\mathrm{m}}(\nu_{12}^{\mathrm{f}})^2} \tag{2.45a}$$

$$B=\frac{E^{\mathrm{m}}(1+\nu_{23}^{\mathrm{f}})-E_{22}^{\mathrm{f}}(1+\nu^{\mathrm{m}})}{E_{22}^{\mathrm{f}}[\nu^{\mathrm{m}}+4(\nu^{\mathrm{m}})^2-3]-E^{\mathrm{m}}(1+\nu_{23}^{\mathrm{f}})} \tag{2.45b}$$

$$v^{\mathrm{f}}=\frac{(\nu_{12}^{\mathrm{f}})^2E_{22}^{\mathrm{f}}+\nu_{23}^{\mathrm{f}}E_{11}^{\mathrm{f}}}{E_{11}^{\mathrm{f}}-(\nu_{12}^{\mathrm{f}})^2E_{22}^{\mathrm{f}}},\quad v^{\mathrm{m}}=-\frac{1+\nu^{\mathrm{m}}}{\nu^{\mathrm{m}}} \tag{2.45c}$$

注意，文献 [24] 中原本考虑的为三相 (纤维和基体中还夹有界面相) 材料，但若将界面相的性能取成与基体一样，就退化为两相材料。再比如，在第三种载荷 (图 2-4(c)) 作用下，纤维和基体中的非 0 应力分量是[24]

$$\tilde{\sigma}_{zz}^{\mathrm{f},3}=(K_{11}^{\mathrm{f}}+A_{\mathrm{f}}K_{12}^{\mathrm{f}}+A_{\mathrm{f}}K_{13}^{\mathrm{f}})\sigma_{11}^0 \tag{2.46a}$$

$$\tilde{\sigma}_{\rho\rho}^{\mathrm{f},3}=(K_{21}^{\mathrm{f}}\varepsilon_{zz}^0+A_{\mathrm{f}}K_{22}^{\mathrm{f}}+A_{\mathrm{f}}K_{23}^{\mathrm{f}})\sigma_{11}^0 \tag{2.46b}$$

$$\tilde{\sigma}_{\varphi\varphi}^{\mathrm{f},3}=(K_{31}^{\mathrm{f}}\varepsilon_{zz}^0+A_{\mathrm{f}}K_{32}^{\mathrm{f}}+A_{\mathrm{f}}K_{33}^{\mathrm{f}})\sigma_{11}^0 \tag{2.46c}$$

$$\tilde{\sigma}_{zz}^{\mathrm{m},3}=(K_{11}^{\mathrm{m}}\varepsilon_{zz}^0+2A_{\mathrm{m}}K_{12}^{\mathrm{m}})\sigma_{11}^0 \tag{2.47a}$$

$$\tilde{\sigma}_{\rho\rho}^{\mathrm{m},3}=\left[K_{12}^{\mathrm{m}}+\frac{B_{\mathrm{m}}(-K_{11}^{\mathrm{m}}+K_{12}^{\mathrm{m}})}{\rho^2}+A_{\mathrm{m}}(K_{11}^{\mathrm{m}}+K_{12}^{\mathrm{m}})\right]\sigma_{11}^0 \tag{2.47b}$$

$$\tilde{\sigma}_{\varphi\varphi}^{\mathrm{m},3}=\left[K_{12}^{\mathrm{m}}+\frac{B_{\mathrm{m}}(K_{11}^{\mathrm{m}}-K_{12}^{\mathrm{m}})}{\rho^2}+A_{\mathrm{m}}(K_{11}^{\mathrm{m}}+K_{12}^{\mathrm{m}})\right]\sigma_{11}^0 \tag{2.47c}$$

$$\varepsilon_{zz}^0=-\frac{K_{22}^{\mathrm{m}}+K_{23}^{\mathrm{m}}}{2K_{12}^{\mathrm{m}}K_{21}^{\mathrm{m}}-K_{11}^{\mathrm{m}}K_{22}^{\mathrm{m}}-K_{11}^{\mathrm{m}}K_{23}^{\mathrm{m}}} \tag{2.48a}$$

$$A_{\mathrm{m}}=\frac{K_{21}^{\mathrm{m}}}{2K_{12}^{\mathrm{m}}K_{21}^{\mathrm{m}}-K_{11}^{\mathrm{m}}K_{22}^{\mathrm{m}}-K_{11}^{\mathrm{m}}K_{23}^{\mathrm{m}}} \tag{2.48b}$$

$$B_{\mathrm{m}}=\frac{a(-K_{22}^{\mathrm{f}}K_{21}^{\mathrm{m}}-K_{23}^{\mathrm{f}}K_{21}^{\mathrm{m}}+K_{21}^{\mathrm{f}}K_{22}^{\mathrm{m}}+K_{21}^{\mathrm{f}}K_{23}^{\mathrm{m}})}{(K_{22}^{\mathrm{f}}+K_{23}^{\mathrm{f}}+K_{22}^{\mathrm{m}}-K_{23}^{\mathrm{m}})(2K_{12}^{\mathrm{m}}K_{21}^{\mathrm{m}}-K_{11}^{\mathrm{m}}K_{22}^{\mathrm{m}}-K_{11}^{\mathrm{m}}K_{23}^{\mathrm{m}})} \tag{2.48c}$$

$$A_{\mathrm{f}}=\frac{-(K_{21}^{\mathrm{m}})^{\mathrm{m}}+K_{21}^{\mathrm{f}}K_{22}^{\mathrm{m}}+K_{21}^{\mathrm{m}}K_{22}^{\mathrm{m}}+K_{21}^{\mathrm{f}}K_{23}^{\mathrm{m}}}{(K_{22}^{\mathrm{f}}+K_{23}^{\mathrm{f}}+K_{22}^{\mathrm{m}}-K_{23}^{\mathrm{m}})(2K_{12}^{\mathrm{m}}K_{21}^{\mathrm{m}}-K_{11}^{\mathrm{m}}K_{22}^{\mathrm{m}}-K_{11}^{\mathrm{m}}K_{23}^{\mathrm{m}})} \tag{2.48d}$$

式中，K_{ij}^{f} 和 K_{ij}^{m} 分别是纤维和基体的刚度矩阵元素，与柔度矩阵元素之间的关系参见式 (1.23)~(1.25)。在对这些应力均值化之前，须按如下公式变换到图 2-4 中的直角坐标系：

$$\tilde{\sigma}_{11} = \tilde{\sigma}_{zz} \tag{2.49a}$$

$$\tilde{\sigma}_{22} = \tilde{\sigma}_{\rho\rho}\cos^2\varphi + \tilde{\sigma}_{\varphi\varphi}\sin^2\varphi - \tilde{\sigma}_{\rho\varphi}\sin 2\varphi \tag{2.49b}$$

$$\tilde{\sigma}_{33} = \tilde{\sigma}_{\rho\rho}\cos^2\varphi + \tilde{\sigma}_{\varphi\varphi}\sin^2\varphi + \tilde{\sigma}_{\rho\varphi}\sin 2\varphi \tag{2.49c}$$

$$\tilde{\sigma}_{23} = (\tilde{\sigma}_{\rho\rho} - \tilde{\sigma}_{\varphi\varphi})\sin\varphi\cos\varphi + \tilde{\sigma}_{\rho\varphi}\cos 2\varphi \tag{2.49d}$$

$$\tilde{\sigma}_{13} = \tilde{\sigma}_{z\varphi}\cos\varphi + \tilde{\sigma}_{z\rho}\sin\varphi \tag{2.49e}$$

$$\tilde{\sigma}_{12} = -\tilde{\sigma}_{z\varphi}\sin\varphi + \tilde{\sigma}_{z\rho}\cos\varphi \tag{2.49f}$$

应力均值化则按以下公式进行：

$$\sigma_{ij}^{\mathrm{f}} = \left(\frac{1}{2\pi a^2 l}\int_{-l}^{l}\int_{0}^{a}\int_{0}^{2\pi}\tilde{\sigma}_{ij}^{\mathrm{f}}\rho\mathrm{d}\rho\mathrm{d}\varphi\mathrm{d}z\right)_{l\to\infty} \tag{2.50a}$$

$$\sigma_{ij}^{\mathrm{m}} = \left(\frac{1}{2\pi(b^2 - a^2)l}\int_{-l}^{l}\int_{a}^{b}\int_{0}^{2\pi}\tilde{\sigma}_{ij}^{\mathrm{m}}\rho\mathrm{d}\rho\mathrm{d}\varphi\mathrm{d}z\right)_{l\to\infty,b\to\infty} \tag{2.50b}$$

将纤维和基体中的应力相对各自体积平均后，代入式 (2.42)，其中上标 $k = 1, 2, \cdots, 6$ 分别对应图 2-4(a)~(f) 所加载荷，解出非 0 桥联矩阵元素 A_{ij} 如下 (更详细求解过程可参见文献 [26])：

$$A_{11} = \frac{E^{\mathrm{m}}}{E_{11}^{\mathrm{f}}}\left(1 + \frac{\nu^{\mathrm{m}}(\nu^{\mathrm{m}} - \nu_{11}^{\mathrm{f}})}{(1+\nu^{\mathrm{m}})(1-\nu^{\mathrm{m}})}\right) \tag{2.51a}$$

$$A_{12} = \frac{E^{\mathrm{m}}}{E_{22}^{\mathrm{f}}}\frac{\nu^{\mathrm{m}}(1-\nu_{23}^{\mathrm{f}})}{2(1+\nu^{\mathrm{m}})(1-\nu^{\mathrm{m}})} - \frac{E^{\mathrm{m}}}{E_{11}^{\mathrm{f}}}\frac{\nu_{12}^{\mathrm{f}}}{(1+\nu^{\mathrm{m}})(1-\nu^{\mathrm{m}})} + \frac{\nu^{\mathrm{m}}}{2(1-\nu^{\mathrm{m}})} = A_{13} \tag{2.51b}$$

$$A_{21} = \frac{E^{\mathrm{m}}}{E_{11}^{\mathrm{f}}}\frac{\nu^{\mathrm{m}} - \nu_{12}^{\mathrm{f}}}{2(1+\nu^{\mathrm{m}})(1-\nu^{\mathrm{m}})} = A_{31} \tag{2.51c}$$

$$\begin{aligned} A_{22} = &\frac{0.125E^{\mathrm{m}}(\nu_{23}^{\mathrm{f}} - 3)}{E_{22}^{\mathrm{f}}(\nu^{\mathrm{m}}-1)(\nu^{\mathrm{m}}+1)} + \frac{0.5E^{\mathrm{m}}\nu_{12}^{\mathrm{f}}\nu^{\mathrm{m}}}{E_{11}^{\mathrm{f}}(\nu^{\mathrm{m}}-1)(\nu^{\mathrm{m}}+1)} \\ &+ \frac{(\nu^{\mathrm{m}}+1)(4\nu^{\mathrm{m}}-5)}{8(\nu^{\mathrm{m}}-1)(\nu^{\mathrm{m}}+1)} = A_{33} \end{aligned} \tag{2.51d}$$

$$\begin{aligned} A_{32} = &\frac{0.125E^{\mathrm{m}}(3\nu_{23}^{\mathrm{f}} - 1)}{E_{22}^{\mathrm{f}}(\nu^{\mathrm{m}}-1)(\nu^{\mathrm{m}}+1)} + \frac{0.5E^{\mathrm{m}}\nu_{12}^{\mathrm{f}}\nu^{\mathrm{m}}}{E_{11}^{\mathrm{f}}(\nu^{\mathrm{m}}-1)(\nu^{\mathrm{m}}+1)} \\ &+ \frac{(\nu^{\mathrm{m}}+1)(1-4\nu^{\mathrm{m}})}{8(\nu^{\mathrm{m}}-1)(\nu^{\mathrm{m}}+1)} = A_{23} \end{aligned} \tag{2.51e}$$

$$A_{44}=\frac{G^{\rm m}}{4G_{23}^{\rm f}(1-\nu^{\rm m})}+\frac{3-4\nu^{\rm m}}{4(1-\nu^{\rm m})} \tag{2.51f}$$

$$A_{55}=\frac{G^{\rm m}+G_{12}^{\rm f}}{2G_{12}^{\rm f}}=A_{66} \tag{2.51g}$$

当纤维退化到各向同性时，式 (2.51) 就与式 (2.41) 分别重合。

基体为横观各向同性介质的桥联矩阵也已导出，推导过程同上，这里只列出结果如下，详见参考文献 [27]。

$$A_{11}=\frac{E_{11}^{\rm m}(E_{11}^{\rm m}-E_{22}^{\rm m}\nu_{12}^{\rm f}\nu_{12}^{\rm m})}{E_{11}^{\rm f}[E_{11}^{\rm m}-E_{22}^{\rm m}(\nu_{12}^{\rm m})^2]} \tag{2.52a}$$

$$A_{12}=A_{13}=\frac{E_{11}^{\rm m}\{E_{11}^{\rm f}E_{22}^{\rm m}(1-\nu_{23}^{\rm f})\nu_{12}^{\rm m}+E_{22}^{\rm f}[-2E_{11}^{\rm m}\nu_{12}^{\rm f}+E_{11}^{\rm f}\nu_{12}^{\rm m}(1+\nu_{23}^{\rm m})]\}}{2E_{11}^{\rm f}E_{22}^{\rm f}[E_{11}^{\rm m}-E_{22}^{\rm m}(\nu_{12}^{\rm m})^2]} \tag{2.52b}$$

$$A_{21}=A_{31}=\frac{E_{11}^{\rm m}E_{22}^{\rm m}(\nu_{12}^{\rm m}-\nu_{12}^{\rm f})}{2E_{11}^{\rm f}[E_{11}^{\rm m}-E_{22}^{\rm m}(\nu_{12}^{\rm m})^2]} \tag{2.52c}$$

$$A_{22}=A_{33}=\frac{E_{11}^{\rm m}[E_{22}^{\rm f}(5+\nu_{23}^{\rm m})+E_{22}^{\rm m}(3-\nu_{23}^{\rm f})]}{8E_{22}^{\rm f}[E_{11}^{\rm m}-E_{22}^{\rm m}(\nu_{12}^{\rm m})^2]}-\frac{E_{22}^{\rm m}\nu_{12}^{\rm m}(E_{11}^{\rm m}\nu_{12}^{\rm f}+E_{11}^{\rm f}\nu_{12}^{\rm m})}{2E_{11}^{\rm f}[E_{11}^{\rm m}-E_{22}^{\rm m}(\nu_{12}^{\rm m})^2]} \tag{2.52d}$$

$$A_{23}=A_{32}=\frac{E_{11}^{\rm m}[E_{22}^{\rm m}(1-3\nu_{23}^{\rm f})+E_{22}^{\rm f}(3\nu_{23}^{\rm m}-1)]}{8E_{22}^{\rm f}[E_{11}^{\rm m}-E_{22}^{\rm m}(\nu_{12}^{\rm m})^2]}+\frac{E_{22}^{\rm m}\nu_{12}^{\rm m}(E_{11}^{\rm f}\nu_{12}^{\rm m}-E_{11}^{\rm m}\nu_{12}^{\rm f})}{2E_{11}^{\rm f}[E_{11}^{\rm m}-E_{22}^{\rm m}(\nu_{12}^{\rm m})^2]} \tag{2.52e}$$

$$A_{44}=\frac{E_{22}^{\rm f}[3E_{11}^{\rm m}-4E_{22}^{\rm m}(\nu_{12}^{\rm m})^2-E_{11}^{\rm m}\nu_{23}^{\rm m}]+E_{11}^{\rm m}E_{22}^{\rm m}(1+\nu_{23}^{\rm f})}{4E_{22}^{\rm f}[E_{11}^{\rm m}-E_{22}^{\rm m}(\nu_{12}^{\rm m})^2]} \tag{2.52f}$$

$$A_{55}=A_{66}=\frac{G_{12}^{\rm f}+G_{12}^{\rm m}}{2G_{12}^{\rm f}} \tag{2.52g}$$

其他的 A_{ij} 皆为 0。上述各式中，$E_{11}^{\rm m}$、$E_{22}^{\rm m}$、$G_{12}^{\rm m}$、$\nu_{12}^{\rm m}$、$\nu_{23}^{\rm m}$ 分别是基体的轴向模量、横向模量、面内 (轴向) 剪切模量、轴向泊松比、横向泊松比。注意，基体的轴向 (x_1) 与纤维方向一致，三个横向性能参数 $E_{22}^{\rm m}$、$G_{23}^{\rm m}$、$\nu_{23}^{\rm m}$ 满足式 (1.19)。

在本小节结束之前，有必要指出的是，尽管式 (2.51a)~(2.51g) 是相对基体的无穷域取体平均得到的，即由式 (2.50b) 得到，但实际上，基体域沿径向取有限值 (外半径 b 有限)，如按式 (1.33) 选取基体的半径后，代入式 (2.50b)，所得结果将与式 (2.51a)~(2.51g) 完全相同。也就是说，将同心圆柱模型求解得到的所有基体应力相对基体的体积取平均后，结果与基体域的大小无关。这表明，同心圆柱模型并不一定要求最外层的基体域沿径向无穷大，只要基体的应力在外边界上满足 0 应力 (如果没有外加载荷) 或与外加应力相等的边界条件即可。这是同心圆柱模型、Mori-Tanaka 模型及 Eshelby 等效夹杂模型的研究对象与单向复合材料特征体元之间的一个本质差异，而并不只是简单归结为无限域 ($V_{\rm f}\to 0$) 和有限域之间的差异。后者 (单向复合材料特征体元) 是从复合材料中割取出来的一个代表性单元，单元在外边界上的应力是未知的，而前者 (同心圆柱模型、Mori-Tanaka 模型、Eshelby 等效夹杂模型) 研究对象的外边界上的应力则是已知值。

2.5　桥联模型

虽然 Mori-Tanaka-Eshelby模型和同心圆柱模型的建立均基于严密的数学弹性理论，所导出的桥联矩阵本身是精确的，但由于所取的特征体元与定义式 (1.32a) 中体积需为最小值的要求相差甚远，也与实际复合材料的代表性单元存在明显差异，因此，根据它们计算出的复合材料的力学性能，与实验数据相比，存在比较大的误差，参见第 3 章 (3.8 节)。

传统求导桥联矩阵的方法 (包括 Eshelby 模型、自洽及广义自洽模型、Mori-Tanaka 模型、有限元或其他数值解方法等)，均是预先取定一个特征体元的几何体，对几何体施加边界条件，再依次施加线性无关的载荷，求得特征体元中纤维和基体的应力场 (点应力)，将这些应力相对各自体积平均，令均值化后的基体和纤维应力满足桥联方程，最后求解矩阵方程，得到桥联矩阵。这在前述同心圆柱模型中给予了完整体现。然而，根据定义式 (1.32a)，特征体元的体积应为无穷小或最小值，基于有限体积的特征体元所得到的解必然是一种近似；此外，从复合材料中取出无穷小的特征体元，其边界条件也并非一成不变，位于复合材料内部和复合材料边界的特征体元上的边界条件，显然不一样。

为克服上述不足，桥联模型采用了一条完全不同的途径来求导桥联矩阵，就是预先不设定特征体元的几何体。理论上，其体积可达无穷小，也不施加边界条件和载荷，而是直接从连接基体均值应力和纤维均值应力的桥联矩阵的特征分析与逻辑分析入手，再参照经典的理论结果，确定桥联矩阵的元素。

催生桥联模型的另一因素，是希望对复合材料建立起一个统一的弹–塑性本构理论，并且具有封闭的解析表达式。对各向同性材料，前人已建立起统一的弹–塑性本构理论如 Prandtl-Reuss 理论等，参见第 9 章。对复合材料，还缺少一个类似的统一的弹–塑性本构理论。由同心圆柱模型或 Mori-Tanaka-Eshelby 模型得到的桥联矩阵，只是在弹性阶段有封闭的解析表达式。当基体进入塑性变形，其柔度或刚度矩阵一般为满阵，由式 (2.27b) 定义的 Eshelby 张量再也得不到显式积分，并且是高度非线性的，数值积分必须取高达 200 项后，才能保证足够精确[28]，这给塑性阶段桥联矩阵的确定带来很大不便，当然也就得不到封闭的解析公式。从第 9 章中可以看到，桥联模型计算纤维和基体弹–塑性均值应力的公式都是解析式。

促使桥联模型诞生的第三个因素是，将现有的其他细观力学模型的桥联矩阵，如 Mori-Tanaka-Eshelby 的桥联矩阵式 (2.40) 和式 (2.41)，缩减到二维矩阵，即

$$[A_{ij}]_{2D}=\begin{bmatrix} A_{11} & A_{12} & 0 \\ A_{21} & A_{22} & 0 \\ 0 & 0 & A_{66} \end{bmatrix} \tag{2.53}$$

再与纤维和基体的平面柔度矩阵 $[S_{ij}^{\mathrm{f}}]_{2D}$ 和 $[S_{ij}^{\mathrm{m}}]_{2D}$ 一起代入式 (2.6)，所得到的复合材料平面柔度矩阵 $[S_{ij}]_{2D}$ 不对称，也就是说，根据二维桥联矩阵和三维桥联矩阵预报的复合材料性能不等，详见 3.8 节。换言之，当复合材料受平面应力作用时，根据缩减的二维桥联矩阵与三维桥联矩阵求得的纤维和基体的内应力不等，这种情况称为桥联矩阵的非一致性。桥联矩阵的非一致性，将导致内应力计算的非一致性。桥联矩阵满足一致性的必要条件是 $A_{31}=A_{32}=0$，否则，平面外加载荷将导致纤维和基体沿 x_3 方向的应力分量不为 0。式 (2.51e) 表明，Mori-Tanaka 模型不满足内应力计算的一致性条件。事实上，不仅 Mori-Tanaka 模型，其他细观力学模型 (混合率模型、Chamis 模型等) 也都不满足该一致性条件，参见第 5 章的表 5-7。不满足内应力计算的一致性条件将意味着，无论外加载荷是何种应力状态，哪怕仅受单向加载，求纤维和基体内应力时都必须采用三维理论，即必须将三维桥联矩阵代入式 (2.4) 和式 (2.5) 求内应力，这将极大地增加胞元法、有限单元法等离散型解法 (参见 3.8 节) 的计算量。当分析复合材料的热应力时，沿厚度方向的温度梯度往往需要忽略，也就是说，需要应用平面桥联矩阵求纤维和基体中的热应力，参见第 8 章，非一致性的桥联矩阵将面临困难。桥联模型能确保桥联矩阵的一致性，即确保内应力计算的一致性。

2.5.1 桥联矩阵的特征

尽管桥联矩阵的元素众多，有待一一确定，但总可以将它们分成两部分，一部分称为自变量，另一部分称为因变量。因变量由复合材料柔度矩阵的对称性确定，即将桥联矩阵 $[A_{ij}]$ 代入式 (2.6) 得到的柔度矩阵必须是对称的：

$$S_{ji}=S_{ij},\quad i,j=1,2,\cdots,6 \tag{2.54}$$

鉴于弹性阶段的桥联矩阵，取式 (2.9a) 的形式，其中 $[A_{ij}]_\tau$ 为对角阵。因此，对称性条件式 (2.54) 中只有 3 个独立方程，用于确定 $[A_{ij}]_\sigma$ 中的 3 个因变量元素。此外，$[S_{ij}]$ 为单向复合材料的柔度矩阵，横观各向同性特性的进一步要求是

$$S_{44}=1/G_{23}=2(1+\nu_{23})/E_{22}=2(S_{22}-S_{23}) \tag{2.55}$$

因此，桥联矩阵中只有 5 个元素待定，归类为自变量，恰好与横观各向同性材料具有 5 个独立的弹性常数的性质相一致。这表明，对任意复合材料，只需确定桥联矩阵的 5 个自变量即可。除了 A_{66} 必须作为自变量，其他自变量的选取具有一定的随意性，很自然地，主对角线元素将作为自变量的候选。但是，由于式 (2.55) 的缘故，A_{44} 不

宜取为自变量。再根据横观各向同性的特性，必然有 $A_{55}=A_{66}$、$A_{33}=A_{22}$，另外两个从下三角元素中选取，自变量元素取为 A_{11}、$A_{22}=A_{33}$、A_{21}、A_{32}、$A_{55}=A_{66}$。

如何确定这些自变量呢？由式 (2.8) 可见，桥联矩阵与单向复合材料的力学性能直接相关。在宏观尺度 (相对分子或原子量级) 下，影响这些力学性能的参数可分为两类：一类是组分材料的性能参数，如纤维和基体的弹性性能参数、基体塑性变形后的性能参数等；另一类统称为纤维的几何特性，包括纤维体积含量、纤维截面形状、纤维排列情况、纤维与基体界面结合状况等。第一类参数有可能随复合材料受力不同而发生改变，比如，当复合材料受力较小时，组分材料的纤维和基体均处于弹性变形阶段，此时，材料性能参数的取值为弹性参数，但当复合材料受力很大使得纤维尤其是基体进入了塑性变形时，第一类参数就需要取塑性性能数据。第二类的纤维几何特征，一般不会随复合材料的受力不同而发生变化，或者这种变化足够小，可以忽略不计。比如，对给定的复合材料，其纤维体积含量直到破坏都可认为是一个常量，不随外载不同而有异。因此，每一个桥联矩阵的自变量都是两类参数的多元函数。总可以将这些桥联矩阵的自变量相对某个或某几个参数进行泰勒级数展开，如相对第一类的材料性能参数展开为

$$A_{11}=1+\lambda_{11}(1-E^{\mathrm{m}}/E_{11}^{\mathrm{f}})+\cdots \tag{2.56a}$$

$$A_{21}=\lambda_{21}(1-\nu^{\mathrm{m}}/\nu_{12}^{\mathrm{f}})+\cdots \tag{2.56b}$$

$$A_{22}=A_{33}=1+\lambda_{31}(1-E^{\mathrm{m}}/E_{22}^{\mathrm{f}})+\cdots \tag{2.56c}$$

$$A_{32}=\lambda_{41}(1-\nu^{\mathrm{m}}/\nu_{23}^{\mathrm{f}})+\cdots \tag{2.56d}$$

$$A_{55}=A_{66}=1+\lambda_{51}(1-G^{\mathrm{m}}/G_{12}^{\mathrm{f}})+\cdots \tag{2.56e}$$

上述各级数中的更多展开项被略去，其中$\lambda_{ij}\,(i=1,2,3,4,5,j=1,2,\cdots,\infty)$ 为展开系数，仅仅与第二类参数 (纤维几何特性) 有关，而与第一类的材料性能无关。展开式 (2.56a)、(2.56c) 和 (2.56e) 中的常数项取 1，是因为当基体和纤维性能变得相同时，桥联矩阵须变成为单位矩阵。同理，展开式 (2.56b) 和 (2.56d) 中的常数项必然取 0 值。

通过级数展开式 (2.56a)~(2.56e) 确定桥联矩阵自变量的最大优点是：一旦展开系数λ_{ij} 在弹性阶段被确定，它们就直到复合材料破坏都保持不变。这样，当复合材料受力较大使得组分材料产生塑性变形时，只需研究组分材料的性能参数，如弹性模量进入塑性变形后如何取值。这就极大地简化了复合材料塑性分析模型的建立过程，详见第 9 章。

2.5.2　展开系数的确定

可通过多种不同途径确定桥联矩阵自变量幂级数式 (2.56a)~(2.56e) 中的展开系数λ_{ij}。仿照实验确定各向同性材料 Hooke 定律中的弹性模量 E 和泊松比 ν 的

方法，我们可以借助实验确定展开系数 λ_{ij}，就是将实验测定的复合材料的弹性常数代入式 (1.17)、式 (1.18) 和式 (1.13)，得到柔度矩阵的实验值 $[S_{ij}]_{\text{test}}$，再将基于式 (2.54)~(2.56) 定义的桥联矩阵代入式 (2.6)，得到柔度矩阵的理论值 $[S_{ij}]_{\text{theory}}$，然后，令两者之间的误差最小，即

$$\sum_{i=1}^{6}\sum_{j=1}^{6}[(S_{ij})_{\text{test}}-(S_{ij})_{\text{theory}}]^2=\min$$

据此，解出一组展开系数。如此得到的展开系数虽然精确，但只适用于特定的复合材料，并且代价高。

另一种确定展开系数的方法，是依据其他业已建立的细观力学模型，计算得到复合材料的弹性性能，再与桥联理论预报的性能相等或近似相等的原则，得到展开系数的表达式，相当于通过已建立的理论计算 $[S_{ij}]_{\text{test}}$，而不必从实验得到。本书作者正是借助第二种方法，得到了一组展开系数公式，如下 [1,4,29,30]：

$$\lambda_{11}=-1,\quad \lambda_{31}=\beta-1,\quad \lambda_{51}=\alpha-1,\quad 其余\lambda_{ij}\equiv 0 \tag{2.57}$$

式中，$\beta(0<\beta<1)$ 和 $\alpha(0<\alpha<1)$ 称为桥联参数，分别用以表征纤维几何特性对单向复合材料的横向模量 E_{22} 和轴向 (面内剪切) 模量 G_{12} 的影响。通常，$\beta=0.3\sim0.6$、$\alpha=0.3\sim0.6$[4]。对一般树脂基单向复合材料，研究发现 (参见第 3 章)，取

$$\beta=\alpha=0.3 \tag{2.58}$$

预报的复合材料弹性性能与实验对比的平均精度最高。因此，当缺少实验数据时，树脂基复合材料的桥联参数建议按式 (2.58) 取值。但是，式 (2.58) 对金属基或陶瓷基复合材料是否效果最好，还有待研究确定。

将式 (2.57) 代入式 (2.56a)~(2.56e)，就得到一组桥联模型桥联矩阵自变量的表达式，再根据式 (2.54) 和式 (2.55)，解出桥联模型桥联矩阵的因变量。为了区别桥联模型的桥联矩阵与其他理论模型对应的桥联矩阵，本书专用小写字母 a_{ij} 表示桥联模型的桥联矩阵元素，即 $[A_{ij}]_{\text{BM}}$=$[a_{ij}]$，其中

$$[a_{ij}]=\begin{bmatrix} a_{11} & a_{12} & a_{13} & 0 & 0 & 0 \\ 0 & a_{22} & 0 & 0 & 0 & 0 \\ 0 & 0 & a_{33} & 0 & 0 & 0 \\ 0 & 0 & 0 & a_{44} & 0 & 0 \\ 0 & 0 & 0 & 0 & a_{55} & 0 \\ 0 & 0 & 0 & 0 & 0 & a_{66} \end{bmatrix} \tag{2.59}$$

$$a_{11}=E^{\text{m}}/E_{11}^{\text{f}} \tag{2.60a}$$

$$a_{22} = a_{33} = a_{44} = \beta + (1-\beta)\frac{E^{\mathrm{m}}}{E_{22}^{\mathrm{f}}} \quad (0 < \beta < 1, \text{一般取 } \beta = 0.3) \tag{2.60b}$$

$$a_{55} = a_{66} = \alpha + (1-\alpha)\frac{G^{\mathrm{m}}}{G_{12}^{\mathrm{f}}} \quad (0 < \alpha < 1, \quad \text{一般取}\alpha = 0.3) \tag{2.60c}$$

$$a_{12} = a_{13} = \frac{S_{12}^{\mathrm{f}} - S_{12}^{\mathrm{m}}}{S_{11}^{\mathrm{f}} - S_{11}^{\mathrm{m}}}(a_{11} - a_{22}) = \frac{E_{11}^{\mathrm{f}}\nu^{\mathrm{m}} - E^{\mathrm{m}}\nu_{12}^{\mathrm{f}}}{E_{11}^{\mathrm{f}} - E^{\mathrm{m}}}(a_{22} - a_{11}) \tag{2.60d}$$

式中，下标 “BM” 代表 “bridging model”，S_{11}^{f}、S_{12}^{f}、S_{11}^{m}、S_{12}^{m} 分别是纤维和基体的柔度矩阵元素。

不难看出，桥联模型的桥联矩阵元素与 Mori-Tanaka-Eshelby 桥联矩阵元素式 (2.41a)~(2.41n) 相比大幅简化。事实上，桥联模型的桥联矩阵，可在一定程度上认为是由后者经简化修正后得到的。为验证这一点，只需在两个桥联矩阵的自变量之间进行对比即可，因为三维 Mori-Tanaka-Eshelby 桥联矩阵元素式 (2.41a)~(2.41n) 自动满足式 (2.54) 和式 (2.55)。为方便起见，取一组典型的纤维和基体材料组合的泊松比分别为 $\nu^{\mathrm{f}} = 0.22$、$\nu^{\mathrm{m}} = 0.35$，对比式 (2.41) 和式 (2.60)，有

$$A_{11} = \frac{E^{\mathrm{m}}}{E^{\mathrm{f}}}\left(1 + \frac{\nu^{\mathrm{m}}(\nu^{\mathrm{m}} - \nu^{\mathrm{f}})}{(1+\nu^{\mathrm{m}})(1-\nu^{\mathrm{m}})}\right) = \frac{E^{\mathrm{m}}}{E^{\mathrm{f}}}(1 + 0.052) \approx \frac{E^{\mathrm{m}}}{E^{\mathrm{f}}} = a_{11} \tag{2.61a}$$

$$A_{21} = A_{31} = \frac{E^{\mathrm{m}}}{E^{\mathrm{f}}}\frac{\nu^{\mathrm{m}} - \nu^{\mathrm{f}}}{2(1+\nu^{\mathrm{m}})(1-\nu^{\mathrm{m}})} = 0.074\frac{E^{\mathrm{m}}}{E^{\mathrm{f}}} \approx 0 = a_{21} = a_{31} \tag{2.61b}$$

$$\begin{aligned} A_{22} = A_{33} &= \frac{E^{\mathrm{m}}}{E^{\mathrm{f}}}\left(\frac{\nu^{\mathrm{m}} - \nu^{\mathrm{f}}}{2(1+\nu^{\mathrm{m}})(1-\nu^{\mathrm{m}})} + \frac{1+\nu^{\mathrm{f}}}{1+\nu^{\mathrm{m}}}(1 - L_{2222})\right) + L_{2222} \\ &= \beta + \frac{E^{\mathrm{m}}}{E^{\mathrm{f}}}[0.074 + 0.9(1-\beta)] \approx \beta + (1-\beta)\frac{E^{\mathrm{m}}}{E^{\mathrm{f}}} = a_{22} = a_{33} \end{aligned} \tag{2.61c}$$

$$\begin{aligned} A_{44} &= 2L_{2323} + (1 - 2L_{2323})\frac{G^{\mathrm{m}}}{G^{\mathrm{f}}} = 2L_{2323} + (1 - 2L_{2323})\frac{1+\nu^{\mathrm{f}}}{1+\nu^{\mathrm{m}}}\frac{E^{\mathrm{m}}}{E^{\mathrm{f}}} \\ &= (\beta - 0.077) + [0.9(1-\beta) + 0.07]\frac{E^{\mathrm{m}}}{E^{\mathrm{f}}} \approx A_{22} \approx a_{22} \end{aligned} \tag{2.61d}$$

$$\begin{aligned} A_{32} &= \frac{E^{\mathrm{m}}}{E^{\mathrm{f}}}\left(\frac{\nu^{\mathrm{m}} - \nu^{\mathrm{f}}}{2(1-\nu^{\mathrm{m}})(1+\nu^{\mathrm{m}})} - \frac{1+\nu^{\mathrm{f}}}{1+\nu^{\mathrm{m}}}L_{3322}\right) + L_{3322} \\ &= 0.077 + 0.0046\frac{E^{\mathrm{m}}}{E^{\mathrm{f}}} \approx 0 = a_{32} \end{aligned} \tag{2.61e}$$

$$A_{55} = A_{66} = 2L_{1212} + (1 - 2L_{1212})\frac{G^{\mathrm{m}}}{G_{12}^{\mathrm{f}}} = \alpha + (1-\alpha)\frac{G^{\mathrm{m}}}{G_{12}^{\mathrm{f}}} = a_{55} = a_{66} \tag{2.61f}$$

其中，式 (2.61b) 和式 (2.61e) 成立，是因为基体模量 E^{m} 一般远小于纤维模量 E^{f}，式 (2.61c) 和式 (2.61d) 成立时取 $\beta = L_{2222}$，式 (2.61f) 成立时取 $\alpha = 2L_{1212} = 0.5$。从式 (2.61a)~(2.61f) 不难看出，除了桥联参数β和α的取值，由 Mori-Tanaka-Eshelby 桥联矩阵的对应元素简化后得到的桥联模型的桥联矩阵自变量元素，所产生的舍

入相差一般不超过 10%(假定 $E^{\mathrm{m}} < E^{\mathrm{f}}$)。但是，若在桥联模型中按式 (2.58) 取桥联参数β和α，与 Mori-Tanaka-Eshelby 桥联矩阵元素中的对应参数 L_{2222} 和 $2L_{1212}$ 相比，则有较大差距。L_{2222} 是纤维和基体泊松比的函数，$2L_{1212} = 0.5$ 为恒定值，在 $\nu^{\mathrm{f}} = 0.22$、$\nu^{\mathrm{m}} = 0.35$ 的情况下，$L_{2222} = 0.69$，这超过了桥联参数β推荐取值的上限[4]。这可以理解为，Mori-Tanaka-Eshelby 模型考虑的复合材料特征体元具有特定的几何形状 (单根无限长圆柱纤维夹在无限大基体内)，而桥联模型的特征体元无具体的几何形状；Mori-Tanaka-Eshelby 模型在特征体元外边界上具有固定 (已知) 的应力边界条件，而桥联模型考虑的特征体元外边界上则没有该应力边界条件的限制。桥联参数β和α远离对应的 Eshelby 参数 L_{2222} 和 $2L_{1212}$，也可认为是桥联模型对 Mori-Tanaka-Eshelby 模型的修正。简化修正后的桥联模型，不仅表达式与 Mori-Tanaka-Eshelby 模型的表达式相比大幅简化，而且计算精度也显著提高，详见第 3 章。用于复合材料的塑性性能计算，桥联模型的对比优势将更为突出：Mori-Tanaka-Eshelby 模型计算复合材料的塑性响应，必须在每一个增量步都要迭代解非线性代数方程组才行，且每个桥联矩阵元素都需繁冗的数值积分[28]；而桥联模型解平面问题 (实际复合材料毕竟受平面载荷居多) 无任何迭代，并且塑性阶段的每个桥联矩阵元素依然由显式、解析公式计算，详见第 9 章。

桥联模型的创建过程，也为发展其他几何体如短纤维、颗粒、楔形块等增强复合材料的细观力学模型提供了借鉴。利用 Eshelby 等效夹杂原理，这些几何体增强复合材料的桥联矩阵都可以由式 (2.40) 定义，只是其中的 Eshelby 张量 $[L_{ij}]$ 需要基于式 (2.27b) 重新推导计算。借助现代分析工具如 Mathematica 的机械求积、级数展开或者数值积分，总可以得到相应的 Eshelby 张量 $[L_{ij}]$。但是，从式 (2.40) 预报的复合材料弹性性能可能精度不够，原因是在复合材料特征体元的外边界上指定了应力边界条件，需要进行简化修正。同样按式 (2.56a)~(2.56e) 对桥联矩阵的自变量进行幂级数展开，除了常数项，只保留一项或最多两项展开项，其余级数项皆被截断，令截断的展开项的桥联矩阵自变量元素与式 (2.40) 定义的桥联矩阵自变量对应元素近似相等，就可以确定式 (2.56a)~(2.56e) 中的展开系数。当基体进入塑性变形而增强体保持为线弹性时，只需将级数截断项中的基体弹性模量和泊松比置换为塑性阶段的硬化模量及硬化泊松比即可，参见第 9 章，由此建立的模型对塑性分析会特别简便。相较连续 (长) 纤维增强复合材料的塑性响应，其他几何体增强复合材料的塑性变形往往可能会更为显著。

补充说明的是，由式 (2.59) 和式 (2.60) 定义的桥联矩阵，并不针对任何具体的特征体元几何体，也无法确认特征体元上的边界条件如何施加，它只是约定了基体均值应力和纤维均值应力之间的一种联系方式。如何根据组分材料的均值应力求解反问题：它们对应何种特征体元几何体、边界条件与外加载荷，目前尚处未知。

2.6　平面内应力公式

大多情况下，单向复合材料仅受平面应力的作用，如图 2-5 所示。此时，联系基体和纤维内应力的平面桥联矩阵取如下形式 (见式 (2.53))：

$$[A_{ij}] = \begin{bmatrix} a_{11} & a_{12} & 0 \\ a_{21} & a_{22} & 0 \\ 0 & 0 & a_{66} \end{bmatrix} \tag{2.62}$$

由于单向复合材料的平面柔度矩阵有 4 个独立的弹性常数，式 (2.62) 中只存在一个因变量，其余皆为自变量，其中 a_{66} 必为自变量。

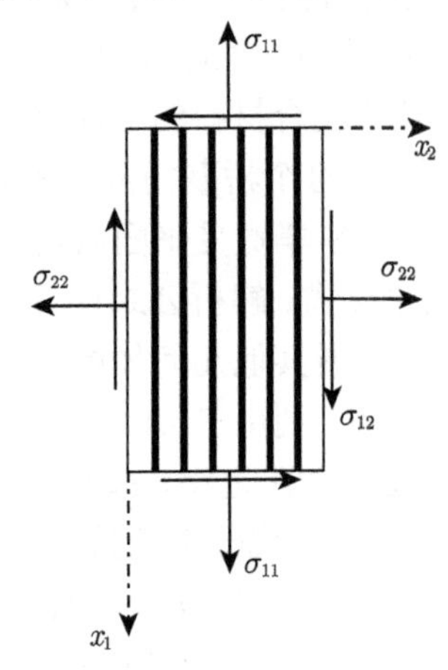

图 2-5　单向复合材料受平面应力的作用

不失一般性，假定 a_{12} 为因变量。将式 (2.62) 以及纤维和基体的平面柔度矩阵代入式 (2.6) 且令对称性条件成立，解得

$$a_{12} = \frac{(S_{12}^{\mathrm{f}} - S_{12}^{\mathrm{m}})(a_{22} - a_{11}) + (S_{22}^{\mathrm{m}} - S_{22}^{\mathrm{f}})a_{21}}{S_{11}^{\mathrm{m}} - S_{11}^{\mathrm{f}}} \tag{2.63}$$

自变量与三维桥联矩阵的对应元素相等，即

$$a_{11} = E^{\mathrm{m}}/E_{11}^{\mathrm{f}} \tag{2.64a}$$

$$a_{21} = 0 \tag{2.64b}$$

$$a_{22} = 0.3 + 0.7E^{\mathrm{m}}/E_{22}^{\mathrm{f}} \tag{2.64c}$$

$$a_{66} = 0.3 + 0.7G^{\mathrm{m}}/G_{12}^{\mathrm{f}} \tag{2.64d}$$

由于 $a_{21}=0$，式 (2.63) 与式 (2.60d) 相同，因此，桥联模型的桥联矩阵自动满足一致性条件。进一步，可以很容易求出如下逆矩阵 [1,4]：

$$[B_{ij}]=(V_{\rm f}[I]+V_{\rm m}[A_{ij}])^{-1}=\begin{bmatrix} b_{11} & b_{12} & 0 \\ 0 & b_{22} & 0 \\ 0 & 0 & b_{66} \end{bmatrix} \tag{2.65}$$

$$b_{11}=1/(V_{\rm f}+V_{\rm m}a_{11}) \tag{2.66a}$$

$$b_{12}=-(V_{\rm m}a_{12})/[(V_{\rm f}+V_{\rm m}a_{11})(V_{\rm f}+V_{\rm m}a_{22})] \tag{2.66b}$$

$$b_{22}=1/(V_{\rm f}+V_{\rm m}a_{22}) \tag{2.66c}$$

$$b_{66}=1/(V_{\rm f}+V_{\rm m}a_{66}) \tag{2.66d}$$

再将式 (2.65) 和式 (2.62) 代入式 (2.4) 和式 (2.5)，得到纤维和基体中内应力的显式计算公式为

$$\begin{Bmatrix} \sigma_{11}^{\rm f} \\ \sigma_{22}^{\rm f} \\ \sigma_{12}^{\rm f} \end{Bmatrix}=\begin{bmatrix} b_{11} & b_{12} & 0 \\ 0 & b_{22} & 0 \\ 0 & 0 & b_{66} \end{bmatrix}\begin{Bmatrix} \sigma_{11} \\ \sigma_{22} \\ \sigma_{12} \end{Bmatrix} \tag{2.67a}$$

$$\begin{Bmatrix} \sigma_{11}^{\rm m} \\ \sigma_{22}^{\rm m} \\ \sigma_{12}^{\rm m} \end{Bmatrix}=\begin{bmatrix} a_{11} & a_{12} & 0 \\ 0 & a_{22} & 0 \\ 0 & 0 & a_{66} \end{bmatrix}\begin{bmatrix} b_{11} & b_{12} & 0 \\ 0 & b_{22} & 0 \\ 0 & 0 & b_{66} \end{bmatrix}\begin{Bmatrix} \sigma_{11} \\ \sigma_{22} \\ \sigma_{12} \end{Bmatrix} \tag{2.67b}$$

进一步，类似二维 $[b_{ij}]$ 矩阵的求解，得到三维 $[b_{ij}]$ 矩阵为

$$[B_{ij}]=(V_{\rm f}[I]+V_{\rm m}[A_{ij}])^{-1}=\begin{bmatrix} b_{11} & b_{12} & b_{13} & 0 & 0 & 0 \\ 0 & b_{22} & 0 & 0 & 0 & 0 \\ 0 & 0 & b_{33} & 0 & 0 & 0 \\ 0 & 0 & 0 & b_{44} & 0 & 0 \\ 0 & 0 & 0 & 0 & b_{55} & 0 \\ 0 & 0 & 0 & 0 & 0 & b_{66} \end{bmatrix} \tag{2.68}$$

$$b_{11}=1/(V_{\rm f}+V_{\rm m}a_{11}) \tag{2.69a}$$

$$b_{12}=-(V_{\rm m}a_{12})/[(V_{\rm f}+V_{\rm m}a_{11})(V_{\rm f}+V_{\rm m}a_{22})] \tag{2.69b}$$

$$b_{13}=-(V_{\rm m}a_{13})/[(V_{\rm f}+V_{\rm m}a_{11})(V_{\rm f}+V_{\rm m}a_{33})] \tag{2.69c}$$

$$b_{22}=1/(V_{\rm f}+V_{\rm m}a_{22}) \tag{2.69d}$$

$$b_{33}=1/(V_{\rm f}+V_{\rm m}a_{33}) \tag{2.69e}$$

$$b_{44}=1/(V_{\rm f}+V_{\rm m}a_{44}) \tag{2.69f}$$

$$b_{55}=1/(V_{\rm f}+V_{\rm m}a_{55}) \tag{2.69g}$$

$$b_{66}=1/(V_{\rm f}+V_{\rm m}a_{66}) \tag{2.69h}$$

注意，由于 $a_{22}=a_{33}=a_{44}$、$a_{13}=a_{12}$、$a_{66}=a_{55}$，有 $b_{22}=b_{33}=b_{44}$、$b_{13}=b_{12}$、$b_{66}=b_{55}$。因此，三维桥联矩阵 $[a_{ij}]$ 和 $[b_{ij}]$ 中的非 0 元素与二维矩阵的非 0 元素完全相同。

假定 $\{\sigma_i\}=\{\sigma_{11},\sigma_{22},\sigma_{33},\sigma_{23},\sigma_{13},\sigma_{12}\}^{\rm T}$ 是施加在单向复合材料上的任意外载。将式 (2.68)、式 (2.69) 和式 (2.59) 代入式 (2.4) 和式 (2.5) 并化简，得到纤维和基体中内应力的显式表达式如下：

$$\sigma_{11}^{\rm f}=\frac{\sigma_{11}}{V_{\rm f}+V_{\rm m}a_{11}}-\frac{V_{\rm m}a_{12}(\sigma_{22}+\sigma_{33})}{(V_{\rm f}+V_{\rm m}a_{11})(V_{\rm f}+V_{\rm m}a_{22})} \tag{2.70a}$$

$$\sigma_{22}^{\rm f}=\frac{\sigma_{22}}{V_{\rm f}+V_{\rm m}a_{22}} \tag{2.70b}$$

$$\sigma_{33}^{\rm f}=\frac{\sigma_{33}}{V_{\rm f}+V_{\rm m}a_{22}} \tag{2.70c}$$

$$\sigma_{23}^{\rm f}=\frac{\sigma_{23}}{V_{\rm f}+V_{\rm m}a_{22}} \tag{2.70d}$$

$$\sigma_{13}^{\rm f}=\frac{\sigma_{13}}{V_{\rm f}+V_{\rm m}a_{66}} \tag{2.70e}$$

$$\sigma_{12}^{\rm f}=\frac{\sigma_{12}}{V_{\rm f}+V_{\rm m}a_{66}} \tag{2.70f}$$

$$\sigma_{11}^{\rm m}=\frac{a_{11}\sigma_{11}}{V_{\rm f}+V_{\rm m}a_{11}}+\frac{V_{\rm f}a_{12}(\sigma_{22}+\sigma_{33})}{(V_{\rm f}+V_{\rm m}a_{11})(V_{\rm f}+V_{\rm m}a_{22})} \tag{2.71a}$$

$$\sigma_{22}^{\rm m}=\frac{a_{22}\sigma_{22}}{V_{\rm f}+V_{\rm m}a_{22}} \tag{2.71b}$$

$$\sigma_{33}^{\rm m}=\frac{a_{22}\sigma_{33}}{V_{\rm f}+V_{\rm m}a_{22}} \tag{2.71c}$$

$$\sigma_{23}^{\rm m}=\frac{a_{22}\sigma_{23}}{V_{\rm f}+V_{\rm m}a_{22}} \tag{2.71d}$$

$$\sigma_{13}^{\rm m}=\frac{a_{66}\sigma_{13}}{V_{\rm f}+V_{\rm m}a_{66}} \tag{2.71e}$$

$$\sigma_{12}^{\rm m}=\frac{a_{66}\sigma_{12}}{V_{\rm f}+V_{\rm m}a_{66}} \tag{2.71f}$$

需要指出的是，由于其他模型如 Mori-Tanaka-Eshelby 模型的桥联矩阵不满足一致性条件，那么，将式 (2.53) 代入式 (2.4) 和式 (2.5) 计算的内应力 $\sigma_{11}^{\rm f,2D}$、$\sigma_{22}^{\rm f,2D}$、$\sigma_{11}^{\rm m,2D}$、$\sigma_{22}^{\rm m,2D}$ 和将三维桥联矩阵 (非 0 桥联矩阵元素由式 (2.41a)~(2.41j) 给出) 代入式 (2.4) 和式 (2.5) 计算的相应内应力 $\sigma_{11}^{\rm f,3D}$、$\sigma_{22}^{\rm f,3D}$、$\sigma_{11}^{\rm m,3D}$、$\sigma_{22}^{\rm m,3D}$ 不相等。因此，

除了桥联模型，本书中介绍的其他任何细观力学模型计算的纤维和基体的内应力，一般都必须基于三维桥联矩阵公式计算，哪怕复合材料只受到平面甚至单向外载作用。

例 2-2 单向复合材料的纤维和基体性能参数见表 2-2，V_f=0.62，受整体坐标系下的外力 $\{\sigma_{xx}, \sigma_{yy}, \sigma_{zz}, \sigma_{yz}, \sigma_{xz}, \sigma_{xy}\} = \{196, 84, 60, -27.6, 62.1, 37\}$ (MPa) 作用，试求纤维和基体中的内应力。其中，整体坐标系由主轴坐标系相对 x_3 轴旋转 30° 得到 (整体坐标 z 轴与主轴坐标 x_3 轴平行)，如图 2-6 所示。

表 2-2 单向复合材料的纤维和基体性能参数

材料	E_{11}/GPa	ν_{12}	E_{22}/GPa	G_{12}/GPa	ν_{23}
纤维	230	0.2	15	15	0.07
基体	3.5	0.35	3.5	1.3	0.35

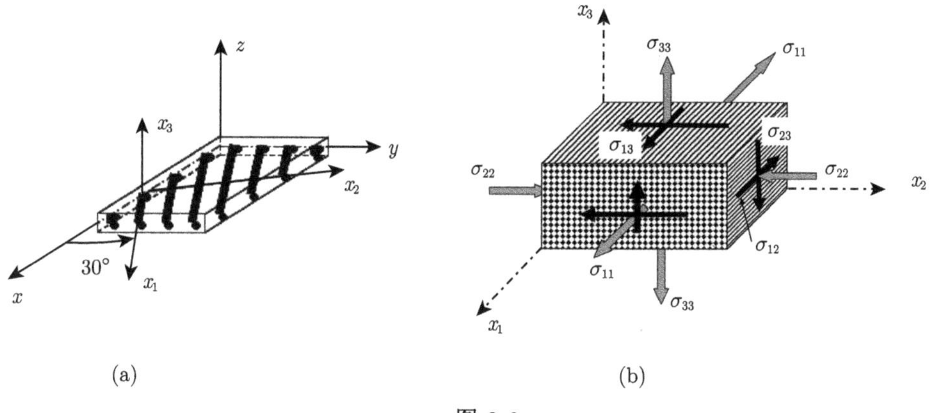

图 2-6

解 (1) 求坐标变换的方向余弦。

根据所给条件，得两坐标系之间的方向余弦分量如下：

$l_1 = \cos(x_1, x) = \cos 30°,\ l_2 = \cos(x_2, x) = -\sin 30°,\ l_3 = \cos(x_3, x) = 0$

$m_1 = \cos(x_1, y) = \sin 30°,\ m_2 = \cos(x_2, y) = \cos 30°,\ m_3 = \cos(x_3, y) = 0$

$n_1 = \cos(x_1, z) = 0,\ n_2 = \cos(x_2, z) = 0,\ n_3 = \cos(x_3, z) = 1$

(2) 求主轴坐标系下复合材料所受外载。

主轴坐标系下的应力由式 (1.65) 及式 (1.70a) 得到，即

$$\{\sigma_i\} = [T_{ij}]_{\mathrm{c}}^{-1} \{\sigma_j^{\mathrm{G}}\} = [T_{ij}]_{\mathrm{s}}^{\mathrm{T}} \{\sigma_j^{\mathrm{G}}\}$$

其中，由 Excel 表格计算的坐标变换矩阵为

$$[T_{ij}]_{\mathrm{s}}^{\mathrm{T}} = \begin{bmatrix} 0.75 & 0.25 & 0 & 0 & 0 & 0.866 \\ 0.25 & 0.75 & 0 & 0 & 0 & -0.866 \\ 0 & 0 & 1 & 0 & 0 & 0 \\ 0 & 0 & 0 & 0.866 & -0.5 & 0 \\ 0 & 0 & 0 & 0.5 & 0.866 & 0 \\ -0.433 & 0.433 & 0 & 0 & 0 & 0.5 \end{bmatrix}$$

主轴坐标系下的应力 $\{\sigma_{11}, \sigma_{22}, \sigma_{33}, \sigma_{23}, \sigma_{13}, \sigma_{12}\} = \{200, -80, 60, -55, 40, -30\}$(MPa).

(3) 求桥联矩阵元素。

$$a_{11} = 3.5/230 = 0.0152, \quad a_{22} = a_{33} = a_{44} = 0.3 + 0.7 \times 3.5/15 = 0.4633$$

$$a_{12} = a_{13} = (0.35 \times 230 - 0.2 \times 3.5) \times (0.0152 - 0.4633)/(3.5 - 230) = 0.1579$$

$$a_{55} = a_{66} = 0.3 + 0.7 \times 1.3/15 = 0.3607$$

(4) 由式 (2.70) 求纤维中的应力。

$$\begin{Bmatrix} \sigma_{11}^{\mathrm{f}} \\ \sigma_{22}^{\mathrm{f}} \\ \sigma_{33}^{\mathrm{f}} \\ \sigma_{23}^{\mathrm{f}} \\ \sigma_{13}^{\mathrm{f}} \\ \sigma_{12}^{\mathrm{f}} \end{Bmatrix} = \begin{Bmatrix} 200 \\ -80 \\ 60 \\ -55 \\ 40 \\ -30 \end{Bmatrix} (\mathrm{MPa})$$

(5) 由式 (2.71) 求基体中的应力。

$$\begin{Bmatrix} \sigma_{11}^{\mathrm{m}} \\ \sigma_{22}^{\mathrm{m}} \\ \sigma_{33}^{\mathrm{m}} \\ \sigma_{23}^{\mathrm{m}} \\ \sigma_{13}^{\mathrm{m}} \\ \sigma_{12}^{\mathrm{m}} \end{Bmatrix} = \begin{Bmatrix} 32.4 \\ 46.5 \\ 34.9 \\ -32 \\ 19 \\ -14.3 \end{Bmatrix} (\mathrm{MPa})$$

习　题

习题 2-1　试证明：由混合率模型导出的桥联矩阵的剪切项是单位矩阵，即

$$[A_{ij}]_\tau = V_\mathrm{f}([S_{ij}]_\tau - [S_{ij}^\mathrm{m}]_\tau)^{-1}([S_{ij}^\mathrm{f}]_\tau - [S_{ij}]_\tau)/V_\mathrm{m} = [I]$$

习题 2-2　试证明：由 Chamis 模型导出的桥联矩阵的剪切项各元素相等，即

$$[A_{ij}]_\tau = V_\mathrm{f}([S_{ij}]_\tau - [S_{ij}^\mathrm{m}]_\tau)^{-1}([S_{ij}^\mathrm{f}]_\tau - [S_{ij}]_\tau)/V_\mathrm{m} = c[I]$$

其中，c 是常数。

习题 2-3　单向复合材料纤维和基体材料性能参数如题 2-3 表，$V_\mathrm{f} = 0.5$，求由 Chamis 模型定义的该复合材料的桥联矩阵。

题 2-3 表　性能参数

材料	E_{11}/GPa	ν_{12}	E_{22}/GPa	G_{12}/GPa	ν_{23}
纤维	72	0.27	72	28.3	0.27
基体	3.2	0.34	3.2	1.194	0.34

习题 2-4　单向复合材料纤维和基体的材料性能如题 2-4 表，$V_\mathrm{f} = 0.6$，分别受到如题 2-4 图 (a)、(b)、(c) 所示的单位载荷作用，试由混合率模型求纤维和基体中的内应力。

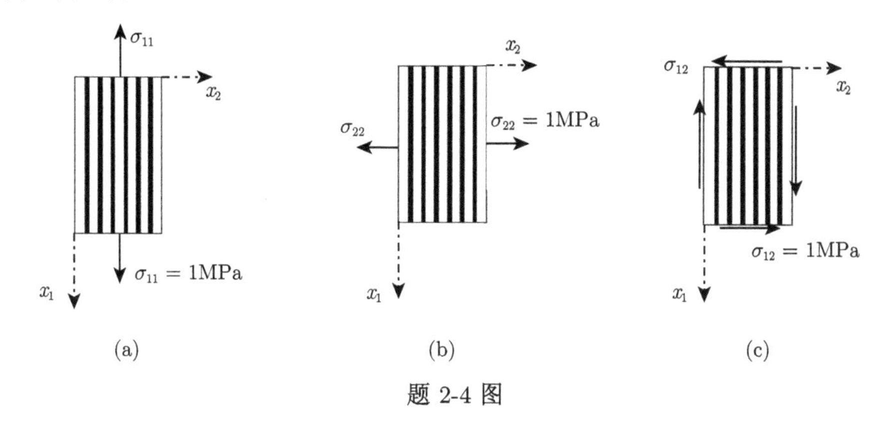

题 2-4 图

题 2-4 表　材料性能参数

材料	E_{11}/GPa	ν_{12}	E_{22}/GPa	G_{12}/GPa	ν_{23}
纤维	225	0.2	15	15	0.07
基体	4.2	0.34	4.2	1.567	0.34

习题 2-5　单向复合材料受如题 2-5 图所示的偏轴拉伸作用，偏轴角 15°，拉伸载荷 100 MPa，纤维和基体性能参数同习题 2-3，纤维含量 $V_\mathrm{f} = 0.6$，试由桥联模型计算纤维和基体中的内应力。

习题 2-6　单向复合材料受如题 2-6 图所示的整体坐标下双轴载荷作用，假定$\sigma_{xx}=-130\text{MPa}$、$\sigma_{yy}=50\text{MPa}$，局部坐标 x_1 与 x 轴夹角为 30°，纤维和基体性能参数同例 2-2，纤维体积含量 $V_f=0.55$，试由桥联模型计算纤维和基体中的内应力。

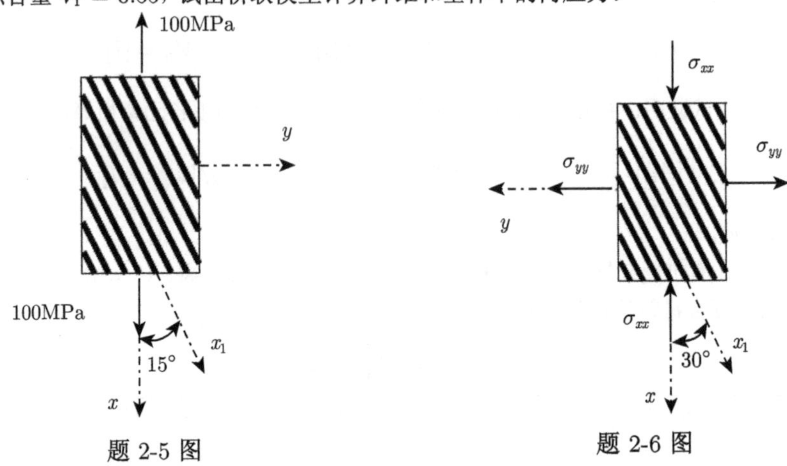

题 2-5 图　　题 2-6 图

习题 2-7　单向复合材料受如题 2-7 图所示的偏轴拉伸 (平面应力) 作用，假定$\sigma_{xx}=150\text{MPa}$，偏轴角 45°，纤维和基体性能参数见题 2-7 表，纤维体积含量 $V_f=0.6$。试由桥联模型计算基体中的主轴应变 ε_{11}^{m}。

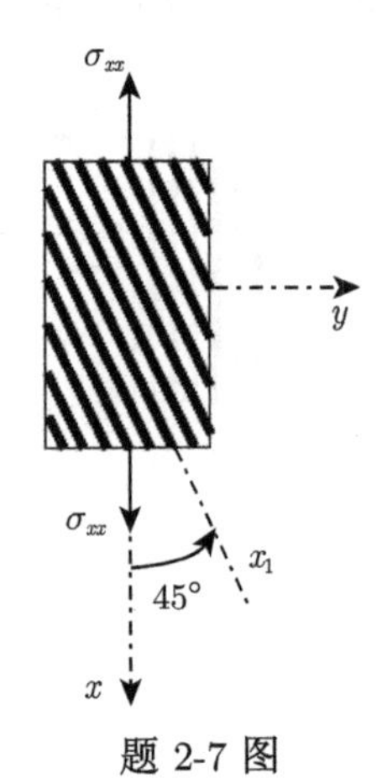

题 2-7 图

题 2-7 表　性能参数

材料	E_{11}/GPa	ν_{12}	E_{22}/GPa	G_{12}/GPa	ν_{23}
纤维	290	0.25	19	27	0.357
基体	4.2	0.38	4.2	1.52	0.38

习题 2-8　单向复合材料受如题 2-8 图所示的三向载荷作用，$\{\sigma_{11}, \sigma_{22}, \sigma_{33}, \sigma_{23}, \sigma_{13}, \sigma_{12}\}=\{320, -180, -120, 0, 0, -65\}$(MPa) 作用，纤维和基体性能参数见题 2-8 表，纤维体积

含量$V_f = 0.6$。试确定纤维和基体受等效拉伸还是等效压缩作用。

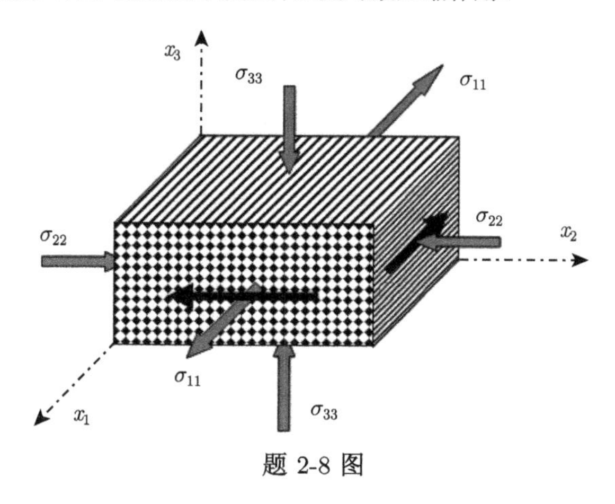

题 2-8 图

题 2-8 表　性能参数

材料	E_{11}/GPa	ν_{12}	E_{22}/GPa	G_{12}/GPa	ν_{23}
纤维	80	0.2	80	33.3	0.2
基体	3.35	0.35	3.35	1.24	0.35

第 3 章　单向复合材料的弹性性能

3.1　桥联模型公式

将桥联矩阵式 (2.59) 和式 (2.60) 代入式 (2.6)，并利用关系式 (1.17)、式 (1.18) 和式 (1.13)，可确定单向复合材料的 5 个弹性常数值。但是，如此得到的过程较为烦琐。本节给出单向复合材料弹性性能显式公式更简单的推导。其步骤是：首先求出外载作用下纤维和基体中的 (均值) 内应力，见式 (2.70) 和式 (2.71)。然后，应用本构关系将纤维和基体的应变与内应力相联系，再利用应变基本方程，将复合材料的应变表作为纤维和基体应变的函数，进而得到复合材料的弹性性能与纤维和基体性能之间的关系。由于复合材料的性能是其本征量，在弹性阶段不会随加载方式的不同而改变，因此可施加最简单的外载。

3.1.1　轴向拉伸载荷作用

假定单向复合材料受如图 3-1 所示的轴向拉伸载荷作用。

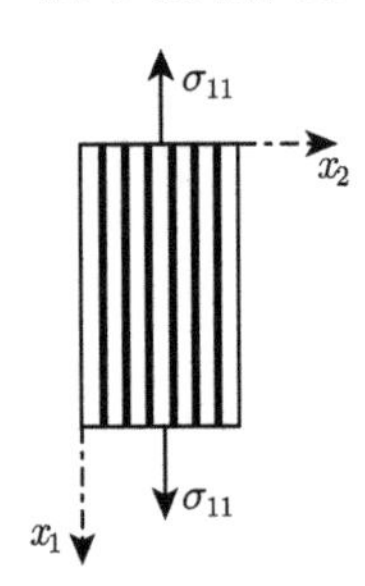

图 3-1　单向复合材料受轴向拉伸作用

1. 内应力计算

将如图 3-1 所示的外载，即$\sigma_{11} \neq 0$、$\sigma_{22} = \sigma_{33} = \sigma_{23} = \sigma_{13} = \sigma_{12} = 0$ 代入式 (2.70) 和式 (2.71)，有

$$\sigma_{11}^{\mathrm{f}} = \frac{\sigma_{11}}{V_{\mathrm{f}} + V_{\mathrm{m}} a_{11}}, \quad \sigma_{11}^{\mathrm{m}} = \frac{a_{11}\sigma_{11}}{V_{\mathrm{f}} + V_{\mathrm{m}} a_{11}}, \quad \sigma_{22}^{\mathrm{f}} = \sigma_{22}^{\mathrm{m}} = \sigma_{33}^{\mathrm{f}} = \sigma_{33}^{\mathrm{m}} = 0 \tag{3.1}$$

$$\sigma_{23}^{\mathrm{f}} = \sigma_{23}^{\mathrm{m}} = \sigma_{13}^{\mathrm{f}} = \sigma_{13}^{\mathrm{m}} = \sigma_{12}^{\mathrm{f}} = \sigma_{12}^{\mathrm{m}} = 0 \tag{3.2}$$

除了沿轴向的应力分量，纤维和基体中的其他内应力分量皆为 0。

2. 轴向模量

由图 3-1 和式 (3.2) 可知，复合材料、纤维和基体都只受到单向载荷的作用。将这些材料的本构方程代入应变基本方程 (2.2) 中的第一项，即

$$\varepsilon_{11}=\frac{\sigma_{11}}{E_{11}}=V_{\mathrm{f}}\varepsilon_{11}^{\mathrm{f}}+V_{\mathrm{m}}\varepsilon_{11}^{\mathrm{m}}=V_{\mathrm{f}}\frac{\sigma_{11}^{\mathrm{f}}}{E_{11}^{\mathrm{f}}}+V_{\mathrm{m}}\frac{\sigma_{11}^{\mathrm{m}}}{E^{\mathrm{m}}}=\left(\frac{V_{\mathrm{f}}/E_{11}^{\mathrm{f}}+V_{\mathrm{m}}a_{11}/E^{\mathrm{m}}}{V_{\mathrm{f}}+V_{\mathrm{m}}a_{11}}\right)\sigma_{11}$$

将式 (2.60a) 代入上式并化简，就有

$$E_{11}=\left(\frac{V_{\mathrm{f}}/E_{11}^{\mathrm{f}}+V_{\mathrm{m}}a_{11}/E^{\mathrm{m}}}{V_{\mathrm{f}}+V_{\mathrm{m}}a_{11}}\right)^{-1}=V_{\mathrm{f}}E_{11}^{\mathrm{f}}+V_{\mathrm{m}}E^{\mathrm{m}} \tag{3.3a}$$

3. 轴向泊松比

由于

$$\varepsilon_{11}^{\mathrm{f}}=\frac{\sigma_{11}^{\mathrm{f}}}{E_{11}^{\mathrm{f}}}=\frac{\sigma_{11}}{E_{11}^{\mathrm{f}}V_{\mathrm{f}}+E_{11}^{\mathrm{f}}V_{\mathrm{m}}a_{11}}=\frac{\sigma_{11}}{E_{11}^{\mathrm{f}}V_{\mathrm{f}}+E^{\mathrm{m}}V_{\mathrm{m}}}=\frac{\sigma_{11}}{E_{11}}=\varepsilon_{11}$$

$$\varepsilon_{11}^{\mathrm{m}}=\frac{\sigma_{11}^{\mathrm{m}}}{E^{\mathrm{m}}}=\frac{\sigma_{11}}{E^{\mathrm{m}}V_{\mathrm{f}}/a_{11}+E^{\mathrm{m}}V_{\mathrm{m}}}=\frac{\sigma_{11}}{E_{11}^{\mathrm{f}}V_{\mathrm{f}}+E^{\mathrm{m}}V_{\mathrm{m}}}=\frac{\sigma_{11}}{E_{11}}=\varepsilon_{11}$$

代入应变基本方程 (2.2) 中的第二或第三项，得到

$$\varepsilon_{22}=-\nu_{12}\varepsilon_{11}=V_{\mathrm{f}}\varepsilon_{22}^{\mathrm{f}}+V_{\mathrm{m}}\varepsilon_{22}^{\mathrm{m}}=V_{\mathrm{f}}(-\nu_{12}^{\mathrm{f}}\varepsilon_{11}^{\mathrm{f}})+V_{\mathrm{m}}(-\nu^{\mathrm{m}}\varepsilon_{11}^{\mathrm{m}})$$

即

$$\nu_{12}=V_{\mathrm{f}}\nu_{12}^{\mathrm{f}}+V_{\mathrm{m}}\nu^{\mathrm{m}} \tag{3.3b}$$

3.1.2 横向拉伸载荷作用

再假定单向复合材料受横向拉伸载荷作用，见图 3-2。

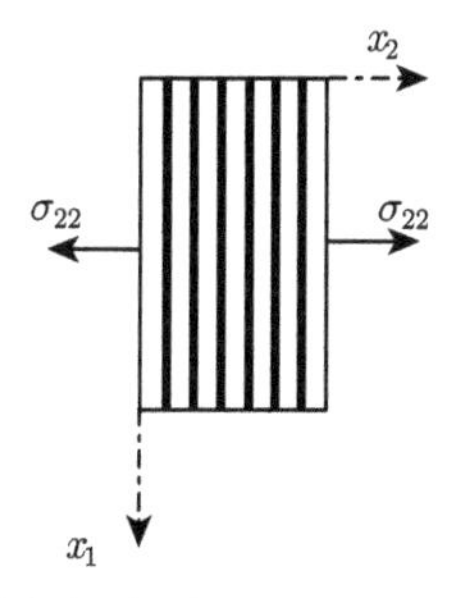

图 3-2 单向复合材料受横向拉伸载荷作用

1. 内应力计算

同样，将$\sigma_{22} \neq 0$、$\sigma_{11}=\sigma_{33}=\sigma_{23}=\sigma_{13}=\sigma_{12}=0$ 代入式 (2.70) 和式 (2.71)，化简得到

$$\sigma_{11}^{\mathrm{f}}=-\frac{V_{\mathrm{m}}a_{12}\sigma_{22}}{(V_{\mathrm{f}}+V_{\mathrm{m}}a_{11})(V_{\mathrm{f}}+V_{\mathrm{m}}a_{22})},\quad \sigma_{11}^{\mathrm{m}}=\frac{V_{\mathrm{f}}a_{12}\sigma_{22}}{(V_{\mathrm{f}}+V_{\mathrm{m}}a_{11})(V_{\mathrm{f}}+V_{\mathrm{m}}a_{22})} \tag{3.4a}$$

$$\sigma_{22}^{\mathrm{f}}=\frac{\sigma_{22}}{V_{\mathrm{f}}+V_{\mathrm{m}}a_{22}},\quad \sigma_{22}^{\mathrm{m}}=\frac{a_{22}\sigma_{22}}{V_{\mathrm{f}}+V_{\mathrm{m}}a_{22}},\quad \sigma_{33}^{\mathrm{f}}=\sigma_{33}^{\mathrm{m}}=0 \tag{3.4b}$$

此外，纤维和基体的剪应力分量皆为 0。式 (3.4a) 和式 (3.4b) 说明，虽然复合材料只受单向应力 (横向拉伸) 作用，但纤维和基体中产生了复杂的应力状态，这与复合材料受轴向载荷作用的情况不一样，后者导致了纤维和基体也处在单向应力状态。

2. 横向模量

弹性模量的推导须通过应变基本方程和本构方程。需要特别指出的是，尽管复合材料依然适用单向应力状态的本构方程，但纤维和基体的本构方程必须基于广义 Hooke 定律。这是因为，虽然复合材料受到单向应力作用，但是纤维和基体处于复杂的应力状态。因此，由横向应变基本方程，有

$$\begin{aligned}
\varepsilon_{22}=\frac{\sigma_{22}}{E_{22}}&=V_{\mathrm{f}}\varepsilon_{22}^{\mathrm{f}}+V_{\mathrm{m}}\varepsilon_{22}^{\mathrm{m}}=V_{\mathrm{f}}(S_{21}^{\mathrm{f}}\sigma_{11}^{\mathrm{f}}+S_{22}^{\mathrm{f}}\sigma_{22}^{\mathrm{f}})+V_{\mathrm{m}}(S_{21}^{\mathrm{m}}\sigma_{11}^{\mathrm{m}}+S_{22}^{\mathrm{m}}\sigma_{22}^{\mathrm{m}})\\
&=\left(\frac{V_{\mathrm{f}}[S_{22}^{\mathrm{f}}(V_{\mathrm{f}}+V_{\mathrm{m}}a_{11})-V_{\mathrm{m}}a_{12}S_{21}^{\mathrm{f}}]+V_{\mathrm{m}}[S_{22}^{\mathrm{m}}a_{22}(V_{\mathrm{f}}+V_{\mathrm{m}}a_{11})+V_{\mathrm{f}}a_{12}S_{21}^{\mathrm{m}}]}{(V_{\mathrm{f}}+V_{\mathrm{m}}a_{11})(V_{\mathrm{f}}+V_{\mathrm{m}}a_{22})}\right)\sigma_{22}\\
&=\frac{(V_{\mathrm{f}}+V_{\mathrm{m}}a_{11})(V_{\mathrm{f}}S_{22}^{\mathrm{f}}+a_{22}V_{\mathrm{m}}S_{22}^{\mathrm{m}})+V_{\mathrm{f}}V_{\mathrm{m}}(S_{21}^{\mathrm{m}}-S_{21}^{\mathrm{f}})a_{12}}{(V_{\mathrm{f}}+V_{\mathrm{m}}a_{11})(V_{\mathrm{f}}+V_{\mathrm{m}}a_{22})}\sigma_{22}
\end{aligned}$$

从而

$$E_{22}=\frac{(V_{\mathrm{f}}+V_{\mathrm{m}}a_{11})(V_{\mathrm{f}}+V_{\mathrm{m}}a_{22})}{(V_{\mathrm{f}}+V_{\mathrm{m}}a_{11})(V_{\mathrm{f}}S_{22}^{\mathrm{f}}+a_{22}V_{\mathrm{m}}S_{22}^{\mathrm{m}})+V_{\mathrm{f}}V_{\mathrm{m}}(S_{21}^{\mathrm{m}}-S_{21}^{\mathrm{f}})a_{12}} \tag{3.3c}$$

3.1.3　轴向剪切载荷作用

将如图 3-3 所示的外加应力，即$\sigma_{12}\neq 0$、$\sigma_{11}=\sigma_{22}=\sigma_{33}=\sigma_{23}=\sigma_{13}=0$ 代入式 (2.70) 和式 (2.71)，得到纤维和基体中的非 0 内应力为

$$\begin{aligned}
\sigma_{12}^{\mathrm{f}}&=\frac{\sigma_{12}}{V_{\mathrm{f}}+V_{\mathrm{m}}a_{66}}\\
\sigma_{12}^{\mathrm{m}}&=\frac{a_{66}\sigma_{12}}{V_{\mathrm{f}}+V_{\mathrm{m}}a_{66}}
\end{aligned} \tag{3.5}$$

其他所有的内应力皆为 0。根据应变基本方程并将式 (3.5) 代入纤维和基体的本构方程，导得

$$2\varepsilon_{12} = \frac{\sigma_{12}}{G_{12}} = V_{\mathrm{f}}(2\varepsilon_{12}^{\mathrm{f}}) + V_{\mathrm{m}}(2\varepsilon_{12}^{\mathrm{m}})$$
$$= V_{\mathrm{f}}\frac{\sigma_{12}^{\mathrm{f}}}{G_{12}^{\mathrm{f}}} + V_{\mathrm{m}}\frac{\sigma_{12}^{\mathrm{m}}}{G^{\mathrm{m}}} = \left(\frac{V_{\mathrm{f}}G^{\mathrm{m}} + V_{\mathrm{m}}G_{12}^{\mathrm{f}}a_{66}}{G_{12}^{\mathrm{f}}G_{\mathrm{m}}(V_{\mathrm{f}} + V_{\mathrm{m}}a_{66})}\right)\sigma_{12}$$

于是，

$$G_{12} = \frac{G_{12}^{\mathrm{f}}G^{\mathrm{m}}(V_{\mathrm{f}} + V_{\mathrm{m}}a_{66})}{V_{\mathrm{f}}G^{\mathrm{m}} + V_{\mathrm{m}}G_{12}^{\mathrm{f}}a_{66}} \tag{3.3d}$$

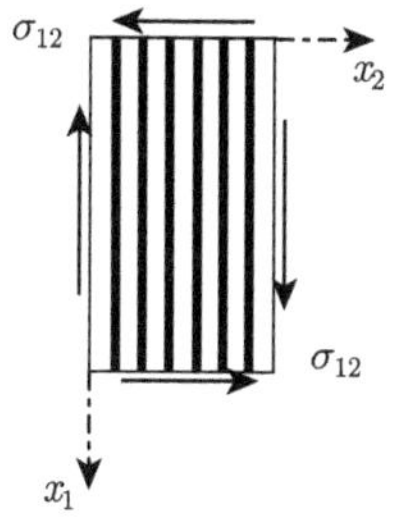

图 3-3 单向复合材料受轴向剪切作用

类似，仅仅施加横向剪切载荷 σ_{23} 作用，纤维和基体中不为 0 的应力分量是

$$\sigma_{23}^{\mathrm{f}} = \frac{\sigma_{23}}{V_{\mathrm{f}} + V_{\mathrm{m}}a_{22}}, \quad \sigma_{23}^{\mathrm{m}} = \frac{a_{22}\sigma_{23}}{V_{\mathrm{f}} + V_{\mathrm{m}}a_{22}} \tag{3.6}$$

复合材料的横向剪切模量为

$$G_{23} = \frac{G_{23}^{\mathrm{f}}G^{\mathrm{m}}(V_{\mathrm{f}} + V_{\mathrm{m}}a_{22})}{V_{\mathrm{f}}G^{\mathrm{m}} + V_{\mathrm{m}}G_{23}^{\mathrm{f}}a_{22}} \tag{3.3e}$$

3.1.4 模量公式

汇总式 (3.3a)~(3.3e)，就有

$$E_{11} = V_{\mathrm{f}}E_{11}^{\mathrm{f}} + V_{\mathrm{m}}E^{\mathrm{m}} \tag{3.3a}$$

$$\nu_{12} = V_{\mathrm{f}}\nu_{12}^{\mathrm{f}} + V_{\mathrm{m}}\nu^{\mathrm{m}} \tag{3.3b}$$

$$E_{22} = \frac{(V_{\mathrm{f}} + V_{\mathrm{m}}a_{11})(V_{\mathrm{f}} + V_{\mathrm{m}}a_{22})}{(V_{\mathrm{f}} + V_{\mathrm{m}}a_{11})(V_{\mathrm{f}}S_{22}^{\mathrm{f}} + a_{22}V_{\mathrm{m}}S_{22}^{\mathrm{m}}) + V_{\mathrm{f}}V_{\mathrm{m}}(S_{21}^{\mathrm{m}} - S_{21}^{\mathrm{f}})a_{12}} \tag{3.3c}$$

$$G_{12} = \frac{G_{12}^{\mathrm{f}}G^{\mathrm{m}}(V_{\mathrm{f}} + V_{\mathrm{m}}a_{66})}{V_{\mathrm{f}}G^{\mathrm{m}} + V_{\mathrm{m}}G_{12}^{\mathrm{f}}a_{66}} \tag{3.3d}$$

$$G_{23} = \frac{G_{23}^{\mathrm{f}}G^{\mathrm{m}}(V_{\mathrm{f}} + V_{\mathrm{m}}a_{22})}{V_{\mathrm{f}}G^{\mathrm{m}} + V_{\mathrm{m}}G_{23}^{\mathrm{f}}a_{22}} \tag{3.3e}$$

3.2 Mori-Tanaka-Eshelby 模型公式

推导 Mori-Tanaka-Eshelby 模型的单向复合材料弹性模量计算公式，同样需要先求出内应力，依据的是应力基本方程和补充的桥联方程。只是 Mori-Tanaka-Eshelby 模型的桥联矩阵比桥联模型的桥联矩阵复杂得多。例如，施加轴向拉伸载荷 (图 3-1) 后，纤维和基体的内应力将由如下方程求解：

$$\sigma_{11}=V_{\mathrm{f}}\sigma_{11}^{\mathrm{f}}+V_{\mathrm{m}}\sigma_{11}^{\mathrm{m}},\quad V_{\mathrm{f}}\sigma_{22}^{\mathrm{f}}+V_{\mathrm{m}}\sigma_{22}^{\mathrm{m}}=0,\quad V_{\mathrm{f}}\sigma_{33}^{\mathrm{f}}+V_{\mathrm{m}}\sigma_{33}^{\mathrm{m}}=0 \tag{3.7a}$$

$$\sigma_{11}^{\mathrm{m}}=A_{11}\sigma_{11}^{\mathrm{f}}+A_{12}(\sigma_{22}^{\mathrm{f}}+\sigma_{22}^{\mathrm{f}}),\quad \sigma_{22}^{\mathrm{m}}=A_{21}\sigma_{11}^{\mathrm{f}}+A_{22}\sigma_{22}^{\mathrm{f}}+A_{23}\sigma_{33}^{\mathrm{f}} \tag{3.7b}$$

$$\sigma_{33}^{\mathrm{m}}=A_{31}\sigma_{11}^{\mathrm{f}}+A_{32}\sigma_{22}^{\mathrm{f}}+A_{33}\sigma_{33}^{\mathrm{f}} \tag{3.7c}$$

式 (3.7a) 为应力基本方程，式 (3.7b) 和式 (3.7c) 为补充的桥联方程。求解式 (3.7)，得到内应力后，代入应变基本方程 (2.2) 的第一项，并利用纤维和基体的本构方程，将纤维和基体应变表作内应力的函数，使得应变基本方程的两边含有外加载荷σ_{11}。消掉σ_{11} 并化简，得到单向复合材料的轴向模量 E_{11} 公式，与其他 4 个模量公式汇总如下[31,26]：

$$\begin{aligned}E_{11}=&\Big((A_{11}+A_{22}+A_{32})V_{\mathrm{f}}V_{\mathrm{m}}+[A_{11}(A_{22}+A_{32})-2A_{12}A_{21}]V_{\mathrm{m}}^2+V_{\mathrm{f}}^2\Big)\Big/\\&\Big(V_{\mathrm{f}}V_{\mathrm{m}}[2A_{21}(S_{12}^{\mathrm{m}}-S_{12}^{\mathrm{f}})+(A_{22}+A_{32})S_{11}^{\mathrm{f}}+A_{11}S_{11}^{\mathrm{m}}]\\&+[A_{11}(A_{22}+A_{32})-2A_{12}A_{21}]S_{11}^{\mathrm{m}}V_{\mathrm{m}}^2+S_{11}^{\mathrm{f}}V_{\mathrm{f}}^2\Big)\end{aligned} \tag{3.8a}$$

$$\begin{aligned}\nu_{12}=&\Big(A_{12}V_{\mathrm{m}}[V_{\mathrm{f}}(S_{11}^{\mathrm{f}}-S_{11}^{\mathrm{m}})+2A_{21}V_{\mathrm{m}}S_{12}^{\mathrm{m}}]-(V_{\mathrm{f}}+A_{11}V_{\mathrm{m}})\\&[V_{\mathrm{f}}S_{12}^{\mathrm{f}}+(A_{22}+A_{32})V_{\mathrm{m}}S_{12}^{\mathrm{m}}]\Big)\Big/\Big(S_{11}^{\mathrm{f}}V_{\mathrm{f}}^2-[2A_{12}A_{21}-A_{11}(A_{22}+A_{32})]V_{\mathrm{m}}^2S_{11}^{\mathrm{m}}\\&+V_{\mathrm{f}}V_{\mathrm{m}}[(A_{22}+A_{32})S_{11}^{\mathrm{f}}+A_{11}S_{11}^{\mathrm{m}}+2A_{21}(S_{12}^{\mathrm{m}}-S_{12}^{\mathrm{f}})]\Big)\end{aligned} \tag{3.8b}$$

$$\begin{aligned}E_{22}=&\Big([(A_{22}-A_{32})V_{\mathrm{m}}+V_{\mathrm{f}}]\{(A_{11}+A_{22}+A_{32})V_{\mathrm{f}}V_{\mathrm{m}}\\&+[A_{11}(A_{22}+A_{32})-2A_{12}A_{21}]V_{\mathrm{m}}^2+V_{\mathrm{f}}^2\}\Big)\Big/\\&\Big(V_{\mathrm{m}}A_{22}(b_1+b_2)+V_{\mathrm{m}}A_{12}(b_3+b_4)\\&+b_5(A_{11}V_{\mathrm{m}}+V_{\mathrm{f}})+A_{22}^2(A_{11}V_{\mathrm{m}}+V_{\mathrm{f}})S_{11}^{\mathrm{m}}V_{\mathrm{m}}^2\Big)\end{aligned} \tag{3.8c}$$

$$G_{12}=\frac{V_{\mathrm{f}}+V_{\mathrm{m}}A_{66}}{V_{\mathrm{f}}/G_{12}^{\mathrm{f}}+V_{\mathrm{m}}A_{66}/G^{\mathrm{m}}} \tag{3.8d}$$

$$G_{23}=\frac{V_{\mathrm{f}}+V_{\mathrm{m}}A_{44}}{V_{\mathrm{f}}/G_{23}^{\mathrm{f}}+V_{\mathrm{m}}A_{44}/G^{\mathrm{m}}} \tag{3.8e}$$

$$b_1=V_{\mathrm{f}}V_{\mathrm{m}}(A_{12}(S_{12}^{\mathrm{m}}-S_{12}^{\mathrm{f}})+A_{11}(S_{22}^{\mathrm{f}}+S_{11}^{\mathrm{m}})) \tag{3.9a}$$

$$b_2 = V_f^2(S_{22}^f + S_{11}^m) - 2A_{12}A_{21}S_{11}^m V_m^2 \tag{3.9b}$$

$$b_3 = A_{21}V_m(2A_{32}S_{11}^m V_m - V_f(S_{22}^f - S_{23}^f + S_{11}^m + S_{12}^m)) \tag{3.9c}$$

$$b_4 = V_f(S_{12}^m - S_{12}^f)(V_f - A_{32}V_m) \tag{3.9d}$$

$$b_5 = A_{32}V_f V_m(S_{12}^m - S_{23}^f) - A_{32}^2 S_{11}^m V_m^2 + S_{22}^f V_f^2 \tag{3.9e}$$

式中的桥联矩阵元素 A_{ij} 见式 (2.41a)~(2.41j) 或式 (2.51a)~(2.51g)。

前已指出，Mori-Tanaka-Eshelby 模型的三维桥联矩阵与其二维桥联矩阵不满足一致性条件，基于二维桥联矩阵所得到的复合材料性能参数与基于三维桥联矩阵导出的不同。例如，根据三维 Mori-Tanaka 桥联矩阵导出的轴向模量为式 (3.8a)，但是，其缩减的二维桥联矩阵是式 (2.53)，式中的 A_{ij} 由式 (2.41) 或式 (2.51) 给出，与三维桥联矩阵中的对应元素相同。基于二维桥联矩阵式 (2.53)，求解轴向加载 (图 3-1) 下内应力的方程是

$$\sigma_{11} = V_f\sigma_{11}^f + V_m\sigma_{11}^m, \quad \sigma_{22} = V_f\sigma_{22}^f + V_m\sigma_{22}^m = 0$$

$$\sigma_{11}^m = A_{11}\sigma_{11}^f + A_{12}\sigma_{22}^f, \quad \sigma_{22}^m = A_{21}\sigma_{11}^f + A_{22}\sigma_{22}^f$$

据此解出

$$\sigma_{11}^f = \left[V_f + V_m\left(A_{11} - \frac{V_m A_{21}A_{12}}{V_f + V_m A_{22}}\right)\right]^{-1}\sigma_{11} = e_{11}^f\sigma_{11} \tag{3.10a}$$

$$\sigma_{11}^m = \left[A_{11} - \frac{V_m A_{21}A_{12}}{(V_f + V_m A_{22})}\right]\sigma_{11}^f = e_{11}^m\sigma_{11} \tag{3.10b}$$

$$\sigma_{22}^f = -\frac{V_m A_{21}\sigma_{11}^f}{(V_f + V_m A_{22})} = e_{21}^f\sigma_{11}, \quad \sigma_{22}^m = \frac{V_f A_{21}\sigma_{11}^f}{(V_f + V_m A_{22})} = e_{21}^m\sigma_{11} \tag{3.10c}$$

再由轴向应变基本方程和本构方程，得到

$$\begin{aligned}\varepsilon_{11} =& \frac{\sigma_{11}}{E_{11}} = V_f\varepsilon_{11}^f + V_m\varepsilon_{11}^m = V_f(S_{11}^f\sigma_{11}^f + S_{12}^f\sigma_{22}^f) + V_m(S_{11}^m\sigma_{11}^m + S_{12}^m\sigma_{22}^m)\\ =&[V_f(S_{11}^f e_{11}^f + S_{12}^f e_{21}^f) + V_m(S_{11}^m e_{11}^m + S_{12}^m e_{21}^m)]\sigma_{11}\end{aligned}$$

即轴向模量是

$$E_{11} = [V_f(S_{11}^f e_{11}^f + S_{12}^f e_{21}^f) + V_m(S_{11}^m e_{11}^m + S_{12}^m e_{21}^m)]^{-1} \tag{3.11}$$

由于 $A_{32} \neq 0$，由式 (3.8a) 给出的轴向模量 E_{11} 与式 (3.11) 计算的轴向模量之间必然存在差异。只有式 (3.8a) 才能视为 Mori-Tanaka-Eshelby 模型的轴向模量计算公式，而式 (3.11) 为近似式。不仅如此，其他等效弹性常数的计算，都须基于 Mori-Tanaka- Eshelby 模型的三维桥联矩阵。

与此形成鲜明对比的是，桥联模型的三维桥联矩阵与缩减的二维桥联矩阵满足一致性条件，也就是说：将三维桥联矩阵缩减到二维矩阵，所得到的复合材料性能参数不变。这种“一致性”特性只有桥联模型才具备，应用其他模型 (如 3.8 节对比考虑的其他模型) 求解纤维和基体的内应力，都必须仿照例 2-1，先求出对应的三维桥联矩阵，再代入式 (2.4) 和式 (2.5)，计算纤维和基体的内应力。

3.3　Eshelby 模型公式

从式 (1.45a)，得到

$$[K_{ij}] = [K_{ij}^{\mathrm{m}}] + V_{\mathrm{f}}([K_{ij}^{\mathrm{f}}] - [K_{ij}^{\mathrm{m}}])[L_{ij}^{\mathrm{f}}] \tag{3.12}$$

式中，$[L_{ij}^{\mathrm{f}}]$ 是纤维的应变分配矩阵，即 $\{\varepsilon_i^{\mathrm{f}}\} = [L_{ij}^{\mathrm{f}}]\{\varepsilon_j\}$。根据 Eshelby 等效夹杂理论 (见 2.2.3 节)，有

$$\{\varepsilon_i^{\mathrm{f}}\} = \{\varepsilon_j\} + \{\varepsilon_i'\} \tag{3.13}$$

$$\{\varepsilon_i'\} = [L_{ij}]\{\varepsilon_j^*\} \tag{2.31}$$

$$[K_{ij}^{\mathrm{f}}](\{\varepsilon_j\} + \{\varepsilon_j'\}) = [K_{ij}^{\mathrm{m}}](\{\varepsilon_j\} + \{\varepsilon_j'\} - \{\varepsilon_j^*\}) \tag{2.32}$$

式中，$[L_{ij}]$ 是 Eshelby 张量，由式 (2.28) 给出，但须将其中的泊松比ν用基体的泊松比ν^{m}置换。从式 (3.13)、式 (2.31) 及式 (2.32)，解出

$$[L_{ij}^{\mathrm{f}}] = \{[I] + [L_{ij}][S_{ij}^{\mathrm{m}}]([K_{ij}^{\mathrm{f}}] - [K_{ij}^{\mathrm{m}}])\}^{-1} \tag{3.14}$$

从而

$$[K_{ij}] = [K_{ij}^{\mathrm{m}}] + V_{\mathrm{f}}([K_{ij}^{\mathrm{f}}] - [K_{ij}^{\mathrm{m}}])\{[I] + [L_{ij}][S_{ij}^{\mathrm{m}}]([K_{ij}^{\mathrm{f}}] - [K_{ij}^{\mathrm{m}}])\}^{-1} \tag{3.15}$$

3.4　自洽模型公式

自洽模型(self-consistent model)同样根据式 (3.12) 计算复合材料的刚度矩阵，但确定纤维应变分配矩阵 $[L_{ij}^{\mathrm{f}}]$ 的途径不一样。自洽模型也应用了 Eshelby 等效夹杂原理。只不过，与 Mori-Tanaka 模型不同的是，自洽模型假定纤维镶嵌在无限大的横观各向同性介质中，以便对 Eshelby 模型进行修正 (Eshelby 将纤维镶嵌在无限大基体中，被认为忽略了相邻纤维对所考虑纤维的相互影响)，该无限大介质的材料性能参数与待求的单向复合材料性能相同。仿照式 (2.39a) 和式 (2.39b) 的推导过程，有

$$\{\varepsilon_i^{\mathrm{f}}\} = [L_{ij}^{\mathrm{f}}]\{\varepsilon_j\} \tag{3.16a}$$

$$[L_{ij}^{\mathrm{f}}] = \{[I] + [\tilde{L}_{ij}][S_{ij}]([K_{ij}^{\mathrm{f}}] - [K_{ij}])\}^{-1} \tag{3.16b}$$

式中，$[K_{ij}]$ 是单向复合材料的三维刚度矩阵，由式 (3.12) 定义；$[S_{ij}] = [K_{ij}]^{-1}$ 是其柔度矩阵；$[\tilde{L}_{ij}]$ 是横观各向同性材料介质的 Eshelby 张量，类似式 (2.27b) 得到。但横观各向同性材料的 Green 函数不同于式 (2.14)，介质的材料性能与复合材料相同。虽然 $[\tilde{L}_{ij}]$ 可以写出显式表达式，但这些元素远比式 (2.28b)~(2.28e) 复杂，并且含有待求的复合材料弹性常数。将式 (3.16b) 代入式 (3.12) 可知，自洽模型求复合材料的弹性性能没有显式表达式，必须通过迭代才能得到。

另外，从式 (2.40) 得到 Eshelby 张量相对桥联矩阵 $[A_{ij}]$ 的函数是

$$[L_{ij}] = \left([S_{ij}^{\mathrm{m}}][A_{ij}][K_{ij}^{\mathrm{f}}] - [I]\right)([K_{ij}^{\mathrm{f}}] - [K_{ij}^{\mathrm{m}}])^{-1}[K_{ij}^{\mathrm{m}}] \tag{3.17}$$

将上式中基体的柔度和刚度矩阵用复合材料的对应量替换，得到

$$[\tilde{L}_{ij}] = \Big([S_{ij}][\tilde{A}_{ij}][K_{ij}^{\mathrm{f}}] - [I]\Big)([K_{ij}^{\mathrm{f}}] - [K_{ij}])^{-1}[K_{ij}] \tag{3.18}$$

式中，$[\tilde{A}_{ij}]$ 是同心圆柱模型得到的联系复合材料应力与纤维应力的桥联矩阵，即 $\{\sigma_i\} = [\tilde{A}_{ij}]\{\sigma_j^{\mathrm{f}}\}$，可由式 (2.52a)~(2.52g) 计算给出，只需将其中的基体模量 E_{11}^{m}、E_{22}^{m}、ν_{12}^{m}、G_{12}^{m}、ν_{23}^{m} 分别用复合材料的轴向模量 E_{11}、横向模量 E_{22}、轴向泊松比ν_{12}、面内 (轴向) 剪切模量 G_{12}、横向泊松比 ν_{23} 替代即可，即

$$\tilde{A}_{11} = \frac{E_{11}(E_{11} - E_{22}\nu_{12}^{\mathrm{f}}\nu_{12})}{E_{11}^{\mathrm{f}}[E_{11} - E_{22}(\nu_{12})^2]} \tag{3.19a}$$

$$\tilde{A}_{12} = \tilde{A}_{13} = \frac{E_{11}\{E_{11}^{\mathrm{f}}E_{22}(1-\nu_{23}^{\mathrm{f}})\nu_{12} + E_{22}^{\mathrm{f}}[-2E_{11}\nu_{12}^{\mathrm{f}} + E_{11}^{\mathrm{f}}\nu_{12}(1+\nu_{23})]\}}{2E_{11}^{\mathrm{f}}E_{22}^{\mathrm{f}}[E_{11} - E_{22}(\nu_{12})^2]} \tag{3.19b}$$

$$\tilde{A}_{21} = \tilde{A}_{31} = \frac{E_{11}E_{22}(\nu_{12} - \nu_{12}^{\mathrm{f}})}{2E_{11}^{\mathrm{f}}[E_{11} - E_{22}(\nu_{12})^2]} \tag{3.19c}$$

$$\tilde{A}_{22} = \tilde{A}_{33} = \frac{E_{11}[E_{22}^{\mathrm{f}}(5+\nu_{23}) + E_{22}(3-\nu_{23}^{\mathrm{f}})]}{8E_{22}^{\mathrm{f}}[E_{11} - E_{22}(\nu_{12})^2]} - \frac{E_{22}\nu_{12}(E_{11}\nu_{12}^{\mathrm{f}} + E_{11}^{\mathrm{f}}\nu_{12})}{2E_{11}^{\mathrm{f}}[E_{11} - E_{22}(\nu_{12})^2]} \tag{3.19d}$$

$$\tilde{A}_{23} = \tilde{A}_{32} = \frac{E_{11}[E_{22}(1-3\nu_{23}^{\mathrm{f}}) + E_{22}^{\mathrm{f}}(3\nu_{23}-1)]}{8E_{22}^{\mathrm{f}}[E_{11} - E_{22}(\nu_{12})^2]} + \frac{E_{22}\nu_{12}(E_{11}^{\mathrm{f}}\nu_{12} - E_{11}\nu_{12}^{\mathrm{f}})}{2E_{11}^{\mathrm{f}}[E_{11} - E_{22}(\nu_{12})^2]} \tag{3.19e}$$

$$\tilde{A}_{44} = \frac{E_{22}^{\mathrm{f}}[3E_{11} - 4E_{22}(\nu_{12})^2 - E_{11}\nu_{23}] + E_{11}E_{22}(1+\nu_{23}^{\mathrm{f}})}{4E_{22}^{\mathrm{f}}[E_{11} - E_{22}(\nu_{12})^2]} \tag{3.19f}$$

$$\tilde{A}_{55} = \tilde{A}_{66} = \frac{G_{12}^{\mathrm{f}} + G_{12}}{2G_{12}^{\mathrm{f}}} \tag{3.19g}$$

其余 $\tilde{A}_{ij} = 0$。将式 (3.18) 和式 (3.19) 代入式 (3.16b)，再代入式 (3.12)，得到自洽模型求单向复合材料弹性性能的隐式方程。

3.5　广义自洽模型公式

自洽模型计算复合材料弹性性能的精度依然有限。不少研究者因此认为，实际复合材料中单根纤维的外表包裹有基体，只有在基体域外围的材料才可等效为均质横观各向同性复合材料，以便表征相邻纤维对所考虑纤维的相互作用，其物理模型是在纤维和外围复合材料之间夹有基体层，基体层的厚度由纤维体积含量确定，如图 3-4(a) 所示，图中 $c = a/\sqrt{V_{\rm f}}$，由此产生了广义自洽模型 (generalized self-consistent model)。

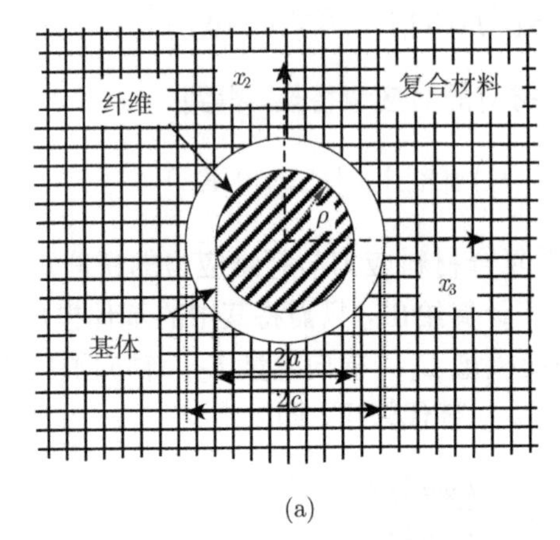

(a)

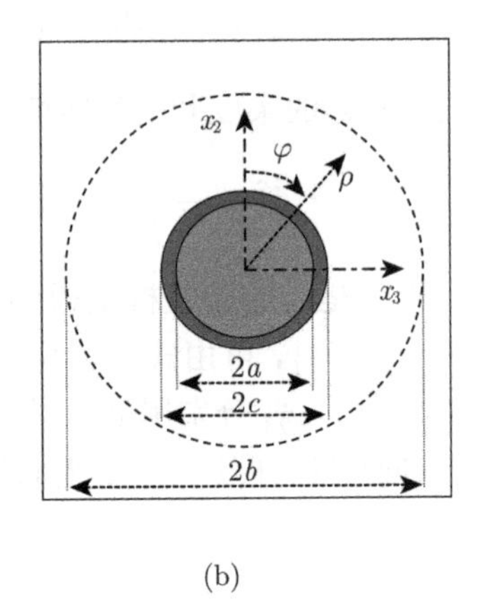

(b)

图 3-4　(a) 广义自洽物理模型, (b) 广义自洽力学模型 ($b \to \infty$)

广义自洽模型的求解可基于如图 3-4(b) 所示的三相同心圆柱模型实现。仿照图 2-4(a)~ 图 2-4(f)，在无穷远边界依次施加 6 种载荷，求出纤维、基体及外围复合材料中的应力，相对各自体积平均后，分别代入如下方程:

$$\{\sigma_i^{\rm m}\} = [A_{ij}^{\rm I}]\{\sigma_j^{\rm f}\} \tag{3.20a}$$

$$\{\sigma_i^{\rm m}\} = [A_{ij}^{\rm II}]\{\sigma_j\} \tag{3.20b}$$

得到类似式 (2.42) 的两个矩阵方程:

$$[\sigma_{ij}^{{\rm m},k}] = [A_{ij}^{\rm I}][\sigma_{ij}^{{\rm f},k}], \quad [\sigma_{ij}^{{\rm m},k}] = [A_{ij}^{\rm II}][\sigma_{ij}^{k}]$$

分别解出 $[A_{ij}^{\rm I}] = [\sigma_{ij}^{{\rm m},k}][\sigma_{ij}^{{\rm f},k}]^{-1}$, $[A_{ij}^{\rm II}] = [\sigma_{ij}^{{\rm m},k}][\sigma_{ij}^{k}]^{-1}$，再由式 (3.20a) 和式 (3.20b)，将纤维应力表作为复合材料应力的函数，就有

$$\{\sigma_i^{\rm f}\} = [A_{ij}^{\rm I}]^{-1}[A_{ij}^{\rm II}]\{\sigma_j\} = [M_{ij}^{\rm f}]\{\sigma_j\}$$

其中

$$[M_{ij}^{\rm f}] = [\sigma_{ij}^{{\rm f},k}][\sigma_{ij}^{k}]^{-1} \tag{3.21}$$

是纤维的应力分配矩阵。$\sigma_{ij}^{{\rm f},k}$ 和 σ_{ij}^{k} 则分别是施加在图 3-4(b) 边界上的第 $k(k=1, 2, \cdots, 6)$ 种载荷 (分别类似如图 2-4(a)~ 图 2-4(f) 所示的外载) 引起的纤维和外层复合材料介质中的均值应力分量。将式 (3.21) 代入式 (1.45b)

$$[S_{ij}] = [S_{ij}^{\rm m}] + V_{\rm f}([S_{ij}^{\rm f}] - [S_{ij}^{\rm m}])[M_{ij}^{\rm f}]$$

据此，得到复合材料的各弹性常数。由于式 (3.21) 中各元素含有复合材料的性能，上述式 (1.45b) 为 5 个复合材料弹性常数的隐式方程，必须迭代求解才行。

需要指出的是，对三相及三相以上的同心圆柱模型，其中一些均值应力分量一般无显式解，必须联立求解线性代数方程组，参见文献 [25]。与此同时，文献 [25] 也指出，可将三相同心圆柱模型按两相同心圆柱模型求解两次，所产生的误差忽略不计。第一次，假定纤维和基体构成同心圆柱模型，如图 2-3 所示，求得两相复合材料的桥联矩阵 (2.51a)~(2.51g)，进而由式 (3.8a)~(3.8e) 得到其 5 个弹性常数 $E_{11}^{\rm eq}$、$\nu_{12}^{\rm eq}$、$E_{22}^{\rm eq}$、$G_{12}^{\rm eq}$、$G_{23}^{\rm eq}$；第二次，再将该复合材料视为一种等效纤维，其轴向模量、轴向泊松比、横向模量、轴向剪切模量、横向剪切模量分别与 $E_{11}^{\rm eq}$、$\nu_{12}^{\rm eq}$、$E_{22}^{\rm eq}$、$G_{12}^{\rm eq}$、$G_{23}^{\rm eq}$ 相同，横向泊松比则通过式 (1.19) 计算，即$\nu_{23} = 0.5E_{22}/G_{23} - 1$，将式 (2.52a)~ (2.52g) 中纤维的 5 个弹性性能参数用等效纤维的对应参数置换、将基体的 5 个弹性性能参数用单向复合材料的 5 个弹性性能参数置换 (换言之，将式 (3.19a)~(3.19g) 中的 5 个纤维弹性模量用等效纤维的对应模量置换)，就得到第二次两相同心圆柱模型 (将外围复合材料应力表作等效纤维应力的函数) 的桥联矩阵 $[\tilde{A}_{ij}]$。将 $[\tilde{A}_{ij}]$ 代入式 (3.18)，再代入式 (3.16b)，最后代入式 (3.12)，得到广义自洽模型求解复合材料弹性性能参数的隐式方程，该方程中的矩阵虽略有近似，但每个矩阵中的元素皆由显式表达式给出。

3.6 其他解析/近似模型公式

在细观力学的研究发展中，还诞生了众多其他的理论模型，可用于计算单向复合材料的弹性常数。这里，将汇集其他一些较为著名的细观力学模型公式，包括解析或半经验公式。以下，直接列出有关公式，而不做任何推导，但提供了主要参考文献。读者欲了解更多，可参考相应的文献。

3.6.1 修正的混合率模型公式[32]

$$E_{11} = V_{\rm f}E_{11}^{\rm f} + V_{\rm m}E^{\rm m} \tag{3.22a}$$

$$\nu_{12} = V_{\rm f}\nu_{12}^{\rm f} + V_{\rm m}\nu^{\rm m} \tag{3.22b}$$

$$E_{22}=\frac{4\eta_{22}G_{23}}{\eta_{22}+mG_{23}},\quad m=1+\frac{4\eta_{22}\nu_{12}^2}{E_{11}}$$

$$\frac{1}{\eta_{22}}=\frac{1}{V_\mathrm{f}+\eta_k V_\mathrm{m}}\left(\frac{V_\mathrm{f}}{\Lambda_{22}^\mathrm{f}}+\frac{V_\mathrm{m}\eta_k}{\Lambda^\mathrm{m}}\right) \tag{3.22c}$$

$$\frac{1}{G_{12}}=\frac{1}{V_\mathrm{f}+\eta_{12}V_\mathrm{m}}\left(\frac{V_\mathrm{f}}{G_{12}^\mathrm{f}}+\frac{V_\mathrm{m}\eta_{12}}{G^\mathrm{m}}\right),\quad \eta_{12}=\frac{1}{2}\left(1+\frac{G^\mathrm{m}}{G_{12}^\mathrm{f}}\right) \tag{3.22d}$$

$$\frac{1}{G_{23}}=\frac{1}{V_\mathrm{f}+\eta_{23}V_\mathrm{m}}\left(\frac{V_\mathrm{f}}{G_{23}^\mathrm{f}}+\frac{V_\mathrm{m}\eta_{23}}{G^\mathrm{m}}\right),\quad \eta_{23}=\frac{1}{4(1-\nu^\mathrm{m})}\left(3-4\nu^\mathrm{m}+\frac{G^\mathrm{m}}{G_{23}^\mathrm{f}}\right) \tag{3.22e}$$

$$\eta_k=\frac{1}{2(1-\nu^\mathrm{m})}\left(1+\frac{\Lambda^\mathrm{m}}{\Lambda_{22}^\mathrm{f}}\right) \tag{3.22f}$$

$$\Lambda_{22}^\mathrm{f}=0.5(K_{22}^\mathrm{f}+K_{23}^\mathrm{f}),\quad \Lambda^\mathrm{m}=0.5(K_{22}^\mathrm{m}+K_{23}^\mathrm{m}) \tag{3.22g}$$

式中，K_{ij}^f 和 K_{ij}^m 分别是纤维和基体的刚度矩阵元素。

3.6.2　Halpin-Tsai 模型公式[33]

$$E_{11}=V_\mathrm{f}E_{11}^\mathrm{f}+V_\mathrm{m}E^\mathrm{m} \tag{3.23a}$$

$$\nu_{12}=V_\mathrm{f}\nu_{12}^\mathrm{f}+V_\mathrm{m}\nu^\mathrm{m} \tag{3.23b}$$

$$E_{22}=\frac{4\Lambda_L G_{23}}{\Lambda_L+mG_{23}},\quad m=1+\frac{4\Lambda_L\nu_{12}^2}{E_{11}},\quad \frac{\Lambda_L}{\Lambda^\mathrm{m}}=\frac{1+(1-2\nu^\mathrm{m})\eta V_\mathrm{f}}{1-\eta V_\mathrm{f}} \tag{3.23c}$$

$$\frac{1}{G_{12}}=\frac{1}{V_\mathrm{f}+\eta_{12}V_\mathrm{m}}\left(\frac{V_\mathrm{f}}{G_{12}^\mathrm{f}}+\frac{V_\mathrm{m}\eta_{12}}{G^\mathrm{m}}\right),\quad \eta_{12}=\frac{1}{2}\left(1+\frac{G^\mathrm{m}}{G_{12}^\mathrm{f}}\right) \tag{3.23d}$$

$$\frac{1}{G_{23}}=\frac{1}{V_\mathrm{f}+\eta_{23}V_\mathrm{m}}\left(\frac{V_\mathrm{f}}{G_{23}^\mathrm{f}}+\frac{V_\mathrm{m}\eta_{23}}{G^\mathrm{m}}\right)$$

$$\eta_{23}=\frac{1}{4(1-\nu^\mathrm{m})}\left(3-4\nu^\mathrm{m}+\frac{G^\mathrm{m}}{G_{23}^\mathrm{f}}\right) \tag{3.23e}$$

$$\eta=\frac{\Lambda_{22}^\mathrm{f}/\Lambda^\mathrm{m}-1}{\Lambda_{22}^\mathrm{f}/\Lambda^\mathrm{m}+1-2\nu^\mathrm{m}} \tag{3.23f}$$

$$\Lambda_{22}^\mathrm{f}=0.5(K_{22}^\mathrm{f}+K_{23}^\mathrm{f}),\quad \Lambda^\mathrm{m}=0.5(K_{22}^\mathrm{m}+K_{23}^\mathrm{m}) \tag{3.23g}$$

式中, K_{ij}^f 和 K_{ij}^m 分别是纤维和基体的刚度矩阵元素。

3.6.3　Hill-Hashin-Christensen-Lo 模型公式[34−36]

$$E_{11}=V_\mathrm{f}E_{11}^\mathrm{f}+V_\mathrm{m}E^\mathrm{m}+\frac{4(\nu_{12}^\mathrm{f}-\nu^\mathrm{m})^2V_\mathrm{f}(1-V_\mathrm{f})}{\dfrac{V_\mathrm{f}}{\Lambda^\mathrm{m}}+\dfrac{1-V_\mathrm{f}}{\Lambda_{22}^\mathrm{f}}+\dfrac{1}{G^\mathrm{m}}} \tag{3.24a}$$

$$\nu_{12}=V_\mathrm{f}\nu_{12}^\mathrm{f}+V_\mathrm{m}\nu^\mathrm{m}+\frac{(\nu_{12}^\mathrm{f}-\nu^\mathrm{m})V_\mathrm{f}(1-V_\mathrm{f})}{\dfrac{V_\mathrm{f}}{\Lambda^\mathrm{m}}+\dfrac{1-V_\mathrm{f}}{\Lambda_{22}^\mathrm{f}}+\dfrac{1}{G^\mathrm{m}}}\left(\frac{1}{\Lambda^\mathrm{m}}-\frac{1}{\Lambda_{22}^\mathrm{f}}\right) \tag{3.24b}$$

$$E_{22}=\frac{2}{0.5/K_T+0.5/G_{23}+2\nu_{12}^2/E_{11}} \tag{3.23c}$$

$$G_{12}=G^{\mathrm{m}}\frac{(G_{12}^{\mathrm{f}}+G^{\mathrm{m}})+V_{\mathrm{f}}(G_{12}^{\mathrm{f}}-G^{\mathrm{m}})}{(G_{12}^{\mathrm{f}}+G^{\mathrm{m}})-V_{\mathrm{f}}(G_{12}^{\mathrm{f}}-G^{\mathrm{m}})} \tag{3.24d}$$

$$K_T=K^{\mathrm{m}}+\frac{V_{\mathrm{f}}}{\dfrac{1}{\Lambda_{22}^{\mathrm{f}}-\Lambda^{\mathrm{m}}}+\dfrac{1-V_{\mathrm{f}}}{\Lambda^{\mathrm{m}}+G^{\mathrm{m}}}} \tag{3.24e}$$

$$A\left(\frac{G_{23}}{G^{\mathrm{m}}}\right)^2+2B\left(\frac{G_{23}}{G^{\mathrm{m}}}\right)+C=0 \tag{3.24f}$$

$$\begin{aligned}A=&3V_{\mathrm{f}}V_{\mathrm{m}}^2\left(\frac{G^{\mathrm{f}}}{G^{\mathrm{m}}}-1\right)\left(\frac{G^{\mathrm{f}}}{G^{\mathrm{m}}}+\eta_{\mathrm{f}}\right)\\&+\left[\frac{G^{\mathrm{f}}}{G^{\mathrm{m}}}\eta_{\mathrm{m}}+\eta_{\mathrm{f}}\eta_{\mathrm{m}}-\left(\frac{G^{\mathrm{f}}}{G^{\mathrm{m}}}\eta_{\mathrm{m}}-\eta_{\mathrm{f}}\right)V_{\mathrm{f}}^3\right]\\&\times\left[V_{\mathrm{f}}\eta_{\mathrm{m}}\left(\frac{G^{\mathrm{f}}}{G^{\mathrm{m}}}-1\right)-\left(\frac{G^{\mathrm{f}}}{G^{\mathrm{m}}}\eta_{\mathrm{m}}+1\right)\right]\end{aligned} \tag{3.24g}$$

$$\begin{aligned}B=&-3V_{\mathrm{f}}V_{\mathrm{m}}^2\left(\frac{G^{\mathrm{f}}}{G^{\mathrm{m}}}-1\right)\left(\frac{G^{\mathrm{f}}}{G^{\mathrm{m}}}+\eta_{\mathrm{f}}\right)\\&+\frac{1}{2}\left[\frac{G^{\mathrm{f}}}{G^{\mathrm{m}}}\eta_{\mathrm{m}}+\left(\frac{G^{\mathrm{f}}}{G^{\mathrm{m}}}-1\right)V_{\mathrm{f}}+1\right]\left[(\eta_{\mathrm{m}}-1)\left(\frac{G^{\mathrm{f}}}{G^{\mathrm{m}}}+\eta_{\mathrm{f}}\right)\right.\\&\left.-2\left(\frac{G^{\mathrm{f}}}{G^{\mathrm{m}}}\eta_{\mathrm{m}}-\eta_{\mathrm{f}}\right)V_{\mathrm{f}}^3\right]+\frac{V_{\mathrm{f}}}{2}(\eta_{\mathrm{m}}+1)\left(\frac{G^{\mathrm{f}}}{G^{\mathrm{m}}}-1\right)\\&\times\left[\frac{G^{\mathrm{f}}}{G^{\mathrm{m}}}+\eta_{\mathrm{f}}+\left(\frac{G^{\mathrm{f}}}{G^{\mathrm{m}}}\eta_{\mathrm{m}}-\eta_{\mathrm{f}}\right)V_{\mathrm{f}}^3\right]\end{aligned} \tag{3.24h}$$

$$\begin{aligned}C=&3V_{\mathrm{f}}V_{\mathrm{m}}^2\left(\frac{G^{\mathrm{f}}}{G^{\mathrm{m}}}-1\right)\left(\frac{G^{\mathrm{f}}}{G^{\mathrm{m}}}+\eta_{\mathrm{f}}\right)+\left[\frac{G^{\mathrm{f}}}{G^{\mathrm{m}}}\eta_{\mathrm{m}}+V_{\mathrm{f}}\left(\frac{G^{\mathrm{f}}}{G^{\mathrm{m}}}-1\right)+1\right]\\&\times\left[\frac{G^{\mathrm{f}}}{G^{\mathrm{m}}}+\eta_{\mathrm{f}}+\left(\frac{G^{\mathrm{f}}}{G^{\mathrm{m}}}\eta_{\mathrm{m}}-\eta_{\mathrm{f}}\right)V_{\mathrm{f}}^3\right]\end{aligned} \tag{3.24i}$$

$$\eta_{\mathrm{f}}=3-4\nu_{23}^{\mathrm{f}},\quad \eta_{\mathrm{m}}=3-4\nu_{\mathrm{m}} \tag{3.24j}$$

$$\Lambda_{22}^{\mathrm{f}}=0.5(K_{22}^{\mathrm{f}}+K_{23}^{\mathrm{f}}),\quad \Lambda^{\mathrm{m}}=0.5(K_{22}^{\mathrm{m}}+K_{23}^{\mathrm{m}}) \tag{3.22g}$$

式中，K_{ij}^{f} 和 K_{ij}^{m} 分别是纤维和基体的刚度矩阵元素。

注意，式 (3.24f) 仅适用于各向同性纤维。当 V_{f} 很小时，有

$$G_{23}=G^{\mathrm{m}}\left(1+\frac{V_{\mathrm{f}}}{G^{\mathrm{m}}/(G_{23}^{\mathrm{f}}-G^{\mathrm{m}})+(\Lambda^{\mathrm{m}}+7G^{\mathrm{m}}/3)(1-V_{\mathrm{f}})/(2\Lambda^{\mathrm{m}}+8G^{\mathrm{m}}/3)}\right) \tag{3.24k}$$

3.7 离散解方法

除了解析法和半经验法的显式或隐式公式，还存在更大量的数值解方法或半解析法，它们都需要对纤维和基体域进行离散。这类方法统称为离散解方法。

离散解方法的基本原理类似于同心圆柱模型，只是考虑的几何体以及施加的边界条件与图 2-4 不同而已。离散解方法是从复合材料中割取出一个代表性单元，如特征体元 (RVE) 或重复性单胞 (repeating unit cell, RUC)，在代表性单元边界上施加更为合适而非无穷远应力和位移为常数的边界条件，并依次施加不同载荷，求出离散的纤维和基体单元分担的应力，即 “点” 应力。注意，虽然离散解方法如有限单元法解出的应力，是相对该单元平均后得到的，但每个有限单元内都只含单相（或纤维、或基体、或界面）材料，理论上，每个有限元的体积可趋于无穷小。因此，有限元解出的应力为“点”应力。“均值化”是指相对代表性单元体积的平均，而非相对某个有限元体积的平均。将这些点应力相对各相材料的体积取平均后，求出相应的桥联矩阵，进而导出复合材料的等效弹性常数。与显式或隐式的解析公式相比，离散解方法的核心是通过对纤维和基体域的离散，求解其应力场的弹性力学控制方程，尽管不是精确解，但随着离散阶次或离散单元数目的不断增加，所得到的近似应力场在理论上可无限逼近精确解。由于控制方程采用离散求解，代表性单元的形状及边界条件都可任意假定，不仅如此，代表性单元中纤维和基体的界面也可以假定是非理想的。

本节扼要介绍三种较为常用的离散解方法，即有限单元法 (finite element method)、有限体积法 (finite volume method)、广义胞元法 (generalized method of cells)，所取代表性单元的几何模型可以相同，也可以不同。

3.7.1 有限单元法

离散解方法的吸引人处之一，在于对代表性单元中的纤维排列可按需要假定。Mori-Tanaka 模型、同心圆柱模型、自洽或广义自洽模型，都假定研究对象中只含有单根纤维，纤维和纤维之间的相互作用似乎未能体现，因而被众多研究者认为是计算精度不够高的一个主要原因。实际上，其根本原因是这些模型中施加的边界条件与实际存在出入。因为，真实的纤维应力经均值化后，总可以表作其他 6 个线性无关的纤维应力矢量的组合；同样，真实的基体应力径均值化后，也可以表作其他 6 个线性无关的基体应力矢量的组合。离散解方法可以应对复杂的控制方程，其研究对象可以具有更复杂的纤维排列形式，如图 3-5 所示的三角形、方形、六边形甚至随机排列，都可以取为离散解方法的研究对象。有限单元法是应用最为广泛的一种离散解方法，将代表性单元中的纤维和基体均采用有限元离散[37]。图 3-6 是对方形纤维排列代表性单元的离散图。

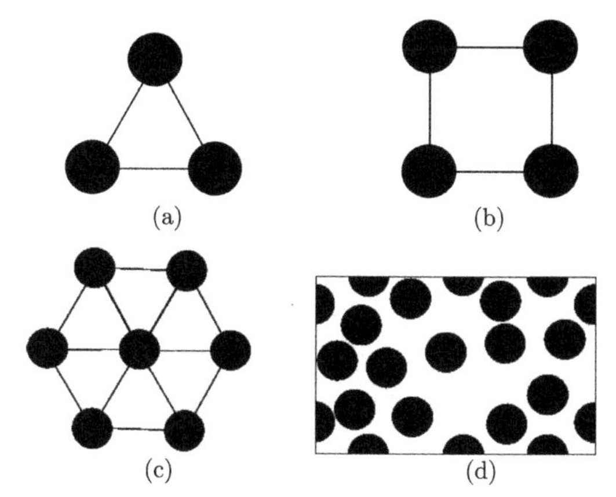

图 3-5 代表性单元中纤维排列：(a) 三角形排列，(b) 方形排列，(c) 六边形排列，(d) 随机排列

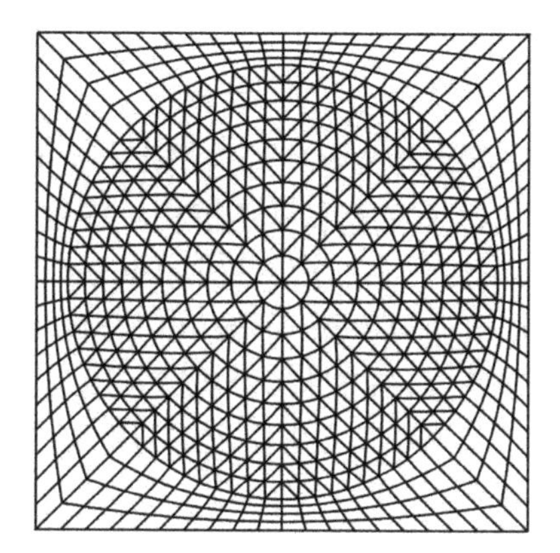

图 3-6 单向复合材料的方形行维排列 RVE 有限元离散示意图

离散解方法的吸引人处之二，在于研究对象的体积有限，可以指定更复杂的边界条件，而不是同心圆柱等解析模型在无穷远处应力为 0 或等于外加应力、位移为 0 或等于外加值的边界条件。离散解方法的研究对象通常是从复合材料中取出的一个重复性单元，其边界条件往往采用周期性边界条件，见图 3-7。

Suquet[38] 提出周期性边界条件应满足：

$$u_i(S) = \varepsilon_{ij}^0 x_j + u_i^* \tag{3.25}$$

式中，u_i^* 是周期位移部分，是一个未知量，依赖于边界载荷。Xia[39] 将均匀周期性边界条件改写为

$$u_i^{j+} - u_i^{j-} = \varepsilon_{ik}^0 \Delta x_k^j = c_i^j, \quad c_i^j\text{是常数} \tag{3.26}$$

Xia[39] 指出均匀周期性边界条件有两点不足：一是不能真实反映结构的受载状态；二是特征体元在某些载荷下不具备周期性，比如，给特征体元施加均匀剪切应变边界条件，会发现特征体元的两个相对边界面上的剪应力分布不一致，从而不具备周期性。

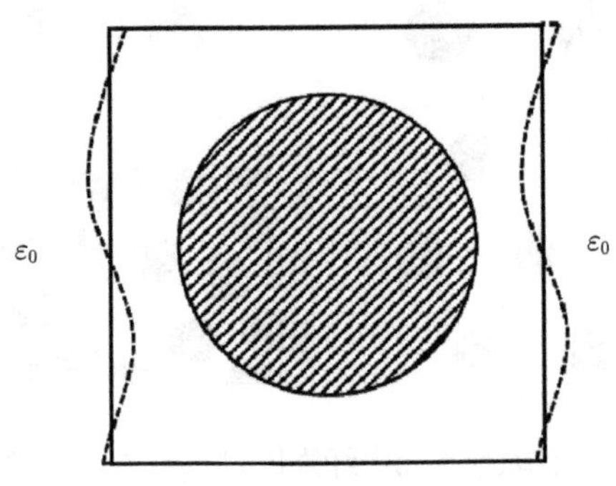

图 3-7　周期性边界条件示意图

3.7.2　有限体积法

有限体积法最初用于求解流体力学问题，后来发展到固体力学领域，并应用于复合材料的等效性能计算[40]。有限体积法的核心思想是将计算域划分成若干控制体，将控制体内的体积分通过散度定理转换成面积分，后者再基于一定的离散格式，用控制体边界面上的插值近似得到。有限体积法有两种“点”：一种是计算点，在控制体的中心；一种是边界点，在控制体的边界面上。控制体的形成方式包括单元中心方式和单元顶点方式。现以单元中心方式为例简要说明，参见图 3-8。

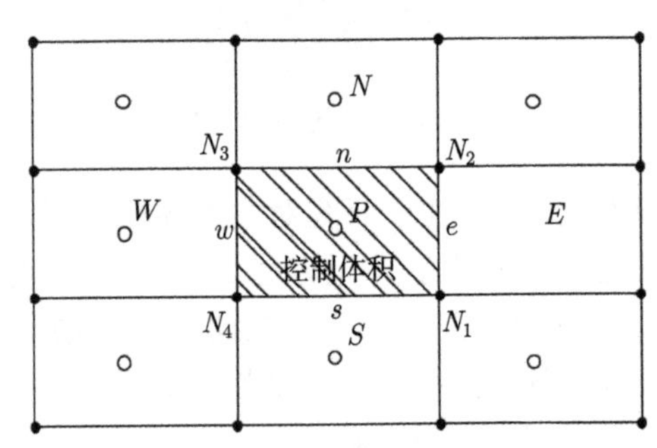

图 3-8　单元中心方式的有限体积法示意图

控制体元的平衡方程：

$$\frac{\partial \sigma_{ji}}{\partial x_j} + F_i = 0$$

应用散度定理，该平衡方程变为

$$\int\limits_{V_q}\left(\frac{\partial\sigma_{ji}}{\partial x_j}+F_i\right)\mathrm{d}V_q=\int\limits_{S_q}\sigma_{ji}n_j\mathrm{d}S_q+\int\limits_{V_q}F_i\mathrm{d}V_q=0 \tag{3.27}$$

式中，q 是计算域 (代表性单元) 中控制体元的标号；n_i 是控制体边界面的外法线分量。控制体的面积分等于控制体各边界面积分之和。

为获得边界面上的积分，必须要知道应力在边界面的分布，这显然无法实现。为此，用边界上若干个节点值 (数值解通常采用位移插值，因而待求解的量是节点位移值，再通过几何方程和物理方程获得应力) 来近似，而边界节点值用当前单元计算点和相邻单元计算点的插值函数近似，最后与计算域的边界条件相联系，得到关于单元计算点未知数的线性代数方程。

Cavalcante 等[40]指出，有限体积法应用于异质夹杂材料或复合材料时，由于两种材料交界面处材料弹性常数的跳跃，必须在界面处划分很细的网格以提高精度。他们提出了一种基于四边形映射网格的有限体积法。所谓映射网格，实际上是将映射材料划分成有限个方形网格，方形网格区域与真实材料的任意四边形网格区域一一对应，网格的形状并不一定与材料的形状完全一致，参见图 3-9。

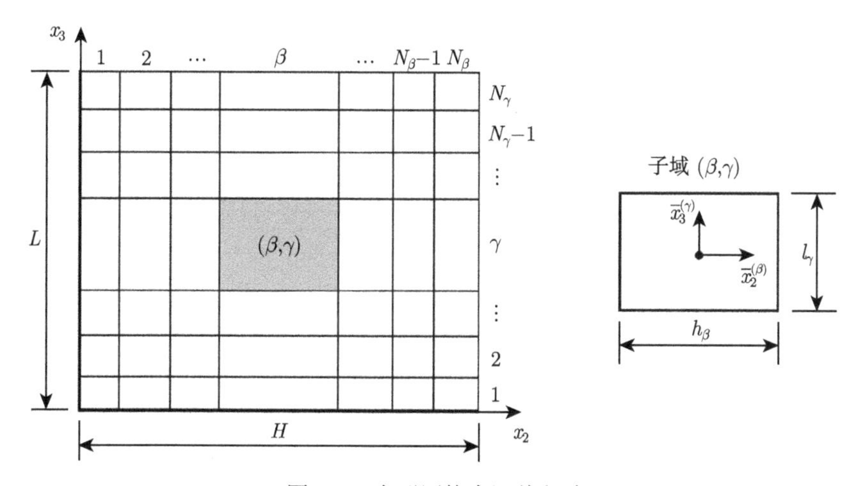

图 3-9 方形网格有限体积法

将计算域按如图 3-9 所示离散成有限个控制体积元，每个控制体积的弹性常数可以不同，沿 x_1 方向为平面应变状态。若采用线性插值，每个控制体积内的位移试函数为

$$u_i^{(\beta,\gamma)}=W_{i(00)}^{(\beta,\gamma)}+\bar{x}_2^{\beta}W_{i(10)}^{(\beta,\gamma)}+\bar{x}_3^{\gamma}W_{i(01)}^{(\beta,\gamma)},\quad i=2,3;\ \ \beta=1,\cdots,N_\beta;\ \ \gamma=1,\cdots,N_\gamma \tag{3.28}$$

局部坐标原点设置在控制体积中心，假设控制体积的边长为 $h_\beta=l_\gamma$=2，其四个节点从左下角开始逆时针行走，坐标分别为 $(-1,-1),(1,-1),(1,1),(-1,1)$。由式

(3.28) 得到

$$W_{i(00)}^{(\beta,\gamma)} - W_{i(10)}^{(\beta,\gamma)} - W_{i(01)}^{(\beta,\gamma)} = u_i^{1(\beta,\gamma)} \tag{3.29a}$$

$$W_{i(00)}^{(\beta,\gamma)} + W_{i(10)}^{(\beta,\gamma)} - W_{i(01)}^{(\beta,\gamma)} = u_i^{2(\beta,\gamma)} \tag{3.29b}$$

$$W_{i(00)}^{(\beta,\gamma)} + W_{i(10)}^{(\beta,\gamma)} + W_{i(01)}^{(\beta,\gamma)} = u_i^{3(\beta,\gamma)} \tag{3.29c}$$

$$W_{i(00)}^{(\beta,\gamma)} - W_{i(10)}^{(\beta,\gamma)} + W_{i(01)}^{(\beta,\gamma)} = u_i^{4(\beta,\gamma)} \tag{3.29d}$$

上述四个方程中只有三个独立，可给出以节点位移表示的待定系数。将所有控制体积的线性方程组装成整体方程，再引入代表性单元的边界条件求解。

基于式 (3.29) 给出的边界条件只满足平均意义上的连续，不能避免控制体积间的相互重叠，求解格式中也未能直观反映将体积分由面积分表达的特征。Pindera 提出将单元边界面的均值位移作为待求解的基本未知量，根据位移插值函数计算边界面 (平面问题为网格边线) 的均值位移[41]。为提高精度，可构造高阶插值函数，Cavalcante 等[40] 给出了一个四阶位移试函数，并引入了更多节点自由度，包括边界面均值位移、均值转角和均值曲率，插值函数为

$$\begin{aligned}u_i^{(\beta,\gamma)} =& W_{i(00)}^{(\beta,\gamma)} + \bar{x}_2^{\beta} W_{i(10)}^{(\beta,\gamma)} + \bar{x}_3^{\gamma} W_{i(01)}^{(\beta,\gamma)} + \bar{x}_2^{\beta}\bar{x}_3^{\gamma} W_{i(11)}^{(\beta,\gamma)} + \frac{1}{2}\left[3(\bar{x}_2^{\beta})^2 - \frac{h_\beta^2}{4}\right] W_{i(20)}^{(\beta,\gamma)} \\ &+ \frac{1}{2}\left[3(\bar{x}_3^{\gamma})^2 - \frac{l_\gamma^2}{4}\right] W_{i(02)}^{(\beta,\gamma)} + \frac{1}{2}\left[3(\bar{x}_2^{\beta})^2 - \frac{h_\beta^2}{4}\right] \bar{x}_3^{\gamma} W_{i(21)}^{(\beta,\gamma)} \\ &+ \frac{1}{2}\left[3(\bar{x}_2^{\gamma})^2 - \frac{l_\gamma^2}{4}\right] \bar{x}_3^{\beta} W_{i(12)}^{(\beta,\gamma)} \\ &+ \frac{1}{4}\left[3(\bar{x}_2^{\beta})^2 - \frac{h_\beta^2}{4}\right]\left[3(\bar{x}_3^{\gamma})^2 - \frac{l_\gamma^2}{4}\right] W_{i(22)}^{(\beta,\gamma)}, \quad i = 2, 3\end{aligned} \tag{3.30}$$

式中的 18 个待定系数这样确定：节点位移可提供 8 个方程，边界面的均值转角和曲率可分别提供 4 个方程，剩余的两个方程通过单元内力平衡获得。

需要指出的是，高阶有限体积法提高了精度，很大程度上减少了控制体积间的重叠，但依然有重叠，这是由有限体积法是基于积分方程，边界连续也只是平均意义上连续这一本质造成的。此外，文献 [42] 指出，所谓的高阶广义胞元法与高阶有限体积法其实是一回事。

3.7.3　广义胞元法

胞元法 (method of cells)、广义胞元法及高阶广义胞元法均在文献 [43] 中有详细介绍。图 3-10 是胞元法的离散解示意图。

胞元法与图 3-9 中的方形映射网格有限体积法有很多相通之处。胞元法是将每个单胞分为四个方格 (子胞)，其中一个方格代表纤维，另外三个代表基体。方格形状并非与纤维形状完全一致，且方格之间的边界条件只是在平均意义上满足，而非逐点满足。子胞中的位移试函数取为

$$u_i^{(\beta,\gamma)} = W_i^{(\beta,\gamma)} + x_2^{\beta}\phi_i^{(\beta,\gamma)} + x_3^{\gamma}\Psi_i^{(\beta,\gamma)} \tag{3.31}$$

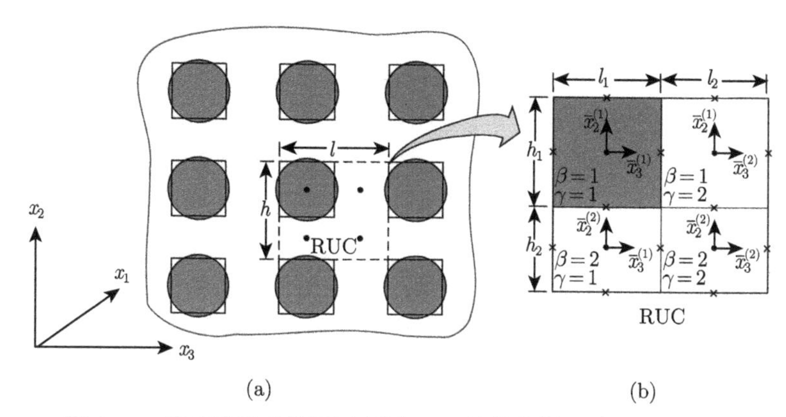

图 3-10 胞元法的离散解示意图：(a) 结构离散，(b) 胞元内离散

在积分平均意义上满足边界条件：

$$\int_{-\frac{l_\gamma}{2}}^{\frac{l_\gamma}{2}} \left(u_i^{\gamma_1}|_{x_2^1=\frac{-h_1}{2}} - u_i^{\gamma_2}|_{x_2^2=\frac{h_2}{2}}\right)\mathrm{d}x_3^{\gamma} = 0, \quad \int_{-\frac{h_\beta}{2}}^{\frac{h_\beta}{2}} \left(u_i^{\beta_1}|_{x_3^1=\frac{l_1}{2}} - u_i^{\beta_2}|_{x_3^2=\frac{-l_2}{2}}\right)\mathrm{d}x_2^{\beta} = 0 \tag{3.32}$$

单胞之间还须满足边界连续性条件，如：

$$u_i^{\gamma_1}|_{x_2^1=\frac{h_1}{2}} = u_i^{\gamma_2}|_{x_2^2=\frac{-h_2}{2}} \tag{3.33}$$

相邻单胞之间的位移基于当前单胞的位移用泰勒展开近似得到。然后结合本构方程、应力连续性条件和代表性单元的边界条件，导出求解式 (3.31) 中各系数的方程，与有限体积法以节点自由度为待求量所导出的求解方程有异曲同工之效。

由于胞元法只离散成四个方格，可以导出展开系数的显式表达式，尽管比较复杂。广义胞元法则是将胞元法推广到三维，方格数则从四个推广到有限个，推导思路与胞元法一致，相当于网格加密后的胞元法，详见有关文献如 [43]。

3.8 精度对比

在本章和第 1 章中，介绍了众多细观力学模型，可用于计算单向复合材料的弹性常数，进而由式 (2.8) 定义桥联矩阵，再代入式 (2.4) 和式 (2.5) 求纤维和基体

的内应力。对它们的难易程度及应用的方便性，读者可从各种模型的求解公式或求解过程自行比较，得出结论。应用中可能更为关心的问题是：这些不同模型或方法的计算精度怎样？能否得出一个高低排名？不可否认，任何这样的尝试都难免带来非议，这是因为复合材料的力学性能本身就存在众多不确定因素。首先，目前还没有 (难以) 建立起一个与实际复合材料完全一致的数学模型，从而也就没有严格意义上的精确解。从前面的介绍可知，Mori-Tanaka-Eshelby 模型、同心圆柱模型、自洽模型、广义自洽模型给出的是精确解，但针对的对象与实际复合材料之间存在差异；有限单元等离散解方法的应力计算可达到任意高精度，但无论是代表性单元的选取还是边界条件的指定，依然可以找出其与实际复合材料之间的差异。例如，任何一种选定的纤维排列 (四边形、三角形、六边形甚至随机排列) 方式，都可以在足够大的复合材料截面上找到更接近其他几何构型的排列区域，代表性单元的周期性边界条件也只是在复合材料的内部满足，而在实际复合材料的边界 (如复合材料试样的加载边界与自由边界等) 并不满足，增加代表性单元中的纤维数目固然可以更好地表征实际复合材料的截面形状，但同时也更偏离均值化公式 (1.32) 中代表性单元体积无穷小的要求，引入更大计算误差等。因此，精度对比只能以复合材料的实验数据为准绳。但是，复合材料的实验数据又存在离散性，虽然轴向拉伸模量的实验值一般偏差较小，但是其他方向的性能如横向模量、剪切模量及泊松比测试值的离散性往往不可忽略。单个复合材料的测试值往往缺少代表性，只有与一系列实验数据对比的统计值才具有说服力。

英国学者 Hinton 等自 1991 年起历经 20 多年，前后组织了三届针对复合材料的世界范围破坏评估 (world-wide failure exercises, WWFEs, 业界称之为 “failure olympics”[44]，破坏分析奥运会)，共使用了 9 组独立的纤维和基体材料体系，这些材料体系的纤维和基体性能以及 9 组复合材料的纤维含量均已提供[45−47]，同时还提供了每组单向复合材料的 5 个弹性常数测试值，共计 45 个实验数据。这些参数均列在表 3-1 中。Eshelby 模型、桥联模型、Mori-Tanaka 模型、混合率模型、修正的混合率模型、Chamis 模型、Hill-Hashin-Christensen-Lo 模型、Halpin-Tsai 模型、自洽模型、广义自洽模型、广义胞元模型、有限体积法、有限单元法共计 13 种细观力学方法计算的这 9 组单向复合材料的弹性常数及相对误差，列于表 3-2 内。每种方法的平均误差由其所有相对误差取绝对值叠加后再平均得到，表 3-3 列出了全部 13 种方法的平均误差以及基于平均误差的精度排名。由表 3-3 可见，桥联模型的平均计算精度最高，其他 12 种模型的平均误差与桥联模型的平均误差的比值也列于表 3-3 内，尽管有限体积法在其他 12 种模型中的平均计算误差最小，但与桥联模型相比仍然有 24%的精度差距。如前述，复合材料弹性性能计算公式与应力计算公式等价，表 3-3 也说明，桥联理论计算纤维和基体内应力总体上的精度最高。此外，表 3-3 还表明，仅仅基于纤维和基体弹性性能以及纤维含量信息，预报单向

复合材料刚度 (弹性模量) 所能达到的精度为 10%。由于任何其他连续纤维增强复合材料，都可以分解成一系列单向复合材料的组合 (类似于有限单元结构分析，单向复合材料为最小单元)，因此，任何连续纤维增强复合材料的刚度计算平均误差，一般也只能达到 10%。进一步，从表 3-2 中不难计算出各个模量预报的单项误差，比如，轴向模量的预报精度一般就高于横向及剪切模量的预报精度。

注 3-1 Digimat 是一款细观力学分析复合材料等效力学性能的商业软件，目前主要依据 Mori-Tanaka-Eshelby 模型和双夹杂 (double inclusion) 模型进行应力计算，其中双夹杂模型在文献 [48] 中有详细介绍。根据表 3-1 的数据，采用 Digimat 计算 9 组复合材料弹性常数的平均误差，Mori-Tanaka-Eshelby 模型给出的平均误差为 19.6%，与表 3-3 中的完全一致，双夹杂模型给出的平均误差则是 13.6%，低于桥联模型、有限体积法、有限单元法的计算精度，但高于其他 10 种细观力学方法的计算精度。根据 Digimat 中的双夹杂模型计算的 9 组复合材料的等效弹性常数也一并列入表 3-2 中，这里略去了精度对比分析，读者可自行完成。

不同的桥联参数β和α，对复合材料的横向 (横向拉伸及横向剪切) 模量和轴向剪切模量的预报值会产生影响，从而影响对比精度。表 3-4 列出了$\beta=\alpha$从 0.2 变化到 0.6 时对 9 组复合材料弹性常数 (每组 5 个) 预报的综合误差及平均误差。

表 3-1 9 组典型单向复合材料组分性能及弹性常数实验值 [45−47]

	E-Glass LY556	E-Glass MY750	AS4 3501-6	T300 BSL914C	IM7 8511-7	T300 PR319	AS Epoxy	S2-Glass Epoxy	G400-800 5260
E_{11}^{f}/GPa	80	74	225	230	276	230	231	87	290
E_{22}^{f}/GPa	80	74	15	15	19	15	15	87	19
ν_{12}^{f}	0.2	0.2	0.2	0.2	0.2	0.2	0.2	0.2	0.2
G_{12}^{f}/GPa	33.33	30.8	15	15	27	15	15	36.3	27
ν_{23}^{f}	0.2	0.2	0.07	0.07	0.36	0.07	0.07	0.2	0.357
E^{m}/GPa	3.35	3.35	4.2	4	4.08	0.95	3.2	3.2	3.45
ν^{m}	0.35	0.35	0.34	0.35	0.38	0.35	0.35	0.35	0.35
V_{f}	0.62	0.6	0.6	0.6	0.6	0.6	0.6	0.6	0.6
弹性常数实验值									
E_{11}/GPa	53.5	45.6	126	138	165	129	140	52	173
E_{22}/GPa	17.7	16.2	11	11	8.4	5.6	10	19	10
ν_{12}	0.278	0.278	0.28	0.28	0.34	0.318	0.3	0.3	0.33
G_{12}/GPa	5.83	5.83	6.6	5.5	5.6	1.33	6	6.7	6.94
G_{23}/GPa	6.32	5.79	3.93	3.93	2.8	1.86	3.35	6.7	3.56

表 3-2 13 种细观力学方法预报的 9 组单向复合材料弹性常数以及与实验对比的相对误差

	E-Glass LY556	E-Glass MY750	AS4 3501-6	T300 BSL914C	IM7 8511-7	T300 PR319	AS Epoxy	S2-Glass Epoxy	G400-800 5260
Eshelby 模型预报值及相对误差									
E_{11}/GPa	50.81 (−5.03%*)	45.68 (0.17%)	136.61 (8.42%)	139.51 (1.1%)	167.07 (1.26%)	138.36 (7.26%)	139.81 (−0.13%)	53.42 (2.73%)	175.31 (1.34%)
E_{22}/GPa	7.15 (−59.63%)	7.01 (−56.72%)	7.30 (−33.66%)	7.08 (−35.65%)	7.73 (−8.0%)	1.98 (−64.64%)	5.91 (−40.89%)	6.76 (−64.44%)	6.52 (−34.77%)
ν_{12}	0.28 (1.31%)	0.28 (1.73%)	0.27 (−4.85%)	0.27 (−3.09%)	0.29 (−13.87%)	0.28 (−11.45%)	0.27 (−8.56%)	0.28 (−5.64%)	0.28 (−15.52%)
G_{12}/GPa	2.67 (−54.25%)	2.61 (−55.18%)	3.09 (−53.16%)	2.94 (−46.57%)	3.07 (−45.22%)	0.76 (−43.23%)	2.40 (−60.02%)	2.52 (−62.43%)	2.68 (−61.43%)
G_{23}/GPa	2.42 (−61.76%)	2.37 (−59.01%)	2.60 (−33.81%)	2.49 (−36.70%)	2.50 (−10.59%)	0.67 (−64.10%)	2.05 (−38.70%)	2.28 (−65.96%)	2.19 (−38.43%)
桥联模型预报值及相对误差									
E_{11}/GPa	50.9 (−4.9%)	45.7 (0.2%)	136.7 (8.5%)	139.6 (1.2%)	167.2 (1.3%)	138.4 (7.3%)	139.9 (−0.1%)	53.5 (2.9%)	175.4 (1.4%)
E_{22}/GPa	18.1 (2.3%)	16.8 (3.7%)	9.7 (−11.8%)	9.6 (−12.7%)	11.2 (33.3%)	4.41 (−21.3%)	8.7 (−13%)	16.9 (−11.1%)	10.2 (2%)
ν_{12}	0.257 (−7.6%)	0.26 (−6.5%)	0.256 (−8.6%)	0.26 (−7.1%)	0.272 (−20%)	0.26 (−18.2%)	0.26 (−13.3%)	0.26 (−13.3%)	0.26 (−21.3%)
G_{12}/GPa	6.28 (7.7%)	5.84 (0.2%)	5.54 (−16.1%)	5.35 (−2.7%)	6.46 (15.4%)	1.82 (36.8%)	4.64 (−22.7%)	5.81 (−13.3%)	5.8 (−16.4%)
G_{23}/GPa	6.24 (−1.3%)	5.8 (0.2%)	3.76 (−4.3%)	3.66 (−6.9%)	3.76 (34.3%)	1.55 (−16.7%)	3.29 (−1.8%)	5.77 (−13.9%)	3.51 (−1.4%)

续表

	E-Glass LY556	E-Glass MY750	AS4 3501-6	T300 BSL914C	IM7 8511-7	T300 PR319	AS Epoxy	S2-Glass Epoxy	G400-800 5260
Mori-Tanaka 模型预报值及相对误差									
E_{11}/GPa	50.9	45.76	136.7	139.6	167.3	138.4	139.9	53.5	175.4
	(−4.9%*)	(0.4%)	(8.5%)	(1.2%)	(1.4%)	(7.3%)	(−0.1%)	(2.9%)	(1.4%)
E_{22}/GPa	11.7	11.02	8.757	8.573	9.665	3.02	7.481	10.78	8.473
	(−33.9%)	(−32%)	(−20.4%)	(−22.1%)	(15.1%)	(−46.1%)	(−25.2%)	(−43.3%)	(−15.3%)
ν_{12}	0.249	0.252	0.26	0.257	0.267	0.252	0.256	0.252	0.254
	(−10.4%)	(−9.4%)	(−7.1%)	(−8.2%)	(−21.5%)	(−20.8%)	(−14.7%)	(−16%)	(−23.0%)
G_{12}/GPa	4.602	4.315	4.53	4.352	4.916	1.295	3.673	4.227	4.355
	(−21.1%)	(−26%)	(−31.4%)	(−20.9%)	(−12.2%)	(−2.6%)	(−38.8%)	(−36.9%)	(−37.2%)
G_{23}/GPa	4.06	3.83	3.32	3.21	3.227	1.058	2.766	3.722	2.915
	(−35.7%)	(−33.9%)	(−15.5%)	(−18.3%)	(15.3%)	(−43.1%)	(−17.4%)	(−44.4%)	(−18.1%)
混合率模型预报值及相对误差									
E_{11}/GPa	50.87	45.74	136.7	139.6	167.2	138.38	139.88	53.5	175.4
	(−4.9%)	(0.2%)	(8.5%)	(1.2%)	(1.3%)	(7.3%)	(−0.1%)	(2.9%)	(1.4%)
E_{22}/GPa	8.252	7.84	7.394	7.14	7.715	2.169	6.061	7.5817	6.779
	(−53.3%)	(−51.6%)	(−50.7%)	(−35.1%)	(−8.2%)	(−61.3%)	(−39.4%)	(−60.1%)	(−32.2%)
ν_{12}	0.257	0.26	0.256	0.26	0.272	0.26	0.26	0.26	0.26
	(−7.6%)	(−6.5%)	(−8.6%)	(−7.1%)	(−20%)	(−18.2%)	(−13.3%)	(−13.3%)	(−21.3%)
G_{12}/GPa	3.076	2.92	3.387	3.225	3.415	0.8501	2.649	2.8242	2.9876
	(−47.2%)	(−49.9%)	(−48.7%)	(−41.4%)	(−39%)	(−36.1%)	(−55.9%)	(−57.8%)	(−57%)
G_{23}/GPa	3.076	2.92	2.934	2.811	2.805	0.8184	2.363	2.8242	2.511
	(−51.3%)	(−49.5%)	(−49.5%)	(−28.5%)	(0.2%)	(−56%)	(−29.5%)	(−57.8%)	(−29.5%)

续表

	E-Glass LY556	E-Glass MY750	AS4 3501-6	T300 BSL914C	IM7 8511-7	T300 PR319	AS Epoxy	S2-Glass Epoxy	G400-800 5260
Chamis 模型预报值及相对误差									
E_{11}/GPa	50.87	45.74	136.7	139.6	167.2	138.38	139.88	53.5	175.4
	(−4.9%)	(0.2%)	(8.5%)	(1.2%)	(1.3%)	(7.3%)	(−0.1%)	(2.9%)	(1.4%)
E_{22}/GPa	13.64	12.86	9.496	9.26	10.415	3.461	8.192	12.604	9.425
	(−22.9%)	(−20.6%)	(−13.7%)	(−15.8%)	(24%)	(−38.2%)	(−18.1%)	(−33.7%)	(−5.8%)
ν_{12}	0.257	0.26	0.256	0.26	0.272	0.272	0.26	0.26	0.26
	(−7.6%)	(−6.5%)	(−8.6%)	(−7.1%)	(−20%)	(−18.2%)	(−13.3%)	(−13.3%)	(−21.3%)
G_{12}/GPa	5.126	4.83	5.116	4.906	5.5189	1.445	4.135	4.727	4.883
	(−12.1%)	(−17.2%)	(−22.5%)	(−10.8%)	(−1.4%)	(8.6%)	(−31.1%)	(−29.4%)	(−29.6%)
G_{23}/GPa	5.126	4.83	3.93	3.806	3.7965	1.332	3.3253	4.727	3.4875
	(−18.9%)	(−16.5%)	(0%)	(−3.2%)	(35.6%)	(−28.4%)	(−0.7%)	(−29.4%)	(−2.0%)
修正的混合率模型预报值及相对误差									
E_{11}/GPa	50.87	45.74	136.7	139.6	167.2	138.38	139.88	53.5	175.4
	(−4.9%)	(0.2%)	(8.5%)	(1.2%)	(1.3%)	(7.3%)	(−0.1%)	(2.9%)	(1.4%)
E_{22}/GPa	11.61	10.93	8.65	8.46	9.53	2.98	7.37	10.71	8.35
	(−34.41%)	(−32.25%)	(−21.4%)	(−23.06%)	(13.47%)	(−46.71%)	(−26.32%)	(−43.65%)	(−26.32%)
ν_{12}	0.257	0.26	0.256	0.26	0.272	0.272	0.26	0.26	0.26
	(−7.6%)	(−6.5%)	(−8.6%)	(−7.1%)	(−20%)	(−18.2%)	(−13.3%)	(−13.3%)	(−21.3%)
G_{12}/GPa	4.60	4.32	4.54	4.35	4.92	1.29	3.67	4.23	4.35
	(−21.01%)	(−25.95%)	(−31.27%)	(−20.88%)	(−12.19%)	(−2.69%)	(−38.78%)	(−36.91%)	(−37.34%)
G_{23}/GPa	4.06	3.82	3.32	3.21	3.23	1.06	2.77	3.73	2.91
	(−35.70%)	(−33.94%)	(−15.53%)	(−18.33%)	(15.26%)	(−43.12%)	(−17.41%)	(−44.40%)	(−18.23%)

续表

	E-Glass LY556	E-Glass MY750	AS4 3501-6	T300 BSL914C	IM7 8511-7	T300 PR319	AS Epoxy	S2-Glass Epoxy	G400-800 5260
Halpin-Tsai 模型预报值及相对误差									
E_{11}/GPa	50.87 (−4.9%)	45.74 (0.2%)	136.7 (8.5%)	139.6 (1.2%)	167.2 (1.3%)	138.38 (7.3%)	139.88 (−0.1%)	53.5 (2.9%)	175.4 (1.4%)
E_{22}/GPa	11.69 (−33.93%)	11.0 (−32.05%)	8.76 (−20.4%)	8.57 (−22.08%)	9.66 (15.05%)	3.02 (−46.08%)	7.48 (−25.2%)	10.77 (−43.3%)	8.47 (−15.28%)
ν_{12}	0.257 (−7.6%)	0.26 (−6.5%)	0.256 (−8.6%)	0.26 (−7.1%)	0.272 (−20%)	0.272 (−18.2%)	0.26 (−13.3%)	0.26 (−13.3%)	0.26 (−21.3%)
G_{12}/GPa	4.60 (−21.01%)	4.32 (−25.95%)	4.54 (−31.27%)	4.35 (−20.88%)	4.92 (−12.19%)	1.29 (−2.69%)	3.67 (−38.78%)	4.23 (−36.91%)	4.35 (−37.34%)
G_{23}/GPa	4.06 (−35.70%)	3.82 (−33.94%)	3.32 (−15.53%)	3.21 (−18.33%)	3.23 (15.26%)	1.06 (−43.12%)	2.77 (−17.41%)	3.73 (−44.40%)	2.91 (−18.23%)
Hill-Hashin-Christensen-Lo 模型预报值及相对误差									
E_{11}/GPa	50.9 (−4.87%)	45.8 (0.36%)	136.7 (8.49%)	139.6 (1.18%)	167.3 (1.38%)	138.4 (7.28%)	139.9 (−0.07%)	53.5 (2.89%)	175.4 (1.39%)
E_{22}/GPa	12.9 (−27.29%)	12.0 (−25.72%)	—	—	—	—	—	11.85 (−37.64%)	—
ν_{12}	0.249 (−10.51%)	0.252 (−9.48%)	0.253 (−9.77%)	0.257 (−8.35%)	0.267 (−21.5%)	0.252 (−20.7%)	0.256 (−14.82%)	0.25 (−16.2%)	0.25 (−23.14%)
G_{12}/GPa	4.6 (−21%)	4.32 (−26%)	4.54 (−31.3%)	4.35 (−20.88%)	4.92 (−12.19%)	1.29 (−2.69%)	3.67 (−38.78%)	4.23 (−36.9%)	4.35 (−37.34%)
G_{23}/GPa	4.65 (−26.47%)	4.33 (−25.18%)	—	—	—	—	—	4.25 (−36.51%)	—

续表

	E-Glass LY556	E-Glass MY750	AS4 3501-6	T300 BSL914C	IM7 8511-7	T300 PR319	AS Epoxy	S2-Glass Epoxy	G400-800 5260
自洽模型预报值及相对误差									
E_{11}/GPa	50.94 (−4.78%)	45.81 (0.46%)	136.72 (8.51%)	139.65 (1.19%)	167.31 (1.4%)	138.40 (7.29%)	139.92 (−0.06%)	53.55 (2.98%)	175.43 (1.4%)
E_{22}/GPa	18.91 (6.81%)	16.80 (3.68%)	9.14 (−16.89%)	8.99 (−18.25%)	10.37 (23.47%)	4.19 (−25.21%)	8.06 (−19.39%)	17.39 (−8.54%)	9.33 (−6.69%)
ν_{12}	0.231 (−17.02%)	0.235 (−15.6%)	0.250 (−10.7%)	0.254 (−9.35%)	0.262 (−22.97%)	0.238 (−25.09%)	0.251 (−16.28%)	0.233 (−22.32%)	0.247 (−25.06%)
G_{12}/GPa	11.34 (94.52%)	9.80 (68.17%)	6.37 (−3.43%)	6.25 (13.72%)	9.36 (67.23%)	4.18 (214.12%)	5.82 (−3.03%)	10.94 (63.3%)	8.98 (29.43%)
G_{23}/GPa	6.96 (10.17%)	6.15 (6.25%)	3.53 (−10.26%)	3.43 (−12.65%)	3.52 (25.58%)	1.55 (−16.56%)	3.06 (−8.66%)	6.36 (−5.08%)	3.25 (−8.59%)
广义自洽模型预报值及相对误差									
E_{11}/GPa	50.9 (−4.87%)	45.8 (0.36%)	136.7 (8.49%)	139.6 (1.18%)	167.3 (1.38%)	138.4 (7.28%)	139.9 (−0.07%)	53.5 (2.89%)	175.4 (1.39%)
E_{22}/GPa	12.87 (−27.3%)	12.03 (−25.7%)	8.93 (−18.81%)	8.77 (−20.27%)	10.1 (20.07%)	3.27 (−41.57%)	7.72 (−22.83%)	11.8 (−37.64%)	8.85 (−11.48%)
ν_{12}	0.249 (−10.51%)	0.252 (−9.48%)	0.253 (−9.77%)	0.257 (−8.35%)	0.27 (−21.52%)	0.25 (−20.67%)	0.256 (−14.82%)	0.25 (−16.2%)	0.254 (−23.14%)
G_{12}/GPa	4.6 (−21%)	4.32 (−26%)	4.54 (−31.3%)	4.35 (−20.88%)	4.92 (−12.19%)	1.29 (−2.69%)	3.67 (−38.78%)	4.23 (−36.9%)	4.35 (−37.34%)
G_{23}/GPa	4.65 (−26.47%)	4.33 (−25.18%)	3.42 (−12.95%)	3.32 (−15.48%)	3.42 (22.05%)	1.19 (−36.23%)	2.9 (−13.50%)	4.25 (−36.51%)	3.09 (−13.11%)

续表

	E-Glass LY556	E-Glass MY750	AS4 3501-6	T300 BSL914C	IM7 8511-7	T300 PR319	AS Epoxy	S2-Glass Epoxy	G400-800 5260
广义胞元模型预报值及相对误差 **									
E_{11}/GPa	50.90	45.76	136.7	139.6	167.3	138.4	139.9	53.50	175.4
	(−4.9%)	(0.4%)	(8.5%)	(1.2%)	(1.4%)	(7.3%)	(−0.1%)	(2.9%)	(1.4%)
E_{22}/GPa	15.4	14.16	9.332	9.199	10.57	3.781	8.207	14.09	9.348
	(−13.0%)	(−12.6%)	(−15.2%)	(−16.4%)	(25.8%)	(−32.5%)	(−17.9%)	(−25.8%)	(−6.5%)
ν_{12}	0.247	0.251	0.253	0.257	0.267	0.252	0.256	0.251	0.254
	(−11.2%)	(−9.7%)	(−9.6%)	(−8.2%)	(−21.5%)	(−20.8%)	(−14.7%)	(−16.3%)	(−23%)
G_{12}/GPa	4.568	4.214	4.390	4.214	4.783	1.270	3.561	4.134	4.237
	(−21.6%)	(−27.7%)	(−33.5%)	(23.4%)	(−14.6%)	(−4.5%)	(−40.7%)	(−38.3%)	(−38.9%)
G_{23}/GPa	6.02	5.488	3.665	3.577	3.647	1.468	3.186	5.465	3.346
	(−4.7%)	(−5.2%)	(−6.7%)	(−9.0%)	(30.3%)	(−21.1%)	(−4.9%)	(−18.4%)	(−6.0%)
有限体积法预报值及相对误差 **									
E_{11}/GPa	50.893	45.760	136.68	139.60	167.25	138.36	139.88	53.4977	175.38
	(−4.9%)	(0.4%)	(8.5%)	(1.2%)	(1.4%)	(7.3%)	(−0.1%)	(2.9%)	(1.4%)
E_{22}/GPa	16.259	14.904	9.5346	9.4179	10.870	3.9731	8.4442	14.862	9.6152
	(−8.1%)	(−8%)	(−13.3%)	(−14.4%)	(29.4%)	(−29.1%)	(−15.6%)	(−12.1%)	(−3.8%)
ν_{12}	0.2464	0.2497	0.2522	0.2562	0.2661	0.2506	0.2549	0.2495	0.2527
	(−11.4%)	(−10.2%)	(−9.9%)	(−8.5%)	(−21.7%)	(−21.2%)	(−15%)	(−16.8%)	(−23.4%)
G_{12}/GPa	4.9533	4.572	4.6972	4.5131	5.1759	1.3838	3.8322	4.4953	4.5991
	(−15%)	(−21.6%)	(28.8%)	(−17.9 %)	(−7.6%)	(4.0%)	(−36.1%)	(−32.9%)	(−33.7%)
G_{23}/GPa	6.492	5.891	3.785	3.7055	3.782	1.573	3.322	5.886	3.466
	(2.7%)	(1.7%)	(−3.7%)	(−5.7%)	(35.1%)	(−15.4%)	(−0.8%)	(−12.1%)	(−2.6%)

续表

	E-Glass LY556	E-Glass MY750	AS4 3501-6	T300 BSL914C	IM7 8511-7	T300 PR319	AS Epoxy	S2-Glass Epoxy	G400-800 5260
有限单元法预报值及相对误差 **									
E_{11}/GPa	50.9 (−4.86%)	45.8 (−0.44%)	136.7 (8.49%)	139.6 (1.16%)	167.3 (1.39%)	138.4 (7.29%)	139.9 (−0.07%)	53.5 (2.88%)	175.4 (1.39%)
E_{22}/GPa	16.26 (−8.14%)	14.9 (−8.02%)	9.54 (−13.27%)	9.42 (−14.36%)	10.88 (29.52%)	3.98 (−28.93%)	8.45 (−15.5%)	14.86 (−21.79%)	9.63 (−3.7%)
ν_{12}	0.246 (−11.51%)	0.25 (−10.07%)	0.252 (−10%)	0.256 (−8.57%)	0.266 (−21.76%)	0.25 (−21.38%)	0.255 (−15%)	0.249 (−17%)	0.252 (−23.64%)
G_{12}/GPa	4.96 (−14.92%)	4.58 (−21.44%)	4.68 (−29.09%)	4.5 (−18.18%)	5.15 (−8.04%)	1.38 (3.76%)	3.82 (−36.33%)	4.5 (−32.84%)	4.57 (−34.15%)
G_{23}/GPa	6.49 (2.69%)	5.89 (1.73%)	3.79 (−3.56%)	3.71 (−5.6%)	3.79 (35.36%)	1.58 (−15.05%)	3.32 (−0.9%)	5.89 (−12.09%)	3.47 (−2.53%)
Digimat 双夹杂模型预报值									
E_{11}/GPa	50.9	47.2	141.1	144.2	172.8	143	144.5	55.2	181.2
E_{22}/GPa	16.2	15.9	9.35	9.2	10.5	4.11	8.26	16.1	9.48
ν_{12}	0.234	0.234	0.248	0.252	0.257	0.238	0.249	0.234	0.244
G_{12}/GPa	6.73	6.585	5.8	5.63	7.12	2.13	5	6.65	6.46
G_{23}/GPa	5.78	5.67	3.64	3.54	3.55	1.51	3.16	5.7	3.28

*= 相对误差: (预报值−测试值)/测试值 (%)。

** 离散解模型的数值结果由陈雪峰教授课题组提供[49]，均基于正方形纤维排布、圆截面纤维形状假设得到。

表 3-3 不同模型预报的 9 组复合材料弹性常数的平均误差 $\left(=\frac{1}{N}\sum_{i=1}^{N}\mathrm{abs}(\mathrm{error})_i\right)$

理论模型	N	平均误差	误差比	精度排名	理论模型	N	平均误差	误差比	精度排名
桥联模型	45	10.38%	1.0	1	广义自洽法模型	45	18.14%	1.75	7
有限体积法	45	12.83%	1.24	2	Halpin-Tsai 模型	45	19.24%	1.85	8
有限单元法	45	13.08%	1.26	3	修正的混合率模型	45	19.35%	1.86	9
Chamis 模型	45	14.09%	1.36	4	Mori-Tanaka 模型	45	19.59%	1.89	10
广义胞元模型	45	15.07%	1.45	5	自洽模型	45	21.82%	2.1	11
Hill-Hashin-Christensen-Lo 模型	33	17.22%	1.66	6	混合率模型	45	28.4%	2.74	12
					Eshelby 模型	45	30.7%	2.96	13

注：Hill-Hashin-Christensen-Lo 模型只能求 9 组复合材料中的 33 个弹性常数。

表 3-4 桥联参数 $\beta=\alpha$ 取不同值的 9 组复合材料弹性常数预报误差 (单位：%)

$\beta=\alpha$	E-Glass LY556	E-Glass MY750	AS4 3501-6	T300 BSL914C	IM7 8551-7	T300 PR319	AS Epoxy	S2-Glass Epoxy	G40-800 5260	平均误差
0.2	19.95	17.14	5.97	6.17	29.48	22.41	7.15	10.13	11.27	14.41
0.3	4.72	2.12	9.78	6.15	20.85	20.08	10.18	10.91	8.56	10.38
0.4	10.39	9.8	13.04	9.83	15.12	19.66	14.21	16.45	10.16	13.18
0.5	16.86	16.02	15.65	12.73	15	20.72	17.34	20.14	12.26	16.3
0.6	21.51	20.5	17.79	15.09	14.64	25.12	19.85	22.77	14	19.03

不出所料，对单个复合材料而言，β 和 α 对不同复合材料预报精度的影响程度会不一样，但 9 组复合材料的统计数据表明，$\beta=\alpha=0.3$ 产生的平均误差最小。因此，除非另有说明，本书中的所有计算都设定 $\beta=\alpha=0.3$。

最后需要说明的是，三种离散解方法 (有限体积、有限单元以及广义胞元法) 的计算结果，均基于最简单的方形纤维排列 RVE(图 3-6) 得到[49]。虽然不少研究者认为，RVE 中应包含更多根纤维，甚至应该选用足够数量随机排列的纤维[50,51]，但如前所述，如此一来将增大 RVE 的体积，与定义式 (1.32) 中特征体元体积无穷小的要求偏离更远，由此引起的误差，有可能会抵消试图通过增加纤维数目来改进计算精度的努力。我们比较了有限单元离散的四种代表性单元的计算结果，分别是：四边形 (图 3-6)、六边形 (图 3-5(c))、四边形对角 (图 3-5(b) 的中心再布置一根纤维)、含 30 根随机排列的纤维，后三种代表性单元的有限元离散图见图 3-11。针对表 3-1 中的 9 组复合材料，基于图 3-11 的计算结果列于表 3-5 中。四边形、六边形、四边对角以及随机排列纤维代表性单元的计算值与实验值对比的平均误差依次是：13.08%、19.05%、21.48%、17.57%。注意，纤维四边形排列代表性单元的计算结果已列在表 3-2 中。这说明：代表性单元中最少的纤维数目远比其他因素重要。一般而言，纤维数目越多，体积越大，平均值偏离准确值越远。Younes 等也对比研究了其他细观力学方法尤其有限单元法与桥联模型的求解精度 [52]，他们发现，虽然取不同纤维排列的代表性单元，有限单元解之间存在差异，但与实验值的对比精度都低于桥联模型的计算精度。然而，也应该认识到，离散解方法如有限体积、有限单元及广义胞元法在理论上存在无穷多可能的离散方案和发展空间，因此，这些离散解方法所能达到的最高精度尚属未知。表 3-3 只是说明，桥联模型用于计算复合材料的刚度 (弹性性能)，不仅公式简单，而且精度合理，一般不输于有限单元等离散解方法的计算精度。

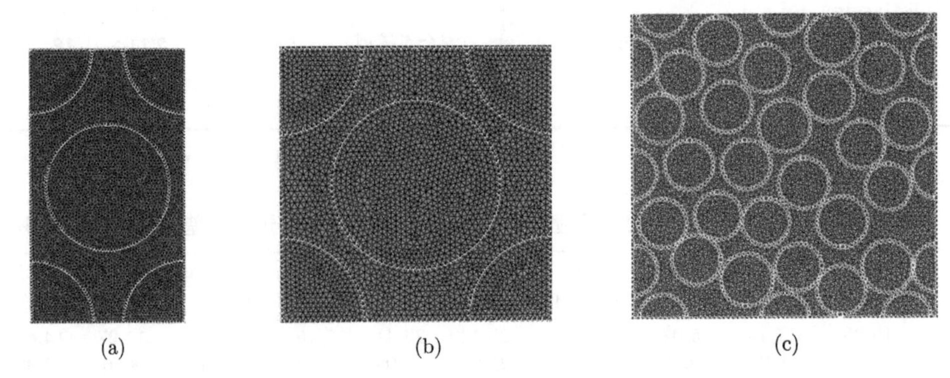

(a) (b) (c)

图 3-11 有限元离散代表性单元：(a) 六边形排列纤维，(b) 四边对角排列纤维，(c) 随机排列 (30 根) 纤维

表 3-5 不同代表性单元的有限元解

	E-Glass LY556	E-Glass MY750	AS4 3501-6	T300 BSL914C	IM7 8511-7	T300 PR319	AS Epoxy	S2-Glass Epoxy	G400-800 5260
				六边形排列纤维					
E_{11}/GPa	50.9	45.8	136.7	139.6	167.3	138.4	139.9	53.5	175.4
E_{22}/GPa	12.6	11.7	8.9	8.7	9.9	3.2	7.7	11.5	8.7
ν_{12}	0.249	0.251	0.253	0.255	0.267	0.259	0.256	0.251	0.252
G_{12}/GPa	4.62	4.32	4.54	4.35	4.91	1.3	3.67	4.22	4.35
G_{23}/GPa	3.03	4.18	3.4	3.29	3.32	1.14	2.86	4.07	3
				四边对角排列纤维					
E_{11}/GPa	50.9	45.8	136.7	139.6	167.3	138.4	139.9	53.5	175.4
E_{22}/GPa	10.4	9.9	8.3	8.1	9	2.7	7.1	9.6	7.9
ν_{12}	0.248	0.250	0.251	0.255	0.264	0.251	0.260	0.250	0.255
G_{12}/GPa	4.87	4.56	4.68	4.5	5.16	1.38	3.82	4.48	4.58
G_{23}/GPa	2.59	3.25	3.06	2.94	2.95	0.9	2.5	3.15	2.65
				随机排列（30 根）纤维					
E_{11}/GPa	50.9	45.8	136.7	139.4	167.3	138.4	139.9	53.5	175.4
E_{22}/GPa	13.8	12.8	8.9	8.8	10	3.4	7.7	12.8	8.8
ν_{12}	0.241	0.245	0.248	0.255	0.263	0.241	0.252	0.243	0.250
G_{12}/GPa	4.58	4.29	4.42	4.33	4.69	1.29	3.6	4.21	4.29
G_{23}/GPa	5.08	4.74	3.48	3.53	3.43	1.28	2.97	4.69	3.12

3.9 三相及更多相复合材料的弹性性能计算

实际复合材料还可由更多的组成相构成，比如，在纤维和基体之间，还夹有一个第三相材料，称为界面相。三相复合材料并不少见，例如，工艺上在与基体复合前对纤维涂覆一层第三相材料，或者在增强纤维的表面接枝碳纳米管等材料，或者加工中经化学反应生成一种明显不同于纤维和基体的第三相材料，后者在金属基尤其是陶瓷基复合材料中颇为常见。此时，除了纤维和基体中的应力，还必须求出界面相中的应力，这些应力皆称为内应力。

确定三相或多相组分材料均值内应力解析公式的一条有效途径是同心圆柱模型[25]，这是因为三相或多相材料构成的同心圆柱，受各种简单载荷作用下的应力场均已获得，参见文献 [25] 及其所列的参考文献。因此，只需要对这些应力相对各自体积平均，然后，令相邻两相材料中的均值应力分别满足一个桥联方程，仿照 2.4 节的做法，可求出桥联矩阵中的各元素。再根据应力的基本方程，就不难确定每一相中的均值内应力。

不同于广义自洽模型，同心圆柱模型求三相复合材料的弹性常数无须迭代。下面以三相复合材料 (图 3-12) 为例，说明如何求得各相材料中的内应力。

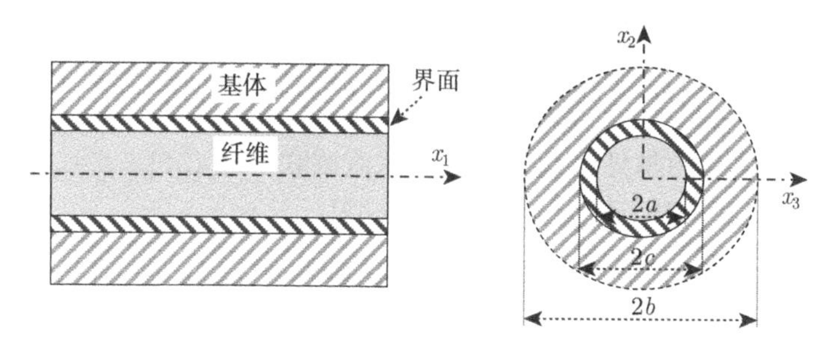

图 3-12 三相 (纤维、界面、基体) 复合材料特征体元

由式 (1.32a) 和式 (1.32b)，有

$$\{\sigma_i\} = V_\mathrm{f}\{\sigma_i^\mathrm{f}\} + V_\mathrm{m}\{\sigma_i^\mathrm{m}\} + V_\mathrm{c}\{\sigma_i^\mathrm{c}\} \tag{3.34a}$$

$$\{\varepsilon_i\} = V_\mathrm{f}\{\varepsilon_i^\mathrm{f}\} + V_\mathrm{m}\{\varepsilon_i^\mathrm{m}\} + V_\mathrm{c}\{\varepsilon_i^\mathrm{c}\} \tag{3.34b}$$

式中，上、下标 “c” 代表界面相。假定界面相的均值应力与纤维的均值应力、基体的均值应力与界面相的均值应力之间，分别用如下两个桥联方程相联：

$$\{\sigma_i^\mathrm{c}\} = [A_{ij}^\mathrm{I}]\{\sigma_j^\mathrm{f}\} \tag{3.35a}$$

$$\{\sigma_i^\mathrm{m}\} = [A_{ij}^\mathrm{II}]\{\sigma_j^\mathrm{c}\} \tag{3.35b}$$

式中，$[A_{ij}^{\mathrm{I}}]$ 和 $[A_{ij}^{\mathrm{II}}]$ 分别是两个待求的桥联矩阵。类似两相复合材料基本方程的推导过程 (参见 2.1 节)，不难导出如下基本方程：

$$\{\sigma_i^{\mathrm{f}}\} = (V_{\mathrm{f}}[I] + V_{\mathrm{m}}[A_{ij}^{\mathrm{II}}][A_{ij}^{\mathrm{I}}] + V_{\mathrm{c}}[A_{ij}^{\mathrm{I}}])^{-1}\{\sigma_j\} = [B_{ij}^{\mathrm{I}}]\{\sigma_j\} \tag{3.36a}$$

$$\{\sigma_i^{\mathrm{c}}\} = [A_{ij}^{\mathrm{I}}][B_{ij}^{\mathrm{I}}]\{\sigma_j\} \tag{3.36b}$$

$$\{\sigma_i^{\mathrm{m}}\} = [A_{ij}^{\mathrm{II}}][A_{ij}^{\mathrm{I}}][B_{ij}^{\mathrm{I}}]\{\sigma_j\} \tag{3.36c}$$

$$[S_{ij}] = (V_{\mathrm{f}}[S_{ij}^{\mathrm{f}}] + V_{\mathrm{m}}[S_{ij}^{\mathrm{m}}][A_{ij}^{\mathrm{II}}][A_{ij}^{\mathrm{I}}] + V_{\mathrm{c}}[S_{ij}^{\mathrm{c}}][A_{ij}^{\mathrm{I}}])[B_{ij}^{\mathrm{I}}] \tag{3.36d}$$

式中，$[B_{ij}^{\mathrm{I}}] = (V_{\mathrm{f}}[I] + V_{\mathrm{m}}[A_{ij}^{\mathrm{II}}][A_{ij}^{\mathrm{I}}] + V_{\mathrm{c}}[A_{ij}^{\mathrm{I}}])^{-1}$；$[S_{ij}^{\mathrm{c}}]$ 是界面相的柔度矩阵。

桥联矩阵 $[A_{ij}^{\mathrm{I}}]$ 和 $[A_{ij}^{\mathrm{II}}]$ 的确定，可参照 2.4 节中的同心圆柱模型实现，就是在 6 种加载条件下 (类似图 2-4(a)～(f) 的加载)，根据弹性力学求出纤维、界面和基体中的应力，分别相对各自体积平均，令平均后的应力分别满足桥联方程 (3.35a) 和 (3.35b)，即可解出 $[A_{ij}^{\mathrm{I}}]$ 和 $[A_{ij}^{\mathrm{II}}]$，详见文献 [53]。由于某些 $[A_{ij}^{\mathrm{I}}]$ 和 $[A_{ij}^{\mathrm{II}}]$ 中的元素须联立求解线性代数方程，一般很难得到其显式表达式。但是，正如文献 [53] 所述，三相同心圆柱模型对应的桥联矩阵 $[A_{ij}^{\mathrm{I}}]$ 和 $[A_{ij}^{\mathrm{II}}]$ 的解，可以由两个两相同心圆柱模型的解近似得到，所得误差一般在 3% 以内[53]。现说明如下。

将纤维和界面视为第一种两相复合材料，可由两相同心圆柱模型求解，此时，界面相起到基体的作用，纤维和基体的体积含量分别是

$$V_{\mathrm{f}}^{\mathrm{I}} = a^2/c^2, \quad V_{\mathrm{m}}^{\mathrm{I}} = 1 - V_{\mathrm{f}}^{\mathrm{I}} \tag{3.37}$$

假定界面相的均值应力与纤维均值应力之间由桥联方程 $\{\sigma_i^{\mathrm{c}}\} = [\bar{A}_{ij}]\{\sigma_j^{\mathrm{f}}\}$ 相联，其中，非 0 的桥联矩阵元素 $\bar{A}_{ij}$ 为 (参见式 (2.52))

$$\bar{A}_{11} = \frac{E_{11}^{\mathrm{c}}(E_{11}^{\mathrm{c}} - E_{22}^{\mathrm{c}}\nu_{12}^{\mathrm{f}}\nu_{12}^{\mathrm{c}})}{E_{11}^{\mathrm{f}}[E_{11}^{\mathrm{c}} - E_{22}^{\mathrm{c}}(\nu_{12}^{\mathrm{c}})^2]} \tag{3.38a}$$

$$\bar{A}_{12} = \bar{A}_{13} = \frac{E_{11}^{\mathrm{c}}\{E_{11}^{\mathrm{f}}E_{22}^{\mathrm{c}}(1-\nu_{23}^{\mathrm{f}})\nu_{12}^{\mathrm{c}} + E_{22}^{\mathrm{f}}[-2E_{11}^{\mathrm{c}}\nu_{12}^{\mathrm{f}} + E_{11}^{\mathrm{f}}\nu_{12}^{\mathrm{c}}(1+\nu_{23}^{\mathrm{c}})]\}}{2E_{11}^{\mathrm{f}}E_{22}^{\mathrm{f}}[E_{11}^{\mathrm{c}} - E_{22}^{\mathrm{m}}(\nu_{12}^{\mathrm{c}})^2]} \tag{3.38b}$$

$$\bar{A}_{21} = \bar{A}_{31} = \frac{E_{11}^{\mathrm{c}}E_{22}^{\mathrm{c}}(\nu_{12}^{\mathrm{c}} - \nu_{12}^{\mathrm{f}})}{2E_{11}^{\mathrm{f}}[E_{11}^{\mathrm{c}} - E_{22}^{\mathrm{c}}(\nu_{12}^{\mathrm{c}})^2]} \tag{3.38c}$$

$$\bar{A}_{22} = \bar{A}_{33} = \frac{E_{11}^{\mathrm{c}}[E_{22}^{\mathrm{f}}(5+\nu_{23}^{\mathrm{c}}) + E_{22}^{\mathrm{c}}(3-\nu_{23}^{\mathrm{f}})]}{8E_{22}^{\mathrm{f}}[E_{11}^{\mathrm{c}} - E_{22}^{\mathrm{c}}(\nu_{12}^{\mathrm{c}})^2]} - \frac{E_{22}^{\mathrm{c}}\nu_{12}^{\mathrm{c}}(E_{11}^{\mathrm{c}}\nu_{12}^{\mathrm{f}} + E_{11}^{\mathrm{f}}\nu_{12}^{\mathrm{c}})}{2E_{11}^{\mathrm{f}}[E_{11}^{\mathrm{c}} - E_{22}^{\mathrm{c}}(\nu_{12}^{\mathrm{c}})^2]} \tag{3.38d}$$

$$\bar{A}_{23} = \bar{A}_{32} = \frac{E_{11}^{\mathrm{c}}[E_{22}^{\mathrm{c}}(1-3\nu_{23}^{\mathrm{f}}) + E_{22}^{\mathrm{f}}(3\nu_{23}^{\mathrm{c}}-1)]}{8E_{22}^{\mathrm{f}}[E_{11}^{\mathrm{c}} - E_{22}^{\mathrm{c}}(\nu_{12}^{\mathrm{c}})^2]} + \frac{E_{22}^{\mathrm{c}}\nu_{12}^{\mathrm{c}}(E_{11}^{\mathrm{f}}\nu_{12}^{\mathrm{c}} - E_{11}^{\mathrm{c}}\nu_{12}^{\mathrm{f}})}{2E_{11}^{\mathrm{f}}[E_{11}^{\mathrm{c}} - E_{22}^{\mathrm{c}}(\nu_{12}^{\mathrm{c}})^2]} \tag{3.38e}$$

$$\bar{A}_{44} = \frac{E_{22}^{\mathrm{f}}[3E_{11}^{\mathrm{c}} - 4E_{22}^{\mathrm{c}}(\nu_{12}^{\mathrm{c}})^2 - E_{11}^{\mathrm{c}}\nu_{23}^{\mathrm{c}}] + E_{11}^{\mathrm{c}}E_{22}^{\mathrm{c}}(1+\nu_{23}^{\mathrm{f}})}{4E_{22}^{\mathrm{f}}[E_{11}^{\mathrm{c}} - E_{22}^{\mathrm{c}}(\nu_{12}^{\mathrm{c}})^2]} \tag{3.38f}$$

$$\bar{A}_{55} = \bar{A}_{66} = \frac{G_{12}^{\mathrm{f}} + G_{12}^{\mathrm{c}}}{2G_{12}^{\mathrm{f}}} \tag{3.38g}$$

式中，E_{11}^{c}、E_{22}^{c}、G_{12}^{c}、G_{23}^{c}、ν_{12}^{c} 和 ν_{23}^{c} 分别是界面相材料的轴向 (沿纤维方向) 模量、横向 (垂直于纤维方向) 模量、面内剪切模量、横向剪切模量、面内泊松比和横向泊松比，其中 $G_{23}^{\mathrm{c}}=0.5E_{22}^{\mathrm{c}}/(1+\nu_{23}^{\mathrm{c}})$。将 Mori-Tanaka-Eshelby 模型等效弹性常数公式 (3.8) 及式 (3.9) 中的 A_{ij} 用 $\bar{A}_{ij}$ 置换、S_{ij}^{m} 用 S_{ij}^{c} 置换、V_{f} 和 V_{m} 用 $V_{\mathrm{f}}^{\mathrm{I}}$ 和 $V_{\mathrm{m}}^{\mathrm{I}}$ 置换，得到界面与纤维两相复合材料弹性常数的显示公式，令这些弹性常数分别为 E_{11}^{eq}、ν_{12}^{eq}、E_{22}^{eq}、G_{12}^{eq} 和 G_{23}^{eq}，如 (见式 (3.8a))：

$$\begin{aligned}E_{11}^{\mathrm{eq}}=&\Big((\bar{A}_{11}+\bar{A}_{22}+\bar{A}_{32})V_{\mathrm{f}}^{\mathrm{I}}V_{\mathrm{m}}^{\mathrm{I}}+[\bar{A}_{11}(\bar{A}_{22}+\bar{A}_{32})-2\bar{A}_{12}\bar{A}_{21}](V_{\mathrm{m}}^{\mathrm{I}})^2+(V_{\mathrm{f}}^{\mathrm{I}})^2\Big)\\&\Big/\Big(V_{\mathrm{f}}^{\mathrm{I}}V_{\mathrm{m}}^{\mathrm{I}}[2\bar{A}_{21}(S_{12}^{\mathrm{c}}-S_{12}^{\mathrm{f}})+(\bar{A}_{22}+\bar{A}_{32})S_{11}^{\mathrm{f}}+\bar{A}_{11}S_{11}^{\mathrm{c}}]\\&+[\bar{A}_{11}(\bar{A}_{22}+\bar{A}_{32})-2\bar{A}_{12}\bar{A}_{21}]S_{11}^{\mathrm{c}}(V_{\mathrm{m}}^{\mathrm{I}})^2+S_{11}^{\mathrm{f}}(V_{\mathrm{f}}^{\mathrm{I}})^2\Big)\end{aligned}$$

此外可将上述复合材料视为一种等效纤维，其弹性常数与 E_{11}^{eq}、ν_{12}^{eq}、E_{22}^{eq}、G_{12}^{eq} 及 G_{23}^{eq} 相同。对任意作用在该复合材料或等效纤维上的应力 $\{\sigma_i\}=\{\sigma_i^{\mathrm{f,eq}}\}$，纤维和界面中分担的均值应力分别是

$$\{\sigma_i^{\mathrm{f}}\}=(V_{\mathrm{f}}^{\mathrm{I}}[I]+V_{\mathrm{m}}^{\mathrm{I}}[\bar{A}_{ij}])^{-1}\{\sigma_j^{\mathrm{f,eq}}\} \tag{3.39a}$$

$$\{\sigma_i^{\mathrm{c}}\}=[\bar{A}_{ij}](V_{\mathrm{f}}^{\mathrm{I}}[I]+V_{\mathrm{m}}^{\mathrm{I}}[\bar{A}_{ij}])^{-1}\{\sigma_j^{\mathrm{f,eq}}\} \tag{3.39b}$$

现在，假定基体中含有一根等效纤维，在基体和等效纤维构成的第二个两相复合材料中，纤维 (等效纤维) 和基体的含量分别是

$$V_{\mathrm{f}}^{\mathrm{II}}=c^2/b^2,\quad V_{\mathrm{m}}^{\mathrm{II}}=1-V_{\mathrm{f}}^{\mathrm{II}} \tag{3.40}$$

基体相均值应力与等效纤维均值应力之间的桥联方程是 $\{\sigma_i^{\mathrm{m}}\}=[\bar{\bar{A}}_{ij}]\{\sigma_j^{\mathrm{f,eq}}\}$，其中，非 0 的桥联矩阵元素 $\bar{\bar{A}}_{ij}$ 由式 (2.51) 定义，即

$$\bar{\bar{A}}_{11}=\frac{E^{\mathrm{m}}}{E_{11}^{\mathrm{eq}}}\left(1+\frac{\nu^{\mathrm{m}}(\nu^{\mathrm{m}}-\nu_{11}^{\mathrm{eq}})}{(1+\nu^{\mathrm{m}})(1-\nu^{\mathrm{m}})}\right) \tag{3.41a}$$

$$\bar{\bar{A}}_{12}=\frac{E^{\mathrm{m}}}{E_{22}^{\mathrm{eq}}}\frac{\nu^{\mathrm{m}}(1-\nu_{23}^{\mathrm{eq}})}{2(1+\nu^{\mathrm{m}})(1-\nu^{\mathrm{m}})}-\frac{E^{\mathrm{m}}}{E_{11}^{\mathrm{eq}}}\frac{\nu_{12}^{\mathrm{eq}}}{(1+\nu^{\mathrm{m}})(1-\nu^{\mathrm{m}})}+\frac{\nu^{\mathrm{m}}}{2(1-\nu^{\mathrm{m}})}=\bar{\bar{A}}_{13} \tag{3.41b}$$

$$\bar{\bar{A}}_{21}=\frac{E^{\mathrm{m}}}{E_{11}^{\mathrm{eq}}}\frac{\nu^{\mathrm{m}}-\nu_{12}^{\mathrm{eq}}}{2(1+\nu^{\mathrm{m}})(1-\nu^{\mathrm{m}})}=\bar{\bar{A}}_{31} \tag{3.41c}$$

$$\begin{aligned}\bar{\bar{A}}_{22}=&\frac{0.125E^{\mathrm{m}}(\nu_{23}^{\mathrm{eq}}-3)}{E_{22}^{\mathrm{eq}}(\nu^{\mathrm{m}}-1)(\nu^{\mathrm{m}}+1)}+\frac{0.5E^{\mathrm{m}}\nu_{12}^{\mathrm{eq}}\nu^{\mathrm{m}}}{E_{11}^{\mathrm{eq}}(\nu^{\mathrm{m}}-1)(\nu^{\mathrm{m}}+1)}+\frac{(\nu^{\mathrm{m}}+1)(4\nu^{\mathrm{m}}-5)}{8(\nu^{\mathrm{m}}-1)(\nu^{\mathrm{m}}+1)}\\=&\bar{\bar{A}}_{33}\end{aligned} \tag{3.41d}$$

$$\begin{aligned}\bar{\bar{A}}_{32}=&\frac{0.125E^{\mathrm{m}}(3\nu_{23}^{\mathrm{eq}}-1)}{E_{22}^{\mathrm{eq}}(\nu^{\mathrm{m}}-1)(\nu^{\mathrm{m}}+1)}+\frac{0.5E^{\mathrm{m}}\nu_{12}^{\mathrm{eq}}\nu^{\mathrm{m}}}{E_{11}^{\mathrm{eq}}(\nu^{\mathrm{m}}-1)(\nu^{\mathrm{m}}+1)}+\frac{(\nu^{\mathrm{m}}+1)(1-4\nu^{\mathrm{m}})}{8(\nu^{\mathrm{m}}-1)(\nu^{\mathrm{m}}+1)}\\=&\bar{\bar{A}}_{23}\end{aligned} \tag{3.41e}$$

$$\bar{\bar{A}}_{44} = \frac{G^{\mathrm{m}}}{4G_{23}^{\mathrm{eq}}(1-\nu^{\mathrm{m}})} + \frac{3-4\nu^{\mathrm{m}}}{4(1-\nu^{\mathrm{m}})} \tag{3.41f}$$

$$\bar{\bar{A}}_{55} = \frac{G^{\mathrm{m}} + G_{12}^{\mathrm{eq}}}{2G_{12}^{\mathrm{eq}}} = \bar{\bar{A}}_{66} \tag{3.41g}$$

于是，有

$$\{\sigma_i^{\mathrm{f,eq}}\} = [\bar{\bar{A}}_{ij}]^{-1}\{\sigma_j^{\mathrm{m}}\} \tag{3.42}$$

代入式 (3.39b)，得到

$$\{\sigma_i^{\mathrm{c}}\} = [\bar{A}_{ij}](V_{\mathrm{f}}^{\mathrm{I}}[I] + V_{\mathrm{m}}^{\mathrm{I}}[\bar{A}_{ij}])^{-1}[\bar{\bar{A}}_{ij}]^{-1}\{\sigma_j^{\mathrm{m}}\}$$

因此，桥联矩阵 $[A_{ij}^{\mathrm{I}}]$ 和 $[A_{ij}^{\mathrm{II}}]$ 可以由如下显式矩阵来足够精确地近似：

$$[A_{ij}^{\mathrm{I}}] \approx [\bar{A}_{ij}] \tag{3.43a}$$

$$[A_{ij}^{\mathrm{II}}] \approx [\bar{\bar{A}}_{ij}](V_{\mathrm{f}}^{\mathrm{I}}[I] + V_{\mathrm{m}}^{\mathrm{I}}[\bar{A}_{ij}])[\bar{A}_{ij}]^{-1} \tag{3.43b}$$

还可以根据桥联模型确定两个两相复合材料的等效性能及均值应力，使桥联矩阵 $[A_{ij}^{\mathrm{I}}]$ 和 $[A_{ij}^{\mathrm{II}}]$ 进一步简化为

$$[A_{ij}^{\mathrm{I}}] \approx [a_{ij}^{\mathrm{I}}] \tag{3.44a}$$

$$[A_{ij}^{\mathrm{II}}] \approx [a_{ij}^{\mathrm{II}}](V_{\mathrm{f}}^{\mathrm{I}}[I] + V_{\mathrm{m}}^{\mathrm{I}}[a_{ij}^{\mathrm{I}}])[a_{ij}^{\mathrm{I}}]^{-1} \tag{3.44b}$$

其中，非 0 的 a_{ij}^{I} 和 a_{ij}^{II} 表达式如下[53]：

$$a_{11}^{\mathrm{I}} = E_{11}^{\mathrm{c}}/E_{11}^{\mathrm{f}} \tag{3.45a}$$

$$a_{22}^{\mathrm{I}} = a_{33}^{\mathrm{I}} = a_{44}^{\mathrm{I}} = 0.3 + 0.7\frac{E_{22}^{\mathrm{c}}}{E_{22}^{\mathrm{f}}} \tag{3.45b}$$

$$a_{55}^{\mathrm{I}} = a_{66}^{\mathrm{I}} = 0.3 + 0.7\frac{G_{12}^{\mathrm{c}}}{G_{12}^{\mathrm{f}}} \tag{3.45c}$$

$$a_{12}^{\mathrm{I}} = a_{13}^{\mathrm{I}} = \frac{S_{12}^{\mathrm{f}} - S_{12}^{\mathrm{c}}}{S_{11}^{\mathrm{f}} - S_{11}^{\mathrm{c}}}(a_{11}^{\mathrm{I}} - a_{22}^{\mathrm{I}}) \tag{3.45d}$$

$$a_{11}^{\mathrm{II}} = E^{\mathrm{m}}/E_{11}^{\mathrm{eq}} \tag{3.46a}$$

$$a_{22}^{\mathrm{II}} = a_{33}^{\mathrm{II}} = a_{44}^{\mathrm{II}} = 0.3 + 0.7\frac{E^{\mathrm{m}}}{E_{22}^{\mathrm{eq}}} \tag{3.46b}$$

$$a_{55}^{\mathrm{II}} = a_{66}^{\mathrm{II}} = 0.3 + 0.7\frac{G^{\mathrm{m}}}{G_{12}^{\mathrm{eq}}} \tag{3.46c}$$

$$a_{12}^{\mathrm{II}} = a_{13}^{\mathrm{II}} = \frac{S_{12}^{\mathrm{eq}} - S^{\mathrm{m}}}{S_{11}^{\mathrm{eq}} - S^{\mathrm{m}}}(a_{11}^{\mathrm{II}} - a_{22}^{\mathrm{II}}) \tag{3.46d}$$

$$E_{11}^{\mathrm{eq}} = V_{\mathrm{f}}^{\mathrm{I}}E_{11}^{\mathrm{f}} + V_{\mathrm{m}}^{\mathrm{I}}E_{11}^{\mathrm{c}} \tag{3.47a}$$

$$\nu_{12}^{\mathrm{eq}} = V_{\mathrm{f}}^{\mathrm{I}}\nu_{12}^{\mathrm{f}} + V_{\mathrm{m}}^{\mathrm{I}}\nu_{12}^{\mathrm{c}} \tag{3.47b}$$

$$E_{22}^{\mathrm{eq}} = \frac{(V_{\mathrm{f}}^{\mathrm{I}} + V_{\mathrm{m}}^{\mathrm{I}}a_{11}^{\mathrm{I}})(V_{\mathrm{f}}^{\mathrm{I}} + V_{\mathrm{m}}^{\mathrm{I}}a_{22}^{\mathrm{I}})}{(V_{\mathrm{f}}^{\mathrm{I}} + V_{\mathrm{m}}^{\mathrm{I}}a_{11}^{\mathrm{I}})(V_{\mathrm{f}}^{\mathrm{I}}S_{22}^{\mathrm{f}} + a_{22}^{\mathrm{I}}V_{\mathrm{m}}^{\mathrm{I}}S_{22}^{\mathrm{c}}) + V_{\mathrm{f}}^{\mathrm{I}}V_{\mathrm{m}}^{\mathrm{I}}(S_{21}^{\mathrm{c}} - S_{21}^{\mathrm{f}})a_{12}^{\mathrm{I}}} \tag{3.47c}$$

$$G_{12}^{\mathrm{eq}} = \frac{G_{12}^{\mathrm{f}}G_{12}^{\mathrm{c}}(V_{\mathrm{f}}^{\mathrm{I}} + V_{\mathrm{m}}^{\mathrm{I}}a_{66}^{\mathrm{I}})}{V_{\mathrm{f}}^{\mathrm{I}}G_{12}^{\mathrm{c}} + V_{\mathrm{m}}^{\mathrm{I}}G_{12}^{\mathrm{f}}a_{66}^{\mathrm{I}}} \tag{3.47d}$$

$$G_{23}^{\mathrm{eq}} = \frac{G_{23}^{\mathrm{f}}G_{23}^{\mathrm{c}}(V_{\mathrm{f}}^{\mathrm{I}} + V_{\mathrm{m}}^{\mathrm{I}}a_{22}^{\mathrm{I}})}{V_{\mathrm{f}}^{\mathrm{I}}G_{23}^{\mathrm{c}} + V_{\mathrm{m}}^{\mathrm{I}}G_{23}^{\mathrm{f}}a_{22}^{\mathrm{I}}} \tag{3.47e}$$

式中，S_{ij}^{eq} 是等效纤维的柔度矩阵元素，即 $S_{11}^{\mathrm{eq}} = 1/E_{11}^{\mathrm{eq}}$、$S_{12}^{\mathrm{eq}} = -\nu_{12}^{\mathrm{eq}}/E_{11}^{\mathrm{eq}}$，并且 $G_{23}^{\mathrm{eq}} = 0.5E_{22}^{\mathrm{eq}}/(1+\nu_{23}^{\mathrm{eq}})$。

更多相复合材料的弹性性能计算，可参照三相复合材料，就是依次分解成一系列两相复合材料的组合，除了最外层组合，内部的组合均用一系列等效纤维替代，每一个等效纤维的性能，可由两相同心圆柱模型或桥联模型求解。

习　题

习题 3-1　单向复合材料组成材料的性能参数如题 3-1 表。用桥联模型公式计算该复合材料的 5 个弹性常数，假定 $V_{\mathrm{f}} = 0.55$.

题 3-1 表　性能参数

材料	E_{11}/GPa	ν_{12}	E_{22}/GPa	G_{12}/GPa	ν_{23}
纤维	207	0.27	17.5	18.5	0.25
基体	3.5	0.35	3.5	1.3	0.35

习题 3-2　假定联系基体与纤维中平面内应力的桥联矩阵中的元素 a_{11}、$a_{12}=0$、a_{21}、a_{22} 及 a_{33} 均已知。试导出单向复合材料轴向模量 E_{11} 相对这些元素的函数表达式。

习题 3-3　单向复合材料由玻璃纤维和环氧构成，纤维和基体的性能参数见题 3-3 表，纤维体积含量 $V_{\mathrm{f}} = 0.6$，受轴向和剪应力$\sigma_{11} = 450\mathrm{MPa}$、$\sigma_{12} = 30\mathrm{MPa}$ 的作用，如题 3-3 图所示，求复合材料的轴向应变 ε_{11} 和剪应变 ε_{12}。

题 3-3 表　性能参数

	纤维	基体
E/GPa	70	3.5
ν	0.2	0.34

习题 3-4　单向复合材料的纤维和基体性能参数见题 3-4 表，$V_{\mathrm{f}} = 0.62$，受整体坐标 y 方向的压缩作用，偏轴角$\theta = 15°$(题 3-4 图)，试求沿局部坐标 x_1 方向的应变。

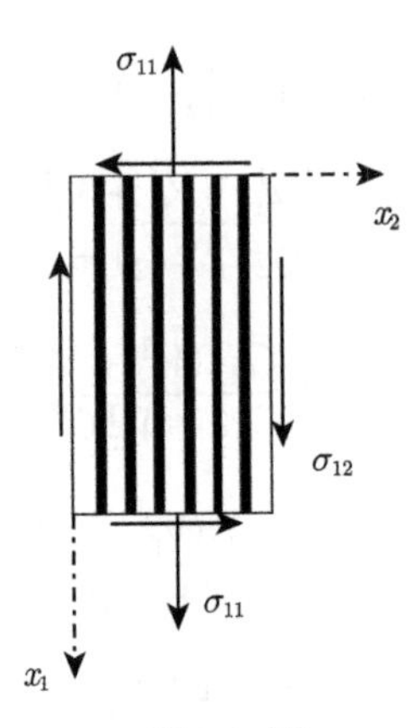

题 3-3 图

题 3-4 表　性能参数

材料	E_{11}/GPa	ν_{12}	E_{22}/GPa	G_{12}/GPa	ν_{23}
纤维	230	0.2	15	15	0.07
基体	3.17	0.355	3.17	1.17	0.355

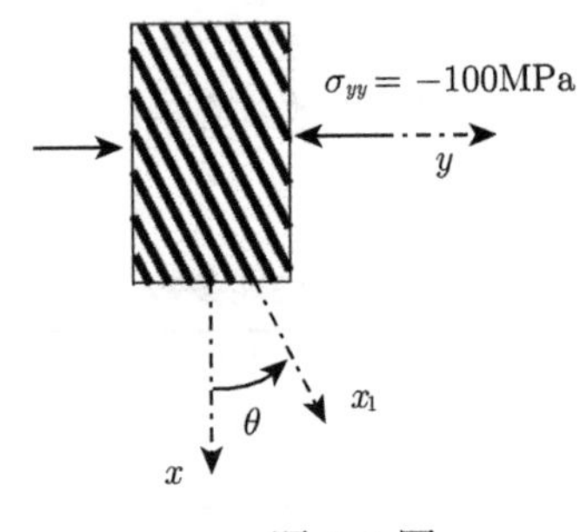

题 3-4 图

习题 3-5　组成单向复合材料的纤维和基体的性能参数见题 3-5 表，纤维体积含量 $V_f = 0.5$。试分别根据式 (3.8a) 和式 (3.11) 求该复合材料的轴向模量 E_{11}，其中桥联参数 A_{ij} 见式 (2.41)。

题 3-5 表　性能参数

材料	E/GPa	ν
纤维	80	0.22
基体	4.2	0.35

习题 3-6　组成单向复合材料的纤维和基体的性能参数同题 3-1，V_f =0.55。试证明：根据混合率模型的二维缩减桥联矩阵导出的复合材料柔度矩阵分量 S_{12} 与 $-\nu_{12}/E_{11}$ 不相等，其中ν_{12} 和 E_{11} 由混合率模型公式计算。提示：将缩减的二维桥联矩阵及纤维和基体的二维柔度矩阵代入式 (2.6) 计算复合材料的平面柔度矩阵。

习题 3-7　纤维和基体性能参数及纤维体积含量同题 3-4。试证明：根据 Chamis 模型的二维缩减桥联矩阵计算的单向复合材料横向模量与式 (1.61c) 给出的不相等。

习题 3-8　假定纤维和基体的柔度矩阵及纤维体积含量 V_f 已知，试根据如下的平面桥联方程，导出单向复合材料的横向模量计算式，其中桥联矩阵各元素由式 (2.60) 给出。

$$\begin{Bmatrix} \sigma_{11}^{m} \\ \sigma_{22}^{m} \\ \sigma_{12}^{m} \end{Bmatrix} = \begin{bmatrix} a_{11} & a_{12} & 0 \\ 0 & a_{22} & 0 \\ 0 & 0 & a_{66} \end{bmatrix} \begin{Bmatrix} \sigma_{11}^{f} \\ \sigma_{22}^{f} \\ \sigma_{12}^{f} \end{Bmatrix}$$

习题 3-9　单向复合材料组成材料的性能参数如题 3-9 表，$V_f = 0.55$，受到如题 3-9 图所示载荷作用，试求纤维和基体中的主应力。

题 3-9 表　性能参数

材料	E_{11}/GPa	ν_{12}	E_{22}/GPa	G_{12}/GPa	ν_{23}
纤维	290	0.27	19	27	0.36
基体	3.5	0.35	3.5	1.3	0.35

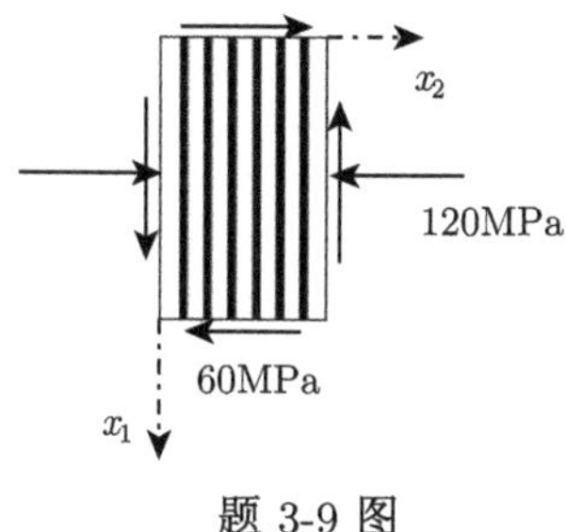

题 3-9 图

习题 3-10　假定单向复合材料的纤维和基体性能 $E^{f} = 70$GPa、$E^{m} = 3.4$GPa、$\nu^{m} = 0.35$，$\nu^{f} = 0.22$，$V_f = 0.6$，受偏轴拉伸作用，偏轴角$\theta = 30°$，测得沿载荷方向的应变$\varepsilon_{xx} = 1.5\times10^{-2}$(题 3-10 图)，求此时纤维和基体中的主应力。

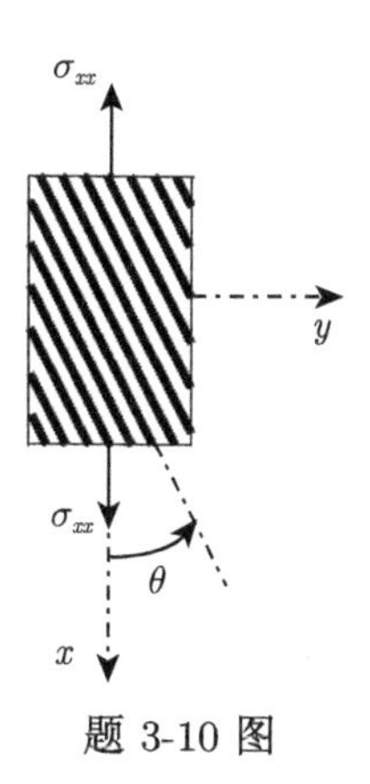

题 3-10 图

第 4 章　基体的应力集中系数

4.1　背　　景

考虑单向复合材料受横向拉伸载荷作用，如图 3-2 所示。桥联理论求得纤维和基体中的非 0 内应力为 (见式 (2.70) 和式 (2.71))

$$\begin{aligned}\sigma_{11}^{\mathrm{f}} &= -\frac{V_{\mathrm{m}}a_{12}\sigma_{22}}{(V_{\mathrm{f}}+V_{\mathrm{m}}a_{11})(V_{\mathrm{f}}+V_{\mathrm{m}}a_{22})}, \quad \sigma_{22}^{\mathrm{f}} = \frac{\sigma_{22}}{V_{\mathrm{f}}+V_{\mathrm{m}}a_{22}} \\ \sigma_{11}^{\mathrm{m}} &= \frac{V_{\mathrm{f}}a_{12}\sigma_{22}}{(V_{\mathrm{f}}+V_{\mathrm{m}}a_{11})(V_{\mathrm{f}}+V_{\mathrm{m}}a_{22})}, \quad \sigma_{22}^{\mathrm{m}} = \frac{a_{22}\sigma_{22}}{V_{\mathrm{f}}+V_{\mathrm{m}}a_{22}}\end{aligned} \tag{4.1}$$

假定该复合材料为表 3-1 中的第一组材料组合，即 E-Glass/LY556 复合材料。将表 3-1 所列的组分材料性能参数及纤维体积含量，代入式 (2.60a)、式 (2.60b) 及式 (2.60d) 后，再代入以上各式，求得

$$\sigma_{11}^{\mathrm{f}} = -0.082\sigma_{22}, \quad \sigma_{22}^{\mathrm{f}} = 1.342\sigma_{22}, \quad \sigma_{11}^{\mathrm{m}} = 0.134\sigma_{22}, \quad \sigma_{22}^{\mathrm{m}} = 0.442\sigma_{22} \tag{4.2}$$

根据最大正应力破坏判据 (《材料力学》中的第一强度理论)，该复合材料所能承受的最大横向拉伸应力是

$$\sigma_{22}^{\mathrm{u,t}} = \min\{Y_{\mathrm{f}}/1.342,\ Y_{\mathrm{m}}/0.442\} \tag{4.3}$$

式中，Y_{f} 为纤维沿横向的许用拉应力；Y_{m} 为基体沿横向的许用拉应力。在本书中，上标或下标 “u” 表示极限值 (ultimate)，上标或下标 “t” 则表示拉伸 (tension)。众多实验已证实，单向复合材料在横向载荷下的最终破坏由基体的破坏所引起，因此，纤维的强度 Y_{f} 可不必考虑，也就是说，$\sigma_{22}^{\mathrm{u,t}} = Y_{\mathrm{m}}/0.442$。但是，$Y_{\mathrm{m}}$ 如何指定呢？很自然的，纯基体材料的原始拉伸强度 $\sigma_{\mathrm{u,t}}^{\mathrm{m}}$ 是一个可能的选择，即 $Y_{\mathrm{m}} = \sigma_{\mathrm{u,t}}^{\mathrm{m}}$，因为后者是可测值。根据文献[45] 可知，$\sigma_{\mathrm{u,t}}^{\mathrm{m}} = 80\mathrm{MPa}$，代入式 (4.3)，计算得到 $\sigma_{22}^{\mathrm{u,t}} = 181\mathrm{MPa}$。然而，实验测得的横向拉伸强度仅为 35MPa[45]，理论预报值高出实际值 5.2 倍! 需要强调的是，这种差异并非特例。只要纤维的弹性模量大于基体的模量，预报的复合材料横向强度总会高于输入的基体强度，而实验测量的复合材料的横向拉伸强度一般都远小于基体的原始拉伸强度。换言之，只要取 $Y_{\mathrm{m}} = \sigma_{\mathrm{u,t}}^{\mathrm{m}}$，理论预报的横向拉伸强度就必然会远大于实测值。

为什么会相差如此之大呢？是基体的内应力计算不准确？诚然，式 (4.1) 中没有计入热残余应力，也没有计入基体塑性变形、纤维束渐进破坏、纤维和基体的

非理想界面等因素对基体内应力的贡献，但基体内应力的主值 (主要部分) 理应由式 (4.1) 给出，其他影响是次要部分，否则，基于此得到的复合材料的弹性性能就不可能与实验值吻合。难道是最大正应力破坏判据不适用？各向同性材料的破坏判据即强度理论的研究和应用 (第一强度理论的应用) 历史已超过 200 年，当材料的三个主应力之间差异显著，第一强度理论预测的材料最终破坏被无数实验证实是足可信赖的。因此，问题只可能出在 Y_{m} 的取值上，即 $Y_{\mathrm{m}} \neq \sigma_{\mathrm{u,t}}^{\mathrm{m}}$。物理上的解释是，基体在复合材料中的许用应力代表添加纤维后的基体强度，称为基体的现场强度，与基体的原始强度不等，后者是根据单一的纯基体材料测试得到的强度。然而，问题是：实验只能测量基体的原始强度，即原始拉伸强度 $\sigma_{\mathrm{u,t}}^{\mathrm{m}}$、原始压缩强度 $\sigma_{\mathrm{u,c}}^{\mathrm{m}}$、原始剪切强度 $\sigma_{\mathrm{u,s}}^{\mathrm{m}}$，这里，下标 “c” 和 “s” 分别代表压缩 (compression) 和剪切 (shear)，谁也无法从复合材料中测出可信的基体现场强度。不解决基体的现场强度问题，复合材料的细观力学强度理论 (指由组分材料的破坏分析来预测复合材料的极限承载能力) 就无法取得成功。

毫无疑问，基体的现场强度与其原始强度有关。现场强度是变动值：不同复合材料中的基体现场强度可能会不一样，尽管它们具有相同的基体材料。原始强度则是固定值，任何基体材料的原始拉伸、压缩和剪切强度，与其弹性模量、泊松比一样，是材料的固有属性参数。虽然导致基体现场强度异于原始强度的可能因素众多，但添加纤维后的应力集中是根本原因。开圆孔的各向同性平板在外载作用下会在孔边附近产生应力集中，受面内单向拉伸载荷作用的经典应力集中系数为 3，如图 4-1(a) 所示。当圆孔被异质纤维填充后，同样会在基体中产生应力集中，见图 4-1(b)，一旦求出应力集中系数，基体的现场强度就等于其原始强度除以应力集中系数。因此，正确求出基体中的应力集中系数，是解决问题的关键。

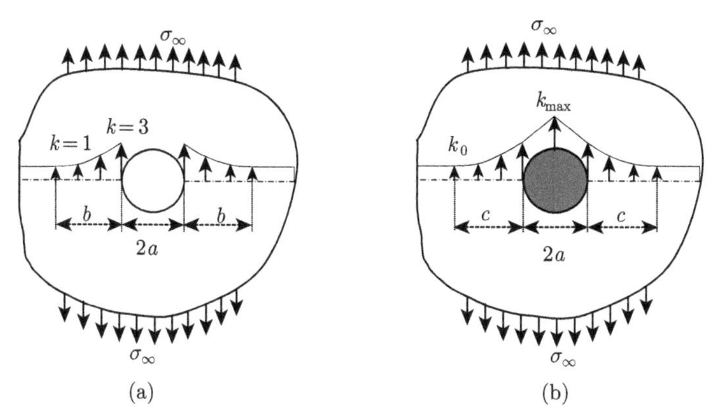

图 4-1 (a) 开孔板受面内载荷的应力集中系数，(b) 填充纤维后的平板受面内载荷产生应力集中

然而，最困难的是：如何定义添加纤维后基体的应力集中系数？因为经典的定

义不再适用。

不难看出，基体的应力集中系数与三个因素有关：一是与外载有关，横向加载与轴向加载的应力集中系数必然有异，此外，恰如开孔板的情况，受面内单轴拉伸与双向拉伸的应力集中系数也不相同；二是与纤维体积含量有关，否则，当纤维含量趋于 0 时，纯基体材料中不存在应力集中，或者说应力集中系数需等于 1；三是与组分材料性能有关，否则，当纤维性能变得与基体性能相同时，单一基体材料中也不会存在应力集中。这三个因素又称为基体应力集中系数必须满足的三项基本原则。

4.2 横向载荷下的应力场

根据基本原则一，需要逐个计算不同加载条件下的基体应力集中系数。首先考虑横向加载的情况。

为得到基体中的应力集中系数，首先要求出复合材料中基体的 (点) 应力场。为此，依然选用同心圆柱模型。其次假定纤维和基体为理想界面，即纤维和基体中的位移及应力在界面上都是连续的。在横向单轴载荷 (图 4-2) 下，平面应变 (纤维无限长) 条件下基体沿外载方向的应力分量是 (参见 2.4 节)

$$\tilde{\sigma}_{22}^{\mathrm{m}}=\tilde{\sigma}_{\rho\rho}^{\mathrm{m}}\cos^2\varphi+\tilde{\sigma}_{\varphi\varphi}^{\mathrm{m}}\sin^2\varphi-\tilde{\sigma}_{\rho\varphi}^{\mathrm{m}}\sin 2\varphi \tag{4.4}$$

$$\tilde{\sigma}_{\rho\rho}^{\mathrm{m}}=\frac{\sigma_{22}^0}{2}\{1+Aa^2\rho^{-2}+[1+B(4a^2\rho^{-2}-3a^4\rho^{-4})]\cos 2\varphi\} \tag{4.5a}$$

$$\tilde{\sigma}_{\varphi\varphi}^{\mathrm{m}}=\frac{\sigma_{22}^0}{2}[1-Aa^2\rho^{-2}-(1-3Ba^4\rho^{-4})\cos 2\varphi] \tag{4.5b}$$

$$\tilde{\sigma}_{\rho\varphi}^{\mathrm{m}}=-\frac{\sigma_{22}^0}{2}[1-B(2a^2\rho^{-2}-3a^4\rho^{-4})]\sin 2\varphi \tag{4.5c}$$

$$A=\frac{2E_{22}^{\mathrm{f}}E^{\mathrm{m}}(\nu_{12}^{\mathrm{f}})^2+E_{11}^{\mathrm{f}}\{E^{\mathrm{m}}(\nu_{23}^{\mathrm{f}}-1)-E_{22}^{\mathrm{f}}[2(\nu^{\mathrm{m}})^2+\nu^{\mathrm{m}}-1]\}}{E_{11}^{\mathrm{f}}[E_{22}^{\mathrm{f}}+E^{\mathrm{m}}(1-\nu_{23}^{\mathrm{f}})+E_{22}^{\mathrm{f}}\nu^{\mathrm{m}}]-2E_{22}^{\mathrm{f}}E^{\mathrm{m}}(\nu_{12}^{\mathrm{f}})^2} \tag{4.6a}$$

$$B=\frac{E^{\mathrm{m}}(1+\nu_{23}^{\mathrm{f}})-E_{22}^{\mathrm{f}}(1+\nu^{\mathrm{m}})}{E_{22}^{\mathrm{f}}[\nu^{\mathrm{m}}+4(\nu^{\mathrm{m}})^2-3]-E^{\mathrm{m}}(1+\nu_{23}^{\mathrm{f}})} \tag{4.6b}$$

值得注意的是，当纤维变为各向同性 (如玻璃纤维等) 时，式 (4.6a) 变为

$$A=\frac{[1-\nu^{\mathrm{m}}-2(\nu^{\mathrm{m}})^2]E^{\mathrm{f}}-[1-\nu^{\mathrm{f}}-2(\nu^{\mathrm{f}})^2]E^{\mathrm{m}}}{E^{\mathrm{f}}(1+\nu^{\mathrm{m}})+E^{\mathrm{m}}[1-\nu^{\mathrm{f}}-2(\nu^{\mathrm{f}})^2]}$$

在横观各向同性 (如碳纤维等) 纤维的情况下，纤维的横向特性对基体的横向应力起主导作用，因此，文献 [54] 用下式

$$A'=\frac{[1-\nu^{\mathrm{m}}-2(\nu^{\mathrm{m}})^2]E_{22}^{\mathrm{f}}-[1-\nu_{23}^{\mathrm{f}}-2(\nu_{23}^{\mathrm{f}})^2]E^{\mathrm{m}}}{E_{22}^{\mathrm{f}}(1+\nu^{\mathrm{m}})+E^{\mathrm{m}}[1-\nu_{23}^{\mathrm{f}}-2(\nu_{23}^{\mathrm{f}})^2]} \tag{4.7}$$

代替式 (4.6a)，所产生的误差足以忽略不计。

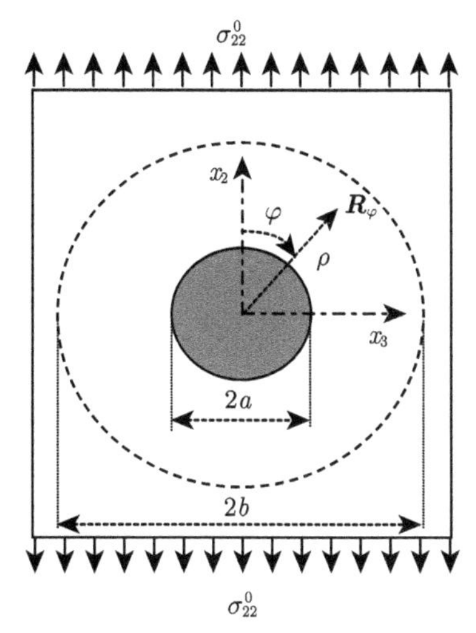

图 4-2 同心圆柱模型 ($b \to \infty$) 受横向单轴载荷作用

最后需要指出的是，尽管在如图 4-2 所示的横向外载下，基体中还存在其他方向的应力分量包括轴向应力分量，但当研究 x_2(外加载荷) 方向的应力集中系数时，其他如 x_3 方向的应力分量无贡献。x_3 方向的应力分量仅仅对 x_3 方向的应力集中系数有贡献，参见 4.9 节。反过来，x_2 方向的应力集中系数将仅仅对 x_2 方向的基体承载能力产生影响，而不会波及其他如 x_3 方向的承载。

4.3 应力集中系数的定义

Inglis 在 1913 年首次给出了各向同性材料平板开椭圆孔的应力集中系数的定义 [55]：它等于孔边最大 (点) 应力除以外加应力，即材料或结构中的最大点应力除以外加应力。从此，该定义成为材料或结构中应力集中系数的经典定义。然而，引入应力集中系数的出发点——换言之——应力集中系数的物理含义是：产生应力集中后的材料或结构的强度可通过未产生应力集中的对应材料或结构的强度除以应力集中系数后得到。据此衡量，经典应力集中系数的定义，对目前所考虑的复合材料中基体的应力集中系数将不再适用。也就是说，复合材料中基体的应力集中系数 (本章研究的对象) 再也不能由经典方式计算。原因是：一旦纤维和基体界面出现裂纹，经典方法给出的应力集中系数将为无穷大，在裂纹尖端处基体的应力场奇异，进而得出基体的现场强度为 0 的结论。由于加工工艺的限制，某些实际复合材料纤维和基体界面上的裂纹或缝隙与生俱有。例如，由上下两张金属膜或热塑性塑料薄膜夹增强纤维，通过热压成型工艺制作的复合材料，在每根纤维截面上几乎都存在两个接触死角，参见示意图 4-3，在这些接触死角处，基体的点应力奇异，经典定义势必意味着：这类复合材料的基体现场强度为 0，一旦成型就不能承受任何载荷，这显然与实际不符。

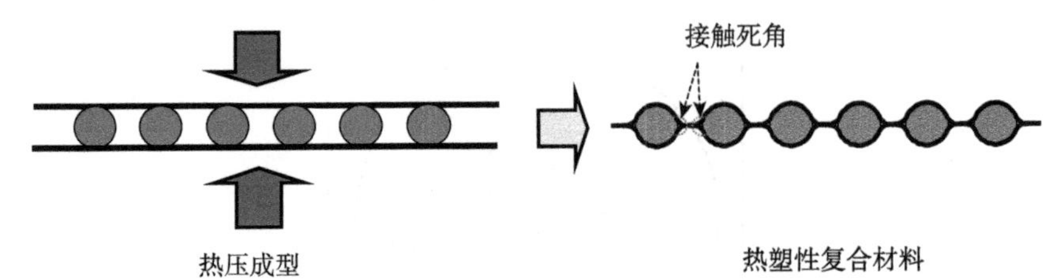

图 4-3　由薄膜与纤维热压成型的复合材料截面存在接触死角

是否纤维和基体界面无接触死角或基体中无裂纹等缺陷的基体应力集中系数就可以采用经典方法计算呢？根据一致性法则，本章考虑的理想界面 (纤维和基体中的位移和应力在共同界面上处处连续且相等) 复合材料中基体的应力集中系数，必然也不能采用经典方法定义。事实上，即便一切皆为理想 (纤维和基体界面直到破坏都不开裂、基体中不存在孔隙等缺陷) 情况，由经典方法得到的应力集中系数也与期待值相差甚远，见习题 4-1。

既然不能由点应力定义，基体中的应力集中系数就只能基于平均应力计算。那么，应相对何种几何体单元进行应力平均呢？究竟是相对线、抑或相对面还是相对体单元取平均呢？经典的定义是：点 (相当于零维几何体) 应力除以远场应力，后者实质上是面 (二维几何体) 平均 (相对远场边界面的平均) 应力，即经典定义由 “零维/二维” 应力得到，根据相似性法则，基体中的应力集中系数必然是 “一维/三维” 应力的计算式，因为 “3” 是分母中所能取到的最高几何维数。换言之，应力平均只能是相对基体域中的直线段进行。

基体中的直线段有无穷多条，需相对哪一条直线取平均呢？同样回到应力集中系数的物理解释，它所发生的位置应是对应外载作用下的破坏发生处。在横向载荷作用下，单向复合材料破坏面与外载指向有关。横向拉伸载荷下，如单向复合材料受 90° 拉伸实验，破坏面一般与外载方向垂直，90° 试件往往沿横截面拉断为两半；而在横向压缩载荷作用下，单向复合材料的破坏面并非与外载垂直，而是与外载成一个夹角 [56]，如图 4-4所示。这说明，应力平均须沿破坏面的外法线方向进行，参见示意图 4-5。注意，由于对称性，将示意图 4-5 (b) 中破坏面的外法线方向角设置为 $-\phi$ 也是可行的。

最后一个问题是：如何确定横向载荷下破坏面的外法线方向角？

在横向拉伸载荷下，破坏面的外法线方向与外载一致，即破坏面的外法线方向角 $\varphi=0$。但受横向压缩作用呢？图 4-4 只是实验的定性观察结果，图中破坏面的方向角 56° 仅仅为一特例，但可以采用《材料力学》中的莫尔 (Mohr) 强度理论来确定单向复合材料横向压缩破坏面的外法线方向角 ϕ。

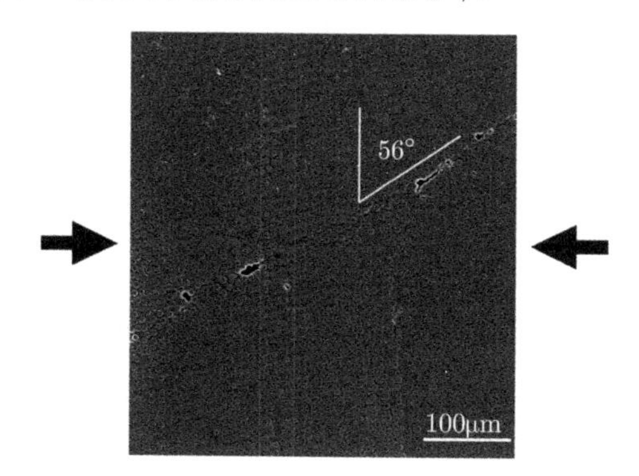

图 4-4 单向复合材料受横向压缩作用破坏面 [56]

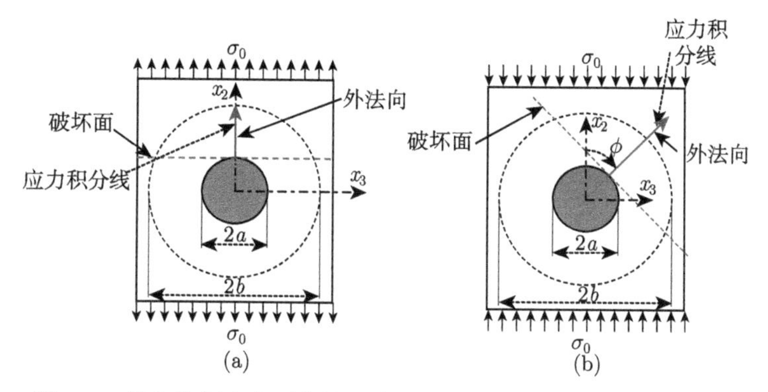

图 4-5 横向拉压应力平均线示意图：(a) 横向拉伸, (b) 横向压缩

4.4 横向压缩破坏面

针对铸铁等拉压强度不等的各向同性脆性材料，莫尔认为：材料沿某截面的滑移破坏主要由剪应力引起，但又与所在截面上的正应力有关。莫尔绘制出材料受不同载荷组合破坏时的极限应力 (破坏面出现时对应的应力) 圆，得到它们公切线构成的包络线 (图 4-6)。当所在平面内的任何一个应力圆与包络线相切，切点就表征了破坏面的方向角。

为简单起见，可采用单向拉、压实验得到的极限应力圆的公切线代替包络线。如果采用线性近似 (图 4-7)，那么，直线公切线与单轴压缩应力圆的交点，就对应单轴压缩荷载作用下的破坏应力状态，可根据该点坐标与单元体截面的对应关系，确定单轴压缩荷载作用下的材料破坏面角度。

由图 4-7，得出 $\dfrac{PQ}{A_2O_2}=\dfrac{QL}{O_2L}$，$PQ=\dfrac{c}{\cos\theta}$，$QL=\dfrac{c}{\cos\theta\sin\theta}$，$A_2O_2=\dfrac{\sigma^1-\sigma^3}{2}$，$O_2L=-\dfrac{\sigma^1+\sigma^3}{2}+\dfrac{c}{\tan\theta}$，其中，$\sigma^1$、$\sigma^3$ 分别是第一、第三主应力，因而有

$$\frac{\dfrac{c}{\cos\theta}}{\dfrac{\sigma^1-\sigma^3}{2}}=\frac{\dfrac{c}{\cos\theta\sin\theta}}{-\dfrac{\sigma^1+\sigma^3}{2}+\dfrac{c}{\tan\theta}}$$

即

$$\sigma^1-\sigma^3+(\sigma^1+\sigma^3)\sin\theta-2c\cos\theta=0 \tag{4.8}$$

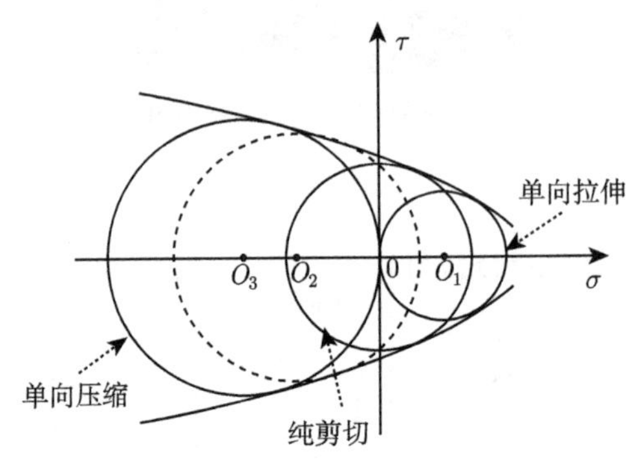

图 4-6　极限应力圆包络线

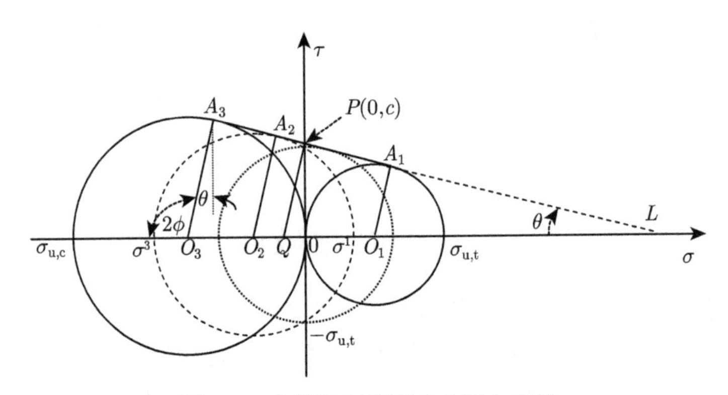

图 4-7　直线近似极限应力圆包络线

由材料力学的应力圆圆心角为单元体截面方位角 2 倍的对应关系，有

$$\phi=45^\circ+\theta/2 \tag{4.9}$$

在单向拉伸至破坏和单向压缩至破坏的情况下，分别将 $\sigma^1=\sigma_{\mathrm{u,t}}$、$\sigma^3$=0 和 σ^1=0、$\sigma^3=-\sigma_{\mathrm{u,c}}$ 代入式 (4.8)，得到

$$\sigma_{\mathrm{u,t}} = 2c\frac{\cos\theta}{1+\sin\theta}, \quad \sigma_{\mathrm{u,c}} = 2c\frac{\cos\theta}{1-\sin\theta} \tag{4.10}$$

式中，$\sigma_{\mathrm{u,t}}$ 和 $\sigma_{\mathrm{u,c}}$ 分别是材料的单向拉伸强度和单向压缩强度。将式 (4.10) 代入式 (4.9)，解得线性近似包络线情况下的材料压缩破坏面的外法线方向角为

$$\phi = \frac{\pi}{4} + \frac{1}{2}\arcsin\frac{\sigma_{\mathrm{u,c}} - \sigma_{\mathrm{u,t}}}{\sigma_{\mathrm{u,c}} + \sigma_{\mathrm{u,t}}} \tag{4.11}$$

进一步，根据图 4-7 中的三角形相似关系，可由单轴拉伸与压缩强度计算剪切强度。当应力圆 O_2 由纯剪切得到，即 O_2 点与坐标原点重合，也就是 $A_2O_2 = \sigma_{\mathrm{u,s}}$ 时，

$$\frac{A_1O_1}{A_2O_2} = \frac{O_1L}{O_2L} \Rightarrow \frac{0.5\sigma_{\mathrm{u,t}}}{\sigma_{\mathrm{u,s}}} = \frac{O_1L}{O_1L + 0.5\sigma_{\mathrm{u,t}}} \tag{4.12a}$$

$$\frac{A_2O_2}{A_3O_3} = \frac{O_2L}{O_3L} \Rightarrow \frac{\sigma_{\mathrm{u,s}}}{0.5\sigma_{\mathrm{u,c}}} = \frac{O_1L + 0.5\sigma_{\mathrm{u,t}}}{O_1L + 0.5\sigma_{\mathrm{u,t}} + 0.5\sigma_{\mathrm{u,c}}} \tag{4.12b}$$

式中，$\sigma_{\mathrm{u,s}}$ 为材料的剪切强度。联立方程 (4.12a) 和 (4.12b)，解出

$$O_1L = \frac{\sigma_{\mathrm{u,t}}(\sigma_{\mathrm{u,c}} + \sigma_{\mathrm{u,t}})}{2(\sigma_{\mathrm{u,c}} - \sigma_{\mathrm{u,t}})}$$

再代入式 (4.12a) 或式 (4.12b)，得到

$$\sigma_{\mathrm{u,s}} = \frac{\sigma_{\mathrm{u,t}}\sigma_{\mathrm{u,c}}}{\sigma_{\mathrm{u,c}} + \sigma_{\mathrm{u,t}}} \tag{4.13}$$

以上是线性近似极限应力圆包络线所得的结果。

同样基于单轴拉伸、单轴压缩极限应力圆公切线两点，还可以构造抛物线近似的包络线，因为抛物线还与应力平面的横轴相交，如图 4-8 所示。

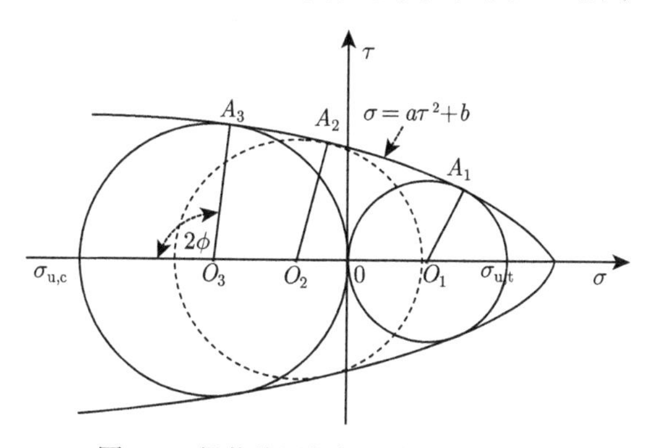

图 4-8 抛物线近似极限应力圆包络线

如图 4-8 所示的抛物线可用一元二次函数表达为 $\sigma = a\tau^2 + b$，a、b 为待定常数。由于该抛物线关于 σ 轴对称，故只取曲线上半支。该抛物线上半部分分别与压缩应力圆、拉伸应力圆相切，与二者各有并且只有一个交点，分别为 A_3、A_1。因此，A_3 点的应力 σ 和 τ 同时满足抛物线方程 $\sigma = a\tau^2 + b$ 和压缩应力圆方程 $\tau^2 + (\sigma + 0.5\sigma_{\mathrm{u,c}})^2 = (0.5\sigma_{\mathrm{u,c}})^2$，其中 $\tau > 0$。由此，得出 $a\sigma^2 + (a\sigma_{\mathrm{u,c}} + 1)\sigma - b = 0$。该方程有解，并且仅有一个解，从而 $(a\sigma_{\mathrm{u,c}} + 1)^2 + 4ab = 0$，即

$$a^2(\sigma_{\mathrm{u,c}})^2 + 1 + 2a\sigma_{\mathrm{u,c}} + 4ab = 0 \tag{4.14a}$$

同理，根据切点 A_1 须满足的应力关系可得出

$$a^2(\sigma_{\mathrm{u,t}})^2 + 1 - 2a\sigma_{\mathrm{u,t}} + 4ab = 0 \tag{4.14b}$$

联立方程 (4.14a) 与 (4.14b)，解出 a、b，所求抛物线包络线方程就是

$$\sigma = -\frac{2}{\sigma_{\mathrm{u,c}} - \sigma_{\mathrm{u,t}}}\tau^2 + \frac{(\sigma_{\mathrm{u,c}} + \sigma_{\mathrm{u,t}})^2}{8(\sigma_{\mathrm{u,c}} - \sigma_{\mathrm{u,t}})} \tag{4.15}$$

据此，得到抛物线近似包络线的压缩破坏面的外法线方向角为

$$\phi = \frac{\pi}{4} + \frac{1}{2}\arcsin\frac{\sigma_{\mathrm{u,c}} - \sigma_{\mathrm{u,t}}}{2\sigma_{\mathrm{u,c}}} \tag{4.16}$$

纯剪切作用下的极限应力圆须与抛物线相切，即二者在 $\tau > 0$ 的面内有且仅有一个交点，由此导出由材料拉伸和压缩强度表示的剪切强度表达式。当圆 O_2 为纯剪应力圆，即 O_2 点与坐标原点重合，也就是 $A_2O_2 = \sigma_{\mathrm{u,s}}$ 时，圆 O_2 与抛物线形包络线相切的切点同时满足方程 (4.15) 和 $\tau^2 + \sigma^2 = (0.5\sigma_{\mathrm{u,s}})^2$，给出

$$\frac{2}{\sigma_{\mathrm{u,c}} - \sigma_{\mathrm{u,t}}}\sigma^2 - \sigma + \frac{(\sigma_{\mathrm{u,c}} + \sigma_{\mathrm{u,t}})^2 - 16(\sigma_{\mathrm{u,s}})^2}{8(\sigma_{\mathrm{u,c}} - \sigma_{\mathrm{u,t}})} = 0$$

该方程有且只有一个解，从而得到

$$1 - \frac{8}{\sigma_{\mathrm{u,c}} - \sigma_{\mathrm{u,t}}}\frac{(\sigma_{\mathrm{u,c}} + \sigma_{\mathrm{u,t}})^2 - 16(\sigma_{\mathrm{u,s}})^2}{8(\sigma_{\mathrm{u,c}} - \sigma_{\mathrm{u,t}})} = 0$$

即

$$\sigma_{\mathrm{u,s}} = \frac{1}{2}\sqrt{\sigma_{\mathrm{u,c}}\sigma_{\mathrm{u,t}}} \tag{4.17}$$

需要指出的是，方程 (4.11)、(4.13) 或方程 (4.16)、(4.17) 是针对各向同性 (脆性) 材料得到的，如何能用于确定复合材料破坏面的方向角呢？在单向复合材料的情况下，其横截面为各向同性的，横向拉伸强度与横向压缩强度不等，彼此破坏面也不相同，这与铸铁等脆性材料的特性类似。因此，可应用莫尔强度理论确定横向

压缩破坏面的外法线方向角。鉴于抛物线近似 (二次近似) 比直线近似 (一次近似) 包络线计算得到的精度 (与实验对比研究也证实) 一般来说更高 [57]，下述推导中只针对抛物线近似的有关方程，线性近似下的有关公式，读者可自行导出。

在单向复合材料的情况下，式 (4.16) 和式 (4.17) 中的强度参数 $\sigma_{\mathrm{u,t}}$、$\sigma_{\mathrm{u,c}}$、$\sigma_{\mathrm{u,s}}$ 应分别对应复合材料的横向拉伸、横向压缩及横向剪切强度，即

$$\phi = \frac{\pi}{4} + \frac{1}{2}\arcsin\frac{\sigma_{22}^{\mathrm{u,c}} - \sigma_{22}^{\mathrm{u,t}}}{2\sigma_{22}^{\mathrm{u,c}}} \tag{4.18}$$

$$\sigma_{23}^{\mathrm{u}} = \frac{1}{2}\sqrt{\sigma_{22}^{\mathrm{u,c}}\sigma_{22}^{\mathrm{u,t}}} \tag{4.19}$$

如前所述，单向复合材料在横向拉伸、横向压缩及横向剪切下的强度皆由基体的破坏所控制。根据式 (3.4b) 和式 (3.6)，得到

$$\sigma_{22}^{\mathrm{u,t}} = \frac{(V_{\mathrm{f}} + \beta V_{\mathrm{m}})E_{22}^{\mathrm{f}} + (1-\beta)V_{\mathrm{m}}E^{\mathrm{m}}}{\beta E_{22}^{\mathrm{f}} + (1-\beta)E^{\mathrm{m}}}Y_{\mathrm{m}} \tag{4.20a}$$

$$\sigma_{22}^{\mathrm{u,c}} = \frac{(V_{\mathrm{f}} + \beta V_{\mathrm{m}})E_{22}^{\mathrm{f}} + (1-\beta)V_{\mathrm{m}}E^{\mathrm{m}}}{\beta E_{22}^{\mathrm{f}} + (1-\beta)E^{\mathrm{m}}}Y_{\mathrm{m}}' \tag{4.20b}$$

$$\sigma_{23}^{\mathrm{u}} = \frac{(V_{\mathrm{f}} + \beta V_{\mathrm{m}})E_{22}^{\mathrm{f}} + (1-\beta)V_{\mathrm{m}}E^{\mathrm{m}}}{\beta E_{22}^{\mathrm{f}} + (1-\beta)E^{\mathrm{m}}}S_{23}^{\mathrm{m}} \tag{4.20c}$$

式中，Y_{m}、Y_{m}' 和 S_{23}^{m} 分别是基体的许用横向拉伸、许用横向压缩和许用横向剪切应力，又称为基体的现场横向拉伸、现场横向压缩和现场横向剪切强度。注意，若纤维或/和基体的压缩模量不同于拉伸模量，式 (4.20b) 中应使用相应的压缩模量。引入应力集中系数后，这三个现场强度可分别由基体的原始强度获得

$$Y_{\mathrm{m}} = \sigma_{\mathrm{u,t}}^{\mathrm{m}}/K_{22}^{\mathrm{t}} \tag{4.21a}$$

$$Y_{\mathrm{m}}' = \sigma_{\mathrm{u,c}}^{\mathrm{m}}/K_{22}^{\mathrm{c}} \tag{4.21b}$$

$$S_{23}^{\mathrm{m}} = \sigma_{\mathrm{u,s}}^{\mathrm{m}}/K_{23} \tag{4.21c}$$

式中，K_{22}^{t}、K_{22}^{c}、K_{23} 分别表示基体对应的横向拉伸、横向压缩及横向剪切作用的应力集中系数。忽略纤维和基体拉、压模量不等的影响，将式 (4.20a) 和式 (4.20b) 代入式 (4.18)、式 (4.20a)~(4.20c) 代入式 (4.19)，得到

$$\phi = \frac{\pi}{4} + \frac{1}{2}\arcsin\frac{Y_{\mathrm{m}}' - Y_{\mathrm{m}}}{2Y_{\mathrm{m}}'} \tag{4.22a}$$

$$S_{23}^{\mathrm{m}} = \frac{1}{2}\sqrt{Y_{\mathrm{m}}Y_{\mathrm{m}}'} \tag{4.22b}$$

式 (4.22a) 给出了由基体现场强度表示的单向复合材料横向压缩破坏面的外法线方向角 ϕ。但由于基体的横向压缩应力集中系数与方向角 ϕ 有关，式 (4.22a) 为隐式方程，必须通过迭代方可求得方向角 ϕ。

进一步，将式 (4.22a) 中的现场强度用原始强度替代，就有

$$\phi = \frac{\pi}{4} + \frac{1}{2}\arcsin\frac{\sigma_{\mathrm{u,c}}^{\mathrm{m}} - \sigma_{\mathrm{u,t}}^{\mathrm{m}}}{2\sigma_{\mathrm{u,c}}^{\mathrm{m}}} \tag{4.23}$$

这是由基体原始强度表示的横向压缩破坏面的外法线方向角 ϕ。文献 [57] 进行过详细的对比研究，用式 (4.23) 替代式 (4.22a) 所产生的误差可忽略不计。

4.5　横向拉、压、剪切应力集中系数

根据 4.4 节的讨论，单向复合材料受单轴横向载荷 (横向拉伸或压缩) 作用时，基体中的应力集中系数需由如下公式定义：

$$K_{22}(\varphi) = \frac{1}{\left|\boldsymbol{R}_{\varphi}^{b} - \boldsymbol{R}_{\varphi}^{a}\right|}\int_{\left|\boldsymbol{R}_{\varphi}^{a}\right|}^{\left|\boldsymbol{R}_{\varphi}^{b}\right|}\frac{\tilde{\sigma}_{22}^{\mathrm{m}}}{(\sigma_{22}^{\mathrm{m}})_{\mathrm{BM}}}\mathrm{d}\left|\boldsymbol{R}_{\varphi}\right| \tag{4.24}$$

式中，$\boldsymbol{R}_{\varphi}$ 为与 x_2 夹 φ 角的矢量 (图 4-2)；$\mathrm{d}\left|\boldsymbol{R}_{\varphi}\right|$ 为沿该矢量的线积分微元；$\boldsymbol{R}_{\varphi}^{a}$ 和 $\boldsymbol{R}_{\varphi}^{b}$ 分别为 $\boldsymbol{R}_{\varphi}$ 在与纤维和基体柱面的交点矢量；$\tilde{\sigma}_{22}^{\mathrm{m}}$ 由式 (4.4) 给出；分母中的 $(\sigma_{22}^{\mathrm{m}})_{\mathrm{BM}}$ 则是桥联模型计算的单向复合材料特征体元中基体沿外载方向的应力分量，即 (见式 (3.4b))

$$(\sigma_{22}^{\mathrm{m}})_{\mathrm{BM}} = \frac{[\beta E_{22}^{\mathrm{f}} + (1-\beta)E^{\mathrm{m}}]\sigma_{22}^{0}}{(V_{\mathrm{f}} + \beta V_{\mathrm{m}})E_{22}^{\mathrm{f}} + (1-\beta)V_{\mathrm{m}}E^{\mathrm{m}}} = \frac{(0.3E_{22}^{\mathrm{f}} + 0.7E^{\mathrm{m}})\sigma_{22}^{0}}{(V_{\mathrm{f}} + 0.3V_{\mathrm{m}})E_{22}^{\mathrm{f}} + 0.7V_{\mathrm{m}}E^{\mathrm{m}}} \tag{4.25}$$

需要指出的是，尽管基体应力 $\tilde{\sigma}_{22}^{\mathrm{m}}$ 是基于同心圆柱模型 (基体为无限大区域) 求解得到的，但式 (4.24) 中的基体和纤维同心圆柱必须构成一个复合材料的特征体元，基体圆柱的半径 b 须根据式 (1.33) 确定，即 $b = a/\sqrt{V_{\mathrm{f}}}$。换言之，式 (4.24) 中对基体线积分的始点和终点分别位于复合材料特征体元图 1-5中基体的内、外边界上。否则 (即在式 (4.24) 中令 $b \to \infty$)，根据式 (4.24) 得到的 $K_{22}(\varphi)$ 将与纤维体积含量无关，这不满足基体应力集中系数的基本原则二。回顾经典开圆孔平板的应力集中系数的定义，就不难看出在式 (4.24) 中附加式 (1.33) 的合理性。事实上，经典定义同样是基于开圆孔无限大平板模型 (相当于同心圆柱模型中纤维柱的刚度无穷小) 受远场拉伸作用，求出板中的应力场后，取出最大的一点应力 (在孔边达到) 与无限远处的外加应力之比。如果在式 (4.24) 中令 $b \to a$(注意，不可令 $a \to 0$，否则就变为实心板)、纤维性能 $\to 0$ 且将分母中的体平均应力 $(\sigma_{22}^{\mathrm{m}})_{\mathrm{BM}}$ 用面

平均应力 σ_{22}^0 置换，那么，$K_{22}(\varphi)$ 在 $\varphi=\pi/2$ 的取值需与并且的确与经典开圆孔平板的应力集中系数相同，参见式 (4.29)。

将式 (4.4) 和式 (4.25) 代入式 (4.24) 并积分，就有 (取 $\beta=0.3$，见式 (2.58))

$$K_{22}(\varphi)=\left\{1+\frac{A}{2}\sqrt{V_{\rm f}}\cos 2\varphi+\frac{B}{2\left(1-\sqrt{V_{\rm f}}\right)}\left[V_{\rm f}^2\cos 4\varphi+4V_{\rm f}\cos^2\varphi(1-2\cos 2\varphi)\right.\right.$$
$$\left.\left.+\sqrt{V_{\rm f}}(2\cos 2\varphi+\cos 4\varphi)\right]\right\}\frac{(V_{\rm f}+0.3V_{\rm m})E_{22}^{\rm f}+0.7V_{\rm m}E^{\rm m}}{0.3E_{22}^{\rm f}+0.7E^{\rm m}} \tag{4.26}$$

将 $\varphi=0$ 代入式 (4.26)，得到基体的横向拉伸应力集中系数为 [58]

$$K_{22}^{\rm t}=K_{22}(0)=\left[1+\frac{\sqrt{V_{\rm f}}}{2}A+\frac{\sqrt{V_{\rm f}}}{2}(3-V_{\rm f}-\sqrt{V_{\rm f}})B\right]\frac{(V_{\rm f}+0.3V_{\rm m})E_{22}^{\rm f}+0.7V_{\rm m}E^{\rm m}}{0.3E_{22}^{\rm f}+0.7E^{\rm m}} \tag{4.27}$$

式中，A 和 B 只与纤维和基体的模量有关，见式 (4.6a) 和式 (4.6b)。

将 $\varphi=\phi$ 即式 (4.23) 代入式 (4.26)，就有 [59]

$$\begin{aligned}K_{22}^{\rm c}=K_{22}(\phi)=&\left\{1-\frac{\sqrt{V_{\rm f}}}{2}A\frac{\sigma_{\rm u,c}^{\rm m}-\sigma_{\rm u,t}^{\rm m}}{2\sigma_{\rm u,c}^{\rm m}}+\frac{B}{2(1-\sqrt{V_{\rm f}})}\left[-V_{\rm f}^2\left(1-2\left(\frac{\sigma_{\rm u,c}^{\rm m}-\sigma_{\rm u,t}^{\rm m}}{2\sigma_{\rm u,c}^{\rm m}}\right)^2\right)\right.\right.\\&+\frac{\left(\sigma_{\rm u,c}^{\rm m}+\sigma_{\rm u,t}^{\rm m}\right)V_{\rm f}}{\sigma_{\rm u,c}^{\rm m}}\left(1+\frac{\sigma_{\rm u,c}^{\rm m}-\sigma_{\rm u,t}^{\rm m}}{\sigma_{\rm u,c}^{\rm m}}\right)\\&\left.\left.-\sqrt{V_{\rm f}}\left(\frac{\sigma_{\rm u,c}^{\rm m}-\sigma_{\rm u,t}^{\rm m}}{\sigma_{\rm u,c}^{\rm m}}+1-2\left(\frac{\sigma_{\rm u,c}^{\rm m}-\sigma_{\rm u,t}^{\rm m}}{2\sigma_{\rm u,c}^{\rm m}}\right)^2\right)\right]\right\}\\&\times\frac{(V_{\rm f}+0.3V_{\rm m})E_{22}^{\rm f}+0.7V_{\rm m}E^{\rm m}}{0.3E_{22}^{\rm f}+0.7E^{\rm m}}\end{aligned} \tag{4.28}$$

此为基体对应的横向压缩应力集中系数。

退化到开圆孔的无限大平板受面内拉伸载荷作用的情况，有

$$\begin{aligned}K_{22}^0&=(\sigma_{22}^{\rm m})_{\rm BM}\left.\frac{K_{22}(90^\circ)}{\sigma_{22}^\circ}\right|_{b\to a}\\&=\left\{1-\frac{A}{2}\sqrt{V_{\rm f}}+\frac{B}{2(1-\sqrt{V_{\rm f}})}\left[V_{\rm f}^2-\sqrt{V_{\rm f}}\right]\right\}_{E_{11}^{\rm f}、E_{22}^{\rm f}\to 0,V_{\rm f}\to 1}\\&=3\end{aligned} \tag{4.29}$$

这与经典方法给出的应力集中系数相同。

为确定基体的横向剪切应力集中系数，应用式 (4.22b) 以及式 (4.21a)~(4.21c)，得到

$$K_{23} = 2\sigma_{\mathrm{u,s}}^{\mathrm{m}}\sqrt{\frac{K_{22}^{\mathrm{t}}K_{22}^{\mathrm{c}}}{\sigma_{\mathrm{u,t}}^{\mathrm{m}}\sigma_{\mathrm{u,c}}^{\mathrm{m}}}} \tag{4.30}$$

注意，式中的 K_{22}^{t} 和 K_{22}^{c} 分别由式 (4.27) 和式 (4.28) 计算。若基体的原始剪切强度 $\sigma_{\mathrm{u,s}}^{\mathrm{m}}$ 未能提供，也可利用式 (4.17) 由基体的原始拉、压强度计算。

例 4-1　单向复合材料纤维和基体性能分别是：$E^{\mathrm{f}} = 72\mathrm{GPa}$、$\nu^{\mathrm{f}} = 0.2$、$E^{\mathrm{m}} = 3.5\mathrm{GPa}$、$\nu^{\mathrm{m}} = 0.34$、$\sigma_{\mathrm{u,t}}^{\mathrm{m}} = 75\mathrm{MPa}$、$\sigma_{\mathrm{u,c}}^{\mathrm{m}} = 135\mathrm{MPa}$、$\sigma_{\mathrm{u,s}}^{\mathrm{m}} = 55\mathrm{MPa}$，若纤维体积含量 $V_{\mathrm{f}} = 0.45$，试求基体的横向拉伸、横向压缩及横向剪切应力集中系数，其中莫尔破坏应力圆包络线采用直线近似。

解　由题意，所论纤维各向同性，基体横向拉、压应力集中系数均可由式 (4.26) 计算，其中拉伸时代入 $\varphi = 0$，压缩时 φ 基于直线公式 (4.11) 定义。仿照抛物线近似公式 (4.23) 的推导过程，有

$$\phi = \frac{\pi}{4} + \frac{1}{2}\arcsin\frac{\sigma_{\mathrm{u,c}}^{\mathrm{m}} - \sigma_{\mathrm{u,t}}^{\mathrm{m}}}{\sigma_{\mathrm{u,c}}^{\mathrm{m}} + \sigma_{\mathrm{u,t}}^{\mathrm{m}}} \tag{4.31a}$$

类似，从式 (4.13)，导得

$$K_{23} = \sigma_{\mathrm{u,s}}^{\mathrm{m}}\left(\frac{K_{22}^{\mathrm{t}}}{\sigma_{\mathrm{u,t}}^{\mathrm{m}}} + \frac{K_{22}^{\mathrm{c}}}{\sigma_{\mathrm{u,c}}^{\mathrm{m}}}\right) \tag{4.31b}$$

将式 (4.26) 编制成 Excel 程序表格，由 $\varphi = 0$，得到 $K_{22}^{\mathrm{t}} = 2.759$。再由式 (4.31a)，求出 $\phi = 53.3°$，代入式 (4.26)，得到 $K_{22}^{\mathrm{c}} = 1.675$。再由式 (4.31b)，求得 $K_{23} = 2.706$.

4.6　轴向剪切应力集中系数

式 (4.24) 可看作复合材料中基体应力集中系数定义的通式，其他加载或存在界面或其他缺陷情况下的应力集中系数均可类似导得。

若要求导轴向剪切载荷下的基体应力集中系数，只需要知道两个量即可：一是复合材料在轴向剪切载荷下破坏面的外法线方向角；二是轴向剪切下基体与外载对应的内应力分量。

大量实验证实：单向复合材料受轴向剪切载荷作用的破坏面与外载成 45° 夹角，如图 4-9所示 [60,61]，图中的上部为加载至破坏时的试样照片 [60]，图中的下部示意图取自文献 [61]，更直观地展示了破坏面的方位。因此，积分线与剪应力成 45° 夹角，参见图 4-10。

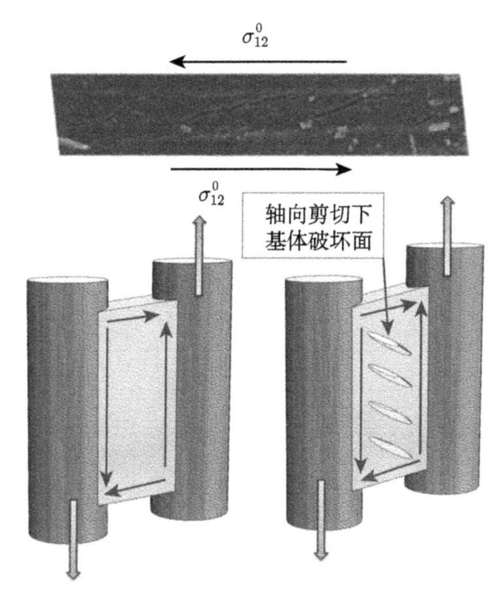

图 4-9 轴向剪切作用下单向复合材料破坏面 [60,61]

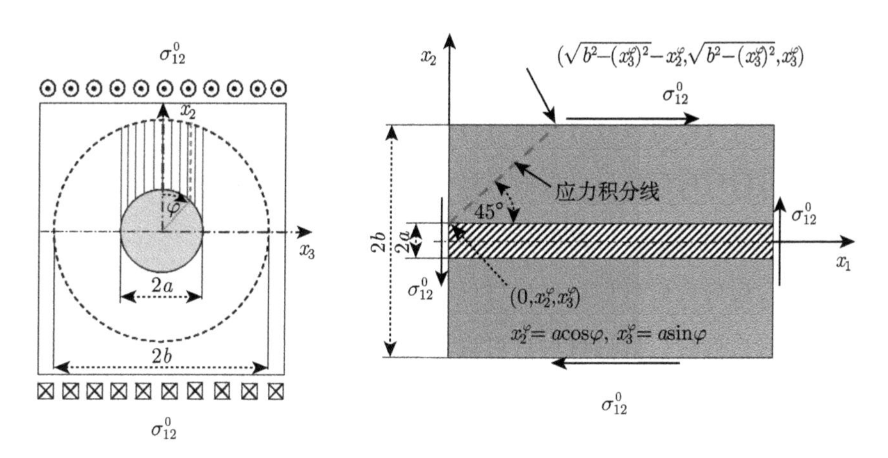

图 4-10 基体轴向剪应力集中系数中的积分线

积分域则是该线段在特征体元中由纤维柱始点至基体柱终点之间的长度。换言之，有 [62]

$$K_{12}(\varphi)=\frac{1}{l(\varphi)}\int_0^{l(\varphi)}\frac{\tilde{\sigma}_{12}^{\mathrm{m}}}{(\sigma_{12}^{\mathrm{m}})_{\mathrm{BM}}}\mathrm{d}l \tag{4.32a}$$

$$l(\varphi)=\sqrt{2}[\sqrt{b^2-(a\sin\varphi)^2}-a\cos\varphi] \tag{4.32b}$$

在式 (4.32a) 中的分子项为轴向剪切加载下同心圆柱模型求出的基体轴向剪应力 [26]，分母项则是桥联模型给出的基体均值应力 (见式 (3.5))，分别是

$$\tilde{\sigma}_{12}^{\mathrm{m}}=\sigma_{12}^{0}\left[1-a^{2}\frac{(G_{12}^{\mathrm{f}}-G^{\mathrm{m}})(x_{2}^{2}-x_{3}^{2})}{(G_{12}^{\mathrm{f}}+G^{\mathrm{m}})(x_{2}^{2}+x_{3}^{2})^{2}}\right] \tag{4.33a}$$

$$(\sigma_{12}^{\mathrm{m}})_{\mathrm{BM}}=\frac{(0.3G_{12}^{\mathrm{f}}+0.7G^{\mathrm{m}})\sigma_{12}^{0}}{(V_{\mathrm{f}}+0.3V_{\mathrm{m}})G_{12}^{\mathrm{f}}+0.7V_{\mathrm{m}}G^{\mathrm{m}}} \tag{4.33b}$$

将式 (4.33a) 和式 (4.33b) 代入式 (4.32a) 并积分，得到

$$\begin{aligned}K_{12}(\varphi)=&\left[1-\frac{(G_{12}^{\mathrm{f}}-G^{\mathrm{m}})\left(\sqrt{V_{\mathrm{f}}}\cos\varphi-V_{\mathrm{f}}\sqrt{1-V_{\mathrm{f}}\sin^{2}\varphi}\right)}{(G_{12}^{\mathrm{f}}+G^{\mathrm{m}})\left(\sqrt{(1-V_{\mathrm{f}}\sin^{2}\varphi)}-\sqrt{V_{\mathrm{f}}}\cos\varphi\right)}\right]\\&\times\frac{(V_{\mathrm{f}}+0.3V_{\mathrm{m}})G_{12}^{\mathrm{f}}+0.7V_{\mathrm{m}}G^{\mathrm{m}}}{0.3G_{12}^{\mathrm{f}}+0.7G^{\mathrm{m}}}\end{aligned} \tag{4.34}$$

不同于横向载荷引起的基体横向应力沿破坏面的厚度方向 (x_1 方向) 均匀分布，轴向剪切下的基体剪应力沿破坏面厚度方向 (x_3 方向) 非均匀分布，因此，基体的轴向剪应力集中系数需相对厚度方向取平均值，即

$$\begin{aligned}K_{12}=&\frac{1}{\pi a}\int_{-\pi/2}^{\pi/2}K_{12}(\varphi)\cos(\varphi)(a\mathrm{d}\varphi)\\=&\left[1-V_{\mathrm{f}}\frac{G_{12}^{\mathrm{f}}-G^{\mathrm{m}}}{G_{12}^{\mathrm{f}}+G^{\mathrm{m}}}\left(W(V_{\mathrm{f}})-\frac{1}{3}\right)\right]\frac{(V_{\mathrm{f}}+0.3V_{\mathrm{m}})G_{12}^{\mathrm{f}}+0.7V_{\mathrm{m}}G^{\mathrm{m}}}{0.3G_{12}^{\mathrm{f}}+0.7G^{\mathrm{m}}}\end{aligned} \tag{4.35a}$$

式中，$W(V_{\mathrm{f}})$ 为含有 V_{f} 的椭圆积分：

$$\begin{aligned}W(V_{\mathrm{f}})=&\int_{0}^{a}\frac{1}{a}\sqrt{1-\frac{x_{3}^{2}}{a^{2}}}\sqrt{\frac{1}{V_{\mathrm{f}}}-\frac{x_{3}^{2}}{a^{2}}}\mathrm{d}x_{3}\\\approx&\pi\sqrt{V_{\mathrm{f}}}\left(\frac{1}{4V_{\mathrm{f}}}-\frac{4}{128}-\frac{2}{512}V_{\mathrm{f}}-\frac{5}{4096}V_{\mathrm{f}}^{2}\right)\end{aligned} \tag{4.35b}$$

如前所述，已在式 (4.33b) 及式 (4.35a) 中将桥联参数取为 $\alpha=0.3$。

4.7 轴向拉压问题

在轴向拉压载荷作用下，单向复合材料中基体的点应力是均匀的，参见式 (2.47a)~(2.47c)。因此，在轴向拉压载荷下，基体中不存在应力集中，应力集中系数为 1。但是，为了补偿基体塑性变形对复合材料轴向破坏模式的影响，当纤维体积含量足够高 (如 $V_{\mathrm{f}}\geqslant 0.55$) 时，可在基体的轴向应力分量中引入应力修正因子，参见 5.11 节。

4.8 横向双轴载荷下的应力集中系数

当同心圆柱模型受横向双轴载荷作用时，如图 4-11 所示，基体中沿两个加载方向的应力可由叠加法确定。

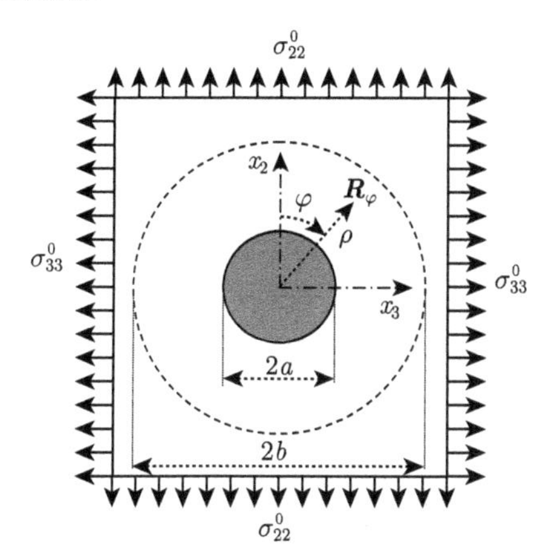

图 4-11 同心圆柱模型 ($b \to \infty$) 受横向双轴载荷作用

仅受 x_2 方向载荷的作用，基体沿 x_2 方向的应力由式 (4.4) 给出，即

$$\tilde{\sigma}_{22}^{\mathrm{m}}(\sigma_{22}^0) = \tilde{\sigma}_{\rho\rho}^{\mathrm{m}}(\sigma_{22}^0)\cos^2\varphi + \tilde{\sigma}_{\varphi\varphi}^{\mathrm{m}}(\sigma_{22}^0)\sin^2\varphi - \tilde{\sigma}_{\rho\varphi}^{\mathrm{m}}(\sigma_{22}^0)\sin 2\varphi \tag{4.36a}$$

这里，符号 $\tilde{\sigma}_{22}^{\mathrm{m}}(\sigma_{22}^0)$ 指基体因 σ_{22}^0 作用所产生的沿 x_2 方向的应力分量，由式 (4.5) 和式 (4.6) 计算，而沿 x_3 方向的应力分量则是 (见式 (2.49c))

$$\tilde{\sigma}_{33}^{\mathrm{m}}(\sigma_{22}^0) = \tilde{\sigma}_{\rho\rho}^{\mathrm{m}}(\sigma_{22}^0)\cos^2\varphi + \tilde{\sigma}_{\varphi\varphi}^{\mathrm{m}}(\sigma_{22}^0)\sin^2\varphi + \tilde{\sigma}_{\rho\varphi}^{\mathrm{m}}(\sigma_{22}^0)\sin 2\varphi \tag{4.36b}$$

注意，φ 是相对 x_2 轴的夹角 (图 4-11)。

类似地，得到 x_3 方向单独加载 σ_{33}^0 引起的极坐标系下基体中的各应力分量 (参见式 (2.44a)、式 (2.44b)、式 (2.44d)) 为

$$\tilde{\sigma}_{\rho\rho}^{\mathrm{m}}(\sigma_{33}^0) = \frac{\sigma_{33}^0}{2}\left\{1 + A\frac{a^2}{\rho^2} - \left[1 + B\left(\frac{4a^2}{\rho^2} - \frac{3a^4}{\rho^4}\right)\right]\cos 2\varphi\right\} \tag{4.37a}$$

$$\tilde{\sigma}_{\varphi\varphi}^{\mathrm{m}}(\sigma_{33}^0) = \frac{\sigma_{33}^0}{2}\left[1 - A\frac{a^2}{\rho^2} + \left(1 - B\frac{3a^4}{\rho^4}\right)\cos 2\varphi\right] \tag{4.37b}$$

$$\tilde{\sigma}_{\rho\varphi}^{\mathrm{m}}(\sigma_{33}^0) = \frac{\sigma_{33}^0}{2}\left[1 - B\left(\frac{2a^2}{\rho^2} - \frac{3a^4}{\rho^4}\right)\right]\sin 2\varphi \tag{4.37c}$$

从而有

$$\tilde{\sigma}_{22}^{\mathrm{m}}(\sigma_{33}^0) = \tilde{\sigma}_{\rho\rho}^{\mathrm{m}}(\sigma_{33}^0)\cos^2\varphi + \tilde{\sigma}_{\varphi\varphi}^{\mathrm{m}}(\sigma_{33}^0)\sin^2\varphi - \tilde{\sigma}_{\rho\varphi}^{\mathrm{m}}(\sigma_{33}^0)\sin 2\varphi \tag{4.38a}$$

$$\tilde{\sigma}_{33}^{\mathrm{m}}(\sigma_{33}^{0})=\tilde{\sigma}_{\rho\rho}^{\mathrm{m}}(\sigma_{33}^{0})\cos^{2}\varphi+\tilde{\sigma}_{\varphi\varphi}^{\mathrm{m}}(\sigma_{33}^{0})\sin^{2}\varphi+\tilde{\sigma}_{\rho\varphi}^{\mathrm{m}}(\sigma_{33}^{0})\sin 2\varphi \tag{4.38b}$$

在 σ_{22}^0 和 σ_{33}^0 的共同作用下，基体沿 x_2 方向的应力集中系数计算式为

$$K_{22}^{\mathrm{Bi}}(\varphi)=\frac{1}{\left|\boldsymbol{R}_{\varphi}^{b}-\boldsymbol{R}_{\varphi}^{a}\right|}\int_{\left|\boldsymbol{R}_{\varphi}^{a}\right|}^{\left|\boldsymbol{R}_{\varphi}^{b}\right|}\frac{\tilde{\sigma}_{22}^{\mathrm{m}}(\sigma_{22}^{0})+\tilde{\sigma}_{22}^{\mathrm{m}}(\sigma_{33}^{0})}{(\sigma_{22}^{\mathrm{m}})_{\mathrm{BM}}}\mathrm{d}\left|\boldsymbol{R}_{\varphi}\right| \tag{4.39}$$

式中，上标 “Bi” 表示 “Biaxial”，即双轴载荷下的应力集中系数。必须指出的是，根据桥联模型，x_3 方向施加的外载 σ_{33}^0 对基体沿 x_2 方向的均值内应力 $(\sigma_{22}^{\mathrm{m}})_{\mathrm{BM}}$ 无贡献，反之亦然，参见式 (3.4b)。因此，只有沿某个方向有外载作用，基体沿该方向的应力集中系数才有定义。

对式 (4.39) 积分，得到沿 x_2 方向的应力集中系数的一般公式为

$$\begin{aligned}K_{22}^{\mathrm{Bi}}(\varphi_2)=&\frac{\sigma_{22}^{0}}{(\sigma_{22}^{\mathrm{m}})_{\mathrm{BM}}}+\frac{A\sqrt{V_{\mathrm{f}}}\left(\sigma_{22}^{0}+\sigma_{33}^{0}\right)}{2(\sigma_{22}^{\mathrm{m}})_{\mathrm{BM}}}\cos 2\varphi_2+\frac{B\left(\sigma_{22}^{0}-\sigma_{33}^{0}\right)}{2\left(1-\sqrt{V_{\mathrm{f}}}\right)(\sigma_{22}^{\mathrm{m}})_{\mathrm{BM}}}\\&\times\left[V_{\mathrm{f}}^{2}\cos 4\varphi_2+4V_{\mathrm{f}}\cos^{2}\varphi_2\left(1-2\cos 2\varphi_2\right)+\sqrt{V_{\mathrm{f}}}\left(2\cos\varphi_2+\cos 4\varphi_2\right)\right]\end{aligned} \tag{4.40}$$

式中，均值应力 $(\sigma_{22}^{\mathrm{m}})_{\mathrm{BM}}$ 依然由式 (4.25) 计算；系数 A 和 B 不变，由式 (4.6a) 和式 (4.6b) 给出；φ_2 是破坏面外法线方向与 x_2 轴的夹角。

显然，沿 x_3 方向的应力集中系数应由如下公式给出：

$$\begin{aligned}K_{33}^{\mathrm{Bi}}(\varphi_3)=&\frac{\sigma_{33}^{0}}{(\sigma_{33}^{\mathrm{m}})_{\mathrm{BM}}}+\frac{A\sqrt{V_{\mathrm{f}}}\left(\sigma_{33}^{0}+\sigma_{22}^{0}\right)}{2(\sigma_{33}^{\mathrm{m}})_{\mathrm{BM}}}\cos 2\varphi_3+\frac{B\left(\sigma_{33}^{0}-\sigma_{22}^{0}\right)}{2\left(1-\sqrt{V_{\mathrm{f}}}\right)(\sigma_{33}^{\mathrm{m}})_{\mathrm{BM}}}\\&\times\left[V_{\mathrm{f}}^{2}\cos 4\varphi_3+4V_{\mathrm{f}}\cos^{2}\varphi_3\left(1-2\cos 2\varphi_3\right)+\sqrt{V_{\mathrm{f}}}\left(2\cos\varphi_3+\cos 4\varphi_3\right)\right]\end{aligned} \tag{4.41a}$$

式中，φ_3 是破坏面外法线方向与 x_3 轴的夹角。

$$(\sigma_{33}^{\mathrm{m}})_{\mathrm{BM}}=\frac{(0.3E_{22}^{\mathrm{f}}+0.7E^{\mathrm{m}})\sigma_{33}^{0}}{(V_{\mathrm{f}}+0.3V_{\mathrm{m}})E_{22}^{\mathrm{f}}+0.7V_{\mathrm{m}}E^{\mathrm{m}}} \tag{4.41b}$$

对单向复合材料在横向双轴载荷下的破坏面，尤其是不同载荷组合下的破坏面，目前还缺少足够的实验数据，这给横向双轴载荷下的基体应力集中系数的研究带来一定困难，即如何指定式 (4.40) 和式 (4.41a) 中的角度 φ_2 和 φ_3? 为克服这一难题，将任意的横向双轴载荷分解成一个等值横向双轴载荷与一个横向单轴拉伸载荷的叠加，如图 4-12 或图 4-13 所示。

只需讨论一种情况。在如图 4-12(a)所示的等值横向双轴载荷下，假定确定 K_{22} 对应的复合材料拉伸 (若 $\sigma_{33}^0>0$) 或压缩 (若 $\sigma_{33}^0<0$) 破坏面的外法线方向角仍由 φ_2=0 或 $\varphi_2=\phi$ 定义，其中 ϕ 由式 (4.23) 计算。对 K_{33} 亦然，即同样取 φ_3=0(横

向双轴等值拉伸) 或 $\varphi_3 = \phi$(横向双轴等值压缩)。这是可以理解的，因为在等值横向双轴载荷下，沿两个横向坐标轴方向的应力集中系数须相同。事实上，在等值横向双轴载荷下，破坏面并非唯一。开圆孔的各向同性平板受面内等值双向拉伸，孔边达到最大应力的两点之间夹 90° 圆心角。

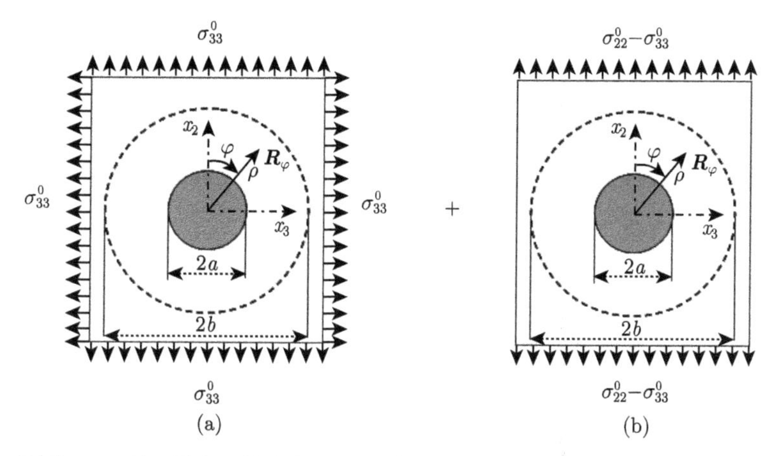

图 4-12 将图 4-11 所示横向双轴载荷分解成等值横向双轴载荷 (a) 和横向单轴载荷 (b) 的叠加，若 $(\sigma_{22}^0 - \sigma_{33}^0) \geqslant 0$

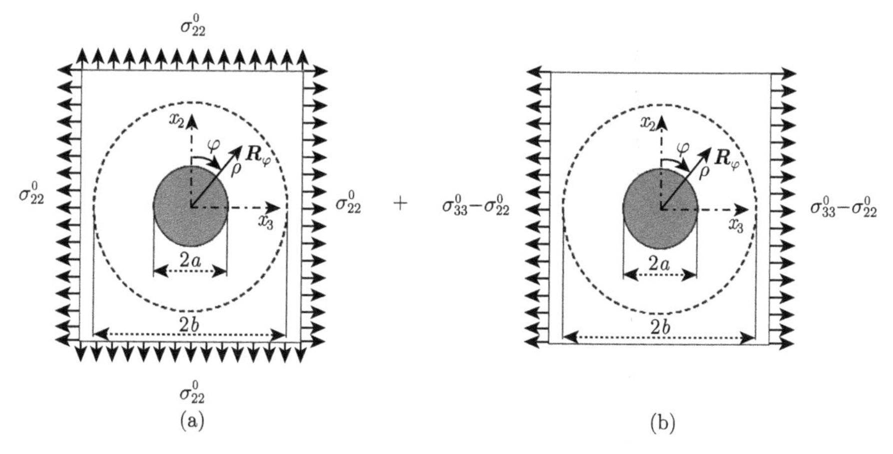

图 4-13 将图 4-11 所示横向双轴载荷分解成等值横向双轴载荷 (a) 和横向单轴载荷 (b) 的叠加，若 $(\sigma_{33}^0 - \sigma_{22}^0) > 0$

因此，在等值横向双轴拉伸情况下 ($\sigma_{22}^0 = \sigma_{33}^0 > 0$ 时)，有

$$K_{22}^{\mathrm{t,Bi}} = K_{33}^{\mathrm{t,Bi}} = \frac{\sigma_{33}^0}{(\sigma_{33}^{\mathrm{m}})_{\mathrm{BM}}} + \frac{A\sqrt{V_{\mathrm{f}}}\sigma_{33}^0}{(\sigma_{33}^{\mathrm{m}})_{\mathrm{BM}}} = \frac{(V_{\mathrm{f}} + 0.3V_{\mathrm{m}})E_{22}^{\mathrm{f}} + 0.7V_{\mathrm{m}}E^{\mathrm{m}}}{(0.3E_{22}^{\mathrm{f}} + 0.7E^{\mathrm{m}})}\left(1 + A\sqrt{V_{\mathrm{f}}}\right) \tag{4.42}$$

当 $\sigma_{22}^0=\sigma_{33}^0<0$ 时，得到

$$
\begin{aligned}
K_{22}^{\mathrm{c,Bi}}=K_{33}^{\mathrm{c,Bi}}&=\frac{\sigma_{22}^0}{(\sigma_{22}^{\mathrm{m}})_{\mathrm{BM}}}-\frac{A\sqrt{V_{\mathrm{f}}}\sigma_{22}^0}{(\sigma_{22}^{\mathrm{m}})_{\mathrm{BM}}}\frac{\sigma_{\mathrm{u,c}}^{\mathrm{m}}-\sigma_{\mathrm{u,t}}^{\mathrm{m}}}{2\sigma_{\mathrm{u,c}}^{\mathrm{m}}}\\
&=\frac{(V_{\mathrm{f}}+0.3V_{\mathrm{m}})E_{22}^{\mathrm{f}}+0.7V_{\mathrm{m}}E^{\mathrm{m}}}{(0.3E_{22}^{\mathrm{f}}+0.7E^{\mathrm{m}})}\left(1-A\sqrt{V_{\mathrm{f}}}\frac{\sigma_{\mathrm{u,c}}^{\mathrm{m}}-\sigma_{\mathrm{u,t}}^{\mathrm{m}}}{2\sigma_{\mathrm{u,c}}^{\mathrm{m}}}\right)
\end{aligned}
\tag{4.43}
$$

需要注意的是，横向双轴载荷下的基体应力集中系数 (对基体应力的影响)，不仅与施加在复合材料上的外载方向 (拉伸或压缩) 有关，而且还和它们的大小有关。这与此前导出的单轴载荷下基体应力集中系数与外加应力值无关是不同的。

4.9 基体的真实应力

除了沿纤维方向加载引起的基体应力集中可忽略不计，复合材料受其他方向载荷作用，都会在基体中产生相应的应力集中系数。那么，基体的应力集中系数会有什么用呢？它们对复合材料的性能预报会产生什么样的影响？

从第 2 章可知，基于均质化基本方程 (2.1) 和 (2.2) 建立的桥联模型 (或任何其他细观力学模型)，求出的纤维和基体内应力皆为均值应力，由 (逐) 点应力相对各自在特征体元 (RVE) 中的体积取平均后得到。为了确定复合材料的等效性能尤其是破坏和强度特性，还必须求得纤维和基体的真实应力。根据 Eshelby 夹杂理论或同心圆柱模型 (见第 2 章) 求得的纤维中每一点的应力皆相同，因此，纤维中的真实应力与其均值应力相等。而基体中的真实应力，要由其均值应力乘以相应的基体应力集中系数得到。换言之，基体的应力集中系数，表征了基体中真实应力与其均值应力之间的比例关系。复合材料的等效性能计算，必须基于组分材料的真实应力。比如，判定基体是否进入屈服、是否产生损伤以及因基体破坏对应的复合材料强度 ……，等等，都必须采用基体的真实应力。事实上，复合材料的弹性性能本质上也必须基于基体的真实应力得到，只不过，当真实应力处在弹性范围内时，复合材料的弹性性能就不受应力集中系数的影响，而与均值应力得到的结果相同，因为弹性性能计算公式中不显含基体应力，也就不会出现基体的应力集中系数。

不失一般性，假定内应力计算采用增量格式得到，比如，根据桥联模型计算出基体在当前加载步 (l+1 步) 的 6 个内应力 (“均值应力”) 增量为

$$
\{\mathrm{d}\sigma_i^{\mathrm{m}}\}=\{\mathrm{d}\sigma_{11}^{\mathrm{m}},\mathrm{d}\sigma_{22}^{\mathrm{m}},\mathrm{d}\sigma_{33}^{\mathrm{m}},\mathrm{d}\sigma_{23}^{\mathrm{m}},\mathrm{d}\sigma_{13}^{\mathrm{m}},\mathrm{d}\sigma_{12}^{\mathrm{m}}\}^{\mathrm{T}} \tag{4.44}
$$

那么，当前基体中的总的真实应力为

$$
\{\bar{\sigma}_i^{\mathrm{m}}\}_{l+1}=\{\bar{\sigma}_{11}^{\mathrm{m}},\bar{\sigma}_{22}^{\mathrm{m}},\bar{\sigma}_{33}^{\mathrm{m}},\bar{\sigma}_{23}^{\mathrm{m}},\bar{\sigma}_{13}^{\mathrm{m}},\bar{\sigma}_{12}^{\mathrm{m}}\}_{l+1}^{T}=\{\bar{\sigma}_i^{\mathrm{m}}\}_l+\{\mathrm{d}\bar{\sigma}_i^{\mathrm{m}}\} \tag{4.45}
$$

式中，$\{\bar{\sigma}_i^{\mathrm{m}}\}_l$ 为前一步基体中的真实应力，假定为已知值；$\{\mathrm{d}\bar{\sigma}_i^{\mathrm{m}}\}$ 为基体当前步的真实应力增量，取决于加载条件，详细公式如下。

(1) 如果 $\mathrm{d}\sigma_{22}^{\mathrm{m}} \times \mathrm{d}\sigma_{33}^{\mathrm{m}} \neq 0$ 且 $\mathrm{d}\sigma_{33}^{\mathrm{m}} - \mathrm{d}\sigma_{22}^{\mathrm{m}} \geqslant 0$，基体中的真实应力增量为

$$\begin{aligned}\{\mathrm{d}\bar{\sigma}_i^{\mathrm{m}}\} = \{&\mathrm{d}\sigma_{11}^{\mathrm{m}}, K_{22}^{\mathrm{Bi}}\mathrm{d}\sigma_{22}^{\mathrm{m}}, K_{22}^{\mathrm{Bi}}\mathrm{d}\sigma_{22}^{\mathrm{m}} + K_{22}^{\mathrm{t}}(\mathrm{d}\sigma_{33}^{\mathrm{m}} - \mathrm{d}\sigma_{22}^{\mathrm{m}}),\\ &K_{23}\mathrm{d}\sigma_{23}^{\mathrm{m}}, K_{12}\mathrm{d}\sigma_{13}^{\mathrm{m}}, K_{12}\mathrm{d}\sigma_{12}^{\mathrm{m}}\}^{\mathrm{T}}\end{aligned} \tag{4.46a}$$

$$K_{22}^{\mathrm{Bi}} = \begin{cases} K_{22}^{\mathrm{t,Bi}}, & \mathrm{d}\sigma_{22}^{\mathrm{m}} > 0 \\ K_{22}^{\mathrm{c,Bi}}, & \mathrm{d}\sigma_{22}^{\mathrm{m}} < 0 \end{cases} \tag{4.47a}$$

(2) 如果 $\mathrm{d}\sigma_{22}^{\mathrm{m}} \times \mathrm{d}\sigma_{33}^{\mathrm{m}} \neq 0$ 且 $\mathrm{d}\sigma_{22}^{\mathrm{m}} - \mathrm{d}\sigma_{33}^{\mathrm{m}} \geqslant 0$，基体中的真实应力增量为

$$\begin{aligned}\{\mathrm{d}\bar{\sigma}_i^{\mathrm{m}}\} = \{&\mathrm{d}\sigma_{11}^{\mathrm{m}}, K_{33}^{\mathrm{Bi}}\mathrm{d}\sigma_{33}^{\mathrm{m}} + K_{22}^{\mathrm{t}}(\mathrm{d}\sigma_{22}^{\mathrm{m}} - \mathrm{d}\sigma_{33}^{\mathrm{m}}), K_{33}^{\mathrm{Bi}}\mathrm{d}\sigma_{33}^{\mathrm{m}},\\ &K_{23}\mathrm{d}\sigma_{23}^{\mathrm{m}}, K_{12}\mathrm{d}\sigma_{13}^{\mathrm{m}}, K_{12}\mathrm{d}\sigma_{12}^{\mathrm{m}}\}^{\mathrm{T}}\end{aligned} \tag{4.46b}$$

$$K_{33}^{\mathrm{Bi}} = \begin{cases} K_{33}^{\mathrm{t,Bi}}, & \mathrm{d}\sigma_{33}^{\mathrm{m}} > 0 \\ K_{33}^{\mathrm{c,Bi}}, & \mathrm{d}\sigma_{33}^{\mathrm{m}} < 0 \end{cases} \tag{4.47b}$$

(3) 如果 $\mathrm{d}\sigma_{33}^{\mathrm{m}} = 0$，基体中的真实应力增量为

$$\{\mathrm{d}\bar{\sigma}_i^{\mathrm{m}}\} = \{\mathrm{d}\sigma_{11}^{\mathrm{m}}, K_{22}\mathrm{d}\sigma_{22}^{\mathrm{m}}, 0, K_{23}\mathrm{d}\sigma_{23}^{\mathrm{m}}, K_{12}\mathrm{d}\sigma_{13}^{\mathrm{m}}, K_{12}\mathrm{d}\sigma_{12}^{\mathrm{m}}\}^{\mathrm{T}} \tag{4.46c}$$

$$K_{22} = \begin{cases} K_{22}^{\mathrm{t}}, & \mathrm{d}\sigma_{22}^{\mathrm{m}} > 0 \\ K_{22}^{\mathrm{c}}, & \mathrm{d}\sigma_{22}^{\mathrm{m}} < 0 \end{cases} \tag{4.47c}$$

(4) 如果 $\mathrm{d}\sigma_{22}^{\mathrm{m}} = 0$，基体中的真实应力增量为

$$\{\mathrm{d}\bar{\sigma}_i^{\mathrm{m}}\} = \{\mathrm{d}\sigma_{11}^{\mathrm{m}}, 0, K_{33}\mathrm{d}\sigma_{33}^{\mathrm{m}}, K_{23}\mathrm{d}\sigma_{23}^{\mathrm{m}}, K_{12}\mathrm{d}\sigma_{13}^{\mathrm{m}}, K_{12}\mathrm{d}\sigma_{12}^{\mathrm{m}}\}^{\mathrm{T}} \tag{4.46d}$$

$$K_{33} = \begin{cases} K_{22}^{\mathrm{t}}, & \mathrm{d}\sigma_{33}^{\mathrm{m}} > 0 \\ K_{22}^{\mathrm{c}}, & \mathrm{d}\sigma_{33}^{\mathrm{m}} < 0 \end{cases} \tag{4.47d}$$

式 (4.46) 中，基体的横向和轴向剪切应力集中系数 K_{23} 和 K_{12} 分别由式 (4.30) 和式 (4.35) 计算，不随载荷方式的不同而改变。

实际应用中，复合材料尤其是层合板结构大都处于平面应力状态，基体中的均值应力增量仅保留 $\{\mathrm{d}\sigma_i^{\mathrm{m}}\} = \{\mathrm{d}\sigma_{11}^{\mathrm{m}}, \mathrm{d}\sigma_{22}^{\mathrm{m}}, \mathrm{d}\sigma_{12}^{\mathrm{m}}\}^{\mathrm{T}}$，基体的当前真实应力为

$$\{\bar{\sigma}_i^{\mathrm{m}}\}_{l+1} = \{\bar{\sigma}_{11}^{\mathrm{m}}, \bar{\sigma}_{22}^{\mathrm{m}}, \bar{\sigma}_{12}^{\mathrm{m}}\}_{l+1}^{\mathrm{T}} = \{\bar{\sigma}_i^{\mathrm{m}}\}_l + \{\mathrm{d}\sigma_{11}^{\mathrm{m}}, K_{22}\mathrm{d}\sigma_{22}^{\mathrm{m}}, K_{12}\mathrm{d}\sigma_{12}^{\mathrm{m}}\}^{\mathrm{T}} \tag{4.48}$$

式中，K_{22} 由式 (4.47c) 计算，其取值依赖于基体横向应力增量的正、负号。

例 4-2 世界范围破坏评估所使用的 9 组单向复合材料的组分材料性能列于表 4-1 中，纤维体积含量也一并在表中给出。试求每一组复合材料中基体的各应力集中系数。

表 4-1　9 组单向复合材料的组分性能参数及纤维体积含量 [45−47]

	E-Glass/ LY556	E-Glass/ MY750	AS4/ 3501-6	T300/ BSL914C	IM7/ 8511-7	T300/ PR319	AS/ Epoxy	S2-Glass/ Epoxy	G400-800/ 5260
$E_{11}^{\rm f}$/GPa	80	74	225	230	276	230	231	87	290
$E_{22}^{\rm f}$/GPa	80	74	15	15	19	15	15	87	19
$\nu_{12}^{\rm f}$	0.2	0.2	0.2	0.2	0.2	0.2	0.2	0.2	0.2
$G_{12}^{\rm f}$/GPa	33.33	30.8	15	15	27	15	15	36.3	27
$\nu_{23}^{\rm f}$	0.2	0.2	0.07	0.07	0.36	0.07	0.07	0.2	0.357
$E^{\rm m}$/GPa	3.35	3.35	4.2	4	4.08	0.95	3.2	3.2	3.45
$\nu^{\rm m}$	0.35	0.35	0.34	0.35	0.38	0.35	0.35	0.35	0.35
$\sigma_{\rm u,t}^{\rm m}$/MPa	80	80	69	75	99	70	85	73	70
$\sigma_{\rm u,c}^{\rm m}$/MPa	120	120	250	150	130	130	120	120	130
$\sigma_{\rm u,s}^{\rm m}$/MPa	54	54	50	70	57	41	50	52	57
$V_{\rm f}$	0.62	0.6	0.6	0.6	0.6	0.6	0.6	0.6	0.6

解　由于基体的应力集中系数仅与纤维和基体的弹性性能、基体强度以及复合材料的纤维体积含量相关，可以将所有的应力集中系数公式统一编制成 Excel 程序表格，只需改变输入参数，程序表格将自动给出各应力集中系数的计算值。据此计算的 9 种复合材料中基体的所有应力集中系数值列于表 4-2 中。

表 4-2　9 组单向复合材料中基体的应力集中系数

	E-Glass/ LY556	E-Glass/ MY750	AS4/ 3501-6	T300/ BSL914C	IM7/ 8511-7	T300/ PR319	AS/ Epoxy	S2-Glass/ Epoxy	G400-800/ 5260
K_{12}	1.52	1.491	1.424	1.43	1.475	1.51	1.449	1.5	1.483
K_{23}	3.02	2.936	1.337	2.421	2.034	2.167	1.999	2.982	2.469
$K_{22}^{\rm t}$	3.339	3.253	2.098	2.143	2.327	3.123	2.339	3.317	2.464
$K_{22}^{\rm c}$	2.249	2.181	1.469	1.57	1.761	2.035	1.743	2.172	1.732
$K_{22}^{\rm t,Bi}$	2.747	2.67	1.743	1.759	1.905	2.55	1.916	2.719	2.08
$K_{22}^{\rm c,Bi}$	2.182	2.132	1.562	1.601	1.712	2.05	1.709	2.148	1.74

从表 4-2 可见，单轴载荷下，基体的横向拉伸应力集中系数一般最高，其次是横向剪切应力集中系数，然后是横向压缩，最小的是轴向剪切应力集中系数 (除轴向拉、压外)。等值双轴横向拉伸下的应力集中系数，一般都小于单轴横向拉伸下的应力集中系数，这与经典理论给出的趋势吻合。各向同性开孔板受单轴面内拉伸的应力集中系数为 3，受双轴等值拉伸的系数为 2。但是，等值双轴横向压缩下的基体应力集中系数，可能低于、也可能高于单轴横向压缩下的应力集中系数。需要特别指出的是，基体中的应力集中系数可以大于 3，也就是说，开孔板的应力集中系数并非复合材料中基体应力集中系数的上限值。事实上，界面开裂后的基体应力集中系数 (见第 7 章) 甚至可能超过开孔板应力集中系数的 2 倍以上，这正是添加纤维后导致复合材料横向拉伸强度低下的根本原因。此外，玻璃纤维材料体系中的

基体应力集中系数，一般都高于碳纤维材料体系中对应的基体应力集中系数，原因是 (除轴向模量外) 玻璃纤维与树脂基体之间的模量 (横向及剪切模量) 差大于碳纤维与树脂基体之间的模量差。两种组分材料之间的横向模量差异越大，引起基体中的应力集中系数就越高，但轴向模量影响很小。如果是硼纤维或金属 (如不锈钢) 纤维增强树脂基复合材料，基体的应力集中系数将会更高。

例 4-3 碳纤维/环氧单向复合材料的纤维和基体性能参数见表 4-3，纤维含量 $V_{\mathrm{f}} = 0.6$，处在三维应力状态，如图 4-14 所示，所受 6 个应力分量分别是：σ_{11}=125MPa、$\sigma_{22} = -83$MPa、$\sigma_{33} = 40$MPa、$\sigma_{23} = -60$MPa、$\sigma_{13} = 55$MPa、$\sigma_{12} = -38$MPa，试求纤维和基体中的真实内应力。

表 4-3 纤维和基体性能参数

材料	E_{11}/GPa	E_{22}/GPa	ν_{12}	G_{12}/GPa	G_{23}/GPa	$\sigma_{\mathrm{u,t}}$/MPa	$\sigma_{\mathrm{u,c}}$/MPa	$\sigma_{\mathrm{u,s}}$/MPa
纤维	290	19	0.2	27	7	—	—	—
基体	3.45	3.45	0.35	1.28	1.28	70	130	57

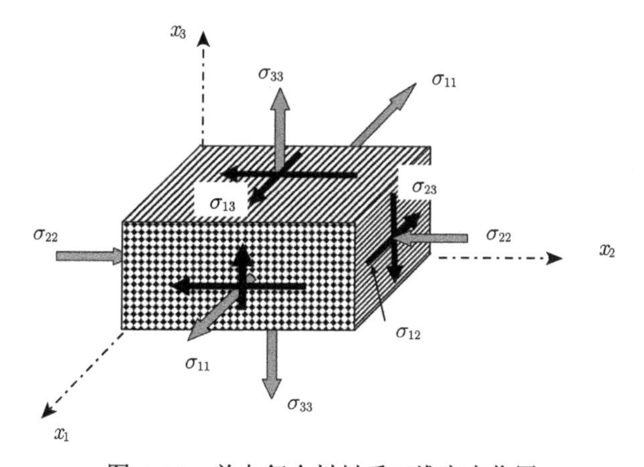

图 4-14 单向复合材料受三维应力作用

解 (1) 求基体的应力集中系数。

分别由式 (4.42) 和式 (4.43)，得到：$K_{22}^{\mathrm{c,Bi}} = K_{33}^{\mathrm{c,Bi}} = 1.74$、$K_{22}^{\mathrm{t,Bi}} = K_{33}^{\mathrm{t,Bi}} = 2.08$，再由式 (4.27)，有 $K_{22}^{\mathrm{t}} = 2.46$，进一步由式 (4.30) 和式 (4.35)，得 $K_{23} = 2.47$、$K_{12} = 1.48$。

(2) 求桥联矩阵 $[a_{ij}]$ 元素。

根据式 (2.60) 和表 4-3，得到

$$a_{11} = E^{\mathrm{m}}/E_{11}^{\mathrm{f}} = 0.0119, \quad a_{22} = a_{33} = a_{44} = 0.3 + 0.7E^{\mathrm{m}}/E_{22}^{\mathrm{f}} = 0.4271$$

$$a_{12} = a_{13} = \frac{S_{12}^{\mathrm{f}} - S_{12}^{\mathrm{m}}}{S_{11}^{\mathrm{f}} - S_{11}^{\mathrm{m}}}(a_{11} - a_{22}) = 0.1461, \quad a_{55} = a_{66} = 0.3 + 0.7G^{\mathrm{m}}/G_{12}^{\mathrm{f}} = 0.3331$$

(3) 由式 (2.70) 和式 (2.71) 分别求纤维和基体的均值内应力。

$$\begin{Bmatrix} \sigma_{11}^{\mathrm{f}} \\ \sigma_{22}^{\mathrm{f}} \\ \sigma_{33}^{\mathrm{f}} \\ \sigma_{23}^{\mathrm{f}} \\ \sigma_{13}^{\mathrm{f}} \\ \sigma_{12}^{\mathrm{f}} \end{Bmatrix} = \begin{Bmatrix} 212.1 \\ -107.7 \\ 51.9 \\ -77.8 \\ 75 \\ -51.8 \end{Bmatrix} (\mathrm{MPa}), \quad \begin{Bmatrix} \sigma_{11}^{\mathrm{m}} \\ \sigma_{22}^{\mathrm{m}} \\ \sigma_{33}^{\mathrm{m}} \\ \sigma_{23}^{\mathrm{m}} \\ \sigma_{13}^{\mathrm{m}} \\ \sigma_{12}^{\mathrm{m}} \end{Bmatrix} = \begin{Bmatrix} -5.6 \\ -46 \\ 22.2 \\ -33.2 \\ 25 \\ -17.3 \end{Bmatrix} (\mathrm{MPa})$$

(4) 求纤维和基体的真实应力。

纤维的真实应力与桥联理论计算的应力相同，基体的真实应力由式 (4.46a) 计算：

$$\begin{aligned} \{\bar{\sigma}_i^{\mathrm{m}}\} &= \{\sigma_{11}^{\mathrm{m}}, K_{22}^{\mathrm{Bi}}\sigma_{22}^{\mathrm{m}}, K_{22}^{\mathrm{Bi}}\sigma_{22}^{\mathrm{m}} + K_{22}^{\mathrm{t}}(\sigma_{33}^{\mathrm{m}} - \sigma_{22}^{\mathrm{m}}), K_{23}\sigma_{23}^{\mathrm{m}}, K_{12}\sigma_{13}^{\mathrm{m}}, K_{12}\sigma_{12}^{\mathrm{m}}\}^{\mathrm{T}} \\ &= \{-5.6, -80, 87.6, -82.1, 37, -25.6\}^{\mathrm{T}}(\mathrm{MPa}) \end{aligned}$$

习　　题

习题 4-1　玻纤和碳纤与相同的环氧构成两种不同的同心圆柱 (图 4-2 中 $b \to \infty$)，受横向拉伸作用。试求两种材料体系在纤维柱表面沿 x_2 方向的应力与外加应力之比的最大值及其所对应的角度 φ，其中各组分材料的性能参数如题 4-1 表。

题 4-1 表　性能参数

材料	E_{11}/GPa	E_{22}/GPa	ν_{12}	G_{12}/GPa	G_{23}/GPa
纤维 1	70	70	0.22	28.69	28.69
纤维 2	230	15	0.2	17	7
基体	3.5	3.5	0.34	1.3	1.3

习题 4-2　材料性能与所受载荷同习题 4-1。试求两种不同的同心圆柱内基体沿 x_2 方向的应力在外围柱体半径 b 分别取不同值 $b = 2a$、$4a$、∞ 的平均值与外加应力的比值，即分别对式 (4.4) 的应力场在 $a \leqslant \rho \leqslant b$ 内求平均后，再除以外加应力：

$$\frac{1}{\pi(b^2 - a^2)} \int_a^b \int_0^{2\pi} \frac{\tilde{\sigma}_{22}^{\mathrm{m}}}{\sigma_{22}^0} \rho \mathrm{d}\rho \mathrm{d}\varphi$$

习题 4-3　材料性能与所受载荷同习题 4-1。试基于式 (4.4) 计算如下线积分的最大值所对应的角度 φ，并计算该最大值，其中外围柱体半径 $b = 2a$。

$$\frac{1}{\left|\boldsymbol{R}_\varphi^b - \boldsymbol{R}_\varphi^a\right|} \int_{\left|\boldsymbol{R}_\varphi^a\right|}^{\left|\boldsymbol{R}_\varphi^b\right|} \frac{\tilde{\sigma}_{22}^{\mathrm{m}}}{\sigma_{22}^0} \mathrm{d}\left|\boldsymbol{R}_\varphi\right|$$

习题 4-4 两种不同纤维与相同的基体复合成两种不同的单向复合材料，纤维体积含量均为 $V_{\mathrm{f}} = 0.6$，各组分材料的性能参数见题 4-4 表。试求两种不同复合材料中的基体横向拉伸、横向压缩及横向剪切应力集中系数。

题 4-4 表 性能参数

材料	E_{11}/GPa	E_{22}/GPa	ν_{12}	G_{12}/GPa	G_{23}/GPa	$\sigma_{\mathrm{u,t}}$/MPa	$\sigma_{\mathrm{u,c}}$/MPa	$\sigma_{\mathrm{u,s}}$/MPa
纤维 1	70	70	0.22	28.69	28.69	2150	1450	—
纤维 2	230	15	0.2	17	7	2500	2000	—
基体	3.17	3.17	0.36	1.17	1.17	84	175	56

习题 4-5 碳纤维/环氧单向复合材料，材料性能参数见题 4-5 表，$V_{\mathrm{f}} = 0.55$，受如题 4-5 图所示的偏轴拉伸作用，试求基体中的真实应力。

题 4-5 表 性能参数

材料	E_{11}/GPa	E_{22}/GPa	ν_{12}	G_{12}/GPa	G_{23}/GPa	$\sigma_{\mathrm{u,t}}$/MPa	$\sigma_{\mathrm{u,c}}$/MPa	$\sigma_{\mathrm{u,s}}$/MPa
纤维	245	17	0.27	25	8	3860	2300	—
基体	4.2	4.2	0.4	1.5	1.5	85	200	67

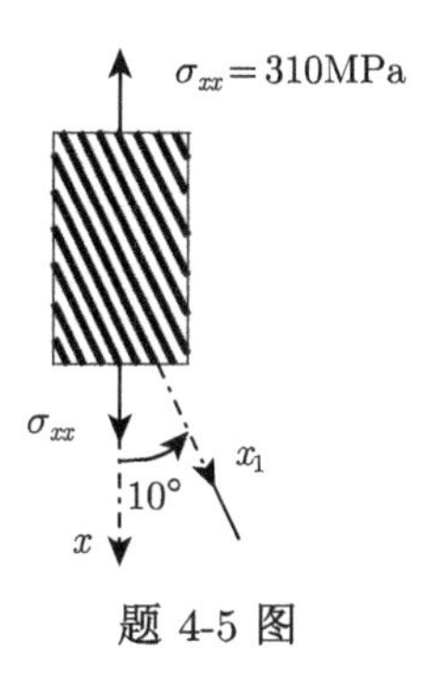

题 4-5 图

习题 4-6 玻璃纤维/环氧单向复合材料, 材料性能参数如题 4-6 表，$V_{\mathrm{f}} = 0.6$, 试求如题 4-6 图所示载荷下基体中的真实主应力，假设 $\sigma_{xx} = 100\mathrm{MPa}$。

题 4-6 表 性能参数

材料	E/GPa	ν	$\sigma_{\mathrm{u,t}}$/MPa	$\sigma_{\mathrm{u,c}}$/MPa	$\sigma_{\mathrm{u,s}}$/MPa
纤维	87	0.2	2850	2450	—
基体	3.2	0.35	73	120	52

习题 4-7 玻璃纤维/环氧单向复合材料，材料性能参数见习题 4-4 中的纤维 1 和基体，纤维体积含量也与上例相同，受如题 4-7 图所示的三向应力作用，试求基体中的真实应力。

习题 4-8 单向复合材料的材料性能参数见题 4-8 表，$V_{\mathrm{f}} = 0.6$, 受如题 4-8 图所示的双轴载荷作用，试求基体破坏时的外载。基体达到破坏时的控制方程如下：

$$F_1(\bar{\sigma}_{11}^{\mathrm{m}}+\bar{\sigma}_{22}^{\mathrm{m}})+F_{11}[(\bar{\sigma}_{11}^{\mathrm{m}})^2+(\bar{\sigma}_{22}^{\mathrm{m}})^2-\bar{\sigma}_{11}^{\mathrm{m}}\bar{\sigma}_{22}^{\mathrm{m}}]+F_{44}(\bar{\sigma}_{12}^{\mathrm{m}})^2\geqslant 1$$

$$F_1=\frac{1}{\sigma_{\mathrm{u,t}}^{\mathrm{m}}}-\frac{1}{\sigma_{\mathrm{u,c}}^{\mathrm{m}}},\quad F_{11}=\frac{1}{\sigma_{\mathrm{u,t}}^{\mathrm{m}}\sigma_{\mathrm{u,c}}^{\mathrm{m}}},\quad F_{44}=\frac{1}{(\sigma_{\mathrm{u,s}}^{\mathrm{m}})^2}$$

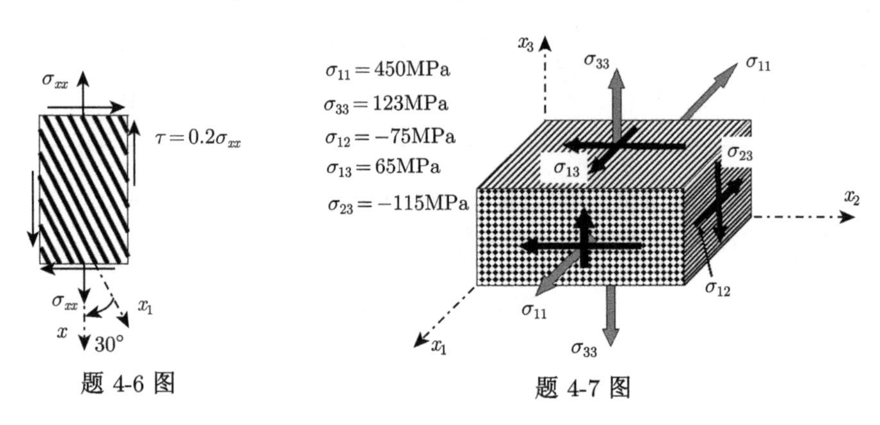

题 4-6 图　　　　题 4-7 图

题 4-8 表　性能参数

材料	E_{11}/GPa	E_{22}/GPa	ν_{12}	G_{12}/GPa	G_{23}/GPa	$\sigma_{\mathrm{u,t}}$/MPa	$\sigma_{\mathrm{u,c}}$/MPa	$\sigma_{\mathrm{u,s}}$/MPa
纤维	225	15	0.2	15	7	2800	2000	—
基体	4.2	4.2	0.34	1.57	1.57	68	120	80

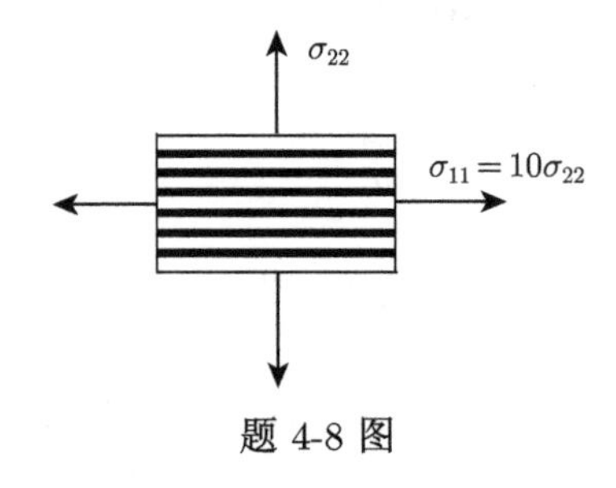

题 4-8 图

第5章 破坏判据与单向复合材料强度

5.1 引　　言

从材料力学可知，刚度 (弹性模量) 反映了材料抵抗变形的能力，强度则反映了材料抵抗破坏的能力。实际复合材料的破坏形式众多，本书所说的复合材料强度，除非另有说明，一般是指复合材料产生极限破坏时所对应的外载 (应力)。简单说，当复合材料所受的载荷 (如单向拉伸) 持续不断地增加时，其应力–应变曲线上应力最高点处对应的破坏，称为极限破坏，该点处的应力就称为复合材料的强度 (极限强度)。

作为一种结构材料，强度自然是复合材料最为重要的一个性能指标。由于复合材料的各向异性，沿不同方向的极限破坏载荷一般互不相同，强度也彼此有异。全都通过实验来了解和掌握复合材料各种可能的强度特性，是不经济甚至是不现实的。这就需要发展复合材料的强度理论，基于尽可能少的实验数据，计算或预报复合材料受任意载荷作用的强度。

根据分析方法的不同，复合材料的强度理论可分为宏观力学 (macromechanics) 和细观力学 (micromechanics) 强度理论两大类。细观力学强度理论通过分析组分材料即纤维和基体的破坏，来确定复合材料的极限破坏和强度。其基本理念是：一旦组分材料 (纤维和基体) 中的任何一个达到了极限破坏，就认为复合材料产生了破坏。对应的外载，称为复合材料的强度。需要指出的是，界面 (纤维和基体的接触面) 并非复合材料的组分材料，因此，其破坏对应的外载一般不能认定是复合材料的强度，尽管复合材料的破坏往往从界面开始。应用细观力学的强度理论分析复合材料的破坏和强度问题，必须完成三部分工作。首先，需要准确计算出纤维和基体中的内应力；其次，需要基于纤维和基体内应力，建立起针对组分材料的有效判据，判据中的许用参数皆为组分材料的现场性能数据，再依据组分材料的破坏与否判定复合材料是否破坏；最后，需要正确提供纤维和基体在复合材料中的现场性能输入数据。另一方面，宏观力学的强度理论只需求出作用在复合材料上的应力，无需计算纤维和基体中的应力，直接将复合材料所受应力，代入宏观力学破坏判据，判定复合材料是否破坏即可。所谓“宏观力学破坏判据”是指判据中的许用参数皆由复合材料的破坏实验确定，因此，宏观力学的强度理论，又称为唯象 (phenomenological) 理论。

简而言之，细观力学的强度理论建立在对纤维和基体内应力进行分析的基础上，必须输入纤维和基体的性能参数，一般不需要输入复合材料的实验数据；宏观力学的强度理论只需对复合材料 (通常到单层板即单向复合材料级别) 所受应力进行分析，无须了解纤维和基体中分担的应力，也不需要提供纤维和基体性能，但必须输入复合材料的性能数据，包括但不限于单向复合材料的实验参数。

单向复合材料的单轴强度参数，是指在单一载荷下达到破坏时的外载，包括：单向复合材料的轴向拉伸强度 X(沿轴向对复合材料加载直至极限破坏所对应的横截面上的应力)，单向复合材料的轴向压缩强度 X'，单向复合材料的横向拉伸强度 Y，单向复合材料的横向压缩强度 Y'，以及单向复合材料的轴向 (面内) 剪切强度 S_{12}。表 5-1 列举了若干典型的单向复合材料的 5 个强度参数。从中可以看出单向复合材料单轴强度的一些特点。除了硼纤维/环氧复合材料的轴向拉伸强度低于轴向压缩强度，其他纤维增强复合材料的轴向拉伸强度都高于轴向压缩强度。所有复合材料的横向拉伸强度都低于横向压缩强度，轴向剪切强度位于横向拉、压强度之间。在单向复合材料的 5 个强度参数中，横向拉伸强度值最小。

表 5-1　若干复合材料的强度参数

单向复合材料	V_f	X	X'	Y	Y'	S_{12}
硼纤维/环氧	0.5	1586	2482	62.7	241	82.7
石墨纤维/环氧	0.6	1448	1172	48.3	248	62.1
芳纶纤维/环氧	0.6	1379	276	27.6	64.8	60
E-玻纤/环氧	0.45	1103	621	27.6	138	82.7
E-玻纤/乙烯基	0.3	584	303	43	187	64

材料强度的研究历史悠久，诞生了难以计数的破坏判据，本章首先介绍四个较为常用的破坏判据。其中，广义最大正应力破坏判据源于《材料力学》教科书中的第一强度理论，一般用于判定组分材料 (主要是纤维，偶尔也适用于基体) 的破坏，基于莫尔定律建立的判据适用于判定基体材料的破坏，而最大应力判据和 Tsai-Wu 判据原本用于控制复合材料的破坏，即作为宏观力学破坏判据使用。然而，需要指出的是，它们同样适用于判定纤维和基体等组分材料的破坏。不仅如此，任何其他适用于复合材料的破坏判据如 Hashin 判据 [63]，同样也适用于检验纤维和基体等组分材料是否破坏，原因是复合材料为各向异性的，而组分材料 (如各向同性基体材料) 仅仅只是各向异性材料中的一部分。因此，适用于前者的也必然适用于后者。然后，基于这些判据分别建立起针对复合材料的破坏判据和强度理论。

5.2　广义最大正应力破坏判据

《材料力学》教科书中的第一强度理论，即最大正应力破坏判据，通常用于控制材料或结构的断裂破坏，而非塑性流动破坏。采用细观力学方法分析预报复合材料强度的一个基本假设是：一旦任何一个组分材料出现破坏，就认为复合材料达到了破坏，此时的外载称为复合材料的强度，对应的组分材料破坏当属断裂破坏。因此，采用最大正应力破坏判据检测组分材料的破坏是一个自然选择。

最大正应力破坏判据的表述如下：一方面，无论材料受到何种应力状态作用，只要其第一主应力超过了材料的单向拉伸强度，就说该材料出现了拉伸破坏；另一方面，只要材料中的第三主应力小于材料单向压缩强度的负值，就说材料产生了压缩破坏。

但是，上述最大正应力破坏判据中未考虑多轴拉伸对材料强度的削弱作用，也没有考虑多轴压缩对材料承载能力的提升作用。具体说，当材料中的一点 (单元体) 受多向 (三向或双向) 等值拉伸时，其承载能力比单向拉伸的承载能力显然要有所降低，但根据原始的最大正应力破坏判据，无论受多轴等值拉伸还是受单轴拉伸，破坏载荷都相同，这与一般直觉不符。同样，材料受三向等值压缩的承载能力会大幅高于单向压缩的承载能力，比如，各向同性的金属块哪怕沉入地球最深的海底也不会破坏。基于这些考虑，将最大正应力破坏判据进行修正，修正后的判据称为广义最大正应力破坏判据：无论材料受到何种载荷作用，只要下述式 (5.1) 成立，就说材料达到了拉伸破坏[4]，而如果式 (5.2) 成立，就说材料达到了压缩破坏[64]，其中

$$\sigma_{\mathrm{eq,t}} \geqslant \sigma_{\mathrm{u,t}} \tag{5.1a}$$

$$\sigma_{\mathrm{eq,t}} = \begin{cases} \sigma^1, & \sigma^3 < 0 \\ [(\sigma^1)^q + (\sigma^2)^q]^{\frac{1}{q}}, & \sigma^3 = 0 \\ [(\sigma^1)^q + (\sigma^2)^q + (\sigma^3)^q]^{\frac{1}{q}}, & \sigma^3 > 0,\ 1 < q \leqslant \infty \end{cases} \tag{5.1b}$$

$$\sigma_{\mathrm{eq,c}} \leqslant -\sigma_{\mathrm{u,c}} \tag{5.2a}$$

$$\sigma_{\mathrm{eq,c}} = \begin{cases} \sigma^3, & \sigma^1 > 0 \\ \sigma^3 - \sigma^1, & \sigma^1 \leqslant 0 \end{cases} \tag{5.2b}$$

上述各式中，σ^1、σ^2、$\sigma^3(\sigma^1 \geqslant \sigma^2 \geqslant \sigma^3)$ 分别是材料的第一、第二、第三主应力；$\sigma_{\mathrm{u,t}}$ 和 $\sigma_{\mathrm{u,c}}$ 分别表示材料的单向拉伸和单向压缩强度；密指数 q 为经验参数，一般可取 3[4]。当 $q=\infty$，式 (5.1) 就退化到经典的最大正应力破坏判据。

需要指出的是，只有当两个主应力较为接近时，由式 (5.1b) 计算的等效应力才与第一主应力存在差异。例如 (取 $q=3$)，当 $\sigma^3=0$，$\sigma^2=0.7\sigma^1$ 时，由式 (5.1b) 计算的 $\sigma_{\mathrm{eq,t}}=1.1\sigma^1$；若 $\sigma^2=0.5\sigma^1$，则有 $\sigma_{\mathrm{eq,t}}=1.04\sigma^1$，这几乎与经典的最大正应力判据相同。

如果材料受到平面应力 $(\sigma_{11}, \sigma_{22}, \sigma_{12})$ 作用，其中的一个主应力为 0。根据《材料力学》，另两个主应力的计算公式分别是

$$\sigma_{\max} = \frac{\sigma_{11} + \sigma_{22}}{2} + \frac{1}{2}\sqrt{(\sigma_{11} - \sigma_{22})^2 + 4(\sigma_{12})^2} \tag{5.3a}$$

$$\sigma_{\min} = \frac{\sigma_{11} + \sigma_{22}}{2} - \frac{1}{2}\sqrt{(\sigma_{11} - \sigma_{22})^2 + 4(\sigma_{12})^2} \tag{5.3b}$$

由 $\sigma_{\max}$、0、$\sigma_{\min}$ 三者之间代数值的大小，确定三个主应力 σ^1、σ^2、σ^3。

如果材料中一点的 6 个应力分量 $(\sigma_{11}, \sigma_{22}, \sigma_{33}, \sigma_{23}, \sigma_{13}, \sigma_{12})$ 都不为 0，其三个主应力 σ^1、σ^2、σ^3 由以下公式确定 [65]：

$$\sigma^1 = \frac{I_1}{3} + 2\sqrt{-\frac{p}{3}}\cos\left(\frac{\theta}{3}\right) \tag{5.4a}$$

$$\sigma^2 = \frac{I_1}{3} - \sqrt{-\frac{p}{3}}\left[\cos\left(\frac{\theta}{3}\right) - \sqrt{3}\sin\left(\frac{\theta}{3}\right)\right] \tag{5.4b}$$

$$\sigma^3 = \frac{I_1}{3} - \sqrt{-\frac{p}{3}}\left[\cos\left(\frac{\theta}{3}\right) + \sqrt{3}\sin\left(\frac{\theta}{3}\right)\right] \tag{5.4c}$$

$$\theta = \cos^{-1}\left[-\frac{q}{2}\left(-\frac{p^3}{27}\right)^{-\frac{1}{2}}\right] \quad (0 \leqslant \theta \leqslant \pi) \tag{5.4d}$$

$$p = \frac{3I_2 - I_1^2}{3}, \quad q = \frac{9I_1I_2 - 2I_1^3 - 27I_3}{27} \tag{5.4e}$$

$$I_1 = \sigma_{11} + \sigma_{22} + \sigma_{33} \tag{5.4f}$$

$$I_2 = \sigma_{11}\sigma_{22} + \sigma_{11}\sigma_{33} + \sigma_{22}\sigma_{33} - (\sigma_{12})^2 - (\sigma_{13})^2 - (\sigma_{23})^2 \tag{5.4g}$$

$$I_3 = \sigma_{11}\sigma_{22}\sigma_{33} + 2\sigma_{12}\sigma_{13}\sigma_{23} - \sigma_{33}(\sigma_{12})^2 - \sigma_{22}(\sigma_{13})^2 - \sigma_{11}(\sigma_{23})^2 \tag{5.4h}$$

广义最大正应力破坏判据比较适合于检测复合材料中的纤维破坏。首先，该破坏判据只需提供两个强度参数，即拉伸和压缩强度，所需强度参数最少，而对于纤维材料，一般只有轴向拉伸和轴向压缩强度可以得到，其他方向的强度如剪切强度很难获得。其次，纤维为细长结构，恰如材料力学研究的对象——杆件，它主要承担轴向载荷并且破坏也主要起因于轴向载荷，控制应力通常是第一或第三主应力，因此由最大正应力或广义最大正应力破坏判据来判定纤维的破坏恰到好处。

5.3　莫尔定律与终极破坏判据

如果说纤维的破坏适合用最大正应力破坏判据来检测，那么，本节基于莫尔 (Mohr) 定律建立起来的破坏判据，姑且称为莫尔判据，就比较适用于判别基体的破坏。当材料的强度满足一定条件时，莫尔判据可认为是针对各向同性材料的终极判据，因为该材料各种可能的破坏都能够由该判据准确刻画，或者说，满足该判据的方程必然对应于该材料的一种破坏。莫尔判据的不足是公式比较复杂，甚至需要迭代计算。莫尔破坏判据建立在坚实的物理背景之上，称为莫尔定律，即当各向同性材料单元体受给定外载作用时，任何一个斜截面上都可能存在一个法向 (正) 应力和一个剪应力 (如果存在两个正交剪应力，总可以写出它们的矢量和)，当该应力组合使得所在斜截面发生破坏时，就可在以正应力为横轴、剪应力为纵轴的应力平面内绘制出一个破坏应力圆。将所有这些应力圆都绘制出来后，与其相切的切点连线，称为莫尔破坏面包络线。因此，任何一个截面上由正应力和剪应力组合绘制的莫尔圆，只要与该包络线内切，就意味着该截面达到了破坏，截面上的应力值与切点坐标相同；另外，任何一个截面达到破坏，其正应力和剪应力组合必然和包络线内切。据此说，莫尔破坏判据是终极判据。

注 5-1 库仑最早提出了土力学中著名的库仑–莫尔强度理论思想，但本章依据破坏应力圆建立的终极破坏判据则要归功于莫尔引入的莫尔圆，鉴于此，本书称该判据为莫尔判据，而非库仑–莫尔判据。

在第 4 章中求导基体的横向压缩和横向剪切应力集中系数时，已经用到了莫尔定律 (见 4.4 节)。这里，将进一步由莫尔定律确定材料破坏时须满足的条件。

如第 4 章所述，莫尔认为：在压缩载荷下，材料沿某截面的滑移破坏主要由剪应力引起，但又与所在截面上的正应力有关。比如，在 x_1 和 x_2 构成的某个单元体平面内 (图 5-1)，任何一个斜截面上受正应力 σ_n 和剪应力 τ_n 作用达到破坏时，其应力圆都要与莫尔破坏面的包络线内切。

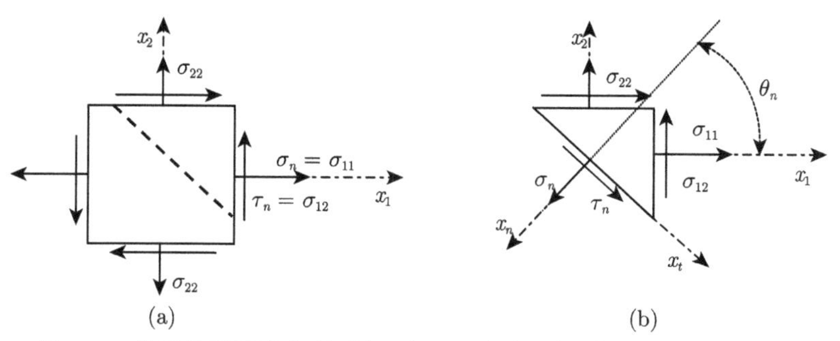

图 5-1 单元体平面内各种破坏面：(a) 参考坐标系，(b) 任意斜截面

假定斜截面外法线的负向与参考坐标轴 x_1 夹锐角 θ_n。$\theta_n > 0$，表示位于 (x_1, x_2) 平面内第一象限；$\theta_n < 0$，表示位于该平面第四象限。斜截面上坐标轴 x_n 和 x_t 与参考坐标轴之间的方向余弦 (按右手螺旋定则，x_n 转到 x_t 的方向须与 x_1 转到 x_2 的方向一致) 为

$$l_1 = \cos(x_n, x_1) = -\cos\theta_n, \quad l_2 = \cos(x_t, x_1) = \sin\theta_n$$

$$m_1 = \cos(x_n, x_2) = -\sin\theta_n, \quad m_2 = \cos(x_t, x_2) = -\cos\theta_n$$

将以上各方向余弦代入式 (1.77)，得到

$$\sigma_n = \frac{\sigma_{11} + \sigma_{22}}{2} + \frac{\sigma_{11} - \sigma_{22}}{2} \cos 2\theta_n + \sigma_{12} \sin 2\theta_n \tag{5.5a}$$

$$\tau_n = -\frac{\sigma_{11} - \sigma_{22}}{2} \sin 2\theta_n + \sigma_{12} \cos 2\theta_n \tag{5.5b}$$

类似第 4 章的做法，用两种简单破坏实验数据构建的二次曲线，近似表征莫尔破坏面包络线。当截面上的法向应力分量为压应力即 $\sigma_n < 0$ 时，用单轴压缩实验和剪切实验直到破坏时对应的应力圆的二次曲线公切线，来近似所有 $\sigma_n < 0$ 载荷组合的破坏面的包络线，如图 5-2 所示。

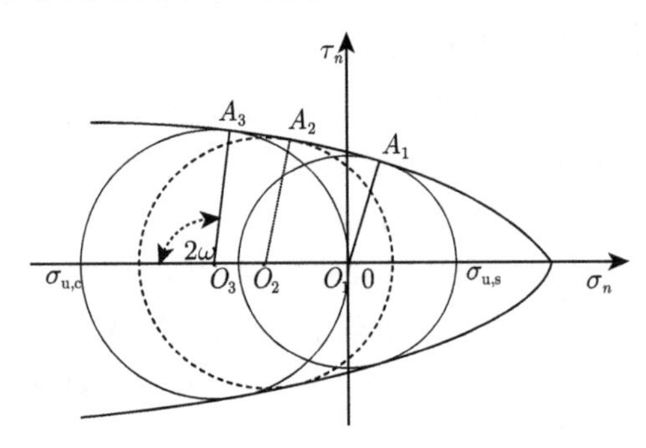

图 5-2　由单向压缩和纯剪切实验近似法向压应力的莫尔破坏面包络线

假定图 5-2 中的抛物线方程为 $\sigma_n = c\tau_n^2 + e$，其中 c、e 为待定常数。由于该抛物线相对 σ_n 轴对称，只考虑曲线的上半支。该抛物线的上半部，分别与压缩应力圆、剪切应力圆相切，它与二者各有且仅有一个交点，分别为 A_3 和 A_1 点。因此，A_3 点的应力 σ_n 和 τ_n 须同时满足抛物线方程 $\sigma_n = c\tau_n^2 + e$ 和压缩应力圆方程 $\tau_n^2 + (\sigma_n + 0.5\sigma_{u,c})^2 = (0.5\sigma_{u,c})^2$，其中 $\tau_n > 0$。由此，可得出 $c\sigma_n^2 + (c\sigma_{u,c} + 1)\sigma_n - e = 0$，该方程有且仅有一个解，即 $(c\sigma_{u,c} + 1)^2 + 4ce = 0$，得到

$$c^2(\sigma_{u,c})^2 + 1 + 2c\sigma_{u,c} + 4ce = 0 \tag{5.6}$$

同理，根据切点 A_1 处须满足的应力关系，导出

$$1 + 4c^2(\sigma_{u,s})^2 + 4ce = 0 \tag{5.7}$$

联立方程 (5.6) 和 (5.7)，解出

$$c = \frac{2\sigma_{u,c}}{4(\sigma_{u,s})^2 - (\sigma_{u,c})^2} \tag{5.8a}$$

$$e = -\frac{1}{4c} - c(\sigma_{u,s})^2 = -\frac{[4(\sigma_{u,s})^2 + (\sigma_{u,c})^2]^2}{8\sigma_{u,c}[4(\sigma_{u,s})^2 - (\sigma_{u,c})^2]} \tag{5.8b}$$

注意，若压缩强度和剪切强度使式 (5.8) 中的分母为 0，稍微调整其中一个参数，使式 (5.8) 中的分母不为 0 即可，原因是测试强度存在离散性。于是，法向应力为压应力的破坏面包络线 (抛物线) 方程是

$$\sigma_n = \frac{2\sigma_{\mathrm{u,c}}}{4(\sigma_{\mathrm{u,s}})^2 - (\sigma_{\mathrm{u,c}})^2}\tau_n^2 - \frac{[4(\sigma_{\mathrm{u,s}})^2 + (\sigma_{\mathrm{u,c}})^2]^2}{8\sigma_{\mathrm{u,c}}[4(\sigma_{\mathrm{u,s}})^2 - (\sigma_{\mathrm{u,c}})^2]} \tag{5.9}$$

根据 A_1 点的坐标 σ_1 和 τ_1 必须同时满足剪切应力圆方程 $\tau_n^2 + \sigma_n^2 = (\sigma_{\mathrm{u,s}})^2$ 和抛物线方程 (5.9) 并且只有一个解的条件，得到

$$\sigma_1 = -\frac{1}{2c} = -\frac{4(\sigma_{\mathrm{u,s}})^2 - (\sigma_{\mathrm{u,c}})^2}{4\sigma_{\mathrm{u,c}}} \tag{5.10a}$$

$$\tau_1 = \sqrt{(\sigma_{\mathrm{u,s}})^2 - \frac{1}{4c^2}} = \sqrt{1.5(\sigma_{\mathrm{u,s}})^2 - 0.0625(\sigma_{\mathrm{u,c}})^2 - (\sigma_{\mathrm{u,s}})^4/(\sigma_{\mathrm{u,c}})^2} \tag{5.10b}$$

因此，抛物线方程 (5.9) 成立的必要条件是 $(\sigma_{\mathrm{u,s}})^2 - 1/(2c)^2 \geqslant 0$，即

$$0.828\sigma_{\mathrm{u,s}} = \sqrt{12 - 8\sqrt{2}}\sigma_{\mathrm{u,s}} \leqslant \sigma_{\mathrm{u,c}} \leqslant \sqrt{12 + 8\sqrt{2}}\sigma_{\mathrm{u,s}} = 4.828\sigma_{\mathrm{u,s}} \tag{5.11}$$

若式 (5.11) 不满足，意味着抛物线与纯剪切破坏圆在 $\tau_n > 0$ 的上半平面无切点。此时，须重新构建莫尔破坏面包络线的近似曲线，如采用线性或样条函数。

假设材料中一点受三个平面应力$\{\sigma_{11}, \sigma_{22}, \sigma_{12}\}$作用，由材料力学可知，其应力圆的圆心横轴坐标及圆的半径分别是

$$\sigma_n^1 = \frac{\sigma_{11} + \sigma_{22}}{2} \tag{5.12a}$$

$$r = \sqrt{0.25(\sigma_{11} - \sigma_{22})^2 + (\sigma_{12})^2} \tag{5.12b}$$

斜截面上的应力达到破坏时须与抛物线相交，使圆方程和抛物线方程 $(\sigma_n - \sigma_n^1)^2 + \tau_n^2 = r^2$ 及 $\sigma_n = c\tau_n^2 + e$ 同时满足，即 $c[(\sigma_n)^2 - 2\sigma_n^1\sigma_n + (\sigma_n^1)^2] + \sigma_n - e = cr^2$，由此导出：

$$\sigma_n = \frac{2c\sigma_n^1 - 1 \pm \sqrt{(2c\sigma_n^1 - 1)^2 + 4c[e + cr^2 - c(\sigma_n^1)^2]}}{2c} \tag{5.13}$$

应力圆与抛物线相切并且只有一个切点的充分必要条件是

$$1 - 4c\sigma_n^1 + 4ce + 4c^2r^2 = 0 \tag{5.14}$$

式 (5.14) 中，将$\{\sigma_{11}, \sigma_{22}, \sigma_{12}\}$用$\{\sigma_{11}^0, \sigma_{22}^0, \sigma_{12}^0\} = \delta\{\sigma_{11}, \sigma_{22}, \sigma_{12}\}$替代，就有

$$1 - 4c\sigma_n^1\delta + 4ce + 4c^2r^2\delta^2 = 0 \tag{5.15}$$

若从式 (5.15) 解出 $0 < \delta \leqslant 1$，意味着给定的载荷使材料达到了破坏，并且在 $\delta\{\sigma_{11}, \sigma_{22}, \sigma_{12}\}$下破坏；否则，材料将不会破坏。从式 (5.15)，解得

$$\delta = \frac{4c\sigma_n^1 \pm \sqrt{16c^2(\sigma_n^1)^2 - 16c^2r^2(1+4ce)}}{8c^2r^2} \tag{5.16}$$

因此，如果 $16c^2(\sigma_n^1)^2 - 16c^2r^2(1+4ce) < 0$, δ 无解，表明在所给载荷下材料是安全的。

假定 $0 < \delta \leqslant 1$，破坏面的方向角由式 (5.13) 和式 (5.5a) 确定。将$\{\sigma_{11}^0, \sigma_{22}^0, \sigma_{12}^0\}$代入式 (5.5a) 和式 (5.13)，得到

$$\frac{\sigma_{11}^0 - \sigma_{22}^0}{2}\cos 2\theta_n + \sigma_{12}^0 \sin 2\theta_n = \frac{2c\sigma_n^1\delta - 1}{2c} - \frac{\sigma_{11}^0 + \sigma_{22}^0}{2} \tag{5.17}$$

假定材料的单轴拉伸、单轴压缩及纯剪切强度 $\sigma_{\mathrm{u,t}}$、$\sigma_{\mathrm{u,c}}$、$\sigma_{\mathrm{u,s}}$ 皆已知。再假定按比例加载，根据式 (5.16) 确定达到破坏时的比例系数，以及相应的外载$\{\sigma_{11}^0, \sigma_{22}^0, \sigma_{12}^0\}$。破坏面的方向角可由式 (5.17) 确定。

例 5-1 若已知材料的压缩和剪切强度分别是 $\sigma_{\mathrm{u,c}} = 200\mathrm{MPa}$、$\sigma_{\mathrm{u,s}} = 70\mathrm{MPa}$，材料中某点受到外载$\{\sigma_{11}, \sigma_{22}, \sigma_{12}\} = \{-150, 30, 50\}(\mathrm{MPa})$ 作用，问该材料是否达到了破坏？若达到破坏，破坏时的外载多少？破坏面的方向角多少？

解 所给材料的强度参数满足式 (5.11)，可应用莫尔判据。假定材料受比例加载，即令$\{\sigma_{11}^0, \sigma_{22}^0, \sigma_{12}^0\} = \delta\{-150, 30, 50\}(\mathrm{MPa})$。若材料破坏时 $0 < \delta \leqslant 1$，则在给定载荷下材料会发生破坏；否则，在给定载荷下材料将不会破坏。

根据所给参数，求出各有关系数如下：

$$c = -0.0196\mathrm{MPa}^{-1}, \quad e = 108.83\mathrm{MPa}$$

将 c、e、$\sigma_n^1 = -60\mathrm{MPa}$、$r = 103\mathrm{MPa}$ 代入式 (5.16)，解得 $\delta_1 = -0.5507$、$\delta_2 = 0.8394$。因此，材料在给定载荷下会破坏，且破坏时载荷为$\{\sigma_{11}^0, \sigma_{22}^0, \sigma_{12}^0\} = \{-125.9, 25.2, 42\}(\mathrm{MPa})$。进一步，得到 $\sigma_n = \dfrac{2c\sigma_n^1\delta - 1}{2c} = -24.9(\mathrm{MPa})$、$\tau_n = \sqrt{(\sigma_n - e)/c} = 82.6(\mathrm{MPa})$。破坏面的方向角由式 (5.17) 解得 $2\theta_n = 78.1°$。

当 $\sigma_n > 0$ 时，可用纯剪切和单轴拉伸破坏时应力圆构建的抛物线代替相应段的莫尔破坏面包络线，该二次曲线与 $\sigma_n < 0$ 的抛物线段彼此独立，即图 5-2 中的 A_1 点和图 5-3 中的 A_5 为两个不同点。

假定法向拉伸段的抛物线为 $\sigma_n = c_0\tau_n^2 + c_1$，其中 c_0、c_1 为待定常数。它与拉伸应力圆、剪切应力圆分别在 A_4 和 A_5 点相切。由 A_4 点的应力 σ_n 和 τ_n 须同时满足抛物线方程 $\sigma_n = c_0\tau_n^2 + c_1$ 和拉伸应力圆方程 $\tau_n^2 + (\sigma_n - 0.5\sigma_{\mathrm{u,t}})^2 =$

$(0.5\sigma_{\mathrm{u,t}})^2$ 的条件，得出 $c_0\sigma_n^2+(1-c_0\sigma_{\mathrm{u,t}})\sigma_n-c_1=0$，该方程有且仅有一个解，即 $(1-c_0\sigma_{\mathrm{u,t}})^2+4c_0c_1=0$，得到

$$c_0^2(\sigma_{\mathrm{u,t}})^2+1-2c_0\sigma_{\mathrm{u,t}}+4c_0c_1=0 \tag{5.18}$$

再根据切点 A_5 处须满足的应力关系，就有

$$1+4c_0^2(\sigma_{\mathrm{u,s}})^2+4c_0c_1=0 \tag{5.19}$$

联立方程 (5.18) 和 (5.19)，解出：

$$c_0=-\frac{2\sigma_{\mathrm{u,t}}}{4(\sigma_{\mathrm{u,s}})^2-(\sigma_{\mathrm{u,t}})^2} \tag{5.20a}$$

$$c_1=-\frac{1}{4c_0}-c_0(\sigma_{\mathrm{u,s}})^2=\frac{[4(\sigma_{\mathrm{u,s}})^2+(\sigma_{\mathrm{u,t}})^2]^2}{8\sigma_{\mathrm{u,t}}[4(\sigma_{\mathrm{u,s}})^2-(\sigma_{\mathrm{u,t}})^2]} \tag{5.20b}$$

因此，法向为拉应力 $(\sigma_n>0)$ 的包络线方程是

$$\sigma_n=-\frac{2\sigma_{\mathrm{u,t}}}{4(\sigma_{\mathrm{u,s}})^2-(\sigma_{\mathrm{u,t}})^2}\tau_n^2+\frac{[4(\sigma_{\mathrm{u,s}})^2+(\sigma_{\mathrm{u,t}})^2]^2}{8(\sigma_{\mathrm{u,t}})[4(\sigma_{\mathrm{u,s}})^2-(\sigma_{\mathrm{u,t}})^2]} \tag{5.21}$$

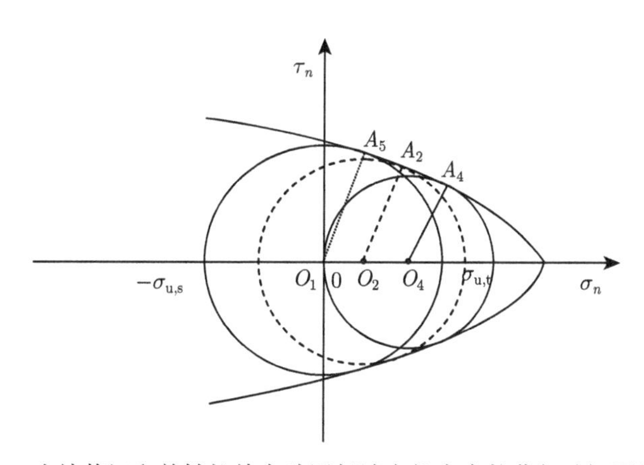

图 5-3 由纯剪切和单轴拉伸实验近似法向拉应力的莫尔破坏面包络线

需要指出的是，抛物线式 (5.21) 与拉伸破坏面相切的前提是

$$\sigma_{\mathrm{u,s}}\leqslant\sigma_{\mathrm{u,t}} \tag{5.22}$$

如果式 (5.22) 不满足，拉伸破坏应力圆将包含在剪切破坏应力圆内，意味着任何函数如果与剪切破坏应力圆只有一个切点，都不可能再与拉伸破坏应力圆相切。

在这种情况下，必须放松要求，允许近似包络线穿过剪切破坏应力圆 2 次。或者，增加求近似包络线的破坏实验数据，另行构建包络线近似方程。

法向应力为拉应力的破坏应力、破坏面方向角，可类似法向应力为压应力的推导过程得到，即方程 (5.16) 和 (5.17) 依然成立，只是将其中的 c、e 分别用 c_0、c_1 置换即可。

例 5-2　假定材料的拉伸和剪切强度分别是 $\sigma_{\rm u,t}=80{\rm MPa}$、$\sigma_{\rm u,s}=70{\rm MPa}$，材料中某点所受外载是$\{\sigma_{11}, \sigma_{22}, \sigma_{12}\}=\{150, -30, 50\}({\rm MPa})$，问该材料是否达到了破坏？若达到破坏，破坏面的方向角多少？

解　假定材料承受比例加载，令$\{\sigma_{11}^0, \sigma_{22}^0, \sigma_{12}^0\}=\delta\{150, -30, 50\}({\rm MPa})$。若材料破坏时 $0<\delta\leqslant 1$，则在给定载荷下材料会发生破坏；否则，在给定载荷下材料将不会破坏。

根据所给参数，求出有关系数如下：

$$c_0=-0.0121{\rm MPa}^{-1},\quad c_1=80.02{\rm MPa}$$

将 $c=c_0$、$e=c_1$、$\sigma_n^1=60{\rm MPa}$、$r=103{\rm MPa}$ 代入式 (5.16)，解得 $\delta_1=-0.9524$、$\delta_2=0.4854$，表明在给定载荷下材料已达到破坏。取正根，得到 $\sigma_n=\dfrac{2c_0\sigma_n^1\delta-1}{2c_0}=70.4({\rm MPa})$、$\tau_n=\sqrt{(\sigma_n-e)/c}=28.2({\rm MPa})$，此为破坏面上的法向应力和剪应力，对应的破坏面方向角由式 (5.17) 解得为 $2\theta_n=-5.3°$。注意，当 $2\theta_n=63.4°$ 时同样使材料达到破坏，代入式 (5.5a) 和式 (5.5b)，得 $\sigma_n=70.4{\rm MPa}$、$\tau_n=-28.2{\rm MPa}$。

不难看出，虽然 $\sigma_n<0$ 和 $\sigma_n>0$ 的抛物线在剪切破坏应力圆上没有共同的交、切点，但方程 (5.9) 和 (5.21) 给出的纯剪切破坏外载是相同的，因此，预报的强度在由 $\sigma_n<0$ 到 $\sigma_n>0$ 的范围内是连续的，只是破坏面方向角由 $\sigma_n\to 0^-$ 和由 $\sigma_n\to 0^+$ 给出的互不相同。这是采用低阶函数近似破坏面包络线难以避免的。注意到剪应力相对横轴对称，高阶多项式函数至少需具有 $\sigma_n=c_2\tau_n^4+c_3\tau_n^2+c_4$ 的形式。

如果对给定的载荷组合，既可能出现拉伸破坏，也可能产生压缩破坏，即 $\sigma_n=\dfrac{2c_0\sigma_n^1\delta-1}{2c_0}>0$ 和 $\sigma_n=\dfrac{2c\sigma_n^1\delta'-1}{2c}<0$ 同时成立，其中 δ' 是由式 (5.16) 解出的正根，δ 是将式 (5.16) 中的 c、e 分别用 c_0、c_1 置换后解出的正根，此时，依据 δ' 与 δ 中的较小值来判定哪种破坏首先达到。进一步，如果 $\sigma_n=\dfrac{2c_0\sigma_n^1\delta-1}{2c_0}$ 和 $\sigma_n=\dfrac{2c\sigma_n^1\delta'-1}{2c}$ 出现同号，那么，也是依据 δ' 与 δ 中的较小值来确定破坏时的载荷比例系数。

当单元体受任意的三维载荷作用时，同样可依据莫尔定律建立起相应的破坏判据。从单元体中任意截取一个截面，截面的外法线方向为 n，基于 n 建立的局部直角坐标系 (x_s, x_t, x_n)，参见图 5-4。

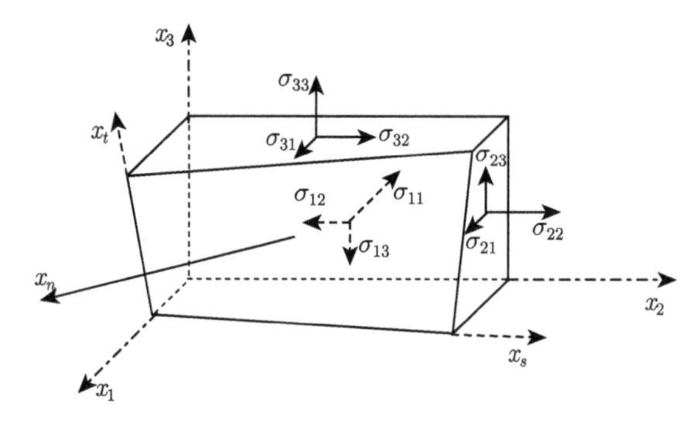

图 5-4 单元体受三维应力 (均按其正方向假设) 作用的斜截面

假定局部坐标 (x_s, x_t, x_n) 与主轴坐标 (x_1, x_2, x_3) 之间的方向余弦按如下定义：

$$l_1 = \cos(x_s, x_1), \quad l_2 = \cos(x_t, x_1), \quad l_3 = \cos(x_n, x_1) \tag{5.23a}$$

$$m_1 = \cos(x_s, x_2), \quad m_2 = \cos(x_t, x_2), \quad m_3 = \cos(x_n, x_2) \tag{5.23b}$$

$$n_1 = \cos(x_s, x_3), \quad n_2 = \cos(x_t, x_3), \quad n_3 = \cos(x_n, x_3) \tag{5.23c}$$

根据式 (1.65)、式 (1.70a) 及式 (1.68)，得到

$$\begin{Bmatrix} \sigma_{ss} \\ \sigma_{tt} \\ \sigma_{nn} \\ \sigma_{tn} \\ \sigma_{sn} \\ \sigma_{st} \end{Bmatrix} = \begin{bmatrix} l_1^2 & m_1^2 & n_1^2 & 2m_1n_1 & 2n_1l_1 & 2l_1m_1 \\ l_2^2 & m_2^2 & n_2^2 & 2m_2n_2 & 2n_2l_2 & 2l_2m_2 \\ l_3^2 & m_3^2 & n_3^2 & 2m_3n_3 & 2n_3l_3 & 2l_3m_3 \\ l_2l_3 & m_2m_3 & n_2n_3 & m_2n_3+m_3n_2 & l_2n_3+l_3n_2 & l_2m_3+l_3m_2 \\ l_3l_1 & m_3m_1 & n_3n_1 & n_3m_1+n_1m_3 & n_3l_1+n_1l_3 & l_1m_3+l_3m_1 \\ l_1l_2 & m_1m_2 & n_1n_2 & m_1n_2+m_2n_1 & l_1n_2+l_2n_1 & l_1m_2+l_2m_1 \end{bmatrix} \begin{Bmatrix} \sigma_{11} \\ \sigma_{22} \\ \sigma_{33} \\ \sigma_{23} \\ \sigma_{13} \\ \sigma_{12} \end{Bmatrix} \tag{5.24}$$

因此，斜截面上的正应力和剪应力分量分别是

$$\sigma_{nn} = l_3^2\sigma_{11} + m_3^2\sigma_{22} + n_3^2\sigma_{33} + 2m_3n_3\sigma_{23} + 2n_3l_3\sigma_{13} + 2l_3m_3\sigma_{12} \tag{5.25a}$$

$$\begin{aligned} \sigma_{nt} =& l_2l_3\sigma_{11} + m_2m_3\sigma_{22} + n_2n_3\sigma_{33} + (m_2n_3 + m_3n_2)\sigma_{23} \\ &+ (l_2n_3 + l_3n_2)\sigma_{13} + (l_2m_3 + l_3m_2)\sigma_{12} \end{aligned} \tag{5.25b}$$

$$\begin{aligned} \sigma_{ns} =& l_3l_1\sigma_{11} + m_3m_1\sigma_{22} + n_3n_1\sigma_{33} \\ &+ (n_3m_1 + n_1m_3)\sigma_{23} + (n_3l_1 + n_1l_3)\sigma_{13} + (l_1m_3 + l_3m_1)\sigma_{12} \end{aligned} \tag{5.25c}$$

为便于确定破坏面的外法向，用两个欧拉角 $\varPsi$ 和 $\varTheta$ 来确定斜截面的法向坐标 x_n 与各主轴坐标之间的关系，如图 5-5 所示，式 (5.25) 中的 l_3、m_3、n_3 分别为

$$l_3=\sin\varPsi\cos\varTheta,\quad m_3=\sin\varPsi\sin\varTheta,\quad n_3=\cos\varPsi,\quad 0\leqslant\varPsi\leqslant\pi,\quad 0\leqslant\varTheta\leqslant 2\pi \tag{5.26a}$$

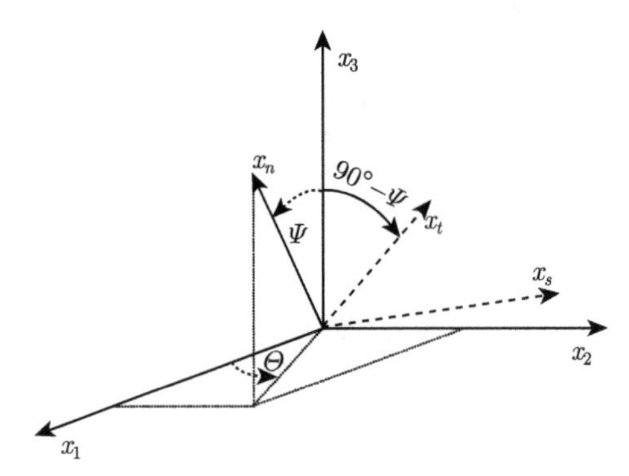

图 5-5　欧拉角确定三维单元体斜截面外法向坐标

另两个位于斜截面内的坐标轴 x_s 和 x_t 可任意选取，只要构成右手坐标系即可。按图 5-5 选取，立即可得

$$l_2=-\cos\varPsi\cos\varTheta,\quad m_2=-\cos\varPsi\sin\varTheta,\quad n_2=\sin\varPsi \tag{5.26b}$$

x_s 的方向余弦由 x_t 和 x_n 的叉乘得到，即

$$l_1=m_2n_3-n_2m_3=-\sin\varTheta,\quad m_1=n_2l_3-l_2n_3=\cos\varTheta,\quad n_1=l_2m_3-l_3m_2=0 \tag{5.26c}$$

如图 5-4 所示，斜截面上的剪应力合力由两个剪应力分量的矢量和得到，$\tau_n=\pm\sqrt{\sigma_{nt}^2+\sigma_{ns}^2}$。类似平面受力分析，首先确定任意载荷下达到破坏时的加载比例系数 δ，若 $0<\delta\leqslant 1$，表明给定载荷下材料点达到了破坏，对应的 $\sigma_{nn}=\sigma_n$ 由方程 (5.13) 的唯一解获得，τ_n 则由抛物线或圆方程得到，令其与式 (5.25a) 以及式 (5.25b) 和式 (5.25c) 所给的截面上的应力相等，解出欧拉角 $\varPsi$ 和 $\varTheta$。

例 5-3　假定材料的拉伸、压缩和剪切强度分别是 $\sigma_{\mathrm{u,t}}=80\mathrm{MPa}$、$\sigma_{\mathrm{u,c}}=200\mathrm{MPa}$、$\sigma_{\mathrm{u,s}}=70\mathrm{MPa}$，材料中某点受到三向外载$\{\sigma_{11},\sigma_{22},\sigma_{33},\sigma_{23},\sigma_{13},\sigma_{12}\}=\{150,-30,50,0,0,0\}(\mathrm{MPa})$ 作用，问该材料是否达到了破坏？若按比例加载，材料达到破坏时的外载多少？

解　(1) 求莫尔破坏面包络线参数。

拉伸破坏面包络线参数：$c_0=-0.0121\mathrm{MPa}^{-1}$, $c_1=80.02\mathrm{MPa}$;

压缩破坏面包络线参数：$c=-0.0196\mathrm{MPa}^{-1}$, $e=108.83\mathrm{MPa}$。

(2) “穷举法” 求拉伸或压缩破坏时的比例加载系数。

依次选定 $0 \leqslant \varPsi < \pi$、$0 \leqslant \varTheta < 2\pi$，令

$$\sigma_n = \delta(l_3^2\sigma_{11} + m_3^2\sigma_{22} + n_3^2\sigma_{33}) = \delta\sigma_n^0$$

$$\tau_n = \delta\sqrt{(l_2l_3\sigma_{11} + m_2m_3\sigma_{22} + n_2n_3\sigma_{33})^2 + (l_3l_1\sigma_{11} + m_3m_1\sigma_{22} + n_3n_1\sigma_{33})^2} = \delta\tau_n^0$$

拉伸破坏时须满足 $\sigma_n = c_0\tau_n^2 + c_1$，由此得到

$$\delta = \begin{cases} c_1/\sigma_n^0, & \tau_n^0 = 0 \\ \dfrac{\sigma_n^0 \pm \sqrt{(\sigma_n^0)^2 - 4c_0c_1(\tau_n^0)^2}}{2c_0(\tau_n^0)^2}, & \tau_n^0 \neq 0 \end{cases}$$

若 $(\sigma_n^0)^2 - 4c_0c_1(\tau_n^0)^2 < 0$，$\delta$ 无解，或者若由以上解出的 δ 位于 $0 < \delta \leqslant 1$ 之外，都表明材料不会产生拉伸破坏。

类似地，材料产生压缩破坏的条件是由以下方程解出的 δ 满足 $0 < \delta \leqslant 1$：

$$\delta = \begin{cases} e/\sigma_n^0, & \tau_n^0 = 0 \\ \dfrac{\sigma_n^0 \pm \sqrt{(\sigma_n^0)^2 - 4ce(\tau_n^0)^2}}{2c(\tau_n^0)^2}, & \tau_n^0 \neq 0 \end{cases}$$

当 $22.7^\circ \leqslant \varPsi < 157.4^\circ$ 时，在给定的载荷下，材料将产生拉伸破坏 (破坏面的法向应力为拉应力)，且在 $\varPsi = 90^\circ$、$\varTheta = 15^\circ$ 时，对应的破坏外载最小，此时 $\delta = 0.5302$，破坏时临界载荷为$\{\sigma_{11}, \sigma_{22}, \sigma_{33}, \sigma_{23}, \sigma_{13}, \sigma_{12}\} = 0.5302\times\{150, -30, 50, 0, 0, 0\}$ (MPa) $= \{79.5, -15.9, 26.5, 0, 0, 0\}$(MPa).

存在一种可能，就是材料受三向等值压缩，此时，各向同性材料将永远不会破坏，莫尔破坏面包络线不会与此种应力状态下的应力圆相切。换言之，本节导出的上述公式对受三向等值压缩的应力状态不适用。

仿照公式 (5.2)，当材料受三向压缩时，可按如下方案进行处理。首先，根据式 (5.4) 求出材料的三个主应力 σ^1、σ^2、σ^3 以及三个彼此正交的主平面 I、II、III，建立由主平面构成的坐标系 $(x_{\mathrm{I}}, x_{\mathrm{II}}, x_{\mathrm{III}})$，其中 σ^1 与 x_{I} 的正方向一致，这里的 “正方向” 是指：若 σ^1 为拉应力，x_{I} 的指向与 σ^1 相同；若 σ^1 为压应力，x_{I} 的指向与 σ^1 相反。由于已知材料受三向压缩，因此，x_{I} 的指向与 σ^1 相反。类似地，定义 x_{II} 与 x_{III} 坐标轴方向。假定 $(x_{\mathrm{I}}, x_{\mathrm{II}}, x_{\mathrm{III}})$ 与 (x_1, x_2, x_3) 之间的各方向余弦是

$$l_i = \cos(x_i, x_{\mathrm{I}}), \quad m_i = \cos(x_i, x_{\mathrm{II}}), \quad n_i = \cos(x_i, x_{\mathrm{III}}), \quad i = 1, 2, 3 \tag{5.27}$$

将式 (5.27) 代入式 (1.66) 和式 (1.68)，分别定义 $[T_{ij}]_{\mathrm{c}}$ 和 $[T_{ij}]_{\mathrm{s}}$ 矩阵。根据主应力的定义以及式 (1.65) 和式 (1.70a)，有

$$\begin{Bmatrix} \sigma_{11} \\ \sigma_{22} \\ \sigma_{33} \\ \sigma_{23} \\ \sigma_{13} \\ \sigma_{12} \end{Bmatrix} = [T_{ij}]_{\mathrm{c}} \begin{Bmatrix} \sigma^1 \\ \sigma^2 \\ \sigma^3 \\ 0 \\ 0 \\ 0 \end{Bmatrix} \tag{5.28a}$$

$$\begin{Bmatrix} \sigma^1 \\ \sigma^2 \\ \sigma^3 \\ 0 \\ 0 \\ 0 \end{Bmatrix} = [T_{ij}]_{\mathrm{s}}^{\mathrm{T}} \begin{Bmatrix} \sigma_{11} \\ \sigma_{22} \\ \sigma_{33} \\ \sigma_{23} \\ \sigma_{13} \\ \sigma_{12} \end{Bmatrix} \tag{5.28b}$$

将 $\hat{\sigma}_{11} = \sigma^2 - \sigma^1$、$\hat{\sigma}_{22} = \sigma^3 - \sigma^1$、$\hat{\sigma}_{12} = 0$ 代入例 5-1，确定出破坏时的应力$\{\hat{\sigma}_{11}, \hat{\sigma}_{22}, \hat{\sigma}_{12}\}$后，对应的外载再由式 (5.28a) 计算。

方程 (5.27) 中的各方向余弦分量求解如下。根据定义，有

$$l_1\sigma_{11} + m_1\sigma_{12} + n_1\sigma_{13} = l_1\sigma^1 \tag{5.29a}$$

$$m_1\sigma_{22} + n_1\sigma_{23} + l_1\sigma_{12} = m_1\sigma^1 \tag{5.29b}$$

$$n_1\sigma_{33} + l_1\sigma_{13} + m_1\sigma_{23} = n_1\sigma^1 \tag{5.29c}$$

$$l_1^2 + m_1^2 + n_1^2 = 1 \tag{5.29d}$$

由式 (5.29a) 和式 (5.29b)，得

$$\sigma_{11} - \sigma^1 + \sigma_{12}\frac{m_1}{l_1} + \sigma_{13}\frac{n_1}{l_1} = 0, \quad \sigma_{12} + (\sigma_{22} - \sigma^1)\frac{m_1}{l_1} + \sigma_{23}\frac{n_1}{l_1} = 0$$

与式 (5.29d) 联立，解出

$$\frac{m_1}{l_1} = \frac{(\sigma^1 - \sigma_{11})\sigma_{23} + \sigma_{12}\sigma_{13}}{(\sigma^1 - \sigma_{22})\sigma_{13} + \sigma_{12}\sigma_{23}}, \quad \frac{n_1}{l_1} = -\frac{(\sigma^1 - \sigma_{11})(\sigma_{22} - \sigma^1) + \sigma_{12}\sigma_{12}}{(\sigma^1 - \sigma_{22})\sigma_{13} + \sigma_{12}\sigma_{23}}$$

$$l_1 = \frac{1}{\sqrt{1 + \left(\dfrac{m_1}{l_1}\right)^2 + \left(\dfrac{n_1}{l_1}\right)^2}} \tag{5.30}$$

同理，分别得到

$$\frac{m_2}{l_2}=\frac{(\sigma^2-\sigma_{11})\sigma_{23}+\sigma_{12}\sigma_{13}}{(\sigma^2-\sigma_{22})\sigma_{13}+\sigma_{12}\sigma_{23}},\quad \frac{n_2}{l_2}=-\frac{(\sigma^2-\sigma_{11})(\sigma_{22}-\sigma^2)+\sigma_{12}\sigma_{12}}{(\sigma^2-\sigma_{22})\sigma_{13}+\sigma_{12}\sigma_{23}}$$

$$l_2=\frac{1}{\sqrt{1+\left(\frac{m_2}{l_2}\right)^2+\left(\frac{n_2}{l_2}\right)^2}} \tag{5.31}$$

$$\frac{m_3}{l_3}=\frac{(\sigma^3-\sigma_{11})\sigma_{23}+\sigma_{12}\sigma_{13}}{(\sigma^3-\sigma_{22})\sigma_{13}+\sigma_{12}\sigma_{23}},\quad \frac{n_3}{l_3}=-\frac{(\sigma^3-\sigma_{11})(\sigma_{22}-\sigma^3)+\sigma_{12}\sigma_{12}}{(\sigma^3-\sigma_{22})\sigma_{13}+\sigma_{12}\sigma_{23}}$$

$$l_3=\frac{1}{\sqrt{1+\left(\frac{m_3}{l_3}\right)^2+\left(\frac{n_3}{l_3}\right)^2}} \tag{5.32}$$

例 5-4 假定材料的拉伸、压缩和剪切强度分别是 $\sigma_{\rm u,t}=80\text{MPa}$、$\sigma_{\rm u,c}=200\text{MPa}$、$\sigma_{\rm u,s}=70\text{MPa}$，材料中某点受到三向外载$\{\sigma_{11},\sigma_{22},\sigma_{33},\sigma_{23},\sigma_{13},\sigma_{12}\}=\{-150,-90,-75,25,-40,50\}$(MPa) 作用，问该材料是否达到了破坏？若按比例加载，材料达到破坏时的外载多少？

解 (1) 求主应力。

将所给应力代入式 (5.4)，利用 Excel 表格程序，求得的 3 个主应力分别是

$$\sigma^1=-56.1\text{MPa},\quad \sigma^2=-62.3\text{MPa},\quad \sigma^3=-196.6\text{MPa}$$

(2) 求式 (5.27) 中的各方向余弦。

根据式 (5.30)~(5.32)，利用 Excel 表格程序，求得各方向余弦分别是

$$l_1=0.1375,\quad m_1=-0.4484,\quad n_1=-0.8832$$

$$l_2=0.572,\quad m_2=0.7639,\quad n_2=-0.2988$$

$$l_3=0.8086,\quad m_3=-0.4641,\quad n_3=0.3615$$

(3) 校核是否破坏。

令 $\hat{\sigma}_{11}=\sigma^2-\sigma^1=-6.2\text{MPa}$、$\hat{\sigma}_{22}=\sigma^3-\sigma^1=-140.5\text{MPa}$、$\hat{\sigma}_{12}=0$。假定材料受比例加载，即令$\{\sigma_{11}^0,\sigma_{22}^0,\sigma_{12}^0\}=\delta\{-6.2,-140.5,0\}$(MPa)，若由式 (5.16) 解出有 $0<\delta\leqslant 1$，则在给定载荷下材料会发生破坏；否则，在给定载荷下材料将不会破坏。

根据所给参数，求出有关系数如下：

$$c=-0.0196\text{MPa}^{-1},\quad e=108.83\text{MPa}$$

将 c、e、$\sigma_n^1 = -73.4\text{MPa}$、$r = 67.1\text{MPa}$ 代入式 (5.16)，解得 $\delta_1 = -0.707$、$\delta_2 = 1.538$。因此，材料在给定载荷下不会破坏。

(4) 求破坏载荷。

若按比例加载，材料破坏时的临界载荷为 $\{\sigma_{11}, \sigma_{22}, \sigma_{33}, \sigma_{23}, \sigma_{13}, \sigma_{12}\} = 1.538 \times \{-150, -90, -75, 25, -40, 50\}(\text{MPa}) = \{-230.7, -138.4, -115.4, 38.45, -61.5, 76.9\}(\text{MPa})$.

从以上莫尔破坏判据的创建过程可以看出，只要各向同性材料的拉伸、压缩和剪切强度满足式 (5.11) 和式 (5.22)，其在任意载荷作用下的破坏，都近似满足该判据所对应的方程。本节中给出的二次判据方程由三个实验数据 (即单轴拉伸、压缩以及剪切强度) 确立。自然，实验数据越多，构建包络线的近似程度越高。

与最大正应力破坏判据 (第一强度理论) 一样，本节基于莫尔定律建立起的破坏判据不仅给出了材料达到破坏时所受外载的大小，而且还指出了材料破坏面所处的位置以及沿哪个方向发生破坏。绝大多数复合材料的损伤破坏都源自基体 (假定纤维和基体之间不存在第三相即界面相，那么，界面的破坏同样来自基体，见第 7 章)，本节建立的判据可用于确定复合材料中基体破坏面的位置。如果将复合材料剖分成一系列有限单元，每一个单元按均匀受力考虑，那么复合材料达到极限破坏前的损伤分布便不难预测。

5.4 最大应力破坏判据

最大应力破坏判据是最大正应力破坏判据的自然推广，最早可能由 Jenkin 在 1920 年提出来 [66]，用于控制一般各向异性材料的破坏。应用到单向复合材料，假定其受到平面应力状态 $(\sigma_{11}, \sigma_{22}, \sigma_{12})$ 作用，那么，最大应力破坏判据表述为

如果下述三个不等式中的任何一个不满足，就说复合材料产生了破坏：

$$X \leqslant \sigma_{11} \leqslant -X', \quad Y \leqslant \sigma_{22} \leqslant -Y', \quad S_{12} \leqslant \sigma_{12} \leqslant -S_{12} \tag{5.33}$$

式中，X、X'、Y、Y'、S_{12} 分别是该单向复合材料的轴向拉伸、轴向压缩、横向拉伸、横向压缩及面内剪切强度。

5.5 Tsai-Wu 破坏判据

另一个广泛应用于控制单向复合材料破坏的判据是 Tsai-Wu 判据，最早由苏联学者 Goldenblat 和 Kopnov 在 1966 年提出 [67]，但据信，Tsai-Wu 在 1971 年独立建立并使之实用化 [68]。

先考虑平面问题。Goldenblat 和 Kopnov 认为 [67]，任何一个破坏判据都可以表作为如下形式：

$$f(\sigma_{11},\sigma_{22},\sigma_{12}) \geqslant 1 \tag{5.34}$$

其中，式 (5.34) 左边的 f 为待定的破坏函数，右边 1 则是正则化的结果 (因为 f 待定)。

虽然破坏函数的具体形式未知，但总可以将其展开为应力分量的泰勒级数，保留到 2 阶展开项，式 (5.34) 就变为

$$F_1\sigma_{11}+F_2\sigma_{22}+F_6\sigma_{12}+F_{11}\sigma_{11}^2+F_{22}\sigma_{22}^2+F_{66}\sigma_{12}^2+F_{12}\sigma_{11}\sigma_{22}+F_{16}\sigma_{11}\sigma_{12}+F_{26}\sigma_{22}\sigma_{12}\geqslant 1$$

展开的常数项移至右边，并且因为各系数待定，总可以将不等式右边取为 1。在临界情况下，上述不等式应取等号，即

$$F_1\sigma_{11}+F_2\sigma_{22}+F_6\sigma_{12}+F_{11}\sigma_{11}^2+F_{22}\sigma_{22}^2+F_{66}\sigma_{12}^2+F_{12}\sigma_{11}\sigma_{22}+F_{16}\sigma_{11}\sigma_{12}+F_{26}\sigma_{22}\sigma_{12}=1 \tag{5.35}$$

将与单向复合材料单轴强度对应的 5 种加载依次代入式 (5.35)，并分别令各加载达到测试的强度值，可得到确定各系数的 5 个联立方程。首先，式 (5.35) 左边须是剪应力的偶函数，因为将 $\sigma_{11}=\sigma_{22}=0$、$\sigma_{12}=\pm S_{12}$ 代入式 (5.35) 左边须完全相同。这表明，$F_6=F_{16}=F_{26}=0$。于是，5 个联立方程是

$$F_1X+F_{11}X^2=1,\quad F_1X'+F_{11}(X')^2=1 \tag{5.36a}$$

$$F_2Y+F_{22}Y^2=1,\quad F_2Y'+F_{22}(Y')^2=1 \tag{5.36b}$$

$$F_{66}(S_{12})^2=1 \tag{5.36c}$$

由此解出

$$F_{11}=\frac{1}{XX'},\quad F_1=\frac{1}{X}-\frac{1}{X'},\quad F_{22}=\frac{1}{YY'},\quad F_2=\frac{1}{Y}-\frac{1}{Y'},\quad F_{66}=\frac{1}{S_{12}^2} \tag{5.37a}$$

只剩下一个系数 F_{12} 待定，一般需要通过双轴加载 ($\sigma_{11}\neq 0$、$\sigma_{22}\neq 0$) 实验确定。然而，双轴加载实验不仅有难度，而且不同的载荷组合得到的系数 F_{12} 必不相同。这大概是 Goldenblat 和 Kopnov 的工作难以被广泛采用的原因所在。

Tsai-Wu 通过大量的对比研究发现，将 F_{12} 按如下形式选取 [32,68]：

$$F_{12}=-\sqrt{F_{11}F_{22}} \tag{5.37b}$$

所得结果与实验吻合良好。因此，Tsai-Wu 判据是

$$F_1\sigma_{11}+F_2\sigma_{22}+F_{11}\sigma_{11}^2+F_{22}\sigma_{22}^2+F_{66}\sigma_{12}^2+F_{12}\sigma_{11}\sigma_{22}\geqslant 1 \tag{5.38}$$

在三维应力状态下，Tsai-Wu 破坏判据方程修正为

$$\begin{aligned}&F_1\sigma_{11}+F_2\sigma_{22}+F_3\sigma_{33}+F_{11}\sigma_{11}^2+F_{22}\sigma_{22}^2+F_{33}\sigma_{33}^2+F_{44}\sigma_{23}^2+F_{55}\sigma_{13}^2\\&+F_{66}\sigma_{12}^2+F_{12}\sigma_{11}\sigma_{22}+F_{13}\sigma_{11}\sigma_{33}+F_{23}\sigma_{22}\sigma_{33}\geqslant 1\end{aligned}\tag{5.39a}$$

其中，除了式 (5.37a) 和式 (5.37b)，其他系数的计算公式为

$$F_{33}=\frac{1}{ZZ'},\quad F_3=\frac{1}{Z}-\frac{1}{Z'},\quad F_{44}=\frac{1}{S_{23}^2},\quad F_{55}=\frac{1}{S_{13}^2}$$

$$F_{13}=-\sqrt{F_{11}F_{33}},\quad F_{23}=-\sqrt{F_{22}F_{33}}\tag{5.39b}$$

式中，Z 和 Z' 分别是单向复合材料沿厚度方向的拉伸及压缩强度；S_{13} 和 S_{23} 则分别是复合材料在 x_1-x_3 和 x_2-x_3 平面内的剪切强度。

同样，Tsai-Wu 判据并非对所有加载情况都成立。当复合材料退化到各向同性的基体材料时，Tsai-Wu 判据须依然适用，原因是各向同性材料为各向异性复合材料的子集。此时，有

$$\begin{aligned}&F_{11}=F_{22}=F_{33}=1/(\sigma_{u,t}\sigma_{u,c}),\quad F_1=F_2=F_3=1/(\sigma_{u,t})-1/(\sigma_{u,c})\\&F_{12}=F_{13}=F_{23}=-F_{11},\quad F_{44}=F_{55}=F_{66}=1/(\sigma_{u,s}\sigma_{u,s})\end{aligned}\tag{5.40}$$

如前，$\sigma_{u,t}$、$\sigma_{u,c}$、$\sigma_{u,s}$ 分别是各向同性材料的拉伸、压缩及剪切强度。进一步，假定该各向同性材料受到三向等值压缩，即 $\sigma_{11}=\sigma_{22}=\sigma_{33}=-\sigma$、$\sigma_{23}=\sigma_{13}=\sigma_{12}=0$，代入式 (5.39a) 并注意到式 (5.40)，得到破坏方程为

$$\sigma=-1/(3F_1)$$

由此可见，除非 $\sigma_{u,t}=\sigma_{u,c}$，否则，根据 Tsai-Wu 判据预报的各向同性材料受三向等值压缩的破坏载荷为有限值，这显然与实际不符。因此，三向压缩下的 Tsai-Wu 判据同样须进行修正。

令

$$\begin{Bmatrix}\hat\sigma_{11}\\\hat\sigma_{22}\\\hat\sigma_{33}\\\hat\sigma_{23}\\\hat\sigma_{13}\\\hat\sigma_{12}\end{Bmatrix}=[T_{ij}]_c\begin{Bmatrix}0\\\sigma^2-\sigma^1\\\sigma^3-\sigma^1\\0\\0\\0\end{Bmatrix}\quad(若\ \sigma^1<0)\tag{5.41}$$

式中，坐标变换矩阵 $[T_{ij}]_c$ 中的方向余弦由式 (5.30)~(5.32) 确定。

因此，当 $\sigma^1 \geqslant 0$ 时，Tsai-Wu 判据用式 (5.39a)；若 $\sigma^1 < 0$，Tsai-Wu 判据修正为

$$
\begin{aligned}
&F_1\hat{\sigma}_{11} + F_2\hat{\sigma}_{22} + F_3\hat{\sigma}_{33} + F_{11}\hat{\sigma}_{11}^2 + F_{22}\hat{\sigma}_{22}^2 + F_{33}\hat{\sigma}_{33}^2 + F_{44}\hat{\sigma}_{23}^2 + F_{55}\hat{\sigma}_{13}^2 \\
&+F_{66}\hat{\sigma}_{12}^2 + F_{12}\hat{\sigma}_{11}\hat{\sigma}_{22} + F_{13}\hat{\sigma}_{11}\hat{\sigma}_{33} + F_{23}\hat{\sigma}_{22}\hat{\sigma}_{33} \geqslant 1
\end{aligned} \tag{5.42}
$$

其中，$\hat{\sigma}_{ij}$ 由式 (5.41) 计算。注意，三向等值拉伸时，Tsai-Wu 判据无须修正。

若 $\sigma^1 < 0$，复合材料破坏时对应的外载是

$$
\begin{Bmatrix} \sigma_{11} \\ \sigma_{22} \\ \sigma_{33} \\ \sigma_{23} \\ \sigma_{13} \\ \sigma_{12} \end{Bmatrix} = \begin{Bmatrix} \hat{\sigma}_{11} \\ \hat{\sigma}_{22} \\ \hat{\sigma}_{33} \\ \hat{\sigma}_{23} \\ \hat{\sigma}_{13} \\ \hat{\sigma}_{12} \end{Bmatrix} + [T_{ij}]_{\mathrm{c}} \begin{Bmatrix} 1 \\ 1 \\ 1 \\ 0 \\ 0 \\ 0 \end{Bmatrix} \sigma^1 \tag{5.43}
$$

需要指出的是，莫尔判据得到的结果与坐标系无关，而 Tsai-Wu 判据取决于坐标系，除非材料的强度 (拉伸、压缩、剪切) 满足特定关系。例如，假定各向同性材料受纯剪切 τ 作用，在剪应力平面内应用 Tsai-Wu 判据，材料达到破坏时的载荷条件为 $\tau = \sigma_{\mathrm{u,s}}$。另外，在 τ 作用下，材料的主应力为 $\sigma^1 = \tau$、$\sigma^3 = -\tau$，若取 $\sigma_{11} = \sigma^1$、$\sigma_{22} = \sigma^3$、σ_{12}=0，材料达到破坏时的载荷条件变为 $\tau = \sqrt{\sigma_{\mathrm{u,t}}\sigma_{\mathrm{u,c}}/3}$。一般情况下，$\sigma_{\mathrm{u,s}} \neq \sqrt{\sigma_{\mathrm{u,t}}\sigma_{\mathrm{u,c}}/3}$。因此，当各向同性材料满足式 (5.11) 和式 (5.22) 时，建议采用莫尔判据。

5.6 单轴载荷强度公式

如果单向复合材料只受到轴向拉伸或压缩、横向拉伸或压缩、轴向剪切或横向剪切作用，就说它受单轴载荷作用。单轴载荷不同于单向 (只有一个主应力不为 0 的) 载荷，单轴剪切载荷是一种双向载荷。在单轴载荷作用下，可以导出单向复合材料强度的显式计算公式。

5.6.1 轴向拉压强度公式

假定单向复合材料受如图 3-1 所示的轴向载荷 σ_{11} 作用，纤维和基体中的非 0 应力分量由式 (3.1) 给出，即

$$
\sigma_{11}^{\mathrm{f}} = \frac{\sigma_{11}}{V_{\mathrm{f}} + V_{\mathrm{m}}a_{11}}, \quad \sigma_{11}^{\mathrm{m}} = \frac{a_{11}\sigma_{11}}{V_{\mathrm{f}} + V_{\mathrm{m}}a_{11}} \tag{5.44}
$$

当纤维和基体中的任何一个组分材料达到了极限破坏，对应的外载就定义为单向复合材料的强度。从式 (5.44) 可知，纤维和基体的极限破坏条件分别是

$$\sigma_{11}^{\mathrm{f}}=\frac{\sigma_{11}^{\mathrm{u,t}}}{V_{\mathrm{f}}+V_{\mathrm{m}}a_{11}}\leqslant X_{\mathrm{f}},\quad \sigma_{11}^{\mathrm{m}}=\frac{a_{11}\sigma_{11}^{\mathrm{u,t}}}{V_{\mathrm{f}}+V_{\mathrm{m}}a_{11}}\leqslant X_{\mathrm{m}} \tag{5.45}$$

式中，$\sigma_{11}^{\mathrm{u,t}}$ 表示单向复合材料的轴向拉伸强度 (假定 σ_{11} 为轴向拉伸载荷)；X_{f} 和 X_{m} 分别表示纤维和基体的轴向许用拉应力，或称为现场轴向拉伸强度。如第 4 章所述，纤维截面上的应力均匀，见式 (2.46a)~(2.46c)，因而，纤维的现场强度与原始强度相同。基体的轴向应力分量同样为常数，见式 (2.47)，该方向的应力集中系数取为 1，其现场轴向拉伸强度与基体的原始拉伸强度相同。据此，由式 (5.45) 得出的单向复合材料轴向拉伸强度的计算式为

$$\sigma_{11}^{\mathrm{u,t}}=\min\left\{\frac{V_{\mathrm{f}}E_{11}^{\mathrm{f}}+V_{\mathrm{m}}E^{\mathrm{m}}}{E_{11}^{\mathrm{f}}}\sigma_{\mathrm{u,t}}^{\mathrm{f}},\frac{V_{\mathrm{f}}E_{11}^{\mathrm{f}}+V_{\mathrm{m}}E^{\mathrm{m}}}{E^{\mathrm{m}}}\sigma_{\mathrm{u,t}}^{\mathrm{m}}\right\} \tag{5.46}$$

式中，$\sigma_{\mathrm{u,t}}^{\mathrm{f}}$ 是纤维的轴向拉伸强度；$\sigma_{\mathrm{u,t}}^{\mathrm{m}}$ 是基体的原始拉伸强度。

同理，可得单向复合材料的轴向压缩强度公式是

$$\sigma_{11}^{\mathrm{u,c}}=\min\left\{\frac{V_{\mathrm{f}}E_{11}^{\mathrm{f}}+V_{\mathrm{m}}E^{\mathrm{m}}}{E_{11}^{\mathrm{f}}}\sigma_{\mathrm{u,c}}^{\mathrm{f}},\frac{V_{\mathrm{f}}E_{11}^{\mathrm{f}}+V_{\mathrm{m}}E^{\mathrm{m}}}{E^{\mathrm{m}}}\sigma_{\mathrm{u,c}}^{\mathrm{m}}\right\} \tag{5.47}$$

式中，$\sigma_{\mathrm{u,c}}^{\mathrm{f}}$ 是纤维的轴向压缩强度；$\sigma_{\mathrm{u,c}}^{\mathrm{m}}$ 是基体的原始压缩强度。若纤维/基体的压缩模量不同于拉伸模量，式 (5.47) 中需使用相应的压缩模量。

5.6.2　横向拉压强度公式

在横向拉伸载荷作用下，单向复合材料中的非 0 应力分量见式 (3.4)，即

$$\begin{gathered}\sigma_{11}^{\mathrm{f}}=-\frac{V_{\mathrm{m}}a_{12}\sigma_{22}}{(V_{\mathrm{f}}+V_{\mathrm{m}}a_{11})(V_{\mathrm{f}}+V_{\mathrm{m}}a_{22})},\quad \sigma_{11}^{\mathrm{m}}=\frac{V_{\mathrm{f}}a_{12}\sigma_{22}}{(V_{\mathrm{f}}+V_{\mathrm{m}}a_{11})(V_{\mathrm{f}}+V_{\mathrm{m}}a_{22})}\\ \sigma_{22}^{\mathrm{f}}=\frac{\sigma_{22}}{V_{\mathrm{f}}+V_{\mathrm{m}}a_{22}},\quad \sigma_{22}^{\mathrm{m}}=\frac{a_{22}\sigma_{22}}{V_{\mathrm{f}}+V_{\mathrm{m}}a_{22}}\end{gathered} \tag{5.48}$$

不同于轴向载荷，横向载荷下纤维和基体处于双向应力状态。但很显然，横向应力分量是主值，轴向应力分量是次要量，这两个分量皆为主应力，无论采用最大应力还是广义最大正应力破坏判据，纤维和基体的轴向应力分量都可以忽略不计。于是，横向拉伸极限破坏条件是 (参见式 (4.3))

$$\sigma_{22}^{\mathrm{f}}=\frac{\sigma_{22}^{\mathrm{u,t}}}{V_{\mathrm{f}}+V_{\mathrm{m}}a_{22}}\leqslant Y_{\mathrm{f}},\quad \sigma_{22}^{\mathrm{m}}=\frac{a_{22}\sigma_{22}^{\mathrm{u,t}}}{V_{\mathrm{f}}+V_{\mathrm{m}}a_{22}}\leqslant Y_{\mathrm{m}} \tag{5.49}$$

纤维的现场拉伸强度与其原始强度相同，但沿垂直于纤维方向的横向强度一般难以测定，简单起见可将 Y_{f} 取为 $\sigma_{\mathrm{u,t}}^{\mathrm{f}}$。基体的现场横向拉伸强度 Y_{m} 等于基体的原

始拉伸强度除以其横向拉伸应力集中系数。于是，从式 (5.49) 得到的横向拉伸强度是

$$\sigma_{22}^{\mathrm{u,t}}=\min\left\{\frac{(V_{\mathrm{f}}+0.3V_{\mathrm{m}})E_{22}^{\mathrm{f}}+0.7V_{\mathrm{m}}E^{\mathrm{m}}}{E_{22}^{\mathrm{f}}}\sigma_{\mathrm{u,t}}^{\mathrm{f}},\frac{(V_{\mathrm{f}}+0.3V_{\mathrm{m}})E_{22}^{\mathrm{f}}+0.7V_{\mathrm{m}}E^{\mathrm{m}}}{(0.3E_{22}^{\mathrm{f}}+0.7E^{\mathrm{m}})K_{22}^{\mathrm{t}}}\sigma_{\mathrm{u,t}}^{\mathrm{m}}\right\}\tag{5.50}$$

这里已将桥联参数 β 取为 0.3。假定纤维和基体的压缩模量与其拉伸模量相同 (如果不同，则须在下述公式中使用压缩模量)，横向压缩强度为

$$\sigma_{22}^{\mathrm{u,c}}=\min\left\{\frac{(V_{\mathrm{f}}+0.3V_{\mathrm{m}})E_{22}^{\mathrm{f}}+0.7V_{\mathrm{m}}E^{\mathrm{m}}}{E_{22}^{\mathrm{f}}}\sigma_{\mathrm{u,c}}^{\mathrm{f}},\frac{(V_{\mathrm{f}}+0.3V_{\mathrm{m}})E_{22}^{\mathrm{f}}+0.7V_{\mathrm{m}}E^{\mathrm{m}}}{(0.3E_{22}^{\mathrm{f}}+0.7E^{\mathrm{m}})K_{22}^{\mathrm{c}}}\sigma_{\mathrm{u,c}}^{\mathrm{m}}\right\}\tag{5.51}$$

在式 (5.50) 和式 (5.51) 中，K_{22}^{t}、K_{22}^{c} 分别是基体的横向拉、压应力集中系数。

5.6.3 轴向剪切强度公式

假定单向复合材料受如图 3-3 所示的轴向剪切载荷 σ_{12} 作用，纤维和基体中的非 0 应力分量由式 (3.5) 给出，极限破坏条件是

$$\sigma_{12}^{\mathrm{f}}=\frac{\sigma_{12}^{\mathrm{u}}}{V_{\mathrm{f}}+V_{\mathrm{m}}a_{66}}\leqslant S_{12}^{\mathrm{f}},\quad \sigma_{12}^{\mathrm{m}}=\frac{a_{66}\sigma_{12}^{\mathrm{u}}}{V_{\mathrm{f}}+V_{\mathrm{m}}a_{66}}\leqslant S_{12}^{\mathrm{m}}\tag{5.52}$$

式中，S_{12}^{f} 和 S_{12}^{m} 分别是纤维和基体的现场轴向剪切强度。虽然纤维的现场强度与其原始强度相同，但纤维的剪切强度一般难以得到，可用轴向拉伸强度替代，取 $S_{12}^{\mathrm{f}}=\sigma_{\mathrm{u,t}}^{\mathrm{f}}$。基体的现场轴向剪切强度则由其原始剪切强度除以其轴向剪应力集中系数得到。于是，由式 (5.52)，导得复合材料的轴向剪切强度的计算式为

$$\sigma_{12}^{\mathrm{u}}=\min\left\{\frac{(V_{\mathrm{f}}+0.3V_{\mathrm{m}})G_{12}^{\mathrm{f}}+0.7V_{\mathrm{m}}G^{\mathrm{m}}}{G_{12}^{\mathrm{f}}}\sigma_{\mathrm{u,t}}^{\mathrm{f}},\frac{(V_{\mathrm{f}}+0.3V_{\mathrm{m}})G_{12}^{\mathrm{f}}+0.7V_{\mathrm{m}}G^{\mathrm{m}}}{(0.3G_{12}^{\mathrm{f}}+0.7G^{\mathrm{m}})K_{12}}\sigma_{\mathrm{u,s}}^{\mathrm{m}}\right\}\tag{5.53}$$

式中，$\sigma_{\mathrm{u,s}}^{\mathrm{m}}$ 为基体的原始剪切强度；K_{12} 为基体的轴向剪应力集中系数。同样，已在式 (5.53) 中将桥联参数 α 置为 α=0.3。

5.6.4 横向剪切强度公式

横向剪切强度公式的推导过程完全类似轴向剪切强度公式的推导。例如，在横向剪应力 σ_{23} 作用下，根据桥联理论，纤维和基体的破坏条件是 (见式 (3.6))

$$\sigma_{23}^{\mathrm{f}}=\frac{\sigma_{23}^{\mathrm{u}}}{V_{\mathrm{f}}+V_{\mathrm{m}}a_{22}}\leqslant S_{23}^{\mathrm{f}},\quad \sigma_{23}^{\mathrm{m}}=\frac{a_{22}\sigma_{23}^{\mathrm{u}}}{V_{\mathrm{f}}+V_{\mathrm{m}}a_{22}}\leqslant S_{23}^{\mathrm{m}}\tag{5.54}$$

式中，S_{23}^{f} 和 S_{23}^{m} 分别是纤维和基体的现场横向剪切强度。S_{23}^{f} 同样用 $\sigma_{\mathrm{u,t}}^{\mathrm{f}}$ 替代，S_{23}^{m} 等于基体原始剪切强度除以横向剪应力集中系数，单向复合材料的横向剪切强度为

$$\sigma_{23}^{\mathrm{u}}=\min\left\{\frac{(V_{\mathrm{f}}+0.3V_{\mathrm{m}})E_{22}^{\mathrm{f}}+0.7V_{\mathrm{m}}E^{\mathrm{m}}}{E_{22}^{\mathrm{f}}}\sigma_{\mathrm{u,t}}^{\mathrm{f}},\frac{(V_{\mathrm{f}}+0.3V_{\mathrm{m}})E_{22}^{\mathrm{f}}+0.7V_{\mathrm{m}}E^{\mathrm{m}}}{(0.3E_{22}^{\mathrm{f}}+0.7E^{\mathrm{m}})K_{23}}\sigma_{\mathrm{u,s}}^{\mathrm{m}}\right\}\tag{5.55}$$

5.6.5　简化的强度公式

在式 (5.50)、式 (5.51)、式 (5.53)、式 (5.55) 中，纤维的横向拉、压以及轴向和横向剪切强度都用其轴向强度替代，其严谨性令人生疑。欣慰的是，对单向复合材料而言，只要纤维的刚度 (轴向模量、横向模量、轴向及横向剪切模量) 和强度大于基体的对应刚度 (弹性模量或剪切模量) 和强度，非轴向拉压载荷作用下的复合材料破坏一般都是由基体的破坏所引起的，只有轴向拉压下的复合材料破坏才可能由纤维的破坏所主导。当这些条件得以满足时，单向复合材料的强度由以下公式计算：

$$\sigma_{11}^{\mathrm{u,t}}=\frac{(V_{\mathrm{f}}E_{11}^{\mathrm{f}}+V_{\mathrm{m}}E^{\mathrm{m}})\sigma_{\mathrm{u,t}}^{\mathrm{f}}}{E_{11}^{\mathrm{f}}} \tag{5.56a}$$

$$\sigma_{11}^{\mathrm{u,c}}=\frac{(V_{\mathrm{f}}E_{11}^{\mathrm{f}}+V_{\mathrm{m}}E^{\mathrm{m}})\sigma_{\mathrm{u,c}}^{\mathrm{f}}}{E_{11}^{\mathrm{f}}} \tag{5.56b}$$

$$\sigma_{22}^{\mathrm{u,t}}=\frac{(V_{\mathrm{f}}+0.3V_{\mathrm{m}})E_{22}^{\mathrm{f}}+0.7V_{\mathrm{m}}E^{\mathrm{m}}}{(0.3E_{22}^{\mathrm{f}}+0.7E^{\mathrm{m}})K_{22}^{\mathrm{t}}}\sigma_{\mathrm{u,t}}^{\mathrm{m}} \tag{5.56c}$$

$$\sigma_{22}^{\mathrm{u,c}}=\frac{(V_{\mathrm{f}}+0.3V_{\mathrm{m}})E_{22}^{\mathrm{f}}+0.7V_{\mathrm{m}}E^{\mathrm{m}}}{(0.3E_{22}^{\mathrm{f}}+0.7E^{\mathrm{m}})K_{22}^{\mathrm{c}}}\sigma_{\mathrm{u,c}}^{\mathrm{m}} \tag{5.56d}$$

$$\sigma_{12}^{\mathrm{u}}=\frac{(V_{\mathrm{f}}+0.3V_{\mathrm{m}})G_{12}^{\mathrm{f}}+0.7V_{\mathrm{m}}G^{\mathrm{m}}}{(0.3G_{12}^{\mathrm{f}}+0.7G^{\mathrm{m}})K_{12}}\sigma_{\mathrm{u,s}}^{\mathrm{m}} \tag{5.56e}$$

$$\sigma_{23}^{\mathrm{u}}=\frac{(V_{\mathrm{f}}+0.3V_{\mathrm{m}})E_{22}^{\mathrm{f}}+0.7V_{\mathrm{m}}E^{\mathrm{m}}}{(0.3E_{22}^{\mathrm{f}}+0.7E^{\mathrm{m}})K_{23}}\sigma_{\mathrm{u,s}}^{\mathrm{m}} \tag{5.56f}$$

必须指出，式 (5.56c)~(5.56f) 虽对一般纤维增强复合材料都成立，但式 (5.56a) 和式 (5.56b) 的应用须更为小心，一般宜采用式 (5.46) 和式 (5.47)，尤其当纤维体积含量较低时。

例 5-5　碳化硅 (SiC) 纤维增强钛金属基单向复合材料，纤维和基体均可视为各向同性的，各材料参数是：$E^{\mathrm{f}}=400\mathrm{GPa}$, $\nu^{\mathrm{f}}=0.25$, $\sigma_{\mathrm{u,t}}^{\mathrm{f}}=3480\mathrm{MPa}$, $E^{\mathrm{m}}=110\mathrm{GPa}$, $\nu^{\mathrm{m}}=0.33$, $\sigma_{\mathrm{u,t}}^{\mathrm{m}}=1000\mathrm{MPa}$, $V_{\mathrm{f}}=0.15$。试求该复合材料的轴向及横向拉伸强度。

解　(1) 轴向拉伸强度由式 (5.46) 计算，代入有关数据后，有

$$\begin{aligned}\sigma_{11}^{\mathrm{u,t}}&=\min\left\{\frac{0.15\times400+0.85\times110}{400}\times3480,\frac{0.15\times400+0.85\times110}{110}\times1000\right\}\\&=\min\{1335.5,1395.5\}=1335.5(\mathrm{MPa})\end{aligned}$$

结果显示，轴向破坏由纤维的破坏所引起，但与基体沿轴向的破坏载荷相差不大。

(2) 横向拉伸强度由式 (5.56c) 计算，但首先须求出基体的横向拉伸应力集中系数。将有关数据代入式 (4.27)，求得 $K_{22}^{\mathrm{t}}=1.41$，再代入式 (5.56c)，有

$$\sigma_{22}^{\mathrm{u,t}} = \frac{(0.15+0.3\times0.85)\times400+0.7\times0.85\times110}{(0.3\times400+0.7\times110)\times1.41}\times1000 = 818.8(\mathrm{MPa})$$

5.7 强度的计算精度问题

欲预报单向复合材料的刚度 (弹性模量)，只需知道纤维和基体的弹性性能以及纤维的体积含量即可，参见第 3 章。而要计算复合材料的强度，除了要输入纤维和基体的弹性性能及纤维含量，还需额外提供纤维和基体的强度。进一步，任何其他可能的因素，如纤维和基体的热残余应力、组分材料尤其是基体的塑性变形、纤维和基体的非理想界面 (界面脱粘)、孔隙率等微缺陷、纤维排列偏差、材料尺度效应甚至制备工艺等，对复合材料强度的影响都远甚于对刚度的影响。事实上，根据材料力学不难得知，热残余应力、组分材料塑性变形、非理想界面 (界面脱粘)、孔隙率等微缺陷，对复合材料的刚度 (初始载荷下的响应) 几乎没有影响，但对复合材料的破坏进而对其强度会产生影响，比如，复合材料的破坏往往就始于纤维和基体的界面脱粘或开裂。测试任何一个组分性能以及定量确定其他影响参数中出现的离散性，都会导致复合材料性能预报值与实验值之间产生偏差。因此，完全基于理想条件 (纤维和基体界面粘结理想、不计热残余应力、不考虑组分塑性变形、忽略孔隙率等微缺陷、纤维排列无任何偏差等)，复合材料破坏和强度的预报精度能达到其刚度预报精度的一半，是可以接受的预期。换言之，如果刚度预报值与实验值的对比误差为 10%，那么，相同复合材料的强度预报值与测试值之间的对比误差为 20%，就是比较合理的结果。

Hinton 等组织的三届世界范围复合材料破坏评估 (“破坏分析奥运会”)，不仅提供了 9 组单向复合材料纤维和基体的原始弹性性能 (表 3-1)，还提供了这些组分材料的强度参数以及 9 组单向复合材料强度的测试数据 [45−47]，这些纤维和基体以及单向复合材料的强度数据皆列于表 5-2 中，为方便起见，组分材料的弹性性能也一并汇集在表内。9 组单向复合材料中基体的各应力集中系数，已在例 4-1 中求出，参见表 4-2。然后，应用式 (5.56a)~(5.56f) 计算了 9 组复合材料的全部 54 个单轴强度参数，列在表 5-3 中，与实测值对比的各相对误差也都列在表中的括弧内。分别给出了计入和不计入基体应力集中系数的强度预报值和相对误差。据此，可计算每一个公式对应的平均相对误差，只有横向剪切强度的平均相对误差由 8 组数据得到，因为其中一个强度测试值未能提供，其他皆基于 9 组数据绝对值的平均得到。全部 53 个强度的整体平均误差为 21.1%。

如何评判该精度表现呢？如上所述，需要和相同复合材料的刚度预报精度进行对比，方可判定强度公式的精度表现是否符合预期。第 3 章中经对比证实，桥联模型预报复合材料刚度的精度最高。因此，基于表 3-2、表 3-3 和表 5-3 中的数据，将桥联理论预报复合材料刚度和强度的精度比对列于表 5-4 中。所有统计参数表明：强度预报精度满足预期。刚度预报的平均误差为 10.38%，强度预报的平均误差为 21.1%，接近刚度预报平均误差的两倍。简言之，基于最少的原始组分材料性能数据，复合材料的刚度计算精度能达到 90%(误差 10%)，而复合材料的破坏与强度预报精度则能达到 80%(误差 20%)。表 3-3 显示，一些著名理论如自洽模型、Mori-Tanaka 模型、Halpin-Tsai 模型、混合率模型以及 Eshelby 模型等的刚度预报平均精度甚至与桥联模型的强度预报平均精度相近或更差。需要指出的是，即便实验能够测量复合材料强度，但目前技术所产生的离散性，一般也能高达 20%，美国空军实验室复合材料手册就推荐，将复合材料强度的实验值折减约 20%后再作为设计时的极限参数 [6]，这将在一定程度上补偿 20%的强度预报平均误差。

表 5-2　9 组典型单向复合材料组分性能及单轴强度测试值 [45−47]

	E-Glass LY556	E-Glass MY750	AS4 3501-6	T300 BSL914C	IM7 8511-7	T300 PR319	AS Epoxy	S2-Glass Epoxy	G400-800 5260
E_{11}^{f}/GPa	80	74	225	230	276	230	231	87	290
E_{22}^{f}/GPa	80	74	15	15	19	15	15	87	19
ν_{12}^{f}	0.2	0.2	0.2	0.2	0.2	0.2	0.2	0.2	0.2
G_{12}^{f}/GPa	33.33	30.8	15	15	27	15	15	36.3	27
ν_{23}^{f}	0.2	0.2	0.07	0.07	0.36	0.07	0.07	0.2	0.357
E^{m}/GPa	3.35	3.35	4.2	4	4.08	0.95	3.2	3.2	3.45
ν^{m}	0.35	0.35	0.34	0.35	0.38	0.35	0.35	0.35	0.35
$\sigma_{\mathrm{u,t}}^{\mathrm{f}}$/MPa	2150	2150	3350	2500	5180	2500	3500	2850	5860
$\sigma_{\mathrm{u,c}}^{\mathrm{f}}$/MPa	1450	1450	2500	2000	3200	2000	3000	2450	3200
$\sigma_{\mathrm{u,t}}^{\mathrm{m}}$/MPa	80	80	69	75	99	70	85	73	70
$\sigma_{\mathrm{u,c}}^{\mathrm{m}}$/MPa	120	120	250	150	130	130	120	120	130
$\sigma_{\mathrm{u,s}}^{\mathrm{m}}$/MPa	54	54	50	70	57	41	50	52	57
V_{f}	0.62	0.6	0.6	0.6	0.6	0.6	0.6	0.6	0.6
单轴强度测试值									
X/MPa	1140	1280	1950	1500	2560	1378	1990	1700	2750
X'/MPa	570	800	1480	900	1590	950	1500	1150	1700
Y/MPa	35	40	48	27	73	40	38	63	75
Y'/MPa	114	145	200	200	185	125	150	180	210
S_{12}/MPa	72	73	79	80	90	97	70	72	90
S_{23}/MPa	50	50	55	—	57	45	50	40	57

注：X= 轴向拉伸强度，X'= 轴向压缩强度，Y= 横向拉伸强度，Y'= 横向压缩强度，S_{12}= 轴向剪切强度，S_{23}= 横向剪切强度。

表 5-3 桥联模型单轴强度公式计算的 9 组单向复合材料强度及与实验对比误差

	E-Glass LY556	E-Glass MY750	AS4 3501-6	T300 BSL914C	IM7 8511-7	T300 PR319	AS Epoxy	S2-Glass Epoxy	G400-800 5260
轴向强度预报及误差									
$\sigma_{11}^{u,t}$/MPa	1367.2 (19.9%)	1328.9 (3.8%)	2035 (4.4%)	1517.4 (1.2%)	3138.6 (22.6%)	1504.1 (9.2%)	2119.4 (6.5%)	1751.9 (3.1%)	3543.9 (28.9%)
$\sigma_{11}^{u,c}$/MPa	922.1 (61.8%)	896.3 (12%)	1518.7 (2.6%)	1213.9 (34.9%)	1938.9 (21.9%)	1203.3 (26.7%)	1816.6 (21.1%)	1506.1 (31%)	1935.2 (13.8%)
计入应力集中系数的强度预报及误差									
$\sigma_{22}^{u,t}$/MPa	54.2 (54.9%)	54.3 (35.8%)	52.9 (10.3%)	57.1 (111.6%)	73.7 (1%)	48 (20.1%)	63.1 (66%)	49.3 (−21.7%)	51.3 (−31.6%)
$\sigma_{22}^{u,c}$/MPa	120.7 (5.9%)	121.6 (−16.2%)	273.9 (36.9%)	156 (−22%)	127.9 (−30.9%)	136.9 (9.5%)	119.5 (−20.4%)	123.9 (−31.2%)	135.4 (−35.5%)
σ_{12}^{u}/MPa	81 (12.5%)	80.7 (10.6%)	70.5 (−10.8%)	99.2 (24%)	84 (−6.7%)	62.3 (−35.7%)	72.1 (2.9%)	78.3 (8.8%)	84.6 (−6%)
σ_{23}^{u}/MPa	40.4 (−19.1)	40.6 (−18.7%)	60.2 (9.5%)	47.2 (-)	48.5 (−14.8%)	40.5 (−9.9%)	43.4 (−13.2%)	39.1 (−2.3%)	41.7 (−26.9%)
不计应力集中系数的强度预报及误差									
$\sigma_{22}^{u,t}$/MPa	181 (417.1%)	176.6 (341.5%)	111 (131.3%)	122.4 (353.3%)	171.5 (134.9%)	149.9 (274.8%)	147.6 (288.4%)	163.5 (159.5%)	126.4 (68.5%)
$\sigma_{22}^{u,c}$/MPa	271.5 (138.2%)	265.2 (82.9%)	402.4 (101.2%)	244.9 (22.5%)	225.2 (21.7%)	278.6 (122.9%)	208.3 (38.9%)	269.1 (49.5%)	234.5 (11.7%)
σ_{12}^{u}/MPa	123.1 (71%)	120.3 (64.8%)	100.4 (27.1%)	141.9 (77.4%)	123.9 (37.7%)	94.1 (−3%)	104.5 (49.3%)	117.5 (63.2%)	125.5 (39.4%)
σ_{23}^{u}/MPa	122 (144%)	119.2 (138.4%)	80.5 (46.4%)	114.3 (-)	98.7 (73.2%)	87.8 (95.1%)	86.8 (73.6%)	116.6 (191.5%)	103 (80.7%)

表 5-4　桥联模型预报单向复合材料强度与刚度的精度对比

刚度 (弹性性能) 计算		强度计算	
数据总数 N	45	数据总数 N	53
$0<\text{abs(error)}\leqslant 10\%$, a	25	$0<\text{abs(error)}\leqslant 20\%$, A	30
$10\%<\text{abs(error)}\leqslant 30\%$, b	17	$20\%<\text{abs(error)}\leqslant 50\%$, B	19
$30\%<\text{abs(error)}$, c	3	$50\%<\text{abs(error)}$, C	4
a/N	55.6%	A/N	56.6%
$(a+b)/N$	93.3%	$(A+B)/N$	92.5%
平均误差 *	10.38%	平均误差 *	21.1%

* 平均误差 $=\dfrac{1}{N}\sum\limits_{k=1}^{N}\text{abs(error)}_k$。

进一步，不考虑基体的应力集中效应 (在式 (5.56c)~(5.56f) 中令 $K_{22}^{\mathrm{t}}=K_{22}^{\mathrm{c}}=K_{23}=K_{12}\equiv 1$)，预报的复合材料的横向拉伸、横向压缩、横向剪切及轴向剪切强度及其与实验值对比的相对误差也列在表 5-3 中。从表中得知，不考虑基体应力集中影响的这些强度预报值与实验值之间的平均误差为 115.3%，考虑后这些强度平均误差仅为 22.1%(轴向强度预报排除在对比之外)，降幅为 5.5 倍 (115.3/22.1= 5.46)！这证实了基体应力集中系数对复合材料破坏与强度预报的决定性作用。

5.8　其他模型的强度公式、精度对比

由式 (2.8) 可知，任何细观力学模型都对应一个桥联矩阵。再将所得桥联矩阵代入式 (2.4) 和式 (2.5)，即可求出纤维和基体中的内应力。显然，与单轴外载对应的纤维和基体内应力是主要应力分量，其他方向的内应力分量如果存在也是次要的。

例 5-6　E-Glass/LY556 单向复合材料的纤维和基体性能如表 3-1 所示，为方便起见重新列在表 5-5 中，$V_{\mathrm{f}}=0.62$。由广义胞元模型求出的单向复合材料的弹性性能 (表 3-2) 亦列入表 5-5 中。试根据该方法，求在复合材料上依次施加单位载荷 $\sigma_{11}^0=1$、$\sigma_{22}^0=1$、$\sigma_{33}^0=1$、$\sigma_{23}^0=1$ 以及 $\sigma_{12}^0=1$ 时纤维和基体中所产生的应力分量。

表 5-5　E-Glass/LY556 纤维和基体弹性性能及广义胞元模型计算的单向复合材料弹性性能

材料	E_{11}/GPa	E_{22}/GPa	ν_{12}	G_{12}/GPa	G_{23}/GPa
纤维	80	80	0.2	33.33	33.33
基体	3.35	3.35	0.35	1.24	1.24
复合材料	50.9	15.4	0.247	4.57	6.02

解　所有的运算均编制成 Excel 表格完成。

(1) 由 $[A_{ij}]_\sigma = V_{\rm f}([S_{ij}]_\sigma - [S_{ij}^{\rm m}]_\sigma)^{-1}([S_{ij}^{\rm f}]_\sigma - [S_{ij}]_\sigma)/V_{\rm m}$ 求 $[A_{ij}]_\sigma$。

$$[S_{ij}]_\sigma^{\rm GMC} - [S_{ij}^{\rm m}]_\sigma = \begin{bmatrix} -0.2789 & 0.09962 & 0.09963 \\ 0.09962 & -0.2336 & 0.08836 \\ 0.09063 & 0.08836 & -0.2336 \end{bmatrix}$$

$$([S_{ij}]_\sigma^{\rm GMC} - [S_{ij}^{\rm m}]_\sigma)^{-1} = \begin{bmatrix} -6.943 & -4.699 & -4.699 \\ -4.699 & -8.139 & -5.013 \\ -4.699 & -5.013 & -8.139 \end{bmatrix}$$

$$[S_{ij}^{\rm f}]_\sigma - [S_{ij}]_\sigma^{\rm GMC} = \begin{bmatrix} -0.007 & 0.0024 & 0.0024 \\ 0.0024 & -0.052 & 0.0156 \\ 0.0024 & 0.0156 & -0.052 \end{bmatrix}$$

$$[A_{ij}]_\sigma^{\rm GMC} = \begin{bmatrix} 0.0449 & 0.2556 & 0.2556 \\ 0.0043 & 0.5505 & 0.2034 \\ 0.0043 & 0.2034 & 0.5505 \end{bmatrix}$$

(2) 由 $[B_{ij}]_\sigma = (V_{\rm f}[I] + V_{\rm m}[A_{ij}]_\sigma)^{-1}$ 求 $[B_{ij}]_\sigma$。

$$\left(V_{\rm f}[I] + V_{\rm m}[A_{ij}]_\sigma^{\rm GMC}\right) = \begin{bmatrix} 0.6371 & 0.0971 & 0.0971 \\ 0.0016 & 0.8292 & 0.0773 \\ 0.0016 & 0.0773 & 0.8292 \end{bmatrix}$$

代入三维矩阵求逆公式 (1.4) 的 Excel 表格，求得

$$[B_{ij}]_\sigma^{\rm GMC} = \left(V_{\rm f}[I] + V_{\rm m}[A_{ij}]_\sigma^{\rm GMC}\right)^{-1} = \begin{bmatrix} 1.5706 & -0.168 & -0.168 \\ -0.003 & 1.2169 & -0.113 \\ -0.003 & -0.113 & 1.2169 \end{bmatrix}$$

(3) 由 $[B_{ij}]_\tau = (V_{\rm f}[I] + V_{\rm m}[A_{ij}]_\tau)^{-1}$ 求 $[B_{ij}]_\tau$。

由于 $[A_{ij}]_\tau = V_{\rm f}([S_{ij}]_\tau - [S_{ij}^{\rm m}]_\tau)^{-1}([S_{ij}^{\rm f}]_\tau - [S_{ij}]_\tau)/V_{\rm m}$ 为对角矩阵，有

$$[B_{ij}]_\tau^{\rm GMC} = \begin{bmatrix} 1.33 & 0 & 0 \\ 0 & 1.22 & 0 \\ 0 & 0 & 1.22 \end{bmatrix}$$

(4) 由式 (2.4) 和式 (2.5) 分别求纤维和基体中的内应力，对应单位载荷作用下的非 0 应力分量列于表 5-6。

表 5-6　单位载荷作用下的非 0 应力分量

$\sigma_{11}^0=1$	σ_{11}^{f} 1.5706	σ_{22}^{f} −0.003	σ_{33}^{f} −0.003	σ_{11}^{m} 0.069	σ_{22}^{m} 0.0046	σ_{33}^{m} 0.0046
$\sigma_{22}^0=1$	σ_{11}^{f} −0.168	σ_{22}^{f} 1.2169	σ_{33}^{f} −0.113	σ_{11}^{m} 0.2745	σ_{22}^{m} 0.6462	σ_{33}^{m} 0.1846
$\sigma_{33}^0=1$	σ_{11}^{f} −0.168	σ_{22}^{f} −0.113	σ_{33}^{f} 1.2169	σ_{11}^{m} 0.2745	σ_{22}^{m} 0.1846	σ_{33}^{m} 0.6462
$\sigma_{23}^0=1$		σ_{23}^{f} 1.33			σ_{23}^{m} 0.4616	
$\sigma_{12}^0=1$		σ_{12}^{f} 1.2204			σ_{12}^{m} 0.6403	

因此，在单轴载荷作用下，其他方向的应力分量值 (绝对值) 不及主要应力分量 (与外加载荷方向相同) 的 1/2，在应用广义最大正应力破坏判据时可忽略不计。

假定对单向复合材料分别施加单轴外载引起的 4 个主要内应力分量是

$$\sigma_{11}^{\mathrm{f}}=\delta_1\sigma_{11}^0,\quad \sigma_{22}^{\mathrm{m}}=\delta_2\sigma_{22}^0,\quad \sigma_{23}^{\mathrm{m}}=\delta_3\sigma_{23}^0,\quad \sigma_{12}^{\mathrm{m}}=\delta_4\sigma_{12}^0 \tag{5.57}$$

式中，系数 δ_1、δ_2、δ_3、δ_4 分别与所考虑的理论模型和单向复合材料的组分性能有关。对上述例 5-5 中的复合材料，广义胞元模型对应的系数分别为 δ_1=1.5706、δ_2=0.6462、δ_3=0.4616、δ_4=0.6403。对任意一个单向复合材料，只要根据某个细观力学模型求出了该复合材料的 5 个等效弹性常数，那么，式 (5.57) 中的 4 个系数就可方便确定。从而，根据该理论模型计算的复合材料单轴强度就是

轴向拉、压强度：

$$\sigma_{11}^{\mathrm{u,t}}=\sigma_{\mathrm{u,t}}^{\mathrm{f}}/\delta_1,\quad \sigma_{11}^{\mathrm{u,c}}=\sigma_{\mathrm{u,c}}^{\mathrm{f}}/\delta_1 \tag{5.58a}$$

横向拉、压强度：

$$\sigma_{22}^{\mathrm{u,t}}=\sigma_{\mathrm{u,t}}^{\mathrm{m}}/(K_{22}^{\mathrm{t}}\delta_2),\quad \sigma_{22}^{\mathrm{u,c}}=\sigma_{\mathrm{u,c}}^{\mathrm{m}}/(K_{22}^{\mathrm{c}}\delta_2) \tag{5.58b}$$

横向剪切强度：

$$\sigma_{23}^{\mathrm{u}}=\sigma_{\mathrm{u,s}}^{\mathrm{m}}/(K_{23}\delta_3) \tag{5.58c}$$

轴向剪切强度：

$$\sigma_{12}^{\mathrm{u}}=\sigma_{\mathrm{u,s}}^{\mathrm{m}}/(K_{12}\delta_4) \tag{5.58d}$$

表 3-2 中列出了桥联模型以及其他 13 种细观力学模型针对三届世界范围破坏评估所用 9 组单向复合材料弹性常数的预报值。基于表 3-2，应用例 5-4 的步骤及 Excel 表格，可分别求出除 Digimat 双夹杂模型外其他全部 13 种模型相对每一组复合材料的桥联矩阵 $[A_{ij}]$ 以及 $[B_{ij}]$ 矩阵，进而求出各自的系数 δ_1、δ_2、δ_3、δ_4，结

果列于表 5-7 中。9 组材料体系的纤维和基体性能以及纤维体积含量见表 5-2。为节省篇幅，表中未列出 $[B_{ij}]$ 矩阵，仅列出 $[A_{ij}]$ 矩阵和各系数 δ_i。注意，所有未列入的其他桥联矩阵元素皆为 0。

表 5-7 不同模型得到的 9 组单向复合材料桥联矩阵非 0 元素及 δ 系数

	E-Glass/ LY556	E-Glass/ MY750	AS4/ 3501-6	T300/ BSL914C	IM7/ 8511-7	T300/ PR319	AS/ Epoxy	S2-Glass/ Epoxy	G400-800/ 5260
Eshelby 模型									
A_{11}	0.031	0.034	0.015	0.013	0.009	0.003	0.011	0.028	0.009
$A_{22}=A_{33}$	1.775	1.686	1.393	1.394	1.495	1.651	1.461	1.694	1.550
$A_{12}=A_{13}$	0.676	0.640	0.457	0.474	0.606	0.626	0.514	0.646	0.579
$A_{21}=A_{31}$	−0.016	−0.015	−0.005	−0.006	−0.008	−0.001	−0.005	−0.013	−0.004
$A_{23}=A_{32}$	0.179	0.169	−0.037	−0.031	0.107	0.139	0.014	0.173	0.110
A_{44}	1.596	1.517	1.429	1.425	1.388	1.511	1.447	1.521	1.440
$A_{55}=A_{66}$	1.304	1.240	1.224	1.225	1.236	1.244	1.230	1.242	1.238
δ_1	1.577	1.623	1.648	1.650	1.654	1.663	1.653	1.631	1.655
δ_2	1.370	1.322	1.204	1.205	1.247	1.308	1.234	1.324	1.270
δ_3	1.301	1.257	1.220	1.218	1.201	1.255	1.228	1.259	1.225
δ_4	1.169	1.131	1.123	1.124	1.130	1.133	1.126	1.132	1.130
桥联模型									
a_{11}	0.0419	0.0453	0.0187	0.0174	0.0148	0.0041	0.0139	0.0368	0.0119
$a_{22}=a_{33}=a_{44}$	0.3293	0.3317	0.4960	0.4867	0.4503	0.3443	0.4493	0.3257	0.4271
$a_{12}=a_{13}$	0.1025	0.1023	0.1636	0.1655	0.1667	0.1193	0.1533	0.1028	0.1461
$a_{55}=a_{66}$	0.3260	0.3282	0.3731	0.3691	0.3383	0.3164	0.3553	0.3229	0.3332
δ_1	1.573	1.618	1.646	1.648	1.650	1.662	1.651	1.627	1.654
δ_2	0.442	0.453	0.621	0.612	0.577	0.467	0.576	0.446	0.554
δ_3	0.442	0.453	0.621	0.612	0.577	0.467	0.576	0.446	0.554
δ_4	0.438	0.449	0.498	0.494	0.460	0.436	0.479	0.443	0.454
Mori-Tanaka 模型									
A_{11}	0.0443	0.0479	0.0174	0.0183	0.0159	0.0044	0.0146	0.0389	0.0126
$A_{22}=A_{33}$	0.7071	0.7103	0.8021	0.8020	0.7838	0.7184	0.7798	0.7049	0.7641
$A_{12}=A_{13}$	0.2659	0.2678	0.3011	0.3140	0.3335	0.2800	0.3048	0.2659	0.2934
$A_{21}=A_{31}$	0.0035	0.0037	−0.0018	0.0013	0.0015	0.0004	0.0011	0.0030	0.0010
$A_{23}=A_{32}$	0.0765	0.0808	0.0962	0.1052	0.1016	0.0839	0.0990	0.0761	0.0809
A_{44}	0.6306	0.6295	0.7059	0.6969	0.6822	0.6346	0.6808	0.6288	0.6832
$A_{55}=A_{66}$	0.5187	0.5201	0.5537	0.5493	0.5274	0.5116	0.5395	0.5163	0.5237
δ_1	1.571	1.616	1.647	1.647	1.650	1.662	1.651	1.625	1.653
δ_2	0.793	0.801	0.868	0.867	0.855	0.807	0.852	0.797	0.841
δ_3	0.734	0.739	0.800	0.793	0.782	0.743	0.780	0.738	0.782
δ_4	0.635	0.644	0.674	0.670	0.650	0.636	0.661	0.640	0.647

续表

	E-Glass/ LY556	E-Glass/ MY750	AS4/ 3501-6	T300/ BSL914C	IM7/ 8511-7	T300/ PR319	AS/ Epoxy	S2-Glass/ Epoxy	G400-800/ 5260
混合率模型									
A_{11}	0.0419	0.0453	0.0186	0.0174	0.0149	0.0041	0.0139	0.0367	0.0119
$A_{22}=A_{33}$	1.7814	1.8450	10.2605	−210.73	37.8339	2.1053	5.1265	1.8520	2.5797
$A_{12}=A_{13}$	0.8984	0.9433	6.6827	−149	28.5697	1.1245	3.2530	0.9487	1.4603
$A_{21}=A_{31}$	0.0000	0.0000	0.0000	0.0000	0.0002	0.0000	0.0000	0.0000	0.0000
$A_{23}=A_{32}$	0.7801	0.8417	9.2605	−211.73	36.8337	1.1061	4.1260	0.8518	1.5830
A_{44}	1.0013	1.0033	0.9999	1.0011	1.0002	0.9992	1.0005	1.0002	0.9967
$A_{55}=A_{66}$	1.0002	1.0022	0.9999	0.9999	0.9998	1.0000	0.9997	1.0000	1.0000
δ_1	1.573	1.618	1.646	1.648	1.650	1.662	1.651	1.627	1.654
δ_2	1.304	1.303	1.661	1.755	1.725	1.352	1.576	1.304	1.418
δ_3	1.001	1.002	1.000	1.001	1.000	0.999	1.000	1.000	0.998
δ_4	1.000	1.001	1.000	1.000	1.000	1.000	1.000	1.000	1.000
Chamis 模型									
A_{11}	0.0419	0.0453	0.0187	0.0174	0.0148	0.0037	0.0139	0.0367	0.0119
$A_{22}=A_{33}$	0.6310	0.6286	1.0128	1.1581	1.1201	0.6842	0.9114	0.6323	0.7422
$A_{12}=A_{13}$	0.2779	0.2766	0.5380	0.6566	0.6845	0.3252	0.4832	0.2815	0.3649
$A_{21}=A_{31}$	0.0000	0.0000	0.0000	0.0000	0.0000	−0.0006	0.0000	0.0000	0.0000
$A_{23}=A_{32}$	0.1901	0.1913	0.5758	0.7212	0.6834	0.2481	0.4748	0.1959	0.3069
A_{44}	0.4409	0.4373	0.4371	0.4369	0.4366	0.4361	0.4366	0.4365	0.4353
$A_{55}=A_{66}$	0.4406	0.4369	0.4364	0.4365	0.4365	0.4365	0.4364	0.4365	0.4365
δ_1	1.573	1.618	1.646	1.648	1.650	1.662	1.651	1.627	1.654
δ_2	0.720	0.724	0.925	0.977	0.964	0.761	0.882	0.726	0.796
δ_3	0.560	0.564	0.564	0.564	0.564	0.563	0.564	0.564	0.562
δ_4	0.560	0.564	0.563	0.563	0.564	0.564	0.563	0.564	0.564
修正的混合率模型									
A_{11}	0.0419	0.0453	0.0187	0.0174	0.0148	0.0037	0.0139	0.0367	0.0119
$A_{22}=A_{33}$	0.7263	0.7275	0.9552	0.9756	0.9181	0.7662	0.9173	0.7242	0.8389
$A_{12}=A_{13}$	0.2782	0.2777	0.4064	0.4362	0.4366	0.3138	0.4022	0.2792	0.3447
$A_{21}=A_{31}$	0.0000	0.0000	0.0000	0.0000	0.0000	−0.0006	0.0000	0.0000	0.0000
$A_{23}=A_{32}$	0.0957	0.0953	0.2494	0.2788	0.2376	0.1336	0.2388	0.0975	0.1528
A_{44}	0.6306	0.6322	0.7059	0.6969	0.6805	0.6326	0.6785	0.6267	0.6862
$A_{55}=A_{66}$	0.5190	0.5192	0.5513	0.5498	0.5267	0.5145	0.5403	0.5157	0.5246
δ_1	1.573	1.618	1.646	1.648	1.650	1.662	1.651	1.627	1.654
δ_2	0.808	0.813	0.957	0.966	0.934	0.840	0.933	0.811	0.890
δ_3	0.734	0.741	0.800	0.793	0.780	0.742	0.779	0.737	0.785
δ_4	0.635	0.643	0.672	0.671	0.650	0.638	0.662	0.640	0.648

续表

	E-Glass/ LY556	E-Glass/ MY750	AS4/ 3501-6	T300/ BSL914C	IM7/ 8511-7	T300/ PR319	AS/ Epoxy	S2-Glass/ Epoxy	G400-800/ 5260
				Halpin-Tsai 模型					
A_{11}	0.0419	0.0453	0.0187	0.0174	0.0148	0.0037	0.0139	0.0367	0.0119
$A_{22}=A_{33}$	0.7071	0.7088	0.7997	0.8050	0.7917	0.7211	0.7865	0.7086	0.7603
$A_{12}=A_{13}$	0.2645	0.2643	0.2998	0.3159	0.3399	0.2822	0.3101	0.2681	0.2894
$A_{21}=A_{31}$	0.0000	0.0000	0.0000	0.0000	0.0000	−0.0006	0.0000	0.0000	0.0000
$A_{23}=A_{32}$	0.0765	0.0767	0.0938	0.1081	0.1112	0.0885	0.1081	0.0819	0.0741
A_{44}	0.6306	0.6322	0.7059	0.6969	0.6805	0.6326	0.6785	0.6267	0.6862
$A_{55}=A_{66}$	0.5190	0.5192	0.5513	0.5498	0.5267	0.5145	0.5403	0.5157	0.5246
δ_1	1.573	1.618	1.646	1.648	1.650	1.662	1.651	1.627	1.654
δ_2	0.794	0.800	0.867	0.870	0.860	0.809	0.856	0.800	0.839
δ_3	0.734	0.741	0.800	0.793	0.780	0.742	0.779	0.737	0.785
δ_4	0.635	0.643	0.672	0.671	0.650	0.638	0.662	0.640	0.648
				Hill-Hashin-Christensen-Lo 模型					
A_{11}	0.0442	0.0477	–	–	–	–	–	0.0394	–
$A_{22}=A_{33}$	0.6288	0.6586	–	–	–	–	–	0.6461	–
$A_{12}=A_{13}$	0.2496	0.2708	–	–	–	–	–	0.2659	–
$A_{21}=A_{31}$	0.0034	0.0037	–	–	–	–	–	0.0037	–
$A_{23}=A_{32}$	0.1093	0.1407	–	–	–	–	–	0.1341	–
A_{44}	0.5195	0.5178	–	–	–	–	–	0.5121	–
$A_{55}=A_{66}$	0.5190	0.5192	–	–	–	–	–	0.5157	–
δ_1	1.571	1.616	–	–	–	–	–	1.625	–
δ_2	0.727	0.755	–	–	–	–	–	0.745	–
δ_3	0.636	0.642	–	–	–	–	–	0.636	–
δ_4	0.635	0.643	–	–	–	–	–	0.640	–
				自洽模型					
A_{11}	0.0486	0.0522	0.0204	0.0192	0.0170	0.0047	0.0154	0.0427	0.0133
$A_{22}=A_{33}$	0.3474	0.3753	0.7211	0.7063	0.6682	0.4254	0.6562	0.3518	0.6020
$A_{12}=A_{13}$	0.1370	0.1477	0.2845	0.2871	0.3002	0.1769	0.2696	0.1400	0.2368
$A_{21}=A_{31}$	0.0096	0.0099	0.0026	0.0026	0.0029	0.0009	0.0023	0.0084	0.0019
$A_{23}=A_{32}$	0.0680	0.0726	0.1266	0.1239	0.1295	0.0824	0.1219	0.0691	0.0813
A_{44}	0.2795	0.3027	0.5945	0.5824	0.5388	0.3431	0.5343	0.2826	0.5207
$A_{55}=A_{66}$	0.1322	0.1479	0.2816	0.2709	0.1834	0.0991	0.2347	0.1271	0.1664
δ_1	1.567	1.612	1.645	1.646	1.649	1.662	1.650	1.622	1.653
δ_2	0.459	0.496	0.806	0.795	0.764	0.549	0.755	0.471	0.713
δ_3	0.385	0.420	0.710	0.699	0.661	0.465	0.657	0.396	0.644
δ_4	0.197	0.224	0.395	0.382	0.272	0.155	0.338	0.195	0.250

续表

	E-Glass/ LY556	E-Glass/ MY750	AS4/ 3501-6	T300/ BSL914C	IM7/ 8511-7	T300/ PR319	AS/ Epoxy	S2-Glass/ Epoxy	G400-800/ 5260
广义自洽模型									
A_{11}	0.0443	0.0477	0.0196	0.0183	0.0152	0.0045	0.0146	0.0394	0.0126
$A_{22}=A_{33}$	0.7048	0.7083	0.8044	0.8020	0.7837	0.7218	0.7873	0.7066	0.7610
$A_{12}=A_{13}$	0.2642	0.2660	0.3032	0.3140	0.3339	0.2831	0.3109	0.2677	0.2901
$A_{21}=A_{31}$	0.0035	0.0037	0.0013	0.0013	0.0006	0.0005	0.0011	0.0037	0.0010
$A_{23}=A_{32}$	0.0742	0.0775	0.0985	0.1052	0.1032	0.0893	0.1089	0.0786	0.0748
A_{44}	0.6306	0.6308	0.7059	0.6969	0.6805	0.6326	0.6785	0.6280	0.6862
$A_{55}=A_{66}$	0.5190	0.5192	0.5520	0.5498	0.5267	0.5145	0.5403	0.5157	0.5246
δ_1	1.571	1.616	1.646	1.647	1.650	1.662	1.651	1.625	1.653
δ_2	0.792	0.799	0.870	0.867	0.854	0.809	0.857	0.798	0.839
δ_3	0.734	0.740	0.800	0.793	0.780	0.742	0.779	0.738	0.785
δ_4	0.635	0.643	0.673	0.671	0.650	0.638	0.662	0.640	0.648
广义胞元模型									
A_{11}	0.0449	0.0482	0.0196	0.0183	0.0159	0.0044	0.0146	0.0391	0.0126
$A_{22}=A_{33}$	0.5505	0.5634	0.7238	0.7184	0.6921	0.5818	0.6870	0.5563	0.6644
$A_{12}=A_{13}$	0.2556	0.2592	0.3067	0.3177	0.3374	0.2756	0.3085	0.2585	0.2934
$A_{21}=A_{31}$	0.0043	0.0041	0.0013	0.0013	0.0015	0.0004	0.0011	0.0033	0.0010
$A_{23}=A_{32}$	0.2034	0.2032	0.1891	0.1991	0.2034	0.2080	0.2023	0.2036	0.1806
A_{44}	0.3471	0.3602	0.5346	0.5193	0.4886	0.3738	0.4847	0.3528	0.4838
$A_{55}=A_{66}$	0.5246	0.5399	0.5889	0.5845	0.5520	0.5265	0.5705	0.5341	0.5474
δ_1	1.571	1.616	1.646	1.647	1.650	1.662	1.651	1.625	1.653
δ_2	0.646	0.664	0.801	0.796	0.774	0.680	0.770	0.658	0.755
δ_3	0.462	0.484	0.657	0.643	0.614	0.499	0.611	0.476	0.610
δ_4	0.640	0.662	0.705	0.701	0.672	0.649	0.689	0.656	0.668
有限体积法									
A_{11}	0.0451	0.0486	0.0198	0.0186	0.0161	0.0044	0.0148	0.0395	0.0127
$A_{22}=A_{33}$	0.5196	0.5330	0.6896	0.6844	0.6556	0.5491	0.6515	0.5268	0.6271
$A_{12}=A_{13}$	0.2467	0.2507	0.2994	0.3108	0.3276	0.2662	0.3001	0.2506	0.2818
$A_{21}=A_{31}$	0.0045	0.0047	0.0017	0.0017	0.0018	0.0004	0.0013	0.0038	0.0012
$A_{23}=A_{32}$	0.2091	0.2093	0.2020	0.2135	0.2142	0.2139	0.2138	0.2101	0.1849
A_{44}	0.3104	0.3238	0.4876	0.4710	0.4414	0.3352	0.4377	0.3168	0.4423
$A_{55}=A_{66}$	0.4639	0.4754	0.5158	0.5122	0.4846	0.4645	0.4999	0.4705	0.4799
δ_1	1.570	1.615	1.645	1.647	1.649	1.662	1.651	1.625	1.653
δ_2	0.616	0.635	0.772	0.767	0.743	0.650	0.739	0.629	0.723
δ_3	0.421	0.444	0.613	0.597	0.568	0.457	0.565	0.436	0.569
δ_4	0.583	0.602	0.640	0.636	0.610	0.591	0.625	0.597	0.606

续表

	E-Glass/ LY556	E-Glass/ MY750	AS4/ 3501-6	T300/ BSL914C	IM7/ 8511-7	T300/ PR319	AS/ Epoxy	S2-Glass/ Epoxy	G400-800/ 5260
					有限单元法				
A_{11}	0.0452	0.0483	0.0199	0.0186	0.0161	0.0044	0.0148	0.0396	0.0128
$A_{22}=A_{33}$	0.5193	0.5333	0.6913	0.6894	0.6586	0.5504	0.6445	0.5279	0.6233
$A_{12}=A_{13}$	0.2465	0.2509	0.3013	0.3149	0.3309	0.2680	0.2949	0.2515	0.2796
$A_{21}=A_{31}$	0.0047	0.0045	0.0018	0.0018	0.0018	0.0005	0.0013	0.0040	0.0013
$A_{23}=A_{32}$	0.2087	0.2095	0.2056	0.2200	0.2199	0.2176	0.2062	0.2114	0.1823
A_{44}	0.3106	0.3238	0.4857	0.4694	0.4388	0.3329	0.4383	0.3165	0.4409
$A_{55}=A_{66}$	0.4629	0.4741	0.5195	0.5151	0.4886	0.4664	0.5028	0.4697	0.4848
δ_1	1.570	1.616	1.645	1.647	1.649	1.662	1.651	1.625	1.653
δ_2	0.616	0.635	0.773	0.769	0.744	0.650	0.735	0.630	0.721
δ_3	0.421	0.444	0.612	0.596	0.566	0.454	0.565	0.436	0.568
δ_4	0.582	0.600	0.643	0.639	0.614	0.593	0.628	0.596	0.611

除桥联模型外，其他 12 个模型依据公式 (5.58) 和表 5-7 对 9 组单向复合材料单轴强度的预报值列于表 5-8 中，每一个模型都对应两种不同的预报结果，即分别计入和不计基体应力集中系数的预报，后一种预报由在式 (5.58b)~(5.58d) 中令 $K_{22}^{\mathrm{t}}=K_{22}^{\mathrm{c}}=K_{23}=K_{12}\equiv 1$ 实现。将预报的结果与表5-2中所给的实验结果对比，计算出相对误差，进而计算绝对值下的各单轴强度预报平均误差。全部 13 个模型的整体平均误差，由每一个相对误差取绝对值后平均得到，再依据整体误差大小对这些模型计算的复合材料强度的精度高低进行排序，分别列于表 5-9(a) 和表 5-9(b) 中。

从上述强度预报误差对比表 5-9(a) 和表 5-9(b) 中可以看到，计入基体应力集中系数影响后，各种模型预报复合材料强度的精度排名次序与它们预报复合材料刚度 (弹性常数) 的精度排名次序基本一致，参见表 3-3。

表 5-8 不同模型预报的 9 组单向复合材料单轴强度

	E-Glass/ LY556	E-Glass/ MY750	AS4/ 3501-6	T300/ BSL914C	IM7/ 8511-7	T300/ PR319	AS/ Epoxy	S2-Glass/ Epoxy	G400-800/ 5260	平均误差/%
					Eshelby 模型预报轴向强度					
$\sigma_{11}^{\mathrm{u,t}}$/MPa	1363.35	1324.71	2032.77	1515.15	3131.80	1503.31	2117.36	1747.39	3540.79	10.9
$\sigma_{11}^{\mathrm{u,c}}$/MPa	919.47	893.41	1516.99	1212.12	1934.70	1202.65	1814.88	1502.15	1933.53	25.4
					Eshelby 模型预报其他单轴强度 (计入基体应力集中系数)					
$\sigma_{22}^{\mathrm{u,t}}$/MPa	17.48	18.62	27.29	29.08	34.07	17.15	29.44	16.61	22.41	48.7
$\sigma_{22}^{\mathrm{u,c}}$/MPa	38.93	41.64	141.25	79.29	59.23	48.96	55.89	41.77	59.17	65.2
σ_{23}^{u}/MPa	13.74	14.61	30.58	23.75	23.38	15.05	20.36	13.86	18.84	63.1
σ_{12}^{u}/MPa	30.39	32.04	31.35	43.55	34.31	23.96	30.62	30.62	34.08	59.3

续表

	E-Glass/ LY556	E-Glass/ MY750	AS4/ 3501-6	T300/ BSL914C	IM7/ 8511-7	T300/ PR319	AS/ Epoxy	S2-Glass/ Epoxy	G400-800/ 5260	平均误差/%
Eshelby 模型预报其他单轴强度 (不计基体应力集中系数)										
$\sigma_{22}^{u,t}$/MPa	58.39	60.51	57.31	62.24	79.39	53.52	68.88	55.14	55.12	48.7
$\sigma_{22}^{u,c}$/MPa	87.59	90.77	207.64	124.48	104.25	99.39	97.24	90.63	102.36	34.7
σ_{23}^{u}/MPa	41.51	42.96	40.98	57.47	47.46	32.67	40.72	41.30	46.53	15.7
σ_{12}^{u}/MPa	46.19	47.75	44.52	62.28	50.44	36.19	44.40	45.94	50.44	40.0
Mori-Tanaka 模型预报轴向强度										
$\sigma_{11}^{u,t}$/MPa	0.031	0.034	0.015	0.013	0.009	0.003	0.011	0.028	0.009	11.1
$\sigma_{11}^{u,c}$/MPa	1.775	1.686	1.393	1.394	1.495	1.651	1.461	1.694	1.550	25.2
Mori-Tanaka 模型预报其他单轴强度 (计入基体应力集中系数)										
$\sigma_{22}^{u,t}$/MPa	30.19	30.74	37.84	40.40	49.72	27.79	42.64	27.59	33.81	32.6
$\sigma_{22}^{u,c}$/MPa	67.23	68.75	195.84	110.15	86.44	79.34	80.95	69.39	89.30	43.9
σ_{23}^{u}/MPa	24.37	24.85	46.64	36.48	35.92	25.42	32.03	23.63	29.50	40.3
σ_{12}^{u}/MPa	55.96	56.30	52.24	73.05	59.62	42.71	52.14	54.16	59.54	29.1
Mori-Tanaka 模型预报其他单轴强度 (不计基体应力集中系数)										
$\sigma_{22}^{u,t}$/MPa	100.84	99.91	79.46	86.47	115.86	86.72	99.78	91.60	83.18	113.1
$\sigma_{22}^{u,c}$/MPa	151.27	149.87	287.89	172.93	152.14	161.05	140.86	150.58	154.49	21.0
σ_{23}^{u}/MPa	73.61	73.07	62.50	88.27	72.93	55.17	64.06	70.41	72.85	36.2
σ_{12}^{u}/MPa	85.07	83.89	74.18	104.46	87.64	64.49	75.61	81.24	88.11	14.3
混合率模型预报轴向强度										
$\sigma_{11}^{u,t}$/MPa	1367.3	1329	2035	1517.4	3138.6	1504.12	2119.41	1751.91	3543.78	11.1
$\sigma_{11}^{u,c}$/MPa	922.10	896.28	1518.65	1213.89	1938.92	1203.30	1816.64	1506.02	1935.17	25.1
混合率模型预报其他单轴强度 (计入基体应力集中系数)										
$\sigma_{22}^{u,t}$/MPa	18.37	18.89	19.78	19.97	24.63	16.60	23.05	16.86	20.07	55.1
$\sigma_{22}^{u,c}$/MPa	40.92	33.14	96.92	55.37	54.64	40.64	52.89	39.00	53.00	69.0
σ_{23}^{u}/MPa	17.87	18.33	37.31	28.91	28.08	18.90	24.99	17.45	23.12	54.3
σ_{12}^{u}/MPa	35.52	36.19	35.21	48.95	38.78	27.15	34.49	34.67	38.51	53.8
混合率模型预报其他单轴强度 (不计基体应力集中系数)										
$\sigma_{22}^{u,t}$/MPa	61.34	61.39	41.55	42.74	57.38	51.78	53.94	55.98	49.37	37.6
$\sigma_{22}^{u,c}$/MPa	92.01	92.08	150.53	85.48	75.34	96.17	76.15	92.02	91.68	41.6
σ_{23}^{u}/MPa	53.96	53.89	50.00	69.95	56.99	41.02	49.99	51.99	57.11	8.0
σ_{12}^{u}/MPa	53.99	53.93	50.01	70.00	57.01	41.00	50.01	52.00	57.00	32.0
Chamis 模型预报轴向强度										
$\sigma_{11}^{u,t}$/MPa	1367.25	1328.97	2035	1517.36	3138.63	1503.85	2119.41	1751.91	3543.78	11.0
$\sigma_{11}^{u,c}$/MPa	922.10	896.28	1518.7	1213.89	1938.92	1203.08	1816.64	1506.02	1935.17	25.1
Chamis 模型预报其他单轴强度 (计入基体应力集中系数)										
$\sigma_{22}^{u,t}$/MPa	33.25	34.00	35.52	35.87	44.07	29.49	41.18	30.27	35.77	28.6
$\sigma_{22}^{u,c}$/MPa	74.03	76.04	183.86	97.78	76.61	84.17	78.17	76.13	94.45	43.7
σ_{23}^{u}/MPa	31.94	32.55	66.15	51.30	49.81	33.55	44.36	30.97	41.04	23.9
σ_{12}^{u}/MPa	63.50	64.27	62.50	86.87	68.81	48.18	61.19	61.52	68.35	19.8

续表

	E-Glass/LY556	E-Glass/MY750	AS4/3501-6	T300/BSL914C	IM7/8511-7	T300/PR319	AS/Epoxy	S2-Glass/Epoxy	G400-800/5260	平均误差/%
Chamis 模型预报其他单轴强度 (不计基体应力集中系数)										
$\sigma_{22}^{u,t}$/MPa	111.05	110.51	74.59	76.76	102.68	92.01	96.35	100.50	87.98	114.9
$\sigma_{22}^{u,c}$/MPa	166.57	165.77	270.27	153.52	134.83	170.87	136.02	165.20	163.40	24.7
σ_{23}^{u}/MPa	96.45	95.69	88.64	124.14	101.12	72.80	88.72	92.28	101.37	83.8
σ_{12}^{u}/MPa	96.51	95.76	88.75	124.22	101.15	72.75	88.73	92.28	101.15	26.4
修正的混合率模型预报轴向强度										
$\sigma_{11}^{u,t}$/MPa	1367.25	1328.97	2035	1517.36	3138.63	1503.85	2119.41	1751.91	3543.78	11.0
$\sigma_{11}^{u,c}$/MPa	922.10	896.28	1518.7	1213.89	1938.92	1203.08	1816.64	1506.02	1935.17	25.1
修正的混合率模型预报其他单轴强度 (计入基体应力集中系数)										
$\sigma_{22}^{u,t}$/MPa	29.66	30.26	34.34	36.29	45.49	26.73	38.92	27.12	31.98	32.2
$\sigma_{22}^{u,c}$/MPa	66.04	67.67	177.77	98.92	79.07	76.28	73.89	68.20	84.45	47.3
σ_{23}^{u}/MPa	24.37	24.78	46.64	36.48	35.99	25.48	32.11	23.69	29.41	40.3
σ_{12}^{u}/MPa	55.94	56.38	52.41	73.01	59.68	42.53	52.09	54.20	59.45	29.1
修正的混合率模型预报其他单轴强度 (不计基体应力集中系数)										
$\sigma_{22}^{u,t}$/MPa	99.06	98.35	72.12	77.66	105.98	83.38	91.06	90.03	78.67	100.9
$\sigma_{22}^{u,c}$/MPa	148.59	147.53	261.31	155.31	139.17	154.85	128.56	148.00	146.10	21.8
σ_{23}^{u}/MPa	73.61	72.85	62.50	88.27	73.06	55.29	64.22	70.59	72.64	36.2
σ_{12}^{u}/MPa	85.03	84.01	74.42	104.40	87.73	64.21	75.53	81.30	87.99	14.3
Halpin-Tsai 模型预报轴向强度										
$\sigma_{11}^{u,t}$/MPa	1367.25	1328.97	2035	1517.36	3138.63	1503.85	2119.41	1751.91	3543.78	11.0
$\sigma_{11}^{u,c}$/MPa	922.10	896.28	1518.7	1213.89	1938.92	1203.08	1816.64	1506.02	1935.17	25.1
Halpin-Tsai 模型预报其他单轴强度 (计入基体应力集中系数)										
$\sigma_{22}^{u,t}$/MPa	30.18	30.76	37.92	40.31	49.42	27.73	42.42	27.50	33.91	32.5
$\sigma_{22}^{u,c}$/MPa	67.20	68.79	196.25	109.88	85.91	79.16	80.54	69.15	89.55	44.0
σ_{23}^{u}/MPa	24.37	24.78	46.64	36.48	35.99	25.48	32.11	23.69	29.41	40.3
σ_{12}^{u}/MPa	55.94	56.38	52.41	73.01	59.68	42.53	52.09	54.20	59.45	29.1
Halpin-Tsai 模型预报其他单轴强度 (不计基体应力集中系数)										
$\sigma_{22}^{u,t}$/MPa	100.79	99.98	79.62	86.26	115.14	86.53	99.26	91.28	83.42	112.7
$\sigma_{22}^{u,c}$/MPa	151.19	149.96	288.48	172.51	151.20	160.69	140.14	150.06	154.93	21.1
σ_{23}^{u}/MPa	73.61	72.85	62.50	88.27	73.06	55.29	64.22	70.59	72.64	36.2
σ_{12}^{u}/MPa	85.03	84.01	74.42	104.40	87.73	64.21	75.53	81.30	87.99	14.3
Hill-Hashin-Christensen-Lo 模型预报轴向强度										
$\sigma_{11}^{u,t}$/MPa	1368.56	1330.28	—	—	—	—	—	1753.95	—	9.1
$\sigma_{11}^{u,c}$/MPa	922.98	897.17	—	—	—	—	—	1507.79	—	35.1
Hill-Hashin-Christensen-Lo 模型预报其他单轴强度 (计入基体应力集中系数)										
$\sigma_{22}^{u,t}$/MPa	32.94	32.61	—	—	—	—	—	29.50	—	25.8
$\sigma_{22}^{u,c}$/MPa	73.34	72.92	—	—	—	—	—	74.20	—	48.1
σ_{23}^{u}/MPa	28.14	28.63	—	—	—	—	—	27.43	—	39.3
σ_{12}^{u}/MPa	55.94	56.38	—	—	—	—	—	54.20	—	23.3

续表

	E-Glass/ LY556	E-Glass/ MY750	AS4/ 3501-6	T300/ BSL914C	IM7/ 8511-7	T300/ PR319	AS/ Epoxy	S2-Glass/ Epoxy	G400-800/ 5260	平均误差/%
Hill-Hashin-Christensen-Lo 模型预报其他单轴强度 (不计基体应力集中系数)										
$\sigma_{22}^{u,t}$/MPa	110.01	105.97	–	–	–	–	–	97.95	–	144.9
$\sigma_{22}^{u,c}$/MPa	165.02	158.96	–	–	–	–	–	161.01	–	21.6
σ_{23}^{u}/MPa	84.97	84.16	–	–	–	–	–	81.74	–	80.9
σ_{12}^{u}/MPa	85.03	84.01	–	–	–	–	–	81.30	–	15.4
自洽模型预报轴向强度										
$\sigma_{11}^{u,t}$/MPa	1371.70	1333.58	2036.47	1518.56	3141.68	1504.57	2120.83	1757.20	3546.14	11.2
$\sigma_{11}^{u,c}$/MPa	925.10	899.39	1519.76	1214.85	1940.81	1203.66	1817.85	1510.57	1936.46	25.3
自洽模型预报其他单轴强度 (计入基体应力集中系数)										
$\sigma_{22}^{u,t}$/MPa	52.23	49.59	40.78	44.11	55.62	40.89	48.12	46.65	39.91	30.8
$\sigma_{22}^{u,c}$/MPa	116.30	110.89	211.05	120.24	96.69	116.71	91.36	117.33	105.39	27.7
σ_{23}^{u}/MPa	46.47	43.75	52.58	41.37	42.51	40.60	38.07	44.02	35.82	16.3
σ_{12}^{u}/MPa	180.15	161.50	89.12	128.01	142.35	175.18	101.96	177.50	154.24	83.0
自洽模型预报其他单轴强度 (不计基体应力集中系数)										
$\sigma_{22}^{u,t}$/MPa	174.44	161.16	85.63	94.39	129.60	127.57	112.60	154.89	98.18	188.8
$\sigma_{22}^{u,c}$/MPa	261.67	241.74	310.25	188.77	170.18	236.92	158.96	254.61	182.33	46.1
σ_{23}^{u}/MPa	140.33	128.63	70.46	100.11	86.29	88.10	76.15	131.18	88.48	106.1
σ_{12}^{u}/MPa	273.83	240.64	126.55	183.05	209.25	264.52	147.84	266.26	228.27	171.0
广义自洽模型预报轴向强度										
$\sigma_{11}^{u,t}$/MPa	1368.56	1330.28	2035.73	1518.00	3139.20	1504.30	2120.06	1753.95	3544.86	11.1
$\sigma_{11}^{u,c}$/MPa	922.98	897.17	1519.20	1214.40	1939.28	1203.44	1817.19	1507.79	1935.76	25.2
广义自洽模型预报其他单轴强度 (计入基体应力集中系数)										
$\sigma_{22}^{u,t}$/MPa	30.26	30.79	37.79	40.40	49.72	27.72	42.40	27.55	33.90	32.5
$\sigma_{22}^{u,c}$/MPa	67.37	68.86	195.59	110.15	86.44	79.12	80.50	69.30	89.51	44.0
σ_{23}^{u}/MPa	24.37	24.82	46.64	36.48	35.99	25.48	32.11	23.65	29.41	40.3
σ_{12}^{u}/MPa	55.94	56.38	52.36	73.01	59.68	42.53	52.09	54.20	59.45	29.1
广义自洽模型预报其他单轴强度 (不计基体应力集中系数)										
$\sigma_{22}^{u,t}$/MPa	101.06	100.08	79.36	86.47	115.86	86.48	99.22	91.48	83.38	113.0
$\sigma_{22}^{u,c}$/MPa	151.59	150.11	287.52	172.93	152.14	160.61	140.07	150.38	154.85	21.0
σ_{23}^{u}/MPa	73.61	72.96	62.50	88.27	73.06	55.29	64.22	70.48	72.64	36.2
σ_{12}^{u}/MPa	85.03	84.01	74.35	104.40	87.73	64.21	75.53	81.30	87.99	14.3
广义胞元模型预报轴向强度										
$\sigma_{11}^{u,t}$/MPa	1368.90	1330.61	2035.73	1518.00	3140.16	1504.30	2120.06	1753.74	3544.86	11.1
$\sigma_{11}^{u,c}$/MPa	923.21	897.39	1519.20	1214.40	1939.86	1203.44	1817.19	1507.60	1935.76	25.2
广义胞元模型预报其他单轴强度 (计入基体应力集中系数)										
$\sigma_{22}^{u,t}$/MPa	37.07	37.05	41.01	44.05	54.88	32.97	47.15	33.42	37.68	28.2
$\sigma_{22}^{u,c}$/MPa	82.55	82.86	212.27	120.07	95.41	94.11	89.52	84.05	99.50	37.3
σ_{23}^{u}/MPa	38.74	37.94	56.80	44.99	45.71	37.89	40.95	36.66	37.85	18.2
σ_{12}^{u}/MPa	55.48	54.78	49.96	69.83	57.66	41.80	50.06	52.81	57.62	31.3

续表

	E-Glass/ LY556	E-Glass/ MY750	AS4/ 3501-6	T300/ BSL914C	IM7/ 8511-7	T300/ PR319	AS/ Epoxy	S2-Glass/ Epoxy	G400-800/ 5260	平均误差/%
广义胞元模型预报其他单轴强度 (不计基体应力集中系数)										
$\sigma_{22}^{u,t}$/MPa	123.82	120.43	86.12	94.26	127.87	102.87	110.33	110.96	92.69	145.1
$\sigma_{22}^{u,c}$/MPa	185.73	180.64	312.03	188.51	167.92	191.04	155.76	182.40	172.14	26.1
σ_{23}^{u}/MPa	116.98	111.55	76.12	108.88	92.79	82.21	81.90	109.24	93.49	92.7
σ_{12}^{u}/MPa	84.34	81.62	70.94	99.86	84.76	63.13	72.59	79.22	85.28	13.7
有限体积法预报轴向强度										
$\sigma_{11}^{u,t}$/MPa	1369.08	1330.86	2035.98	1518.10	3140.35	1504.30	2120.18	1754.06	3545.07	11.1
$\sigma_{11}^{u,c}$/MPa	923.33	897.55	1519.39	1214.48	1939.98	1203.44	1817.30	1507.88	1935.87	25.2
有限体积法预报其他单轴强度 (计入基体应力集中系数)										
$\sigma_{22}^{u,t}$/MPa	38.88	38.76	42.54	45.72	57.21	34.53	49.13	34.94	39.33	28.0
$\sigma_{22}^{u,c}$/MPa	86.58	86.67	220.18	124.65	99.45	98.57	93.27	87.87	103.86	35.4
σ_{23}^{u}/MPa	42.51	41.39	60.84	48.42	49.40	41.38	44.27	40.03	40.54	13.1
σ_{12}^{u}/MPa	60.98	60.24	55.04	76.92	63.51	45.94	55.18	58.08	63.55	24.3
有限体积法预报其他单轴强度 (不计基体应力集中系数)										
$\sigma_{22}^{u,t}$/MPa	129.87	125.96	89.33	97.85	133.30	107.74	114.96	116.00	96.75	155.8
$\sigma_{22}^{u,c}$/MPa	194.81	188.95	323.67	195.69	175.04	200.09	162.29	190.69	179.68	28.8
σ_{23}^{u}/MPa	128.39	121.68	81.53	117.17	100.28	89.79	88.54	119.29	100.12	109.4
σ_{12}^{u}/MPa	92.69	89.76	78.16	109.99	93.37	69.36	80.01	87.12	94.06	18.0
有限单元法预报轴向强度										
$\sigma_{11}^{u,t}$/MPa	1369.08	1330.69	2036	1518.19	3140.35	1504.30	2120.18	1754.06	3545.28	11.1
$\sigma_{11}^{u,c}$/MPa	923.33	897.44	1519.4	1214.55	1939.98	1203.44	1817.30	1507.88	1935.99	25.2
有限单元法预报其他单轴强度 (计入基体应力集中系数)										
$\sigma_{22}^{u,t}$/MPa	38.90	38.74	42.49	45.54	57.09	34.51	49.43	34.90	39.49	28.0
$\sigma_{22}^{u,c}$/MPa	86.61	86.63	219.93	124.16	99.24	98.49	93.84	87.78	104.28	35.4
σ_{23}^{u}/MPa	42.49	41.38	61.02	48.55	49.63	41.62	44.22	40.06	40.63	13.0
σ_{12}^{u}/MPa	61.08	60.36	54.75	76.61	63.13	45.80	54.94	58.15	63.07	24.5
有限单元法预报其他单轴强度 (不计基体应力集中系数)										
$\sigma_{22}^{u,t}$/MPa	129.91	125.90	89.23	97.47	133.01	107.66	115.66	115.87	97.14	155.8
$\sigma_{22}^{u,c}$/MPa	194.87	188.86	323.29	194.93	174.66	199.94	163.29	190.48	180.41	28.9
σ_{23}^{u}/MPa	128.33	121.65	81.77	117.49	100.74	90.31	88.45	119.38	100.35	109.7
σ_{12}^{u}/MPa	92.85	89.94	77.75	109.55	92.80	69.15	79.67	87.22	93.35	17.9

如果不考虑基体应力集中系数的影响，那么，只有混合率模型和 Eshelby 模型的强度预报结果比考虑基体应力集中系数影响时占优。其他 11 种模型都是计入基体应力集中系数后的复合材料强度预报精度更高，与不考虑基体应力集中系数的情况相比，除混合率模型和 Eshelby 模型外，其他模型的预报精度至少提高 42%。刚度预报精度排名前 5 位的细观力学模型即桥联模型、有限体积法、有限单元法、Chamis 模型、广义胞元模型预报复合材料强度的精度，在计入基体应力集中系数影响后都得到数倍提高。因此，基体应力集中系数对复合材料破坏与强度分

析至关重要，如果这种分析只能基于纤维和基体的原始性能参数进行。此外，对比表 5-9 和表 3-3 可知，下述结论整体上成立：

表 5-9(a)　计入基体应力集中系数后的 13 种模型预报 9 组单向复合材料单轴强度的误差以及精度排名

理论模型	N	平均误差 *	误差比 **	精度排名	理论模型	N	平均误差 *	误差比 **	精度排名
桥联模型	53	21.1%	1	1	Mori-Tanaka 模型	53	30.2%	1.43	8
有限体积法	53	23.0%	1.09	2	广义自洽模型	53	30.2%	1.43	8
有限单元法	53	23.1%	1.1	3	修正的混合率模型	53	30.7%	1.46	10
Chamis 模型	53	25.4%	1.2	4	自洽模型	53	32.7%	1.55	11
广义胞元模型	53	25.4%	1.2	4	混合率模型	53	44.5%	2.11	12
Hill-Hashin-Christensen-Lo 模型	18	30.1%	1.43	6	Eshelby 模型	53	45.1%	2.14	13
Halpin-Tsai 模型	53	30.1%	1.43	6					

* 平均误差 $= \dfrac{1}{N}\sum_{i=1}^{N}\text{abs}(\text{error})_i$。

** 误差比 = 平均误差/桥联模型的平均误差。

完全基于纤维和基体的原始性能参数，预报复合材料性能可以达到的精度是：刚度误差约为 10%，强度误差约为 20%。

表 5-9(b)　不考虑基体应力集中系数的 13 种模型预报 9 组单向复合材料单轴强度的误差以及精度排名

理论模型	N	平均误差	误差比**	精度排名	理论模型	N	平均误差	误差比**	精度排名
混合率模型	35	30.4%	0.68	1	Hill-Hashin-Christensen-Lo 模型	12	65.7%	2.18	8
Eshelby 模型	35	35.2%	0.78	2	广义胞元模型	35	68.7%	2.7	9
修正混合率模型	35	43.5%	1.42	3	有限体积法	35	77.1%	3.35	10
Mori-Tanaka 模型	35	46.4%	1.54	4	有限单元法	35	77.2%	3.34	11
Halpin-Tsai 模型	35	46.4%	1.54	4	桥联模型	35	115.3%	5.46	12
广义自洽模型	35	46.4%	1.54	4	自洽模型	35	128.6%	3.93	13
Chamis 模型	35	61.9%	2.44	7					

** 误差比 = 平均误差/计入应力集中系数后的平均误差 (取两种预报中较小值)。

5.9　轴向压缩强度与纤维压缩破坏

从表 5-3 可知，桥联模型预报的全部 9 组单向复合材料单轴强度的分项误差平均值见表 5-10，皆是对各个相对误差取绝对值叠加后，再取平均得到 (其中，横向剪切强度只针对 8 组数据取平均)。

表 5-10 桥联模型预报 9 组单向复合材料单轴强度的分项误差平均值

轴向拉伸强度	轴向压缩强度	轴向剪切强度	横向拉伸强度	横向压缩强度	横向剪切强度	整体
11%	25.1%	13.1%	39.2%	23.2%	14.3%	21.1%

表 5-10 清楚地表明，完全基于纤维和基体性能并假定纤维和基体界面直到破坏都处于理想粘结 (在两者的接触面上处处满足弹性力学的界面连续性条件) 的情况下，目前理论预报的轴向拉伸强度和剪切强度 (包括轴向剪切和横向剪切强度) 的精度已足够，而其他方向的单轴强度尚不够理想。

横向拉伸强度预报值与测试值对比的平均误差最高，高达 39.2%。主要原因是，横向拉伸下直到破坏前，纤维和基体界面出现了开裂 (界面脱粘)，很多实验观察也已证实这一点 [69−71]。因此，必须考虑界面开裂对基体横向拉伸应力集中系数的影响，参见第 7 章。

轴向压缩强度的预报误差为次高，平均值为 25.1%。这主要源于轴向压缩下，纤维在复合材料中出现了偏折 (kinking)[72] 和微屈曲，导致按纤维轴向压缩强度破坏所预报的外载高于实测值。考虑纤维偏折后的破坏判据将在随后导出。

另一个平均预报误差超过 20%的单项，是复合材料的横向压缩强度，为 23.2%。这一项误差，大概主要来自基体压缩强度测试值的误差，因为复合材料的横向压缩强度由基体的压缩破坏所控制，见式 (5.56d)。对于非脆性基体试样，比如，具有足够韧性的树脂基试样，在压缩过程中甚至有可能不会出现脆裂，而是类似低碳钢圆柱状压缩体，随轴向压力的增大，横截面直径不断变大。如何定义这类材料的压缩强度，作为复合材料破坏与强度预报的输入参数，还有待进一步研究确定。

下面，考虑纤维偏折后的复合材料轴向压缩强度预报。

在复合材料的制备过程中，纤维方向不可避免地会出现有一定的初始偏折缺陷 (纤维不平直)。轴向压缩加载下，纤维并非完全平行于外加应力，这一偏折角将造成偏折段内的基体在局部坐标系 $(x_1^{\mathrm{I}}, x_2^{\mathrm{I}})$ 中，除了产生轴向压应力分量，还存在面内 (轴向) 剪应力和剪应变，此剪应变会促使纤维偏折角进一步增大，最终导致纤维微屈曲并形成如图 5-6(a) 所示的偏折破坏带。此时，基体往往发生面内剪切破坏，纤维失去支撑，复合材料整体失效 [73]。

假定纤维的总偏角为 $\theta_{\mathrm{c}}^{\mathrm{f}}$，它由初始偏角和面内剪应变引起的偏角之和构成。在局部坐标系 $(x_1^{\mathrm{I}}, x_2^{\mathrm{I}})$ 内，复合材料所受应力由式 (1.77) 确定，即

$$\begin{Bmatrix} \sigma_{11}^{\mathrm{I}} \\ \sigma_{22}^{\mathrm{I}} \\ \sigma_{12}^{\mathrm{I}} \end{Bmatrix} = \begin{bmatrix} l_1^2 & m_1^2 & 2l_1m_1 \\ l_2^2 & m_2^2 & 2l_2m_2 \\ l_1l_2 & m_1m_2 & l_1m_2+l_2m_1 \end{bmatrix} \begin{Bmatrix} \sigma_{11}^0 \\ \sigma_{22}^0 \\ \sigma_{12}^0 \end{Bmatrix} \tag{5.59}$$

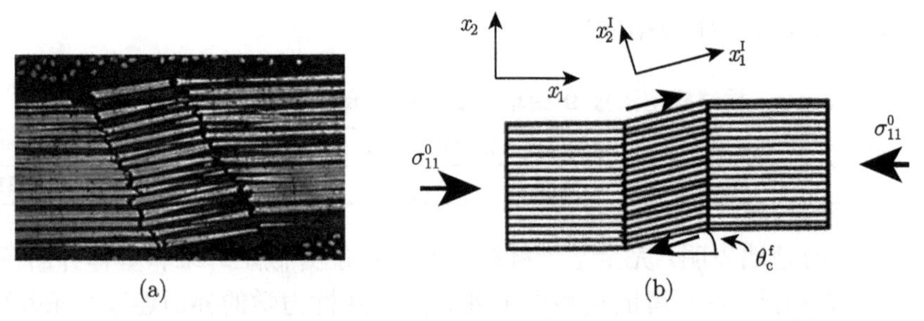

图 5-6　(a) 轴向压缩下纤维偏折破坏带，(b) 偏折带受力分析

式中，(σ_{11}^0, σ_{22}^0, σ_{12}^0) 是施加在单向复合材料主轴坐标系 (x_1, x_2) 下的应力；$l_1 = \cos\theta_{\mathrm{c}}^{\mathrm{f}}$、$l_2 = -\sin\theta_{\mathrm{c}}^{\mathrm{f}}$、$m_1 = \sin\theta_{\mathrm{c}}^{\mathrm{f}}$、$m_2 = \cos\theta_{\mathrm{c}}^{\mathrm{f}}$。代入式 (5.59) 并化简，就有

$$\sigma_{11}^{\mathrm{I}} = \frac{\sigma_{11}^0 + \sigma_{22}^0}{2} + \frac{\sigma_{11}^0 - \sigma_{22}^0}{2}\cos 2\theta_{\mathrm{c}}^{\mathrm{f}} + \sigma_{12}^0 \sin 2\theta_{\mathrm{c}}^{\mathrm{f}} \tag{5.60a}$$

$$\sigma_{22}^{\mathrm{I}} = \frac{\sigma_{11}^0 + \sigma_{22}^0}{2} - \frac{\sigma_{11}^0 - \sigma_{22}^0}{2}\cos 2\theta_{\mathrm{c}}^{\mathrm{f}} - \sigma_{12}^0 \sin 2\theta_{\mathrm{c}}^{\mathrm{f}} \tag{5.60b}$$

$$\sigma_{12}^{\mathrm{I}} = -\frac{\sigma_{11}^0 - \sigma_{22}^0}{2}\sin 2\theta_{\mathrm{c}}^{\mathrm{f}} + \sigma_{12}^0 \cos 2\theta_{\mathrm{c}}^{\mathrm{f}} \tag{5.60c}$$

将式 (5.60) 代入式 (2.70) 和式 (2.71) 中的对应公式，并令 $\sigma_{22}^0 = \sigma_{12}^0 = 0$，得到偏折带纤维和基体的真实内应力为

$$\bar{\sigma}_{11}^{\mathrm{f}} = \left[\frac{\cos^2\theta_{\mathrm{c}}^{\mathrm{f}}}{V_{\mathrm{f}} + V_{\mathrm{m}}a_{11}} - \frac{V_{\mathrm{m}}a_{12}\sin^2\theta_{\mathrm{c}}^{\mathrm{f}}}{(V_{\mathrm{f}} + V_{\mathrm{m}}a_{11})(V_{\mathrm{f}} + V_{\mathrm{m}}a_{22})}\right]\sigma_{11}^0 \tag{5.61a}$$

$$\bar{\sigma}_{22}^{\mathrm{f}} = \frac{\sin^2\theta_{\mathrm{c}}^{\mathrm{f}}}{V_{\mathrm{f}} + V_{\mathrm{m}}a_{22}}\sigma_{11}^0 \tag{5.61b}$$

$$\bar{\sigma}_{12}^{\mathrm{f}} = -\frac{0.5\sin 2\theta_{\mathrm{c}}^{\mathrm{f}}}{V_{\mathrm{f}} + V_{\mathrm{m}}a_{66}}\sigma_{11}^0 \tag{5.61c}$$

$$\bar{\sigma}_{11}^{\mathrm{m}} = \left[\frac{a_{11}\cos^2\theta_{\mathrm{c}}^{\mathrm{f}}}{V_{\mathrm{f}} + V_{\mathrm{m}}a_{11}} + \frac{V_{\mathrm{f}}a_{12}\sin^2\theta_{\mathrm{c}}^{\mathrm{f}}}{(V_{\mathrm{f}} + V_{\mathrm{m}}a_{11})(V_{\mathrm{f}} + V_{\mathrm{m}}a_{22})}\right]\sigma_{11}^0 \tag{5.62a}$$

$$\bar{\sigma}_{22}^{\mathrm{m}} = K_{22}^{\mathrm{c}}\frac{a_{22}\sin^2\theta_{\mathrm{c}}^{\mathrm{f}}}{V_{\mathrm{f}} + V_{\mathrm{m}}a_{22}}\sigma_{11}^0 \tag{5.62b}$$

$$\bar{\sigma}_{12}^{\mathrm{m}} = -K_{12}\frac{0.5a_{66}\sin 2\theta_{\mathrm{c}}^{\mathrm{f}}}{V_{\mathrm{f}} + V_{\mathrm{m}}a_{66}}\sigma_{11}^0 \tag{5.62c}$$

将式 (5.62a)~(5.62c) 代入式 (5.5a) 和式 (5.5b)，就有

$$\bar{\sigma}_n^{\mathrm{m}} = \frac{\bar{\sigma}_{11}^{\mathrm{m}} + \bar{\sigma}_{22}^{\mathrm{m}}}{2} + \frac{\bar{\sigma}_{11}^{\mathrm{m}} - \bar{\sigma}_{22}^{\mathrm{m}}}{2}\cos 2\theta_n + \bar{\sigma}_{12}^{\mathrm{m}}\sin 2\theta_n \tag{5.63a}$$

$$\bar{\tau}_n^{\mathrm{m}} = -\frac{\bar{\sigma}_{11}^{\mathrm{m}} - \bar{\sigma}_{22}^{\mathrm{m}}}{2}\sin 2\theta_n + \bar{\sigma}_{12}^{\mathrm{m}}\cos 2\theta_n \tag{5.63b}$$

式中，θ_n 是基体达到破坏时斜截面相对坐标轴 x_1^{I} 所夹的锐角 (图 5-1)。由式 (5.13) 和式 (5.14) 可知，基体达到破坏时，法向应力满足：

$$\bar{\sigma}_n^{\mathrm{m}} = \frac{\bar{\sigma}_{11}^{\mathrm{m}} + \bar{\sigma}_{22}^{\mathrm{m}}}{2} - \frac{1}{2c_{\mathrm{m}}}$$

代入式 (5.9)，得到

$$\bar{\tau}_n^{\mathrm{m}} = \sqrt{\frac{(\bar{\sigma}_{11}^{\mathrm{m}} + \bar{\sigma}_{22}^{\mathrm{m}})c_{\mathrm{m}} - 1 - 2c_{\mathrm{m}}e_{\mathrm{m}}}{2c_{\mathrm{m}}^2}} \tag{5.64a}$$

$$c_{\mathrm{m}} = \frac{2\sigma_{\mathrm{u,c}}^{\mathrm{m}}}{4(\sigma_{\mathrm{u,s}}^{\mathrm{m}})^2 - (\sigma_{\mathrm{u,c}}^{\mathrm{m}})^2}, \quad e_{\mathrm{m}} = -\frac{[4(\sigma_{\mathrm{u,s}}^{\mathrm{m}})^2 + (\sigma_{\mathrm{u,c}}^{\mathrm{m}})^2]^2}{8\sigma_{\mathrm{u,c}}^{\mathrm{m}}[4(\sigma_{\mathrm{u,s}}^{\mathrm{m}})^2 - (\sigma_{\mathrm{u,c}}^{\mathrm{m}})^2]} \tag{5.64b}$$

假定 $\bar{\tau}_n^{\mathrm{m}}$ 是由施加在单向复合材料上的轴向剪切外载引起的基体中的真实轴向剪应力。由式 (5.62c)，该轴向剪应力为 (不计剪应力方向)

$$\tau^0 = \frac{V_{\mathrm{f}} + V_{\mathrm{m}}a_{66}}{K_{12}a_{66}}\sqrt{\frac{(\bar{\sigma}_{11}^{\mathrm{m}} + \bar{\sigma}_{22}^{\mathrm{m}})c_{\mathrm{m}} - 1 - 2c_{\mathrm{m}}e_{\mathrm{m}}}{2c_{\mathrm{m}}^2}} \tag{5.65}$$

下面确定偏转角 $\theta_{\mathrm{c}}^{\mathrm{f}}$。如上所述，$\theta_{\mathrm{c}}^{\mathrm{f}} = \theta_{\mathrm{c}}^{\mathrm{f},1} + \theta_{\mathrm{c}}^{\mathrm{f},0}$，其中，$\theta_{\mathrm{c}}^{\mathrm{f},0}$ 是加工缺陷引起的初始偏转角；$\theta_{\mathrm{c}}^{\mathrm{f},1}$ 是基体破坏时的剪应变引起的纤维偏转角，即由等效的剪切外载 τ^0 引起的纤维偏转角。考虑偏折带内的 RVE，横截面如图 5-7(a) 所示，基体域面内因等价剪应力 τ^0 引起的每一点的剪应变可由公式 (4.33a) 计算为

$$\tilde{\gamma}_{12}^{\mathrm{m}} = -\frac{\tau^0}{G^{\mathrm{m}}}\left[1 - a^2\frac{(G_{12}^{\mathrm{f}} - G^{\mathrm{m}})(x_2^2 - x_3^2)}{(G_{12}^{\mathrm{f}} + G^{\mathrm{m}})(x_2^2 + x_3^2)^2}\right] \tag{5.66}$$

注意，图 5-7 以及式 (5.66) 中的坐标系本应是 $(x_1^{\mathrm{I}}, x_2^{\mathrm{I}}, x_3^{\mathrm{I}})$，这里为简便略去了上标 I。

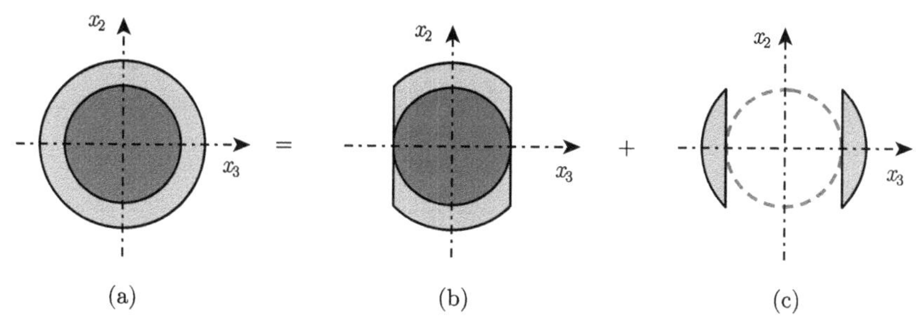

图 5-7 RVE 截面内基体分为两部分叠加: (a) RVE 截面, (b) 基体宽度与纤维相同, (c) 纤维宽度之外的基体域

为分析的方便起见，将基体剪应变式 (5.66) 引起的纤维偏转角 $\theta_c^{f,1}$ 视为两部分贡献的叠加，见图 5-7(b) 和图 5-7(c)，其中图 5-7(b) 中含有纤维，图 5-7(c) 中不含纤维。首先计算含有纤维的部分对纤维偏转角的贡献，参见图 5-8。

在 RVE 内平行于 x_2 轴任意截取一个含有纤维的纵向截面，假定偏折段长度为 δx_1，如图 5-8(b) 所示，该截面因偏转角 $\theta_c^{f,1}$ 引起的基体面内剪应变平均值为

$$\gamma_{12}^{\mathrm{m}}(x_3)=\frac{\delta v^{\mathrm{m}}}{\delta x_1}+\frac{\delta u^{\mathrm{m}}}{\delta x_2}=\frac{\delta x_1\tan\theta_c^{f,1}}{\delta x_1}+\frac{\delta u^{\mathrm{m}}}{\delta x_2}=\theta_c^{f,1}+\frac{\delta u^{\mathrm{m}}}{h_{\mathrm{m}}(x_3)}\quad(-a\leqslant x_3\leqslant a)$$

因此：

$$\delta u^{\mathrm{m}}=\gamma_{12}^{\mathrm{m}}(x_3)h_{\mathrm{m}}(x_3)-\theta_c^{f,1}h_{\mathrm{m}}(x_3),\quad(-a\leqslant x_3\leqslant a)\tag{5.67}$$

其中，$\gamma_{12}^{\mathrm{m}}(x_3)$ 由式 (5.66) 得到

$$\gamma_{12}^{\mathrm{m}}(x_3)=\frac{1}{h_{\mathrm{m}}(x_3)}\int_{\sqrt{a^2-x_3^2}}^{\sqrt{b^2-x_3^2}}\tilde{\gamma}_{12}^{\mathrm{m}}(x_2,x_3)\mathrm{d}x_2,\quad(-a\leqslant x_3\leqslant a)\tag{5.68}$$

因为 $\tilde{\gamma}_{12}^{\mathrm{m}}(x_2,x_3)$ 是 x_2 的偶函数。

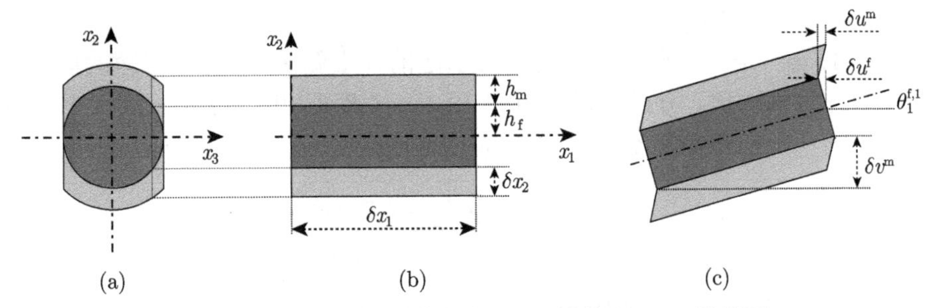

图 5-8　(a) 基体与纤维等宽的 RVE 横截面，(b) 纵截面，(c) 纵截面因纤维偏转产生的基体变形

相同截面上因偏转角 $\theta_c^{f,1}$ 引起的纤维轴向的平均位移是 (与 δu^{m} 的方向相反，见图 5-8(c))

$$\delta u^{\mathrm{f}}=-\theta_c^{f,1}h_{\mathrm{f}}(x_3)\tag{5.69}$$

注意，若无基体剪应变 $\gamma_{12}^{\mathrm{m}}(x_3)$ 的贡献，仅仅只有偏转角 $\theta_c^{f,1}$，那么，δu^{f} 与 δu^{m} 的方向须相同，见式 (5.67) 中右边第二项。

在纤维宽度外的纯基体域 (图 5-7(c)) 内，基体的轴向变形主要由剪应变引起，见图 5-9。换言之，式 (5.67) 中只保留右边的第一项。

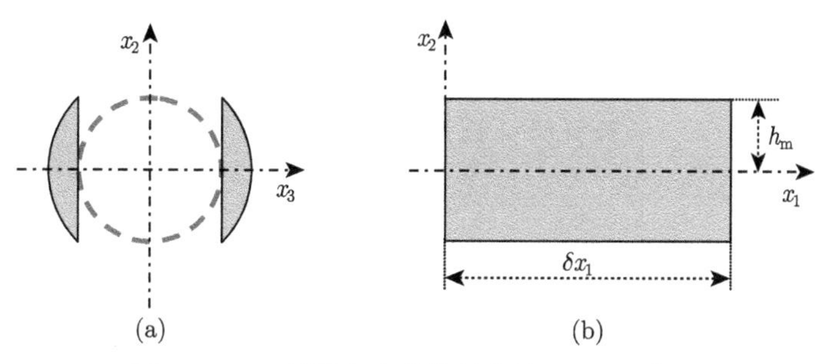

图 5-9 (a) 纤维宽度外的基体域，(b) 纵截面

叠加式 (5.67) 和式 (5.69)，得到 RVE 沿轴向的位移是

$$\delta u=\begin{cases}\gamma_{12}^{\mathrm{m}}(x_3)h_{\mathrm{m}}(x_3)-\theta_{\mathrm{c}}^{\mathrm{f},1}[h_{\mathrm{m}}(x_3)+h_{\mathrm{f}}(x_3)], & -a\leqslant x_3\leqslant a\\ \gamma_{12}^{\mathrm{m}}(x_3)h_{\mathrm{m}}(x_3), & |x_3|>a\end{cases} \tag{5.70a}$$

$$h_{\mathrm{m}}(x_3)=\begin{cases}\sqrt{b^2-x_3^2}-\sqrt{a^2-x_3^2}, & -a\leqslant x_3\leqslant a\\ \sqrt{b^2-x_3^2}, & |x_3|>a\end{cases} \tag{5.70b}$$

$$\gamma_{12}^{\mathrm{m}}(x_3)=\frac{1}{h_{\mathrm{m}}(x_3)}\int_0^{\sqrt{b^2-x_3^2}}\tilde{\gamma}_{12}^{\mathrm{m}}(x_2,x_3)\mathrm{d}x_2,\quad |x_3|>a \tag{5.70c}$$

鉴于剪切载荷下，偏折段 (RVE) 沿轴向的均值位移为 0(图 5-6(b))，有

$$\begin{aligned}\delta\bar{u}=&\frac{1}{b}\int_0^b\delta u(x_3)\mathrm{d}x_3=\frac{1}{b}\int_0^a\delta u(x_3)\mathrm{d}x_3+\frac{1}{b}\int_a^b\delta u(x_3)\mathrm{d}x_3\\=&-\theta_{\mathrm{c}}^{\mathrm{f},1}\frac{1}{b}\int_0^a\sqrt{b^2-x_3^2}\mathrm{d}x_3+\frac{1}{b}\int_0^b\gamma_{12}^{\mathrm{m}}(x_3)h_{\mathrm{m}}(x_3)\mathrm{d}x_3=0\end{aligned}$$

利用积分公式:

$$\int\frac{\mathrm{d}x_2}{x_2^2+x_3^2}=\frac{1}{\sqrt{x_3^2}}\arctan\left(\frac{x_2}{\sqrt{x_3^2}}\right)$$

$$\int\frac{\mathrm{d}x_2}{(x_2^2+x_3^2)^2}=\frac{x_2}{2x_3^2(x_2^2+x_3^2)}+\frac{1}{2x_3^2\sqrt{x_3^2}}\arctan\left(\frac{x_2}{\sqrt{x_3^2}}\right)$$

$$\int\sqrt{a^2-x^2}\mathrm{d}x=\frac{x}{2}\sqrt{a^2-x^2}+\frac{a^2}{2}\arcsin\left(\frac{x}{a}\right)$$

并应用式 (5.66) 以及

$$\left[1-a^2\frac{(G_{12}^{\mathrm{f}}-G^{\mathrm{m}})(x_2^2-x_3^2)}{(G_{12}^{\mathrm{f}}+G^{\mathrm{m}})(x_2^2+x_3^2)^2}\right]=1-\frac{a^2(G_{12}^{\mathrm{f}}-G^{\mathrm{m}})}{(G_{12}^{\mathrm{f}}+G^{\mathrm{m}})(x_2^2+x_3^2)}+\frac{2a^2(G_{12}^{\mathrm{f}}-G^{\mathrm{m}})x_3^2}{(G_{12}^{\mathrm{f}}+G^{\mathrm{m}})(x_2^2+x_3^2)^2}$$

分别导出有关公式如下：

$$
\begin{aligned}
&\int_{\sqrt{a^2-x_3^2}}^{\sqrt{b^2-x_3^2}}\left[1-a^2\frac{(G_{12}^{\mathrm{f}}-G^{\mathrm{m}})(x_2^2-x_3^2)}{(G_{12}^{\mathrm{f}}+G^{\mathrm{m}})(x_2^2+x_3^2)^2}\right]\mathrm{d}x_2\\
=&\left[x_2-\frac{a^2(G_{12}^{\mathrm{f}}-G^{\mathrm{m}})}{(G_{12}^{\mathrm{f}}+G^{\mathrm{m}})}\frac{1}{\sqrt{x_3^2}}\arctan\left(\frac{x_2}{\sqrt{x_3^2}}\right)\right]\Bigg|_{\sqrt{a^2-x_3^2}}^{\sqrt{b^2-x_3^2}}\\
&+\left[2a^2x_3^2\frac{(G_{12}^{\mathrm{f}}-G^{\mathrm{m}})}{(G_{12}^{\mathrm{f}}+G^{\mathrm{m}})}\left(\frac{x_2}{2x_3^2(x_2^2+x_3^2)}+\frac{1}{2x_3^2\sqrt{x_3^2}}\arctan\left(\frac{x_2}{\sqrt{x_3^2}}\right)\right)\right]\Bigg|_{\sqrt{a^2-x_3^2}}^{\sqrt{b^2-x_3^2}}\\
=&\sqrt{b^2-x_3^2}-\sqrt{a^2-x_3^2}\\
&-a^2\frac{(G_{12}^{\mathrm{f}}-G^{\mathrm{m}})}{(G_{12}^{\mathrm{f}}+G^{\mathrm{m}})}\frac{1}{\sqrt{x_3^2}}\left[\arctan\left(\frac{\sqrt{b^2-x_3^2}}{\sqrt{x_3^2}}\right)-\arctan\left(\frac{\sqrt{a^2-x_3^2}}{\sqrt{x_3^2}}\right)\right]\\
&+2a^2x_3^2\frac{(G_{12}^{\mathrm{f}}-G^{\mathrm{m}})}{(G_{12}^{\mathrm{f}}+G^{\mathrm{m}})}\left[\frac{\sqrt{b^2-x_3^2}}{2x_3^2b^2}-\frac{\sqrt{a^2-x_3^2}}{2x_3^2a^2}\right]\\
&+2a^2x_3^2\frac{(G_{12}^{\mathrm{f}}-G^{\mathrm{m}})}{(G_{12}^{\mathrm{f}}+G^{\mathrm{m}})}\left\{\frac{1}{2x_3^2\sqrt{x_3^2}}\left[\arctan\left(\frac{\sqrt{b^2-x_3^2}}{\sqrt{x_3^2}}\right)-\arctan\left(\frac{\sqrt{a^2-x_3^2}}{\sqrt{x_3^2}}\right)\right]\right\}\\
=&\sqrt{b^2-x_3^2}-\sqrt{a^2-x_3^2}+a^2\frac{(G_{12}^{\mathrm{f}}-G^{\mathrm{m}})}{(G_{12}^{\mathrm{f}}+G^{\mathrm{m}})}\left[\frac{\sqrt{b^2-x_3^2}}{b^2}-\frac{\sqrt{a^2-x_3^2}}{a^2}\right]\\
&+a^2\frac{(G_{12}^{\mathrm{f}}-G^{\mathrm{m}})}{(G_{12}^{\mathrm{f}}+G^{\mathrm{m}})\sqrt{x_3^2}}\left[\arctan\left(\frac{\sqrt{b^2-x_3^2}}{\sqrt{x_3^2}}\right)-\arctan\left(\frac{\sqrt{a^2-x_3^2}}{\sqrt{x_3^2}}\right)\right]\\
&-a^2\frac{(G_{12}^{\mathrm{f}}-G^{\mathrm{m}})}{(G_{12}^{\mathrm{f}}+G^{\mathrm{m}})}\frac{1}{\sqrt{x_3^2}}\left[\arctan\left(\frac{\sqrt{b^2-x_3^2}}{\sqrt{x_3^2}}\right)-\arctan\left(\frac{\sqrt{a^2-x_3^2}}{\sqrt{x_3^2}}\right)\right]\\
=&\sqrt{b^2-x_3^2}-\sqrt{a^2-x_3^2}+a^2\frac{(G_{12}^{\mathrm{f}}-G^{\mathrm{m}})}{(G_{12}^{\mathrm{f}}+G^{\mathrm{m}})}\left(\frac{\sqrt{b^2-x_3^2}}{b^2}-\frac{\sqrt{a^2-x_3^2}}{a^2}\right)
\end{aligned}
$$

$$
\begin{aligned}
&\frac{1}{b}\int_0^a\int_{\sqrt{a^2-x_3^2}}^{\sqrt{b^2-x_3^2}}\left[1-a^2\frac{(G_{12}^{\mathrm{f}}-G^{\mathrm{m}})(x_2^2-x_3^2)}{(G_{12}^{\mathrm{f}}+G^{\mathrm{m}})(x_2^2+x_3^2)^2}\right]\mathrm{d}x_2\mathrm{d}x_3\\
=&\frac{1}{b}\int_0^a\left[\sqrt{b^2-x_3^2}-\sqrt{a^2-x_3^2}+a^2\frac{(G_{12}^{\mathrm{f}}-G^{\mathrm{m}})}{(G_{12}^{\mathrm{f}}+G^{\mathrm{m}})}\left(\frac{\sqrt{b^2-x_3^2}}{b^2}-\frac{\sqrt{a^2-x_3^2}}{a^2}\right)\right]\mathrm{d}x_3\\
=&\frac{1}{b}\left[1+V_{\mathrm{f}}\frac{(G_{12}^{\mathrm{f}}-G^{\mathrm{m}})}{(G_{12}^{\mathrm{f}}+G^{\mathrm{m}})}\right]\int_0^a\sqrt{b^2-x_3^2}\mathrm{d}x_3-\frac{1}{b}\left[1+\frac{(G_{12}^{\mathrm{f}}-G^{\mathrm{m}})}{(G_{12}^{\mathrm{f}}+G^{\mathrm{m}})}\right]\int_0^a\sqrt{a^2-x_3^2}\mathrm{d}x_3
\end{aligned}
$$

$$=\frac{1}{b}\left[1+V_{\rm f}\frac{(G_{12}^{\rm f}-G^{\rm m})}{(G_{12}^{\rm f}+G^{\rm m})}\right]\left[\frac{a^2}{2}\sqrt{1/V_{\rm f}-1}+\frac{b^2}{2}\arcsin(\sqrt{V_{\rm f}})\right]-\frac{1}{b}\left[1+\frac{(G_{12}^{\rm f}-G^{\rm m})}{(G_{12}^{\rm f}+G^{\rm m})}\right]\frac{a^2\pi}{4}$$

$$=\frac{b}{2}\left[1+V_{\rm f}\frac{(G_{12}^{\rm f}-G^{\rm m})}{(G_{12}^{\rm f}+G^{\rm m})}\right]\left[\sqrt{V_{\rm f}}\sqrt{1-V_{\rm f}}+\arcsin(\sqrt{V_{\rm f}})\right]-\frac{b}{2}\frac{V_{\rm f}G_{12}^{\rm f}\pi}{(G_{12}^{\rm f}+G^{\rm m})}$$

$$\int_0^{\sqrt{b^2-x_3^2}}\left[1-a^2\frac{(G_{12}^{\rm f}-G^{\rm m})(x_2^2-x_3^2)}{(G_{12}^{\rm f}+G^{\rm m})(x_2^2+x_3^2)^2}\right]{\rm d}x_2$$

$$=\left[x_2-a^2\frac{(G_{12}^{\rm f}-G^{\rm m})}{(G_{12}^{\rm f}+G^{\rm m})}\frac{1}{\sqrt{x_3^2}}\arctan\left(\frac{x_2}{\sqrt{x_3^2}}\right)\right]\Bigg|_0^{\sqrt{b^2-x_3^2}}$$

$$+\left[2a^2x_3^2\frac{(G_{12}^{\rm f}-G^{\rm m})}{(G_{12}^{\rm f}+G^{\rm m})}\left(\frac{x_2}{2x_3^2(x_2^2+x_3^2)}+\frac{1}{2x_3^2\sqrt{x_3^2}}\arctan\left(\frac{x_2}{\sqrt{x_3^2}}\right)\right)\right]\Bigg|_0^{\sqrt{b^2-x_3^2}}$$

$$=\sqrt{b^2-x_3^2}-a^2\frac{(G_{12}^{\rm f}-G^{\rm m})}{(G_{12}^{\rm f}+G^{\rm m})}\frac{1}{\sqrt{x_3^2}}\arctan\left(\frac{\sqrt{b^2-x_3^2}}{\sqrt{x_3^2}}\right)+2a^2x_3^2\frac{(G_{12}^{\rm f}-G^{\rm m})}{(G_{12}^{\rm f}+G^{\rm m})}\frac{\sqrt{b^2-x_3^2}}{2x_3^2b^2}$$

$$+2a^2x_3^2\frac{(G_{12}^{\rm f}-G^{\rm m})}{(G_{12}^{\rm f}+G^{\rm m})2x_3^2\sqrt{x_3^2}}\arctan\left(\frac{\sqrt{b^2-x_3^2}}{\sqrt{x_3^2}}\right)$$

$$=\sqrt{b^2-x_3^2}+a^2\frac{(G_{12}^{\rm f}-G^{\rm m})}{(G_{12}^{\rm f}+G^{\rm m})}\frac{\sqrt{b^2-x_3^2}}{b^2}=\left[1+V_{\rm f}\frac{(G_{12}^{\rm f}-G^{\rm m})}{(G_{12}^{\rm f}+G^{\rm m})}\right]\sqrt{b^2-x_3^2}$$

$$\frac{1}{b}\int_a^b\int_0^{\sqrt{b^2-x_3^2}}\left[1-a^2\frac{(G_{12}^{\rm f}-G^{\rm m})(x_2^2-x_3^2)}{(G_{12}^{\rm f}+G^{\rm m})(x_2^2+x_3^2)^2}\right]{\rm d}x_2{\rm d}x_3$$

$$=\frac{1}{b}\left[1+V_{\rm f}\frac{(G_{12}^{\rm f}-G^{\rm m})}{(G_{12}^{\rm f}+G^{\rm m})}\right]\int_a^b\sqrt{b^2-x_3^2}{\rm d}x_3$$

$$=\frac{1}{b}\left[1+V_{\rm f}\frac{(G_{12}^{\rm f}-G^{\rm m})}{(G_{12}^{\rm f}+G^{\rm m})}\right]\left[\frac{x}{2}\sqrt{b^2-x^2}+\frac{b^2}{2}\arcsin\left(\frac{x}{b}\right)\right]_a^b$$

$$=\frac{1}{b}\left[1+V_{\rm f}\frac{(G_{12}^{\rm f}-G^{\rm m})}{(G_{12}^{\rm f}+G^{\rm m})}\right]\left[\frac{b^2\pi}{4}-\frac{b^2}{2}\sqrt{V_{\rm f}}\sqrt{1-V_{\rm f}}-\frac{b^2}{2}\arcsin(\sqrt{V_{\rm f}})\right]$$

$$\frac{1}{b}\int_0^a\sqrt{b^2-x_3^2}{\rm d}x_3=\frac{1}{b}\left[\frac{x_3}{2}\sqrt{b^2-x_3^2}+\frac{b^2}{2}\arcsin\left(\frac{x_3}{b}\right)\right]_0^a$$

$$=\frac{b}{2}\left[\sqrt{V_{\rm f}}\sqrt{1-V_{\rm f}}+\arcsin(\sqrt{V_{\rm f}})\right]$$

$$\frac{1}{b}\int_0^a\int_{\sqrt{a^2-x_3^2}}^{\sqrt{b^2-x_3^2}}\left[1-a^2\frac{(G_{12}^{\mathrm{f}}-G^{\mathrm{m}})(x_2^2-x_3^2)}{(G_{12}^{\mathrm{f}}+G^{\mathrm{m}})(x_2^2+x_3^2)^2}\right]\mathrm{d}x_3\mathrm{d}x_2$$

$$+\frac{1}{b}\int_a^b\int_0^{\sqrt{b^2-x_3^2}}\left[1-a^2\frac{(G_{12}^{\mathrm{f}}-G^{\mathrm{m}})(x_2^2-x_3^2)}{(G_{12}^{\mathrm{f}}+G^{\mathrm{m}})(x_2^2+x_3^2)^2}\right]\mathrm{d}x_3\mathrm{d}x_2$$

$$=\frac{b}{2}\left[1+V_{\mathrm{f}}\frac{(G_{12}^{\mathrm{f}}-G^{\mathrm{m}})}{(G_{12}^{\mathrm{f}}+G^{\mathrm{m}})}\right]\left[\sqrt{V_{\mathrm{f}}}\sqrt{1-V_{\mathrm{f}}}+\sin^{-1}(\sqrt{V_{\mathrm{f}}})\right]-\frac{b}{2}\frac{V_{\mathrm{f}}G_{12}^{\mathrm{f}}\pi}{(G_{12}^{\mathrm{f}}+G^{\mathrm{m}})}$$

$$+\frac{1}{b}\left[1+V_{\mathrm{f}}\frac{(G_{12}^{\mathrm{f}}-G^{\mathrm{m}})}{(G_{12}^{\mathrm{f}}+G^{\mathrm{m}})}\right]\left[\frac{b^2\pi}{4}-\frac{b^2}{2}\sqrt{V_{\mathrm{f}}}\sqrt{1-V_{\mathrm{f}}}-\frac{b^2}{2}\arcsin(\sqrt{V_{\mathrm{f}}})\right]$$

$$=\frac{b}{2}\left[1+V_{\mathrm{f}}\frac{(G_{12}^{\mathrm{f}}-G^{\mathrm{m}})}{(G_{12}^{\mathrm{f}}+G^{\mathrm{m}})}\right]\frac{\pi}{2}-\frac{b}{2}\frac{V_{\mathrm{f}}G_{12}^{\mathrm{f}}\pi}{(G_{12}^{\mathrm{f}}+G^{\mathrm{m}})}=\frac{b\pi}{4}(1-V_{\mathrm{f}})$$

从而

$$f=\theta_{\mathrm{c}}^{\mathrm{f},1}-\frac{\tau^0(1-V_{\mathrm{f}})\pi}{2G^{\mathrm{m}}[\sqrt{V_{\mathrm{f}}}\sqrt{1-V_{\mathrm{f}}}+\sin^{-1}(\sqrt{V_{\mathrm{f}}})]}=0\tag{5.71}$$

需要提醒的是，求解公式 (5.71) 时量纲须一致，即 τ^0 和 G^{m} 须采用相同的单位。

如前所述，基体的破坏判据由莫尔定律确定。假定破坏时基体斜截面的法向应力为压应力，载荷比例系数 δ 和破坏面方向角由式 (5.16) 和式 (5.17) 确定，即

$$\delta=\frac{4c_{\mathrm{m}}\sigma_n^{\mathrm{m},1}\pm\sqrt{16(c_{\mathrm{m}}\sigma_n^{\mathrm{m},1})^2-16(c_{\mathrm{m}}r_{\mathrm{m}})^2(1+4c_{\mathrm{m}}e_{\mathrm{m}})}}{8(c_{\mathrm{m}}r_{\mathrm{m}})^2}\tag{5.72a}$$

$$\frac{\bar{\sigma}_{11}^{\mathrm{m}}-\bar{\sigma}_{22}^{\mathrm{m}}}{2}\cos2\theta_n+\bar{\sigma}_{12}^{\mathrm{m}}\sin2\theta_n=\frac{2c_{\mathrm{m}}\sigma_n^{\mathrm{m},1}-1/\delta}{2c_{\mathrm{m}}}-\frac{\bar{\sigma}_{11}^{\mathrm{m}}+\bar{\sigma}_{22}^{\mathrm{m}}}{2}\tag{5.72b}$$

其中

$$\sigma_n^{\mathrm{m},1}=\frac{\bar{\sigma}_{11}^{\mathrm{m}}+\bar{\sigma}_{22}^{\mathrm{m}}}{2},\quad r_{\mathrm{m}}=\sqrt{0.25(\bar{\sigma}_{11}^{\mathrm{m}}-\bar{\sigma}_{22}^{\mathrm{m}})^2+(\bar{\sigma}_{12}^{\mathrm{m}})^2}\tag{5.72c}$$

求解过程如下。首先，给定轴向压缩载荷 σ_{11}^0，从方程 (5.71) 解出偏转角 $\theta_{\mathrm{c}}^{\mathrm{f}}$ 后，由式 (5.72a) 求得比例系数 δ 的正根，若 $0<\delta<1$，表明所给的压缩载荷值 σ_{11}^0 偏小，否则 σ_{11}^0 值偏大，直至 $\delta=1$，此时的 σ_{11}^0 和 $\theta_{\mathrm{c}}^{\mathrm{f}}$ 分别是基体破坏时对应的压缩外载和纤维偏转角，进而由式 (5.72b) 求得基体的破坏面方向角 θ_n。最后，根据式 (5.61a)，令 $\sigma_{11}^{\mathrm{f}}=\sigma_{\mathrm{u,c}}^{\mathrm{f}}$ 解出纤维压断时对应的外载 σ_{11}^0。取这两者 (基体破坏对应的 σ_{11}^0 和纤维压断对应的 σ_{11}^0) 中较小的绝对值，定义为单向复合材料的轴向压缩强度，相应的破坏模式称为纤维的压缩破坏。纤维的压缩破坏可能是纤维的压断，也可能是纤维压缩下偏转引起的基体剪切破坏。

满足公式 (5.71) 和式 (5.72) 的解之所以称为基体的剪切破坏，是因为通过应力圆与破坏面包络线相切处的切点 $(\bar{\sigma}_n^{\mathrm{m}},\bar{\tau}_n^{\mathrm{m}})$ 作平行于横轴的直线，与纵轴的交点

应力 (即 $\bar{\tau}_n^{\mathrm{m}}$) 满足如下方程:

$$\bar{\tau}_n^{\mathrm{m}}+\eta\bar{\sigma}_n^{\mathrm{m}}=\sigma_{\mathrm{u,s}}^{\mathrm{m}},\quad \eta>0 \tag{5.73}$$

此即库仑–莫尔关于破坏面的物理解释：在压缩载荷下，材料沿某截面的滑移破坏主要由剪应力引起，但又与所在截面上的正应力有关。式中，η 称为内摩擦角参数。

若纤维的压缩破坏对应于纤维的压断，此时的纤维偏转角是不定值。然而，由于基体剪切破坏时的偏转角 $\theta_{\mathrm{c}}^{\mathrm{f}}$ 通常并非很大，在式 (5.61a) 中取 $\theta_{\mathrm{c}}^{\mathrm{f}}$、$\theta_{\mathrm{c}}^{\mathrm{f}}=\theta_{\mathrm{c}}^{\mathrm{f},0}$ 甚至 $\theta_{\mathrm{c}}^{\mathrm{f}}=0$ 所产生的差异可忽略不计。

当复合材料采用预浸料工艺加工时，文献 [74] 进行了系统的实验测试，结果发现初始偏折角不超过 1° 的概率分布达到 84%。因此，对预浸料工艺加工的复合材料，将初始偏折角取为 $\theta_{\mathrm{c}}^{\mathrm{f},0}=1^\circ$。

例 5-7 单向复合材料的纤维和基体性能参数见表 5-11, $V_{\mathrm{f}}=0.6$，受轴向压缩载荷作用，试求复合材料的轴向压缩强度，假定初始偏转角 $\theta_{\mathrm{c}}^{\mathrm{f},0}=1^\circ$。

表 5-11 单向复合材料的纤维和基体性能参数

材料	E_{11}/GPa	E_{22}/GPa	ν_{12}	G_{12}/GPa	G_{23}/GPa	$\sigma_{\mathrm{u,t}}$/MPa	$\sigma_{\mathrm{u,c}}$/MPa	$\sigma_{\mathrm{u,s}}$/MPa
纤维	225	15	0.2	15	7	3200	2500	—
基体	4.2	4.2	0.34	1.567	1.567	69	250	50

解 (1) 验证式 (5.11)。

式 (5.11) 要求基体的剪切强度 $\sigma_{\mathrm{u,s}}^{\mathrm{m}}\geqslant 51.8\mathrm{MPa}$，所给参数不满足这一条件。但由于材料测试存在离散性，将基体的剪切强度用 $\sigma_{\mathrm{u,s}}^{\mathrm{m}}=52\mathrm{MPa}$ 替代。

(2) 求基体的应力集中系数。

根据所给纤维和基体性能参数以及纤维含量，求得 $K_{22}^{\mathrm{c}}=1.469$ 及 $K_{12}=1.424$。

(3) 求 c_{m} 和 e_{m}。

由式 (5.64b)，求得 $c_{\mathrm{m}}=-0.00967\mathrm{MPa}^{-1}$、$e_{\mathrm{m}}=52\mathrm{MPa}$。

(4) 求纤维偏转角引起的基体破坏压缩外载。

初始取 $\sigma_{11}^{0}=-1300\mathrm{MPa}$，按前述步骤求出 $\theta_{\mathrm{c}}^{\mathrm{f}}=2.1^\circ$、$\delta=2.2$ 和 $\theta_n=33.1^\circ$。由于 $\delta>1$，表明基体尚未达到破坏。增加压缩外载至 $\sigma_{11}^{0}=-2400\mathrm{MPa}$，求得 $\theta_{\mathrm{c}}^{\mathrm{f}}=2.5^\circ$、$\delta=0.997$ 和 $\theta_n=32.1^\circ$。$\delta\approx 1$，表明基体破坏时的外载为 $\sigma_{11}^{0}=-2400\mathrm{MPa}$。

(5) 求纤维压断对应的破坏外载。

将 $\theta_{\mathrm{c}}^{\mathrm{f}}=2.5^\circ$ 代入式 (5.61a)，并令 $\sigma_{11}^{\mathrm{f}}=\sigma_{\mathrm{u,c}}^{\mathrm{f}}$，解出 $\sigma_{11}^{0}=-1521.8\mathrm{MPa}$。

(6) 确定轴向压缩强度。

该复合材料的轴向压缩强度为 1512.8MPa。

需要指出的是，本例题中基体剪切破坏时的外载高于纤维破坏的对应值，因而，最终的纤维偏转角是不定值。但是，基于基体达到破坏时的偏转角 (2.5°) 和初始偏转角 (1°) 计算的纤维压断载荷之间的差异不大。

类似例 5-7 的求解过程，得到表 5-2 所列的其他 8 组单向复合材料的轴向压缩强度，结果给在表 5-12 中。所有计算均基于初始偏转角 $\theta_c^{f,0}=1°$。

表 5-12　9 组单向复合材料轴向压缩强度预报值与实验对比

材料体系	纤维偏折导致基体破坏				纤维压断应力/MPa	轴向压缩强度		
	压应力/MPa	纤维偏转角 $\theta_c^f/(°)$	破坏面 $\theta_n/(°)$	比例系数 δ		测试值/MPa	预报值/MPa	相对误差/%
E-Glass/LY556	−1300	2.7	25.3	1.0002	924.2	570	924.2	62.14
E-Glass/MY750	−1210	2.8	26.3	0.999	898.5	800	898.5	12.31
AS4/3501-6	−2400	2.5	32.1	1.001	1521.8	1480	1521.8	2.82
T300/BSL914C	−1950	2.8	12.6	1.002	1217.1	900	1217.1	35.2
IM7/8551-7	−1860	2.6	13.9	1.002	1943.3	1590	1860	16.98
T300/PR319	−705	5.4	13.2	1.002	1214.8	950	705	−25.79
AS/Epoxy	−1570	2.7	13.9	1.003	1821	1500	1570	4.67
S2-Glass/Epoxy	−1300	2.9	24.1	1.002	1510.1	1150	1300	13.04
G40-800/5260	−1735	2.8	11.2	1.009	1940.2	1700	1735	2.06

注：平均误差 $=\frac{1}{9}\sum_{k=1}^{9}\text{abs(error)}_k=19.5\%$。

从表 5-12 可以看出，除了第 6 组单向复合材料 (即 T300/PR319，其中的基体拉伸模量 $E^m=0.95$GPa)，对其他复合材料，均是预报值高于实验值，这是不难理解的，因为准确测试单向复合材料的轴向压缩强度并不容易，往往会伴随或多或少的试样屈曲，但 9 组复合材料轴向压缩强度的整体平均误差 19.5%，相比纤维压断条件导致的平均误差 25.1%(表 5-10)，预报精度有明显提升。

在任意载荷作用下，若纤维的轴向应力分量为压应力，一般应由本节介绍的理论确定纤维是否产生压缩破坏，并进一步定出纤维的压缩破坏模式。此时，假定纤维受到等效的单轴压缩作用，即令

$$\left[\frac{\cos^2\theta_c^f}{V_f+V_m a_{11}}-\frac{V_m a_{12}\sin^2\theta_c^f}{(V_f+V_m a_{11})(V_f+V_m a_{22})}\right]\sigma_{11}^0=\sigma_{11}^f$$

由此得到等效的 σ_{11}^0，再代入式 (5.71) 和式 (5.72) 分析即可。

例 5-8　单向复合材料的纤维和基体性能参数见表 5-13, $V_f=0.6$，纤维和基体中的非 0 应力分量如下：

$$\sigma_{11}^f=-1.6267\sigma,\quad \sigma_{22}^f=-0.0137\sigma,\quad \sigma_{12}^f=0.1387\sigma$$

$$\sigma_{11}^m=-0.0326\sigma,\quad \sigma_{22}^m=-0.00679\sigma,\quad \sigma_{12}^m=0.0518\sigma$$

试求复合材料达到破坏时的载荷系数 $\sigma(\sigma>0)$，假定纤维的初始偏转角 $\theta_{\mathrm{c}}^{\mathrm{f},0}=1^{\circ}$。

表 5-13 单向复合材料的纤维和基体性能参数

材料	E_{11}/GPa	E_{22}/GPa	ν_{12}	G_{12}/GPa	G_{23}/GPa	$\sigma_{\mathrm{u,t}}$/MPa	$\sigma_{\mathrm{u,c}}$/MPa	$\sigma_{\mathrm{u,s}}$/MPa
纤维	225	15	0.2	15	7	3200	2500	—
基体	4.2	4.2	0.34	1.567	1.567	69	250	52

解 (1) 基体的应力集中系数。

由于基体横向受压，得 $K_{22}^{\mathrm{c}}=1.469$、$K_{12}=1.424$.

(2) 纤维破坏载荷。

纤维的第三主应力 $\sigma_{\mathrm{f}}^{3}=-1.6386\delta$，由最大正应力判据，纤维压断时载荷系数 $\sigma=1525.7$，此时，纤维的轴向应力分量 $\sigma_{11}^{\mathrm{f}}=-2481.9\mathrm{MPa}$。

假定单向复合材料受单轴向压缩作用，等效压应力为

$$\sigma_{11}^{0}=-2481.9\Big/\left[\frac{\cos^{2}\theta_{\mathrm{c}}^{\mathrm{f}}}{V_{\mathrm{f}}+V_{\mathrm{m}}a_{11}}-\frac{V_{\mathrm{m}}a_{12}\sin^{2}\theta_{\mathrm{c}}^{\mathrm{f}}}{(V_{\mathrm{f}}+V_{\mathrm{m}}a_{11})(V_{\mathrm{f}}+V_{\mathrm{m}}a_{22})}\right]$$

代入式 (5.71)，迭代解出纤维偏转角 $\theta_{\mathrm{c}}^{\mathrm{f}}=2.2^{\circ}$、$\sigma_{11}^{0}=-1510.1\mathrm{MPa}$，再从式 (5.72a)，得到 $\delta=1.84$，表明基体剪切破坏需要更大的载荷。进一步计算得知，在 $\sigma_{11}^{0}=-2404.5\mathrm{MPa}$ 作用下基体方可破坏，此时 $\theta_{\mathrm{c}}^{\mathrm{f}}=2.5^{\circ}$，对应 $\sigma_{11}^{\mathrm{f}}=-3950\mathrm{MPa}$，载荷系数 $\sigma=2410.6$。

(3) 基体破坏载荷。

将基体应力 $\sigma_{11}^{\mathrm{m}}=-0.0326\sigma$、$\sigma_{22}^{\mathrm{m}}=-0.00679\sigma$、$\sigma_{12}^{\mathrm{m}}=0.0518\sigma$ 代入莫尔破坏判据可知，基体将产生拉伸破坏 (破坏面上的法向应力为拉应力)，破坏时的载荷比例系数 $\sigma=1144$。

注意，本例基体中的两个非 0 主应力分别是 $\sigma_{\mathrm{m}}^{1}=0.0337\sigma$、$\sigma_{\mathrm{m}}^{3}=-0.073\sigma$，根据式 (1.31)，特征体元中的基体整体受等效压缩作用，但基体破坏面的外法向应力却是拉应力，这主要是因为基体材料的拉伸强度远低于压缩强度。

(4) 复合材料破坏载荷。

复合材料破坏时的载荷比例系数 $\sigma=1144$。

本节导出的纤维轴向压缩强度计算公式，对定量考虑不同加工工艺对复合材料破坏和强度的影响具有重要意义。纤维偏折对轴向拉伸破坏的影响有限，除非初始偏转角足够大，因为在轴向拉伸下，纤维的初始偏转角呈减小趋势。但在轴向压缩下，初始偏转角呈增大趋势，如上所示。其他加工 (如长丝缠绕、树脂注射 RTM、真空吸塑 VARIM、编织增强等) 成型工艺对应的纤维偏折角，由于严重依赖于现场加工，即便能测定，一般也不具有普适性。这种情况下，可由单向复合材料的轴向或尽可能接近纤维轴向的压缩强度测试值，反演确定纤维的初始偏折角 $\theta_{\mathrm{c}}^{\mathrm{f},0}$。

5.10 复杂载荷下的强度计算

5.6 和 5.8 节中的单向复合材料强度公式是在其分别承受单轴载荷下导出的。当复合材料受到任意复杂载荷作用时，一般不能由它们计算复合材料的强度。此时，应根据第 2 章中所介绍的方法，求出纤维和基体受任意复杂载荷的均值内应力后，修正得到真实应力，再选用适当的破坏判据，判定纤维和基体是否达到极限破坏 (即是否达到它们的强度)。如果其中任何一个达到了破坏，就说对应的外载为复合材料的强度。

前已指出，纤维的破坏宜采用广义最大正应力破坏判据 (或者，拉伸破坏采用最大正应力破坏判据，压缩破坏综合考虑纤维偏折或强度破坏)。但一般而言，基体的破坏则应避免采用最大正应力破坏判据，原因是：不同于纤维主要承受轴向载荷 (破坏也主要是由轴向应力所引起的)，基体是连续体，破坏机理更复杂，比如，基体受单向拉伸和纯剪切的破坏概率相同。广义最大正应力破坏判据只需提供材料的许用拉伸和许用压缩两个强度参数即可，但是，材料受单向拉伸和纯剪切的第一主应力均与各自的外载相等，由最大正应力破坏判据预报的这两种破坏外载相同。实际基体材料的原始拉伸与剪切强度不等，无论是由原始拉伸还是原始剪切强度定义材料的许用拉伸强度，都会导致基体受单向拉伸和纯剪切的预报强度中的某一个与实际不符。何况，由第 4 章得知，基体沿不同方向的许用应力不等。因此，基体的破坏理应采用包含有各种不同强度参数的判据如莫尔判据来检测。由于莫尔判据的使用，往往需要迭代计算，稍有不便。以下例题中，采用 Tsai-Wu 判据检测基体的破坏。

令 $\{\sigma_i^{\mathrm{m}}\}=\{\sigma_{11}^{\mathrm{m}},\sigma_{22}^{\mathrm{m}},\sigma_{33}^{\mathrm{m}},\sigma_{23}^{\mathrm{m}},\sigma_{13}^{\mathrm{m}},\sigma_{12}^{\mathrm{m}}\}^{\mathrm{T}}$ 为基体的均值应力。再用 $\{\bar{\sigma}_i^{\mathrm{m}}\}=\{\bar{\sigma}_{11}^{\mathrm{m}},\bar{\sigma}_{22}^{\mathrm{m}},\bar{\sigma}_{33}^{\mathrm{m}},\ \bar{\sigma}_{23}^{\mathrm{m}},\bar{\sigma}_{13}^{\mathrm{m}},\bar{\sigma}_{12}^{\mathrm{m}}\}^{\mathrm{T}}=\{\sigma_{11}^{\mathrm{m}},K_{22}^{\mathrm{Bi}}\sigma_{33}^{\mathrm{m}}+K_{22}^{\mathrm{t}}(\sigma_{22}^{\mathrm{m}}-\sigma_{33}^{\mathrm{m}}),\ K_{33}^{\mathrm{Bi}}\sigma_{33}^{\mathrm{m}},K_{23}\sigma_{23}^{\mathrm{m}},K_{12}\sigma_{13}^{\mathrm{m}},K_{12}\sigma_{12}^{\mathrm{m}}\}^{\mathrm{T}}$ 表示基体的真实应力。这里假定 $\sigma_{22}^{\mathrm{m}}\geqslant\sigma_{33}^{\mathrm{m}}$，否则应用式 (4.46a) 计算真实应力。由真实应力，首先求出基体的三个主应力：$\bar{\sigma}_{\mathrm{m}}^1\geqslant\bar{\sigma}_{\mathrm{m}}^2\geqslant\bar{\sigma}_{\mathrm{m}}^3$。若 $\bar{\sigma}_{\mathrm{m}}^1\geqslant 0$，直接应用 Tsai-Wu 判据校核基体的破坏，此时，三维应力状态下基体的破坏条件为

$$\begin{aligned}&F_1(\bar{\sigma}_{11}^{\mathrm{m}}+\bar{\sigma}_{22}^{\mathrm{m}}+\bar{\sigma}_{33}^{\mathrm{m}})+F_{11}[(\bar{\sigma}_{11}^{\mathrm{m}})^2+(\bar{\sigma}_{22}^{\mathrm{m}})^2+(\bar{\sigma}_{33}^{\mathrm{m}})^2-\bar{\sigma}_{11}^{\mathrm{m}}\bar{\sigma}_{22}^{\mathrm{m}}]\\&-F_{11}(\bar{\sigma}_{11}^{\mathrm{m}}\bar{\sigma}_{33}^{\mathrm{m}}+\bar{\sigma}_{22}^{\mathrm{m}}\bar{\sigma}_{33}^{\mathrm{m}})+F_{44}[(\bar{\sigma}_{23}^{\mathrm{m}})^2+(\bar{\sigma}_{13}^{\mathrm{m}})^2+(\bar{\sigma}_{12}^{\mathrm{m}})^2]\geqslant 1\end{aligned}\tag{5.74a}$$

其中

$$F_1=\frac{1}{\sigma_{\mathrm{u,t}}^{\mathrm{m}}}-\frac{1}{\sigma_{\mathrm{u,c}}^{\mathrm{m}}},\quad F_{11}=\frac{1}{\sigma_{\mathrm{u,t}}^{\mathrm{m}}\sigma_{\mathrm{u,c}}^{\mathrm{m}}},\quad F_{44}=\frac{1}{(\sigma_{\mathrm{u,s}}^{\mathrm{m}})^2}\tag{5.74b}$$

如果 $\bar{\sigma}_{\mathrm{m}}^1<0$，必须参照式 (5.41)~(5.43) 的方案对 Tsai-Wu 判据进行修正。

当基体中只存在平面应力分量 $(\sigma_{11}^{\mathrm{m}},\sigma_{22}^{\mathrm{m}},\sigma_{12}^{\mathrm{m}})$ 时，基体的破坏判据简化为

$$F_1(\sigma_{11}^{\mathrm{m}}+K_{22}\sigma_{22}^{\mathrm{m}})+F_{11}[(\sigma_{11}^{\mathrm{m}})^2+(K_{22}\sigma_{22}^{\mathrm{m}})^2-K_{22}\sigma_{11}^{\mathrm{m}}\sigma_{22}^{\mathrm{m}}]+F_{44}(K_{12}\sigma_{12}^{\mathrm{m}})^2\geqslant 1\tag{5.75}$$

式中，系数 F_1、F_{11}、F_{44} 依然由式 (5.74b) 计算。

下面，结合算例说明如何计算单向复合材料在复杂载荷下的强度。

5.10.1 偏轴强度

例 5-9 单向复合材料的纤维和基体性能参数见表 5-14, $V_\mathrm{f}=0.5$，受偏轴载荷作用 (图 5-10(a))，试求偏轴角 $\theta=10^\circ$ 的偏轴拉伸强度。

表 5-14 单向复合材料的纤维和基体性能参数

材料	E_{11}/GPa	E_{22}/GPa	ν_{12}	G_{12}/GPa	G_{23}/GPa	$\sigma_{\mathrm{u,t}}$/MPa	$\sigma_{\mathrm{u,c}}$/MPa	$\sigma_{\mathrm{u,s}}$/MPa
纤维	225	15	0.2	15	7	3200	2500	—
基体	4.2	4.2	0.34	1.567	1.567	68	120	80

解 (1) 坐标变换求主轴坐标下的应力。

偏轴载荷引起的主轴坐标下的应力 (图 5-10(b)) 由下述公式计算 (参见式 (1.77))

$$\begin{Bmatrix}\sigma_{11}\\ \sigma_{22}\\ \sigma_{12}\end{Bmatrix}=\begin{bmatrix}l_1^2 & m_1^2 & 2l_1m_1\\ l_2^2 & m_2^2 & 2l_2m_2\\ l_1l_2 & m_1m_2 & l_1m_2+l_2m_1\end{bmatrix}\begin{Bmatrix}\sigma_{xx}\\ 0\\ 0\end{Bmatrix} \tag{5.76}$$

在图 5-10(a) 所示坐标系下，有 $l_1=m_2=\cos\theta$, $l_2=-\sin\theta$, $m_1=\sin\theta$，即

$$\sigma_{11}=0.97\sigma_{xx},\quad \sigma_{22}=0.03\sigma_{xx},\quad \sigma_{12}=-0.17\sigma_{xx}$$

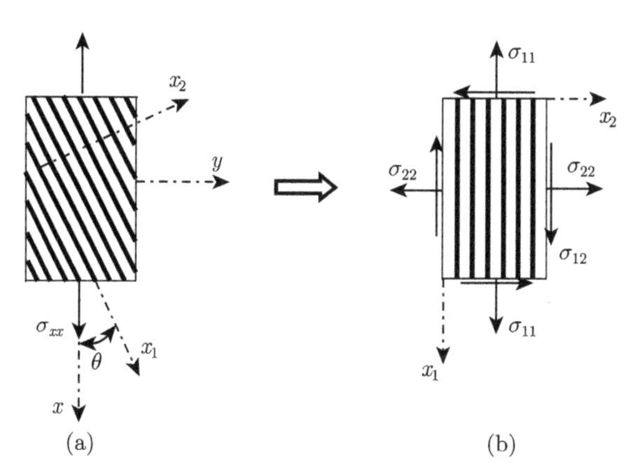

图 5-10 单向复合材料受偏轴拉伸 (a)，主轴坐标下的应力 (b)

(2) 求基体应力集中系数。

本问题中，基体的三个平面应力分量都存在，但在偏轴拉伸下基体受横向拉伸作用。将上述表中的数据代入式 (4.27) 和式 (4.35)，通过 Excel 表格程序计算得到

$$K_{22}^{\mathrm{t}}=1.96,\quad K_{12}=1.32$$

(3) 求桥联矩阵 $[A_{ij}]$ 和矩阵 $[B_{ij}]$ 各元素。

$$a_{11}=E^{\mathrm{m}}/E_{11}^{\mathrm{f}}=0.0187,\quad a_{22}=0.3+0.7E^{\mathrm{m}}/E_{22}^{\mathrm{f}}=0.496$$

$$a_{12}=\frac{S_{12}^{\mathrm{f}}-S_{12}^{\mathrm{m}}}{S_{11}^{\mathrm{f}}-S_{12}^{\mathrm{f}}}(a_{11}-a_{22})=0.1636,\quad a_{66}=0.3+0.7G^{\mathrm{m}}/G_{12}^{\mathrm{f}}=0.3731$$

$$b_{11}=1/(V_{\mathrm{f}}+V_{\mathrm{m}}a_{11})=1.9634$$

$$b_{12}=-(V_{\mathrm{m}}a_{12})/[(V_{\mathrm{f}}+V_{\mathrm{m}}a_{11})(V_{\mathrm{f}}+V_{\mathrm{m}}a_{22})]=-0.2147$$

$$b_{22}=1/(V_{\mathrm{f}}+V_{\mathrm{m}}a_{22})=1.3369,\quad b_{66}=1/(V_{\mathrm{f}}+V_{\mathrm{m}}a_{66})=1.4565$$

(4) 求纤维和基体内应力。

由式 (2.67a) 及式 (2.67b)，应用 Excel 表格编程计算得到

$$\sigma_{11}^{\mathrm{f}}=1.8977\sigma_{xx},\quad \sigma_{22}^{\mathrm{f}}=0.0403\sigma_{xx},\quad \sigma_{12}^{\mathrm{f}}=-0.2491\sigma_{xx}$$

$$\sigma_{11}^{\mathrm{m}}=0.042\sigma_{xx},\quad \sigma_{22}^{\mathrm{m}}=0.02\sigma_{xx},\quad \sigma_{12}^{\mathrm{m}}=-0.0929\sigma_{xx}$$

(5) 纤维强度条件求 $(\sigma_{xx})_{\max}$。

纤维主应力：$\sigma_{\mathrm{f}}^1=1.9305\sigma_{xx}$, $\sigma_{\mathrm{f}}^2=0.0075\sigma_{xx}$, $\sigma_{\mathrm{f}}^3=0$。三个主应力差异显著，拉伸破坏采用最大正应力判据 $\sigma_{\mathrm{f}}^1\leqslant\sigma_{\mathrm{u,t}}^{\mathrm{f}}$，得到 $(\sigma_{xx})_{\max}\leqslant 1657.6$ MPa。

(6) 基体强度条件求 $(\sigma_{xx})_{\max}$。

由式 (5.75)，计算得到 Tsai-Wu 方程 $=0.0005\sigma_{xx}+2.6\times10^{-6}(\sigma_{xx})^2\leqslant 1$，解出 $(\sigma_{xx})_{\max}\leqslant$532.6MPa。因此，该复合材料的偏轴角为 10° 时的拉伸强度为 532.6MPa，因基体拉伸破坏所致。

5.10.2　强度谱

由于复合材料的各向异性，不同载荷组合下的强度是不一样的。为了更好地掌握复合材料的承载能力，往往需要了解复合材料在各种可能载荷组合下的强度。

在某个应力平面，如 $(\sigma_{11},\ \sigma_{22})$ 平面 (图 5-11(a))，对给定的应力组合 (如 $\sigma_{11}/\sigma_{22}=-1.2$ 且 $\sigma_{22}<0$)，可以得到复合材料所能承受的最大应力 $\sigma_{11}^{\max}$、$\sigma_{22}^{\max}$，由此确定该应力平面中的一个点。由所有这样的点组成的曲线称为复合材料在该应力平面内的强度谱，参见图 5-11(b)。复合材料强度谱是这样一条封闭的曲线，如果任意应力组合点 A 落在该曲线之内，复合材料将不会破坏；若应力组合点 B 位于该曲线之外，则复合材料将会破坏。

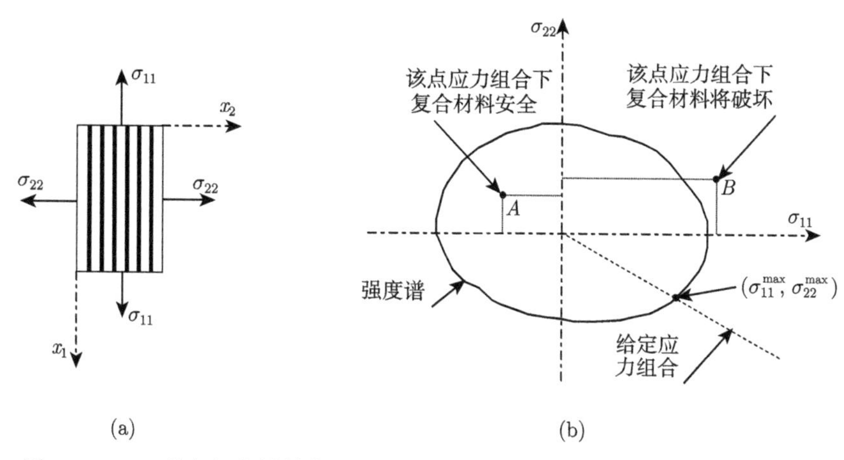

图 5-11 (a) 单向复合材料在 σ_{11}-σ_{22} 平面内受力，(b) σ_{11}-σ_{22} 平面内强度谱

例 5-10 E-玻纤/环氧单向复合材料的纤维和基体性能参数见表 5-15, $V_{\mathrm{f}} = 0.62$，试求该复合材料在 $\sigma_{12} - \sigma_{22}$ 平面内的强度谱。

表 5-15 E-玻纤/环氧单向复合材料的纤维和基体性能参数

材料	E_{11}/GPa	E_{22}/GPa	ν_{12}	G_{12}/GPa	G_{23}/GPa	$\sigma_{\mathrm{u,t}}$/MPa	$\sigma_{\mathrm{u,c}}$/MPa	$\sigma_{\mathrm{u,s}}$/MPa
纤维	80	80	0.2	33.33	33.33	2150	1450	—
基体	3.35	3.35	0.35	1.24	1.24	80	120	54

解 取 $\sigma_{22} = \sigma_\theta \cos\theta$、$\sigma_{12} = \sigma_\theta \sin\theta$，令 θ 由 0° 变至 360°。对给定的 θ，求出复合材料破坏时对应的 $(\sigma_\theta)_{\max}$，进而得到 $(\sigma_{22})_{\max}$、$(\sigma_{12})_{\max}$，所有这些点构成了强度谱。

(1) 基体的应力集中系数。

存在横向应力和剪应力，其中横向既会出现拉伸也会产生压缩，故

$$K_{22}^{\mathrm{t}} = 3.34, \quad K_{22}^{\mathrm{c}} = 2.25, \quad K_{12} = 1.52$$

(2) 求桥联矩阵 $[A_{ij}]$ 和矩阵 $[B_{ij}]$ 各元素。

$$a_{11} = E^{\mathrm{m}}/E_{11}^{\mathrm{f}} = 0.0419, \quad a_{22} = 0.3 + 0.7E^{\mathrm{m}}/E_{22}^{\mathrm{f}} = 0.3293$$

$$a_{12} = \frac{S_{12}^{\mathrm{f}} - S_{12}^{\mathrm{m}}}{S_{11}^{\mathrm{f}} - S_{11}^{\mathrm{m}}}(a_{11} - a_{22}) = 0.1025, \quad a_{66} = 0.3 + 0.7G^{\mathrm{m}}/G_{12}^{\mathrm{f}} = 0.3261$$

$$b_{11} = 1/(V_{\mathrm{f}} + V_{\mathrm{m}}a_{11}) = 1.5725$$

$$b_{12} = -(V_{\mathrm{m}}a_{12})/[(V_{\mathrm{f}} + V_{\mathrm{m}}a_{11})(V_{\mathrm{f}} + V_{\mathrm{m}}a_{22})] = -0.0822$$

$$b_{22} = 1/(V_{\mathrm{f}} + V_{\mathrm{m}}a_{22}) = 1.342, \quad b_{66} = 1/(V_{\mathrm{f}} + V_{\mathrm{m}}a_{66}) = 1.3443$$

(3) 求纤维和基体内应力。

以 $\theta=120°$ 为例，应用 Excel 编程计算得到

$$\sigma_{11}^{\mathrm{f}}=0.0411\sigma_\theta,\quad \sigma_{22}^{\mathrm{f}}=-0.671\sigma_\theta,\quad \sigma_{12}^{\mathrm{f}}=1.1642\sigma_\theta$$

$$\sigma_{11}^{\mathrm{m}}=-0.067\sigma_\theta,\quad \sigma_{22}^{\mathrm{m}}=-0.221\sigma_\theta,\quad \sigma_{12}^{\mathrm{m}}=0.3796\sigma_\theta,\quad K_{22}=K_{22}^{\mathrm{c}}$$

(4) 根据纤维强度条件求 $(\sigma_{xx})_{\max}$。

为简单起见，纤维的拉、压破坏皆由最大正应力破坏判据判定。对应 $\theta=120°$ 的纤维主应力：$\sigma_{\mathrm{f}}^1=0.9024\sigma_\theta$、$\sigma_{\mathrm{f}}^2=0$、$\sigma_{\mathrm{f}}^3=-1.5324\sigma_\theta$，三个主应力差异巨大，采用最大正应力判据 $\sigma_{\mathrm{f}}^3\geqslant-\sigma_{\mathrm{u,c}}^{\mathrm{f}}$，得到 $(\sigma_\theta)_{\max}\leqslant 946.3$ MPa。

(5) 根据基体强度条件求 $(\sigma_\theta)_{\max}$。

Tsai-Wu 方程 $=-0.002\sigma_\theta+0.00014(\sigma_\theta)^2\leqslant1$，得到 $(\sigma_\theta)_{\max}\leqslant94.5$MPa。

类似，可得该复合材料对应其他角度的极限强度。若干个 θ 角对应的强度列于表 5-16。强度谱曲线绘制在图 5-12 中，因相对坐标轴 σ_{12} 对称，图中只绘制了一半强度谱曲线。计算表明，每一点的强度皆因基体破坏所致。

表 5-16 θ 角对应的强度

θ	0°	30°	60°	90°	120°	150°	180°
$(\sigma_\theta)_{\max}$/MPa	55.1	58.4	68.2	81.1	94.5	118.1	133.9

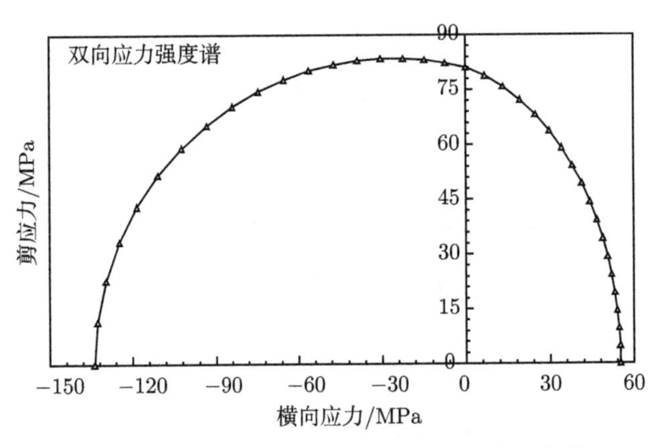

图 5-12 预报的单向复合材料双向载荷强度谱

5.10.3 三维强度

例 5-11 S-玻纤/环氧单向复合材料的纤维和基体性能参数见表 5-17, $V_{\mathrm{f}}=0.6$，受三轴载荷作用 (图 5-13)，求该复合材料在 $\sigma_{11}-\sigma_{22}$ 平面内的强度谱，并且 $\sigma_{33}=\sigma_{22}$。

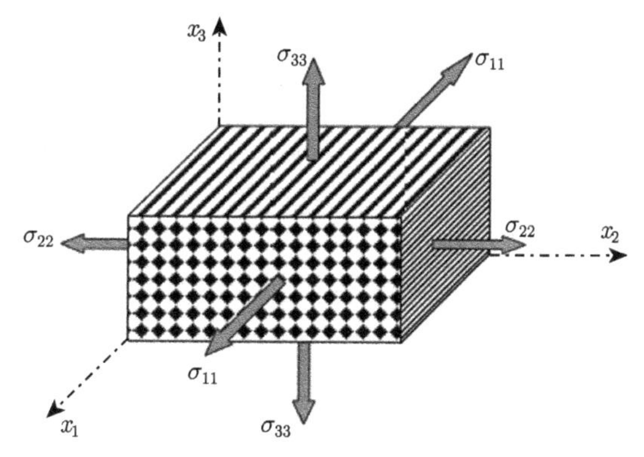

图 5-13 单向复合材料受三轴载荷作用

表 5-17 S-玻纤/环氧单向复合材料的纤维和基体性能参数

材料	E_{11}/GPa	E_{22}/GPa	ν_{12}	G_{12}/GPa	G_{23}/GPa	$\sigma_{u,t}$/MPa	$\sigma_{u,c}$/MPa	$\sigma_{u,s}$/MPa
纤维	87	87	0.2	36.3	36.3	2850	2450	—
基体	3.2	3.2	0.35	1.185	1.185	73	120	52

解 假定 $\sigma_{11}=\sigma_\theta\cos\theta$、$\sigma_{33}=\sigma_{22}=\sigma_\theta\sin\theta$，令 θ 由 0° 变至 360°。对给定的 θ，求出复合材料破坏时对应的 $(\sigma_\theta)_{\max}$，进而得到 $(\sigma_{11})_{\max}$、$(\sigma_{22})_{\max}$，由所有这些点构成了强度谱。

(1) 求基体的应力集中系数。

由于横向双轴应力总是等值出现，$\sigma_{22}^0=\sigma_{33}^0$，基体的横向双轴拉、压应力集中系数相等，即 (由 Excel 表格程序计算)

$$K_{22}^{\mathrm{t,Bi}}=K_{33}^{\mathrm{t,Bi}}=2.72,\quad K_{22}^{\mathrm{c,Bi}}=K_{33}^{\mathrm{c,Bi}}=2.15$$

(2) 求三维桥联矩阵 $[A_{ij}]$ 和矩阵 $[B_{ij}]$ 各元素。

三维应力状态下的非 0 桥联矩阵元素 a_{ij} 由式 (2.60a)~(2.60d) 定义，三维 $[B_{ij}]$ 矩阵则根据式 (2.68) 和式 (2.69) 计算。代入有关参数，得到

$$a_{11}=E^{\mathrm{m}}/E_{11}^{\mathrm{f}}=0.0385,\quad a_{22}=a_{33}=a_{44}=0.3+0.7E^{\mathrm{m}}/E_{22}^{\mathrm{f}}=0.327$$

$$a_{12}=a_{13}=\frac{S_{12}^{\mathrm{f}}-S_{12}^{\mathrm{m}}}{S_{11}^{\mathrm{f}}-S_{11}^{\mathrm{m}}}(a_{11}-a_{22})=0.1027,\quad a_{55}=a_{66}=0.3+0.7G^{\mathrm{m}}/G_{12}^{\mathrm{f}}=0.3239$$

$$b_{11}=1/(V_{\mathrm{f}}+V_{\mathrm{m}}a_{11})=1.625$$

$$b_{12}=b_{13}=-(V_{\mathrm{m}}a_{12})/[(V_{\mathrm{f}}+V_{\mathrm{m}}a_{11})(V_{\mathrm{f}}+V_{\mathrm{m}}a_{22})]=-0.0913$$

$$b_{22}=b_{33}=b_{44}=1/(V_{\mathrm{f}}+V_{\mathrm{m}}a_{22})=1.3684,\quad b_{55}=b_{66}=1/(V_{\mathrm{f}}+V_{\mathrm{m}}a_{66})=1.3707$$

(3) 求纤维和基体内应力。

当 $\theta < 180°$ 如 $\theta = 60°$，受横向双轴拉伸作用，$K_{22}^{\mathrm{Bi}} = K_{33}^{\mathrm{Bi}}$=2.72，Excel 表格程序计算得到

$$\sigma_{11}^{\mathrm{f}} = 0.6543\sigma_\theta, \quad \sigma_{22}^{\mathrm{f}} = 1.1851\sigma_\theta, \quad \sigma_{33}^{\mathrm{f}} = 1.1851\sigma_\theta$$

$$\sigma_{11}^{\mathrm{m}} = 0.2686\sigma_\theta, \quad \sigma_{22}^{\mathrm{m}} = 0.3875\sigma_\theta, \quad \sigma_{33}^{\mathrm{m}} = 0.3875\sigma_\theta$$

当 $\theta > 180°$ 如 $\theta = 210°$，受横向双轴压缩作用，$K_{22}^{\mathrm{Bi}} = K_{33}^{\mathrm{Bi}}$=2.15，此时有

$$\sigma_{11}^{\mathrm{f}} = -1.3159\sigma_\theta, \quad \sigma_{22}^{\mathrm{f}} = -0.6842\sigma_\theta, \quad \sigma_{33}^{\mathrm{f}} = -0.6842\sigma_\theta$$

$$\sigma_{11}^{\mathrm{m}} = -0.1912\sigma_\theta, \quad \sigma_{22}^{\mathrm{m}} = -0.224\sigma_\theta, \quad \sigma_{33}^{\mathrm{m}} = -0.224\sigma_\theta$$

(4) 根据强度条件求 $(\sigma_{xx})_{\max}$。

纤维采用广义最大正应力破坏判据，基体采用 Tsai-Wu 判据，除了在 $\theta = 180°$、185°、190°、195° (算例中取 $\Delta\theta = 5°$) 时的破坏由纤维的破坏所引起，其他角度对应的破坏皆源自基体的破坏，尤其是 $\theta = 0°$ 即轴向单轴拉伸破坏亦源自基体，预报的轴向拉伸强度 $\sigma_{11}^{\mathrm{u,t}} = 1220.1\mathrm{MPa}$，与实测值 (表 5-4)1700MPa 之间的相对误差为 28.2%，参见以下讨论。预报的强度谱曲线绘制在图 5-14 中。

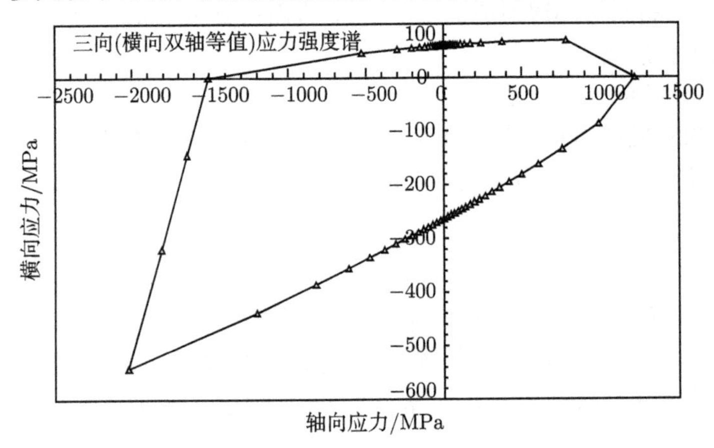

图 5-14　预报的单向复合材料三向 (横向双轴等值) 载荷强度谱

5.11　轴向强度的修正

上述例 5-11 显示，预报的玻璃纤维增强单向复合材料的轴向拉伸破坏由基体的破坏所引起，所得轴向拉伸强度与实测值有不小的偏差，这说明，该复合材料的轴向拉伸破坏原本源于纤维的拉断，基于纤维拉断预报的单向复合材料的轴向拉

伸强度 (1751.9MPa，参见表 5-3) 与实测值更为接近。若将轴向强度计算公式 (5.46) 应用于表 5-4 所列的 9 种单向复合材料，所有碳纤维增强复合材料的轴向拉伸破坏都是由纤维的破坏所引起的，预报结果与实验结果相符，但所有玻璃纤维增强复合材料的轴向拉伸破坏都是源于基体的破坏，预报的轴向拉伸强度低于纤维破坏所对应的强度。原因是这两种材料对应的桥联矩阵元素 $a_{11}=E^{\mathrm{m}}/E_{11}^{\mathrm{f}}$ 差异明显。碳纤维的轴向模量 E_{11}^{f} 一般是玻璃纤维模量 E^{f} 的 2.5 倍或更高，于是，玻璃纤维增强复合材料受轴向拉伸作用时基体所分担的轴向应力比碳纤维复合材料中基体分担的轴向应力高出约 2.5 倍，而玻璃纤维的轴向拉伸强度虽然也低于碳纤维的强度，但一般并没有 2.5 倍或以上的强度差异，这导致轴向拉伸时，玻璃纤维增强复合材料首先在基体中产生破坏，计算的强度低于纤维破坏时所对应的强度。

实际复合材料中的基体都会产生塑性变形，从而降低了基体的刚度，也降低了基体分担的应力比例。其他载荷形式 (横向拉、压，轴向及横向剪切) 下的复合材料破坏一般都源于基体的破坏，因而，引入基体的塑性变形不会改变复合材料受其他载荷作用的破坏模式 (依然是基体首先产生破坏)，但在轴向载荷下，基体模量的一些微变化都可能会影响复合材料的轴向承载能力，导致复合材料的破坏模式由基体破坏向纤维破坏转变。由此可预见，基体的塑性变形对玻璃纤维增强复合材料承载能力的影响一般会高于对碳纤维增强复合材料的影响。

改善玻璃纤维增强复合材料的轴向拉伸强度预报精度的另一种做法是，引入基体的轴向应力修正因子 K_{11}，作用类似于基体的轴向应力集中系数，但在轴向拉伸情况下，该修正因子一般小于 1 或最多等于 1。由于基体的原始压缩强度一般都显著高于基体的拉伸强度，而常用纤维如玻璃纤维和碳纤维的轴向压缩强度则低于其拉伸强度，基体的轴向应力修正因子在压缩情况下一般不会起作用。

基体的轴向应力修正因子定义如下：

$$K_{11}=\begin{cases}K_{11}^{\mathrm{t}},\ \sigma_{11}^{\mathrm{m}}>0\\ K_{11}^{\mathrm{c}},\ \sigma_{11}^{\mathrm{m}}<0\end{cases}\tag{5.77}$$

式中，$K_{11}^{\mathrm{t}}=\min\{1,\tilde{K}_{11}^{\mathrm{t}}\}$；$K_{11}^{\mathrm{c}}=\min\{1,\tilde{K}_{11}^{\mathrm{c}}\}$。$\tilde{K}_{11}^{\mathrm{t}}$ 的作用是使式 (5.46) 中基体与纤维同时达到破坏，即

$$\frac{V_{\mathrm{f}}E_{11}^{\mathrm{f}}+V_{\mathrm{m}}E^{\mathrm{m}}}{E_{11}^{\mathrm{f}}}\sigma_{\mathrm{u,t}}^{\mathrm{f}}=\frac{V_{\mathrm{f}}E_{11}^{\mathrm{f}}+V_{\mathrm{m}}E^{\mathrm{m}}}{E^{\mathrm{m}}\tilde{K}_{11}^{\mathrm{t}}}\sigma_{\mathrm{u,t}}^{\mathrm{m}}$$

由此得到

$$\tilde{K}_{11}^{\mathrm{t}}=\frac{E_{11}^{\mathrm{f}}\sigma_{\mathrm{u,t}}^{\mathrm{m}}}{E^{\mathrm{m}}\sigma_{\mathrm{u,t}}^{\mathrm{f}}}\tag{5.78a}$$

类似，从式 (5.47) 有

$$\tilde{K}_{11}^{\mathrm{c}} = \frac{E_{11}^{\mathrm{f}}\sigma_{\mathrm{u,c}}^{\mathrm{m}}}{E^{\mathrm{m}}\sigma_{\mathrm{u,c}}^{\mathrm{f}}} \tag{5.78b}$$

这样，在式 (4.46) 或式 (4.48) 右边，还应将 σ_{11}^{m}(或 $\mathrm{d}\sigma_{11}^{\mathrm{m}}$) 用 $K_{11}\sigma_{11}^{\mathrm{m}}$(或 $K_{11}\mathrm{d}\sigma_{11}^{\mathrm{m}}$) 置换。

必须指出的是，基体轴向应力修正因子式 (5.78a) 与式 (5.78b) 中不含纤维体积含量，这是一个危险的信号，读者应慎用。实际上，它们只适用于较高纤维体积含量的情况 (如 $V_{\mathrm{f}} \geqslant 0.55$)。若期望确保轴向强度的预报精度，应考虑基体塑性变形的影响，参见第 9 章。

习　　题

习题 5-1　玻纤/环氧单向复合材料的组分性能参数如题 5-1 表，$V_{\mathrm{f}} = 0.6$，受如题 5-1 图所示的双向载荷作用。试根据广义最大正应力破坏判据确定纤维破坏时的最大载荷 $\sigma_{\max}$。

题 5-1 表　玻纤/环氧单向复合材料的组分性能参数

材料	E/GPa	ν	G/GPa	$\sigma_{\mathrm{u,t}}$/MPa	$\sigma_{\mathrm{u,c}}$/MPa	$\sigma_{\mathrm{u,s}}$/MPa
纤维	80	0.2	33.33	2150	1450	—
基体	4.2	0.4	1.5	—	—	—

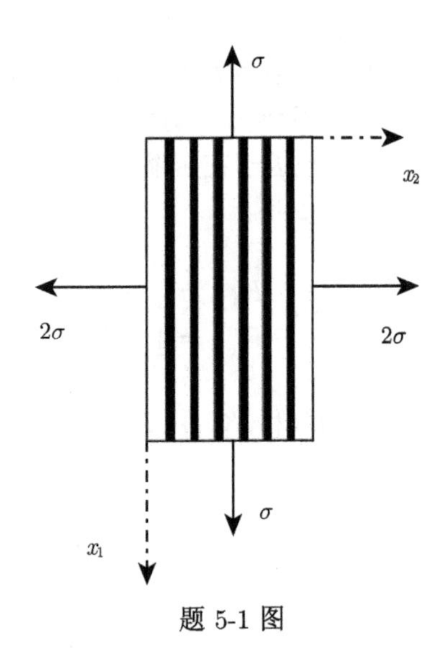

题 5-1 图

习题 5-2　碳纤/环氧单向复合材料性能参数见题 5-2 表，$V_{\mathrm{f}} = 0.5$，受如题 5-2 图所示的三向载荷的作用。试由广义最大正应力破坏判据确定纤维破坏时该复合材料所能承受的最大载荷 $\sigma_{\max}$。

题 5-2 表　碳纤/环氧单向复合材料性能参数

材料	E_{11}/GPa	E_{22}/GPa	ν_{12}	G_{12}/GPa	G_{23}/GPa	$\sigma_{\mathrm{u,t}}$/MPa	$\sigma_{\mathrm{u,c}}$/MPa	$\sigma_{\mathrm{u,s}}$/MPa
纤维	230	15	0.2	15	7	2500	2000	—
基体	4	4	0.35	1.48	1.48	—	—	—

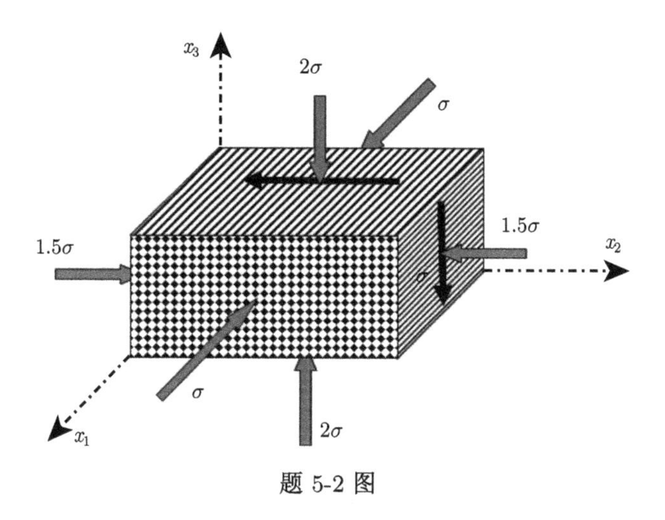

题 5-2 图

习题 5-3　碳纤/环氧单向复合材料，偏轴角 30°，按如题 5-3 图所示的载荷比例加载。分别用最大应力理论和 Tsai-Wu 理论确定其破坏时的比例因子 $R(R>0)$。材料的强度参数见题 5-3 表。

题 5-3 表　材料的强度参数

强度参数	X	X'	Y	Y'	S
T300/648	1062	610	31	118	72

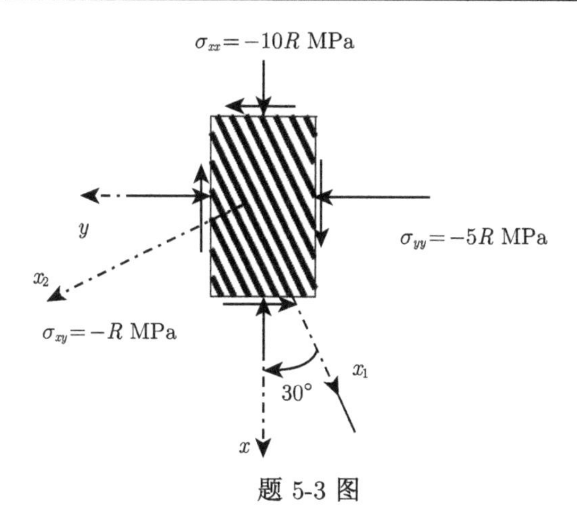

题 5-3 图

习题 5-4　单向复合材料的纤维和基体性能参数如题 5-4 表 (a)：

题 5-4 表 (a)　性能参数

材料	E/GPa	ν
纤维	72	0.27
基体	3.5	0.35

纤维体积含量 $V_{\mathrm{f}} = 0.5$。实验测得该复合材料的 5 个强度参数如题 5-4 表 (b) 所示：

题 5-4 表 (b)　强度参数

X	X'	Y	Y'	S
1250	780	28	135	80

若该复合材受如题 5-4 图所示载荷作用，试基于最大应力破坏判据求复合材料出现破坏时沿正应力方向的应变 ε_{xx}。

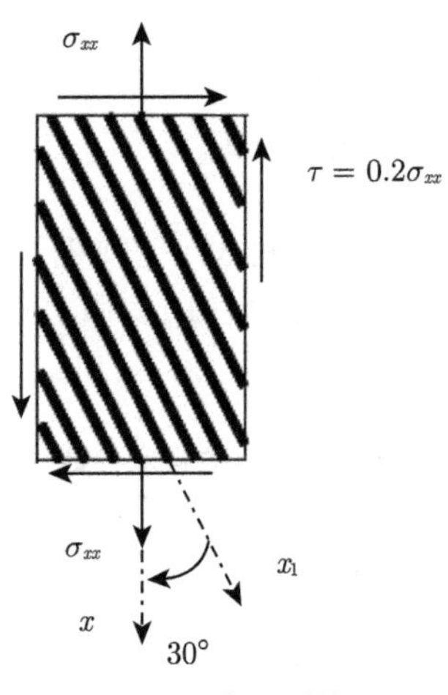

题 5-4 图

习题 5-5　单向复合材料组分性能参数见题 5-5 表，$V_{\mathrm{f}} = 0.6$，受偏轴载荷作用 (题 5-5 图)。试由 Tsai-Wu 判据确定复合材料偏轴角 $\theta = 15°$、$30°$、$45°$、$60°$、$75°$ 的拉伸强度。要求：根据单轴强度公式计算出复合材料的轴向拉、压，横向拉、压，面内剪切强度后，再应用 Tsai-Wu 判据求偏轴强度。

题 5-5 表　性能参数

材料	E_{11}/GPa	E_{22}/GPa	ν_{12}	G_{12}/GPa	G_{23}/GPa	$\sigma_{\mathrm{u,t}}$/MPa	$\sigma_{\mathrm{u,c}}$/MPa	$\sigma_{\mathrm{u,s}}$/MPa
纤维	230	15	0.2	15	7	2500	2000	—
基体	4	4	0.35	1.57	1.57	74	135	56

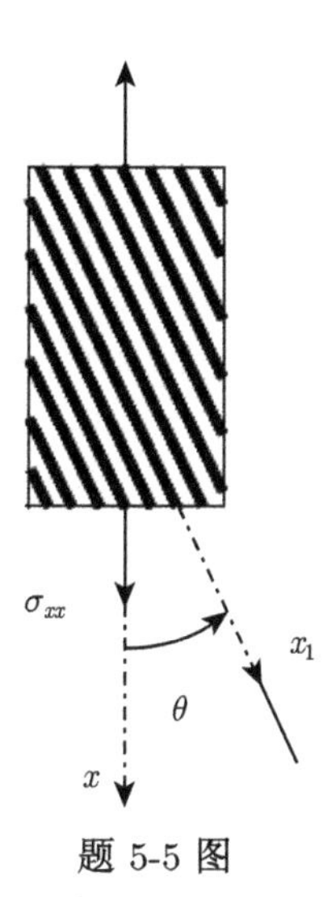

题 5-5 图

习题 5-6　单向复合材料在任意外载作用下，纤维和基体中的正应力与其剪应力之间互不耦合。即若复合材料只受正应力作用，纤维和基体中不会出现剪应力。假定复合材料纤维含量为 V_{f}，基体与纤维间的桥联方程如下：

$$\begin{Bmatrix} \sigma_{11}^{\mathrm{m}} \\ \sigma_{22}^{\mathrm{m}} \\ \sigma_{12}^{\mathrm{m}} \end{Bmatrix} = \begin{bmatrix} a_{11} & a_{12} & 0 \\ a_{21} & a_{22} & 0 \\ 0 & 0 & a_{33} \end{bmatrix} \begin{Bmatrix} \sigma_{11}^{\mathrm{f}} \\ \sigma_{22}^{\mathrm{f}} \\ \sigma_{12}^{\mathrm{f}} \end{Bmatrix}$$

式中，a_{11}、a_{12}、a_{21}、a_{22}、a_{33} 均为常数。试导出该复合材料的轴向强度计算公式。注意，轴向强度由纤维的轴向破坏所控制，$\sigma_{\mathrm{u}}^{\mathrm{f}}$ 为纤维的轴向强度。

习题 5-7　单向复合材料组分性能见题 5-7 表 (a)，$V_{\mathrm{f}} = 0.62$，有限体积法计算的该单向复合材料的 5 个弹性常数也列于表中。试由这一方法计算该单向复合材料的轴向拉伸、轴向压缩、横向拉伸、横向压缩、轴向剪切及横向剪切强度，其中，基体的各应力集中系数见题 5-7 表 (b)。

题 5-7 表 (a)　性能参数

材料	E_{11}/GPa	E_{22}/GPa	ν_{12}	G_{12}/GPa	G_{23}/GPa	$\sigma_{\mathrm{u,t}}$/MPa	$\sigma_{\mathrm{u,c}}$/MPa	$\sigma_{\mathrm{u,s}}$/MPa
纤维	80	80	0.2	33.33	33.33	2150	1450	—
基体	3.35	3.35	0.35	1.24	1.24	80	120	54
单向复合材料	50.9	16.3	0.246	4.95	6.49	—	—	—

题 5-7 表 (b)　基体的各应力集中系数

横向单轴拉伸 K_{22}^{t}	横向单轴压缩 K_{22}^{c}	横向剪切 K_{23}	轴向剪切 K_{12}
3.34	2.25	3.02	1.52

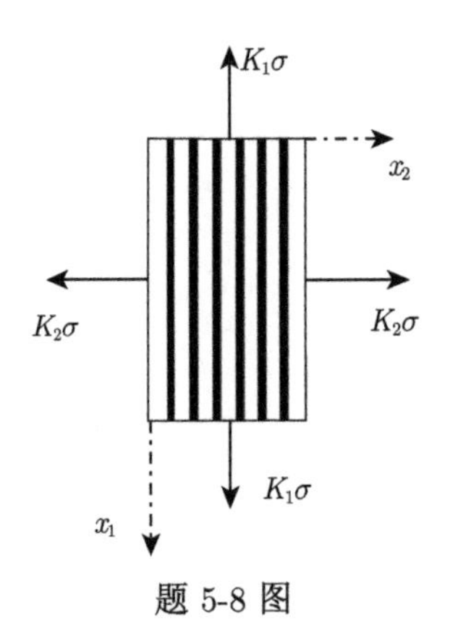

题 5-8 图

习题 5-8　单向复合材料的组分性能如题 5-8 表 (a)，$V_\mathrm{f}=0.62$，受如题 5-8 图所示的双向组合载荷作用，考虑 4 种载荷组合 (题 5-8 表 (b))。试分别采用两种不同方式求 4 种载荷组合下的复合材料强度，方式一：求出纤维和基体应力后，根据其破坏条件确定复合材料强度；方式二：由单轴强度公式求出复合材料的轴向拉压、横向拉压、面内剪切强度后，再根据 Tsai-Wu 判据确定复合材料强度。

题 5-8 表 (a)　性能参数

材料	E/GPa	ν	G/GPa	$\sigma_{\mathrm{u,t}}$/MPa	$\sigma_{\mathrm{u,c}}$/MPa	$\sigma_{\mathrm{u,s}}$/MPa
纤维	80	0.2	33.33	2150	1450	—
基体	4.2	0.4	1.5	80	150	64

题 5-8 表 (b)　载荷组合

	K_1	K_2
I	1	0.1
II	−1	−0.2
III	0.5	0.3
IV	−0.5	0.3

习题 5-9　同题 5-5，但在每一个偏轴角下，根据纤维和基体的破坏确定复合材料的偏轴强度，并与题 5-5 求出的强度进行对比。提示：根据式 (2-9) 求出桥联矩阵，依次对复合材料施加单轴载荷，应用式 (2-4) 和式 (2-5) 求出纤维和基体应力，进而由纤维或基体破坏求偏轴强度。

习题 5-10　单向复合材料组分性能如题 5-10 表 (a)，$V_\mathrm{f}=0.6$，受横向载荷 $\sigma_{22}=80\mathrm{MPa}$、轴向剪切载荷 $\sigma_{12}=-120\mathrm{MPa}$ 的作用。试根据有限单元法分析该复合材料是否破坏，其中，纤维材料采用最大正应力破坏判据，基体采用 Tsai-Wu 判据，忽略厚度 (x_3) 方向内应力对强度的影响，有限单元法计算的该复合材料的弹性常数以及基体的应力集中系数见题 5-10 表 (b)。

题 5-10 表 (a)　性能参数

材料	E_{11}/GPa	E_{22}/GPa	ν_{12}	G_{12}/GPa	G_{23}/GPa	$\sigma_{\mathrm{u,t}}$/MPa	$\sigma_{\mathrm{u,c}}$/MPa	$\sigma_{\mathrm{u,s}}$/MPa
纤维	80	80	0.2	33.33	33.33	2150	1450	—
基体	3.35	3.35	0.35	1.24	1.24	80	120	54
UD	50.9	16.3	0.246	4.95	6.49	—	—	—

题 5-10 表 (b)　弹性常数及应力集中系数

横向单轴拉伸 K_{22}^{t}	横向单轴压缩 K_{22}^{c}	横向剪切 K_{23}	轴向剪切 K_{12}
3.34	2.25	3.02	1.52

习题 5-11　单向复合材料组成材料的性能如题 5-11 表，$V_{\mathrm{f}} = 0.5$。假定该单向复合材料受如题 5-11 图所示的载荷作用，试计算并列表给出复合材料破坏时的极限应力 σ_θ，假定 θ=0°、30°、60°、90°、120°、150°、180°。纤维采用广义最大正应力破坏判据，基体采用 Tsai-Wu 判据，$\sigma_{11} = \sigma_\theta\cos\theta$，$\sigma_{22}=\sigma_\theta\sin\theta$。

题 5-11 表　性能参数

材料	E_{11}/GPa	E_{22}/GPa	ν_{12}	G_{12}/GPa	G_{23}/GPa	$\sigma_{\mathrm{u,t}}$/MPa	$\sigma_{\mathrm{u,c}}$/MPa	$\sigma_{\mathrm{u,s}}$/MPa
纤维	225	15	0.2	15	7	2800	2000	—
基体	4.2	4.2	0.34	1.57	1.57	68	120	80

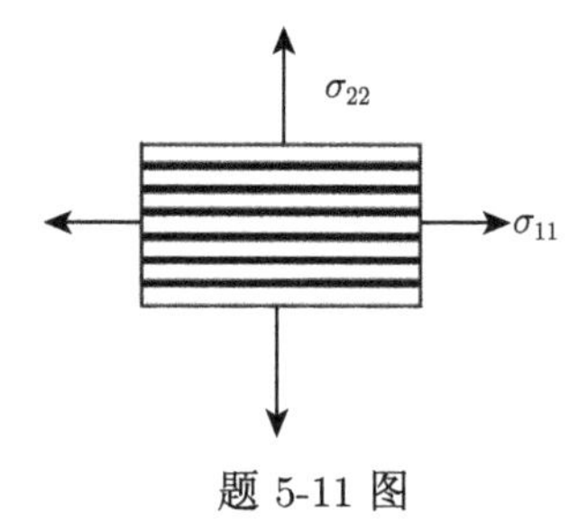

题 5-11 图

第 6 章 层合板刚度和强度

单向复合材料在实际工程中的应用并不常见，这是因为单向复合材料或单层板尤其是聚合物基单向复合材料的横向承载能力都很弱，满足不了工程结构的应用要求。所谓单层板，是指板材的等效性能及承载能力沿厚度方向的每一点都相同。实际中的复合材料普遍以层合板的结构形式出现。层合板就是多个单层板按不同铺设方式叠合在一起构成的一个多层板结构。铺排角、层厚、铺层数是其基本几何参数，每个单层板的排列方向都可以不一样。

此外，层合板的力学分析相比单向复合材料更复杂。一个重要原因是层与层之间构成了静不定结构，仅仅依靠平衡方程不足以确定每一层所分担的载荷，还必须补充变形协调条件，层合板的整体刚度是各单层板刚度贡献的叠加。对层合板进行破坏和强度分析时，由于每一层的排列方式以及所承担的载荷都可能不一样，这将导致各层破坏顺序不一致：有的层先破坏，有的层后破坏，构成层合板的渐进破坏过程 (progressive failure process)。

本章讨论如何将桥联模型应用于分析计算层合板的刚度、破坏与强度问题。层合板是由若干单层板层叠在一起制成的，而任何一个单层板的刚度和强度问题都已经顺利解决，很自然的，本章对层合板的分析，将转化为对层合板中每一个单层板的逐层分析。具体做法是：将施加在层合板上的外载分解到每一个单层板。只要单层板分担的外载已知，就可应用以前各章的理论，分析预报单层板的刚度、破坏和强度，进而计算层合板的刚度和强度。所以，层合板分析的第一步，是要求出每一个单层板分担的载荷。

6.1 铺排角与整体坐标

将层合板厚度的平分面定义为层合板的中面，中面未必处在两个相邻单层板的结合面上。假定层合板由 N 个单层板组成。这样建立整体坐标系 (x, y, z)，使得 (x, y) 位于层合板的中面，z 轴沿板的厚度方向，向下为正。设层合板的厚度为 h，那么，$z=-0.5h$ 和 $z=0.5h$ 分别就是板的上顶面和下底面。在每个单层内，局部坐标 x_1(总是沿增强纤维方向) 与整体坐标 x 的夹角 θ 以从 x_1 按逆时针方向转到 x 所量过的角度为正，如图 6-1 所示。

层合板的排列方式由每一层的铺排角确定，从上顶面 (最小 z 坐标) 依次变化到下底面 (最大 z 坐标)。对于如图 6-1 所示的排列，有 $[\theta_1/\theta_2/\theta_3]$。如果层合板的排列相对 $z=0$ 坐标面是对称的，那么，只需将上半部的排列写出并在方括弧右下角附注下标 s (symmetry) 就可以了。例如 $[30/-25/45]_s$ 表示该层合板由 6 层组成，相对 $z=0$ 坐标面对称排列，最顶层 (最小的 z 轴坐标) 至最底层 (最大的 z 轴坐标) 的铺排角依次是 $[30/-25/45/45/-25/30]$。另外，如果两相邻层的铺排角 θ 相同但排向相反，则用 $\pm\theta$ (或 $\mp\theta$) 表示。其中，$\pm\theta$ 表示 $+\theta$ 铺角层的 z 坐标比 $-\theta$ 铺角层的 z 坐标值要小。反之，$\mp\theta$ 表示 $-\theta$ 铺角层的 z 坐标比 $+\theta$ 铺角层的 z 坐标值要小。图 6-2 给出了一些层合板的铺排方式。

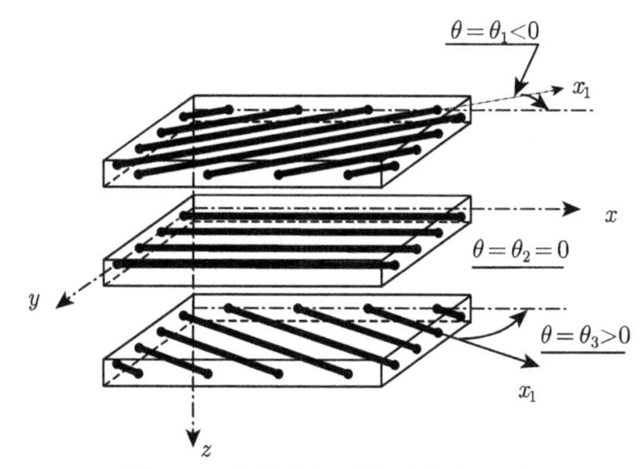

图 6-1　整体坐标系与铺排角定义

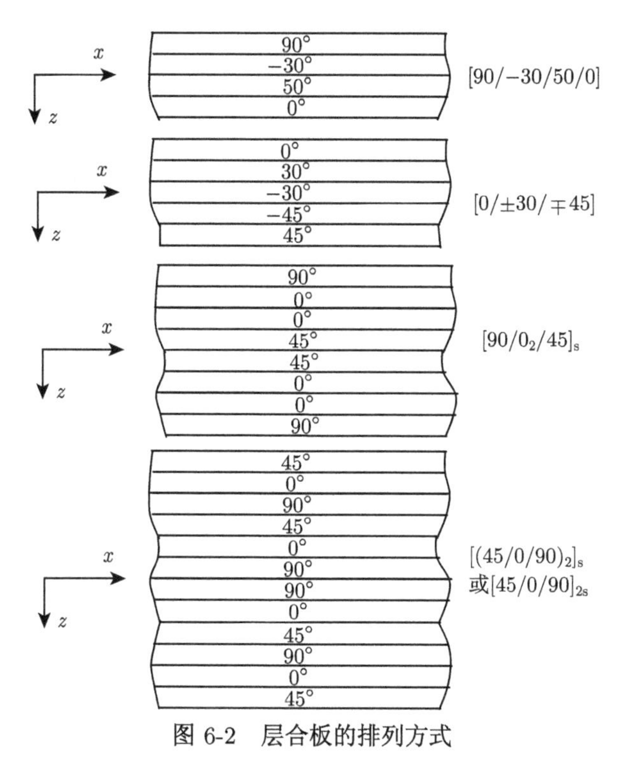

图 6-2　层合板的排列方式

为简单起见，方括弧内的铺排角度上标符号 “°” 往往会省去，如 $[30/-25/45]_s$ 的含义与 $[30°/-25°/45°]_s$ 完全相同。

6.2 经典层合板理论

前人已建立起众多理论，用于将层合板所受的外载分配给层合板中的每一个单层板，其中最常用、最简单、整体上也最有效的理论是 “经典层合板理论”(classical laminate or lamination theory，CLT)。

6.2.1 基本假设

如前所述，每一个单层板在层合板中都是静不定的。为了确定每一个单层板所分担的载荷，必须对层合板进行静不定结构分析。由于层合板的厚度与面内其他尺寸相比一般都是小量，因而通常采用所谓的经典层合板理论来实现层合板的静不定结构分析 [75−77]。经典层合板理论基于弹性薄板理论中 Kirchhoff 基本假设建立，主要是 [78]：① 面外方向 (与 z 轴方向有关) 的应变分量足够小，可忽略不计，即 “平面应变” 假设；② 垂直于中面的法线变形后依然保持为直线，称为 “直法线” 假设。第二个假设是梁的平面假设在薄板中的推广，表明平面内的位移分量沿层合板厚度方向的变化是线性的。

6.2.2 几何方程

取如图 6-1 所示的坐标系。用 $u=u(x,y,z)$、$v=v(x,y,z)$、$w=w(x,y,z)$ 表示层合板中的一点沿 x、y、z 方向的位移，该点的 6 个应变分别是 (参见式 (1.6))

$$\varepsilon_{xx}=\frac{\partial u}{\partial x},\quad \varepsilon_{xy}=\frac{1}{2}\left(\frac{\partial u}{\partial y}+\frac{\partial v}{\partial x}\right),\quad \varepsilon_{yy}=\frac{\partial v}{\partial y} \tag{6.1a}$$

$$\varepsilon_{xz}=\frac{1}{2}\left(\frac{\partial u}{\partial z}+\frac{\partial w}{\partial x}\right),\quad \varepsilon_{yz}=\frac{1}{2}\left(\frac{\partial v}{\partial z}+\frac{\partial w}{\partial y}\right),\quad \varepsilon_{zz}=\frac{\partial w}{\partial z} \tag{6.1b}$$

根据第一个假设和式 (6.1b) 得知，z 方向的位移分量 (称为层合板的挠度) 与 z 坐标无关；由第二个假设可知，在板平面内沿 x 和 y 方向的位移都只是厚度坐标的线性函数。因此，三个位移分量取如下形式：

$$u=u(x,y,z)=u^0(x,y)+zF_1(x,y) \tag{6.2a}$$

$$v=v(x,y,z)=v^0(x,y)+zF_2(x,y) \tag{6.2b}$$

$$w=w(x,y,z)\equiv w^0(x,y) \tag{6.2c}$$

式中，u^0、v^0、w^0 分别是板的中面沿 x、y、z 方向的位移；F_1 和 F_2 是仅与面内坐标有关的两个待定函数。

将位移函数式 (6.2) 代入应变位移关系式 (6.1b) 的前两个，得到面外剪应变为

$$2\varepsilon_{xz}=\frac{\partial u}{\partial z}+\frac{\partial w}{\partial x}=F_1(x,y)+\frac{\partial w^0}{\partial x}$$

$$2\varepsilon_{yz}=\frac{\partial v}{\partial z}+\frac{\partial w}{\partial y}=F_2(x,y)+\frac{\partial w^0}{\partial y}$$

再根据第一个假设，得到

$$F_1(x,y)=-\frac{\partial w^0}{\partial x},\quad F_2(x,y)=-\frac{\partial w^0}{\partial y} \tag{6.3}$$

将式 (6.3) 代入位移函数式 (6.2a) 和 (6.2b)，再代入 (6.1a)，得到层合板的几何方程：

$$\varepsilon_{xx}=\varepsilon_{xx}^0+z\kappa_{xx}^0,\quad \varepsilon_{yy}=\varepsilon_{yy}^0+z\kappa_{yy}^0,\quad 2\varepsilon_{xy}=2\varepsilon_{xy}^0+2z\kappa_{xy}^0 \tag{6.4}$$

式中

$$\varepsilon_{xx}^0=\frac{\partial u^0}{\partial x},\quad \varepsilon_{yy}^0=\frac{\partial v^0}{\partial y},\quad \varepsilon_{xy}^0=\frac{1}{2}\left(\frac{\partial u^0}{\partial y}+\frac{\partial v^0}{\partial x}\right) \tag{6.5a}$$

$$\kappa_{xx}^0=-\frac{\partial^2 w^0}{\partial x^2},\quad \kappa_{yy}^0=-\frac{\partial^2 w^0}{\partial y^2},\quad \kappa_{xy}^0=-\frac{\partial^2 w^0}{\partial x\partial y} \tag{6.5b}$$

分别是层合板中面内的应变、曲率和扭率。

6.2.3 物理方程

在整体坐标下，层合板内任意一点的应力–应变关系 (物理方程) 可以表作为

$$\{\sigma_i\}^{(\mathrm{G})}=[C_{ij}^{\mathrm{G}}]\{\varepsilon_j\}^{(\mathrm{G})} \tag{6.6}$$

式中，G 代表整体坐标；$\{\sigma_i\}^{(\mathrm{G})}=\{\sigma_{xx},\sigma_{yy},\sigma_{xy}\}^{\mathrm{T}}$ 和 $\{\varepsilon_i\}^{(\mathrm{G})}=\{\varepsilon_{xx},\varepsilon_{yy},2\varepsilon_{xy}\}^{\mathrm{T}}$ 分别表示该点在整体坐标下的应力与应变矢量，其中应变分量由式 (6.4) 及式 (6.5) 确定。

式 (6.6) 中，$[C_{ij}^{\mathrm{G}}]$ 是所考虑的复合材料在整体坐标下表示的刚度矩阵。根据坐标变换公式 (1.72)，$[C_{ij}^{\mathrm{G}}]$ 可以表作为复合材料在局部坐标系下柔度矩阵的函数，即

$$[C_{ij}^{\mathrm{G}}]=[T_{ij}]_{\mathrm{c}}[S_{ij}]^{-1}[T_{ij}]_{\mathrm{c}}^{\mathrm{T}} \tag{6.7a}$$

这里，$[S_{ij}]$ 为单向复合材料 (单层板) 在局部坐标下的柔度矩阵，可由桥联模型计算。由于层合板任意点 $(x,\ y,\ z)$ 都必然对应于 (位于) 某个单层板中的一点，如第 k 层中，$[S_{ij}]$ 就是第 k 层单向复合材料的柔度矩阵。为特别指明是第 k 层的刚度矩阵，将式 (6.7a) 改写成

$$[(C_{ij}^{\mathrm{G}})_k]=([T_{ij}]_{\mathrm{c}})_k([S_{ij}]_k)^{-1}([T_{ij}]_{\mathrm{c}}^{\mathrm{T}})_k \tag{6.7b}$$

式中，$[T_{ij}]_c$ 是第 k 层单向复合材料由局部坐标系到整体坐标系的变换矩阵，定义见式 (1.73a)，其中，各方向余弦按如下方程确定 (图 6-3)：

$$l_1 = \cos\theta, \quad l_2 = -\sin\theta, \quad m_1 = \sin\theta, \quad m_2 = \cos\theta \tag{6.8}$$

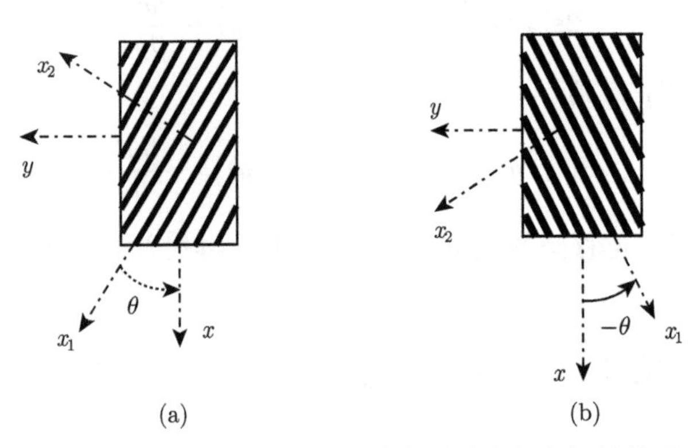

图 6-3　单层板局部坐标与层合板整体坐标之间的关系

在图 6-3(a) 的情况下，$\theta > 0$，根据式 (1.62) 的定义，$l_i = \cos(x_i, x)$、$m_i = \cos(x_i, y)$，得到式 (6.8)；在图 6-3(b) 的情况下，$\theta < 0$，根据定义，$l_1 = \cos(x_1, x) = \cos(-\theta)$、$l_2 = \cos(x_2, x) = \sin(-\theta)$、$m_1 = \cos(x_1, y) = -\sin(-\theta)$、$m_2 = \cos(x_2, y) = \cos(-\theta)$，同样满足式 (6.8)。

6.2.4　平衡方程

假定施加在层合板单位长度上的内力和内力矩分别是 N_{xx}、N_{yy}、N_{xy}、M_{xx}、M_{yy}、M_{xy}。它们都是单位长度上的量，内力的量纲为 N/m，内力矩的量纲是 N−m/m = N，正方向定义参见图 6-4(注意，力矩 M_{xx} 和 M_{yy} 的矢量方向并不是与相应的坐标方向一致，如 M_{xx} 的矢量方向沿 y 而非沿 x 方向)。这些内力和内力矩必须与截面上的应力合力相平衡，即

$$\begin{Bmatrix} N_{xx} \\ N_{yy} \\ N_{xy} \end{Bmatrix} = \int_{-h/2}^{h/2} \begin{Bmatrix} \sigma_{xx} \\ \sigma_{yy} \\ \sigma_{xy} \end{Bmatrix} \mathrm{d}z = \int_{-h/2}^{h/2} [C_{ij}^{\mathrm{G}}] \begin{Bmatrix} \varepsilon_{xx} \\ \varepsilon_{yy} \\ 2\varepsilon_{xy} \end{Bmatrix} \mathrm{d}z$$

$$= \int_{-h/2}^{h/2} [(C_{ij}^{\mathrm{G}})] \begin{Bmatrix} \varepsilon_{xx}^0 \\ \varepsilon_{yy}^0 \\ 2\varepsilon_{xy}^0 \end{Bmatrix} \mathrm{d}z + \int_{-h/2}^{h/2} [(C_{ij}^{\mathrm{G}})] \begin{Bmatrix} \kappa_{xx}^0 \\ \kappa_{yy}^0 \\ 2\kappa_{xy}^0 \end{Bmatrix} z\mathrm{d}z$$

$$= \sum_{k=1}^{N} [(C_{ij}^{\mathrm{G}})_k](z_{k+1} - z_k) \begin{Bmatrix} \varepsilon_{xx}^0 \\ \varepsilon_{yy}^0 \\ 2\varepsilon_{xy}^0 \end{Bmatrix}$$

$$+\frac{1}{2}\sum_{k=1}^{N}[(C_{ij}^{\mathrm{G}})_k](z_{k+1}^2-z_k^2)\left\{\begin{array}{c}\kappa_{xx}^0\\ \kappa_{yy}^0\\ 2\kappa_{xy}^0\end{array}\right\} \tag{6.9a}$$

$$\begin{aligned}\left\{\begin{array}{c}M_{xx}\\ M_{yy}\\ M_{xy}\end{array}\right\}&=\int_{-h/2}^{h/2}\left\{\begin{array}{c}\sigma_{xx}\\ \sigma_{yy}\\ \sigma_{xy}\end{array}\right\}z\mathrm{d}z=\int_{-h/2}^{h/2}[C_{ij}^{\mathrm{G}}]\left\{\begin{array}{c}\varepsilon_{xx}\\ \varepsilon_{yy}\\ 2\varepsilon_{xy}\end{array}\right\}z\mathrm{d}z\\ &=\sum_{k=1}^{N}[(C_{ij}^{\mathrm{G}})_k]\int_{z_{k-1}}^{z_k}z\left\{\begin{array}{c}\varepsilon_{xx}\\ \varepsilon_{yy}\\ 2\varepsilon_{xy}\end{array}\right\}\mathrm{d}z\\ &=\int_{-h/2}^{h/2}[(C_{ij}^{\mathrm{G}})]\left\{\begin{array}{c}\varepsilon_{xx}^0\\ \varepsilon_{yy}^0\\ 2\varepsilon_{xy}^0\end{array}\right\}z\mathrm{d}z+\int_{-h/2}^{h/2}[(C_{ij}^{\mathrm{G}})]\left\{\begin{array}{c}\kappa_{xx}^0\\ \kappa_{yy}^0\\ 2\kappa_{xy}^0\end{array}\right\}z^2\mathrm{d}z\\ &=\frac{1}{2}\sum_{k=1}^{N}[(C_{ij}^{\mathrm{G}})_k](z_{k+1}^2-z_k^2)\left\{\begin{array}{c}\varepsilon_{xx}^0\\ \varepsilon_{yy}^0\\ 2\varepsilon_{xy}^0\end{array}\right\}\\ &\quad+\frac{1}{3}\sum_{k=1}^{N}[(C_{ij}^{\mathrm{G}})_k](z_{k+1}^3-z_k^3)\left\{\begin{array}{c}\kappa_{xx}^0\\ \kappa_{yy}^0\\ 2\kappa_{xy}^0\end{array}\right\}\end{aligned} \tag{6.9b}$$

其中

$$h=\sum_{k=1}^{N}(z_{k+1}-z_k) \tag{6.10}$$

是板的厚度，z_k 和 z_{k+1} 分别是第 k 层的上顶面与下底面的 z 坐标。

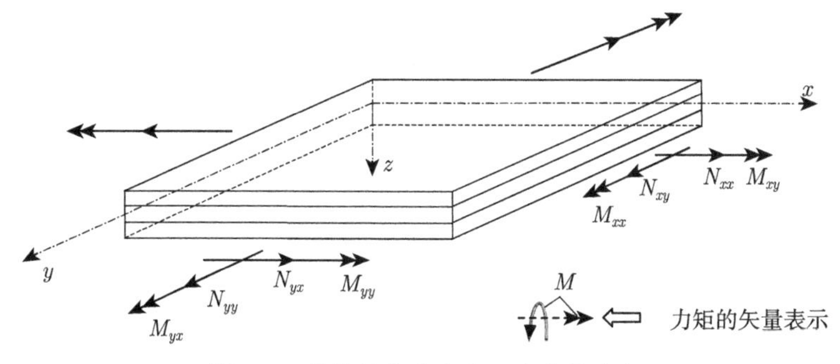

图 6-4 单位长度上内力正方向的定义

将式 (6.9a) 和式 (6.9b) 写成矩阵形式，就有

$$\begin{Bmatrix} N_{xx} \\ N_{yy} \\ N_{xy} \\ M_{xx} \\ M_{yy} \\ M_{xy} \end{Bmatrix} = \begin{bmatrix} Q_{11}^{\mathrm{I}} & Q_{12}^{\mathrm{I}} & Q_{13}^{\mathrm{I}} & Q_{11}^{\mathrm{II}} & Q_{12}^{\mathrm{II}} & Q_{13}^{\mathrm{II}} \\ Q_{12}^{\mathrm{I}} & Q_{22}^{\mathrm{I}} & Q_{23}^{\mathrm{I}} & Q_{12}^{\mathrm{II}} & Q_{22}^{\mathrm{II}} & Q_{23}^{\mathrm{II}} \\ Q_{13}^{\mathrm{I}} & Q_{23}^{\mathrm{I}} & Q_{33}^{\mathrm{I}} & Q_{13}^{\mathrm{II}} & Q_{23}^{\mathrm{II}} & Q_{33}^{\mathrm{II}} \\ Q_{11}^{\mathrm{II}} & Q_{12}^{\mathrm{II}} & Q_{13}^{\mathrm{II}} & Q_{11}^{\mathrm{III}} & Q_{12}^{\mathrm{III}} & Q_{13}^{\mathrm{III}} \\ Q_{12}^{\mathrm{II}} & Q_{22}^{\mathrm{II}} & Q_{23}^{\mathrm{II}} & Q_{12}^{\mathrm{III}} & Q_{22}^{\mathrm{III}} & Q_{23}^{\mathrm{III}} \\ Q_{13}^{\mathrm{II}} & Q_{23}^{\mathrm{II}} & Q_{33}^{\mathrm{II}} & Q_{13}^{\mathrm{III}} & Q_{23}^{\mathrm{III}} & Q_{33}^{\mathrm{III}} \end{bmatrix} \begin{Bmatrix} \varepsilon_{xx}^{0} \\ \varepsilon_{yy}^{0} \\ 2\varepsilon_{xy}^{0} \\ \kappa_{xx}^{0} \\ \kappa_{yy}^{0} \\ 2\kappa_{xy}^{0} \end{Bmatrix} \tag{6.11a}$$

此即层合板的刚度方程，式中的系数矩阵 $[Q]$ 称为层合板的整体刚度矩阵。进一步，将刚度方程 (6.11a) 写成分块形式：

$$\begin{Bmatrix} N \\ M \end{Bmatrix} = \begin{bmatrix} Q^{\mathrm{I}} & Q^{\mathrm{II}} \\ Q^{\mathrm{II}} & Q^{\mathrm{III}} \end{bmatrix} \begin{Bmatrix} \varepsilon^{0} \\ \kappa^{0} \end{Bmatrix} \tag{6.11b}$$

式中，$[Q^{\mathrm{I}}]$ 称为层合板的拉伸刚度；$[Q^{\mathrm{III}}]$ 称为弯曲刚度；$[Q^{\mathrm{II}}]$ 称为耦合刚度。其中的各元素由以下诸式计算：

$$Q_{ij}^{\mathrm{I}} = \sum_{k=1}^{n} (C_{ij}^{\mathrm{G}})_k (z_k - z_{k-1})$$

$$Q_{ij}^{\mathrm{II}} = \frac{1}{2} \sum_{k=1}^{n} (C_{ij}^{\mathrm{G}})_k (z_k^2 - z_{k-1}^2)$$

$$Q_{ij}^{\mathrm{III}} = \frac{1}{3} \sum_{k=1}^{n} (C_{ij}^{\mathrm{G}})_k (z_k^3 - z_{k-1}^3) \tag{6.12}$$

若耦合刚度不存在，问题将得到简化。此时，面内力作用不会产生曲率或扭率，弯曲作用也不会产生面内伸长或缩短。当耦合刚度不等于 0 时的情况相反，仅仅受到面内力作用的层合板会产生弯曲，横截面上每一层的变形互不相同，而受外力弯矩作用的层合板不仅会产生弯曲变形，而且还会引起中面的拉伸变形。实际中，可利用该特点设计层合板的刚度，来达到期望的整体变形效果。

例 6-1　正交层合板 [0/90] 由相同的 CF/Epoxy 单层板构成，$V_{\mathrm{f}} = 0.6$，纤维和基体性能参数见表 6-1。求该层板的拉伸与弯曲刚度。假定单层板厚 t。

表 6-1　CF/Epoxy 单层板组分性能

材料	E_{11}/GPa	E_{22}/GPa	G_{12}/GPa	ν_{12}
纤维	225	15	15	0.2
基体	4.2	4.2	1.57	0.34

解 (1) 由桥联模型求复合材料等效模量。

$$E_{11}=136.7\text{GPa},\quad E_{22}=9.73\text{GPa},\quad \nu_{12}=0.256,\quad G_{12}=5.54\text{GPa}$$

(2) 求局部柔度矩阵。

$$[S_{ij}]=\begin{bmatrix}\dfrac{1}{E_{11}} & -\dfrac{\nu_{12}}{E_{11}} & 0\\ -\dfrac{\nu_{12}}{E_{11}} & \dfrac{1}{E_{22}} & 0\\ 0 & 0 & \dfrac{1}{G_{12}}\end{bmatrix}=\begin{bmatrix}7.32E-3 & -1.87E-3 & 0\\ -1.87E-3 & 0.1028 & 0\\ 0 & 0 & 0.1805\end{bmatrix}(\text{GPa}^{-1})$$

(3) 求各层整体坐标刚度矩阵。

0° 层的整体坐标与局部坐标重合，其整体坐标刚度矩阵与局部坐标刚度矩阵相同：

$$[C_{ij}^{\text{G}}]_0=[S_{ij}]^{-1}=\begin{bmatrix}137.3 & 2.503 & 0\\ 2.503 & 9.776 & 0\\ 0 & 0 & 5.54\end{bmatrix}(\text{GPa})$$

90° 层的整体坐标 x 轴正好与 0° 层的 y 轴重合，设想将 0° 层的 x_1 轴与 x_2 互换，对应柔度矩阵的主对角元素须互换，但是，非对角元素也须变为 $-\nu_{21}/E_{22}$。由式 (1.22) 知，$-\nu_{21}/E_{22}=-\nu_{12}/E_{11}$。即 90° 层的整体刚度只需将 0° 层的前两个主对角线元素互换即可：

$$[C_{ij}^{\text{G}}]_{90}=\begin{bmatrix}9.776 & 2.503 & 0\\ 2.503 & 137.3 & 0\\ 0 & 0 & 5.54\end{bmatrix}(\text{GPa})$$

(4) 求层合板的拉伸刚度和弯曲刚度。

由于两单层板的厚度相等，有 $z_0=-t$、$z_1=0$、$z_2=t$，$h=2t$。代入层合板刚度公式，求得

$$[Q_{ij}^{\text{I}}]=([C_{ij}^{\text{G}}]_0+[C_{ij}^{\text{G}}]_{90})t=2t\begin{bmatrix}73.56 & 2.503 & 0\\ 2.503 & 73.56 & 0\\ 0 & 0 & 5.54\end{bmatrix}$$

$$[Q_{ij}^{\text{III}}]=\frac{t^3}{3}([C_{ij}^{\text{G}}]_0+[C_{ij}^{\text{G}}]_{90})=\frac{2t^3}{3}\begin{bmatrix}73.56 & 2.503 & 0\\ 2.503 & 73.56 & 0\\ 0 & 0 & 5.54\end{bmatrix}$$

6.3 层合板刚度计算

层合板刚度设计是复合材料应用优先考虑的问题。传统金属等各向同性材料的刚度设计一般只需考虑结构的几何布置，设计变量仅有厚度等少数的宏观几何量，而复合材料的刚度设计变量要多得多，除了层合板整体厚度等宏观几何量，还有纤维含量、铺排角、单层板厚度等微观几何量以及纤维和基体的性能参数，任何一个变量的改变都有可能导致层合板的刚度特性不同。

层合板中有两种铺排方式比较特殊也比较常见，一种是“斜交铺排”，另一种是“正交铺排”。斜交铺排层合板中的铺排角都相等，但相邻两层的铺排角 θ ($0° < \theta < 90°$) 符号互异，如 $[\pm\theta]$、$[\pm\theta]_{ns}$，下标 n 表示重复 n 次。正交铺排是指层合板中两相邻层的纤维方向构成正交，但铺排角或者为 0° 或者为 90°。注意，[±45] 依然称为“斜交铺排”，若坐标旋转 45° 则变为正交铺排。

6.3.1 对称层合板刚度

对称层合板是指构成层合板的各单层板的材料性能、厚度与铺排角均相对中面对称，如 $[(\pm30)_2/0]_s$、$[90/\pm45/0]_s$ 等。因此，对称层合板的整体坐标 (x, y) 位于某两个单层板的交界面内，参见图 6-5。

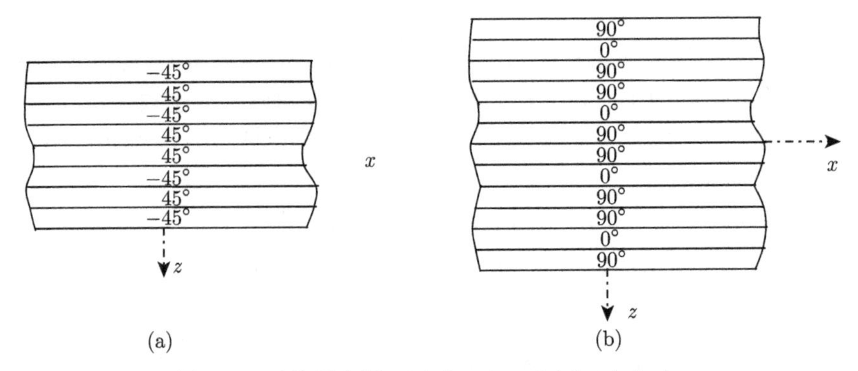

图 6-5 对称层合板：(a) $[\mp45]_{2s}$, (b) $[90/0/90]_{2s}$

实际工程中的层合板往往采用对称铺排，并且材料与单层板厚度也分别相同，因此，对称层合板十分常见。这类层合板具有一个非常重要的特性，就是对称层合板的耦合刚度为 0，即 $Q_{ij}^{\mathrm{II}} = 0$。

事实上，不失一般性，假定 8 层层合板为对称层合板，如图 6-5(a) 所示。由于对称性，第一层与第八层的整体刚度相等，即 $(C_{ij}^{\mathrm{G}})_1 = (C_{ij}^{\mathrm{G}})_8$，并且 $-z_0 = 0.5h = z_8$、$-z_1 = z_7$。代入耦合刚度公式，有

$$(C_{ij}^{\mathrm{G}})_1(z_1^2 - z_0^2) + (C_{ij}^{\mathrm{G}})_8(z_8^2 - z_7^2) = (C_{ij}^{\mathrm{G}})_1(z_1^2 - z_0^2) + (C_{ij}^{\mathrm{G}})_8(z_0^2 - z_1^2) = 0$$

其他对称层刚度相加为 0 的结果可类似得到。

例 6-2　确定如图 6-6 所示对称层合板 $[\pm 45]_s$ 的刚度，其每一层皆为 0.25mm 厚的单向 CF/环氧复合材料，等效弹性常数 $E_{11} = 138\text{GPa}$, $E_{22} = 9\text{GPa}$, $G_{12} = 6.9\text{GPa}$, $\nu_{12} = 0.3$。

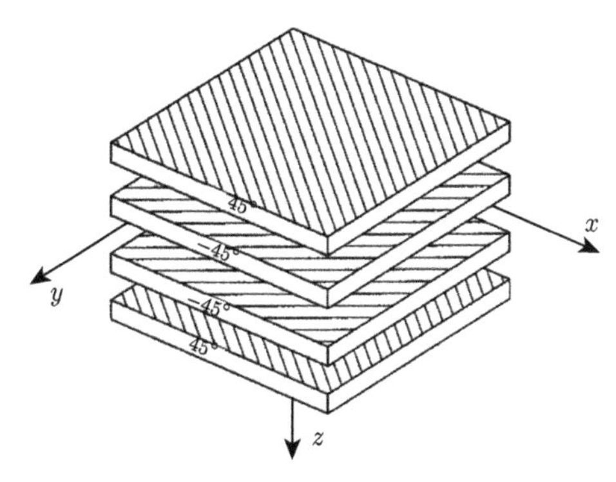

图 6-6　对称层合板 $[\pm 45]_s$

解　(1) 求每一层在局部坐标系下的柔度矩阵：

$$[S_{ij}] = \begin{bmatrix} \dfrac{1}{E_{11}} & -\dfrac{\nu_{12}}{E_{11}} & 0 \\ -\dfrac{\nu_{12}}{E_{11}} & \dfrac{1}{E_{22}} & 0 \\ 0 & 0 & \dfrac{1}{G_{12}} \end{bmatrix} = \begin{bmatrix} 7.25E-3 & -2.17E-3 & 0 \\ -2.17E-3 & 0.111 & 0 \\ 0 & 0 & 0.145 \end{bmatrix} (\text{GPa}^{-1})$$

(2) 求各层坐标变换矩阵。

由式 (6.8)，$\theta = 45°$ 时，$l_1 = m_2 = m_1 = \sqrt{2}/2$，$l_2 = -\sqrt{2}/2$，得

$$\left([T_{ij}]_{\text{c}}\right)_{45} = \frac{1}{2}\begin{bmatrix} 1 & 1 & -2 \\ 1 & 1 & 2 \\ 1 & -1 & 0 \end{bmatrix}$$

$\theta = -45°$ 时，$l_1 = m_2 = l_2 = \sqrt{2}/2$，$m_1 = -\sqrt{2}/2$，得

$$\left([T_{ij}]_{\text{c}}\right)_{-45} = \frac{1}{2}\begin{bmatrix} 1 & 1 & 2 \\ 1 & 1 & -2 \\ -1 & 1 & 0 \end{bmatrix}$$

(3) 根据式 (6.7b) 求整体坐标系下每一层的刚度矩阵：

$$[(C_{ij}^{\mathrm{G}})_k]=([T_{ij}]_{\mathrm{c}})_k([S_{ij}]_k)^{-1}([T_{ij}]_{\mathrm{c}}^{\mathrm{T}})_k$$

$$[C_{ij}^{\mathrm{G}}]_{45}=\begin{bmatrix}45.23 & 31.43 & 32.44\\ 31.43 & 45.23 & 32.44\\ 32.44 & 32.44 & 35.61\end{bmatrix}(\mathrm{GPa})$$

$$[C_{ij}^{\mathrm{G}}]_{-45}=\begin{bmatrix}45.23 & 31.43 & -32.44\\ 31.43 & 45.23 & -32.44\\ -32.44 & -32.44 & 35.61\end{bmatrix}(\mathrm{GPa})$$

(4) 求层合板的刚度。

单层板厚 $t=0.25\mathrm{mm}$，各层厚度坐标是 $z_0=-0.5\mathrm{mm}$、$z_1=-0.25\mathrm{mm}$、$z_2=0\mathrm{mm}$、$z_3=0.25\mathrm{mm}$、$z_4=0.5\mathrm{mm}$。由于是对称层合板，耦合刚度为 0。拉伸刚度与弯曲刚度如下：

$$[Q^{\mathrm{I}}]=0.5([C_{ij}^{\mathrm{G}}]_{45}+[C_{ij}^{\mathrm{G}}]_{-45})=\begin{bmatrix}45.23 & 31.43 & 0\\ 31.43 & 45.23 & 0\\ 0 & 0 & 35.61\end{bmatrix}(\mathrm{GPa\text{-}mm})$$

$$[Q^{\mathrm{III}}]=\frac{(0.5^3-0.25^3)[C_{ij}^{\mathrm{G}}]_{+45}+0.25^3[C_{ij}^{\mathrm{G}}]_{-45}}{1.5}=\begin{bmatrix}3.77 & 2.62 & 2.03\\ 2.62 & 3.77 & 2.03\\ 2.03 & 2.03 & 2.97\end{bmatrix}(\mathrm{GPa\text{-}mm^3})$$

例 6-3　层合板材料与结构和例 6-2 中的完全相同，在 x 端受均匀面内拉伸作用，如图 6-7 所示，假定拉应力 $\sigma_{xx}=100\mathrm{MPa}$，求该层板的中面应变。

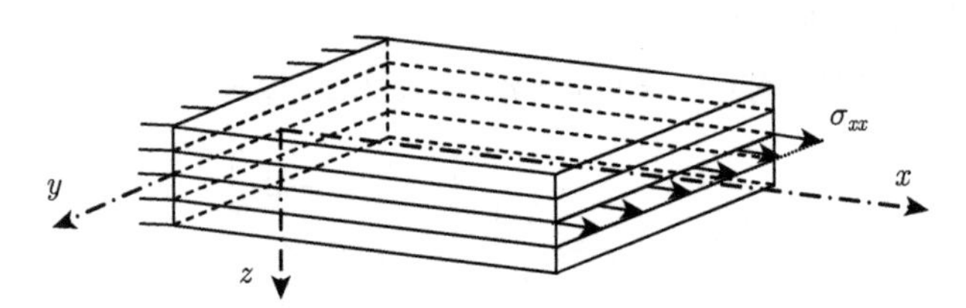

图 6-7　层合板一端固定另一端受面内均匀拉伸作用

解　(1) 求层合板的等效单位长度上的外力。

$N_{xx}=h\sigma_{xx}=100\mathrm{MPa\text{-}mm}$, $M_{xx}=0$，其余内力和内力矩均为 0。

(2) 根据刚度方程求中面应变。

对称层合板无耦合刚度，且弯曲载荷为 0，因此，刚度方程 (6.11b) 变为

$$\left\{\begin{array}{c}0.1\\0\\0\end{array}\right\}=\left[\begin{array}{ccc}45.23&31.43&0\\31.43&45.23&0\\0&0&35.61\end{array}\right]\left\{\begin{array}{c}\varepsilon_{xx}^0\\\varepsilon_{yy}^0\\2\varepsilon_{xy}^0\end{array}\right\}$$

应用式 (1.4) 矩阵求逆公式，解出

$$\left\{\begin{array}{c}\varepsilon_{xx}^0\\\varepsilon_{yy}^0\\2\varepsilon_{xy}^0\end{array}\right\}=\left[\begin{array}{ccc}4.28E-2&-2.97E-2&0\\-2.97E-2&4.28E-2&0\\0&0&2.81E-2\end{array}\right]\left\{\begin{array}{c}0.1\\0\\0\end{array}\right\}$$

即

$$\varepsilon_{xx}^0=4.28\times10^{-3},\quad \varepsilon_{yy}^0=-2.97\times10^{-3}$$

6.3.2 反对称层合板刚度

如果层合板中的任何一个单层板，总可以找到另一个对应的单层板，其材料特性与单层板厚均相同，并且彼此到中面的距离相等，但铺排角相反，就说该层合板为反对称的。

在反对称层合板中，只要有 $+\theta$ 铺排角的单层板对应坐标 z，就必然存在一个 $-\theta$ 铺排角的单层板且对应坐标为 $-z$(图 6-8)。

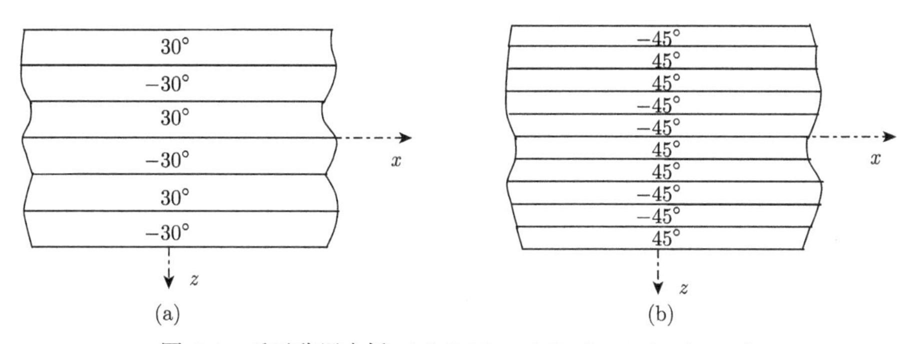

图 6-8 反对称层合板：(a) [30/ − 30/30/ − 30/30/ − 30]，(b) [−45/45/45/ − 45/ − 45/45/45/ − 45/ − 45/45]

反对称层合板的刚度满足如下条件：

$$Q_{13}^{\mathrm{I}}=Q_{23}^{\mathrm{I}}=Q_{13}^{\mathrm{III}}=Q_{23}^{\mathrm{III}}=0 \tag{6.13a}$$

$$Q_{11}^{\mathrm{II}}=Q_{12}^{\mathrm{II}}=Q_{22}^{\mathrm{II}}=Q_{33}^{\mathrm{II}}=0 \tag{6.13b}$$

这是因为两个铺排角相反的层合板 (如斜交层合板) 的整体刚度矩阵元素的数值均相等，仅仅 $(C_{31}^{\mathrm{G}})_\theta=-(C_{31}^{\mathrm{G}})_{-\theta}$、$(C_{32}^{\mathrm{G}})_\theta=-(C_{32}^{\mathrm{G}})_{-\theta}$。

例 6-4　反对称层合板 $[-45/45/-45/45]$ 中各单层板材料及厚度和例 6-2 中的相同，见图 6-9。求该层合板的刚度。

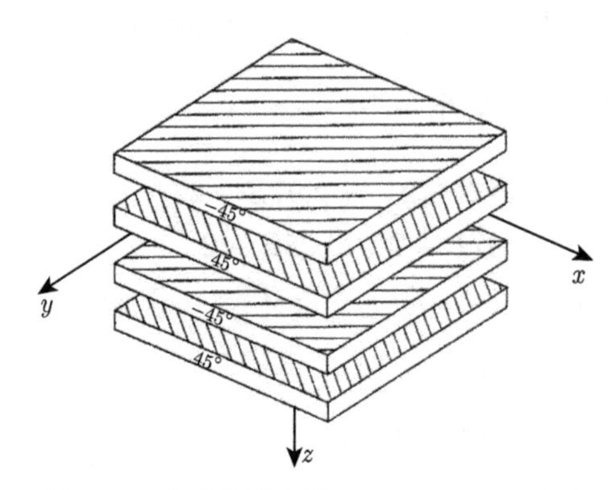

图 6-9　反对称层合板 $[-45/45/-45/45]$

解　由例 6-2，各单层的 z 坐标：$z_0=-0.5$、$z_1=-0.25$、$z_2=0$、$z_3=0.25$、$z_4=0.5$，两种铺排角单层的整体坐标下的刚度分别是

$$[C_{ij}^{\mathrm{G}}]_{45}=\begin{bmatrix}45.23 & 31.43 & 32.44\\ 31.43 & 45.23 & 32.44\\ 32.44 & 32.44 & 35.61\end{bmatrix}(\mathrm{GPa})$$

$$[C_{ij}^{\mathrm{G}}]_{-45}=\begin{bmatrix}45.23 & 31.43 & -32.44\\ 31.43 & 45.23 & -32.44\\ -32.44 & -32.44 & 35.61\end{bmatrix}(\mathrm{GPa})$$

根据拉伸刚度、耦合刚度及弯曲刚度的定义，求得

$$\begin{aligned}[Q_{ij}^{\mathrm{I}}]&=0.25[C_{ij}^{\mathrm{G}}]_{-45}+0.25[C_{ij}^{\mathrm{G}}]_{45}+0.25[C_{ij}^{\mathrm{G}}]_{-45}+0.25[C_{ij}^{\mathrm{G}}]_{45}\\ &=\begin{bmatrix}45.23 & 31.43 & 0\\ 31.43 & 45.23 & 0\\ 0 & 0 & 35.6\end{bmatrix}(\mathrm{GPa-mm})\end{aligned}$$

$$\begin{aligned}[Q_{ij}^{\mathrm{II}}]&=\frac{1}{2}(-0.1785[C_{ij}^{\mathrm{G}}]_{-45}+0.0625[C_{ij}^{\mathrm{G}}]_{45}+0.0627[C_{ij}^{\mathrm{G}}]_{-45}+0.1785[C_{ij}^{\mathrm{G}}]_{45})\\ &=\begin{bmatrix}0 & 0 & 4.06\\ 0 & 0 & 4.06\\ 4.06 & 4.06 & 0\end{bmatrix}(\mathrm{GPa-mm^2})\end{aligned}$$

$$[Q_{ij}^{\mathrm{III}}]=\frac{1}{3}\{(0.5^3-0.25^3)[C_{ij}^{\mathrm{G}}]_{-45}+0.25^3[C_{ij}^{\mathrm{G}}]_{45}$$

$$+0.25^3[C_{ij}^{\mathrm{G}}]_{-45}+(0.5^3-0.25^3)[C_{ij}^{\mathrm{G}}]_{45}\}=\begin{bmatrix}3.77 & 2.62 & 0\\ 2.62 & 3.77 & 0\\ 0 & 0 & 2.97\end{bmatrix}(\mathrm{GPa{-}mm^3})$$

6.3.3 面内刚度与等效模量

工程应用 (如结构设计) 中，往往需要材料的工程弹性常数，如沿层合板面内两个坐标轴方向的弹性模量、泊松比及剪切模量。那么，层合板的这些工程等效弹性常数如何得到呢?

首先，将层合板的拉伸刚度除以层合板厚度后定义为层合板的面内刚度:

$$[C_{ij}^{\mathrm{G}}]=\frac{1}{h}\begin{bmatrix}Q_{11}^{\mathrm{I}} & Q_{12}^{\mathrm{I}} & Q_{13}^{\mathrm{I}}\\ Q_{12}^{\mathrm{I}} & Q_{22}^{\mathrm{I}} & Q_{23}^{\mathrm{I}}\\ Q_{13}^{\mathrm{I}} & Q_{23}^{\mathrm{I}} & Q_{33}^{\mathrm{I}}\end{bmatrix}$$

然后，可采用式 (1.4) 对上述面内刚度求逆，就得到工程弹性常数定义的层合板柔度矩阵 (参见式 (1.79)):

$$\left[C_{ij}^{\mathrm{G}}\right]^{-1}=\begin{bmatrix}S_{11}^{\mathrm{G}} & S_{12}^{\mathrm{G}} & S_{13}^{\mathrm{G}}\\ S_{12}^{\mathrm{G}} & S_{22}^{\mathrm{G}} & S_{23}^{\mathrm{G}}\\ S_{13}^{\mathrm{G}} & S_{23}^{\mathrm{G}} & S_{33}^{\mathrm{G}}\end{bmatrix}=\begin{bmatrix}\dfrac{1}{E_{xx}} & -\dfrac{\nu_{xy}}{E_{xx}} & \dfrac{\eta_{xy,x}}{E_{xx}}\\ -\dfrac{\nu_{xy}}{E_{xx}} & \dfrac{1}{E_{yy}} & \dfrac{\eta_{xy,y}}{E_{yy}}\\ \dfrac{\eta_{xy,x}}{E_{xx}} & \dfrac{\eta_{xy,y}}{E_{yy}} & \dfrac{1}{G_{xy}}\end{bmatrix}\tag{6.14}$$

但是，如果是① 斜交层合板 $[\pm\theta]_n$；② 正交层合板 $[0/90]$；③ 正交与斜交组合的层合板如 $[0/90/\pm\theta]_{\mathrm{s}}$；④ 反对称层合板，那么，面内刚度将具有如下的简单形式:

$$[C_{ij}^{\mathrm{G}}]=\frac{1}{h}\begin{bmatrix}Q_{11}^{\mathrm{I}} & Q_{12}^{\mathrm{I}} & 0\\ Q_{12}^{\mathrm{I}} & Q_{22}^{\mathrm{I}} & 0\\ 0 & 0 & Q_{33}^{\mathrm{I}}\end{bmatrix}\tag{6.15a}$$

此时，层合板的等效弹性常数简化为

$$E_{xx}=DQ_{11}^{\mathrm{I}}/h,\quad E_{yy}=DQ_{22}^{\mathrm{I}}/h,\quad \nu_{xy}=Q_{12}^{\mathrm{I}}/Q_{22}^{\mathrm{I}},\quad G_{xy}=Q_{66}^{\mathrm{I}}/h$$

$$D=1-(Q_{12}^{\mathrm{I}})^2/(Q_{11}^{\mathrm{I}}Q_{22}^{\mathrm{I}})\tag{6.15b}$$

例 6-5 CF/Epoxy 单层板组分性能列于表 6-2 中，$V_{\mathrm{f}}=0.66$，考虑两种不同铺层的层合板 $[0_2/\pm\theta]_{\mathrm{s}}$ 和 $[0/\pm\theta/90]_{\mathrm{s}}$，其中 θ 在 0° 和 90° 之间变化。试计算这两个层合板随 θ 变化的等效模量 E_{xx} 及泊松比 ν_{xy}。

表 6-2　CF/Epoxy 单层板组分材料性能参数

材料	E_{11}/GPa	E_{22}/GPa	ν_{12}	G_{12}/GPa
纤维	207	17.5	0.27	18.5
基体	3.5	3.5	0.35	1.30

解　(1) 根据桥联模型求单层板的弹性模量。

$$E_{11} = 137.8\text{GPa}, \quad E_{22} = 10.7\text{GPa}, \quad \nu_{12} = 0.297, \quad G_{12} = 6.12\text{GPa}$$

(2) 求单层板局部坐标的柔度矩阵。

$$[S_{ij}] = \begin{bmatrix} \dfrac{1}{E_{11}} & -\dfrac{\nu_{12}}{E_{11}} & 0 \\ -\dfrac{\nu_{12}}{E_{11}} & \dfrac{1}{E_{22}} & 0 \\ 0 & 0 & \dfrac{1}{G_{12}} \end{bmatrix} = \begin{bmatrix} 7.26E-3 & -2.2E-3 & 0 \\ -2.2E-3 & 0.0935 & 0 \\ 0 & 0 & 0.1634 \end{bmatrix} (\text{GPa}^{-1})$$

(3) 求每一层整体坐标的刚度矩阵。

$$[C_{ij}^{\text{G}}]_0 = \begin{bmatrix} 138.8 & 3.2 & 0 \\ 3.2 & 10.77 & 0 \\ 0 & 0 & 6.12 \end{bmatrix}, \quad [C_{ij}^{\text{G}}]_{90} = \begin{bmatrix} 10.77 & 3.2 & 0 \\ 3.2 & 138.8 & 0 \\ 0 & 0 & 6.12 \end{bmatrix}$$

任意其他铺排角单层板的整体刚度由如下坐标变换公式得到

$$[(C_{ij}^{\text{G}})_\theta] = ([T_{ij}]_{\text{c}})_\theta [C_{ij}^{\text{G}}]_0 ([T_{ij}]_{\text{c}}^{\text{T}})_\theta, \quad [(C_{ij}^{\text{G}})_{-\theta}] = ([T_{ij}]_{\text{c}})_{-\theta} [C_{ij}^{\text{G}}]_0 ([T_{ij}]_{\text{c}}^{\text{T}})_{-\theta}$$

(4) 求层合板的等效弹性模量。
假定单层板厚度为 t、层合板厚度 h，则有拉伸刚度：

$$Q_{ij}^{\text{I}} = \sum_{k=1}^{8} (C_{ij}^{\text{G}})_k (z_k - z_{k-1}) = t \sum_{k=1}^{8} (C_{ij}^{\text{G}})_k = \frac{h}{8} \sum_{k=1}^{8} (C_{ij}^{\text{G}})_k$$

$$[0_2/\pm\theta]_{\text{s}} : Q_{ij}^{\text{I}} = h[4(C_{ij}^{\text{G}})_0 + 2(C_{ij}^{\text{G}})_\theta + 2(C_{ij}^{\text{G}})_{-\theta}]/8$$

$$[0/\pm\theta/90]_{\text{s}} : Q_{ij}^{\text{I}} = h[2(C_{ij}^{\text{G}})_0 + 2(C_{ij}^{\text{G}})_{90} + 2(C_{ij}^{\text{G}})_\theta + 2(C_{ij}^{\text{G}})_{-\theta}]/8$$

$$E_{xx} = DQ_{11}^{\text{I}}/h, \quad \nu_{xy} = Q_{12}^{\text{I}}/Q_{22}^{\text{I}}, \quad D = 1 - (Q_{12}^{\text{I}})^2/(Q_{11}^{\text{I}} Q_{22}^{\text{I}})$$

部分计算结果列于表 6-3 中，与实验对比数据见图 6-10 和图 6-11。可见，理论和实验结果吻合良好。

表 6-3 计算的层合板面内弹性常数

θ		0°	15°	30°	45°	60°	75°	90°
$[0_2/\pm\theta]_s$	E_{xx}/GPa	137.8	126.6	98.5	80.3	75.3	74.6	74.6
	ν_{xy}	0.297	0.608	0.915	0.645	0.301	0.104	0.043
$[0/\pm\theta/90]_s$	E_{xx}/GPa	106.5	97.7	75.3	54.5	45.1	42.9	42.7
	ν_{xy}	0.075	0.159	0.301	0.301	0.18	0.07	0.03

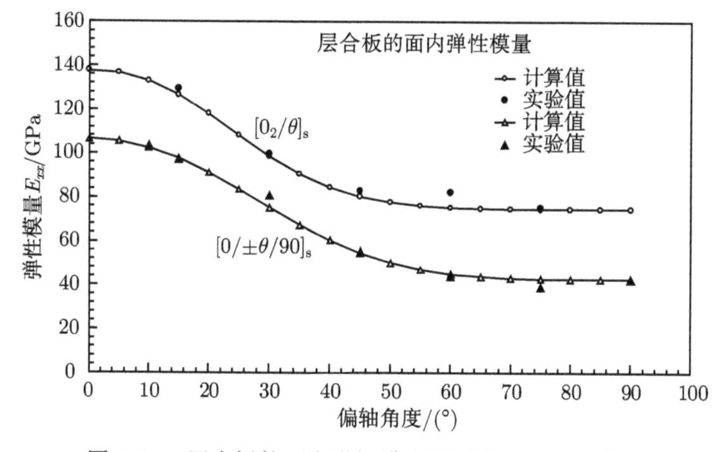

图 6-10 层合板的面内弹性模量计算值与实验值对比

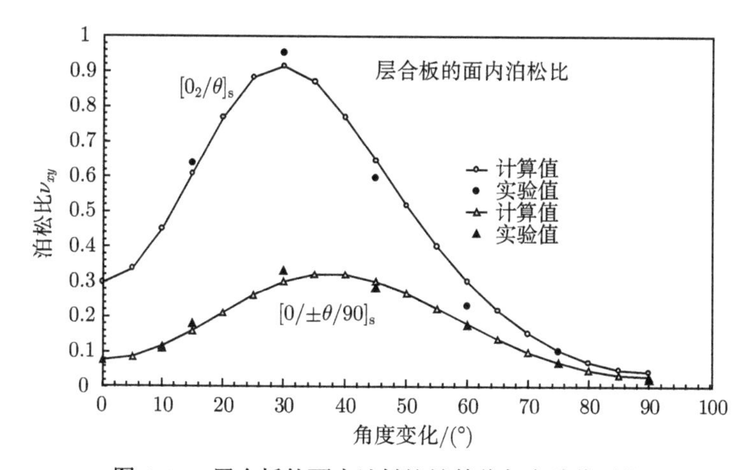

图 6-11 层合板的面内泊松比计算值与实验值对比

6.4　增量格式与内应力计算

为了分析层合板的破坏与强度，必须求出每一层分担的应力。由于铺排角互不相同，层合板中每一层分担的应力也各有差异，导致层合板的破坏必然是一个渐进过程：有的层先破坏，有的层后破坏。这就意味着，一旦其中某一层出现破坏，载荷依然有可能继续施加到层合板上，因此，外载的施加是一个逐渐递增的过程。只有采用增量加载，才能准确描述这一过程。所谓“增量格式”，就是所有的应力分析都是基于增量加载实现的。

将作用在如图 6-4 所示的层合板上的面力及力矩换作为增量面力和增量力矩，即 $\mathrm{d}N_{xx}$、$\mathrm{d}N_{yy}$、$\mathrm{d}N_{xy}$、$\mathrm{d}M_{xx}$、$\mathrm{d}M_{yy}$、$\mathrm{d}M_{xy}$，在这些增量外力作用下，层合板中面内产生应变增量和曲率增量，相应地出现有应力增量。完全类似此前的推导过程，得到增量格式描述的有关方程如下：

$$\{\mathrm{d}\sigma_i\}^{(\mathrm{G})} = [C_{ij}^{\mathrm{G}}]\{\mathrm{d}\varepsilon_j\}^{(\mathrm{G})} \tag{6.16a}$$

$$\mathrm{d}\varepsilon_{xx} = \mathrm{d}\varepsilon_{xx}^0 + z\mathrm{d}\kappa_{xx}^0,\quad \mathrm{d}\varepsilon_{yy} = \mathrm{d}\varepsilon_{yy}^0 + z\mathrm{d}\kappa_{yy}^0,\quad 2\mathrm{d}\varepsilon_{xy} = 2\mathrm{d}\varepsilon_{xy}^0 + 2z\mathrm{d}\kappa_{xy}^0 \tag{6.16b}$$

$$\left\{\begin{array}{c}\mathrm{d}N\\ \mathrm{d}M\end{array}\right\} = \left[\begin{array}{cc}Q^{\mathrm{I}} & Q^{\mathrm{II}}\\ Q^{\mathrm{II}} & Q^{\mathrm{III}}\end{array}\right]\left\{\begin{array}{c}\mathrm{d}\varepsilon^0\\ \mathrm{d}\kappa^0\end{array}\right\} \tag{6.17}$$

层合板的刚度元素 Q_{ij}^{I}、Q_{ij}^{II}、Q_{ij}^{III} 依然由式 (6.12) 计算，只是其中的单层板刚度 $[(C_{ij}^{\mathrm{G}})_k] = ([T_{ij}]_{\mathrm{c}})_k([S_{ij}]_k)^{-1}([T_{ij}]_{\mathrm{c}}^{\mathrm{T}})_k$，为当前刚度或称瞬态刚度，原因是单层板的柔度矩阵 $[S_{ij}]_k$ 在不同的加载步可能会不一样。事实上，第 k 层破坏前与破坏后的柔度矩阵 $[S_{ij}]_k$ 必然有差异。

从刚度方程 (6.17) 解出层合板中面的应变和曲率增量后，代入式 (6.16b) 继而再代入式 (6.16a)，就可确定层合板中一点的应力增量。然而，由第 1 章 (参见 1.6 节) 可知，复合材料力学理论建立在 (相对特征体元的) 均值应力和均值应变的基础上，每一个单层板在其厚度方向具有相同的等效力学性能。式 (6.7) 中的 $[S_{ij}]$ 或式 (6.16a) 中的 $[C_{ij}^{\mathrm{G}}]$ 沿单层板厚度方向的每一点都相同。因此，每一个单层板的应力和应变沿厚度方向须保持不变。

对式 (6.16a) 的本构方程沿厚度取平均 (假定在第 k 层内)，有

$$\{\mathrm{d}\sigma_i\}_k^{(\mathrm{G})} = \frac{1}{z_{k+1}-z_k}\int_{z_k}^{z_{k+1}}\{\mathrm{d}\sigma_i\}^{(\mathrm{G})}\,\mathrm{d}z = \frac{[(C_{ij}^{\mathrm{G}})_k]}{z_{k+1}-z_k}\int_{z_k}^{z_{k+1}}\{\mathrm{d}\varepsilon_j\}^{(\mathrm{G})}\mathrm{d}z$$

这里，$\{\mathrm{d}\sigma_i\}_k^{(\mathrm{G})}$ 为第 k 层的 (平均) 应力增量。将式 (6.16b) 代入上式右边，得

$$\{\mathrm{d}\sigma_i\}_k^{(\mathrm{G})} = [(C_{ij}^{\mathrm{G}})_k]\{\mathrm{d}\varepsilon_j\}_k^{(\mathrm{G})} \tag{6.18}$$

其中，第 k 层的 (平均) 应变增量为

$$\{\mathrm{d}\varepsilon_i\}_k^{(\mathrm{G})} = \left\{\mathrm{d}\varepsilon_{xx}^0 + \frac{z_{k+1}+z_k}{2}\mathrm{d}\kappa_{xx}^0,\right.$$
$$\left.\mathrm{d}\varepsilon_{yy}^0 + \frac{z_{k+1}+z_k}{2}\mathrm{d}\kappa_{yy}^0, 2\mathrm{d}\varepsilon_{xy}^0 + (z_{k+1}+z_k)\mathrm{d}\kappa_{xy}^0\right\}^{\mathrm{T}} \tag{6.19}$$

根据式 (6.18) 和式 (6.19) 计算的 $\{\mathrm{d}\sigma_i\}_k^{(\mathrm{G})}$，就是第 k 层单向复合材料在层合板受到增量外载 $\{\mathrm{d}N_{xx}, \mathrm{d}N_{yy}, \mathrm{d}N_{xy}, \mathrm{d}M_{xx}, \mathrm{d}M_{yy}, \mathrm{d}M_{xy}\}^{\mathrm{T}}$ 作用时所分担的应力增量，为整体坐标系下的应力。

如上所述，每一个单层板的应力和应变或应力增量和应变增量沿厚度方向是相同的。如果单层板的厚度相对较大或者需要揭示应力–应变在不同厚度处的变化，可以人为地将物理上的单层板划分为理论分析的若干厚度变薄的单层。但是，经典层合板理论适用的前提是厚度尺寸相对其他方向的尺寸为小量。从式 (6.19) 可知，只有在层合板中面的曲率增量及扭率增量不全等于 0 的情况下，对单层板沿厚度方向剖分使其厚度减小才有实际意义。

需要指出的是，采用增量应力和增量应变，可以导出类似式 (1.36) 和式 (1.37) 的两个复合材料基本方程：

$$\{\mathrm{d}\sigma_i\} = V_{\mathrm{f}}\{\mathrm{d}\sigma_i^{\mathrm{f}}\} + V_{\mathrm{m}}\{\mathrm{d}\sigma_i^{\mathrm{m}}\} \tag{6.20}$$

$$\{\mathrm{d}\varepsilon_i\} = V_{\mathrm{f}}\{\mathrm{d}\varepsilon_i^{\mathrm{f}}\} + V_{\mathrm{m}}\{\mathrm{d}\varepsilon_i^{\mathrm{m}}\} \tag{6.21}$$

同理，桥联方程 (2.3) 及内应力方程 (2.4) 和 (2.5) 形式上保持不变：

$$\{\mathrm{d}\sigma_i^{\mathrm{m}}\} = [A_{ij}]\{\mathrm{d}\sigma_j^{\mathrm{f}}\} \tag{6.22}$$

$$\{\mathrm{d}\sigma_i^{\mathrm{f}}\} = (V_{\mathrm{f}}[I] + V_{\mathrm{m}}[A_{ij}])^{-1}\{\mathrm{d}\sigma_j\} = [B_{ij}]\{\mathrm{d}\sigma_j\} \tag{6.23}$$

$$\{\mathrm{d}\sigma_i^{\mathrm{m}}\} = [A_{ij}](V_{\mathrm{f}}[I] + V_{\mathrm{m}}[A_{ij}])^{-1}\{\mathrm{d}\sigma_j\} = [A_{ij}][B_{ij}]\{\mathrm{d}\sigma_j\} \tag{6.24}$$

仅仅桥联矩阵 $[A_{ij}]$ 变为当前量或瞬态量 (第 k 层破坏前与破坏后的桥联矩阵 $[A_{ij}]_k$ 必然有差异)。

为判定第 k 层能否承受所分担的应力，还需要确定该单层板纤维和基体中的内应力增量。这时，首先须将整体坐标下第 k 层分担的应力增量 $\{\mathrm{d}\sigma_i\}_k^{(\mathrm{G})}$ 转换到局部坐标下表示。变换公式为 (参见式 (1.77))

$$\{d\sigma_i\}_k = \begin{bmatrix} l_1^2 & m_1^2 & 2l_1m_1 \\ l_2^2 & m_2^2 & 2l_2m_2 \\ l_1l_2 & m_1m_2 & l_1m_2+l_2m_1 \end{bmatrix}_k \begin{Bmatrix} d\sigma_{xx} \\ d\sigma_{yy} \\ d\sigma_{xy} \end{Bmatrix}_k \tag{6.25}$$

式中，l_i、m_i 由式 (6.8) 给出。再将式 (6.25) 解出的应力增量代入式 (6.23) 和式 (6.24) 的右边，就可以计算出纤维和基体中的内应力增量。

6.5　层合板强度

强度与破坏有关，层合板的破坏涉及因素众多。本章基于逐层分析，认为层合板的整体破坏是由其中的各个单层板破坏构成的。

6.5.1　单层板破坏

根据式 (6.23)、式 (6.24) 解出每一层 (第 k 层) 中纤维和基体在局部坐标系下的应力增量后，当前载荷步的纤维和基体应力全量由如下公式更新：

$$\{\sigma_i^{\rm f}\}_k^{(n)} = \{\sigma_i^{\rm f}\}_k^{(n-1)} + \{{\rm d}\sigma_i^{\rm f}\}, \quad n = 1, 2, \cdots \tag{6.26a}$$

$$\{\bar{\sigma}_i^{\rm m}\}_k^{(n)} = \{\bar{\sigma}_i^{\rm m}\}_k^{(n-1)} + \{K_i{\rm d}\sigma_i^{\rm m}\}, \quad n = 1, 2, \cdots \tag{6.26b}$$

式中，n 表示载荷步；$\{K_i{\rm d}\sigma_i^{\rm m}\} = \{K_{11}{\rm d}\sigma_{11}^{\rm m}, K_{22}{\rm d}\sigma_{22}^{\rm m}, K_{12}{\rm d}\sigma_{12}^{\rm m}\}^{\rm T}$ 表示基体的真实应力增量。桥联理论计算出基体的均值应力增量 (由式 (6.24) 计算)$\{{\rm d}\sigma_i^{\rm m}\}$ 后，必须要乘以基体的应力集中系数，修正为真实应力增量。$\{\sigma_i^{\rm f}\}_k^{(0)}$ 和 $\{\bar{\sigma}_i^{\rm m}\}_k^{(0)}$ 分别表示纤维和基体的初始应力，又称为残余应力。通常情况下，$\{\sigma_i^{\rm f}\}_k^{(0)}$ 和 $\{\bar{\sigma}_i^{\rm m}\}_k^{(0)}$ 为热残余应力。如何确定纤维和基体中的热残余应力将留到第 8 章中介绍。但是，正如第 8 章中所指出的，对一般树脂基复合材料，热残余应力计算所需的输入参数存在不确定性，而温度差相对并不大，忽略热残余应力可能比计入热残余应力带来的计算误差更小。因此，除非另有说明，本章后续分析中将初应力取为 0 值，即 $\{\sigma_i^{\rm f}\}_k^{(0)} = \{\bar{\sigma}_i^{\rm m}\}_k^{(0)}=\{0\}$。

纤维的破坏采用广义最大正应力破坏判据。这是因为纤维直径细小，主要承受轴向载荷，并且一般只能给出轴向拉、压强度的输入数据。在经典层合板理论 (平面应力) 框架下，将式 (6.26a) 得到的当前应力代入式 (5.3) 计算出最大、最小正应力：

$$\sigma_{\rm max}^{\rm f} = \frac{\sigma_{11}^{\rm f} + \sigma_{22}^{\rm f}}{2} + \frac{1}{2}\sqrt{(\sigma_{11}^{\rm f} - \sigma_{22}^{\rm f})^2 + 4(\sigma_{12}^{\rm f})^2} \tag{6.27a}$$

$$\sigma_{\rm min}^{\rm f} = \frac{\sigma_{11}^{\rm f} + \sigma_{22}^{\rm f}}{2} - \frac{1}{2}\sqrt{(\sigma_{11}^{\rm f} - \sigma_{22}^{\rm f})^2 + 4(\sigma_{12}^{\rm f})^2} \tag{6.27b}$$

若如下的式 (6.28) 或式 (6.29) 能够满足：

$$\sigma_{\rm eq,t}^{\rm f} \geqslant \sigma_{\rm u,t}^{\rm f} \tag{6.28a}$$

$$\sigma_{\rm eq,t}^{\rm f} = \begin{cases} \sigma_{\rm max}^{\rm f}, & \sigma_{\rm min}^{\rm f} < 0 \\ [(\sigma_{\rm max}^{\rm f})^q + (\sigma_{\rm min}^{\rm f})^q]^{\frac{1}{q}}, & \sigma_{\rm min}^{\rm f} > 0 \end{cases} \tag{6.28b}$$

$$\sigma_{\text{eq,c}}^{\text{f}} \leqslant -\sigma_{\text{u,c}}^{\text{f}} \tag{6.29a}$$

$$\sigma_{\text{eq,c}}^{\text{f}} = \begin{cases} \sigma_{\min}^{\text{f}}, & \sigma_{\max}^{\text{f}} > 0 \\ \sigma_{\min}^{\text{f}} - \sigma_{\max}^{\text{f}}, & \sigma_{\max}^{\text{f}} < 0 \end{cases} \tag{6.29b}$$

就说纤维达到了拉伸或压缩破坏，其中幂指数 q 一般取 3。自然，更精确的分析应采用 5.9 节建立的理论判断纤维的压缩破坏。

前已指出，基体一般不宜采用广义最大正应力破坏判据，因为基体是连续体。采用 5.3 节基于莫尔定律建立的破坏判据判别基体的破坏更恰当，但为简单起见，本章采用 Tsai-Wu 判据检测基体的破坏。将式 (6.26b) 计算的基体当前的真实应力代入式 (5.74a)，就有

$$F_1(\bar{\sigma}_{11}^{\text{m}} + \bar{\sigma}_{22}^{\text{m}}) + F_{11}[(\bar{\sigma}_{11}^{\text{m}})^2 + (\bar{\sigma}_{22}^{\text{m}})^2 - \bar{\sigma}_{11}^{\text{m}}\bar{\sigma}_{22}^{\text{m}}] + F_{44}(\bar{\sigma}_{12}^{\text{m}})^2 \geqslant 1 \tag{6.30}$$

式中，强度系数 F_1、F_{11} 和 F_{44} 见式 (5.74b)。

式 (6.26b) 中，基体中的应力集中系数 K_{11}、K_{22} 和 K_{12} 分别由式 (5.77)、式 (4.47c) 和式 (4.35) 计算。必须注意的是，K_{11} 和 K_{22} 分别与基体轴向 (沿纤维方向) 和横向应力的正、负号有关，在增量求解格式下，它们都取决于当前应力增量的正、负号，而不是应力全量值。换言之，

$$K_{11} = \begin{cases} K_{11}^{\text{t}}, & \text{d}\sigma_{11}^{\text{m}} > 0 \\ K_{11}^{\text{c}}, & \text{d}\sigma_{11}^{\text{m}} < 0 \end{cases} \tag{6.31a}$$

$$K_{11}^{\text{t}} = \min\left\{1, \frac{E_{11}^{\text{f}}\sigma_{\text{u,t}}^{\text{m}}}{E^{\text{m}}\sigma_{\text{u,t}}^{\text{f}}}\right\} \tag{6.31b}$$

$$K_{11}^{\text{c}} = \min\left\{1, \frac{E_{11}^{\text{f}}\sigma_{\text{u,c}}^{\text{m}}}{E^{\text{m}}\sigma_{\text{u,c}}^{\text{f}}}\right\} \tag{6.31c}$$

$$K_{22} = \begin{cases} K_{22}^{\text{t}}, & \text{d}\sigma_{22}^{\text{m}} > 0 \\ K_{22}^{\text{c}}, & \text{d}\sigma_{22}^{\text{m}} < 0 \end{cases} \tag{6.32}$$

式中，K_{22}^{t} 和 K_{22}^{c} 由式 (4.27) 和式 (4.28) 计算。

无论纤维破坏还是式 (6.30) 成立，就说对应的单层板达到了破坏。此时，依据该单层板破坏出现在层合板中的次序 (如初始或第一次出现的破坏、第二次出现的破坏、……)，将施加在层合板上的外载称为与层合板破坏次序相对应的强度，如初始破坏强度、第二层破坏强度、……

层合板破坏与单层板破坏的一个重大不同之处在于：层合板中的某层或某几层出现破坏后，作为一个整体，层合板依然还可以继续承载，虽然其能力已受到削弱，刚度有所下降，但在应力–应变曲线上仍然处于上升趋势，直到极限破坏出

现，层合板不能承受继续增加的载荷，或者随载荷增加，应变 (变形) 降低。如果用图 6-12 表示层合板单向载荷下渐进破坏的应力–应变曲线的示意图，那么，曲线上的最高点对应层合板的极限破坏，而将极限破坏对应的载荷 (应力) 称为层合板的极限强度，简称为强度。

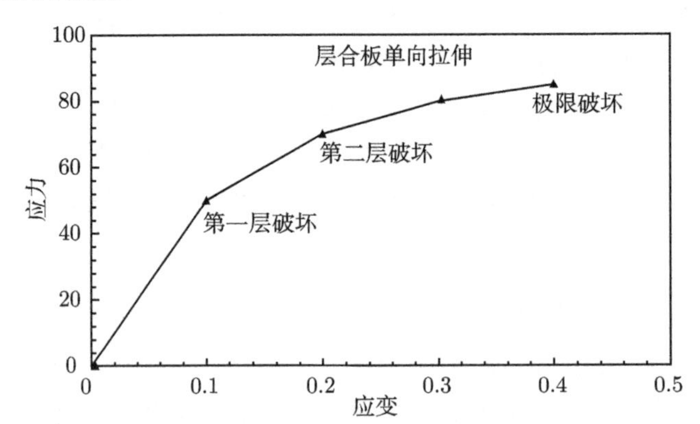

图 6-12　层合板单向载荷下渐进破坏的应力–应变曲线示意图

本书只研究直到极限破坏出现以及在此之前的复合材料 (层合板) 破坏，极限破坏之后的应力–应变曲线走向，不在本书的研究范围内。单向复合材料不一样。从第 5 章可知，无论纤维还是基体出现了破坏，就认为单向复合材料产生了极限破坏。在层合板的情况下，必须要能够有效判定极限破坏何时出现。

6.5.2　致命与非致命破坏

先回答简单一点的问题：什么样的破坏对应层合板的极限破坏？一个可能的选择是将层合板的最后一层破坏定义为极限破坏 [1]，其唯象解释是：当层合板中某一层最先达到破坏后，继续施加的载荷将由余下的其他层分担，已破坏的单层板将不再分担任何载荷，随之，第二层破坏出现，依此类推，直到层合板中仅剩一层分担最后的载荷。这种将最后一层破坏视为极限破坏的判据，可以较好地解释层合板受面内单向拉伸直至完全破坏的实验过程，如图 6-12 所示，但却难以回答为何在弯曲载荷下，层合板的极限破坏一般并非对应于最后一层破坏 [79,80]。因此，将最后一层破坏视为极限破坏并不可取。

众多实验研究证实：基体裂纹出现后，层合板依然可以继续承载，这些裂纹甚至遍布层合板中的每一层。这说明，基体的破坏不应视为极限破坏，哪怕最后一层的破坏已经出现，但若依然只是基体的破坏，层合板就还有继续承载的能力。另外，一旦纤维出现破坏，无论拉断还是压断，层合板往往达到了其最大承载能力。当层合板加载到极限值时，无论是受面内载荷还是受弯曲载荷，卸下试样后会发现，部分单层的纤维往往已经断裂。图 6-13 是应用小角度编织的碳纤维结构与环氧复合制成的 8 层层合板受 4 点弯曲直至极限破坏 (载荷再也施加不上去了) 的实验结果 [79,80]。

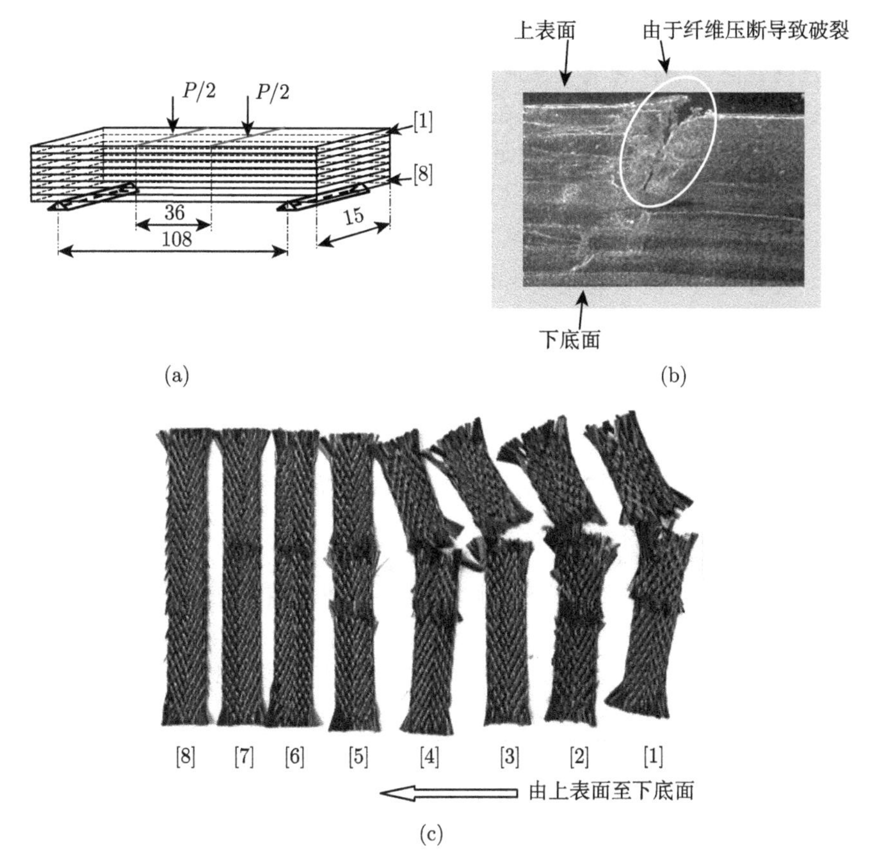

图 6-13 (a) 编织复合材料梁受四点弯曲，(b) 弯曲后的破坏截面，(c) 各纤维层破坏特征

图中显示，极限破坏后横截面上存在一些层未受损伤。去除基体 (将基体烧蚀) 后，依次取出各纤维增强层，结果表明有些层的纤维被压断，有些层 (受拉应力最大的那一层) 甚至未受任何损伤。由于实验中的滞后效应，实际达到弯曲强度瞬时的破坏层应该比图 6-13 中所显示的破坏层要少。这说明，纤维的破坏可以作为层合板极限破坏的一个标志。

除了纤维的破坏，不少研究者还认为，基体达到压缩破坏时也对应于层合板的极限破坏 [81,82]，在以往的研究中，也曾将基体的压缩破坏视为一种极限破坏 [64]。但正如在后面算例 6-7 中所揭示的，某些界定基体压缩破坏的极限强度只是 “碰巧” 与实验结果吻合，但在其他一些情况下的预报强度与实测强度相比明显偏低。因此，基体的压缩破坏同样应视为非致命破坏。

综上所述，将单层板的破坏分为四种模式：纤维拉伸破坏、纤维压缩破坏、基体拉伸破坏、基体压缩破坏。其中，纤维的拉伸或压缩破坏已经通过判据式 (6.28) 或式 (6.29) 显示。对满足 Tsai-Wu 判据式 (6.30) 的基体破坏，应用式 (1.31) 来分辨其拉伸或压缩破坏。如果基体破坏时的三个主应力之和大于或等于 0，就说基体产生了拉伸破坏；否则，基体就被认为因压缩而破坏。如果基体为拉、压弹性模量不等的材料，该判据也告知了如何在分析中选用基体的模量。注意，基体的主应力计算同样必须基于真实应力，也就是要基于式 (6.26b) 计算出的应力。当采用莫尔判据判定基体的破坏时，可根据破坏面上法向应力的正负号，分辨基体是受拉破坏还是受压破坏，若法向应力为 0，则称基体受剪破坏。式 (1.31) 表征的是单元体受拉或受压，法向应力条件是指该单元体中最早破坏面上是受拉还是受压。不难理解，根据破坏面法向应力的正负号和根据式 (1.31) 中的正负号所得结果有可能不一致。

根据四种破坏模式，定义层合板的致命与非致命破坏如下：

致命破坏：某个单层中出现纤维拉伸或纤维压缩破坏。

非致命破坏：某个单层中出现基体拉伸或基体压缩破坏。

6.5.3 刚度衰减

非致命破坏 (基体的拉伸或压缩破坏) 是层合板中最为常见的破坏模式。这是不难理解的，因为基体的强度一般都远低于纤维的强度。顾名思义，非致命破坏一般不会导致层合板完全丧失承载能力，后续载荷 (后续载荷增量) 依然可以施加到层合板。

但是，如图 6-12 所示，非致命破坏后的层合板刚度相对破坏前的刚度必然会有所降低。唯象解释是：层合板的后续分析中必须要折减掉破坏层的刚度贡献，称为刚度衰减。假定 k_0 层为非致命破坏层。由于破坏后的单层板并未消失，依然占据破坏前的几何位置，刚度衰减就是在式 (6.12) 计算层合板拉伸刚度、耦合刚度以及弯曲刚度时，对 $(C_{ij}^{\mathrm{G}})_{k_0}$ 进行折减。然而，如何对非致命破坏层的刚度进行衰减，并没有一个统一标准。最简单的方式是完全刚度衰减：

$$Q_{ij}^{\mathrm{I}} = \sum_{k=1,k\notin\{k_0\}}^{N} (C_{ij}^{\mathrm{G}})_k (z_{k+1} - z_k) \tag{6.33a}$$

$$Q_{ij}^{\mathrm{II}} = \frac{1}{2} \sum_{k=1,k\notin\{k_0\}}^{N} (C_{ij}^{\mathrm{G}})_k (z_{k+1}^2 - z_k^2) \tag{6.33b}$$

$$Q_{ij}^{\mathrm{III}} = \frac{1}{3} \sum_{k=1,k\notin\{k_0\}}^{N} (C_{ij}^{\mathrm{G}})_k (z_{k+1}^3 - z_k^3) \tag{6.33c}$$

式中，$\{k_0\}$是所有破坏层编号的组合。很显然，上述完全刚度衰减格式并非很合理，否则，最后一层破坏将自动成为一种极限破坏，因为最后一层过后，层合板将再无刚度承担后续载荷。

怎样才能比较合理地体现非致命破坏后的刚度折减呢？

非致命破坏对应基体的破坏。在基体的拉伸或压缩应力—应变曲线上，应力最高点的曲线斜率远小于初始弹性阶段的曲线斜率。非致命破坏时纤维的性能保持相同，纤维体积含量保持不变。如果再假定基体破坏时，泊松比保持相同，那么，一种较为合理地反映破坏时基体材料特性的刚度衰减格式是[64]

$$E^{\mathrm{m}}=\delta E_0^{\mathrm{m}},\quad \delta=0.01 \tag{6.34}$$

也就是说，将破坏后的基体模量取为破坏前模量的 1%，纤维性能和其他基体性能(含基体的强度) 包括纤维体积含量均保持不变，但基体的剪切模量、基体当前柔度矩阵、当前桥联矩阵元素等凡是与基体模量有关的量，都需要根据折减后的基体弹性模量及原始的基体泊松比计算。

将衰减后的基体模量式 (6.34) 与其他组分性能参数一起代入式 (2.6)，求出破坏后的单层板柔度矩阵，再代入式 (6.7b)，得到破坏层的当前刚度 $[(C_{ij}^{\mathrm{G}})]_{k_0}^{(n)}$，此即折减后的刚度。

必须指出的是，非完全刚度衰减意味着第 k_0 层 (原本已经产生了非致命破坏) 在后续增量加载中，依然会分担载荷，并且依然要进行破坏检验。由于该层基体中的应力早已达到临界值，因此，后续破坏判别将只需检验纤维中的应力是否达到临界值，而不再检验基体的破坏。即一旦第 k_0 层单层板中的基体达到过拉伸或压缩破坏，后续分析中将剔除该层基体再产生破坏的可能性。这同时也说明，任何一层的刚度衰减最多只进行一次。

6.5.4　极限强度

一旦出现致命破坏，就说层合板达到了极限破坏，对应的外载称为层合板的极限强度，而不管致命破坏发生在哪一次 (哪一层)，哪怕初始破坏是由致命破坏所引起 (即初始破坏层中出现了纤维拉伸或压缩破坏)，计算也将终止。另外，无论出现多少次非致命破坏 (基体破坏)，都不能看作为极限破坏，刚度衰减和载荷施加将会不断延续下去。

存在一种可能性: 每一次的单层板破坏都是非致命破坏，刚度衰减式 (6.34) 持续不断地施加，从而导致层合板的变形无限制放大。这显然与实际不符，因为实际复合材料结构达到极限破坏/极限强度时的变形都是有限值。据此，极限破坏还应施加一个临界应变约束条件，一旦复合材料中任何一个应变的绝对值超过了该临界应变，同样认为层合板达到了极限破坏。根据文献 [81] 的报告，树脂基复合材料极限破坏时的最大应变一般都不会超过 15%。比较合理的处理是，针对不同的组分材料体系取不同的临界应变约束值，比如，刚性树脂可取较小的临界应变值，柔性树脂则取较大的临界应变值。简单起见，本书推荐取 5%～10% 作为一般树脂基复合材料的临界应变约束条件。

这样，层合板极限破坏就存在三种可能的形式，汇集在表 6-4 中，任何一种形式出现，就说层合板达到了极限破坏，对应的外载称为层合板的极限强度。

表 6-4 层合板极限破坏形式

类型	破坏描述
1	任何一层中出现有纤维拉伸破坏
2	任何一层中出现有纤维压缩破坏
3	任何一层中任意一个应变的绝对值超过临界值 (5%～10%)

上述 5%～10% 的应变临界值只是对一般树脂基复合材料，对其他如橡胶基、金属基或陶瓷基复合材料，应变临界值须做相应调整。另外，由于层合板的应变是由中面的线应变和中面的曲率组合而成的，参见式 (6.4)，通过限制单层板应变式 (6.19) 来控制层合板的应变更容易处理。当然，如果中面的曲率不存在，每一层的应变原本就相同。需要指出的是，飞行器复合材料结构设计中的应变约束一般不超过 8000μ 即 0.8%，此种情况下，10% 的临界应变稍显偏大。

以下通过几个算例，详细介绍层合板极限强度的求解过程。

例 6-6 T300 碳纤维/7901 环氧层合板 $[0/\pm45/90]_{2s}$ 由相同的单层板构成，$V_{\rm f}=0.62$, 纤维性能取自表 5-2，基体性能通过测试得到，为方便起见，将它们列于表 6-5 中。假定层合板受 σ_{xx} 作用，试求其拉伸强度，并与测试的强度 600MPa 进行对比。假定单层板厚 t。

表 6-5 T300 碳纤维/7901 环氧单层板组分性能

材料	E_{11}/GPa	E_{22}/GPa	G_{12}/GPa	ν_{12}	G_{23}/GPa	$\sigma_{\rm u,t}$/MPa	$\sigma_{\rm u,c}$/MPa	$\sigma_{\rm u,s}$/MPa
纤维	230	15	15	0.2	7	2500	2000	—
基体	3.17	3.17	1.17	0.355	1.17	85.1	107	52.6

解 层合板共计 16 层，展开的铺设方式 $[0/45/-45/90/0/45/-45/90/90/-45/45/0/90/-45/45/0]$。

(1) 求基体的应力集中系数。

分别根据式 (5.77)、式 (4.27)、式 (4.28) 及式 (4.35)，求出基体各有关 (可能) 的应力集中系数为 $K_{11}^{\rm t}=1, K_{11}^{\rm c}=1, K_{22}^{\rm t}=2.38, K_{22}^{\rm c}=1.82, K_{12}=1.47$。注意，所有的基体应力集中系数公式都已经编入 Excel 程序表格，只需输入如表 6-5 所示的纤维和基体性能参数及纤维体积含量，即可得到所需的各数据。

(2) (桥联模型) 求单层板的初始柔度矩阵。

单层板等效弹性常数：$E_{11}=143.8$GPa, $E_{22}=8.9$GPa, $\nu_{12}=0.259, G_{12}=$

4.82GPa,

$$[S_{ij}] = \begin{bmatrix} 6.95E-3 & -1.8E-3 & 0 \\ -1.8E-3 & 0.1124 & 0 \\ 0 & 0 & 0.2075 \end{bmatrix} (\mathrm{GPa}^{-1})$$

(3) 求层合板的初始刚度矩阵。

由于层合板对称且无弯矩作用，只需求拉伸刚度，各单层板整体坐标系下的刚度矩阵分别是

$$[C_{ij}^{\mathrm{G}}]_0 = \begin{bmatrix} 144.4 & 2.3 & 0 \\ 2.3 & 8.94 & 0 \\ 0 & 0 & 4.82 \end{bmatrix} (\mathrm{GPa})$$

$$[C_{ij}^{\mathrm{G}}]_{90} = \begin{bmatrix} 8.94 & 2.3 & 0 \\ 2.3 & 144.4 & 0 \\ 0 & 0 & 4.82 \end{bmatrix} (\mathrm{GPa})$$

$$[C_{ij}^{\mathrm{G}}]_{45} = \begin{bmatrix} 44.3 & 34.7 & 33.9 \\ 34.7 & 44.3 & 33.9 \\ 33.9 & 33.9 & 37.2 \end{bmatrix} (\mathrm{GPa})$$

$$[C_{ij}^{\mathrm{G}}]_{-45} = \begin{bmatrix} 44.3 & 34.7 & -33.9 \\ 34.7 & 44.3 & -33.9 \\ -33.9 & -33.9 & 37.2 \end{bmatrix} (\mathrm{GPa})$$

$$\begin{aligned} [Q_{ij}^{\mathrm{I}}] &= 4t([C_{ij}^{\mathrm{G}}]_0 + [C_{ij}^{\mathrm{G}}]_{45} + [C_{ij}^{\mathrm{G}}]_{-45} + [C_{ij}^{\mathrm{G}}]_{90}) \\ &= 4t \begin{bmatrix} 241.96 & 73.97 & 0 \\ 73.97 & 241.96 & 0 \\ 0 & 0 & 83.99 \end{bmatrix} (\mathrm{GPa}) \end{aligned}$$

(4) 求初始层破坏前的中面应变。

刚度方程

$$16t \begin{Bmatrix} 1 \\ 0 \\ 0 \end{Bmatrix} \sigma_{xx} = 4t \begin{bmatrix} 241.96 & 73.97 & 0 \\ 73.97 & 241.96 & 0 \\ 0 & 0 & 83.99 \end{bmatrix} \begin{Bmatrix} \varepsilon_{xx}^0 \\ \varepsilon_{yy}^0 \\ 2\varepsilon_{xy}^0 \end{Bmatrix}$$

应用三阶矩阵求逆公式 (1.4)，解出

$$\left\{\begin{array}{c}\varepsilon_{xx}^0\\ \varepsilon_{yy}^0\\ 2\varepsilon_{xy}^0\end{array}\right\}=\left[\begin{array}{ccc}1.82E-2 & -5.6E-3 & 0\\ -5.6E-3 & 1.82E-2 & 0\\ 0 & 0 & 4.76E-2\end{array}\right]\left\{\begin{array}{c}1\\0\\0\end{array}\right\}\sigma_{xx}$$

$$=\left\{\begin{array}{c}18.24\\ -5.6\\ 0\end{array}\right\}\times 10^{-6}\sigma_{xx}(\mathrm{MPa}^{-1})$$

(5) 求初始层破坏前的桥联矩阵 $[a_{ij}]$ 及 $[b_{ij}]$。

此时，基体的性能为初始值，每一层的桥联矩阵元素都相同，即

$$a_{11}=E^{\mathrm{m}}/E_{11}^{\mathrm{f}}=0.0138,\quad a_{22}=0.3+0.7E^{\mathrm{m}}/E_{22}^{\mathrm{f}}=0.448$$

$$a_{12}=\frac{S_{12}^{\mathrm{f}}-S_{12}^{\mathrm{m}}}{S_{11}^{\mathrm{f}}-S_{11}^{\mathrm{m}}}(a_{11}-a_{22})=0.1551,\quad a_{66}=0.3+0.7G^{\mathrm{m}}/G_{12}^{\mathrm{f}}=0.3546$$

$$b_{11}=1/(V_{\mathrm{f}}+V_{\mathrm{m}}a_{11})=1.5994$$

$$b_{12}=-(V_{\mathrm{m}}a_{12})/[(V_{\mathrm{f}}+V_{\mathrm{m}}a_{11})(V_{\mathrm{f}}+V_{\mathrm{m}}a_{22})]=-0.1193$$

$$b_{22}=1/(V_{\mathrm{f}}+V_{\mathrm{m}}a_{22})=1.2655,\quad b_{66}=1/(V_{\mathrm{f}}+V_{\mathrm{m}}a_{66})=1.325$$

(6) 求初次加载至各层破坏对应的外载。

纤维采用修正的最大正应力判据，基体采用 Tsai-Wu 判据。

0° 层：整体刚度与局部刚度一致，局部坐标系下单层板的应力为

$$\left\{\begin{array}{c}\sigma_{11}\\ \sigma_{22}\\ \sigma_{12}\end{array}\right\}=\left[\begin{array}{ccc}144.4 & 2.3 & 0\\ 2.3 & 8.94 & 0\\ 0 & 0 & 4.82\end{array}\right]\left\{\begin{array}{c}18.24\\ -5.6\\ 0\end{array}\right\}\times 10^{-3}\sigma_{xx}$$

$$\left\{\begin{array}{c}\sigma_{11}^{\mathrm{f}}\\ \sigma_{22}^{\mathrm{f}}\\ \sigma_{12}^{\mathrm{f}}\end{array}\right\}=[b_{ij}]_0^1\left\{\begin{array}{c}\sigma_{11}\\ \sigma_{22}\\ \sigma_{12}\end{array}\right\}=\left\{\begin{array}{c}4.192\\ -0.01\\ 0\end{array}\right\}\sigma_{xx}$$

$$\left\{\begin{array}{c}\sigma_{11}^{\mathrm{m}}\\ \sigma_{22}^{\mathrm{m}}\\ \sigma_{12}^{\mathrm{m}}\end{array}\right\}=[a_{ij}]_0^1\left\{\begin{array}{c}\sigma_{11}^{\mathrm{f}}\\ \sigma_{22}^{\mathrm{f}}\\ \sigma_{12}^{\mathrm{f}}\end{array}\right\}=\left\{\begin{array}{c}0.0563\\ -0.0043\\ 0\end{array}\right\}\sigma_{xx}$$

这里，$[b_{ij}]$ 和 $[a_{ij}]$ 右括号外的下标 “0” 指 0° 层、上标 “1” 指第一次 (由未衰减的组分性能) 计算的矩阵。

由于 $\sigma_{11}^{\mathrm{m}}>0$、$\sigma_{22}^{\mathrm{m}}<0$，取 $K_{11}=K_{11}^{\mathrm{t}}$、$K_{22}=K_{22}^{\mathrm{c}}$，破坏时 $(\sigma_{xx})_{\min}=$ 596.4MPa，源于纤维拉伸破坏。

90° 层：局部坐标系下单层板的应力为

$$\begin{Bmatrix}\sigma_{11}\\ \sigma_{22}\\ \sigma_{12}\end{Bmatrix}=\begin{bmatrix}0 & 1 & 0\\ 1 & 0 & 0\\ 0 & 0 & -1\end{bmatrix}\begin{bmatrix}8.94 & 2.3 & 0\\ 2.3 & 144.4 & 0\\ 0 & 0 & 4.82\end{bmatrix}\begin{Bmatrix}18.24\\ -5.6\\ 0\end{Bmatrix}\times 10^{-3}\sigma_{xx}$$

$$\begin{Bmatrix}\sigma_{11}^{\mathrm{f}}\\ \sigma_{22}^{\mathrm{f}}\\ \sigma_{12}^{\mathrm{f}}\end{Bmatrix}=[b_{ij}]_{90}^{1}\begin{Bmatrix}\sigma_{11}\\ \sigma_{22}\\ \sigma_{12}\end{Bmatrix}=\begin{Bmatrix}-1.238\\ 0.1899\\ 0\end{Bmatrix}\sigma_{xx}$$

$$\begin{Bmatrix}\sigma_{11}^{\mathrm{m}}\\ \sigma_{22}^{\mathrm{m}}\\ \sigma_{12}^{\mathrm{m}}\end{Bmatrix}=[a_{ij}]_{90}^{1}\begin{Bmatrix}\sigma_{11}^{\mathrm{f}}\\ \sigma_{22}^{\mathrm{f}}\\ \sigma_{12}^{\mathrm{f}}\end{Bmatrix}=\begin{Bmatrix}0.012\\ 0.085\\ 0\end{Bmatrix}\sigma_{xx}$$

此时，$\sigma_{11}^{\mathrm{m}}>0$、$\sigma_{22}^{\mathrm{m}}>0$，须取 $K_{11}=K_{11}^{\mathrm{t}}$、$K_{22}=K_{22}^{\mathrm{t}}$，破坏时 $(\sigma_{xx})_{\min}=428.4\mathrm{MPa}$，为基体等效拉伸破坏。

45° 层：局部坐标下单层板的应力为

$$\begin{Bmatrix}\sigma_{11}\\ \sigma_{22}\\ \sigma_{12}\end{Bmatrix}=\begin{bmatrix}0.5 & 0.5 & 1\\ 0.5 & 0.5 & -1\\ -0.5 & 0.5 & 0\end{bmatrix}\begin{bmatrix}44.3 & 34.7 & 33.9\\ 34.7 & 44.3 & 33.9\\ 33.9 & 33.9 & 37.2\end{bmatrix}\begin{Bmatrix}18.24\\ -5.6\\ 0\end{Bmatrix}\times 10^{-3}\sigma_{xx}$$

$$\begin{Bmatrix}\sigma_{11}^{\mathrm{f}}\\ \sigma_{22}^{\mathrm{f}}\\ \sigma_{12}^{\mathrm{f}}\end{Bmatrix}=[b_{ij}]_{45}^{1}\begin{Bmatrix}\sigma_{11}\\ \sigma_{22}\\ \sigma_{12}\end{Bmatrix}=\begin{Bmatrix}1.477\\ 0.09\\ -0.152\end{Bmatrix}\sigma_{xx}$$

$$\begin{Bmatrix}\sigma_{11}^{\mathrm{m}}\\ \sigma_{22}^{\mathrm{m}}\\ \sigma_{12}^{\mathrm{m}}\end{Bmatrix}=[a_{ij}]_{45}^{1}\begin{Bmatrix}\sigma_{11}^{\mathrm{f}}\\ \sigma_{22}^{\mathrm{f}}\\ \sigma_{12}^{\mathrm{f}}\end{Bmatrix}=\begin{Bmatrix}0.034\\ 0.04\\ -0.054\end{Bmatrix}\sigma_{xx}$$

此时，$K_{11}=K_{11}^{\mathrm{t}}$、$K_{22}=K_{22}^{\mathrm{t}}$，破坏时 $(\sigma_{xx})_{\min}=523.4\mathrm{MPa}$，为基体等效拉伸破坏。

−45° 层：局部坐标下单层板的应力为

$$\begin{Bmatrix}\sigma_{11}\\ \sigma_{22}\\ \sigma_{12}\end{Bmatrix}=\begin{bmatrix}0.5 & 0.5 & -1\\ 0.5 & 0.5 & 1\\ 0.5 & -0.5 & 0\end{bmatrix}\begin{bmatrix}44.3 & 34.7 & -33.9\\ 34.7 & 44.3 & -33.9\\ -33.9 & -33.9 & 37.2\end{bmatrix}\begin{Bmatrix}18.24\\ -5.6\\ 0\end{Bmatrix}\times 10^{-3}\sigma_{xx}$$

$$\begin{Bmatrix}\sigma_{11}^{\mathrm{f}}\\ \sigma_{22}^{\mathrm{f}}\\ \sigma_{12}^{\mathrm{f}}\end{Bmatrix}=[b_{ij}]_{-45}^{1}\begin{Bmatrix}\sigma_{11}\\ \sigma_{22}\\ \sigma_{12}\end{Bmatrix}=\begin{Bmatrix}1.477\\ 0.09\\ 0.152\end{Bmatrix}\sigma_{xx}$$

$$\begin{Bmatrix} \sigma_{11}^{\mathrm{m}} \\ \sigma_{22}^{\mathrm{m}} \\ \sigma_{12}^{\mathrm{m}} \end{Bmatrix} = [a_{ij}]_{-45}^{1} \begin{Bmatrix} \sigma_{11}^{\mathrm{f}} \\ \sigma_{22}^{\mathrm{f}} \\ \sigma_{12}^{\mathrm{f}} \end{Bmatrix} = \begin{Bmatrix} 0.034 \\ 0.04 \\ 0.054 \end{Bmatrix} \sigma_{xx}$$

此时，$K_{11} = K_{11}^{\mathrm{t}}$、$K_{22} = K_{22}^{\mathrm{t}}$，破坏时 $(\sigma_{xx})_{\min} = 523.4\mathrm{MPa}$，为基体等效拉伸破坏。与 45° 层的内应力相比，仅仅剪应力的符号 (作用方向) 互异，数值相等且同时达到破坏。这种情况只是在受面内拉伸时成立，若层合板受面内剪应力 (偏轴拉伸) 作用，$\pm\theta$ 的两个单层板的内应力值将会不同，破坏也将分先后。

因此，第一层破坏在 90° 层达到，初始破坏强度为 $(\sigma_{xx})_1 = 428.4\mathrm{MPa}$。由于基体拉伸破坏，为非致命破坏，并且破坏时最大应变 $= 0.78 \times 10^{-2}$，未达极限破坏，可承受后续增量载荷。

(7) 求第一层破坏后的层合板刚度矩阵。

仅 90° 层的整体刚度须重新计算，其衰减后的模量为 $E_{11} = 142.6\mathrm{GPa}$, $E_{22} = 0.23\mathrm{GPa}$, $\nu_{12} = 0.259, G_{12} = 0.075\mathrm{GPa}$,

$$[S_{ij}]_{90} = \begin{bmatrix} 7.01E-3 & -1.8E-3 & 0 \\ -1.8E-3 & 4.3478 & 0 \\ 0 & 0 & 13.333 \end{bmatrix} (\mathrm{GPa}^{-1})$$

$$[C_{ij}^{\mathrm{G}}]_{90} = \begin{bmatrix} 0.23 & 0.06 & 0 \\ 0.06 & 142.6 & 0 \\ 0 & 0 & 0.075 \end{bmatrix} (\mathrm{GPa})$$

$[C_{ij}^{\mathrm{G}}]_{0}$、$[C_{ij}^{\mathrm{G}}]_{45}$、$[C_{ij}^{\mathrm{G}}]_{-45}$同前，$[Q_{ij}^{\mathrm{I}}] = 4\mathrm{t} \begin{bmatrix} 233.25 & 71.72 & 0 \\ 71.72 & 240.18 & 0 \\ 0 & 0 & 79.25 \end{bmatrix} (\mathrm{GPa})$

(8) 求第一层破坏后的中面应变增量。

刚度方程：

$$16t \begin{Bmatrix} 1 \\ 0 \\ 0 \end{Bmatrix} \mathrm{d}\sigma_{xx} = 4t \begin{bmatrix} 233.25 & 71.72 & 0 \\ 71.72 & 240.18 & 0 \\ 0 & 0 & 79.25 \end{bmatrix} \begin{Bmatrix} \mathrm{d}\varepsilon_{xx}^{0} \\ \mathrm{d}\varepsilon_{yy}^{0} \\ 2\mathrm{d}\varepsilon_{xy}^{0} \end{Bmatrix}$$

$$\begin{Bmatrix} \mathrm{d}\varepsilon_{xx}^{0} \\ \mathrm{d}\varepsilon_{yy}^{0} \\ 2\mathrm{d}\varepsilon_{xy}^{0} \end{Bmatrix} = \begin{bmatrix} 1.89E-2 & -5.6E-3 & 0 \\ -5.6E-3 & 1.83E-2 & 0 \\ 0 & 0 & 5.05E-2 \end{bmatrix} \begin{Bmatrix} 1 \\ 0 \\ 0 \end{Bmatrix} \mathrm{d}\sigma_{xx}$$

$$
=\left\{\begin{array}{c}18.88\\-5.6\\0\end{array}\right\}\times 10^{-6}\mathrm{d}\sigma_{xx}(\mathrm{MPa}^{-1})
$$

可见，与初次加载下层合板中面的单位载荷应变相比，刚度衰减后对中面单位载荷应变的影响只是在有效位数的两位之后。

(9) 求第二次加载至各层破坏对应的外载增量。

第一层破坏强度为 $(\sigma_{xx})_1=428.4\mathrm{MPa}$，求出该载荷下各层纤维和基体中的真实应力，纤维真实应力为桥联理论计算的应力，基体真实应力为桥联理论计算的应力乘以相应的应力集中系数，作为初应力或残余应力，再叠加直至破坏所需的真实应力增量，进而确定各层第二次加载至破坏的外载增量。

必须注意：除 90° 层外，其他层皆取最先 (无论纤维还是基体) 达到破坏的载荷增量，而 90° 层则必须取纤维达到破坏的载荷增量，因其基体已经破坏，或者取该层总应变 (叠加初始破坏载荷的应变) 达临界值的载荷增量。

第二次 (由衰减后的组分性能) 应力增量计算所用的 90° 层 $[a_{ij}]$ 和 $[b_{ij}]$ 是

$$
a_{11}=0.00014,\quad a_{22}=0.3015,\quad a_{12}=0.107,\quad a_{66}=0.3005
$$

$$
b_{11}=1.6128,\quad b_{12}=-0.0893,\quad b_{22}=1.3614,\quad b_{66}=1.362
$$

其他层 (即 0° 层和 ±45° 层) 的 $[a_{ij}]$ 和 $[b_{ij}]$ 矩阵保持不变。

0° 层：

$$
\left\{\begin{array}{c}\mathrm{d}\sigma_{11}\\\mathrm{d}\sigma_{22}\\\mathrm{d}\sigma_{12}\end{array}\right\}=\left[\begin{array}{ccc}144.4&2.3&0\\2.3&8.94&0\\0&0&4.82\end{array}\right]\left\{\begin{array}{c}18.88\\-5.6\\0\end{array}\right\}\times 10^{-3}\mathrm{d}\sigma_{xx}
$$

$$
=\left\{\begin{array}{c}2.714\\-0.0067\\0\end{array}\right\}\mathrm{d}\sigma_{xx}(\mathrm{MPa})
$$

$$
\left\{\begin{array}{c}\mathrm{d}\sigma_{11}^{\mathrm{f}}\\\mathrm{d}\sigma_{22}^{\mathrm{f}}\\\mathrm{d}\sigma_{12}^{\mathrm{f}}\end{array}\right\}=[b_{ij}]_0^1\left\{\begin{array}{c}\mathrm{d}\sigma_{11}\\\mathrm{d}\sigma_{22}\\\mathrm{d}\sigma_{12}\end{array}\right\}=\left\{\begin{array}{c}4.341\\-0.008\\0\end{array}\right\}\mathrm{d}\sigma_{xx}
$$

$$
\left\{\begin{array}{c}\mathrm{d}\sigma_{11}^{\mathrm{m}}\\\mathrm{d}\sigma_{22}^{\mathrm{m}}\\\mathrm{d}\sigma_{12}^{\mathrm{m}}\end{array}\right\}=[a_{ij}]_0^1\left\{\begin{array}{c}\mathrm{d}\sigma_{11}^{\mathrm{f}}\\\mathrm{d}\sigma_{22}^{\mathrm{f}}\\\mathrm{d}\sigma_{12}^{\mathrm{f}}\end{array}\right\}=\left\{\begin{array}{c}0.0585\\-0.004\\0\end{array}\right\}\mathrm{d}\sigma_{xx}
$$

此时，$K_{11}=K_{11}^{\mathrm{t}}$、$K_{22}=K_{22}^{\mathrm{c}}$，破坏时 $(\mathrm{d}\sigma_{xx})_{\min}=162.2\mathrm{MPa}$，为纤维拉伸破坏。

90° 层:

$$\begin{Bmatrix} d\sigma_{11} \\ d\sigma_{22} \\ d\sigma_{12} \end{Bmatrix} = \begin{bmatrix} 0 & 1 & 0 \\ 1 & 0 & 0 \\ 0 & 0 & -1 \end{bmatrix} \begin{bmatrix} 0.23 & 0.06 & 0 \\ 0.06 & 142.6 & 0 \\ 0 & 0 & 0.075 \end{bmatrix} \begin{Bmatrix} 18.88 \\ -5.6 \\ 0 \end{Bmatrix} \times 10^{-3} d\sigma_{xx}$$

$$\begin{Bmatrix} d\sigma_{11}^{f} \\ d\sigma_{22}^{f} \\ d\sigma_{12}^{f} \end{Bmatrix} = [b_{ij}]_{90}^{2} \begin{Bmatrix} d\sigma_{11} \\ d\sigma_{22} \\ d\sigma_{12} \end{Bmatrix} = \begin{Bmatrix} -1.295 \\ 0.005 \\ 0 \end{Bmatrix} d\sigma_{xx}$$

$$\begin{Bmatrix} d\sigma_{11}^{m} \\ d\sigma_{22}^{m} \\ d\sigma_{12}^{m} \end{Bmatrix} = [a_{ij}]_{90}^{2} \begin{Bmatrix} d\sigma_{11}^{f} \\ d\sigma_{22}^{f} \\ d\sigma_{12}^{f} \end{Bmatrix} = \begin{Bmatrix} 0.0004 \\ 0.0016 \\ 0 \end{Bmatrix} d\sigma_{xx}$$

此时，$K_{11}=K_{11}^{t}$、$K_{22}=K_{22}^{t}$，纤维压缩破坏时 $(d\sigma_{xx})_{\min}=1134.5\text{MPa}$。在该增量载荷下，单层板最大应变 $=2.92\%$，小于临界应变。此外，由于基体刚度大幅折减，在该增量载荷下，90° 层基体的新增真实应力的增量很小。

45° 层:

$$\begin{Bmatrix} d\sigma_{11} \\ d\sigma_{22} \\ d\sigma_{12} \end{Bmatrix} = \begin{bmatrix} 0.5 & 0.5 & 1 \\ 0.5 & 0.5 & -1 \\ -0.5 & 0.5 & 0 \end{bmatrix} \begin{bmatrix} 44.3 & 34.7 & 33.9 \\ 34.7 & 44.3 & 33.9 \\ 33.9 & 33.9 & 37.2 \end{bmatrix} \begin{Bmatrix} 18.88 \\ -5.6 \\ 0 \end{Bmatrix} \times 10^{-3} d\sigma_{xx}$$

$$\begin{Bmatrix} d\sigma_{11}^{f} \\ d\sigma_{22}^{f} \\ d\sigma_{12}^{f} \end{Bmatrix} = [b_{ij}]_{45}^{1} \begin{Bmatrix} d\sigma_{11} \\ d\sigma_{22} \\ d\sigma_{12} \end{Bmatrix} = \begin{Bmatrix} 1.545 \\ 0.094 \\ -0.157 \end{Bmatrix} d\sigma_{xx}$$

$$\begin{Bmatrix} d\sigma_{11}^{m} \\ d\sigma_{22}^{m} \\ d\sigma_{12}^{m} \end{Bmatrix} = [a_{ij}]_{45}^{1} \begin{Bmatrix} d\sigma_{11}^{f} \\ d\sigma_{22}^{f} \\ d\sigma_{12}^{f} \end{Bmatrix} = \begin{Bmatrix} 0.036 \\ 0.042 \\ -0.056 \end{Bmatrix} d\sigma_{xx}$$

此时，$K_{11}=K_{11}^{t}$、$K_{22}=K_{22}^{t}$，破坏时 $(d\sigma_{xx})_{\min}=91.8\text{MPa}$，为基体等效拉伸破坏。

−45° 层:

$$\begin{Bmatrix} d\sigma_{11} \\ d\sigma_{22} \\ d\sigma_{12} \end{Bmatrix} = \begin{bmatrix} 0.5 & 0.5 & -1 \\ 0.5 & 0.5 & 1 \\ 0.5 & -0.5 & 0 \end{bmatrix}$$

$$\begin{bmatrix} 44.3 & 34.7 & -33.9 \\ 34.7 & 44.3 & -33.9 \\ -33.9 & -33.9 & 37.2 \end{bmatrix} \begin{Bmatrix} 18.88 \\ -5.6 \\ 0 \end{Bmatrix} \times 10^{-3} \mathrm{d}\sigma_{xx}$$

$$\begin{Bmatrix} \mathrm{d}\sigma_{11}^{\mathrm{f}} \\ \mathrm{d}\sigma_{22}^{\mathrm{f}} \\ \mathrm{d}\sigma_{12}^{\mathrm{f}} \end{Bmatrix} = [b_{ij}]_{45}^{1} \begin{Bmatrix} \mathrm{d}\sigma_{11} \\ \mathrm{d}\sigma_{22} \\ \mathrm{d}\sigma_{12} \end{Bmatrix} = \begin{Bmatrix} 1.545 \\ 0.094 \\ 0.157 \end{Bmatrix} \mathrm{d}\sigma_{xx}$$

$$\begin{Bmatrix} \mathrm{d}\sigma_{11}^{\mathrm{m}} \\ \mathrm{d}\sigma_{22}^{\mathrm{m}} \\ \mathrm{d}\sigma_{12}^{\mathrm{m}} \end{Bmatrix} = [a_{ij}]_{45}^{1} \begin{Bmatrix} \mathrm{d}\sigma_{11}^{\mathrm{f}} \\ \mathrm{d}\sigma_{22}^{\mathrm{f}} \\ \mathrm{d}\sigma_{12}^{\mathrm{f}} \end{Bmatrix} = \begin{Bmatrix} 0.036 \\ 0.042 \\ 0.056 \end{Bmatrix} \mathrm{d}\sigma_{xx}$$

此时，$K_{11} = K_{11}^{\mathrm{t}}$、$K_{22} = K_{22}^{\mathrm{t}}$，破坏时 $(\mathrm{d}\sigma_{xx})_{\min} = 91.8\mathrm{MPa}$，为基体等效拉伸破坏。

因此，第二层破坏在 ±45°-层达到，第二层破坏强度为 $(\sigma_{xx})_2 = 428.4 + 91.8 = 520.2(\mathrm{MPa})$。由于为基体拉伸破坏，故为非致命破坏，且破坏时最大应变 $= 0.78 + 0.17 = 0.95 \times (10^{-2})$，未达极限破坏，可进一步承受后续增量载荷。

(10) 求第二层破坏后的层合板刚度。

仅 0° 层的整体刚度不变，90° 层和 ±45° 层须用衰减后的刚度，$E_{11} = 142.6\mathrm{GPa}$，$E_{22} = 0.23\mathrm{GPa}$，$\nu_{12} = 0.259$，$G_{12} = 0.075\mathrm{GPa}$，

$$[S_{ij}]_{90} = [S_{ij}]_{45} = [S_{ij}]_{-45} = \begin{bmatrix} 7.01E-3 & -1.8E-3 & 0 \\ -1.8E-3 & 4.3478 & 0 \\ 0 & 0 & 13.333 \end{bmatrix} (\mathrm{GPa}^{-1})$$

$$[C_{ij}^{\mathrm{G}}]_{90} = \begin{bmatrix} 0.23 & 0.06 & 0 \\ 0.06 & 142.6 & 0 \\ 0 & 0 & 0.075 \end{bmatrix} (\mathrm{GPa}), \quad [C_{ij}^{\mathrm{G}}]_{45} = \begin{bmatrix} 35.8 & 35.7 & 35.6 \\ 35.7 & 35.8 & 35.6 \\ 35.6 & 35.6 & 35.7 \end{bmatrix} (\mathrm{GPa})$$

$$[C_{ij}^{\mathrm{G}}]_{-45} = \begin{bmatrix} 35.8 & 35.7 & -35.6 \\ 35.7 & 35.8 & -35.6 \\ -35.6 & -35.6 & 35.7 \end{bmatrix} (\mathrm{GPa})$$

$$[Q_{ij}^{\mathrm{I}}] = 4t \begin{bmatrix} 216.26 & 73.71 & 0 \\ 73.71 & 223.19 & 0 \\ 0 & 0 & 76.26 \end{bmatrix} (\mathrm{GPa})$$

(11) 求第二层破坏后的中面应变增量。

$$\begin{Bmatrix} \mathrm{d}\varepsilon_{xx}^0 \\ \mathrm{d}\varepsilon_{yy}^0 \\ 2\mathrm{d}\varepsilon_{xy}^0 \end{Bmatrix} = \begin{bmatrix} 2.08E-2 & -6.9E-3 & 0 \\ -6.9E-3 & 2.02E-2 & 0 \\ 0 & 0 & 5.25E-2 \end{bmatrix} \begin{Bmatrix} 1 \\ 0 \\ 0 \end{Bmatrix} \mathrm{d}\sigma_{xx}$$

$$= \begin{Bmatrix} 20.84 \\ -6.9 \\ 0 \end{Bmatrix} \times 10^{-6} \mathrm{d}\sigma_{xx}(\mathrm{MPa}^{-1})$$

(12) 求第三次加载至各层破坏对应的外载增量。

0° 层:

本次增量加载前纤维和基体中 (第二次加载结束时) 的初应力为

$$\begin{Bmatrix} \sigma_{11}^{\mathrm{f}} \\ \sigma_{22}^{\mathrm{f}} \\ \sigma_{12}^{\mathrm{f}} \end{Bmatrix}^{(2)} = \begin{Bmatrix} 2194.3 \\ -4.9 \\ 0 \end{Bmatrix} (\mathrm{MPa}), \quad \begin{Bmatrix} K_{11}\sigma_{11}^{\mathrm{m}} \\ K_{22}\sigma_{22}^{\mathrm{m}} \\ K_{12}\sigma_{12}^{\mathrm{m}} \end{Bmatrix}^{(2)} = \begin{Bmatrix} 29.5 \\ -4 \\ 0 \end{Bmatrix} (\mathrm{MPa})$$

$$\begin{Bmatrix} \mathrm{d}\sigma_{11} \\ \mathrm{d}\sigma_{22} \\ \mathrm{d}\sigma_{12} \end{Bmatrix} = \begin{Bmatrix} 2.994 \\ -0.013 \\ 0 \end{Bmatrix} \mathrm{d}\sigma_{xx}$$

$$\begin{Bmatrix} \mathrm{d}\sigma_{11}^{\mathrm{f}} \\ \mathrm{d}\sigma_{22}^{\mathrm{f}} \\ \mathrm{d}\sigma_{12}^{\mathrm{f}} \end{Bmatrix} = [b_{ij}]_0^1 \begin{Bmatrix} \mathrm{d}\sigma_{11} \\ \mathrm{d}\sigma_{22} \\ \mathrm{d}\sigma_{12} \end{Bmatrix} = \begin{Bmatrix} 4.79 \\ -0.017 \\ 0 \end{Bmatrix} d\sigma_{xx}$$

$$\begin{Bmatrix} \mathrm{d}\sigma_{11}^{\mathrm{m}} \\ \mathrm{d}\sigma_{22}^{\mathrm{m}} \\ \mathrm{d}\sigma_{12}^{\mathrm{m}} \end{Bmatrix} = [a_{ij}]_0^1 \begin{Bmatrix} \mathrm{d}\sigma_{11}^{\mathrm{f}} \\ \mathrm{d}\sigma_{22}^{\mathrm{f}} \\ \mathrm{d}\sigma_{12}^{\mathrm{f}} \end{Bmatrix} = \begin{Bmatrix} 0.0634 \\ -0.008 \\ 0 \end{Bmatrix} \mathrm{d}\sigma_{xx}$$

此时，$K_{11} = K_{11}^{\mathrm{t}}$、$K_{22} = K_{22}^{\mathrm{c}}$，破坏时 $(\mathrm{d}\sigma_{xx})_{\min} = 63.8\mathrm{MPa}$，为纤维拉伸破坏。

90° 层:

$$\begin{Bmatrix} \sigma_{11}^{\mathrm{f}} \\ \sigma_{22}^{\mathrm{f}} \\ \sigma_{12}^{\mathrm{f}} \end{Bmatrix}^{(2)} = \begin{Bmatrix} -649 \\ 81.9 \\ 0 \end{Bmatrix} (\mathrm{MPa})$$

$$\begin{Bmatrix} K_{11}\sigma_{11}^{\mathrm{m}} \\ K_{22}\sigma_{22}^{\mathrm{m}} \\ K_{12}\sigma_{12}^{\mathrm{m}} \end{Bmatrix}^{(2)} = \begin{Bmatrix} 5.3 \\ 87.1 \\ 0 \end{Bmatrix} (\mathrm{MPa}), \quad \begin{Bmatrix} \mathrm{d}\sigma_{11} \\ \mathrm{d}\sigma_{22} \\ \mathrm{d}\sigma_{12} \end{Bmatrix} = \begin{Bmatrix} -0.98 \\ 0.004 \\ 0 \end{Bmatrix} \mathrm{d}\sigma_{xx}$$

$$\begin{Bmatrix} \mathrm{d}\sigma_{11}^{\mathrm{f}} \\ \mathrm{d}\sigma_{22}^{\mathrm{f}} \\ \mathrm{d}\sigma_{12}^{\mathrm{f}} \end{Bmatrix} = [b_{ij}]_{90}^{2} \begin{Bmatrix} \mathrm{d}\sigma_{11} \\ \mathrm{d}\sigma_{22} \\ \mathrm{d}\sigma_{12} \end{Bmatrix} = \begin{Bmatrix} -1.58 \\ 0.006 \\ 0 \end{Bmatrix} \mathrm{d}\sigma_{xx}$$

$$\begin{Bmatrix} \mathrm{d}\sigma_{11}^{\mathrm{m}} \\ \mathrm{d}\sigma_{22}^{\mathrm{m}} \\ \mathrm{d}\sigma_{12}^{\mathrm{m}} \end{Bmatrix} = [a_{ij}]_{90}^{2} \begin{Bmatrix} \mathrm{d}\sigma_{11}^{\mathrm{f}} \\ \mathrm{d}\sigma_{22}^{\mathrm{f}} \\ \mathrm{d}\sigma_{12}^{\mathrm{f}} \end{Bmatrix} = \begin{Bmatrix} 0.0004 \\ 0.0018 \\ 0 \end{Bmatrix} \mathrm{d}\sigma_{xx}$$

此时，$K_{11} = K_{11}^{\mathrm{t}}$、$K_{22} = K_{22}^{\mathrm{t}}$, 纤维压缩破坏时 $(\mathrm{d}\sigma_{xx})_{\min} = 854.1\mathrm{MPa}$。

45° 层：

$$\begin{Bmatrix} \sigma_{11}^{\mathrm{f}} \\ \sigma_{22}^{\mathrm{f}} \\ \sigma_{12}^{\mathrm{f}} \end{Bmatrix}^{(2)} = \begin{Bmatrix} 774.6 \\ 47.3 \\ -79.5 \end{Bmatrix} (\mathrm{MPa})$$

$$\begin{Bmatrix} K_{11}\sigma_{11}^{\mathrm{m}} \\ K_{22}\sigma_{22}^{\mathrm{m}} \\ K_{12}\sigma_{12}^{\mathrm{m}} \end{Bmatrix}^{(2)} = \begin{Bmatrix} 18 \\ 50.4 \\ -42 \end{Bmatrix} (\mathrm{MPa}), \quad \begin{Bmatrix} \mathrm{d}\sigma_{11} \\ \mathrm{d}\sigma_{22} \\ \mathrm{d}\sigma_{12} \end{Bmatrix} = \begin{Bmatrix} 0.996 \\ 0.002 \\ -0.002 \end{Bmatrix} \mathrm{d}\sigma_{xx}$$

$$\begin{Bmatrix} \mathrm{d}\sigma_{11}^{\mathrm{f}} \\ \mathrm{d}\sigma_{22}^{\mathrm{f}} \\ \mathrm{d}\sigma_{12}^{\mathrm{f}} \end{Bmatrix} = [b_{ij}]_{45}^{2} \begin{Bmatrix} \mathrm{d}\sigma_{11} \\ \mathrm{d}\sigma_{22} \\ \mathrm{d}\sigma_{12} \end{Bmatrix} = \begin{Bmatrix} 1.606 \\ 0.003 \\ -0.003 \end{Bmatrix} \mathrm{d}\sigma_{xx}$$

$$\begin{Bmatrix} \mathrm{d}\sigma_{11}^{\mathrm{m}} \\ \mathrm{d}\sigma_{22}^{\mathrm{m}} \\ \mathrm{d}\sigma_{12}^{\mathrm{m}} \end{Bmatrix} = [a_{ij}]_{45}^{2} \begin{Bmatrix} \mathrm{d}\sigma_{11}^{\mathrm{f}} \\ \mathrm{d}\sigma_{22}^{\mathrm{f}} \\ \mathrm{d}\sigma_{12}^{\mathrm{f}} \end{Bmatrix} = \begin{Bmatrix} 0.0005 \\ 0.0008 \\ -0.001 \end{Bmatrix} \mathrm{d}\sigma_{xx}$$

此时，$K_{11} = K_{11}^{\mathrm{t}}$、$K_{22} = K_{22}^{\mathrm{t}}$, 纤维拉伸破坏时 $(\mathrm{d}\sigma_{xx})_{\min} = 1072.8\mathrm{MPa}$。

−45° 层：

$$\begin{Bmatrix} \sigma_{11}^{\mathrm{f}} \\ \sigma_{22}^{\mathrm{f}} \\ \sigma_{12}^{\mathrm{f}} \end{Bmatrix}^{(2)} = \begin{Bmatrix} 774.6 \\ 47.3 \\ 79.5 \end{Bmatrix} (\mathrm{MPa})$$

$$\begin{Bmatrix} K_{11}\sigma_{11}^{\mathrm{m}} \\ K_{22}\sigma_{22}^{\mathrm{m}} \\ K_{12}\sigma_{12}^{\mathrm{m}} \end{Bmatrix}^{(2)} = \begin{Bmatrix} 18 \\ 50.4 \\ 41.5 \end{Bmatrix} (\mathrm{MPa}), \quad \begin{Bmatrix} \mathrm{d}\sigma_{11} \\ \mathrm{d}\sigma_{22} \\ \mathrm{d}\sigma_{12} \end{Bmatrix} = \begin{Bmatrix} 0.996 \\ 0.002 \\ 0.002 \end{Bmatrix} \mathrm{d}\sigma_{xx}$$

$$\begin{Bmatrix} \mathrm{d}\sigma_{11}^{\mathrm{f}} \\ \mathrm{d}\sigma_{22}^{\mathrm{f}} \\ \mathrm{d}\sigma_{12}^{\mathrm{f}} \end{Bmatrix} = [b_{ij}]_{45}^{2} \begin{Bmatrix} \mathrm{d}\sigma_{11} \\ \mathrm{d}\sigma_{22} \\ \mathrm{d}\sigma_{12} \end{Bmatrix} = \begin{Bmatrix} 1.606 \\ 0.003 \\ 0.003 \end{Bmatrix} \mathrm{d}\sigma_{xx}$$

$$\begin{Bmatrix} \mathrm{d}\sigma_{11}^{\mathrm{m}} \\ \mathrm{d}\sigma_{22}^{\mathrm{m}} \\ \mathrm{d}\sigma_{12}^{\mathrm{m}} \end{Bmatrix} = [a_{ij}]_{45}^{2} \begin{Bmatrix} \mathrm{d}\sigma_{11}^{\mathrm{f}} \\ \mathrm{d}\sigma_{22}^{\mathrm{f}} \\ \mathrm{d}\sigma_{12}^{\mathrm{f}} \end{Bmatrix} = \begin{Bmatrix} 0.0005 \\ 0.0008 \\ 0.001 \end{Bmatrix} \mathrm{d}\sigma_{xx}$$

此时，$K_{11}=K_{11}^{\mathrm{t}}$、$K_{22}=K_{22}^{\mathrm{t}}$, 破坏时 $(\mathrm{d}\sigma_{xx})_{\min}=1072.8\mathrm{MPa}$，为纤维拉伸破坏。

这样，第三层破坏在 0° 层达到，第三层破坏强度为 $(\sigma_{xx})_2=428.4+91.8+63.8=584\mathrm{MPa}$，对应纤维的拉伸破坏，故为致命破坏，此为极限破坏。破坏时沿外载方向的最大应变 $=0.78+0.17+0.13=(1.08\times10^{-2})$。

计算与实验强度的对比误差为-2.7%。上述计算过程皆由 Excel 表格程序实现。

例 6-7　层合板 $[\pm55]_{\mathrm{s}}$ 由 E-玻纤/MY750 单层板构成，$V_{\mathrm{f}}=0.6$，纤维和基体性能见表 6-6，求该层合板在 σ_{xx}-σ_{yy} 应力平面内的强度谱。假定单层板厚 t。

表 6-6　E-玻纤/MY750 单层板组分性能

材料	E_{11}/GPa	E_{22}/GPa	G_{12}/GPa	ν_{12}	$\sigma_{\mathrm{u,t}}$/MPa	$\sigma_{\mathrm{u,c}}$/MPa	$\sigma_{\mathrm{u,s}}$/MPa
纤维	74	74	30.8	0.2	2150	1450	—
基体	3.35	3.35	1.24	0.35	80	120	54

解　(1) 求基体应力集中系数。

$$K_{11}^{\mathrm{t}}=0.82,\quad K_{11}^{\mathrm{c}}=1,\quad K_{22}^{\mathrm{t}}=3.25,\quad K_{22}^{\mathrm{c}}=2.18,\quad K_{12}=1.49$$

(2) 取定外载。

假定 $\sigma_{xx}=\sigma_\theta\cos\theta$、$\sigma_{yy}=\sigma_\theta\sin\theta$，令 θ 由 0° 变化到 360°，$\Delta\theta=5°$，在给定载荷比例下，求使层合板产生极限破坏的 $(\sigma_\theta)_{\max}$。以 $\theta=0$、$\sigma_{xx}=\sigma_\theta$ 说明如下。

(3) 求初始破坏前的刚度方程。

单层板的弹性模量: $E_{11}=45.7\mathrm{GPa}, E_{22}=16.8\mathrm{GPa}, \nu_{12}=0.26, G_{12}=5.84\mathrm{GPa}$,

$$[C_{ij}^{\mathrm{G}}]_{55}=\begin{bmatrix} 20 & 11.5 & 4.4 \\ 11.5 & 30.1 & 9.5 \\ 4.4 & 9.5 & 12.9 \end{bmatrix}(\mathrm{GPa}),\quad [C_{ij}^{\mathrm{G}}]_{-55}=\begin{bmatrix} 20 & 11.5 & -4.4 \\ 11.5 & 30.1 & -9.5 \\ -4.4 & -9.5 & 12.9 \end{bmatrix}(\mathrm{GPa})$$

$$\begin{Bmatrix} 1 \\ 0 \\ 0 \end{Bmatrix}\sigma_\theta=\begin{bmatrix} 19.96 & 11.49 & 0 \\ 11.49 & 30.1 & 0 \\ 0 & 0 & 12.9 \end{bmatrix}\begin{Bmatrix} \varepsilon_{xx}^0 \\ \varepsilon_{yy}^0 \\ 2\varepsilon_{xy}^0 \end{Bmatrix}(\mathrm{GPa})$$

$$\begin{Bmatrix} \varepsilon_{xx}^0 \\ \varepsilon_{yy}^0 \\ 2\varepsilon_{xy}^0 \end{Bmatrix}=\begin{Bmatrix} 6.42 \\ -2.45 \\ 0 \end{Bmatrix}\times10^{-5}\sigma_\theta(\mathrm{MPa}^{-1})$$

(4) 求初始破坏时各层最小应力。

55° 层:

$$\begin{Bmatrix} \sigma_{11} \\ \sigma_{22} \\ \sigma_{12} \end{Bmatrix} = \begin{Bmatrix} 0.376 \\ 0.624 \\ -0.49 \end{Bmatrix} \sigma_\theta$$

$$\begin{Bmatrix} \sigma_{11}^{\mathrm{f}} \\ \sigma_{22}^{\mathrm{f}} \\ \sigma_{12}^{\mathrm{f}} \end{Bmatrix} = \begin{Bmatrix} 0.552 \\ 0.852 \\ -0.666 \end{Bmatrix} \sigma_\theta, \quad \begin{Bmatrix} \sigma_{11}^{\mathrm{m}} \\ \sigma_{22}^{\mathrm{m}} \\ \sigma_{12}^{\mathrm{m}} \end{Bmatrix} = \begin{Bmatrix} 0.112 \\ 0.283 \\ -0.22 \end{Bmatrix} \sigma_\theta$$

此时，$K_{11} = K_{11}^{\mathrm{t}}$、$K_{22} = K_{22}^{\mathrm{t}}$, 破坏时 $(\sigma_{xx})_{\min} = 76.4\mathrm{MPa}$，为基体等效拉伸破坏。

$-55°$ 层:

$$\begin{Bmatrix} \sigma_{11} \\ \sigma_{22} \\ \sigma_{12} \end{Bmatrix} = \begin{Bmatrix} 0.376 \\ 0.624 \\ 0.49 \end{Bmatrix} \sigma_\theta$$

$$\begin{Bmatrix} \sigma_{11}^{\mathrm{f}} \\ \sigma_{22}^{\mathrm{f}} \\ \sigma_{12}^{\mathrm{f}} \end{Bmatrix} = \begin{Bmatrix} 0.552 \\ 0.852 \\ 0.666 \end{Bmatrix} \sigma_\theta, \quad \begin{Bmatrix} \sigma_{11}^{\mathrm{m}} \\ \sigma_{22}^{\mathrm{m}} \\ \sigma_{12}^{\mathrm{m}} \end{Bmatrix} = \begin{Bmatrix} 0.112 \\ 0.283 \\ 0.22 \end{Bmatrix} \sigma_\theta$$

此时，$K_{11} = K_{11}^{\mathrm{t}}$、$K_{22} = K_{22}^{\mathrm{t}}$, 破坏时 $(\sigma_{xx})_{\min} = 76.4\mathrm{MPa}$，为基体等效拉伸破坏。此时，对应的最大应变为 0.49×10^{-2}，层合板未达到极限破坏，需继续加载。

(5) 求第一层破坏后的刚度方程。

刚度衰减后的模量：$E_{11} = 44.4\mathrm{GPa}$, $E_{22} = 0.23\mathrm{GPa}$, $\nu_{12} = 0.26$, $G_{12} = 0.074\mathrm{GPa}$,

$$[C_{ij}^{\mathrm{G}}]_{55} = \begin{bmatrix} 5 & 9.8 & 6.8 \\ 9.8 & 20.1 & 13.9 \\ 6.8 & 13.9 & 9.8 \end{bmatrix} (\mathrm{GPa})$$

$$[C_{ij}^{\mathrm{G}}]_{-55} = \begin{bmatrix} 5 & 9.8 & -6.8 \\ 9.8 & 20.1 & -13.9 \\ -6.8 & -13.9 & 9.8 \end{bmatrix} (\mathrm{GPa})$$

$$\begin{Bmatrix} 1 \\ 0 \\ 0 \end{Bmatrix} \mathrm{d}\sigma_\theta = \begin{bmatrix} 5 & 9.82 & 0 \\ 9.82 & 20.1 & 0 \\ 0 & 0 & 9.84 \end{bmatrix} \begin{Bmatrix} \mathrm{d}\varepsilon_{xx}^0 \\ \mathrm{d}\varepsilon_{yy}^0 \\ 2\mathrm{d}\varepsilon_{xy}^0 \end{Bmatrix}$$

$$\begin{Bmatrix} \mathrm{d}\varepsilon_{xx}^0 \\ \mathrm{d}\varepsilon_{yy}^0 \\ 2\mathrm{d}\varepsilon_{xy}^0 \end{Bmatrix} = \begin{Bmatrix} 4.88 \\ -2.4 \\ 0 \end{Bmatrix} \times 10^{-3}\mathrm{d}\sigma_\theta(\mathrm{MPa}^{-1})$$

(6) 求极限破坏时的最小应力增量。

55° 层：

$$\begin{Bmatrix} \mathrm{d}\sigma_{11} \\ \mathrm{d}\sigma_{22} \\ \mathrm{d}\sigma_{12} \end{Bmatrix} = \begin{Bmatrix} 0.426 \\ 0.574 \\ -0.51 \end{Bmatrix} \mathrm{d}\sigma_\theta$$

$$\begin{Bmatrix} \mathrm{d}\sigma_{11}^{\mathrm{f}} \\ \mathrm{d}\sigma_{22}^{\mathrm{f}} \\ \mathrm{d}\sigma_{12}^{\mathrm{f}} \end{Bmatrix} = \begin{Bmatrix} 0.655 \\ 0.797 \\ -0.7 \end{Bmatrix} \mathrm{d}\sigma_\theta, \quad \begin{Bmatrix} \mathrm{d}\sigma_{11}^{\mathrm{m}} \\ \mathrm{d}\sigma_{22}^{\mathrm{m}} \\ \mathrm{d}\sigma_{12}^{\mathrm{m}} \end{Bmatrix} = \begin{Bmatrix} 0.084 \\ 0.239 \\ -0.21 \end{Bmatrix} \mathrm{d}\sigma_\theta$$

此时，$K_{11} = K_{11}^{\mathrm{t}}$、$K_{22} = K_{22}^{\mathrm{t}}$, 纤维拉伸破坏时 $(\mathrm{d}\sigma_{xx})_{\min} = 1429\mathrm{MPa}$。

−55° 层：

$$\begin{Bmatrix} \mathrm{d}\sigma_{11} \\ \mathrm{d}\sigma_{22} \\ \mathrm{d}\sigma_{12} \end{Bmatrix} = \begin{Bmatrix} 0.426 \\ 0.574 \\ 0.51 \end{Bmatrix} \mathrm{d}\sigma_\theta$$

$$\begin{Bmatrix} \mathrm{d}\sigma_{11}^{\mathrm{f}} \\ \mathrm{d}\sigma_{22}^{\mathrm{f}} \\ \mathrm{d}\sigma_{12}^{\mathrm{f}} \end{Bmatrix} = \begin{Bmatrix} 0.655 \\ 0.797 \\ 0.7 \end{Bmatrix} \mathrm{d}\sigma_\theta, \quad \begin{Bmatrix} \mathrm{d}\sigma_{11}^{\mathrm{m}} \\ \mathrm{d}\sigma_{22}^{\mathrm{m}} \\ \mathrm{d}\sigma_{12}^{\mathrm{m}} \end{Bmatrix} = \begin{Bmatrix} 0.084 \\ 0.239 \\ 0.21 \end{Bmatrix} \mathrm{d}\sigma_\theta$$

此时，$K_{11} = K_{11}^{\mathrm{t}}$、$K_{22} = K_{22}^{\mathrm{t}}$, 纤维拉伸破坏时 $(\mathrm{d}\sigma_{xx})_{\min} = 1429\mathrm{MPa}$。然而，对应纤维破坏时的层合板最大应变已高达 698.2×10^{-2}，远远超过极限应变。根据 10% 的应变约束条件，层合板所能承担的增量载荷为 $(\mathrm{d}\sigma_{xx})_{\min} = 19.5\mathrm{MPa}$，此时的最大应变 ⩾10%。即当 $\sigma_{xx} = 95.9\mathrm{MPa}$、$\sigma_{yy} = 0$ 时，$[\pm55]_{\mathrm{s}}$ 层合板达到极限应变而破坏。

本例结果值得关注：初始加载到 76.4MPa 时，层合板仅产生最大应变 0.49×10^{-2}，但随后的增量载荷为 19.5MPa，却产生了 9.52×10^{-2} 的增量应变。这表明，虽然层合板中的每一层都只出现非致命破坏，但随后的层合板刚度大幅降低，导致其不久因变形过大而完全丧失承载能力。这符合很多实验的观察结果。

(7) 类似求得其他载荷组合下的强度。

图 6-14 绘制了层合板极限强度谱的预报结果。在所有可能 ($\Delta\theta = 5°$) 的加载条件下，层合板的初始破坏 (第一层破坏) 都是由基体的破坏所引起的，其中 $105° \leqslant \theta \leqslant 275°$ 范围内的加载对应基体的压缩破坏，而 θ 对应其他角度的加载均对应基体的拉伸破坏。除了在 $\theta = 65°$ 和 $\theta = 245°$ 对应的加载条件下，层合板的

极限破坏分别为纤维拉伸和纤维压缩破坏，其他角度下的极限破坏皆由临界应变控制。图中还给出了实测的强度谱数据，后者取自文献 [83]。对比显示，两者吻合得相当好。

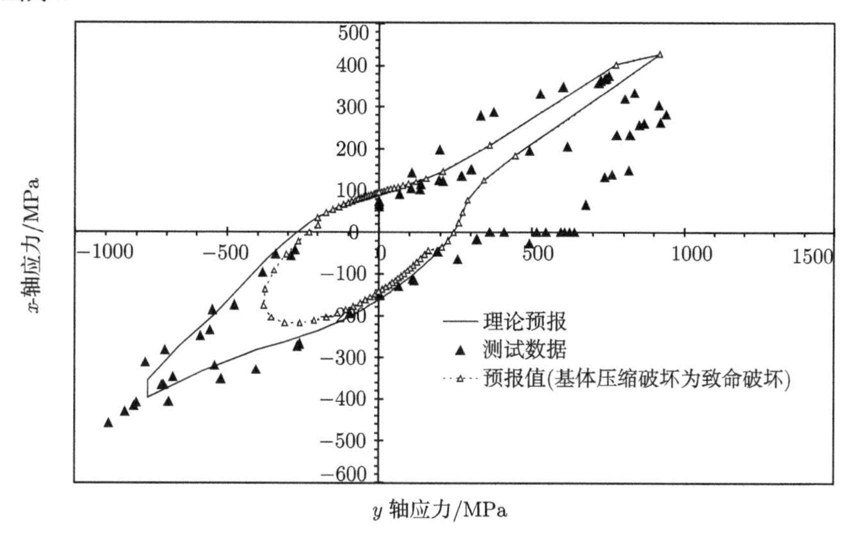

图 6-14 GF/MY750[±55]$_s$ 强度谱理论与实验对比

如果将基体的压缩破坏也视为一种极限破坏，那么，对应 $105° \leqslant \theta \leqslant 275°$ 加载所产生的初始破坏，就都是极限破坏，据此预报的层合板强度谱也绘制在图中。不难看出，后一条曲线与前一条曲线大部分都重合或十分接近，主要差异出现在 $\theta = 245°$ 左右 ($230° \leqslant \theta \leqslant 265°$)。初始层破坏后，在该角度范围内继续施加载荷增量，引起层合板的应变增加相对较小，而纤维则分担了几乎所有的载荷增量，这使得极限破坏 (或因应变约束或因纤维断裂) 对应的外载较大。特别是，在 $\theta = 245°$ 时，基体压缩破坏对应的 $(\sigma_\theta)_1 = 418.5\text{MPa}$，此时最大应变 $= 1.18 \times 10^{-2}$，刚度衰减后继续加载 $\mathrm{d}\sigma_\theta = 421.1\text{MPa}$，纤维产生压缩破坏，极限载荷 $(\sigma_\theta)_{\max} = 838.6\text{MPa}$(对应的最大应变 $= 5.08 \times 10^{-2}$)，超过初始破坏载荷的 1 倍多。

此外，刚度衰减后，在相同的加载方式下，纤维和基体内应力的符号有可能发生改变。例如，上述例中 $\theta = 245°$ 时，刚度衰减前各层基体的横向应力分量为负 ($\sigma_{22}^{\mathrm{m}} < 0$)，刚度衰减后的基体横向应力增量为正 ($\mathrm{d}\sigma_{22}^{\mathrm{m}} > 0$)。

6.6 弯曲强度

由式 (6.16b) 可知，如果中面内的曲率皆为 0，层合板中每个单层都具有相同的面内应变。但是，如果层合板受到弯曲载荷作用，或者存在耦合刚度，中面内的曲率将不全为 0，层合板将会产生弯曲变形，同一截面内每一层的应变将不再相同，这增加了每一层应力计算的难度。此外，除了破坏和强度，弯曲问题中，往往还需要计算层合板的弯曲变形，即层合板的挠度 $w(x,y,z) \equiv w^0(x,y)$。

假定层合板/梁的轴向坐标为 x。从式 (6.5b) 中的第一式，相对 x 轴积分两次，得到

$$w^0(x,y) = -\iint \kappa_{xx}^0(x,y)\mathrm{d}x\mathrm{d}x + F_1(y)x + F_2(y) \tag{6.35}$$

式中，$\kappa_{xx}^0(x,y)$ 是随轴向坐标 x 而变的中面曲率，须根据式 (6.11a) 求解；$F_1(y)$ 和 $F_2(y)$ 是两个积分函数，由相应的边界条件确定。

例 6-8　T300/7901 层合板 $[0/90]_{6s}$ 受如图 6-15 所示的四点弯曲作用，纤维和基体性能参数见表 6-5，层合板厚 $h = 3.42\text{mm}$, 梁跨长 $l = 400\text{mm}$，加载点距支撑 $a = 100\text{mm}$，求层合板所能承受的最大弯曲载荷 $P_{\max}$ 以及达到该载荷时的跨中截面挠度 $w^0(0.5l)$，假定层合板宽度 $b = 20\text{mm}$。

解　(1) 求基体应力集中系数。

梁中面上部受压、下部受拉，基体应力集中系数已在例 6-6 中求出，为 $K_{11}^{\mathrm{t}} = 1, K_{11}^{\mathrm{c}} = 1, K_{22}^{\mathrm{t}} = 2.38, K_{22}^{\mathrm{c}} = 1.82, K_{12} = 1.47$。

(2) 求梁截面弯矩及曲率。

根据材料力学方法，不难得到截面内的弯矩分布如下所示：

$$M_{xx} = \begin{cases} 0.5Px, & 0 \leqslant x \leqslant a \\ 0.5Pa, & a \leqslant x \leqslant l-a \\ 0.5P(l-x), & l-a \leqslant x \leqslant l \end{cases}$$

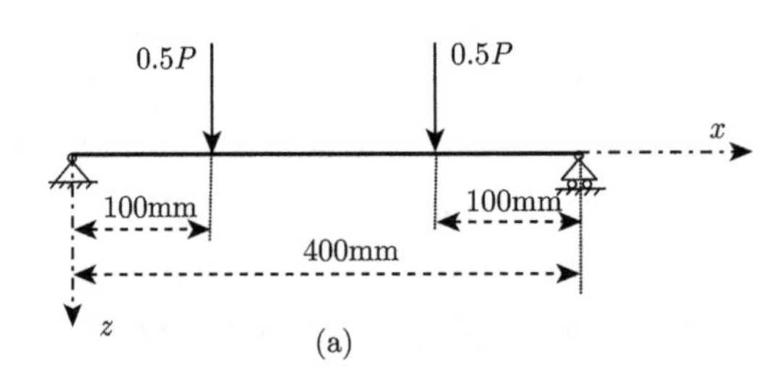

(a)

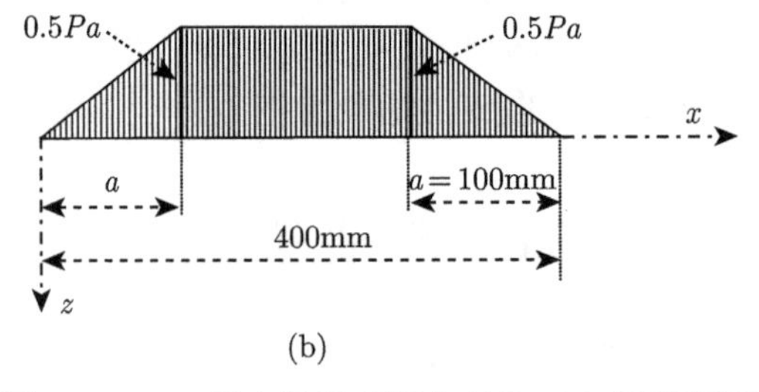

(b)

图 6-15　(a) 层合板梁受四点弯曲, (b) 梁弯矩图

由于层合板的整体刚度在每一个截面相同 (不随 x 坐标而变)，根据式 (6.11)，层合板的曲率分布类似于弯矩分布：

$$\kappa_{xx}^{0}=\begin{cases}\kappa_{xx}^{0,0}x/a, & 0\leqslant x\leqslant a\\ \kappa_{xx}^{0,0}, & a\leqslant x\leqslant l-a\\ \kappa_{xx}^{0,0}(l-x)/a, & l-a\leqslant x\leqslant l\end{cases}$$

式中，$\kappa_{xx}^{0,0}$ 为梁在 $x=a$ 处截面的中面曲率，待求。

(3) 求梁的挠度函数。

$$w^{0}=\begin{cases}\left(-\dfrac{x^{3}}{6a}+\dfrac{l-a}{2}x\right)\kappa_{xx}^{0,0}, & x\leqslant a\\ \left[-\dfrac{(x-0.5l)^{2}}{2}+\dfrac{l^{2}}{8}-\dfrac{a^{2}}{6}\right]\kappa_{xx}^{0,0}, & a<x\leqslant 0.5l\end{cases}\tag{6.36}$$

(4) 求梁的初始刚度。

由例 6-6，$E_{11}=143.8\text{GPa}$, $E_{22}=8.9\text{GPa}$, $\nu_{12}=0.259, G_{12}=4.82\text{GPa}$, 得

$$[C_{ij}^{\mathrm{G}}]_{0}=\begin{bmatrix}144.4 & 2.3 & 0\\ 2.3 & 8.94 & 0\\ 0 & 0 & 4.82\end{bmatrix}(\text{GPa}),\quad [C_{ij}^{\mathrm{G}}]_{90}=\begin{bmatrix}8.94 & 2.3 & 0\\ 2.3 & 144.4 & 0\\ 0 & 0 & 4.82\end{bmatrix}(\text{GPa})$$

层合板此时只受弯曲载荷作用，无面内应变，只需计算弯曲刚度，假定单层板厚度均匀，有 $t=3.42/24=0.1425(\text{mm})$。层合板的初始弯曲刚度是

$$[Q_{ij}^{\mathrm{III}}]^{(1)}=\begin{bmatrix}283.8 & 7.72 & 0\\ 7.72 & 227.4 & 0\\ 0 & 0 & 16.1\end{bmatrix}(\text{N-m})$$

(5) 求梁的初始曲率。

梁外载所在截面的单位长度弯矩 $M_{xx}^{0}=0.5Pa/b=2.5P(\text{N})$, 刚度方程是

$$\begin{Bmatrix}2.5\\ 0\\ 0\end{Bmatrix}P=\begin{bmatrix}283.8 & 7.72 & 0\\ 7.72 & 227.4 & 0\\ 0 & 0 & 16.1\end{bmatrix}\begin{Bmatrix}\kappa_{xx}^{0,0}\\ \kappa_{yy}^{0,0}\\ 2\kappa_{xy}^{0,0}\end{Bmatrix}$$

$$\begin{Bmatrix}\kappa_{xx}^{0,0}\\ \kappa_{yy}^{0,0}\\ 2\kappa_{xy}^{0,0}\end{Bmatrix}=\begin{Bmatrix}8.82\\ -0.3\\ 0\end{Bmatrix}\times 10^{-3}P(\text{N-m})^{-1}$$

(6) 求梁初始层破坏对应的载荷。

由于对称铺排，0° 层受压先于受拉破坏，90° 层受拉破坏则先于其受压破坏，因此，在弯曲受压侧，只需考虑最外的 0° 层，而在弯曲受拉侧，只需考虑次最外的 90° 层。它们各自破坏载荷如下。

$$0^\circ\text{ 受压层：}\left\{\begin{array}{c}\varepsilon_{xx}\\ \varepsilon_{yy}\\ 2\varepsilon_{xy}\end{array}\right\}=-11.5t\left\{\begin{array}{c}\kappa_{xx}^{0,0}\\ \kappa_{yy}^{0,0}\\ 2\kappa_{xy}^{0,0}\end{array}\right\}=\left\{\begin{array}{c}-14.4\\ 0.49\\ 0\end{array}\right\}\times 10^{-6}P(\mathrm{N}^{-1})$$

$$\left\{\begin{array}{c}\sigma_{11}^{\mathrm{f}}\\ \sigma_{22}^{\mathrm{f}}\\ \sigma_{12}^{\mathrm{f}}\end{array}\right\}=\left\{\begin{array}{c}-3.33\\ -0.04\\ 0\end{array}\right\}P,\quad \left\{\begin{array}{c}K_{11}\sigma_{11}^{\mathrm{m}}\\ K_{22}\sigma_{22}^{\mathrm{m}}\\ K_{12}\sigma_{12}^{\mathrm{m}}\end{array}\right\}=\left\{\begin{array}{c}-0.052\\ -0.03\\ 0\end{array}\right\}P$$

纤维压缩破坏对应载荷 $P_{\min}=600.3\mathrm{N}$。

$$90^\circ\text{ 受拉层：}\left\{\begin{array}{c}\varepsilon_{xx}\\ \varepsilon_{yy}\\ 2\varepsilon_{xy}\end{array}\right\}=10.5t\left\{\begin{array}{c}\kappa_{xx}^{0,0}\\ \kappa_{yy}^{0,0}\\ 2\kappa_{xy}^{0,0}\end{array}\right\}=\left\{\begin{array}{c}13.2\\ -0.45\\ 0\end{array}\right\}\times 10^{-6}P(\mathrm{N}^{-1})$$

$$\left\{\begin{array}{c}\sigma_{11}^{\mathrm{f}}\\ \sigma_{22}^{\mathrm{f}}\\ \sigma_{12}^{\mathrm{f}}\end{array}\right\}=\left\{\begin{array}{c}-0.07\\ 0.148\\ 0\end{array}\right\}P,\quad \left\{\begin{array}{c}K_{11}\sigma_{11}^{\mathrm{m}}\\ K_{22}\sigma_{22}^{\mathrm{m}}\\ K_{12}\sigma_{12}^{\mathrm{m}}\end{array}\right\}=\left\{\begin{array}{c}0.022\\ 0.158\\ 0\end{array}\right\}P$$

基体拉伸破坏时对应载荷 $P_{\min}=561.5\mathrm{N}$。

因此，第一层 (初始) 破坏出现在梁受拉侧的次最外层，$P_1=561.5\mathrm{N}$，对应的中面曲率 $(\kappa_{xx}^{0,0})=4.95\mathrm{m}^{-1}$。

(7) 求第一层破坏后的刚度。

在面内拉、压载荷 (无剪切加载) 作用下，相同铺排角的单层板同时达到破坏，若为非致命破坏则同时进行刚度衰减。弯曲载荷下，同为次最外层的 90° 层，受拉侧破坏，受压侧未破坏，刚度衰减也仅仅只对受拉侧次最外的 90° 层进行，所有其他 90° 层的刚度都保持不变，衰减后的模量为 $E_{11}=142.6\mathrm{GPa}$, $E_{22}=0.23\mathrm{GPa}$, $\nu_{12}=0.259, G_{12}=0.075\mathrm{GPa}$。

$$[C_{ij}^{\mathrm{G}}]_{90}^{(2)}=\begin{bmatrix}0.23 & 0.06 & 0\\ 0.06 & 142.6 & 0\\ 0 & 0 & 0.075\end{bmatrix}(\mathrm{GPa}),\quad [C_{ij}^{\mathrm{G}}]_{0}^{(1)}=\begin{bmatrix}144.4 & 2.3 & 0\\ 2.3 & 8.94 & 0\\ 0 & 0 & 4.82\end{bmatrix}(\mathrm{GPa})$$

$$[C_{ij}^{\mathrm{G}}]_{90}^{(1)}=\begin{bmatrix}8.94 & 2.3 & 0\\ 2.3 & 144.4 & 0\\ 0 & 0 & 4.82\end{bmatrix}(\mathrm{GPa}),\quad [Q_{ij}^{\mathrm{III}}]^{(2)}=\begin{bmatrix}281 & 7 & 0\\ 7 & 226.8 & 0\\ 0 & 0 & 14.6\end{bmatrix}(\mathrm{N\text{-}m})$$

(8) 求第一层破坏后的曲率增量。

$$\begin{Bmatrix} 2.5 \\ 0 \\ 0 \end{Bmatrix} \mathrm{d}P = \begin{bmatrix} 281 & 7 & 0 \\ 7 & 226.8 & 0 \\ 0 & 0 & 14.6 \end{bmatrix} \begin{Bmatrix} \mathrm{d}\kappa_{xx}^{0,0} \\ \mathrm{d}\kappa_{yy}^{0,0} \\ 2\mathrm{d}\kappa_{xy}^{0,0} \end{Bmatrix}$$

$$\begin{Bmatrix} \mathrm{d}\kappa_{xx}^{0,0} \\ \mathrm{d}\kappa_{yy}^{0,0} \\ 2\mathrm{d}\kappa_{xy}^{0,0} \end{Bmatrix} = \begin{Bmatrix} 8.9 \\ -0.3 \\ 0 \end{Bmatrix} \times 10^{-3}\mathrm{d}P(\mathrm{N\text{-}m^{-1}})$$

(9) 求第二层破坏对应的载荷增量。

与初始破坏层相比，第二层破坏的潜在层包括：受压侧的最外 0° 层、受压侧的次最外 90° 层、受拉侧的次最外 90° 层 (极限应变破坏)、受拉侧倒数第 4 层的 90° 层，分别考察如下。

0° 受压层：$z_{平均} = -11.5t = -1.6388(\mathrm{mm})$，

$$\begin{Bmatrix} \mathrm{d}\varepsilon_{xx} \\ \mathrm{d}\varepsilon_{yy} \\ 2\mathrm{d}\varepsilon_{xy} \end{Bmatrix} = -1.6388 \begin{Bmatrix} \mathrm{d}\kappa_{xx}^{0,0} \\ \mathrm{d}\kappa_{yy}^{0,0} \\ 2\mathrm{d}\kappa_{xy}^{0,0} \end{Bmatrix} = \begin{Bmatrix} -14.6 \\ 0.45 \\ 0 \end{Bmatrix} \times 10^{-6}\mathrm{d}P(\mathrm{N}^{-1})$$

$$\begin{Bmatrix} \sigma_{11}^{\mathrm{f}} \\ \sigma_{22}^{\mathrm{f}} \\ \sigma_{12}^{\mathrm{f}} \end{Bmatrix} = \begin{Bmatrix} -1871 \\ -20.7 \\ 0 \end{Bmatrix} - \begin{Bmatrix} 3.36 \\ 0.04 \\ 0 \end{Bmatrix} \mathrm{d}P$$

$$\begin{Bmatrix} K_{11}\sigma_{11}^{\mathrm{m}} \\ K_{22}\sigma_{22}^{\mathrm{m}} \\ K_{12}\sigma_{12}^{\mathrm{m}} \end{Bmatrix} = \begin{Bmatrix} -29 \\ -9.3 \\ 0 \end{Bmatrix} - \begin{Bmatrix} 0.052 \\ 0.017 \\ 0 \end{Bmatrix} \mathrm{d}P$$

纤维压缩破坏时 $(\mathrm{d}P)_{\min} = 38.4\mathrm{N}$。

90° 受压层：$z_{平均} = -10.5t = -1.4963\mathrm{mm}$，

$$\begin{Bmatrix} \mathrm{d}\varepsilon_{xx} \\ \mathrm{d}\varepsilon_{yy} \\ 2\mathrm{d}\varepsilon_{xy} \end{Bmatrix} = -1.4963 \begin{Bmatrix} \mathrm{d}\kappa_{xx}^{0,0} \\ \mathrm{d}\kappa_{yy}^{0,0} \\ 2\mathrm{d}\kappa_{xy}^{0,0} \end{Bmatrix} = \begin{Bmatrix} -13.3 \\ 0.41 \\ 0 \end{Bmatrix} \times 10^{-6}\mathrm{d}P(\mathrm{N}^{-1})$$

$$\begin{Bmatrix} \sigma_{11}^{\mathrm{f}} \\ \sigma_{22}^{\mathrm{f}} \\ \sigma_{12}^{\mathrm{f}} \end{Bmatrix} = \begin{Bmatrix} 38.5 \\ -83 \\ 0 \end{Bmatrix} + \begin{Bmatrix} 0.06 \\ -0.15 \\ 0 \end{Bmatrix} \mathrm{d}P$$

$$\begin{Bmatrix} K_{11}\sigma_{11}^{\mathrm{m}} \\ K_{22}\sigma_{22}^{\mathrm{m}} \\ K_{12}\sigma_{12}^{\mathrm{m}} \end{Bmatrix} = \begin{Bmatrix} -12.3 \\ -67.7 \\ 0 \end{Bmatrix} - \begin{Bmatrix} 0.02 \\ 0.07 \\ 0 \end{Bmatrix} \mathrm{d}P$$

基体压缩破坏时 $(\mathrm{d}P)_{\min} = 437.7\mathrm{N}$。

90° 受拉层：$z_{平均}$=1.4963mm，

$$\begin{Bmatrix} \mathrm{d}\varepsilon_{xx} \\ \mathrm{d}\varepsilon_{yy} \\ 2\mathrm{d}\varepsilon_{xy} \end{Bmatrix} = 1.4963 \begin{Bmatrix} \mathrm{d}\kappa_{xx}^{0,0} \\ \mathrm{d}\kappa_{yy}^{0,0} \\ 2\mathrm{d}\kappa_{xy}^{0,0} \end{Bmatrix} = \begin{Bmatrix} 13.3 \\ -0.41 \\ 0 \end{Bmatrix} \times 10^{-6}\mathrm{d}P(\mathrm{N}^{-1})$$

$$\begin{Bmatrix} \sigma_{11}^{\mathrm{f}} \\ \sigma_{22}^{\mathrm{f}} \\ \sigma_{12}^{\mathrm{f}} \end{Bmatrix} = \begin{Bmatrix} -38.5 \\ 83 \\ 0 \end{Bmatrix} + \begin{Bmatrix} -0.09 \\ 0.004 \\ 0 \end{Bmatrix} \mathrm{d}P$$

$$\begin{Bmatrix} K_{11}\sigma_{11}^{\mathrm{m}} \\ K_{22}\sigma_{22}^{\mathrm{m}} \\ K_{12}\sigma_{12}^{\mathrm{m}} \end{Bmatrix} = \begin{Bmatrix} 12.3 \\ 88.5 \\ 0 \end{Bmatrix} + \begin{Bmatrix} 0.0004 \\ 0.0012 \\ 0 \end{Bmatrix} \mathrm{d}P$$

因该层基体已经破坏，超过最大应变 (极限破坏) 时的载荷增量 $(\mathrm{d}P)_{\min} = 6951\mathrm{N}$。

90° 受拉层：$z_{平均} = 8.5t = 1.2113\mathrm{mm}$，

$$\begin{Bmatrix} \mathrm{d}\varepsilon_{xx} \\ \mathrm{d}\varepsilon_{yy} \\ 2\mathrm{d}\varepsilon_{xy} \end{Bmatrix} = 1.2113 \begin{Bmatrix} \mathrm{d}\kappa_{xx}^{0,0} \\ \mathrm{d}\kappa_{yy}^{0,0} \\ 2\mathrm{d}\kappa_{xy}^{0,0} \end{Bmatrix} = \begin{Bmatrix} 10.78 \\ -0.3 \\ 0 \end{Bmatrix} \times 10^{-6}\mathrm{d}P(\mathrm{N}^{-1})$$

$$\begin{Bmatrix} \sigma_{11}^{\mathrm{f}} \\ \sigma_{22}^{\mathrm{f}} \\ \sigma_{12}^{\mathrm{f}} \end{Bmatrix} = \begin{Bmatrix} -31.1 \\ 67.2 \\ 0 \end{Bmatrix} + \begin{Bmatrix} -0.05 \\ 0.121 \\ 0 \end{Bmatrix} \mathrm{d}P$$

$$\begin{Bmatrix} K_{11}\sigma_{11}^{\mathrm{m}} \\ K_{22}\sigma_{22}^{\mathrm{m}} \\ K_{12}\sigma_{12}^{\mathrm{m}} \end{Bmatrix} = \begin{Bmatrix} 10 \\ 71.7 \\ 0 \end{Bmatrix} + \begin{Bmatrix} 0.018 \\ 0.054 \\ 0 \end{Bmatrix} \mathrm{d}P$$

基体拉伸破坏最小 $(\mathrm{d}P)_{\min} = 130.8\mathrm{N}$。

从上述结果对比看出，第二层破坏出现在梁受压侧的最外层，纤维压断，为致命破坏，中面曲率增量 $\mathrm{d}\kappa_{xx}^{0,0} = 0.34\mathrm{m}^{-1}$。梁的极限弯曲载荷 $P_{\max} = 561.5 + 38.4 = 599.9(\mathrm{N})$，极限破坏形式为纤维压断。

(10) 求极限破坏时梁跨中截面挠度。

由式 (6.36)，得

$$w^0(0.5l) = \frac{6l^2 - 8a^2}{48}(4.95 + 0.34) = 9.7 \times 10^{-2}(\mathrm{m}) = 97(\mathrm{mm})$$

由本例可见，尽管梁的挠度很大 (跨距 l 相对其高度 h 过大)，但梁截面的应变仍然处于合理范围。

6.7 拟三维层合板理论

多数情况下，层合板主要受面内载荷作用，即平衡法求出的垂直于中面的面外内力分量相对面内的分量是小量，可忽略不计。此时，经典层合板理论具有足够的精度，根据式 (6-11) 求出中面的应变和曲率后，便可确定每一层分担的应力。然而，如果面外载荷相对面内载荷不再是小量，或者必须要考虑面外应力分量对层合板破坏与损伤的影响，比如，在层合板的孔边或自由边缘附近，因各单层板泊松比的差异，导致较大的层间 (即面外) 应力出现，即便层合板整体未受到面外载荷作用，此时，必须应用三维理论来确定层合板中每一层所分担的载荷。严格按照三维弹性力学控制方程以及边界条件求解虽然精确，但方程复杂，计算量大，一般只能通过离散法或近似法获得数值解，如孔边或自由边的层间应力，通常就只能通过有限单元等离散解方法获得数值解。对面外载荷不可忽略的层合板，前人已建立了多种准三维或称拟三维理论 [84,85]，目的是可以获得各层分担应力的解析解。本节介绍其中最简单的一种拟三维理论 [17]，可称为广义的一阶剪切理论 [86,87](注意，经典的一阶剪切理论认为挠度即法向位移不随厚度坐标变化 [85,86])。假定层合板单位长度上的内力如图 6-16 所示。与图 6-4 相比，仅仅增加了三个面外应力分量。

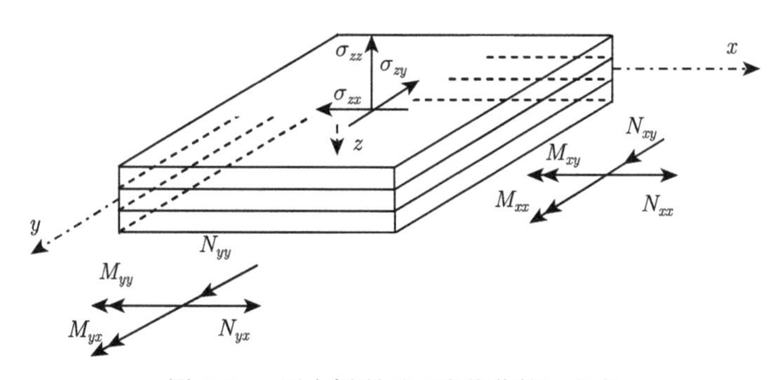

图 6-16 层合板所受三维载荷的正方向

拟三维理论最主要的特征是基于层合板的几何特点，对其变形做了一些假设，使三维弹性力学方程得到一定程度的简化。其中，一阶剪切理论虽然认为，经典层合板理论中的第一条假设不再有效，但第二条假设依然成立，即变形前垂直于中面的法线变形后依然保持为直线。换言之，面内位移分量沿厚度方向呈线性变化，即

$$u = u(x,y,z) = u^0(x,y) + zF_1(x,y) \tag{6.37a}$$

$$v = v(x,y,z) = v^0(x,y) + zF_2(x,y) \tag{6.37b}$$

$$w = w(x,y,z) \tag{6.37c}$$

注意，与式 (6.2c) 不同的是，此时的挠度将依赖于厚度坐标。将式 (6.37a)~(6.37c) 代入应变–位移关系式 (6.1)，得到

$$\varepsilon_{xx} = \frac{\partial u^0}{\partial x} + z\frac{\partial F_1}{\partial x} = \varepsilon_{xx}^0(x,y) + z\kappa_{xx}^0(x,y) \tag{6.38a}$$

$$\varepsilon_{yy} = \frac{\partial v^0}{\partial y} + z\frac{\partial F_2}{\partial y} = \varepsilon_{yy}^0(x,y) + z\kappa_{yy}^0(x,y) \tag{6.38b}$$

$$2\varepsilon_{xy} = \frac{\partial u^0}{\partial y} + \frac{\partial v^0}{\partial x} + z\left(\frac{\partial F_1}{\partial y} + \frac{\partial F_2}{\partial x}\right) = 2\varepsilon_{xy}^0(x,y) + 2z\kappa_{xy}^0(x,y) \tag{6.38c}$$

$$2\varepsilon_{yz} = \frac{\partial v}{\partial z} + \frac{\partial w}{\partial y} = F_2(x,y) + \frac{\partial w}{\partial y} \tag{6.38d}$$

$$2\varepsilon_{xz} = \frac{\partial u}{\partial z} + \frac{\partial w}{\partial x} = F_1(x,y) + \frac{\partial w}{\partial x} \tag{6.38e}$$

$$\varepsilon_{zz} = \frac{\partial w}{\partial z} \tag{6.38f}$$

如前，式中，ε_{xx}^0、ε_{yy}^0、ε_{xy}^0 分别是层合板中面的三个面内应变分量；$\kappa_{xx}^0 = \partial F_1/\partial x$、$\kappa_{yy}^0 = \partial F_2/\partial y$、$2\kappa_{xy}^0 = \partial F_1/\partial y + \partial F_2/\partial x$ 则分别是层合板中面的三个曲率分量。由于挠度依赖于 z 坐标，式 (6.38d)~(6.39f) 表明，层合板的面外应变分量不再是常量。

整体坐标系下的层合板应力–应变关系为 (参见式 (6.7))

$$\{\sigma_i\}^{\mathrm{G}} = ([T_{in}]_{\mathrm{c}})_l([S_{nm}]_l)^{-1}([T_{mj}]_{\mathrm{c}}^{\mathrm{T}})_l\{\varepsilon_j\}^{\mathrm{G}} = [K_{ij}]_l^{\mathrm{G}}\{\mathrm{d}\varepsilon_j\}^{\mathrm{G}} = [(K_{ij}^{\mathrm{G}})_l]\{\mathrm{d}\varepsilon_j\}^{\mathrm{G}} \tag{6.39}$$

式中，$[(K_{ij}^{\mathrm{G}})_l] = ([T_{in}]_{\mathrm{c}})_l([S_{nm}]_l)^{-1}([T_{mj}]_{\mathrm{c}}^{\mathrm{T}})_l$ 是三维整体刚度矩阵；$[S_{nm}]$ 和 $[T_{in}]_{\mathrm{c}}$ 皆是三维矩阵；l 表示层合板中的第 l 层；$\{\sigma_i\}^{\mathrm{G}} = \{\sigma_{xx},\sigma_{yy},\sigma_{zz},\sigma_{yz},\sigma_{xz},\sigma_{xy}\}^{\mathrm{T}}$；$\{\varepsilon_j\}^{\mathrm{G}} = \{\varepsilon_{xx},\varepsilon_{yy},\varepsilon_{zz},2\varepsilon_{yz},2\varepsilon_{xz},2\varepsilon_{xy}\}^{\mathrm{T}}$；$[K_{ij}^{\mathrm{G}}] = [T_{in}]_{\mathrm{c}}[K_{nm}][T_{mj}]_{\mathrm{c}}^{\mathrm{T}}$。

为便于分析，将应力$\{\sigma_i\}^{\mathrm{G}}$ 与应变$\{\varepsilon_j\}^{\mathrm{G}}$ 之间的本构关系重新排列组合为

$$\begin{Bmatrix} \sigma_{xx} \\ \sigma_{yy} \\ \sigma_{xy} \\ \sigma_{yz} \\ \sigma_{xz} \\ \sigma_{zz} \end{Bmatrix} = [(K_{ij}^{\mathrm{G}})_l^*] \begin{Bmatrix} \varepsilon_{xx} \\ \varepsilon_{yy} \\ 2\varepsilon_{xy} \\ 2\varepsilon_{yz} \\ 2\varepsilon_{xz} \\ \varepsilon_{zz} \end{Bmatrix} = \begin{bmatrix} [(K_{ij}^{\mathrm{G}})_l^1] & [(K_{ij}^{\mathrm{G}})_l^2] \\ [(K_{ij}^{\mathrm{G}})_l^3] & [(K_{ij}^{\mathrm{G}})_l^4] \end{bmatrix} \begin{Bmatrix} \varepsilon_{xx} \\ \varepsilon_{yy} \\ 2\varepsilon_{xy} \\ 2\varepsilon_{yz} \\ 2\varepsilon_{xz} \\ \varepsilon_{zz} \end{Bmatrix} \tag{6.40}$$

式中，$[(K_{ij}^{\mathrm{G}})_l^*]$ 是由 $[(K_{ij}^{\mathrm{G}})_l]$ 经重新排列所得。假定式 (6.39) 中的整体刚度矩阵为

$$[(K_{ij}^{\mathrm{G}})_l] = \begin{bmatrix} K_{11}^{\mathrm{G}} & K_{12}^{\mathrm{G}} & K_{13}^{\mathrm{G}} & K_{14}^{\mathrm{G}} & K_{15}^{\mathrm{G}} & K_{16}^{\mathrm{G}} \\ K_{21}^{\mathrm{G}} & K_{22}^{\mathrm{G}} & K_{23}^{\mathrm{G}} & K_{24}^{\mathrm{G}} & K_{25}^{\mathrm{G}} & K_{26}^{\mathrm{G}} \\ K_{31}^{\mathrm{G}} & K_{32}^{\mathrm{G}} & K_{33}^{\mathrm{G}} & K_{34}^{\mathrm{G}} & K_{35}^{\mathrm{G}} & K_{36}^{\mathrm{G}} \\ K_{41}^{\mathrm{G}} & K_{42}^{\mathrm{G}} & K_{43}^{\mathrm{G}} & K_{44}^{\mathrm{G}} & K_{45}^{\mathrm{G}} & K_{46}^{\mathrm{G}} \\ K_{51}^{\mathrm{G}} & K_{52}^{\mathrm{G}} & K_{53}^{\mathrm{G}} & K_{54}^{\mathrm{G}} & K_{55}^{\mathrm{G}} & K_{56}^{\mathrm{G}} \\ K_{61}^{\mathrm{G}} & K_{62}^{\mathrm{G}} & K_{63}^{\mathrm{G}} & K_{64}^{\mathrm{G}} & K_{65}^{\mathrm{G}} & K_{66}^{\mathrm{G}} \end{bmatrix}_l \tag{6.41a}$$

那么，根据“对号入座”规则，式 (6.40) 中的各分块矩阵分别是

$$\begin{aligned} &[(K_{ij}^{\mathrm{G}})_l^1] = \begin{bmatrix} K_{11}^{\mathrm{G}} & K_{12}^{\mathrm{G}} & K_{16}^{\mathrm{G}} \\ K_{21}^{\mathrm{G}} & K_{22}^{\mathrm{G}} & K_{26}^{\mathrm{G}} \\ K_{61}^{\mathrm{G}} & K_{62}^{\mathrm{G}} & K_{66}^{\mathrm{G}} \end{bmatrix}_l, \quad [(K_{ij}^{\mathrm{G}})_l^2] = \begin{bmatrix} K_{14}^{\mathrm{G}} & K_{15}^{\mathrm{G}} & K_{13}^{\mathrm{G}} \\ K_{24}^{\mathrm{G}} & K_{25}^{\mathrm{G}} & K_{23}^{\mathrm{G}} \\ K_{64}^{\mathrm{G}} & K_{65}^{\mathrm{G}} & K_{63}^{\mathrm{G}} \end{bmatrix}_l \\ &[(K_{ij}^{\mathrm{G}})_l^3] = \begin{bmatrix} K_{41}^{\mathrm{G}} & K_{42}^{\mathrm{G}} & K_{46}^{\mathrm{G}} \\ K_{51}^{\mathrm{G}} & K_{52}^{\mathrm{G}} & K_{56}^{\mathrm{G}} \\ K_{31}^{\mathrm{G}} & K_{32}^{\mathrm{G}} & K_{36}^{\mathrm{G}} \end{bmatrix}_l, \quad [(K_{ij}^{\mathrm{G}})_l^4] = \begin{bmatrix} K_{44}^{\mathrm{G}} & K_{45}^{\mathrm{G}} & K_{43}^{\mathrm{G}} \\ K_{54}^{\mathrm{G}} & K_{55}^{\mathrm{G}} & K_{53}^{\mathrm{G}} \\ K_{34}^{\mathrm{G}} & K_{35}^{\mathrm{G}} & K_{33}^{\mathrm{G}} \end{bmatrix}_l \end{aligned} \tag{6.41b}$$

如图 6-16 所示，假定作用在层合板上单位长度的内力为 N_{xx}、N_{yy}、N_{xy}，单位长度内力矩为 M_{xx}、M_{yy} 和 M_{xy}，另外还有面外应力分量为 σ_{xz}、σ_{yz}、σ_{zz}。根据面内力的平衡条件，得到

$$\begin{aligned} \begin{Bmatrix} N_{xx} \\ N_{yy} \\ N_{xy} \end{Bmatrix} &= \int_{-h/2}^{h/2} \begin{Bmatrix} \sigma_{xx} \\ \sigma_{yy} \\ \sigma_{xy} \end{Bmatrix} \mathrm{d}z \\ &= \int_{-h/2}^{h/2} [(K_{ij}^{\mathrm{G}})^1] \begin{Bmatrix} \varepsilon_{xx} \\ \varepsilon_{yy} \\ 2\varepsilon_{xy} \end{Bmatrix} \mathrm{d}z + \int_{-h/2}^{h/2} [(K_{ij}^{\mathrm{G}})^2] \begin{Bmatrix} 2\varepsilon_{yz} \\ 2\varepsilon_{xz} \\ \varepsilon_{zz} \end{Bmatrix} \mathrm{d}z \end{aligned}$$

$$
= \int_{-h/2}^{h/2} [(K_{ij}^{\mathrm{G}})^1] \left\{ \begin{array}{c} \varepsilon_{xx}^0 \\ \varepsilon_{yy}^0 \\ 2\varepsilon_{xy}^0 \end{array} \right\} \mathrm{d}z + \int_{-h/2}^{h/2} [(K_{ij}^{\mathrm{G}})^1] \left\{ \begin{array}{c} \kappa_{xx}^0 \\ \kappa_{yy}^0 \\ 2\kappa_{xy}^0 \end{array} \right\} z\mathrm{d}z
$$

$$
+ \int_{-h/2}^{h/2} [(K_{ij}^{\mathrm{G}})^2] \left\{ \begin{array}{c} 2\varepsilon_{yz} \\ 2\varepsilon_{xz} \\ \varepsilon_{zz} \end{array} \right\} \mathrm{d}z
$$

$$
= \sum_{l=1}^{N} [(K_{ij}^{\mathrm{G}})_l^1](z_{l+1} - z_l) \left\{ \begin{array}{c} \varepsilon_{xx}^0 \\ \varepsilon_{yy}^0 \\ 2\varepsilon_{xy}^0 \end{array} \right\}
$$

$$
+ \frac{1}{2} \sum_{l=1}^{N} [(K_{ij}^{\mathrm{G}})_l^1](z_{l+1}^2 - z_l^2) \left\{ \begin{array}{c} \kappa_{xx}^0 \\ \kappa_{yy}^0 \\ 2\kappa_{xy}^0 \end{array} \right\}
$$

$$
+ \sum_{l=1}^{N} [(K_{ij}^{\mathrm{G}})_l^2](z_{l+1} - z_l) \left\{ \begin{array}{c} 2\varepsilon_{yz}^{(l)} \\ 2\varepsilon_{xz}^{(l)} \\ \varepsilon_{zz}^{(l)} \end{array} \right\} \tag{6.42a}
$$

式中的最后一项，是在假设平面外的应变分量 $(2\varepsilon_{yz}, 2\varepsilon_{xz}, \varepsilon_{zz})$ 在每一个单层内保持为常量的情况下得到的。由于单层板厚度很薄并且复合材料的应力和应变建立在均值化的基础之上，因此这一假设具有足够的精度。当挠度不随 z 坐标而变时，式 (6.42a) 以及式 (6.42b) 中的最后一项自然成立。因此，广义一阶剪切理论认为，面外的三个应变分量只在每一个单层板内为常量 (沿单层板厚度相同)。

进一步，面内力矩的平衡条件给出

$$
\left\{ \begin{array}{c} M_{xx} \\ M_{yy} \\ M_{xy} \end{array} \right\} = \int_{-h/2}^{h/2} \left\{ \begin{array}{c} \sigma_{xx} \\ \sigma_{yy} \\ \sigma_{xy} \end{array} \right\} z\mathrm{d}z
$$

$$
= \int_{-h/2}^{h/2} [(K_{ij}^{\mathrm{G}})^1] \left\{ \begin{array}{c} \varepsilon_{xx} \\ \varepsilon_{yy} \\ 2\varepsilon_{xy} \end{array} \right\} z\mathrm{d}z + \int_{-h/2}^{h/2} [(K_{ij}^{\mathrm{G}})^2] \left\{ \begin{array}{c} 2\varepsilon_{yz} \\ 2\varepsilon_{xz} \\ \varepsilon_{zz} \end{array} \right\} z\mathrm{d}z
$$

$$
= \int_{-h/2}^{h/2} [(K_{ij}^{\mathrm{G}})^1] \left\{ \begin{array}{c} \varepsilon_{xx}^0 \\ \varepsilon_{yy}^0 \\ 2\varepsilon_{xy}^0 \end{array} \right\} z\mathrm{d}z + \int_{-h/2}^{h/2} [(K_{ij}^{\mathrm{G}})^1] \left\{ \begin{array}{c} \kappa_{xx}^0 \\ \kappa_{yy}^0 \\ 2\kappa_{xy}^0 \end{array} \right\} z^2\mathrm{d}z
$$

$$+\int_{-h/2}^{h/2}[(K_{ij}^{\mathrm{G}})^2]\begin{Bmatrix}2\varepsilon_{yz}\\2\varepsilon_{xz}\\\varepsilon_{zz}\end{Bmatrix}z\mathrm{d}z$$

$$=\frac{1}{2}\sum_{l=1}^{N}[(K_{ij}^{\mathrm{G}})_l^1](z_{l+1}^2-z_l^2)\begin{Bmatrix}\varepsilon_{xx}^0\\\varepsilon_{yy}^0\\2\varepsilon_{xy}^0\end{Bmatrix}$$

$$+\frac{1}{3}\sum_{l=1}^{N}[(K_{ij}^{\mathrm{G}})_l^1](z_{l+1}^3-z_l^3)\begin{Bmatrix}\kappa_{xx}^0\\\kappa_{yy}^0\\2\kappa_{xy}^0\end{Bmatrix}$$

$$+\frac{1}{2}\sum_{l=1}^{N}[(K_{ij}^{\mathrm{G}})_l^2](z_{l+1}^2-z_l^2)\begin{Bmatrix}2\varepsilon_{yz}^{(l)}\\2\varepsilon_{xz}^{(l)}\\\varepsilon_{zz}^{(l)}\end{Bmatrix} \tag{6.42b}$$

与方程 (6.9a) 和 (6.9b) 相比较，方程 (6.42a) 和 (6.42b) 中总共多出了 $3N$ 个面外应变分量。为了确定这些面外应变值，还必须补充 $3N$ 个方程。

依次从每个单层板的中面截开，并沿厚度方向建立平衡方程，得到

$$\sigma_{yz}=\sigma_{yz}^{(l)},\quad \sigma_{xz}=\sigma_{xz}^{(l)},\quad \sigma_{zz}=\sigma_{zz}^{(l)},\quad l=1,2,\cdots,N \tag{6.43a}$$

注意，将各单层板的面外内应力乘以单层板厚度，再沿厚度方向叠加，即得到三个 N_{zz}、N_{xz}、N_{yz}。式 (6.43a) 中每一个等式的左边为施加在层合板表面的外加应力，等式的右边则是第 l 层的面外应力分量。将式 (6.40) 代入式 (6.43a)，就有

$$\begin{Bmatrix}\sigma_{yz}\\\sigma_{xz}\\\sigma_{zz}\end{Bmatrix}=\begin{Bmatrix}\sigma_{yz}^{(l)}\\\sigma_{xz}^{(l)}\\\sigma_{zz}^{(l)}\end{Bmatrix}$$

$$=\frac{1}{z_{l+1}-z_l}\int_{z_l}^{z_{l+1}}\left([(K_{ij}^{\mathrm{G}})_l^3]\begin{Bmatrix}\varepsilon_{xx}\\\varepsilon_{yy}\\2\varepsilon_{xy}\end{Bmatrix}+[(K_{ij}^{\mathrm{G}})_l^4]\begin{Bmatrix}2\varepsilon_{yz}\\2\varepsilon_{xz}\\\varepsilon_{zz}\end{Bmatrix}\right)\mathrm{d}z$$

$$=\frac{1}{z_{l+1}-z_l}\left(\int_{z_l}^{z_{l+1}}[(K_{ij}^{\mathrm{G}})^3]\begin{Bmatrix}\varepsilon_{xx}^0\\\varepsilon_{yy}^0\\2\varepsilon_{xy}^0\end{Bmatrix}\mathrm{d}z\right.$$

$$\left.+\int_{z_l}^{z_{l+1}}[(K_{ij}^{\mathrm{G}})^3]\begin{Bmatrix}\kappa_{xx}^0\\\kappa_{yy}^0\\2\kappa_{xy}^0\end{Bmatrix}z\mathrm{d}z+\int_{z_l}^{z_{l+1}}[(K_{ij}^{\mathrm{G}})^4]\begin{Bmatrix}2\varepsilon_{yz}\\2\varepsilon_{xz}\\\varepsilon_{zz}\end{Bmatrix}\mathrm{d}z\right)$$

$$
= [(K_{ij}^{\mathrm{G}})_l^3] \begin{Bmatrix} \varepsilon_{xx}^0 \\ \varepsilon_{yy}^0 \\ 2\varepsilon_{xy}^0 \end{Bmatrix} + \frac{1}{2}(z_{l+1} + z_l)[(K_{ij}^{\mathrm{G}})_l^3] \begin{Bmatrix} \kappa_{xx}^0 \\ \kappa_{yy}^0 \\ 2\kappa_{xy}^0 \end{Bmatrix}
$$

$$
+ [(K_{ij}^{\mathrm{G}})_l^4] \begin{Bmatrix} 2\varepsilon_{yz}^{(l)} \\ 2\varepsilon_{xz}^{(l)} \\ \varepsilon_{zz}^{(l)} \end{Bmatrix}, \quad l = 1, \cdots, N \tag{6.43b}
$$

从式 (6.43b)，解出

$$
\begin{Bmatrix} 2\varepsilon_{yz}^{(l)} \\ 2\varepsilon_{xz}^{(l)} \\ \varepsilon_{zz}^{(l)} \end{Bmatrix} = [(K_{ij}^{\mathrm{G}})_l^4]^{-1} \begin{Bmatrix} \sigma_{yz} \\ \sigma_{xz} \\ \sigma_{zz} \end{Bmatrix} - [(K_{ij}^{\mathrm{G}})_l^4]^{-1}[(K_{ij}^{\mathrm{G}})_l^3]
$$

$$
\times \left(\begin{Bmatrix} \varepsilon_{xx}^0 \\ \varepsilon_{yy}^0 \\ 2\varepsilon_{xy}^0 \end{Bmatrix} + \frac{1}{2}(z_{l+1} + z_l) \begin{Bmatrix} \kappa_{xx}^0 \\ \kappa_{yy}^0 \\ 2\kappa_{xy}^0 \end{Bmatrix} \right) \quad l = 1, 2, \cdots, N \tag{6.44}
$$

将式 (6.44) 代入式 (6.42a) 和式 (6.42b)，得到

$$
\begin{Bmatrix} N_{xx} \\ N_{yy} \\ N_{xy} \end{Bmatrix} = \sum_{l=1}^{N} [(K_{ij}^{\mathrm{G}})_l^1](z_{l+1} - z_l) \begin{Bmatrix} \varepsilon_{xx}^0 \\ \varepsilon_{yy}^0 \\ 2\varepsilon_{xy}^0 \end{Bmatrix}
$$

$$
+ \frac{1}{2}\sum_{l=1}^{N} [(K_{ij}^{\mathrm{G}})_l^1](z_{l+1}^2 - z_l^2) \begin{Bmatrix} \kappa_{xx}^0 \\ \kappa_{yy}^0 \\ 2\kappa_{xy}^0 \end{Bmatrix}
$$

$$
+ \sum_{l=1}^{N} [(K_{ij}^{\mathrm{G}})_l^2][(K_{ij}^{\mathrm{G}})_l^4]^{-1}(z_{l+1} - z_l)
$$

$$
\times \left(\begin{Bmatrix} \sigma_{yz} \\ \sigma_{xz} \\ \sigma_{zz} \end{Bmatrix} - [(K_{ij}^{\mathrm{G}})_l^3] \left(\begin{Bmatrix} \varepsilon_{xx}^0 \\ \varepsilon_{yy}^0 \\ 2\varepsilon_{xy}^0 \end{Bmatrix} + \frac{1}{2}(z_{l+1} + z_l) \begin{Bmatrix} \kappa_{xx}^0 \\ \kappa_{yy}^0 \\ 2\kappa_{xy}^0 \end{Bmatrix} \right) \right)
$$

$$
\begin{Bmatrix} M_{xx} \\ M_{yy} \\ M_{xy} \end{Bmatrix} = \frac{1}{2}\sum_{l=1}^{N} [(K_{ij}^{\mathrm{G}})_l^1](z_{l+1}^2 - z_l^2) \begin{Bmatrix} \varepsilon_{xx}^0 \\ \varepsilon_{yy}^0 \\ 2\varepsilon_{xy}^0 \end{Bmatrix}
$$

$$
+ \frac{1}{3}\sum_{l=1}^{N} [(K_{ij}^{\mathrm{G}})_l^1](z_{l+1}^3 - z_l^3) \begin{Bmatrix} \kappa_{xx}^0 \\ \kappa_{yy}^0 \\ 2\kappa_{xy}^0 \end{Bmatrix}
$$

$$+\frac{1}{2}\sum_{l=1}^{N}[(K_{ij}^{\mathrm{G}})_l^2][(K_{ij}^{\mathrm{G}})_l^4]^{-1}(z_{l+1}^2-z_l^2)$$

$$\times\left(\left\{\begin{array}{c}\sigma_{yz}\\ \sigma_{xz}\\ \sigma_{zz}\end{array}\right\}-[(K_{ij}^{\mathrm{G}})_l^3]\left(\left\{\begin{array}{c}\varepsilon_{xx}^0\\ \varepsilon_{yy}^0\\ 2\varepsilon_{xy}^0\end{array}\right\}+\frac{1}{2}(z_{l+1}+z_l)\left\{\begin{array}{c}\kappa_{xx}^0\\ \kappa_{yy}^0\\ 2\kappa_{xy}^0\end{array}\right\}\right)\right)$$

即

$$\left\{\begin{array}{c}N_{xx}-\bar{N}_{xx}\\ N_{yy}-\bar{N}_{yy}\\ N_{xy}-\bar{N}_{xy}\end{array}\right\}=[\bar{Q}_{ij}^{\mathrm{I}}]\left\{\begin{array}{c}\varepsilon_{xx}^0\\ \varepsilon_{yy}^0\\ 2\varepsilon_{xy}^0\end{array}\right\}+[\bar{Q}_{ij}^{\mathrm{II}}]\left\{\begin{array}{c}\kappa_{xx}^0\\ \kappa_{yy}^0\\ 2\kappa_{xy}^0\end{array}\right\} \tag{6.45a}$$

$$\left\{\begin{array}{c}M_{xx}-\bar{M}_{xx}\\ M_{yy}-\bar{M}_{yy}\\ M_{xy}-\bar{M}_{xy}\end{array}\right\}=[\bar{Q}_{ij}^{\mathrm{II}}]\left\{\begin{array}{c}\varepsilon_{xx}^0\\ \varepsilon_{yy}^0\\ 2\varepsilon_{xy}^0\end{array}\right\}+[\bar{Q}_{ij}^{\mathrm{III}}]\left\{\begin{array}{c}\kappa_{xx}^0\\ \kappa_{yy}^0\\ 2\kappa_{xy}^0\end{array}\right\} \tag{6.45b}$$

其中

$$\left\{\begin{array}{c}\bar{N}_{xx}\\ \bar{N}_{yy}\\ \bar{N}_{xy}\end{array}\right\}=\sum_{l=1}^{N}[(K_{ij}^{\mathrm{G}})_l^2][(K_{ij}^{\mathrm{G}})_l^4]^{-1}(z_{l+1}-z_l)\left\{\begin{array}{c}\sigma_{yz}\\ \sigma_{xz}\\ \sigma_{zz}\end{array}\right\} \tag{6.46a}$$

$$\left\{\begin{array}{c}\bar{M}_{xx}\\ \bar{M}_{yy}\\ \bar{M}_{xy}\end{array}\right\}=\frac{1}{2}\sum_{l=1}^{N}[(K_{ij}^{\mathrm{G}})_l^2][(K_{ij}^{\mathrm{G}})_l^4]^{-1}(z_{l+1}^2-z_l^2)\left\{\begin{array}{c}\sigma_{yz}\\ \sigma_{xz}\\ \sigma_{zz}\end{array}\right\} \tag{6.46b}$$

分别称为附加面内力和附加弯矩，而修正的层合板分块刚度矩阵则是

$$[\bar{Q}_{ij}^{\mathrm{I}}]=\sum_{k=1}^{N}\left([(K_{ij}^{\mathrm{G}})_k^1]-[(K_{ij}^{\mathrm{G}})_k^2][(K_{ij}^{\mathrm{G}})_k^4]^{-1}[(K_{ij}^{\mathrm{G}})_k^3]\right)(z_{k+1}-z_k) \tag{6.47a}$$

$$[\bar{Q}_{ij}^{\mathrm{II}}]=\frac{1}{2}\sum_{k=1}^{N}\left([(K_{ij}^{\mathrm{G}})_k^1]-[(K_{ij}^{\mathrm{G}})_k^2][(K_{ij}^{\mathrm{G}})_k^4]^{-1}[(K_{ij}^{\mathrm{G}})_k^3]\right)(z_{k+1}^2-z_k^2) \tag{6.47b}$$

$$[\bar{Q}_{ij}^{\mathrm{III}}]=\frac{1}{3}\sum_{k=1}^{N}[(K_{ij}^{\mathrm{G}})_k^1](z_{k+1}^3-z_k^3)$$

$$-\frac{1}{4}\sum_{k=1}^{N}(z_{k+1}-z_k)(z_{k+1}+z_k)^2[(K_{ij}^{\mathrm{G}})_k^2][(K_{ij}^{\mathrm{G}})_k^4]^{-1}[(K_{ij}^{\mathrm{G}})_k^3] \tag{6.47c}$$

联立方程 (6.45a) 和 (6.45b)，就有

$$\begin{Bmatrix} N_{xx}-\bar{N}_{xx} \\ N_{yy}-\bar{N}_{yy} \\ N_{xy}-\bar{N}_{xy} \\ M_{xx}-\bar{M}_{xx} \\ M_{yy}-\bar{M}_{yy} \\ M_{xy}-\bar{M}_{xy} \end{Bmatrix} = \begin{bmatrix} \bar{Q}_{11}^{\mathrm{I}} & \bar{Q}_{12}^{\mathrm{I}} & \bar{Q}_{13}^{\mathrm{I}} & \bar{Q}_{11}^{\mathrm{II}} & \bar{Q}_{12}^{\mathrm{II}} & \bar{Q}_{13}^{\mathrm{II}} \\ \bar{Q}_{12}^{\mathrm{I}} & \bar{Q}_{22}^{\mathrm{I}} & \bar{Q}_{23}^{\mathrm{I}} & \bar{Q}_{12}^{\mathrm{II}} & \bar{Q}_{22}^{\mathrm{II}} & \bar{Q}_{23}^{\mathrm{II}} \\ \bar{Q}_{13}^{\mathrm{I}} & \bar{Q}_{23}^{\mathrm{I}} & \bar{Q}_{33}^{\mathrm{I}} & \bar{Q}_{13}^{\mathrm{II}} & \bar{Q}_{23}^{\mathrm{II}} & \bar{Q}_{33}^{\mathrm{II}} \\ \bar{Q}_{11}^{\mathrm{II}} & \bar{Q}_{12}^{\mathrm{II}} & \bar{Q}_{13}^{\mathrm{II}} & \bar{Q}_{11}^{\mathrm{III}} & \bar{Q}_{12}^{\mathrm{III}} & \bar{Q}_{13}^{\mathrm{III}} \\ \bar{Q}_{12}^{\mathrm{II}} & \bar{Q}_{22}^{\mathrm{II}} & \bar{Q}_{23}^{\mathrm{II}} & \bar{Q}_{12}^{\mathrm{III}} & \bar{Q}_{22}^{\mathrm{III}} & \bar{Q}_{23}^{\mathrm{III}} \\ \bar{Q}_{13}^{\mathrm{II}} & \bar{Q}_{23}^{\mathrm{II}} & \bar{Q}_{33}^{\mathrm{II}} & \bar{Q}_{13}^{\mathrm{III}} & \bar{Q}_{23}^{\mathrm{III}} & \bar{Q}_{33}^{\mathrm{III}} \end{bmatrix} \begin{Bmatrix} \varepsilon_{xx}^0 \\ \varepsilon_{yy}^0 \\ 2\varepsilon_{xy}^0 \\ \kappa_{xx}^0 \\ \kappa_{yy}^0 \\ 2\kappa_{xy}^0 \end{Bmatrix} \tag{6.48a}$$

或者

$$\begin{Bmatrix} N-\bar{N} \\ M-\bar{M} \end{Bmatrix} = \begin{bmatrix} \bar{Q}^{\mathrm{I}} & \bar{Q}^{\mathrm{II}} \\ \bar{Q}^{\mathrm{II}} & \bar{Q}^{\mathrm{III}} \end{bmatrix} \begin{Bmatrix} \varepsilon^0 \\ \kappa^0 \end{Bmatrix} \tag{6.48b}$$

分别与式 (6.11a) 和式 (6.11b) 对比可见，广义一阶剪切理论得到的层合板刚度方程 (待求解的未知数) 与经典层合板理论的刚度方程类似，仅仅系数不同而已。

从式 (6.48a) 或式 (6.48b) 解出面内的应变分量与曲率分量后，代入式 (6.44)，得到每一层的面外应力分量，第 k 层在整体坐标下的平均应变是

$$\begin{aligned} \{\varepsilon_i\}_k^{(\mathrm{G})} = \Big\{ & \varepsilon_{xx}^0 + \frac{z_{k+1}+z_k}{2}\kappa_{xx}^0, \varepsilon_{yy}^0 + \frac{z_{k+1}+z_k}{2}\kappa_{yy}^0, \varepsilon_{zz}^{(k)}, \\ & 2\varepsilon_{yz}^{(k)}, 2\varepsilon_{xz}^{(k)}, 2\varepsilon_{xy}^0 + (z_{k+1}+z_k)\kappa_{xy}^0 \Big\}^{\mathrm{T}} \end{aligned} \tag{6.49}$$

根据式 (1.67) 和式 (1.70b)，第 k 层局部 (主轴) 坐标下的应变为

$$\{\varepsilon_i\}_k = ([T_{ij}]_{\mathrm{c}}^{\mathrm{T}})_k \{\varepsilon_i\}_k^{\mathrm{G}} \tag{6.50a}$$

局部坐标系下的应力：

$$\{\sigma_i\}_k = ([K_{ij}])_k \{\varepsilon_i\}_k \tag{6.50b}$$

将式 (6.50b) 代入式 (2.4) 和式 (2.5)，即可确定纤维和基体中的应力，其中 $[B_{ij}]$ 和 $[A_{ij}]$ 分别由式 (2.68)、式 (2.69) 和式 (2.59)、式 (2.60) 定义，进而确定纤维和基体的破坏，以及层合板的强度，其中致命破坏与非致命破坏、刚度衰减、极限强度等确定方案与此前的相同。

从上述求解方程可见，广义的一阶剪切层合板理论虽然计入了面外应变的影响，但面外应变与面内应变可通过解耦分别求解，所得到的层合板刚度方程的阶数与经典层合板理论的刚度方程阶数 (6 阶) 相同，而且，桥联理论给出的三维桥联矩阵与二维桥联矩阵的非 0 元素相同，因此，采用广义一阶剪切理论分析三维层

合板问题增加的计算量十分有限。当面外应力为 0(即 $\sigma_{xz}=\sigma_{yz}=\sigma_{zz}=0$) 时，广义一阶剪切理论自动退化到经典层合板理论。

层合板的三维面内刚度及工程弹性常数可参照 6.3.3 节定义。即三维等效面内刚度为

$$[K_{ij}^{\mathrm{G}}]=\frac{1}{h}\sum_{l=1}^{N}[(K_{ij}^{\mathrm{G}})_l](z_{l+1}-z_l) \tag{6.51a}$$

$$[S_{ij}^{\mathrm{G}}]=[K_{ij}^{\mathrm{G}}]^{-1} \tag{6.51b}$$

特别是，有 $E_{xx}=1/S_{11}^{\mathrm{G}}$、$E_{yy}=1/S_{22}^{\mathrm{G}}$、$E_{zz}=1/S_{33}^{\mathrm{G}}$。

例 6-9 T300/7901 层合板 $[\pm30/90]_{\mathrm{s}}$ 受面内载荷 $\sigma_{xx}=60\mathrm{MPa}$ 和面外载荷 $\sigma_{xz}=35\mathrm{MPa}$、$\sigma_{zz}=-40\mathrm{MPa}$ 作用，试求各层纤维和基体中的真实内应力。纤维和基体性能见表 6-5，纤维含量 $V_{\mathrm{f}}=0.62$，假定每一个单层板厚 0.2mm。

解 (1) 求单层板的局部刚度矩阵。

桥联模型给出：$E_{11}=143.8\mathrm{GPa}$, $E_{22}=8.9\mathrm{GPa}$, ν_{12}=0.259

$G_{12}=4.82\mathrm{GPa}$, $G_{23}=3.38\mathrm{GPa}$

每一层的局部刚度均相同，为

$[K_{ij}]=$	145.6	3.41	3.41	0	0	0	GPa
	3.414	9.97	3.21	0	0	0	
	3.414	3.21	9.97	0	0	0	
	0	0	0	3.38	0	0	
	0	0	0	0	4.82	0	
	0	0	0	0	0	4.82	

(2) 求各层整体刚度矩阵。

$[K_{ij}^{\mathrm{G}}]_{30}=$	87.4	27.7	3.4	0	0	43.4	GPa
	27.7	19.6	3.3	0	0	15.3	
	3.36	3.26	10	0	0	0.09	
	0	0	0	3.74	0.62	0	
	0	0	0	0.62	4.46	0	
	43.4	15.3	0.1	0	0	29.1	

$[(K_{ij}^{\mathrm{G}})^1]_{30}=$	87.4	27.68	43.37	GPa	$[(K_{ij}^{\mathrm{G}})^2]_{30}=$	0	0	3.36	GPa
	27.68	19.6	15.35			0	0	3.26	
	43.37	15.35	29.09			0	0	0.09	

	0	0	0			3.7	0.62	0	
$[(K_{ij}^{\rm G})^3]_{30}=$	0	0	0	GPa	$[(K_{ij}^{\rm G})^4]_{30}=$	0.62	4.46	0	GPa
	3.36	3.26	0.09			0	0	9.97	

	87.4	27.7	3.36	0	0	−43.4	
	27.7	19.6	3.26	0	0	−15.3	
$[K_{ij}^{\rm G}]_{-30}=$	3.36	3.26	9.97	0	0	−0.09	GPa
	0	0	0	3.7	−0.6	0	
	0	0	0	−0.6	4.46	0	
	−43.4	−15	−0.1	0	0	29.1	

	87.4	27.68	−43.4			0	0	3.36	
$[(K_{ij}^{\rm G})^1]_{-30}=$	27.7	19.6	−15.3	GPa	$[(K_{ij}^{\rm G})^2]_{-30}=$	0	0	3.26	GPa
	−43	−15.3	29.09			0	0	−0.1	

	0	0	0			3.74	−0.6	0	
$[(K_{ij}^{\rm G})^3]_{-30}=$	0	0	0	GPa	$[(K_{ij}^{\rm G})^4]_{-30}=$	−0.62	4.46	0	GPa
	3.36	3.26	−0.09			0	0	9.97	

	9.97	3.41	3.21	0	0	0	
	3.41	146	3.41	0	0	0	
$[K_{ij}^{\rm G}]_{90}=$	3.21	3.41	9.97	0	0	0	GPa
	0	0	0	4.8	0	0	
	0	0	0	0	3.38	0	
	0	0	0	0	0	4.82	

	9.97	3.414	0			0	0	3.21	
$[(K_{ij}^{\rm G})^1]_{90}=$	3.41	145.6	0	GPa	$[(K_{ij}^{\rm G})^2]_{90}=$	0	0	3.41	GPa
	0	0	4.82			0	0	0	

	0	0	0			4.82	0	0	
$[(K_{ij}^{\rm G})^3]_{90}=$	0	0	0	GPa	$[(K_{ij}^{\rm G})^4]_{90}=$	0	3.38	0	GPa
	3.21	3.41	0			0	0	9.97	

(3) 求层合板刚度方程。

由于对称铺层，类似经典层合板理论所得结论，有 $[\bar{Q}_{ij}^{\rm II}]=[0]$，拉伸与弯曲刚

度不耦合。同样由于对称性，式 (6.46b) 给出的附加力矩为 0。因此，层合板刚度方程为

$$\begin{Bmatrix} N_{xx}-\bar{N}_{xx} \\ N_{yy}-\bar{N}_{yy} \\ N_{xy}-\bar{N}_{xy} \end{Bmatrix} = [\bar{Q}_{ij}^{\mathrm{I}}] \begin{Bmatrix} \varepsilon_{xx}^0 \\ \varepsilon_{yy}^0 \\ 2\varepsilon_{xy}^0 \end{Bmatrix}$$

$$[\bar{Q}_{ij}^{\mathrm{I}}] = \begin{bmatrix} 72.59 & 22.19 & 0 \\ 22.19 & 72.59 & 0 \\ 0 & 0 & 25.2 \end{bmatrix} \times 10^6 (\mathrm{N/m})$$

$$\begin{Bmatrix} N_{xx}-\bar{N}_{xx} \\ N_{yy}-\bar{N}_{yy} \\ N_{xy}-\bar{N}_{xy} \end{Bmatrix} = \begin{Bmatrix} 82.6 \\ 15.9 \\ 0 \end{Bmatrix} \times 10^3 (\mathrm{N/m})$$

(4) 求各层应变。

由上述刚度方程解出中面应变：$\{\varepsilon_{xx}^0, \varepsilon_{yy}^0, 2\varepsilon_{xy}^0\} = \{1.18, -0.14, 0\} \times 10^{-3}$。各单层板的面外应变由以下方程计算：

$$\begin{Bmatrix} 2\varepsilon_{yz}^{(l)} \\ 2\varepsilon_{xz}^{(l)} \\ \varepsilon_{zz}^{(l)} \end{Bmatrix} = [(K_{ij}^{\mathrm{G}})_l^4]^{-1} \left(\begin{Bmatrix} \sigma_{yz} \\ \sigma_{xz} \\ \sigma_{zz} \end{Bmatrix} - [(K_{ij}^{\mathrm{G}})_l^3] \begin{Bmatrix} \varepsilon_{xx}^0 \\ \varepsilon_{yy}^0 \\ 2\varepsilon_{xy}^0 \end{Bmatrix} \right)$$

30°层的面外应变：$\{2\varepsilon_{yz}^{(30)}, 2\varepsilon_{yz}^{(30)}, \varepsilon_{zz}^{(30)}\} = \{-1.34, 8.04, -4.4\} \times 10^{-3}$。

−30°层的面外应变：$\{2\varepsilon_{yz}^{(-30)}, 2\varepsilon_{yz}^{(-30)}, \varepsilon_{zz}^{(-30)}\} = \{1.34, 8.04, -4.4\} \times 10^{-3}$。

90°层的面外应变：$\{2\varepsilon_{yz}^{(90)}, 2\varepsilon_{yz}^{(90)}, \varepsilon_{zz}^{(90)}\} = \{0, 10.36, -4.3\} \times 10^{-3}$。

(5) 求各层应力。

由式 (6.50b)，求得各单层板局部坐标系下分担的应力见表 6-7。

表 6-7 各单层板局部坐标系下分担的应力 (单位：MPa)

	σ_{11}	σ_{22}	σ_{33}	σ_{23}	σ_{13}	σ_{12}
30° 层	109.5	−9.2	−40	−17.5	30.3	−5.5
−30° 层	109.5	−9.2	−40	17.5	30.3	5.5
90° 层	−31.4	−2.7	−40	−35	0	0

再根据提供的纤维和基体的性能参数，非 0 桥联矩阵 $[a_{ij}]$ 和 $[b_{ij}]$ 中的元素是

$$a_{11}=0.014,\quad a_{12}=0.155,\quad a_{22}=0.448,\quad a_{66}=0.355$$

$$b_{11}=1.599,\quad b_{12}=-0.119,\quad b_{22}=1.265,\quad b_{66}=1.325$$

由此，各单层板中纤维和基体的均值内应力列于表 6-8。

表 6-8　各单层板中纤维和基体的均值内应力　(单位：MPa)

30° 层	σ_{11}^{f}	σ_{22}^{f}	σ_{33}^{f}	σ_{23}^{f}	σ_{13}^{f}	σ_{12}^{f}
	181	−11.7	−50.6	−22.2	40.2	−7.3
	σ_{11}^{m}	σ_{22}^{m}	σ_{33}^{m}	σ_{23}^{m}	σ_{13}^{m}	σ_{12}^{m}
	−7.2	−5.2	−22.7	−9.9	14.2	−2.6
−30° 层	σ_{11}^{f}	σ_{22}^{f}	σ_{33}^{f}	σ_{23}^{f}	σ_{13}^{f}	σ_{12}^{f}
	181	−11. 7	−50.6	22.2	40.2	7.3
	σ_{11}^{m}	σ_{22}^{m}	σ_{33}^{m}	σ_{23}^{m}	σ_{13}^{m}	σ_{12}^{m}
	−7.2	−5.2	−22.7	9.9	14.2	2.6
90° 层	σ_{11}^{f}	σ_{22}^{f}	σ_{33}^{f}	σ_{23}^{f}	σ_{13}^{f}	σ_{12}^{f}
	−45.1	−3.4	−50.6	−44.3	0	0
	σ_{11}^{m}	σ_{22}^{m}	σ_{33}^{m}	σ_{23}^{m}	σ_{13}^{m}	σ_{12}^{m}
	−9	−1.5	−22.7	−19.8	0	0

(6) 求基体中的应力集中系数。

由于 $V_{\mathrm{f}}=0.62>0.55$，应考虑 σ_{11}^{m} 方向的应力修正。各系数如表 6-9：

表 6-9　基体中的应力集中系数

K_{11}^{t}	K_{11}^{c}	K_{22}^{t}	K_{22}^{c}	$K_{33}^{\mathrm{t,Bi}}$	$K_{33}^{\mathrm{c,Bi}}$	K_{12}	K_{23}
1	1	2.38	1.82	1.94	1.75	1.47	2.29

(7) 基体的真实应力。

纤维的真实应力不变。由于各层中的基体应力均满足 $(\sigma_{22}^{\mathrm{m}}-\sigma_{33}^{\mathrm{m}})>0$，基体的真实应力需由式 (4.46b) 计算，即

$$\{\bar{\sigma}_i^{\mathrm{m}}\}=\{\sigma_{11}^{\mathrm{m}},K_{33}^{\mathrm{Bi}}\sigma_{33}^{\mathrm{m}}+K_{22}^{\mathrm{t}}(\sigma_{22}^{\mathrm{m}}-\sigma_{33}^{\mathrm{m}}),K_{33}^{\mathrm{Bi}}\sigma_{33}^{\mathrm{m}},K_{23}\sigma_{23}^{\mathrm{m}},K_{12}\sigma_{13}^{\mathrm{m}},K_{12}\sigma_{12}^{\mathrm{m}}\}^{\mathrm{T}}$$

结果如表 6-10。

例 6-10　材料的性能参数、铺层及纤维含量同例 6-5，受面内应力 $\sigma_{xx}=60\mathrm{MPa}$ 作用，试分别基于一阶剪切层合板理论和经典层合板理论，求各层纤维和基体中的 (均值) 内应力。

解　(1) 基于一阶剪切层合板理论的纤维和基体中内应力。

此时，只需在求解例 6-9 的 Excel 程序中令 $\sigma_{xz}=\sigma_{zz}=0$，得各层内应力为表 6-11：

表 6-10 基体的真实应力

30° 层	$\bar{\sigma}_{11}^{m}$	$\bar{\sigma}_{22}^{m}$	$\bar{\sigma}_{33}^{m}$	$\bar{\sigma}_{23}^{m}$	$\bar{\sigma}_{13}^{m}$	$\bar{\sigma}_{12}^{m}$
	−7.2	1.84	−39.7	−22.7	20.9	−3.81
−30° 层	$\bar{\sigma}_{11}^{m}$	$\bar{\sigma}_{22}^{m}$	$\bar{\sigma}_{33}^{m}$	$\bar{\sigma}_{23}^{m}$	$\bar{\sigma}_{13}^{m}$	$\bar{\sigma}_{12}^{m}$
	−7.2	1.84	−39.7	22.7	20.9	3.81
90° 层	$\bar{\sigma}_{11}^{m}$	$\bar{\sigma}_{22}^{m}$	$\bar{\sigma}_{33}^{m}$	$\bar{\sigma}_{23}^{m}$	$\bar{\sigma}_{13}^{m}$	$\bar{\sigma}_{12}^{m}$
	−9	10.7	−39.7	−45.4	0	0

表 6-11 纤维和基体中内应力

30° 层	σ_{11}^{f}	σ_{22}^{f}	σ_{33}^{f}	σ_{23}^{f}	σ_{13}^{f}	σ_{12}^{f}
	170.1	2.4	0	0	0	−7.9
	σ_{11}^{m}	σ_{22}^{m}	σ_{33}^{m}	σ_{23}^{m}	σ_{13}^{m}	σ_{12}^{m}
	2.72	1.1	0	0	0	−2.8
−30° 层	σ_{11}^{f}	σ_{22}^{f}	σ_{33}^{f}	σ_{23}^{f}	σ_{13}^{f}	σ_{12}^{f}
	170.1	2.4	0	0	0	7.9
	σ_{11}^{m}	σ_{22}^{m}	σ_{33}^{m}	σ_{23}^{m}	σ_{13}^{m}	σ_{12}^{m}
	2.72	1.1	0	0	0	2.8
90° 层	σ_{11}^{f}	σ_{22}^{f}	σ_{33}^{f}	σ_{23}^{f}	σ_{13}^{f}	σ_{12}^{f}
	−74.3	11.4	0	0	0	0
	σ_{11}^{m}	σ_{22}^{m}	σ_{33}^{m}	σ_{23}^{m}	σ_{13}^{m}	σ_{12}^{m}
	0.74	5.1	0	0	0	0

(2) 基于经典层合板理论的纤维和基体中的内应力。

基于经典层合板理论计算的各层纤维和基体中内应力的 Excel 程序，可方便地给出本例铺层纤维和基体中的内应力，如表 6-12。

表 6-12 铺层纤维和基体中的内应力

30° 层	σ_{11}^{f}	σ_{22}^{f}	σ_{12}^{f}
	170.1	2.4	−7.9
	σ_{11}^{m}	σ_{22}^{m}	σ_{12}^{m}
	2.72	1.1	−2.8
−30° 层	σ_{11}^{f}	σ_{22}^{f}	σ_{12}^{f}
	170.1	2.4	7.9
	σ_{11}^{m}	σ_{22}^{m}	σ_{12}^{m}
	2.72	1.1	2.8
90° 层	σ_{11}^{f}	σ_{22}^{f}	σ_{12}^{f}
	−74.3	11.4	0
	σ_{11}^{m}	σ_{22}^{m}	σ_{12}^{m}
	0.74	5.1	0

对比可见，两种层合板理论给出的纤维和基体的内应力完全相同。

习　　题

习题 6-1　假定层合板受垂直于板面的均布载荷作用 (题 6-1 图)。试求与 y 轴平行的横截面上的单位宽度上的弯矩沿 x 方向的分布图，假定板的宽度为 B。

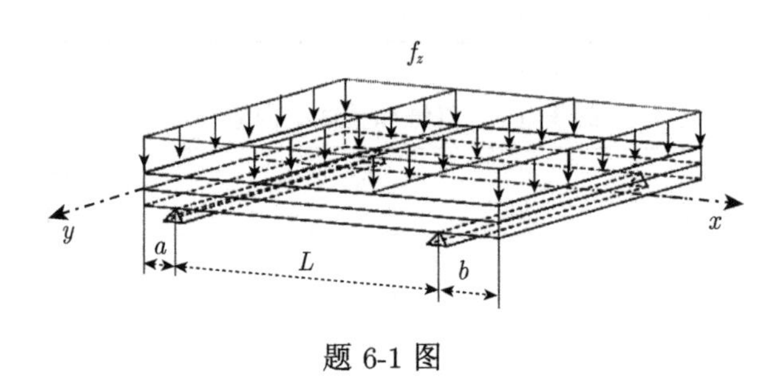

题 6-1 图

习题 6-2　确定 CF/epoxy 反对称排列层合板 $[45/-45]$ 的拉伸、耦合及弯曲刚度矩阵，纤维和基体性能参数见题 6-2 表，$V_{\rm f}=0.6$，单层厚度为 0.25mm。

题 6-2 表　性能参数

材料	E_{11}/GPa	E_{22}/GPa	ν_{12}	G_{12}/GPa	G_{23}/GPa
纤维	230	17	0.2	15	7
基体	4.2	4.2	0.34	1.567	1.567

习题 6-3　GF/epoxy 层合板 $[55/-55]_{\rm s}$ 的纤维和基体性能参数见题 6-3 表，$V_{\rm f}=0.55$，单层厚度为 0.2mm，受 $\sigma_{xx}=30$MPa、$\sigma_{yy}=-40$MPa 作用，假定纤维和基体均为线弹性，试求 ε_{xx}。

题 6-3 表　性能参数

材料	E/GPa	ν
纤维	70	0.22
基体	3.5	0.35

习题 6-4　风机叶片等应用中往往采用泡沫夹芯结构，如题 6-4 图所示，其中面板和底板为纤维增强复合材料 (玻璃钢)，芯层为泡沫板。假定面板和底板为沿 x 方向的单向复合材料，性能为 $E_{11}=39.5$GPa, $E_{22}=14GPa$, $\nu_{12}=0.21, G_{12}=3.6$GPa, 密度 $=1950\text{kg/m}^3$，芯层泡沫板为各向同性材料，$E=0.035$GPa、$\nu=0.3$，密度 $=60\text{kg/m}^3$，厚度分别为 $t=0.9$mm、$h=14$mm。试求夹芯结构的轴向 (沿 x 方向) 弹性模量 E_{xx} 和等效密度 $\rho_{\rm c}$。

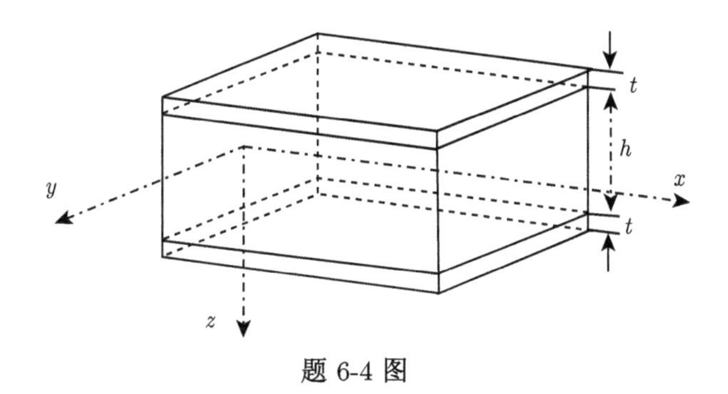

题 6-4 图

习题 6-5 为降低层合板的重量，采用竹刨切片与玻璃钢交叉铺层，其中最顶层与最底层为玻璃钢。竹刨切片性能参数为 $E_{11} = 12\text{GPa}, E_{22} = 3\text{GPa}, \nu_{12} = 0.2, G_{12} = 0.9\text{GPa}$, 密度 $=$ 800kg/m^3 。玻璃钢的性能同前，即 $E_{11} = 39.5\text{GPa}$, $E_{22} = 14\text{GPa}$, $\nu_{12} = 0.21, G_{12}$=3.6GPa, 密度 $= 1950\text{kg/m}^3$。假定竹刨切片厚度 $t_1 = 2\text{mm}$、玻璃钢厚度 $t_2 = 0.4\text{mm}$。若层合板中竹刨切片 2 层，玻璃钢 3 层，试求该层合板沿轴向 (x 方向) 的弹性模量 E_{xx} 和等效密度 ρ_{c}。

习题 6-6 若上述层合板中竹刨切片 20 层，玻璃钢 21 层，该层合板的轴向 (x 方向) 弹性模量 E_{xx} 和等效密度 ρ_{c} 又为多少?

习题 6-7 玻璃钢与泡沫板的性能参数同习题 6-4(题 6-7 图)，但厚度可调整，其中玻璃钢的厚度可取 $t = 0.4\text{mm}$、0.5mm、0.6mm、0.7mm、0.8mm、0.9mm，泡沫板的厚度可以任意选取。试设计玻璃钢夹芯结构 (玻璃钢的层数、厚度以及玻璃钢之间所夹的泡沫板厚度皆可变)，使得轴向 (沿 x 方向) 的弹性模量 E_{xx} 不低于 3GPa，等效密度 ρ_{c} 尽可能小，其中结构总体厚度 $H = 40\text{mm}$。

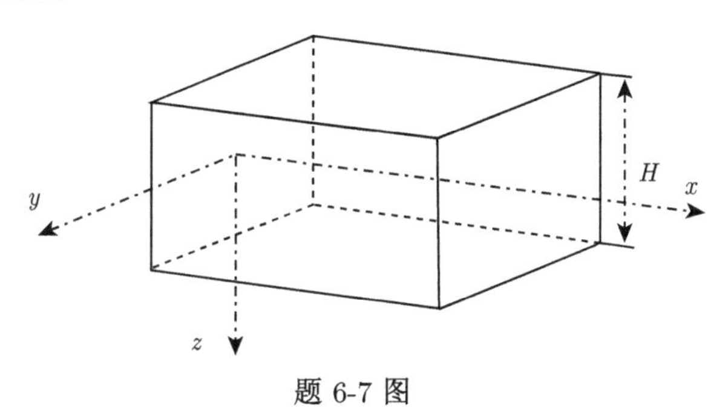

题 6-7 图

习题 6-8 GF/epoxy 层合板 $[45/-45]_{\text{s}}$ 的纤维和基体性能参数见题 6-8 表，$V_{\text{f}} = 0.55$，单层板厚度为 0.1mm，受 $\sigma_{xx} = 60\text{MPa}$、$\sigma_{xy} = -40\text{MPa}$ 作用，试求各层中纤维和基体所受的应力。

题 6-8 表 性能参数

材料	E/GPa	ν
纤维	80	0.22
基体	4.5	0.35

习题 6-9　求 CF/epoxy 层合板 $[90/0/90]_s$ 的初始破坏强度，设层合板受 $\sigma_{yy} = 0.25\sigma_{xx}$ 的双向拉伸作用，其中，纤维和基体性能参数见题 6-9 表，单层板厚度为 0.2mm，$V_f = 0.55$。

题 6-9 表　性能参数

材料	E_{11}/GPa	E_{22}/GPa	ν_{12}	G_{12}/GPa	G_{23}/GPa	$\sigma_{u,t}$/MPa	$\sigma_{u,c}$/MPa	$\sigma_{u,s}$/MPa
纤维	380	27	0.2	15	9	4200	2500	—
基体	3.5	3.5	0.35	1.29	1.29	80	120	55

习题 6-10　T300/7901 层合板 $[0/90]_{4s}$ 的纤维和基体性能参数见题 6-10 表，$V_f = 0.62$，单层板厚度为 0.1425mm，受 σ_{xx} 作用，试求层合板的极限拉伸强度。

题 6-10 表　性能参数

材料	E_{11}/GPa	E_{22}/GPa	ν_{12}	G_{12}/GPa	G_{23}/GPa	$\sigma_{u,t}$/MPa	$\sigma_{u,c}$/MPa	$\sigma_{u,s}$/MPa
纤维	230	15	0.2	15	7	2500	1500	—
基体	3.17	3.17	0.355	1.17	1.17	85.1	107	52.6

习题 6-11　T300/7901 层合板 $[0/\pm\theta/90]_s$ 的纤维和基体性能同习题 6-10，$V_f = 0.62$，单层厚度为 0.1425mm，受 σ_{xx} 作用，试求 $\theta = 30°$、$60°$ 的极限拉伸强度。

习题 6-12　悬臂层合板 $[0/\pm\theta]_{4s}$ 受自由端集中力 P 作用，试求 $\theta = 15°$、$75°$ 时的层合板第一层破坏载荷 P。纤维和基体性能参数见题 6-12 表，$V_f = 0.6$，单层板厚度为 0.2mm，跨距 $l = 50$mm。假定层合板宽 $b = 40$mm。

题 6-12 表　性能参数

材料	E_{11}/GPa	E_{22}/GPa	ν_{12}	G_{12}/GPa	G_{23}/GPa	$\sigma_{u,t}$/MPa	$\sigma_{u,c}$/MPa	$\sigma_{u,s}$/MPa
纤维	72	72	0.2	30	30	2150	1450	—
基体	3.35	3.35	0.34	1.25	1.25	80	120	54

习题 6-13　层合板 $[\pm\theta]_{4s}$ 受三点弯曲作用，如题 6-13 图所示，试求 $\theta = 30°$、$60°$ 的最大载荷 P。纤维和基体性能参数见题 6-13 表，$V_f = 0.6$，单层板厚度为 0.2mm，假定层合板宽 $b = 40$mm。

题 6-13 表　性能参数

材料	E_{11}/GPa	E_{22}/GPa	ν_{12}	G_{12}/GPa	G_{23}/GPa	$\sigma_{u,t}$/MPa	$\sigma_{u,c}$/MPa	$\sigma_{u,s}$/MPa
纤维	80	80	0.2	33.33	33.33	2150	1450	—
基体	3.35	3.35	0.34	1.25	1.25	80	120	54

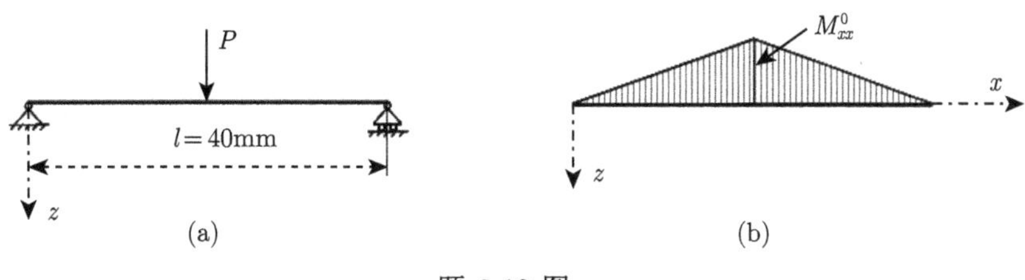

题 6-13 图

习题 6-14　层合板 $[\pm\theta/90]_s$ 受 $\sigma_{xx}=2\sigma_{yy}$ 作用，试根据 Chamis 模型求 $\theta=30°$、$60°$ 时层合板的极限破坏应力 σ_{yy}，纤维和基体性能参数见题 6-14 表，$V_f=0.6$，单层板厚度相同。

题 6-14 表　性能参数

材料	E_{11}/GPa	E_{22}/GPa	ν_{12}	G_{12}/GPa	G_{23}/GPa	$\sigma_{u,t}$/MPa	$\sigma_{u,c}$/MPa	$\sigma_{u,s}$/MPa
纤维	72	72	0.2	30	30	2150	1450	—
基体	3.35	3.35	0.34	1.25	1.25	80	120	54

第7章 若干专题

7.1 界面开裂问题

界面对复合材料承载能力有极为重要的影响，因为施加在复合材料上的外力是通过界面传递给纤维的。几乎所有的复合材料体系 (纤维和基体) 尤其是树脂基复合材料体系在推向工程应用前一般都要进行界面改性，迄今也发展了众多界面的改性方法 [88]，以期提高纤维和基体的界面结合强度以及复合材料的整体承载能力。当纤维和基体中的应力 (点应力) 和位移在它们的共同边界上是连续的 (应力的法向分量与切向分量连续、位移各分量连续)，对应的界面称为理想界面或者说处于理想粘结；如果这种连续性边界条件中的任何一个不能得到满足，就称为非理想界面 [89]。非理想界面可以出现在界面上的某些点、某一段甚至整个界面 (如纤维拔出)。

实际中大概最为常见的一种非理想界面形式，当属纤维和基体界面开裂或界面脱粘。从唯象角度考虑，几乎所有纤维和基体的界面 (加工缺陷除外) 在受载的初始阶段都可视为理想的，这也是建立在理想界面假设基础上的复合材料弹性理论得以成功应用的一个重要原因。如果界面强度足够，理想界面将会延续至复合材料的极限破坏；倘若界面强度不足，随着外载增加到某一水平，纤维和基体的界面将会出现脱粘或开裂。很显然，界面开裂后复合材料的承载能力必然会大幅降低，基于理想界面预报复合材料的强度也就有可能失真。这里的用词 “有可能” 而非 “必然” 是指，实际中的确存在一些纤维和基体材料体系，其界面直到复合材料极限破坏都是理想的，对这些材料体系继续进行界面改性 (从提高复合材料承载能力角度看) 将毫无意义；也存在一些界面，虽然开裂了，但基于理想界面预报的复合材料的某些强度与测试值吻合良好。

这就产生了不少需要厘清/解决的问题，比如，界面开裂何时出现？对给定的纤维增强复合材料，假定受任意载荷作用，那么，载荷施加到多大时纤维和基体的界面会出现开裂？又比如，如何定量评估界面开裂后复合材料的承载能力？很显然，界面开裂并非对应复合材料的极限破坏，但开裂后直至极限破坏前，复合材料还有多大的承载潜力？再比如，如何判定纤维和基体材料体系的界面强度是否足够？还存在多大的界面改性空间？界面开裂对哪些载荷下的强度有影响，又对哪些载荷下的强度没有/几乎没有影响？

这些问题将本章中一并给予解决。

在第 4 章中已经证实，基体的应力集中系数对复合材料的破坏与强度特性至关重要，据此可断定，界面开裂问题也必然要借助于开裂后的基体应力集中系数方可有效解决，换言之，首要工作是导出界面开裂后的应力集中系数。那么，哪个或哪些方向的基体应力集中系数必须要考虑界面开裂的影响呢？为了确定界面开裂的信息，或者获得沿某个加载方向界面开裂后的基体应力集中系数，必须要额外提供一个复合材料的实验数据，仅仅根据纤维和基体的原始性能参数，是无法准确分辨界面强弱的。道理很简单，界面强度是一个独立的参数，相同的纤维和基体材料体系，纤维的表面处理或改性不同，与基体复合后的界面强度会不一样。为尽可能减少对复合材料实验数据的依赖，本章只考虑受界面开裂影响最大的基体应力集中系数。

众多研究已充分揭示：单向复合材料的横向拉伸强度受界面开裂影响最大 [69−71]，两组组分性能相近的复合材料，其横向拉伸强度可能差异巨大，原因在于其中一组的界面有开裂，另一组的界面未开裂。这是因为，纤维和基体的界面粘结强度不仅与两者的力学性能有关，更与其表面的化学、物理甚至几何特性有关。基于理想界面的单向复合材料单轴强度的预报值与实验数据的对比 (表 5-10) 也清楚地表明，在所有的复合材料单轴强度中，横向拉伸强度预报值偏离实验值最远，平均误差高达 39.2%，个别项的对比误差甚至超过了 100%(表 5-3)。如此高的误差必然是其中某些纤维和基体界面早早产生了开裂，导致其复合材料的横向拉伸强度显著降低。因此，必须考虑界面开裂对基体横向拉伸应力集中系数的影响。

7.2 界面开裂后的基体横向拉伸应力集中系数

假定界面开裂后的单向复合材料受横向拉伸作用，界面开裂角为 2ψ。依然取同心圆柱模型，如图 7-1 所示。

界面开裂后的基体横向拉伸应力集中系数仍然按通式 (4.24) 计算，即

$$K_{22}(\varphi)=\frac{1}{\left|\boldsymbol{R}_{\varphi}^{b}-\boldsymbol{R}_{\varphi}^{a}\right|}\int_{\left|\boldsymbol{R}_{\varphi}^{a}\right|}^{\left|\boldsymbol{R}_{\varphi}^{b}\right|}\frac{\tilde{\sigma}_{22}^{\mathrm{m}}}{(\sigma_{22}^{\mathrm{m}})_{\mathrm{BM}}}\mathrm{d}\left|\boldsymbol{R}_{\varphi}\right| \tag{4.24}$$

只不过，此时分子项中的应力是依据开裂后的同心圆柱模型求得的基体沿外载方向的应力分量，分母依然为桥联模型计算的基体沿 x_2 方向的应力，见式 (4.25)。这是因为，界面开裂域的影响在体积分下可忽略不计。

如前，欲求导界面开裂后的基体应力集中系数，只需确定开裂后基体域沿外载方向的应力分量 $\tilde{\sigma}_{22}^{\mathrm{m}}$ 以及该外载下界面开裂后的破坏面外法线方向角即可。

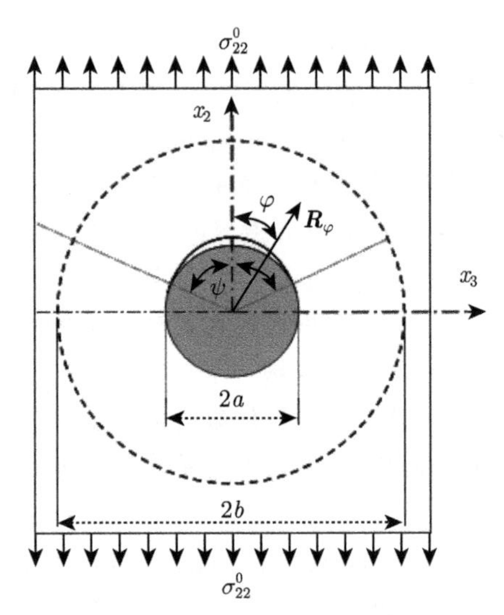

图 7-1　界面开裂后的同心圆柱受横向拉伸作用

7.2.1　基体中的应力

前人对界面开裂后的纤维和基体应力场进行过深入研究 [90−92]。基于穆斯海里什维里的复变函数应力场解析理论 [90] 和 England[91] 的工作，Toya 对如图 7-2 所示的问题进行了求解 [92]，其中，基体在 z 平面内无限大，夹杂体 (纤维) 半径为 a，在面内无穷远处受任意两对彼此垂直的载荷 T_∞ 和 N_∞ 作用，其中 T_∞ 与 x_2 轴夹角为 $\varLambda$，并假定基体与纤维的界面产生了部分环向开裂，开裂段的圆心角为 2ψ。以下有关公式中，若直接取自 Toya 的解，均在相应公式编号后用 “T” 指代，例如，(2.3T) 是指，该公式对应文献 [92] 中的公式 (2.3)。

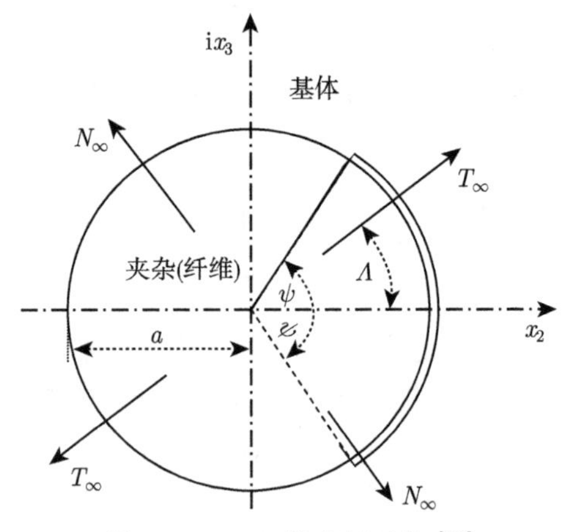

图 7-2　Toya 的求解对象 [92]

Toya 将基体中的应力表作为单一应力函数 $W(z)$ 的运算组合，即

$$\tilde{\sigma}_{\rho\rho}^{\mathrm{m}}+\tilde{\sigma}_{\theta\theta}^{\mathrm{m}}=\tilde{\sigma}_{33}^{\mathrm{m}}+\tilde{\sigma}_{22}^{\mathrm{m}}=W(z)+\bar{W}(\bar{z})=2\mathrm{Re}[W(z)] \tag{2.3T}$$

$$\tilde{\sigma}_{33}^{\mathrm{m}}-\tilde{\sigma}_{22}^{\mathrm{m}}+2\mathrm{i}\tilde{\sigma}_{23}^{\mathrm{m}}=\left(\bar{z}-\frac{a^2}{z}\right)W'(z)+\frac{a^2}{z^2}\left[\bar{W}\left(\frac{a^2}{z}\right)+W(z)\right] \tag{AIII.10T}$$

式中，(ρ,θ) 为极坐标；$W'(z)=\mathrm{d}W(z)/\mathrm{d}z$。需要指出的是，文献 [92] 中 (AIII.10) 的等式右边漏掉了右括号 “]”。应力函数 $W(z)$ 的表达式如下：

$$W(z)=k(c_0+c_2/z^2)-k[(c_0-d_{-1}/k)z+A_1+B_1/z+C_1/z^2]\chi(z) \tag{3.7T}$$

$$c_0=G_1+\mathrm{i}H_1 \tag{3.28.1T}$$

$$\begin{aligned}G_1=&(0.5(N_\infty+T_\infty)[1-(\cos\psi+2\lambda\sin\psi)\mathrm{e}^{2\lambda(\pi-\psi)}]\\&-0.5(1-k)(1+4\lambda^2)(N_\infty-T_\infty)\sin^2\psi\cos 2\Lambda)/\\&(2-k-k(\cos\psi+2\lambda\sin\psi)\mathrm{e}^{2\lambda(\pi-\psi)})\end{aligned} \tag{3.28.2T}$$

$$\begin{aligned}H_1=&\left(\frac{4\mu_1\omega_\infty}{1+\kappa_1}[1+(\cos\psi+2\lambda\sin\psi)\mathrm{e}^{2\lambda(\pi-\psi)}]\right.\\&\left.+\frac{1}{2}(1-k)(1+4\lambda^2)(N_\infty-T_\infty)\sin^2\psi\sin 2\Lambda\right)\Big/\\&(k+k(\cos\psi+2\lambda\sin\psi)\mathrm{e}^{2\lambda(\pi-\psi)})\end{aligned} \tag{3.28.3T}$$

$$c_2=a^2(N_\infty-T_\infty)\mathrm{e}^{2\mathrm{i}\Lambda} \tag{3.30T}$$

$$A_1=a(\cos\psi+2\lambda\sin\psi)\left(\frac{d_{-1}}{k}-c_0\right) \tag{3.31T}$$

$$B_1=\frac{1-k}{k}a^2(N_\infty-T_\infty)(\cos\psi-2\lambda\sin\psi)\exp[2\mathrm{i}\Lambda+2\lambda(\psi-\pi)] \tag{3.32T}$$

$$C_1=-\frac{1-k}{k}a^3(N_\infty-T_\infty)\exp[2\mathrm{i}\Lambda+2\lambda(\psi-\pi)] \tag{3.33T}$$

$$d_{-1}=\frac{N_\infty+T_\infty}{2}+\frac{4\mu_1\mathrm{i}\omega_\infty}{1+\kappa_1} \tag{3.15.1T}$$

$$k=\frac{\zeta}{1+\xi} \tag{3.9T}$$

$$\lambda=-(\ln\xi)/(2\pi) \tag{3.3T}$$

$$\xi=(\mu_2+\kappa_2\mu_1)/(\mu_1+\kappa_1\mu_2) \tag{2.20T}$$

$$\zeta = \mu_1(1+\kappa_2)/(\mu_1+\kappa_1\mu_2) \tag{2.21T}$$

$$\chi(z) = (z - a\mathrm{e}^{\mathrm{i}\psi})^{-0.5+\mathrm{i}\lambda}(z - a\mathrm{e}^{-\mathrm{i}\psi})^{-0.5-\mathrm{i}\lambda} \tag{3.2T}$$

此外，对平面应力问题，还有 (见文献 [92], p. 326)

$$\kappa_1 = \frac{4}{1+\nu^{\mathrm{m}}} - 1, \quad \kappa_2 = \frac{4}{1+\nu^{\mathrm{f}}} - 1 \tag{7.1}$$

以上各式中，$z = x_2+\mathrm{i}x_3$ 是一个复数，x_2 为复数的实部，x_3 为复数的虚部，$\mathrm{i} = \sqrt{-1}$ 表示虚数，复变量或复函数上部带 "–" 表示共轭 (根据定义，共轭运算是将虚部取负号)，如 $\bar{z} = x_2-\mathrm{i}x_3$，Re 表示只保留复变量或复函数的实部，例如，$\mathrm{Re}(z)=\mathrm{Re}(\bar{z}) = x_2$，Im 则只保留虚部。更多复变量的运算规则，可参见有关教材或数学手册，如文献 [93]。需要指出的是，在文献 [92] 中，Toya 延续了文献 [90] 中的符号计法，用 $\bar{W}(\bar{z})$ 表示对函数 $W(z)$ 整体取共轭，这从等式 (2.3T) 亦可理解，因为该等式左边为基体中沿两个正交坐标轴方向的应力和为实数，等式右边亦须为实数，而用 $\bar{W}(z)$ 表示对函数 $W(z)$ 中除 z 外的其他所有参数取共轭 [90]。若将该定义应用于式 (3.2T)，有

$$\bar{\chi}(z) = (z - a\mathrm{e}^{-\mathrm{i}\psi})^{-0.5-\mathrm{i}\lambda}(z - a\mathrm{e}^{\mathrm{i}\psi})^{-0.5+\mathrm{i}\lambda} = \chi(z) \tag{7.2}$$

在式 (3.28.3T) 和式 (3.15.1T) 中，ω_∞ 表示材料在无穷远处的转动 (见文献 [92], p. 330)。在式 (3.15.1T)、式 (2.20T) 和式 (2.21T) 中，μ_1 和 μ_2 分别代表基体和纤维的剪切模量。

分别在式 (2.3T) 的两边减去式 (AIII.10T) 的两边，并注意到等式左边的实部为应力 $\tilde{\sigma}_{22}^{\mathrm{m}}$，等式右边相应的亦须取实部，得到

$$\tilde{\sigma}_{22}^{\mathrm{m}} = \frac{\sigma_{22}^0}{2}\mathrm{Re}\left[2M(z) + \left(\frac{a^2}{z} - \bar{z}\right)M'(z) - \frac{a^2}{z^2}\left(\bar{M}\left(\frac{a^2}{z}\right) + M(z)\right)\right] \tag{7.3}$$

若在图 7-2 中，令 Λ=0、N_∞=0、ω_∞=0、$T_\infty = \sigma_{22}^0$，即退化到如图 7-1 所示的问题，此时的应力函数 $M(z)$ 将具有如下的简约形式 (注意式 (7.2))：

$$M(z) = F - \frac{a^2k}{z^2} - \left[(F-0.5)z + H + \frac{C}{z} + \frac{D}{z^2}\right]\chi(z) = \bar{M}(z) \tag{7.4}$$

$$F = \frac{1 - (\cos\psi + 2\lambda\sin\psi)\exp[2\lambda(\pi-\psi)] + (1-k)(1+4\lambda^2)\sin^2\psi}{\dfrac{4}{k} - 2 - 2(\cos\psi + 2\lambda\sin\psi)\exp[2\lambda(\pi-\psi)]} \tag{7.5}$$

$$H = a(\cos\psi + 2\lambda\sin\psi)(0.5-F) \tag{7.6}$$

$$C=(k-1)(\cos\psi-2\lambda\sin\psi)a^2\exp[2\lambda(\psi-\pi)] \tag{7.7}$$

$$D=(1-k)a^3\exp[2\lambda(\psi-\pi)] \tag{7.8}$$

$$\kappa_1=\frac{3-\nu^{\mathrm{m}}}{1+\nu^{\mathrm{m}}},\quad \kappa_2=\frac{3-\nu^{\mathrm{f}}}{1+\nu^{\mathrm{f}}},$$

$$\mu_1=\frac{E^{\mathrm{m}}(\kappa_1-1)\nu^{\mathrm{m}}}{[1-(\nu^{\mathrm{m}})^2](3-\kappa_1)},\quad \mu_2=\frac{E^{\mathrm{f}}(\kappa_2-1)\nu^{\mathrm{f}}}{[1-(\nu^{\mathrm{f}})^2](3-\kappa_2)} \tag{7.9}$$

$$k=\frac{\mu_1(1+\kappa_2)}{(1+\xi)(\mu_1+\kappa_1\mu_2)} \tag{7.10}$$

值得注意的是，上述所列 Toya 的解只适用于平面应力问题并且是在纤维和基体均为各向同性的情况下导出的。应用到复合材料的同心圆柱模型，须转化到平面应变问题并且纤维必须要能够取横观各向同性。由弹性力学可知，将平面应力问题转化到平面应变问题，只需对弹性常数进行修正即可。在横观各向同性的情况下，材料的应变–应力方程是

$$\tilde{\varepsilon}_{22}=\frac{1-\nu_{12}\nu_{21}}{E_{22}}\tilde{\sigma}_{22}-\frac{\nu_{32}-\nu_{12}\nu_{21}}{E_{33}}\tilde{\sigma}_{33},\quad \tilde{\varepsilon}_{33}=\frac{1-\nu_{13}\nu_{31}}{E_{33}}\tilde{\sigma}_{33}-\frac{\nu_{23}-\nu_{12}\nu_{21}}{E_{22}}\tilde{\sigma}_{22}$$

将其与各向同性材料的应变–应力方程相比较：

$$\tilde{\varepsilon}_{22}=\frac{1}{E}(\tilde{\sigma}_{22}-\nu\tilde{\sigma}_{33}),\quad \tilde{\varepsilon}_{33}=\frac{1}{E}(\tilde{\sigma}_{33}-\nu\tilde{\sigma}_{22})$$

可见，只需将各向同性材料的弹性模量 E 和泊松比 ν 分别用以下参数置换即可

$$E=\frac{E_{22}}{1-\nu_{12}\nu_{21}},\quad \nu=\frac{\nu_{23}+\nu_{12}\nu_{21}}{1-\nu_{12}\nu_{21}}$$

注意到 $E_{33}=E_{22}$。换言之，只需将式 (7.9) 修正为

$$\kappa_1=3-4\nu^{\mathrm{m}},\quad \kappa_2=\frac{3-\nu_{23}^{\mathrm{f}}-4\nu_{12}^{\mathrm{f}}\nu_{21}^{\mathrm{f}}}{1+\nu_{23}^{\mathrm{f}}}$$

$$\mu_1=\frac{E^{\mathrm{m}}}{2(1+\nu^{\mathrm{m}})},\quad \mu_2=\frac{E_{22}^{\mathrm{f}}}{2(1+\nu_{23}^{\mathrm{f}})} \tag{7.11}$$

上述 Toya 解的表达式就依然有效。

7.2.2 积分运算

将式 (7.3) 代入式 (4.24) 并完成积分运算，其详细推导过程如下所示。注意，取实部后的积分与积分后取实部等价，即式 (4.24) 变为 (注意式 (7.4))

$$\hat{K}_{22}^{\mathrm{t}}(\varphi)=\frac{\sigma_{22}^{0}}{\left|\boldsymbol{R}_{\varphi}^{b}-\boldsymbol{R}_{\varphi}^{a}\right|}$$

$$\times \operatorname{Re}\left\{\int_{|\boldsymbol{R}_\varphi^a|}^{|\boldsymbol{R}_\varphi^b|}\frac{\left[\left(\dfrac{a^2}{z}-\bar{z}\right)M'(z)-\dfrac{a^2}{z^2}\left[M\left(\dfrac{a^2}{z}\right)+M(z)\right]+2M(z)\right]}{2(\sigma_{22}^{\mathrm{m}})_{\mathrm{BM}}}\mathrm{d}\,|\boldsymbol{R}_\varphi|\right\}$$

式中，左边表达式上部带“ ^ ”指明是对应界面开裂后的系数。由于 $z=\mathrm{e}^{\mathrm{i}\varphi}R_\varphi$，因此，$\mathrm{d}R_\varphi=\mathrm{e}^{-\mathrm{i}\varphi}\mathrm{d}z$，积分的下、上限相应变更为 $a'=a\mathrm{e}^{\mathrm{i}\varphi}=a(\cos\varphi+\mathrm{i}\sin\varphi)$、$b'=b\mathrm{e}^{\mathrm{i}\varphi}=b(\cos\varphi+\mathrm{i}\sin\varphi)$，其中 b 和 a 满足式 (1.33)。于是，

$$\hat{K}_{22}^{\mathrm{t}}(\varphi)=\frac{\sigma_{22}^0}{2(\sigma_{22}^{\mathrm{m}})_{\mathrm{BM}}\left|\boldsymbol{R}_\varphi^b-\boldsymbol{R}_\varphi^a\right|}\operatorname{Re}\left\{\mathrm{e}^{-\mathrm{i}\varphi}\int_{a'}^{b'}\left[\left(\frac{a^2}{z}-\bar{z}\right)M'(z)\right.\right.$$
$$\left.\left.-\frac{a^2}{z^2}\left[M\left(\frac{a^2}{z}\right)+M(z)\right]+2M(z)\right]\mathrm{d}z\right\}\tag{7.12}$$

现在，依次对式 (7.12) 中的各被积函数项进行积分，分别有

$$\begin{aligned}\int_{a'}^{b'}\left[\frac{a^2}{z}M'(z)-\frac{a^2}{z^2}M(z)\right]\mathrm{d}z&=\int_{a'}^{b'}\mathrm{d}\left[\frac{a^2}{z}M(z)\right]=\left[\frac{a^2}{z}M(z)\right]\Bigg|_{a'}^{b'}\\&=\frac{a^2}{b'}M(b')-\frac{a^2}{a'}M(a')\\&=\mathrm{e}^{-\mathrm{i}\varphi}\left[\frac{a^2}{b}M(b')-aM(a')\right]\end{aligned}\tag{7.13a}$$

$$\begin{aligned}\int_{a'}^{b'}-\bar{z}M'(z)\mathrm{d}z&=\mathrm{e}^{-2\mathrm{i}\varphi}\int_{a'}^{b'}-zM'(z)\mathrm{d}z=-\,\mathrm{e}^{-2\mathrm{i}\varphi}\left[\{zM(z)\}_{a'}^{b'}-\int_{a'}^{b'}M(z)\mathrm{d}z\right]\\&=\mathrm{e}^{-\mathrm{i}\varphi}\left[aM(a')-bM(b')\right]+\mathrm{e}^{-2\mathrm{i}\varphi}\int_{a'}^{b'}M(z)\mathrm{d}z\end{aligned}\tag{7.13b}$$

$$\begin{aligned}\int_{a'}^{b'}\left[-\frac{a^2}{z^2}M\left(\frac{a^2}{z}\right)\right]\mathrm{d}z&=\int_{a'}^{b'}M\left(\frac{a^2}{z}\right)\mathrm{d}\left(\frac{a^2}{z}\right)\\&=\int_{a^2/a'}^{a^2/b'}M(z)\mathrm{d}z=\int_{a^2/a'}^{a^2/b'}M(z)\mathrm{d}z\end{aligned}\tag{7.13c}$$

必须指出的是，由于式 (7.13c) 的积分区间已经不再位于基体域内，而是出现在纤维域中，因而，被积函数也必须用纤维域中的应力函数替代。由文献 [92] 可

知，当变量 z 在纤维中取值时，$M(z)$ 的表达式与式 (7.4) 相同，仅仅函数 $\chi(z)$ 变更为 $\chi_2(z)$

$$\chi_2(z) = -\chi(z)/\xi = -\frac{1}{\xi}(z - a\mathrm{e}^{\mathrm{i}\psi})^{-0.5+\mathrm{i}\lambda}(z - a\mathrm{e}^{-\mathrm{i}\psi})^{-0.5-\mathrm{i}\lambda} = \bar{\chi}_2(z) \tag{3.5T}$$

将式 (7.13a)~(7.13c) 代入式 (7.12)，其中的积分项化简为

$$\begin{aligned}
&\int_{a'}^{b'} \left[\left(\frac{a^2}{z} - \bar{z}\right) M'(z) - \frac{a^2}{z^2}\left[M\left(\frac{a^2}{z}\right) + M(z)\right] + 2M(z)\right] \mathrm{d}z \\
&= \int_{a'}^{b'} \left[\frac{a^2}{z} M'(z) - \frac{a^2}{z^2} M(z)\right] \mathrm{d}z + \int_{a'}^{b'} -\bar{z}M'(z)\mathrm{d}z \\
&\quad + \int_{a'}^{b'} \left[-\frac{a^2}{z^2} M\left(\frac{a^2}{z}\right)\right] \mathrm{d}z + 2\int_{a'}^{b'} M(z)\mathrm{d}z \\
&= \mathrm{e}^{-\mathrm{i}\varphi}\left[\frac{a^2}{b} M(b') - aM(a')\right] + \mathrm{e}^{-\mathrm{i}\varphi}\left[aM(a') - bM(b')\right] \\
&\quad + \mathrm{e}^{-2\mathrm{i}\varphi}\int_{a'}^{b'} M(z)\mathrm{d}z + \int_{a^2/a'}^{a^2/b'} M(z)\mathrm{d}z + 2\int_{a'}^{b'} M(z)\mathrm{d}z \\
&= \mathrm{e}^{-\mathrm{i}\varphi} M(b')(a^2/b - b) \\
&\quad + \int_{a^2/a'}^{a^2/b'} M(z)\mathrm{d}z + (2 + \mathrm{e}^{-2\mathrm{i}\varphi})\int_{a'}^{b'} M(z)\mathrm{d}z
\end{aligned} \tag{7.14}$$

因此，问题就归结为对应力函数 $M(z)$ 的积分。

取辅助函数：

$$\begin{aligned}
R_0(z) &= (z - a\mathrm{e}^{\mathrm{i}\psi})^{0.5+\mathrm{i}\lambda}(z - a\mathrm{e}^{-\mathrm{i}\psi})^{0.5-\mathrm{i}\lambda} \\
&= (z^2 + a^2 - 2za\cos\psi)^{0.5}(z - a\mathrm{e}^{\mathrm{i}\psi})^{\mathrm{i}\lambda}(z - a\mathrm{e}^{-\mathrm{i}\psi})^{-\mathrm{i}\lambda}
\end{aligned}$$

得到

$$\begin{aligned}
\frac{\mathrm{d}R_0}{\mathrm{d}z} &= 0.5(2z - 2a\cos\psi)(z^2 + a^2 - 2za\cos\psi)^{-0.5}\left(\frac{z - a\mathrm{e}^{\mathrm{i}\psi}}{z - a\mathrm{e}^{-\mathrm{i}\psi}}\right)^{\mathrm{i}\lambda} \\
&\quad + \mathrm{i}\lambda(z^2 + a^2 - 2za\cos\psi)^{0.5}\left(\frac{z - a\mathrm{e}^{\mathrm{i}\psi}}{z - a\mathrm{e}^{-\mathrm{i}\psi}}\right)^{\mathrm{i}\lambda-1}\frac{(z - a\mathrm{e}^{-\mathrm{i}\psi}) - (z - a\mathrm{e}^{\mathrm{i}\psi})}{(z - a\mathrm{e}^{-\mathrm{i}\psi})^2}
\end{aligned}$$

$$
\begin{aligned}
&= (z - a\cos\psi)[(z - ae^{i\psi})(z - ae^{-i\psi})]^{-0.5}\left(\frac{z - ae^{i\psi}}{z - ae^{-i\psi}}\right)^{i\lambda} \\
&\quad + i\lambda[(z - ae^{i\psi})(z - ae^{-i\psi})]^{0.5}\frac{2ia\sin\psi}{(z - ae^{-i\psi})^2}\left(\frac{z - ae^{i\psi}}{z - ae^{-i\psi}}\right)^{i\lambda-1} \\
&= (z - a\cos\psi - 2a\lambda\sin\psi)(z - ae^{i\psi})^{-0.5+i\lambda}(z - ae^{-i\psi})^{-0.5-i\lambda}
\end{aligned}
$$

从而，

$$
\begin{aligned}
\int[(F - 0.5)z + H]\chi(z)dz &= \int(F - 0.5)[z - a(\cos\psi + 2\lambda\sin\psi)]\chi(z)dz \\
&= (F - 0.5)\int\frac{dR_0}{dz}dz = (F - 0.5)R_0(z)
\end{aligned}
$$

类似，由

$$
\begin{aligned}
\frac{d(R_0/z)}{dz} &= -\frac{1}{z^2}R_0(z) + \frac{dR_0}{zdz} \\
&= (z - ae^{i\psi})^{-0.5+i\lambda}(z - ae^{-i\psi})^{-0.5-i\lambda} \\
&\quad \times\left(1 - \frac{a\cos\psi + 2a\lambda\sin\psi}{z} - \frac{z^2 + a^2 - 2az\cos\psi}{z^2}\right) \\
&= -a^2\left(\frac{1}{z^2} + \frac{2\lambda\sin\psi - \cos\psi}{az}\right)\chi(z)
\end{aligned}
$$

以及

$$
\frac{C}{z} = D\left(\frac{2\lambda\sin\psi - \cos\psi}{az}\right)
$$

导出

$$
\int\left(\frac{C}{z} + \frac{D}{z^2}\right)\chi(z)dz = D\int\left(\frac{1}{z^2} + \frac{2\lambda\sin\psi - \cos\psi}{az}\right)\chi(z)dz = -D\frac{R_0(z)}{a^2z}
$$

有

$$
\begin{aligned}
\int_{a'}^{b'} M(z)dz &= \int_{a'}^{b'}\left(F - \frac{a^2k}{z^2}\right)dz - \int[(F - 0.5)z + H]\chi(z)dz - \int\left(\frac{C}{z} + \frac{D}{z^2}\right)\chi(z)dz \\
&= \left[Fz + \frac{a^2k}{z} - (F - 0.5)R_0(z) + D\frac{R_0(z)}{a^2z}\right]\Bigg|_{a'}^{b'} = N(b') - N(a') \qquad (7.15)
\end{aligned}
$$

$$
N(z) = Fz + \frac{a^2k}{z} - (z - ae^{i\psi})^{0.5+i\lambda}(z - ae^{-i\psi})^{0.5-i\lambda}\left[(F - 0.5) - \frac{D}{a^2z}\right] \qquad (7.16)
$$

$$\int_{a^2/a'}^{a^2/b'} M(z)\mathrm{d}z = \left[Fz + \frac{a^2k}{z} + \frac{1}{\xi}\left((F-0.5)R_0(z) + D\frac{R_0(z)}{a^2z}\right)\right]\Bigg|_{a^2/a'}^{a^2/b'}$$

$$=N_1\left(\frac{a^2}{b'}\right) - N_1\left(\frac{a^2}{a'}\right) \tag{7.17}$$

$$N_1(z) = Fz + \frac{a^2k}{z} + \frac{1}{\xi}(z - a\mathrm{e}^{\mathrm{i}\psi})^{0.5+\mathrm{i}\lambda}(z - a\mathrm{e}^{-\mathrm{i}\psi})^{0.5-\mathrm{i}\lambda}\left[(F-0.5) - \frac{D}{a^2z}\right] \tag{7.18}$$

将式 (7.15) 和式 (7.17) 代入式 (7.14) 后，再与式 (4.25) 一起代入式 (7.12)，就得到

$$\hat{K}_{22}^{\mathrm{t}}(\varphi) = \mathrm{Re}\Bigg\{\mathrm{e}^{-2\mathrm{i}\varphi}M(b')(a^2/b - b) + \mathrm{e}^{-\mathrm{i}\varphi}\left(N_1\left(\frac{a^2}{b'}\right) - N_1\left(\frac{a^2}{a'}\right)\right)$$
$$+ \mathrm{e}^{-\mathrm{i}\varphi}(2 + \mathrm{e}^{-2\mathrm{i}\varphi})[N(b') - N(a')]\Bigg\}\frac{(V_\mathrm{f} + 0.3V_\mathrm{m})E_{22}^\mathrm{f} + 0.7V_\mathrm{m}E^\mathrm{m}}{2(b-a)(0.3E_{22}^\mathrm{f} + 0.7E^\mathrm{m})} \tag{7.19}$$

剩下的问题是：究竟在式 (7.19) 中的 φ 取何值，对应于基体的横向拉伸应力集中系数 $\hat{K}_{22}^{\mathrm{t}}$? 理想界面下，$\varphi = 0$ 对应的是横向拉伸破坏面外法线方向，同时也是式 (4.24) 中的分子项取最大值对应的直线，即 $\varphi = 0$ 使式 (4.26) 取最大值；当界面出现了开裂，$\hat{K}_{22}^{t}$ 同样须对应式 (7.19) 取最大值的方向角 φ。原因是，x_2 和 x_3 构成了各向同性平面，在该平面内，真实应力达到最大值的方向最容易产生拉伸破坏。不难验证，当 φ 取开裂 (半) 角 ψ 时，式 (7.19) 达到最大，即

$$\hat{K}_{22}^{\mathrm{t}} = \hat{K}_{22}^{\mathrm{t}}(\psi) = \max\{\hat{K}_{22}^{t}(\varphi), 0^\circ \leqslant \varphi \leqslant 90^\circ\} \tag{7.20}$$

事实上，Hobbiebrunken 等通过实验已经证实 [69]，界面开裂后的复合材料破坏沿开裂角端点所在位置发生，参见图 7-3。

将 $\varphi = \psi$ 代入式 (7.19)，就有

$$\hat{K}_{22}^{\mathrm{t}} = \mathrm{Re}\Bigg\{\mathrm{e}^{-2\mathrm{i}\psi}M(b\mathrm{e}^{\mathrm{i}\psi})(a^2/b - b) - \mathrm{e}^{-\mathrm{i}\psi}\left(N_2 - N_1\left(\frac{a^2}{b}\mathrm{e}^{-\mathrm{i}\psi}\right)\right)$$
$$+ \mathrm{e}^{-\mathrm{i}\psi}(2 + \mathrm{e}^{-2\mathrm{i}\psi})[N(b\mathrm{e}^{\mathrm{i}\psi}) - N_3]\Bigg\}\frac{(V_\mathrm{f} + 0.3V_\mathrm{m})E_{22}^\mathrm{f} + 0.7V_\mathrm{m}E^\mathrm{m}}{2(b-a)(0.3E_{22}^\mathrm{f} + 0.7E^\mathrm{m})} \tag{7.21a}$$

$$N_2 = aF\mathrm{e}^{-\mathrm{i}\psi} + ak\mathrm{e}^{\mathrm{i}\psi}, \quad N_3 = Fa\mathrm{e}^{\mathrm{i}\psi} + \mathrm{e}^{-\mathrm{i}\psi}ak \tag{7.21b}$$

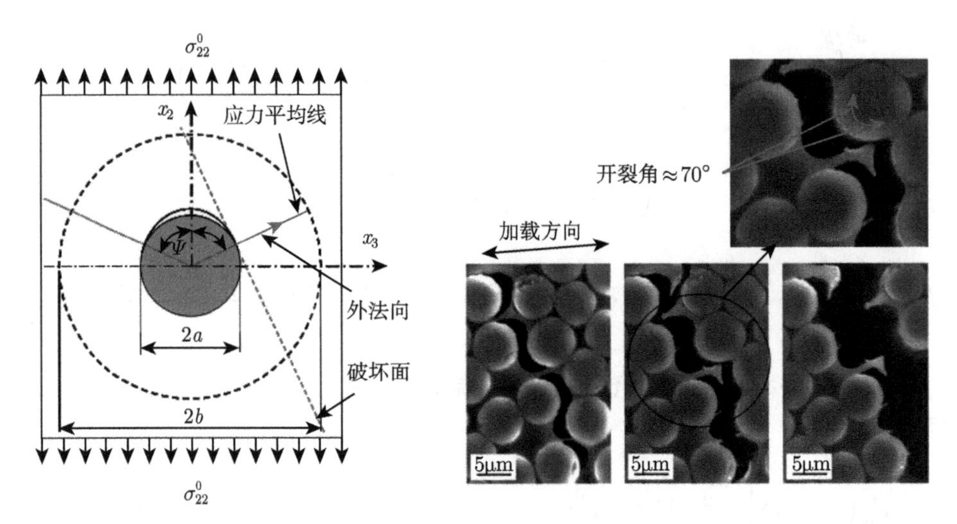

图 7-3　界面开裂后的复合材料破坏 [69]

7.2.3　开裂角 ψ

最后一个需要解决的问题是：如何确定界面开裂角 ψ？由于基体材料的泊松变形 (效应)，在垂直于加载方向 (即沿 x_3 方向) 上，基体对纤维产生最大压应力，因此，开裂角 ψ 必然小于 $\pi/2$。在界面开裂端点处，纤维和基体界面沿法线方向的相对位移为 0。在极坐标 (ρ,θ) 下，Toya 导出了图 7-2 中单向拉伸 $(N_\infty=0)$ 下纤维和基体界面上同一点开裂后的相对位移是

$$u_\rho+\mathrm{i}u_\theta=-\frac{1}{2}A_2T_\infty a\left\{G_0+\mathrm{i}H_0-\frac{1}{k}\right.$$

$$\left.-\frac{2(1-k)a}{kt}\exp[2\mathrm{i}\Lambda+2\lambda(\psi-\pi)]\right\}\frac{R_0(t)}{t}\tag{3.54T}$$

$$G_0=\frac{1-(\cos\psi+2\lambda\sin\psi)\exp[2\lambda(\pi-\psi)]+(1-k)(1+4\lambda^2)\sin^2\psi\cos2\Lambda}{2-k-k(\cos\psi+2\lambda\sin\psi)\exp[2\lambda(\pi-\psi)]}\tag{3.55T}$$

$$H_0=\frac{(1-k)(1+4\lambda^2)\sin^2\psi\sin2\Lambda}{k+k(\cos\psi+2\lambda\sin\psi)\exp[2\lambda(\pi-\psi)]}\tag{3.56T}$$

$$R_0(t)=(t-a\mathrm{e}^{\mathrm{i}\psi})^{0.5+\mathrm{i}\lambda}(t-a\mathrm{e}^{-\mathrm{i}\psi})^{0.5-\mathrm{i}\lambda}\tag{3.42T}$$

$$A_2=\frac{k}{4}\left(\frac{1+\kappa_1}{\mu_1}+\frac{1+\kappa_2}{\mu_2}\right)\tag{3.39T}$$

式中，$t(=a\mathrm{e}^{\mathrm{i}\varphi}$，见文献 [92]，p. 328) 是界面上的一点。令 $\Lambda=0$，界面开裂角 ψ 须满足：

$$u_\rho(t)=u_\rho(a\mathrm{e}^{\mathrm{i}\varphi})\big|_{\varphi=\psi}=0\tag{7.22}$$

然而，由式 (3.42T) 可知，式 (7.22) 自动满足，根据式 (7.22) 将无法解出开裂角 ψ。但是，England[91] 和 Toya[92] 都曾指出，在界面开裂段上另一个圆心角 $2\varphi=2(\psi-\gamma)$ 处，纤维和基体沿法向的相对位移也等于 0，更多研究进一步证实，在裂纹尖端存在振荡奇异性 [94]，意味着裂纹尖端附近存在其他相对位移等于 0 的点。换言之，式 (7.22) 须变更为

$$\operatorname{Re}\left\{\left(G_0-\frac{1}{k}-\frac{2(1-k)}{k\exp(\mathrm{i}\varphi)}\exp[2\lambda(\psi-\pi)]\right)R(\mathrm{e}^{\mathrm{i}\varphi})\right\}_{\varphi=\psi-\gamma}=0 \tag{7.23}$$

$$R(\mathrm{e}^{\mathrm{i}\varphi})=(\mathrm{e}^{\mathrm{i}\varphi}-\mathrm{e}^{\mathrm{i}\psi})^{0.5+\mathrm{i}\lambda}(\mathrm{e}^{\mathrm{i}\varphi}-\mathrm{e}^{-\mathrm{i}\psi})^{0.5-\mathrm{i}\lambda}\mathrm{e}^{-\mathrm{i}\varphi} \tag{7.24}$$

为了化简方程 (7.24)，先考虑 $[\exp(\mathrm{i}(\varphi))-\mathrm{e}^{\mathrm{i}\psi}]$ 的几何表达，其模是

$$\begin{aligned}\left|\exp(\mathrm{i}\varphi)-\mathrm{e}^{\mathrm{i}\psi}\right|&=|\cos\varphi-\cos\psi+\mathrm{i}(\sin\varphi-\sin\psi)|\\&=\sqrt{(\cos\varphi-\cos\psi)^2+(\sin\varphi-\sin\psi)^2}\\&=\sqrt{2-2(\cos\varphi\cos\psi+\sin\varphi\sin\psi)}=\sqrt{2-2\cos(\psi-\varphi)}\\&=\sqrt{2-2[1-2\sin^2(0.5(\psi-\varphi))]}=2\sin(0.5\,|\psi-\varphi|)\end{aligned} \tag{7.25}$$

相位角是

$$\begin{aligned}\arg[\exp(\mathrm{i}\varphi)-\mathrm{e}^{\mathrm{i}\psi}]&=\arctan\left(\frac{\sin\varphi-\sin\psi}{\cos\varphi-\cos\psi}\right)\\&=\arctan\left(\frac{\sin\varphi-\sin(\varphi+\gamma)}{\cos\varphi-\cos(\varphi+\gamma)}\right)\\&=\arctan\left(\frac{\sin\varphi-\sin\varphi\cos\gamma-\cos\varphi\sin\gamma}{\cos\varphi-\cos\varphi\cos\gamma+\sin\varphi\sin\gamma}\right)\\&=\arctan\left(\frac{\sin\varphi(1-\cos\gamma)-\cos\varphi\sin\gamma}{\cos\varphi(1-\cos\gamma)+\sin\varphi\sin\gamma}\right)\\&=\arctan\left(\frac{2\sin\varphi\sin^2 0.5\gamma-2\cos\varphi\sin 0.5\gamma\cos 0.5\gamma}{2\cos\varphi\sin^2 0.5\gamma+2\sin\varphi\sin 0.5\gamma\cos 0.5\gamma}\right)\\&=\arctan\left(\frac{\sin\varphi\sin 0.5\gamma-\cos\varphi\cos 0.5\gamma}{\cos\varphi\sin 0.5\gamma+\sin\varphi\cos 0.5\gamma}\right)\\&=\arctan\left(\frac{-\cos(\varphi+0.5\gamma)}{\sin(\varphi+0.5\gamma)}\right)\\&=-(0.5\pi-\varphi-0.5\gamma)=\varphi+0.5\gamma-0.5\pi\end{aligned} \tag{7.26}$$

类似，有

$$\left|\exp(\mathrm{i}\varphi)-\mathrm{e}^{-\mathrm{i}\psi}\right|=|\cos\varphi-\cos\psi+\mathrm{i}(\sin\varphi+\sin\psi)|$$

$$
\begin{aligned}
&= \sqrt{(\cos\varphi - \cos\psi)^2 + (\sin\varphi + \sin\psi)^2} \\
&= \sqrt{2 - 2(\cos\varphi\cos\psi - \sin\varphi\sin\psi)} = \sqrt{2 - 2\cos(\psi + \varphi)} \\
&= \sqrt{2 - 2[1 - 2\sin^2(0.5(\psi + \varphi))]} = 2\sin(0.5(\psi + \varphi)) \qquad (7.27)
\end{aligned}
$$

$$
\begin{aligned}
\arg[\exp(\mathrm{i}\varphi) - \mathrm{e}^{-\mathrm{i}\psi}] &= \arctan\left(\frac{\sin\varphi + \sin\psi}{\cos\varphi - \cos\psi}\right) = \arctan\left(\frac{\sin\varphi + \sin(\varphi + \gamma)}{\cos\varphi - \cos(\varphi + \gamma)}\right) \\
&= \arctan\left(\frac{\sin\varphi + \sin\varphi\cos\gamma + \cos\varphi\sin\gamma}{\cos\varphi - \cos\varphi\cos\gamma + \sin\varphi\sin\gamma}\right) \\
&= \arctan\left(\frac{\sin\varphi(1 + \cos\gamma) + \cos\varphi\sin\gamma}{\cos\varphi(1 - \cos\gamma) + \sin\varphi\sin\gamma}\right) \\
&= \arctan\left(\frac{2\sin\varphi\cos^2 0.5\gamma + 2\cos\varphi\sin 0.5\gamma\cos 0.5\gamma}{2\cos\varphi\sin^2 0.5\gamma + 2\sin\varphi\sin 0.5\gamma\cos 0.5\gamma}\right) \\
&= \arctan\left(\frac{\cos 0.5\gamma}{\sin 0.5\gamma}\right) = 0.5\pi - 0.5\gamma \qquad (7.28)
\end{aligned}
$$

因此

$$
\begin{aligned}
R(\exp(\mathrm{i}\varphi)) &= [\exp(\mathrm{i}\varphi) - \mathrm{e}^{\mathrm{i}\psi}]^{0.5+\mathrm{i}\lambda}[\exp(\mathrm{i}\varphi) - \mathrm{e}^{-\mathrm{i}\psi}]^{0.5-\mathrm{i}\lambda}\exp(-\mathrm{i}\varphi) \\
&= [2\sin(0.5\,|\psi - \varphi|)\exp(\mathrm{i}(\varphi + 0.5\gamma - 0.5\pi))]^{0.5+\mathrm{i}\lambda} \\
&\quad \times [2\sin((\psi + \varphi)/2)\exp(\mathrm{i}(0.5\pi - 0.5\gamma))]^{0.5-\mathrm{i}\lambda}\exp(-\mathrm{i}\varphi)
\end{aligned}
$$

由于 $r^{\mathrm{i}\lambda} = (\mathrm{e}^{\ln r})^{\mathrm{i}\lambda} = \mathrm{e}^{\mathrm{i}(\lambda\ln r)}$，得

$$
\begin{aligned}
R(\exp(\mathrm{i}\varphi)) &= \exp(-\mathrm{i}\varphi)[4\sin((\psi - \varphi)/2)\sin((\psi + \varphi)/2)]^{0.5} \\
&\quad \exp(\mathrm{i}\lambda\ln(2\sin((\psi - \varphi)/2))) \\
&\quad \times \exp(-\mathrm{i}\lambda\ln(2\sin((\psi - \varphi)/2))) \\
&\quad [\exp(\mathrm{i}(\varphi + 0.5\gamma - 0.5\pi))]^{0.5+\mathrm{i}\lambda}[\exp(\mathrm{i}(0.5\pi - 0.5\gamma))]^{0.5-\mathrm{i}\lambda} \\
&= 2[\sin(0.5\,|\psi - \varphi|)\sin((\psi + \varphi)/2)]^{0.5} \\
&\quad \exp(\mathrm{i}\lambda\ln(\sin((\psi - \varphi)/2)/\sin((\psi + \varphi)/2))) \\
&\quad \times [\exp(-\lambda(\varphi + 0.5\gamma - 0.5\pi))][\exp(\lambda(0.5\pi - 0.5\gamma))] \\
&\quad \times \exp\{\mathrm{i}[0.5(\varphi + 0.5\gamma - 0.5\pi) + 0.5(0.5\pi - 0.5\gamma) - \varphi]\} \\
&= 2[\sin(0.5\,|\psi - \varphi|)\sin((\psi + \varphi)/2)]^{0.5}
\end{aligned}
$$

$$\begin{aligned}&\exp(\mathrm{i}\lambda\ln(\sin((\psi-\varphi)/2)/\sin((\psi+\varphi)/2)))\\&\times\exp[-\lambda(\varphi+0.5\gamma-0.5\pi)+\lambda(0.5\pi-0.5\gamma)]\exp\{\mathrm{i}[-0.5\varphi]\}\\=&\,2[\sin(0.5\left|\psi-\varphi\right|)\sin((\psi+\varphi)/2)]^{0.5}\exp[\lambda(\pi-\psi)]\\&\times\exp\{\mathrm{i}[\lambda\ln(\sin((\psi-\varphi)/2)/\sin((\psi+\varphi)/2))-0.5\varphi]\}\end{aligned}\tag{7.29}$$

对任意的两个复数 A 和 B，有 $AB=|A|\exp(\mathrm{i}\varphi_A)|B|\exp(\mathrm{i}\varphi_B)=|A||B|\exp[\mathrm{i}(\varphi_A+\varphi_B)]$。因此，$\mathrm{Re}(AB)=0$ 等价于 $\varphi_A+\varphi_B=\pm0.5\pi$，其中，$\varphi_A$ 和 φ_B 分别是 A 和 B 的相位角。于是，式 (7.23) 的解等价于：

$$\arg\left[G_0-\frac{1}{k}-\frac{2(1-k)}{k\exp(\mathrm{i}\varphi)}\exp(2\lambda(\psi-\pi))\right]+\arg[R(\exp(-\mathrm{i}\varphi))]=\pm\frac{\pi}{2}$$

将式 (7.29) 代入上式左边第二项并求出第一项的相位角，得到

$$\begin{aligned}&\arctan\left(\frac{2(1-k)\exp[2\lambda(\psi-\pi)]\sin\varphi}{kG_0-1-2(1-k)\exp[2\lambda(\psi-\pi)]\cos\varphi}\right)\\&+\lambda\ln\left(\frac{\sin[0.5(\psi-\varphi)]}{\sin[0.5(\psi+\varphi)]}\right)-\frac{\varphi}{2}=\pm\frac{\pi}{2}\end{aligned}\tag{7.30a}$$

或

$$\begin{aligned}&\arctan\left(\frac{2(1-k)\xi\exp(2\lambda\psi)\sin\varphi}{kG_0-1-2(1-k)\xi\exp(2\lambda\psi)\cos\varphi}\right)\\&+\lambda\ln\left(\frac{\sin[0.5(\psi-\varphi)]}{\sin[0.5(\psi+\varphi)]}\right)-\frac{\varphi}{2}=\pm\frac{\pi}{2}\end{aligned}\tag{7.30b}$$

式中，$\varphi=\psi-\gamma$。现在，根据 ξ 的取值分两种情况讨论。当 $\xi\leqslant1$ 时，有

$$k=\frac{\mu_1(1+\kappa_2)}{(1+\nu)(\mu_1+\kappa_1\mu_2)}=\frac{\mu_1+\kappa_2\mu_1}{\mu_1+\kappa_2\mu_1+\mu_2+\kappa_1\mu_2}<1,\quad\lambda=-\ln\xi/(2\pi)\geqslant0$$

$$2(1-k)\exp[2\lambda(\psi-\pi)]>0,\quad\frac{1}{k}>1>\frac{(1+4\lambda^2)\sin^2\psi}{2}$$

从而

$$kG_0=\frac{1-(\cos\psi+2\lambda\sin\psi)\exp[2\lambda(\pi-\psi)]+(1-k)(1+4\lambda^2)\sin^2\psi}{2/k-1-(\cos\psi+2\lambda\sin\psi)\exp[2\lambda(\pi-\psi)]}<1$$

注意到 $\sin\varphi$ 和 $\cos\varphi$ 皆大于 0，推出

$$\arctan\left(\frac{2(1-k)\xi\exp(2\lambda\psi)\sin\varphi}{kG_0-1-2(1-k)\xi\exp(2\lambda\psi)\cos\varphi}\right)<0\tag{7.31}$$

与此同时

$$\lambda\ln\left(\frac{\sin(0.5(\psi-\varphi))}{\sin(0.5(\psi+\varphi))}\right)\leqslant 0 \tag{7.32}$$

不等式 (7.31) 和式 (7.32) 表明，方程 (7.30) 的右边应取 -0.5π。

式 (7.30b) 进一步化简为

$$\begin{aligned}&\lambda\ln\left(\frac{\sin[0.5(\psi-\varphi)]}{\sin[0.5(\psi+\varphi)]}\right)\\&=\frac{\varphi}{2}-\frac{\pi}{2}-\arctan\left(\frac{2(1-k)\xi\exp(2\lambda\psi)\sin\varphi}{kG_0-1-2(1-k)\xi\exp(2\lambda\psi)\cos\varphi}\right)\\&\frac{\sin[0.5(\psi-\varphi)]}{\sin[0.5(\psi+\varphi)]}\\&=\exp\left\{\frac{1}{\lambda}\left[\frac{\varphi}{2}+\arctan\left(\frac{kG_0-1-2(1-k)\xi\exp(2\lambda\psi)\cos(\psi-\gamma)}{2(1-k)\xi\exp(2\lambda\psi)\sin(\psi-\gamma)}\right)\right]\right\}\end{aligned}$$

即

$$\begin{aligned}f(\gamma)=&\exp\left\{\frac{1}{\lambda}\left[\frac{\psi-\gamma}{2}+\arctan\left(\frac{kG_0-1-2(1-k)\xi\exp(2\lambda\psi)\cos(\psi-\gamma)}{2(1-k)\xi\exp(2\lambda\psi)\sin(\psi-\gamma)}\right)\right]\right\}\\&-\frac{\gamma}{2\sin\psi}=0\end{aligned} \tag{7.33}$$

该方程的推导中应用了近似条件 $\sin 0.5\gamma\approx 0.5\gamma$、$\sin(\psi-0.5\gamma)\approx\sin\psi$ 以及条件 $-0.5\pi-\arctan(1/\omega)=\arctan\omega$。由于方程 (7.33) 的物理意义是，纤维和基体沿径向的相对位移函数 $f(\gamma)$ 在界面处达到局部最小，从而，函数 $\gamma f(\gamma)$(因为 $\gamma>0$) 的一阶导数在同一点须取 0 值，即

$$\begin{aligned}\frac{\mathrm{d}(\gamma f(\gamma))}{\mathrm{d}\gamma}=&\left\{\gamma\exp\left[\frac{1}{\lambda}\left(\arctan(J_1/J_2)+\frac{\psi}{2}\right)\right]\frac{1}{\lambda}\left[\frac{J_3J_2}{J_1^2+J_2^2}-\frac{1}{2}\right]\right.\\&\left.+\exp\left[\frac{1}{\lambda}\left(\arctan(J_1/J_2)+\frac{\psi}{2}\right)\right]-\frac{\gamma}{\sin\psi}\right\}=0\end{aligned} \tag{7.34}$$

其中

$$J_1=kG_0-1-2(1-k)\xi\exp(2\lambda\psi)\cos\psi \tag{7.35a}$$

$$J_2=2(1-k)\xi\exp(2\lambda\psi)\sin\psi \tag{7.35b}$$

$$J_3=2(1-k)\xi\exp(2\lambda\psi)[J_1\cos\psi-J_2\sin\psi]/J_2 \tag{7.35c}$$

注意，由于 γ 相对 ψ 是小量，在式 (7.34) 和式 (7.35) 中各函数内含有 $\psi-\gamma$ 的变量皆已用 ψ 替代。从式 (7.34)，导出

$$\gamma=\frac{\lambda\exp\left[\frac{1}{\lambda}\left(\arctan(J_1/J_2)+\frac{\psi}{2}\right)\right]}{\exp\left[\frac{1}{\lambda}\left(\arctan(J_1/J_2)+\frac{\psi}{2}\right)\right]\left(\frac{1}{2}-\frac{J_3J_2}{J_1^2+J_2^2}\right)+\frac{\lambda}{\sin\psi}}$$

$$\approx\frac{2\lambda(J_1^2+J_2^2)}{J_1^2+J_2^2-2J_2J_3} \tag{7.36}$$

后一个近似式成立，是因为 $\lambda \ll \exp\left\{\frac{1}{2\lambda}[2\arctan(J_1/J_2)+\psi]\right\}\sin\psi$。

当 $\xi>1$ 时，有 $\lambda=-\ln\xi/(2\pi)<0$，此时，式 (7.36) 将给出 $\gamma<0$。因此，不能再根据函数 $\gamma f(\gamma)$ 取极小值的条件，但仍然要求 $f(\gamma)$ 取极小值，即法向相对位移函数的导数依然为 0。由此得到

$$\begin{aligned}\frac{f'(\gamma)}{\sin\psi}=&\frac{1}{\gamma}\exp\left(\frac{1}{\lambda}\left(\frac{\psi-\gamma}{2}+\arctan(J_1/J_2)\right)\right)\frac{1}{\lambda}\left(-\frac{1}{2}+\frac{J_3J_2}{J_1^2+J_2^2}\right)\\&-\frac{1}{\gamma^2}\exp\left(\frac{1}{\lambda}\left(\frac{\psi-\gamma}{2}+\arctan(J_1/J_2)\right)\right)=0\end{aligned} \tag{7.37}$$

解出

$$\gamma=-\frac{2\lambda(J_1^2+J_2^2)}{J_1^2+J_2^2-2J_2J_3} \tag{7.38}$$

换言之，当 $\xi<1$ 时，由式 (7.36) 求解 γ；而当 $\xi>1$ 时，则由式 (7.38) 确定 γ。将所得的 γ 代入式 (7.23)，得到关于开裂角 ψ 的方程，解出后再代入式 (7.21)，便得到界面开裂后的基体横向拉伸应力集中系数。

需要注意的是，当 $\xi=1$ 时，$\lambda=0$，无论式 (7.36) 还是式 (7.38)，都给出 $\gamma=0$，此时开裂角 ψ 无解。也就是说，$\xi=1$ 对应的界面开裂称为奇异开裂。然而，实际纤维和基体性能测试都存在离散性，略微调整纤维或基体的弹性性能参数，使得 $\xi\neq1$，便可避免此种情况发生。

需要指出的是，界面开裂角只与纤维和基体的材料性能有关，与纤维的体积含量无关，这就为实验验证界面开裂角公式提供了方便，因为可以基于单根纤维或纤维束制成的复合材料试样进行实验，测定开裂角。

显而易见，界面开裂后的应力集中系数公式远比理想界面的应力集中系数公式复杂，尤其是含有大量的复数运算，并且开裂角方程式 (7.23) 是超越方程，只能通过迭代求解。虽然借助 Mathematica 等工具软件不难得到所需结果，但对工程技术人员而言会略嫌不便。本书作者已将上述求解方程编制成 Excel 表格程序，读者可通过作者的个人网站下载源程序或向作者索取，只需改变纤维和基体的弹性性能参数 (其中纤维需要输入 E_{11}^{f}、E_{22}^{f}、ν_{12}^{f}、ν_{23}^{f} 共 4 个弹性参数、基体需要输入 E^{m} 和 ν^{m} 共 2 个弹性参数)、纤维含量 V_{f} 以及桥联参数 β(一般取 $\beta=0.3$)，Excel 表格便可自动给出开裂角 ψ 以及开裂后的应力集中系数 $\hat{K}_{22}^{\mathrm{t}}$。

例 7-1 9 组单向复合材料纤维和基体的弹性常数、原始强度及纤维体积含量数据见表 5-1。求这些复合材料的界面开裂角及开裂后的基体横向拉伸应力集中系数，同时列出基体其他方向的应力集中系数。

解 将各单向复合材料的组分性能及纤维含量代入有关公式，并应用 Excel 程序表格，求得基体的各应力集中系数列于表 7-1 中。

表 7-1 9 组典型复合材料中的基体应力集中系数

	E-Glass/LY556	E-Glass/MY750	AS4/3501-6	T300/BSL914C	IM7/8551-7	T300/PR319	AS/Epoxy	S2-Glass/Epoxy	G40-800/5260
K_{12}	1.52	1.49	1.42	1.43	1.47	1.51	1.45	1.5	1.48
K_{22}^{t}	3.34	3.25	2.1	2.14	2.33	3.12	2.34	3.32	2.46
K_{22}^{c}	2.25	2.18	1.47	1.57	1.76	2.03	1.74	2.17	1.73
K_{23}^{*}	3.02	2.94	1.34	2.42	2.03	2.17	2.0	2.98	2.47
ψ	71.8°	71.9°	73.9°	73.9°	73.4°	72°	73.3°	71.8°	72.8°
$\hat{K}_{22}^{\mathrm{t}}$	7.69	7.22	4.95	5.04	5.41	6.97	5.43	7.34	5.68

* 由理想界面的横向拉伸应力集中系数及横向压缩应力集中系数得到。

表 7-1 显示：① 即便在理想界面条件下，基体中的应力集中系数也有可能大于 3，换言之，退化到开孔板的应力集中系数并非基体应力集中系数的渐进最大值；② 界面开裂后的基体横向拉伸应力集中系数超过理想界面下相应应力集中系数值的 2 倍以上，这准确解释了为什么界面开裂 (脱粘) 后复合材料的承载能力会显著降低；③ 无论玻璃纤维还是碳纤维材料体系，达到稳定后的界面开裂角都略大于 70°(界面开裂圆心角大于 140°)，与实验观察相符 (图 7-3)。

7.3 界面何时开裂

假定单向复合材料受横向拉伸应力 σ_{22}^0 作用直至破坏，横向拉伸强度为 Y。不考虑复合材料中的加工缺陷，那么，在加载的初始阶段，纤维和基体的界面粘结总可以视为理想的。假定外载施加到 $\hat{\sigma}_{22}^0$ 时，界面产生了稳态开裂，开裂的圆心角为 2ψ，如图 7-1 所示。很多研究者都指出 [69,95−97]，界面从初始开裂到达稳态圆心角 2ψ 所持续的过程很短，即这期间的外载变化很小。据此，可足够合理地认为，外载小于 $\hat{\sigma}_{22}^0$ 时，界面处于理想粘结；当外载达到 $\hat{\sigma}_{22}^0$ 时，界面出现了开裂圆心角 2ψ，称 $\hat{\sigma}_{22}^0$ 为横向拉伸临界开裂载荷。

假定在临界载荷 $\hat{\sigma}_{22}^0$ 作用下，复合材料中基体的横向均值应力为 $\hat{\sigma}_{22}^{\mathrm{m}}$，由式 (4.25)，有

$$\hat{\sigma}_{22}^{\mathrm{m}} = \frac{0.3E_{22}^{\mathrm{f}} + 0.7E^{\mathrm{m}}}{(V_{\mathrm{f}} + 0.3V_{\mathrm{m}})E_{22}^{\mathrm{f}} + 0.7V_{\mathrm{m}}E^{\mathrm{m}}}\hat{\sigma}_{22}^0 \tag{7.39}$$

并且，轴向应力分量是 (参见式 (3.4a))

$$\hat{\sigma}_{11}^{\mathrm{m}}=\frac{V_{\mathrm{f}}a_{12}}{(V_{\mathrm{f}}+V_{\mathrm{m}}a_{11})(V_{\mathrm{f}}+V_{\mathrm{m}}a_{22})}\hat{\sigma}_{22}^{0} \tag{7.40}$$

其中，桥联矩阵元素 a_{ij} 见公式 (2.60)。除式 (7.39) 和式 (7.40) 外，再无其他应力分量。进一步，假定达到破坏时基体中的横向均值应力为 $\sigma_{22}^{\mathrm{m},Y}$，其计算公式为

$$\sigma_{22}^{\mathrm{m},Y}-\hat{\sigma}_{22}^{\mathrm{m}}=\frac{0.3E_{22}^{\mathrm{f}}+0.7E^{\mathrm{m}}}{(V_{\mathrm{f}}+0.3V_{\mathrm{m}})E_{22}^{\mathrm{f}}+0.7V_{\mathrm{m}}E^{\mathrm{m}}}(Y-\hat{\sigma}_{22}^{0}) \tag{7.41}$$

对比式 (5.50)，横向载荷下复合材料的破坏 (强度) 条件修正为

$$\hat{K}_{22}^{\mathrm{t}}(\sigma_{22}^{\mathrm{m},Y}-\hat{\sigma}_{22}^{\mathrm{m}})+K_{22}^{\mathrm{t}}\hat{\sigma}_{22}^{\mathrm{m}}=\sigma_{\mathrm{u,t}}^{\mathrm{m}} \tag{7.42}$$

将式 (7.39) 和式 (7.41) 代入式 (7.42)，导出开裂时的临界横向外载是

$$\hat{\sigma}_{22}^{0}=\frac{\hat{K}_{22}^{\mathrm{t}}Y}{\hat{K}_{22}^{\mathrm{t}}-K_{22}^{\mathrm{t}}}-\frac{(V_{\mathrm{f}}+0.3V_{\mathrm{m}})E_{22}^{\mathrm{f}}+0.7V_{\mathrm{m}}E^{\mathrm{m}}}{(0.3E_{22}^{\mathrm{f}}+0.7E^{\mathrm{m}})(\hat{K}_{22}^{\mathrm{t}}-K_{22}^{t})}\sigma_{\mathrm{u,t}}^{\mathrm{m}} \tag{7.43a}$$

若计入实验测试横向强度 Y 的偏差，可在式 (7.43a) 中引入修正系数 $\varDelta$，即

$$\hat{\sigma}_{22}^{0}=\frac{\varDelta\hat{K}_{22}^{\mathrm{t}}Y}{\hat{K}_{22}^{\mathrm{t}}-K_{22}^{\mathrm{t}}}-\frac{(V_{\mathrm{f}}+0.3V_{\mathrm{m}})E_{22}^{\mathrm{f}}+0.7V_{\mathrm{m}}E^{\mathrm{m}}}{(0.3E_{22}^{\mathrm{f}}+0.7E^{\mathrm{m}})(\hat{K}_{22}^{\mathrm{t}}-K_{22}^{t})}\sigma_{\mathrm{u,t}}^{\mathrm{m}} \tag{7.43b}$$

一般可取 $\varDelta\approx 0.95\sim 1.05$。

上述临界载荷是在横向单轴拉伸下导出的。如何判断任意其他载荷下纤维和基体界面是否开裂呢？一个很自然的选择是应用基体的临界 Mises 等效应力。根据横向拉伸下的应力场，得到基体的临界 Mises 等效应力 (真实应力) 为

$$\hat{\sigma}_{\mathrm{e}}^{\mathrm{m}}=\sqrt{(\hat{\sigma}_{11}^{\mathrm{m}})^2+(K_{22}^{\mathrm{t}}\hat{\sigma}_{22}^{\mathrm{m}})^2-K_{22}^{\mathrm{t}}\hat{\sigma}_{11}^{\mathrm{m}}\hat{\sigma}_{22}^{\mathrm{m}}} \tag{7.44}$$

界面开裂的必要条件是：基体的当前 Mises 等效真实应力达到或超过临界值。但仅此还不够，因为很显然，基体受到三向压缩作用不会产生界面开裂，必须存在一个拉伸主应力。因此，任意载荷下的界面开裂条件是

$$\bar{\sigma}_{\mathrm{e}}^{\mathrm{m}}\geqslant\hat{\sigma}_{\mathrm{e}}^{\mathrm{m}} \quad \text{且} \quad \bar{\sigma}_{m}^{1}>0 \tag{7.45}$$

式中，$\bar{\sigma}_{\mathrm{e}}^{\mathrm{m}}$ 是由基体的当前真实应力计算的 Mises 等效应力；$\bar{\sigma}_{\mathrm{m}}^{1}$ 是由基体当前真实应力计算的第一主应力。如果复合材料仅受平面应力$\{\sigma_{11}^{0},\sigma_{22}^{0},\sigma_{12}^{0}\}$作用，根据桥联理论，基体中也只存在平面应力场，式 (7.45) 中基体的当前 Mises 等效真实应力及第一主应力由如下公式计算：

$$(\bar{\sigma}_{11}^{\mathrm{m}})_l=(\bar{\sigma}_{11}^{\mathrm{m}})_{l-1}+K_{11}\mathrm{d}\sigma_{11}^{\mathrm{m}} \tag{7.46a}$$

$$(\bar{\sigma}_{22}^{\mathrm{m}})_l = (\bar{\sigma}_{22}^{\mathrm{m}})_{l-1} + K_{22}^{\mathrm{eq}}\mathrm{d}\sigma_{22}^{\mathrm{m}} \tag{7.46b}$$

$$(\bar{\sigma}_{12}^{\mathrm{m}})_l = (\bar{\sigma}_{12}^{\mathrm{m}})_{l-1} + K_{12}\mathrm{d}\sigma_{12}^{\mathrm{m}} \tag{7.46c}$$

$$K_{22}^{\mathrm{eq}} = \begin{cases} \hat{K}_{22}^{\mathrm{t}}, & \mathrm{d}\sigma_{22}^{\mathrm{m}} > 0\text{且界面已开裂} \\ K_{22}^{\mathrm{t}}, & \mathrm{d}\sigma_{22}^{\mathrm{m}} > 0\text{且界面未开裂} \\ K_{22}^{\mathrm{c}}, & \mathrm{d}\sigma_{22}^{\mathrm{m}} < 0 \end{cases} \tag{7.47}$$

$$(\bar{\sigma}_{\mathrm{e}}^{\mathrm{m}})_l = \sqrt{(\bar{\sigma}_{11}^{\mathrm{m}})_l^2 + (\bar{\sigma}_{22}^{\mathrm{m}})_l^2 - (\bar{\sigma}_{11}^{\mathrm{m}})_l(\bar{\sigma}_{22}^{\mathrm{m}})_l + 3(\bar{\sigma}_{12}^{\mathrm{m}})_l^2} \tag{7.48a}$$

$$\bar{\sigma}_m^1 = \frac{(\bar{\sigma}_{11}^{\mathrm{m}})_l + (\bar{\sigma}_{22}^{\mathrm{m}})_l}{2} + \frac{1}{2}\sqrt{[(\bar{\sigma}_{22}^{\mathrm{m}})_l - (\bar{\sigma}_{11}^{\mathrm{m}})_l]^2 + 4(\bar{\sigma}_{12}^{\mathrm{m}})_l^2} \tag{7.48b}$$

式中，l 是加载步；$\{\mathrm{d}\sigma_{11}^{\mathrm{m}}, \mathrm{d}\sigma_{22}^{\mathrm{m}}, \mathrm{d}\sigma_{12}^{\mathrm{m}}\}$是第 l 步外载 $\{\mathrm{d}\sigma_{11}^0, \mathrm{d}\sigma_{22}^0, \mathrm{d}\sigma_{12}^0\}$引起的基体均值应力增量，由桥联理论计算。

例 7-2　试确定表 5-1 所列 9 组单向复合材料的界面开裂横向载荷临界值及临界 Mises 等效应力。

解　9 组材料体系界面开裂后的基体横向拉伸应力集中系数均已给在表 7-1 中。现根据表 5-2 所给的各单向复合材料的横向拉伸强度，分别在式 (7.43b) 取 $\Delta = 1$、$\Delta = 1.05$ 和 $\Delta = 1.1$，计算出对应的界面开裂临界载荷值，列于表 7-2 中，其中 $\hat{\sigma}_{22}^0$、$\hat{\sigma}_{22}^{0,1}$、$\hat{\sigma}_{22}^{0,2}$ 分别表示对应取 $\Delta = 1$、1.05、1.1 得到的界面开裂横向拉伸临界载荷值。为便于对比，各单向复合材料的横向拉伸强度也一并列在表中。

表 7-2　9 组典型复合材料界面开裂时的临界横向拉伸载荷

	E-Glass/LY556	E-Glass/MY750	AS4/3501-6	T300/BSL914C	IM7/8551-7	T300/PR319	ASCarbon/Epoxy	S2-Glass/Epoxy	G40-800/5260
Y/MPa	35	40	48	27	73	40	38	63	75
$\hat{\sigma}_{22}^0$/MPa	20.3	28.2	44.4	4.7	72.5	33.5	19	74.3	93.2
$\hat{\sigma}_{22}^{0,1}$/MPa	23.4	31.9	48.5	7.1	78.9	37.1	22.4	80	99.8
$\hat{\sigma}_{22}^{0,2}$/MPa	26.5	35.5	52.7	9.4	85.3	40.7	25.7	85.7	106.4
$\hat{\sigma}_{\mathrm{e}}^{\mathrm{m}}$/MPa	28.6	39.8	53.9	5.76	90.6	46.3	24	105.1	119.4

从表 7-2 可以看出，在 9 组复合材料中，只有 4 组纤维和基体材料体系，即 E-Glass/LY556、E-Glass/MY750、T300/BSL914C、AS Carbon/Epoxy，在受到外载作用时会早早出现界面开裂，有必要进一步实施界面改性，以便提高这些材料体系的界面粘结强度和整体承载能力；另一组材料体系，T300/PR319 的界面粘结不是完全理想的，尚有 10%的提升空间；而其他 4 组材料体系中的纤维和基体界面直到破坏都是或者近似是理想的，无须进一步实施界面改性，其中有两组材料体系，即 S2-Glass/Epoxy 和 G40-800/5260，复合材料中的纤维和基体界面结合强度过高，

直到复合材料产生极限破坏都不会出现界面开裂。过高的界面粘结强度很可能意味着在界面改性方面的投入过高。

基于式 (7.44) 计算的 9 组复合材料临界 Mises 等效应力一并列于表 7-2 中。

例 7-3 E-玻纤/8804 单向复合材料的纤维和基体性能见表 7-3，纤维体积含量 $V_{\rm f}=0.51$，试求偏轴拉伸强度，并与 Mayes 等的实验值 [99](列于表 7-4 中)对比。

表 7-3 E-玻纤/8804 单向复合材料组分性能 [98,99]

材料	E_{11}/GPa	E_{22}/Gpa	ν_{12}	G_{12}/Gpa	ν_{23}	$\sigma_{\rm u,t}$/MPa	$\sigma_{\rm u,c}$/MPa	$\sigma_{\rm u,s}$/MPa
纤维	71	71	0.26	28.2	0.26	2150	1450	—
基体	3.1	3.1	0.29	1.12	0.29	70	86	39

表 7-4 E-玻纤/8804 单向复合材料偏轴拉伸强度 [99]

$\theta/(^\circ)$	0	5	10	15	20	30	45	60	90
$\sigma_\theta^{\rm u,t}$/MPa	817.5	537	281	187	140	93	67	53	45.3

解 (1) 求基体的应力集中系数及界面开裂参数。

根据表 7-3 的性能参数和表 7-4 中的横向拉伸强度 $Y=45.3\text{MPa}$，Excel 表格求得各有关数据见表 7-5。

表 7-5 各参数

$K_{22}^{\rm t}$	K_{12}	$K_{22}^{\rm c}$	$\hat{K}_{22}^{\rm t}$	$\hat{\sigma}_{22}^{0}$/MPa	ψ	$\hat{\sigma}_{\rm e}^{\rm m}$/MPa
2.97	1.38	2.02	5.61	42.4	71.9°	59.6

(2) 求桥联矩阵 $[a_{ij}]$ 及 $[b_{ij}]$ 中的非 0 元素 (依据式 (2.60) 和式 (2.69))。

$$a_{11}=0.0437,\quad a_{12}=0.0836,\quad a_{22}=0.3306,\quad a_{66}=0.3298$$

$$b_{11}=1.8818,\quad b_{12}=-0.115,\quad b_{22}=1.4881,\quad b_{66}=1.4889$$

(3) 求纤维和基体的均值应力。

施加偏轴拉应力 σ_θ 后，由坐标变换式 (5.76) 得到复合材料局部坐标系下的应力：$\sigma_{11}=\cos^2\theta\sigma_\theta,\sigma_{22}=\sin^2\theta\sigma_\theta,\sigma_{12}=-\sin\theta\cos\theta\sigma_\theta$。

纤维和基体中的均值应力则是

$$\sigma_{11}^{\rm f,0}=b_{11}\sigma_{11}+b_{12}\sigma_{22},\quad \sigma_{22}^{\rm f,0}=b_{22}\sigma_{22},\quad \sigma_{12}^{\rm f,0}=b_{66}\sigma_{12}$$

$$\sigma_{11}^{\rm m,0}=a_{11}\sigma_{11}^{\rm f,0}+a_{12}\sigma_{22}^{\rm f,0},\quad \sigma_{22}^{\rm m,0}=a_{22}\sigma_{22}^{\rm f,0},\quad \sigma_{12}^{\rm m,0}=a_{66}\sigma_{12}^{\rm f,0}$$

(4) 求界面开裂载荷。

基体的真实应力是：$\bar{\sigma}_{11}^{\rm m,0}=\sigma_{11}^{\rm m,0}$，$\bar{\sigma}_{22}^{\rm m,0}=K_{22}^{t}\sigma_{22}^{\rm m,0}$，$\bar{\sigma}_{12}^{\rm m,0}=K_{12}\sigma_{12}^{\rm m,0}$，再由界面

开裂条件 $\bar{\sigma}_{\mathrm{e}}^{\mathrm{m}}=\sqrt{(\bar{\sigma}_{11}^{\mathrm{m},0})^2+(\bar{\sigma}_{22}^{\mathrm{m},0})^2-\bar{\sigma}_{11}^{\mathrm{m},0}\bar{\sigma}_{22}^{\mathrm{m},0}+3(\bar{\sigma}_{12}^{\mathrm{m},0})^2}=\hat{\sigma}_{\mathrm{e}}^{\mathrm{m}}$ 求出开裂载荷 (总有一个拉伸主应力，另一个开裂条件总满足)。若干偏轴角 θ 对应的界面开裂载荷值 $\hat{\sigma}_{\theta}^{0}$ 列于表 7-6。

表 7-6 偏轴角 θ 对应的界面开裂载荷值 $\hat{\sigma}_{\theta}^{0}$

$\theta/(°)$	5	10	15	20	30	45	60	75
$\hat{\sigma}_{\theta}^{0}$/MPa	465.5	279.4	193.8	147.1	98.5	66	51.3	44.5

(5) 求开裂后纤维和基体中的均值应力增量。

在界面开裂载荷 $\hat{\sigma}_{\theta}^{0}$ 的基础上施加增量载荷 $\mathrm{d}\sigma_{\theta}=\sigma_{\theta}^{\mathrm{u}}-\hat{\sigma}_{\theta}^{0}$，重复上述第 3 步，有

$$\mathrm{d}\sigma_{11}=\cos^2\theta\mathrm{d}\sigma_{\theta},\quad \mathrm{d}\sigma_{22}=\sin^2\theta\mathrm{d}\sigma_{\theta},\quad \mathrm{d}\sigma_{12}=-\sin\theta\cos\theta\mathrm{d}\sigma_{\theta}$$

$$\mathrm{d}\sigma_{11}^{\mathrm{f}}=b_{11}\mathrm{d}\sigma_{11}+b_{12}\mathrm{d}\sigma_{22},\quad \mathrm{d}\sigma_{22}^{\mathrm{f}}=b_{22}\mathrm{d}\sigma_{22},\quad \mathrm{d}\sigma_{12}^{\mathrm{f}}=b_{66}\mathrm{d}\sigma_{12}$$

$$\mathrm{d}\sigma_{11}^{\mathrm{m}}=a_{11}\mathrm{d}\sigma_{11}^{\mathrm{f}}+a_{12}\mathrm{d}\sigma_{22}^{\mathrm{f}},\quad \mathrm{d}\sigma_{22}^{\mathrm{m}}=a_{22}\mathrm{d}\sigma_{22}^{\mathrm{f}},\quad \mathrm{d}\sigma_{12}^{\mathrm{m}}=a_{66}\mathrm{d}\sigma_{12}^{\mathrm{f}}$$

(6) 求偏轴强度。

纤维和基体最终的真实应力：

$$\sigma_{11}^{\mathrm{f},1}=\sigma_{11}^{\mathrm{f},0}+\mathrm{d}\sigma_{11}^{\mathrm{f}},\quad \sigma_{22}^{\mathrm{f},1}=\sigma_{22}^{\mathrm{f},0}+\mathrm{d}\sigma_{22}^{\mathrm{f}},\quad \sigma_{12}^{\mathrm{f},1}=\sigma_{12}^{f,0}+\mathrm{d}\sigma_{12}^{\mathrm{f}}$$

$$\bar{\sigma}_{11}^{\mathrm{m},1}=\bar{\sigma}_{11}^{\mathrm{m},0}+\mathrm{d}\sigma_{11}^{\mathrm{m}},\quad \bar{\sigma}_{22}^{\mathrm{m},1}=\bar{\sigma}_{22}^{\mathrm{m},0}+\hat{K}_{22}^{\mathrm{t}}\mathrm{d}\sigma_{22}^{\mathrm{m}},\quad \bar{\sigma}_{12}^{\mathrm{m},1}=\bar{\sigma}_{12}^{\mathrm{m},0}+K_{12}\mathrm{d}\sigma_{12}^{\mathrm{m}}$$

将纤维最终的真实应力代入最大正应力破坏判据，同时将基体的最终真实应力代入 Tsai-Wu 判据，所有偏轴角的拉伸破坏皆因基体的破坏所致 (即便轴向拉伸亦是基体先达到破坏)，由此定出偏轴拉伸强度，绘制在图 7-4 中。

注意，本例中 $V_{\mathrm{f}}=0.51<0.55$，基体的轴向应力未予修正。图中还给出了其他两种情况下的预报结果，即假定界面直到破坏都保持为理想界面的预报，此时只需取 $\hat{K}_{22}^{\mathrm{t}}=K_{22}^{\mathrm{t}}$，以及不考虑基体中应力集中系数影响的预报。后一种情况下，只需令 $\hat{K}_{22}^{\mathrm{t}}=K_{22}^{\mathrm{t}}=K_{12}$=1 即可。由于当 θ 接近 0° 的强度与其他偏轴角度的强度差异巨大，图中只绘制了 $\theta \geqslant 10°$ 的结果，但在 $\theta=0°$ 时，三种预报都给出了 $\sigma_{\theta}^{\mathrm{u,t}}=852$MPa(与实验值偏差 4.2%)，因为轴向加载不会在基体的横向产生内应力，界面开裂 (出现在 $\hat{\sigma}_{\theta}=725.4$MPa) 不会对基体的真实应力计算产生影响。为便于直观对比，将表 7-4 中的实验结果也绘制在图中。图 7-4 清楚地表明，考虑界面开裂的预报结果与实验值最接近，不考虑基体应力集中系数的预报结果在绝大多数情况下 (除了沿轴向加载) 都是失真的。对本例而言，至始至终假定理想界面以及考虑界面开裂的预报结果十分接近，原因是，本例中纤维和基体材料体系界面开裂的横向拉伸临界载荷 (42.4MPa) 与复合材料的横向拉伸强度 (45.3MPa) 很相

近，即纤维和基体界面直到破坏都可近似看作为理想的。但在其他材料体系中，理想界面与开裂界面的预报结果可能相差甚远，参见例 7-4。

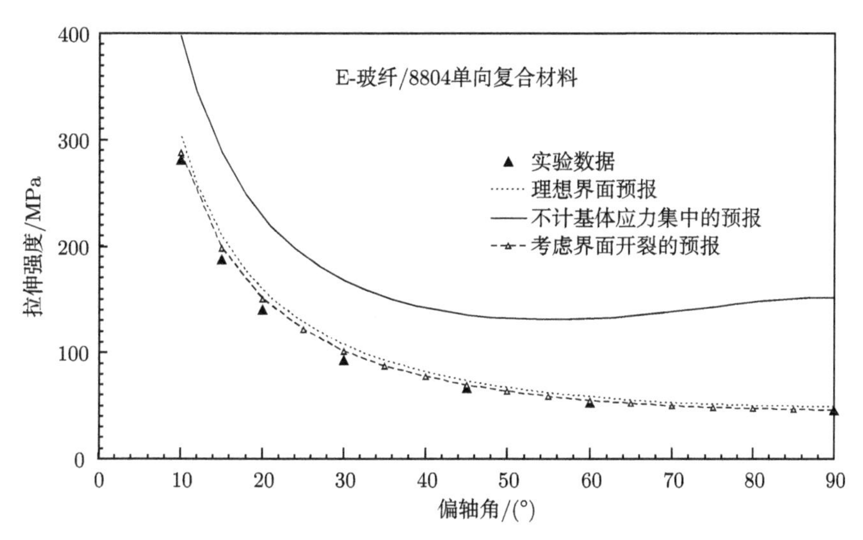

图 7-4 E-玻纤/8804 单向复合材料偏轴拉伸理论预报值与实验值对比

例 7-4 芳纶-49/环氧单向复合材料的纤维和基体性能见表 7-7，纤维体积含量 $V_{\mathrm{f}}=0.55$，试求偏轴拉伸强度，并与 Pindera 等的实验值 [100](列于表 7-8 中) 对比。

表 7-7 芳纶-49/环氧单向复合材料组分性能 [98,100]

材料	E_{11}/GPa	E_{22}/Gpa	ν_{12}	G_{12}/Gpa	ν_{23}	$\sigma_{\mathrm{u,t}}$/MPa	$\sigma_{\mathrm{u,c}}$/MPa	$\sigma_{\mathrm{u,s}}$/MPa
纤维	124.1	4.1	0.35	2.9	0.35	2060	—	—
基体	3.45	3.45	0.35	1.28	0.35	69	120	50

表 7-8 芳纶-49/环氧单向复合材料偏轴拉伸强度 [100]

θ/(°)	0	5	10	15	30	45	60	75	90
$\sigma_{\theta}^{\mathrm{u,t}}$/MPa	1141	563.9	263.3	166.8	83.4	50.5	43.9	35.1	27.7

解 (1) 求基体应力集中系数及界面开裂参数。

根据表 7-7 的性能数据和表 7-8 中的横向拉伸强度 $Y=27.7\mathrm{MPa}$，利用 Excel 表格求得各有关参数见表 7-9。

表 7-9 各参数

K_{22}^{t}	K_{12}	K_{22}^{c}	$\hat{K}_{22}^{\mathrm{t}}$	$\hat{\sigma}_{22}^{0}$/MPa	ψ	$\hat{\sigma}_{\mathrm{e}}^{\mathrm{m}}$/MPa
1.08	1.17	1.07	2.74	1.23	79.4	1.11

(2) 求桥联矩阵 $[a_{ij}]$ 及 $[b_{ij}]$ 中的非 0 元素。

$$a_{11}=0.0278,\quad a_{12}=0.3014,\quad a_{22}=0.889,\quad a_{66}=0.6084$$
$$b_{11}=1.7778,\quad b_{12}=-0.2538,\quad b_{22}=1.0526,\quad b_{66}=1.2139$$

(3) 求纤维和基体的均值应力。

类似例 7-3 的求解。

(4) 求界面开裂载荷。

类似例 7-3，得到测试的界面开裂载荷值见表 7-10。

表 7-10　预报的芳纶-49/环氧单向复合材料偏轴拉伸界面开裂载荷及强度

$\theta/(°)$	0	5	10	15	30	45	60	75	90
$\hat{\sigma}_\theta^0$/MPa	22.3	8	4.2	2.9	1.6	1.3	1.2	1.2	1.2
$\sigma_\theta^{\mathrm{u,t}}$/MPa	1137	551.8	286.5	185	80.5	48.5	35.2	29.5	27.8
强度误差/%	0.35	2.2	−8.1	−9.8	3.6	4.1	24.7	19	−0.36

注：平均误差 $=\frac{1}{9}\sum_{k=1}^{9}\mathrm{abs}(\mathrm{error})_k=8\%$。

(5) 求偏轴强度。

同样类似例 7-3 的预报，若干偏轴角的拉伸强度列于表 7-10 中，$\theta\geqslant 10°$ 的偏轴拉伸强度同时还绘制在图 7-5 中，并与其他两种情况下的预报结果及实验曲线进行了对比。

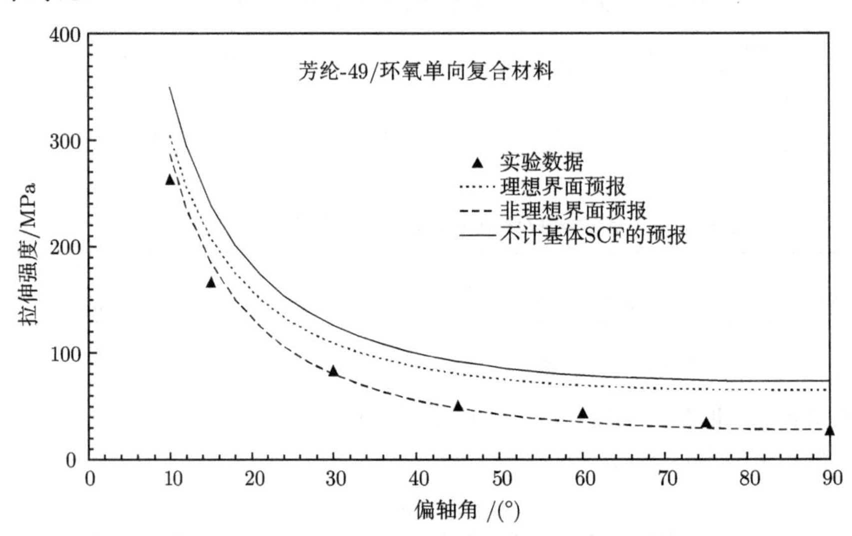

图 7-5　芳纶-49/环氧单向复合材料偏轴拉伸的理论预报值与实验值对比

结果表明，考虑界面开裂后的预报值与实验数据吻合得最好。对本例芳纶纤维复合材料，图中对比显示，理想界面以及不考虑基体应力集中系数影响的预报结果，除了在偏轴角 $\theta = 0°$ 附近，都与实验数据相差甚远。主要原因是，芳纶纤维与树脂基体的界面粘结很弱，在很小的载荷下，界面就早早发生了开裂，除了轴向强度，芳纶纤维复合材料按理想界面假设预报的强度必然与实验结果不符。而芳纶纤维的横向模量及剪切模量分别与基体的拉伸模量和剪切模量相差不大，在理想界面下的基体应力集中系数均接近于 1，因而，理想界面的预报结果和不考虑基体应力集中系数的预报结果之间相差不大，都远远偏离了实验数据。

除了芳纶纤维，其他如超高分子量聚乙烯 (UHMWPE) 纤维、植物纤维等，也都是有机纤维，它们与树脂基体的界面粘结强度都很弱，在较小载荷作用下，界面会出现开裂，降低了它们的整体承载能力。欲定量表征有机纤维与基体的粘结强弱，除了要知道纤维和基体的原始性能数据，还需要测定单向复合材料的横向拉伸强度。其他有机纤维复合材料的破坏与强度预报可参照例 7-4 进行。

7.4 界面开裂对其他应力集中系数的影响

例 7-3 和例 7-4 都说明，除了三向压缩，在其他任何载荷 (包括轴向拉伸载荷) 作用下，都可能导致界面开裂，但只有横向拉伸的承载能力会因 $\hat{K}_{22}^{t}$ 而显著降低。那么，其他方向的承载能力是否也受界面开裂的影响？换言之，基体沿其他方向的应力集中系数是否也应该在界面开裂后改变？

截至目前，表征界面强弱的常用方法依然是单丝拔出或挤出实验 [101−103]，就是以单根纤维丝或纤维束制作的复合材料为研究对象，在纤维丝/纤维束上施加扒拉力或顶挤力，直至纤维丝/束与基体分离。将施加的力与纤维丝/束的表面积之比定义为界面强度。且不论这些实验过程中的制样及测试并不容易、测试数据离散性大、结果重复性差、可信度低 (单纤维复合材料与实际复合材料的加工、化学及力学性质不同) 等不足，哪怕测试结果准确也价值有限，因为拔出或挤出实验得到的是纤维和基体的界面剪切强度，表 5-10 说明，无论在轴向还是横向剪切载荷作用下，理想界面假设预报的复合材料剪切强度精度已足够。鉴于此，认为界面开裂对基体的剪切应力集中系数不起作用，K_{12} 和 K_{23} 总是由式 (4.35) 和式 (4.30) 计算，即便复合材料在其他载荷 (σ_{11}^0、σ_{12}^0、σ_{13}^0、σ_{23}^0 甚至 $\sigma_{22}^0 < 0$) 作用下，纤维和基体的界面已经产生了开裂，只要基体中的横向均值应力增量 $\mathrm{d}\sigma_{22}^{\mathrm{m}} \leqslant 0$，基体的真实应力计算都不会受到界面开裂的影响。

下面，讨论界面开裂对双横向载荷作用下基体中真实应力的影响。在 4.8 节中，将双横向载荷分解为横向等值双轴载荷和一个横向单轴拉伸载荷的叠加。横向单轴拉伸下界面开裂后的基体应力集中系数已经得到，横向双轴等值拉伸下界面开裂后的基体应力集中系数计算如下。

将 $\Lambda = \omega_\infty = 0$、$T_\infty = N_\infty = \sigma_{22}^0$ 代入 Toya 的解 [92]，可知，基体中的应力由下式确定：

$$\tilde{\sigma}_{22}^{\mathrm{m}} = \frac{\sigma_{22}^0}{2}\mathrm{Re}\left\{2M_1(z) + \left(\frac{a^2}{z} - \bar{z}\right)M_1'(z) - \frac{a^2}{z^2}\left[\bar{M}_1\left(\frac{a^2}{z}\right) + M_1(z)\right]\right\} \tag{7.49}$$

$$M_1(z) = F_1 - [(F_1 - 1)z + H_1]\chi(z) \tag{7.50}$$

$$F_1 = \frac{[1 - (\cos\psi + 2\lambda\sin\psi)\mathrm{e}^{2\lambda(\pi-\psi)}]}{2/k - 1 - (\cos\psi + 2\lambda\sin\psi)\mathrm{e}^{2\lambda(\pi-\psi)}} \tag{7.51}$$

$$H_1 = a(\cos\psi + 2\lambda\sin\psi)(1 - F_1) \tag{7.52}$$

$\chi(z)$ 与式 (7.2) 或式 (3.2T) 相同。因此，横向双轴等值拉伸的基体应力集中系数的函数表达式由式 (7.19) 修正为

$$\begin{aligned}\hat{K}_{22}^{\mathrm{t}}(\varphi) =& \mathrm{Re}\left\{\mathrm{e}^{-2\mathrm{i}\varphi}M_1(b')(a^2/b - b) + \mathrm{e}^{-\mathrm{i}\varphi}\left[N_5\left(\frac{a^2}{b'}\right) - N_5\left(\frac{a^2}{a'}\right)\right]\right.\\ &\left. + \mathrm{e}^{-\mathrm{i}\varphi}(2 + \mathrm{e}^{-2\mathrm{i}\varphi})[N_4(b') - N_4(a')]\right\}\\ &\times \frac{(V_{\mathrm{f}} + 0.3V_{\mathrm{m}})E_{22}^{\mathrm{f}} + 0.7V_{\mathrm{m}}E^{\mathrm{m}}}{2(b-a)(0.3E_{22}^{\mathrm{f}} + 0.7E^{\mathrm{m}})}\end{aligned} \tag{7.53}$$

$$N_4(z) = F_1 z - (z - a\mathrm{e}^{\mathrm{i}\psi})^{0.5+\mathrm{i}\lambda}(z - a\mathrm{e}^{-\mathrm{i}\psi})^{0.5-\mathrm{i}\lambda}(F_1 - 1) \tag{7.54}$$

$$N_5(z) = F_1 z - \frac{1}{\xi}(z - a\mathrm{e}^{\mathrm{i}\psi})^{0.5+\mathrm{i}\lambda}(z - a\mathrm{e}^{-\mathrm{i}\psi})^{0.5-\mathrm{i}\lambda}(F_1 - 1) \tag{7.55}$$

不同于单轴拉伸下的开裂角具有唯一性，双轴等值拉伸下的开裂角不唯一，这就使得界面开裂后基体横向双轴拉伸应力集中系数的定义面临困难。为简单起见，认为界面开裂前与开裂后的基体双横向拉伸应力集中系数相同。

只需考虑单向复合材料受双轴等值拉伸作用，界面开裂时对应的临界载荷为 $\hat{\sigma}_{22}^{0,\mathrm{Bi}} = \hat{\sigma}_{33}^{0,\mathrm{Bi}}$，基体中的非 0 均值 (临界) 内应力是

$$\hat{\sigma}_{22}^{\mathrm{m}} = \frac{0.3E_{22}^{\mathrm{f}} + 0.7E^{\mathrm{m}}}{(V_{\mathrm{f}} + 0.3V_{\mathrm{m}})E_{22}^{\mathrm{f}} + 0.7V_{\mathrm{m}}E^{\mathrm{m}}}\hat{\sigma}_{22}^{0,\mathrm{Bi}} \tag{7.56a}$$

$$\hat{\sigma}_{33}^{\mathrm{m}} = \frac{0.3E_{22}^{\mathrm{f}} + 0.7E^{\mathrm{m}}}{(V_{\mathrm{f}} + 0.3V_{\mathrm{m}})E_{22}^{\mathrm{f}} + 0.7V_{\mathrm{m}}E^{\mathrm{m}}}\hat{\sigma}_{22}^{0,\mathrm{Bi}} \tag{7.56b}$$

$$\hat{\sigma}_{11}^{\mathrm{m}} = \frac{2V_{\mathrm{f}}a_{12}\hat{\sigma}_{22}^{0,\mathrm{Bi}}}{(V_{\mathrm{f}} + V_{\mathrm{m}}a_{11})(V_{\mathrm{f}} + V_{\mathrm{m}}a_{22})} \tag{7.56c}$$

任意三维应力下的 Mises 等效应力公式为

$$\sigma_{\mathrm{e}}=\frac{1}{\sqrt{2}}\sqrt{(\sigma_{11}-\sigma_{22})^2+(\sigma_{11}-\sigma_{33})^2+(\sigma_{22}-\sigma_{33})^2+6(\sigma_{23}^2+\sigma_{13}^2+\sigma_{12}^2)} \tag{7.57}$$

界面开裂时的 Mises 真实等效应力为

$$\hat{\sigma}_{\mathrm{e}}^{\mathrm{m,Bi}}=\frac{1}{\sqrt{2}}\sqrt{(\hat{\sigma}_{11}^{\mathrm{m}}-K_{22}^{\mathrm{t,Bi}}\hat{\sigma}_{22}^{\mathrm{m}})^2+(\hat{\sigma}_{11}^{\mathrm{m}}-K_{22}^{\mathrm{t,Bi}}\hat{\sigma}_{33}^{\mathrm{m}})^2}=\left|K_{22}^{\mathrm{t,Bi}}\hat{\sigma}_{22}^{\mathrm{m}}-\hat{\sigma}_{11}^{\mathrm{m}}\right| \tag{7.58}$$

双轴横向拉伸开裂时的临界载荷 $\hat{\sigma}_{22}^{0,\mathrm{Bi}}$ 由如下条件确定:

$$\hat{\sigma}_{\mathrm{e}}^{\mathrm{m,Bi}}=\hat{\sigma}_{\mathrm{e}}^{\mathrm{m}} \tag{7.59}$$

式中，$\hat{\sigma}_{\mathrm{e}}^{\mathrm{m}}$ 由式 (7.44) 定义。容易验证，当纤维的横向模量大于基体的模量，由式 (7.59) 得到的横向双轴拉伸界面开裂的临界载荷高于横向单轴拉伸界面开裂的临界载荷。事实上，由式 (2.45b) 可知 $B>0$，对比式 (4.27) 和式 (4.42)，总是有 $K_{22}^{\mathrm{t}}>K_{22}^{\mathrm{t,Bi}}$。假定两种载荷模式下界面开裂的临界载荷相等，即 $\hat{\sigma}_{22}^{0}=\hat{\sigma}_{22}^{0,\mathrm{Bi}}$，有

$$\begin{aligned}\hat{\sigma}_{\mathrm{e}}^{\mathrm{m}}&=\sqrt{(\hat{\sigma}_{11}^{\mathrm{m}})^2+(K_{22}^{\mathrm{t}}\hat{\sigma}_{22}^{\mathrm{m}})^2-2\hat{\sigma}_{11}^{\mathrm{m}}K_{22}^{\mathrm{t}}\hat{\sigma}_{22}^{\mathrm{m}}+\hat{\sigma}_{11}^{\mathrm{m}}K_{22}^{\mathrm{t}}\hat{\sigma}_{22}^{\mathrm{m}}}\\&>\sqrt{(\hat{\sigma}_{11}^{\mathrm{m}}-K_{22}^{\mathrm{t}}\hat{\sigma}_{22}^{\mathrm{m}})^2}=\left|K_{22}^{\mathrm{t}}\hat{\sigma}_{22}^{\mathrm{m}}-\hat{\sigma}_{11}^{\mathrm{m}}\right|>\left|K_{22}^{\mathrm{t,Bi}}\hat{\sigma}_{22}^{\mathrm{m}}-\hat{\sigma}_{11}^{\mathrm{m}}\right|\\&>\left|K_{22}^{\mathrm{t,Bi}}\hat{\sigma}_{22}^{\mathrm{m}}-2\hat{\sigma}_{11}^{\mathrm{m}}\right|=\hat{\sigma}_{\mathrm{e}}^{\mathrm{m,Bi}}\end{aligned}$$

注意，单向复合材料受横向 x_2 的单轴载荷及受横向 x_2 和 x_3 的双轴载荷作用时，基体中产生的沿 x_2 方向的均值应力相同，但后者沿 x_1 方向的均值应力是前者的 2 倍。

物理上解释，当纤维的横向模量大于基体的模量时，沿 x_3 方向加载，因基体的泊松变形，在 x_2 方向存在界面压应力，比单独沿 x_2 方向施加拉应力，将更难以产生界面开裂。即双横向拉伸载荷延迟了纤维和基体界面开裂的出现。

例 7-5 芳纶-49/环氧单向复合材料的组分性能、纤维含量以及横向拉伸强度与例 7-4 相同。试比较该复合材料在横向单轴拉伸和横向双轴等值拉伸作用下界面开裂的临界载荷。

解 横向单轴拉伸下界面开裂时的临界 Mises 应力由例 7-4 求得为 $\hat{\sigma}_{\mathrm{e}}^{\mathrm{m}}=1.11\mathrm{MPa}$。下面求横向双轴等值拉伸临界载荷。

将组分性能代入式 (4.42)，解得：$K_{22}^{\mathrm{t,Bi}}=1.01$，再根据公式 (7.56)~(7.59)，解出 $\hat{\sigma}_{22}^{0,\mathrm{Bi}}=6.07\mathrm{MPa}$，它是横向单轴载荷下界面开裂临界值 1.23MPa 的近 5 倍。

例 7-6 T300/BSL914C 碳纤维/环氧单向复合材料的纤维和基体性能参数重新列入表 7-11 中，纤维含量 $V_{\mathrm{f}}=0.6$，处在三维应力状态，如图 7-6 所示，所受 6 个应力分量为别是：$\sigma_{11}=750\mathrm{MPa}$、$\sigma_{22}=-120\mathrm{MPa}$、$\sigma_{33}=45\mathrm{MPa}$、$\sigma_{23}=$

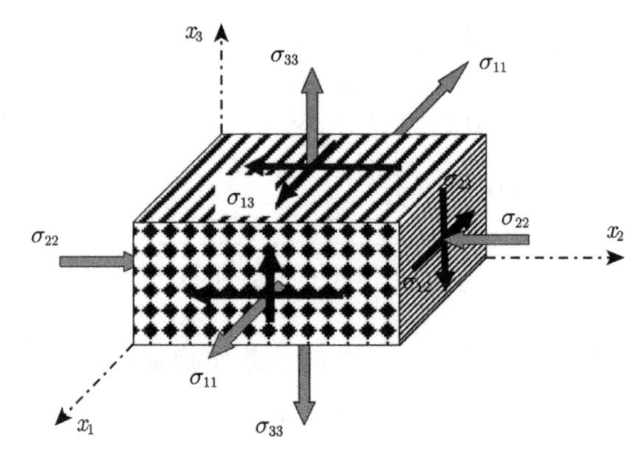

图 7-6　T300/BSL914C 单向复合材料受三维应力作用

-75MPa、$\sigma_{13}=50$MPa、$\sigma_{12}=-40$MPa，试求纤维和基体中的真实内应力。该单向复合材料的横向拉伸强度测试值 $Y=27$MPa。

表 7-11　纤维和基体性能参数

材料	E_{11}/GPa	E_{22}/GPa	ν_{12}	G_{12}/GPa	G_{23}/GPa	$\sigma_{\text{u,t}}$/MPa	$\sigma_{\text{u,c}}$/MPa	$\sigma_{\text{u,s}}$/MPa
纤维	230	15	0.2	15	7	—	—	—
基体	4	4	0.35	1.48	1.48	75	150	70

解　(1) 求基体的应力集中系数及临界 Mises 等效应力。

根据表 7-11 的原始性能以及 V_{f} 和 Y，Excel 求得的各参数列于表 7-12 中。

表 7-12　各参数

K_{22}^{t}	$K_{22}^{\text{t,Bi}}$	$K_{22}^{\text{c,Bi}}$	K_{23}	K_{12}	$\hat{K}_{22}^{\text{t}}$	$\hat{\sigma}_{\text{e}}^{\text{m}}$/MPa
2.14	1.76	1.6	2.42	1.43	5.04	5.76

(2) 求纤维和基体的柔度矩阵元素。

$$S_{11}^{\text{f}}=1/230=0.0043(\text{GPa}^{-1}),\quad S_{12}^{\text{f}}=-0.0009(\text{GPa}^{-1})$$

$$S_{11}^{\text{m}}=1/4=0.25(\text{GPa}^{-1}),\quad S_{12}^{\text{m}}=-0.0875(\text{GPa}^{-1})$$

(3) 求桥联矩阵 $[a_{ij}]$ 和 $[b_{ij}]$ 矩阵。

三维桥联矩阵 $[a_{ij}]$ 和 $[b_{ij}]$ 矩阵的非 0 元素 (由式 (2.60) 和 (2.69)) 是

$$a_{11}=E^{\text{m}}/E_{11}^{\text{f}}=0.0174,\quad a_{22}=a_{33}=a_{44}=0.3+0.7E^{\text{m}}/E_{22}^{\text{f}}=0.4867$$

$$a_{12}=a_{13}=\frac{S_{12}^{\text{f}}-S_{12}^{\text{m}}}{S_{11}^{\text{f}}-S_{11}^{\text{m}}}(a_{11}-a_{22})=0.1655$$

$$a_{55}=a_{66}=0.3+0.7G^{\text{m}}/G_{12}^{\text{f}}=0.3691$$

$$b_{11}=1/(V_{\text{f}}+V_{\text{m}}a_{11})=1.6476$$

$$b_{12} = b_{13} = -(V_{\mathrm{m}}a_{12})/[(V_{\mathrm{f}} + V_{\mathrm{m}}a_{11})(V_{\mathrm{f}} + V_{\mathrm{m}}a_{22})] = -0.1372$$

$$b_{22} = b_{33} = b_{44} = 1/(V_{\mathrm{f}} + V_{\mathrm{m}}a_{22}) = 1.2584$$

$$b_{55} = b_{66} = 1/(V_{\mathrm{f}} + V_{\mathrm{m}}a_{66}) = 1.3375$$

(4) 根据桥联模型求纤维和基体的均值内应力增量。

由于该复合材料中纤维和基体的界面可能已出现开裂，开裂前后的基体真实内应力计算公式不同，必须采用增量加载。选取比例加载，假定加载步长为最终载荷的 1/100，并假定施加单个载荷步时纤维和基体的界面不会开裂，$\{\mathrm{d}\sigma_i\} = \{7.5, -1.2, 0.45, -0.75, 0.5, -0.4\}^{\mathrm{T}}(\mathrm{MPa})$。

$$\begin{Bmatrix} \mathrm{d}\sigma_{11}^{\mathrm{f}} \\ \mathrm{d}\sigma_{22}^{\mathrm{f}} \\ \mathrm{d}\sigma_{33}^{\mathrm{f}} \\ \mathrm{d}\sigma_{23}^{\mathrm{f}} \\ \mathrm{d}\sigma_{13}^{\mathrm{f}} \\ \mathrm{d}\sigma_{12}^{\mathrm{f}} \end{Bmatrix} = \begin{bmatrix} b_{11} & b_{12} & b_{13} & 0 & 0 & 0 \\ 0 & b_{22} & 0 & 0 & 0 & 0 \\ 0 & 0 & b_{33} & 0 & 0 & 0 \\ 0 & 0 & 0 & b_{44} & 0 & 0 \\ 0 & 0 & 0 & 0 & b_{55} & 0 \\ 0 & 0 & 0 & 0 & 0 & b_{66} \end{bmatrix} \begin{Bmatrix} \mathrm{d}\sigma_{11} \\ \mathrm{d}\sigma_{22} \\ \mathrm{d}\sigma_{33} \\ \mathrm{d}\sigma_{23} \\ \mathrm{d}\sigma_{13} \\ \mathrm{d}\sigma_{12} \end{Bmatrix} = \begin{Bmatrix} 12.46 \\ -1.51 \\ 0.566 \\ -0.94 \\ 0.669 \\ -0.535 \end{Bmatrix} (\mathrm{MPa})$$

$$\begin{Bmatrix} \mathrm{d}\sigma_{11}^{\mathrm{m}} \\ \mathrm{d}\sigma_{22}^{\mathrm{m}} \\ \mathrm{d}\sigma_{33}^{\mathrm{m}} \\ \mathrm{d}\sigma_{23}^{\mathrm{m}} \\ \mathrm{d}\sigma_{13}^{\mathrm{m}} \\ \mathrm{d}\sigma_{12}^{\mathrm{m}} \end{Bmatrix} = \begin{bmatrix} a_{11} & a_{12} & a_{13} & 0 & 0 & 0 \\ 0 & a_{22} & 0 & 0 & 0 & 0 \\ 0 & 0 & a_{33} & 0 & 0 & 0 \\ 0 & 0 & 0 & a_{44} & 0 & 0 \\ 0 & 0 & 0 & 0 & a_{55} & 0 \\ 0 & 0 & 0 & 0 & 0 & a_{66} \end{bmatrix} \begin{Bmatrix} \mathrm{d}\sigma_{11}^{\mathrm{f}} \\ \mathrm{d}\sigma_{22}^{\mathrm{f}} \\ \mathrm{d}\sigma_{33}^{\mathrm{f}} \\ \mathrm{d}\sigma_{23}^{\mathrm{f}} \\ \mathrm{d}\sigma_{13}^{\mathrm{f}} \\ \mathrm{d}\sigma_{12}^{\mathrm{f}} \end{Bmatrix} = \begin{Bmatrix} 0.061 \\ -0.735 \\ 0.276 \\ -0.459 \\ 0.247 \\ -0.197 \end{Bmatrix} (\mathrm{MPa})$$

(5) 求基体的真实内应力增量。

由于 $(\mathrm{d}\sigma_{33}^{\mathrm{m}} - \mathrm{d}\sigma_{22}^{\mathrm{m}}) > 0$, 基体的真实应力增量参照式 (4.46a) 计算，即 $\{\mathrm{d}\bar{\sigma}_i^{\mathrm{m}}\} = \{\mathrm{d}\sigma_{11}^{\mathrm{m}}, K_{22}^{\mathrm{Bi}}\mathrm{d}\sigma_{22}^{\mathrm{m}}, K_{22}^{\mathrm{Bi}}\mathrm{d}\sigma_{22}^{\mathrm{m}} + K_{22}^{\mathrm{t}}(\mathrm{d}\sigma_{33}^{\mathrm{m}} - \mathrm{d}\sigma_{22}^{\mathrm{m}}), K_{23}\mathrm{d}\sigma_{23}^{\mathrm{m}}, K_{12}\mathrm{d}\sigma_{13}^{\mathrm{m}}, K_{12}\mathrm{d}\sigma_{12}^{\mathrm{m}}\}^{\mathrm{T}} = \{0.061, -1.279, 1.207, -1.135, 0.356, -0.292\}^{\mathrm{T}}(\mathrm{MPa})$。

(6) 求界面开裂载荷。

根据任意三维载荷下的主应力计算公式 (5.4)，代入基体的真实内应力增量 $\{\mathrm{d}\bar{\sigma}_i^{\mathrm{m}}\}$，求得第一主应力增量为 $\mathrm{d}\bar{\sigma}_{\mathrm{m}}^{1} = 1.764\mathrm{MPa} > 0$，表明在如图 7-6 所示的加载情况下，纤维和基体的界面将出现开裂，只要基体的真实 Mises 等效应力超过临界值即可。

将 $\{\bar{\sigma}_i^{\mathrm{m},0}\}=\Delta\{\mathrm{d}\bar{\sigma}_i^{\mathrm{m}}\}$ 代入式 (7.57)，令所得结果与临界值 $\hat{\sigma}_{\mathrm{e}}^{\mathrm{m}}=5.76\mathrm{MPa}$ 相等，解出系数 $\Delta=1.9$，界面开裂时的外载为$\{\Delta\mathrm{d}\sigma_i\}=\{14.27,-2.284,0.856,-1.427,0.952,-0.761\}^{\mathrm{T}}(\mathrm{MPa})$。

(7) 求纤维和基体的真实应力。

纤维的真实应力与均值应力相同，基体的真实应力由两部分组成：开裂前与开裂后。开裂前基体的真实应力由式 (4.46a) 计算，开裂后亦由式 (4.46a) 进行计算，只需将其中的 K_{22}^{t} 换作为 $\hat{K}_{22}^{\mathrm{t}}$。

纤维的真实应力：$\{\bar{\sigma}_i^{\mathrm{f}}\}=\{1246,-151,56.6,-94.4,66.9,-53.5\}^{\mathrm{T}}(\mathrm{MPa})$。

开裂前基体的真实应力：$\{\bar{\sigma}_i^{\mathrm{m},0}\}=\{0.12,-2.43,2.3,-2.16,0.7,-0.56\}^{\mathrm{T}}(\mathrm{MPa})$。

开裂后基体的真实应力：$\{\Delta_1\bar{\sigma}_i^{\mathrm{m}}\}=\{5.93,-72.1,427.5,-45.1,24.2,-19.4\}^{\mathrm{T}}(\mathrm{MPa})$。

总的基体真实应力：$\{\bar{\sigma}_i^{\mathrm{m}}\}=\{\bar{\sigma}_i^{\mathrm{m},0}\}+\{\Delta_1\bar{\sigma}_i^{\mathrm{m}}\}=\{6.05,-74.5,429.8,-47.2,24.9,-19.9\}^{\mathrm{T}}(\mathrm{MPa})$。

7.5　树脂基体的原始强度实验

由第 5 章、第 6 章以及本章可知，绝大多数情况下，树脂基复合材料的破坏都源自基体的破坏，尽管它们一般都是非致命破坏，但会影响复合材料的刚度和强度，并最终导致致命破坏。因此，基体的三个原始强度 (即原始拉伸、原始压缩、原始剪切强度) 参数 $\sigma_{\mathrm{u,t}}^{\mathrm{m}}$、$\sigma_{\mathrm{u,c}}^{\mathrm{m}}$、$\sigma_{\mathrm{u,s}}^{\mathrm{m}}$ 至关重要，任何测试误差，都必然会影响复合材料破坏和强度预报的准确性。本节介绍如何制备预浸料基体试样并实现强度测试。

以某种 T300 碳纤维预浸料为例，其中的基体材料为 7901 热固性环氧树脂，由某复合材料有限公司提供。图 7-7 展示了该 7901 环氧树脂在室温下的形态，预先已加入催化剂、固化剂，与预浸料中的半固化树脂完全相同。目标是由这种树脂原料，制备出孔隙率可以忽略的拉伸、压缩及剪切实验所需的试样。

图 7-7　7901 预浸料半固化树脂原料

首先，预浸料制备复合材料 (如层合板) 往往对应一个最佳的成型温度，在该温度下，树脂基体的黏度最小，便于浸润，也便于浇注纯基体试样。在制备树脂试样之前，分别采用流变仪及动态热机械分析仪，确定 7901 环氧树脂的黏度–时间曲线、黏度–温度曲线以及差热谱图。取流变仪的加热速率为 5°/min。从图 7-8 的黏度–温度曲线可以看出，7901 环氧树脂在室温下的黏度很高 (超过 10^4Pa·s)，但当树脂被加热到 80~120℃ 时，树脂的黏度达到最低，仅为约 20Pa·s。

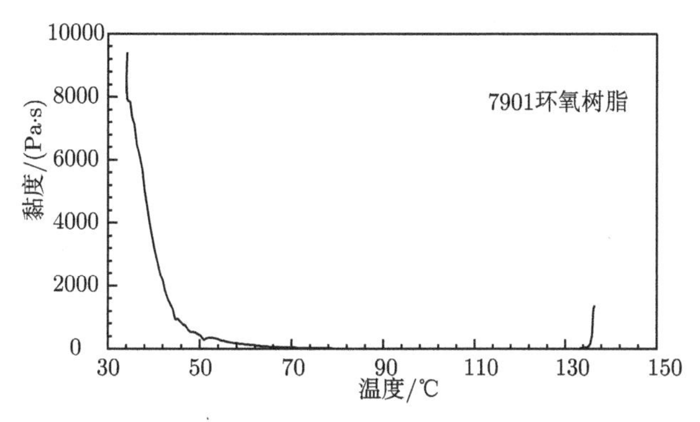

图 7-8 7901 树脂的黏度–温度曲线

在这种低黏度状态下，树脂的加工性完全可以保证。但为确保试样浇注成型前不会进入凝胶状态，需要选择合适的温度以及操作时间。图 7-9 为动态热机械分析仪测试的 7901 树脂的黏度–时间曲线，同一个试样，首先加热至 70℃、保温 30min(30 分钟)，再加热至 80℃、保温 30min，再依次加热至 90℃、100℃，其黏度–时间曲线绘制在图 7-9 中。

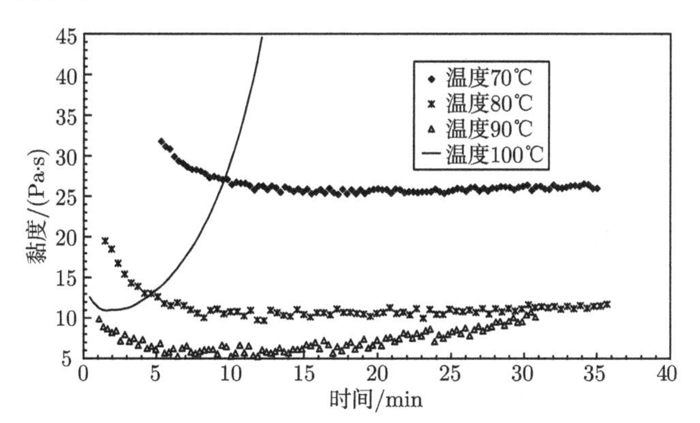

图 7-9 不同温度下的 7901 树脂黏度–时间曲线

从图 7-9 中的曲线可以看出，当 7901 树脂加热到 90℃并保持 30min 时，树脂的黏度先降低后升高，说明在这个过程中，树脂已经进入了其凝胶状态，而当温度升到 100℃时 (此前已在较低温度下持续 90min)，树脂的黏度随保温时间的增加而迅速增大。为确保浇注过程中不出现凝胶反应且使浇注体的黏度最小，选用 80℃作为浇注温度。图 7-10 的差热谱图表明，7901 环氧树脂的玻璃态转变温度约为 120℃，因此固化温度选为 120℃。

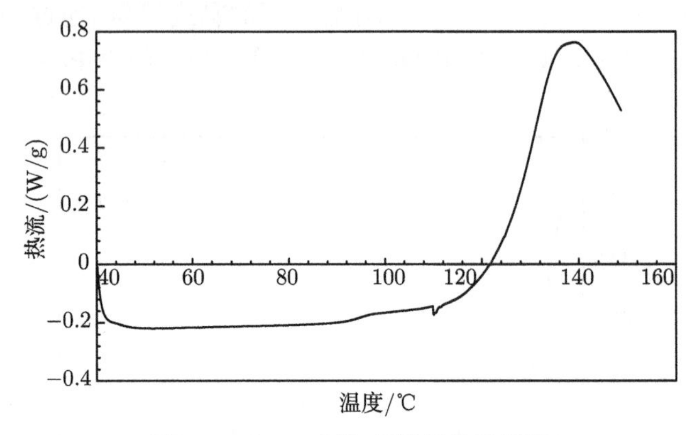

图 7-10　7901 树脂的差热分析图谱

取适量的半固化树脂原料 (图 7-7)，置于干净的塑料杯内，放入真空干燥箱中，预热至 80℃，降低树脂的黏度。当温度达到 80℃ 时，固体状树脂原料变为液体状，黏度已足够低，将温度保持在 80℃ 不变，开启真空泵抽空干燥箱内的空气，透过干燥箱的观察窗口，查看塑料杯内的树脂，当发现树脂成泡沫状快要溢出杯外时，关闭真空泵停止抽真空以防止树脂溢出，停滞一段时间，少量的空气会进入干燥箱，塑料杯内的树脂会沉降下去，重复该步骤四到五次直至没有明显气泡冒出后，打开干燥箱，取出树脂，将其倒入浇注体模具中，再将模具放入干燥箱内。所有的模具接触面都事先涂好脱模剂。图 7-11(a) 为拉伸试样模具，(b) 则是扭转试样 (测试剪切性能尤其是强度) 模具和压缩试样模具。

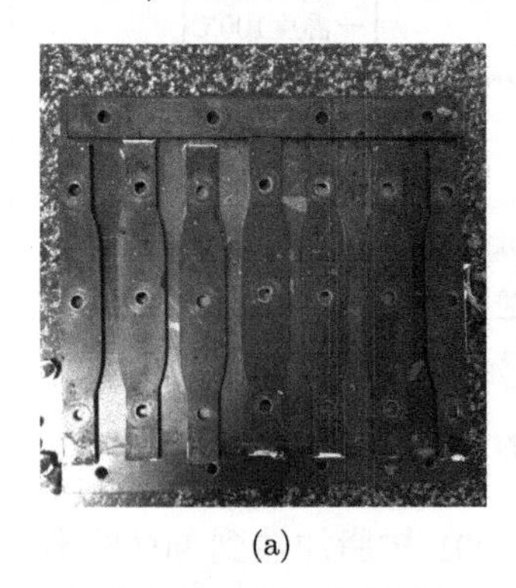

(a)

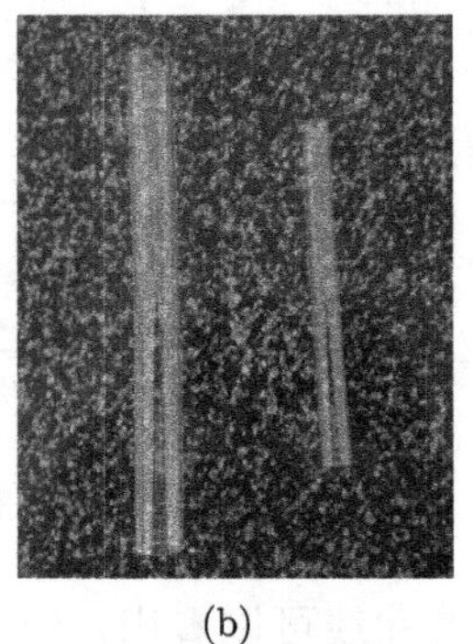

(b)

图 7-11　(a) 树脂拉伸试样浇注体模具，(b) 树脂扭转和压缩试样浇注体模具

图 7-11(b) 中的扭转和压缩试样模具为通孔玻璃管，管尺寸 (内径 × 长度) 分别为 20mm×210mm 和 13mm×150mm。将 80℃ 液态的 7901 树脂缓慢倒入斜置的玻璃试管，再用铝箔包裹管口一端，然后竖立放置在干燥箱内，等待树脂固化。拉伸试样模具中的树脂会自流平。然后，开启真空干燥箱的升温挡至 120℃，保温 150min。注意，升温及保温过程中不得开启真空泵，否则，树脂会从模具内溢出。

固化结束后，将模具从干燥箱中取出，静置于室温下自然冷却并脱模。对脱模后的树脂试样毛坯需退火 (后固化) 处理，可将试样毛坯置于干燥箱内，加热至 120℃ 并保温 120min，退火处理后取出试样冷却至室温。最后，对完全固化的树脂拉伸试样，将标距尺寸范围内的毛边用砂纸轻打磨去除，而对扭转和压缩试样，则按照 GBT 2567-2008 加工 (车削) 成标准试样尺寸，加工完成的试样如图 7-12 所示，(a) 为拉伸试样、(b) 为扭转试样、(c) 为压缩试样。试样标距段内的名义尺寸分别是：拉伸试样长×宽×厚 = 50mm×10mm×3.5mm，扭转试样长×直径 = 110mm×12mm，压缩试样长×直径 = 25mm×10mm。我们发现，经上述加工后的试样表面无任何可视气孔等缺陷，破坏后的试样截面亦无可视孔隙等缺陷，说明上述树脂浇注体试样制备过程合理。

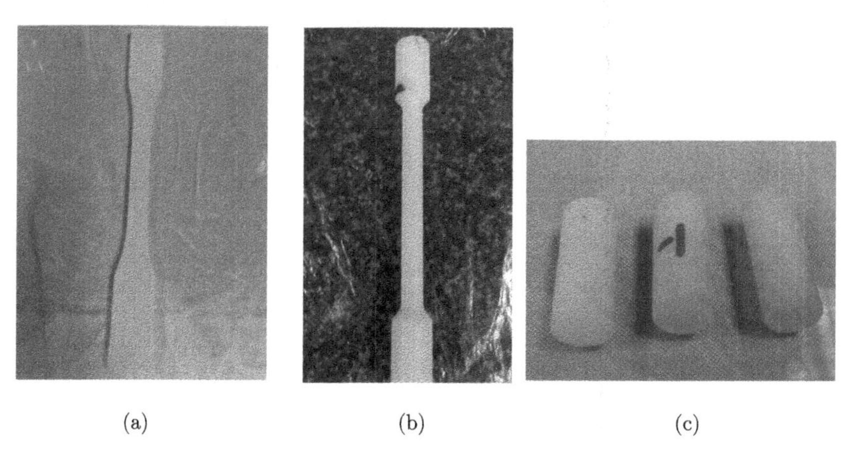

(a) (b) (c)

图 7-12 7901 树脂浇注体：(a) 拉伸试样、(b) 扭转试样、(c) 压缩试样

拉伸和压缩实验在电子万能实验机上完成，位移控制速率为 1.25mm/min, 室温实验按照 GBT 2567-2008 标准进行。在试样正反两面对称粘贴两片纵向及横向应变片来获得试样的应力–应变曲线及泊松比。扭转实验在扭转实验机上完成，扭转速率为 50°/min。实验过程截图见图 7-13。树脂的剪切应力–应变曲线由扭转实验得到，扭矩–角度曲线按照 GBT 2567-2008 标准提供的方法推算得到，拉伸和压缩则根据 GBT 2567-2008 标准从载荷–位移曲线计算获得。拉伸和扭转破坏后的试样展示在图 7-14 中。

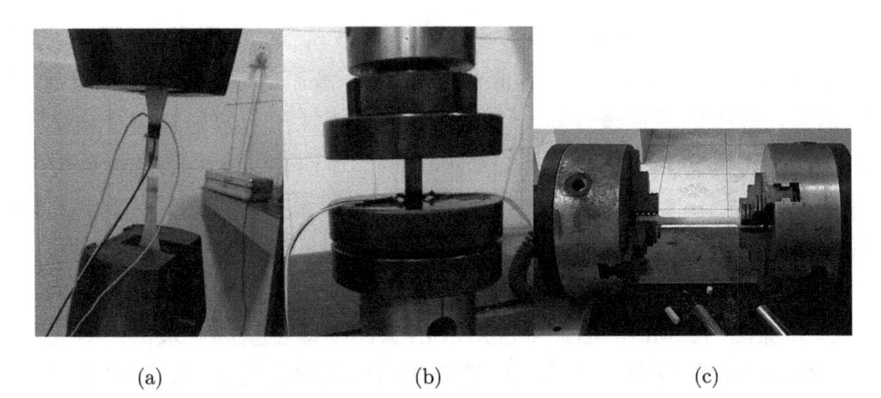

(a)　　(b)　　(c)

图 7-13　树脂 (a) 拉伸、(b) 压缩、(c) 扭转实验过程截图

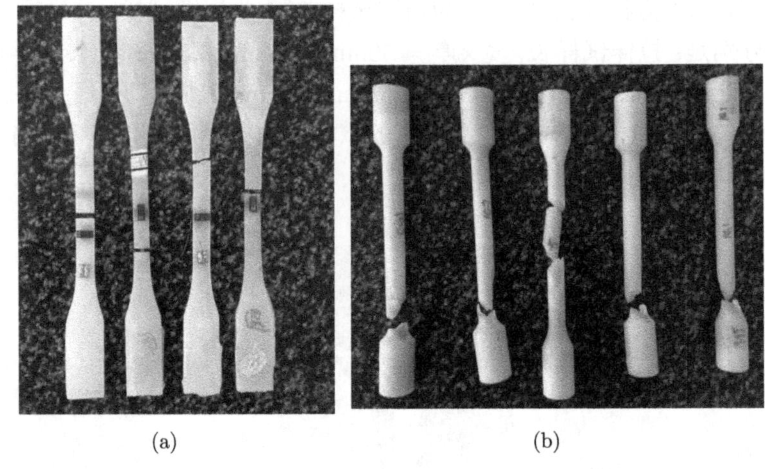

(a)　　(b)

图 7-14　(a) 拉伸和 (b) 扭转实验后的 7901 树脂试样

需要特别指出的是，树脂压缩实验过程中的载荷下降有两次，典型的应力–应变曲线绘制在图 7-15 中。初始加压缩载荷后，试样的载荷位移曲线为单调上升，直至第一个峰值出现。随后，载荷有一个突然下降，变形持续增加很大，载荷几乎保持不变。此后，载荷–位移曲线继续呈现单调上升趋势，直至第二个更大的峰值出现，试样压破裂，实验终止。压缩试样对比图展示在图 7-16 中，(a) 为未加载的试样、(b) 为第一个峰值出现时的试样、(c) 为第二个峰值出现后的试样，可以看到，第一个峰值出现时试样的外形几乎没有任何变化，第二个峰值出现时试样被压裂。从破坏机理解释，第一个峰值出现时对应树脂的塑性流动，与低碳钢拉伸时的屈服 (塑性流动) 阶段有相似之处，但表现得更明显，只有第二个峰值出现时材料才达到其压缩强度，试样被压碎裂。由于第一个峰值出现时，载荷会明显下降，给人以 “试样达到了压缩破坏” 的假像，或者人为终止加载，或者因实验机安全设置不甚合理 (当压缩载荷下降到某个比例终止实验) 而 “自动” 终止加载，看不到试样

的压缩破坏。因此，树脂压缩实验时一般应等待第二次峰值出现，并基于第二次峰值载荷定义材料的压缩强度。根据国标标准，压缩试样的长度 (高度) 为其直径的 2.5 倍，该长径比在试样压缩时一般不会失稳。

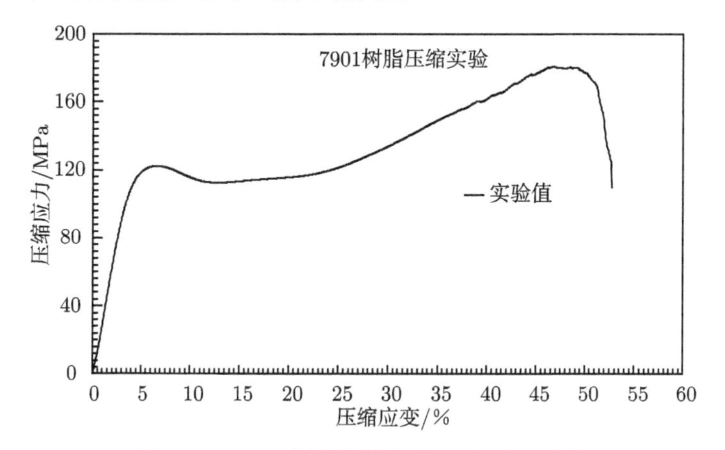

图 7-15 7901 树脂压缩实验应力–应变曲线

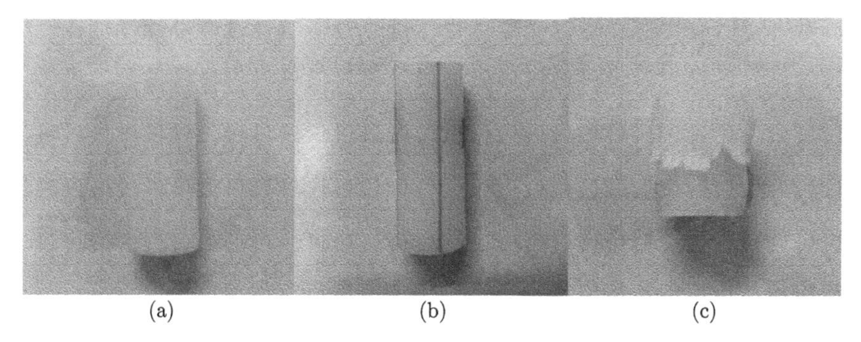

图 7-16 7901 树脂压缩试样：(a) 实验前，(b) 受压到第一峰值出现，(c) 受压到第二峰值出现

当然，也可能存在第二次峰值始终不出现的情况，如低碳钢的压缩实验。对这种材料，可将其压缩强度定义为第一次峰值压缩应力的某一倍数。该倍数究竟取何值，还有待进一步研究。

7.6 纤维的压缩强度与复合材料的压缩实验

纤维的性能参数，无论是拉伸弹性参数还是强度数据，一般都只能根据复合材料 (通常是单向复合材料) 的实验结果，由细观力学公式反演得到，这是因为哪怕纤维的单丝拉伸实验可以实现，但由于其直径细小，无论端部夹持还是实验机初始清零，都很容易引入较大的相对误差，导致实验结果的离散性超出可以接受的范围。因此，纤维的 5 个弹性性能和 2 个强度参数，都需要通过对复合材料实验数据的反演确定。如前所述，纤维的内应力是均匀的，其真实应力与均值应力相同，这就意味着，通过反演确定的纤维性能与所用的基体材料无关，只要尽可能控制加工误差 (孔隙率、纤维排列偏差等)、提高纤维含量 (防止轴向加载时基体首先产生破坏) 和减少热残余应力 (参见第 8 章) 的影响即可。若复合材料达到破坏时基体会产生显著的塑性变形，反演确定复合材料的强度时一般还应考虑塑性变形的影响 (参见第 9 章)，但当纤维的轴向弹性模量远远高于基体的弹性模量时，基体塑性变形对纤维轴向性能的影响可忽略不计。

很自然，纤维的性能参数取决于复合材料实验结果的准确性，这其中，问题最大的是单向复合材料的轴向压缩强度用于确定纤维的压缩强度。复合材料压缩实验的破坏模式，往往并非是强度破坏，而是因压缩试件屈曲导致的失稳破坏。据此反演得到的不是纤维的真实压缩强度，因为屈曲载荷与受压杆件的长度有关。材料的性能参数 (拉伸强度、压缩强度、剪切模量等) 是其固有特性，如果测试得到的结果不一致 (超出了容许的标准偏差)，只能说明测试方法不可信。因此，只有破坏模式为强度破坏而非失稳破坏的复合材料的轴向压缩强度测试结果，才可用于反演纤维的压缩强度。压缩实验测试标准 ASTM D3410/D3410M-16 列举了 4 种压缩下的强度破坏模式，符合这 4 种模式的测试结果一般是可信的，该标准中还列举了几种常见的非强度破坏模式，供读者分辨。

为增加测试结果的可信度，读者还可以比较不同厚度试样测试得到的复合材料的压缩强度。在排除其他影响因素的情况下，测试的压缩强度越高，越接近真实结果。增加试样的厚度可以有效避免受压失稳，但同时必须留意的是，一般而言，复合材料的试样越厚，带来的不确定因素越多，因而，越有可能导致压缩时的非正常破坏 [104]。

第 8 章 热应力问题

8.1 引　　言

从材料力学可知，材料中出现热应力的要素有两个：一是存在温度差，二是材料受到约束，不能自由的热胀冷缩。纤维和基体的热–力学性能 (热膨胀系数、弹性参数) 不相同，各自自由时的热胀冷缩量不一样，两者加工成复合材料后，彼此互为约束，第二要素自然满足。因此，只要存在温度差，纤维和基体中就会出现热应力。初始温度 T_0 是指纤维和基体复合 (彼此约束) 前的临界温度，本书中称为加工温度，用 T_1 表示当前温度，只要 $\mathrm{d}T = T_1 - T_0 \neq 0$，纤维和基体中就会出现热应力。由于复合材料的加工温度与工作温度 (如室温) 总有差异，哪怕室温下加工的热固性复合材料，固化时的放热温度也高于室温，就是说，T_0 与室温不等，第一要素也几乎总是满足的。换言之，几乎所有复合材料的纤维和基体内部，都存在或多或少的热应力。为方便起见，将仅仅由加工温度与室温之间温差引起的纤维和基体中的应力，称为热残余应力。

一般而言，热残余应力不会影响复合材料的刚度特性，但对复合材料的破坏和强度特性会产生影响，甚至是比较显著的影响，尤其在热塑性树脂基、金属基或陶瓷基复合材料的情况下，其加工温度与室温之间一般都存在比较大的温差，较高的热残余应力必然会改变纤维和基体破坏时的应力状态，甚至改变破坏模式。因此，更精细的破坏与强度分析，一般应叠加热残余应力对纤维和基体内应力的贡献。

8.2 单向复合材料的热–力学方程

在温度和机械载荷的共同作用下，纤维、基体以及单向复合材料增量形式的本构方程如下：

$$\{\mathrm{d}\varepsilon_i^{\mathrm{f}}\} = [S_{ij}^{\mathrm{f}}]\{\mathrm{d}\sigma_j^{\mathrm{f}}\} + \{\alpha_i^{\mathrm{f}}\}\mathrm{d}T \tag{8.1}$$

$$\{\mathrm{d}\varepsilon_i^{\mathrm{m}}\} = [S_{ij}^{\mathrm{m}}]\{\mathrm{d}\sigma_j^{\mathrm{m}}\} + \{\alpha_i^{\mathrm{m}}\}\mathrm{d}T \tag{8.2}$$

$$\{\mathrm{d}\varepsilon_i\} = [S_{ij}]\{\mathrm{d}\sigma_j\} + \{\alpha_i\}\mathrm{d}T \tag{8.3}$$

式中，α_i^{f}、α_i^{m}、α_i 分别是纤维、基体和单向复合材料在初始温度 T_0 时刻的热膨胀系数 (α_i^{f} 和 α_i^{m} 为已知值)。基体为各向同性的，有 $\alpha_3^{\mathrm{m}} = \alpha_2^{\mathrm{m}} = \alpha_1^{\mathrm{m}}$ 和 $\alpha_4^{\mathrm{m}} = \alpha_5^{\mathrm{m}} = \alpha_6^{\mathrm{m}} = 0$。纤维是横观各向同性的，$\alpha_2^{\mathrm{f}} = \alpha_3^{\mathrm{f}}$ 以及 $\alpha_4^{\mathrm{f}} = \alpha_5^{\mathrm{f}} = \alpha_6^{\mathrm{f}} = 0$。注意，纤维和

基体的柔度矩阵 $[S_{ij}^{\mathrm{f}}]$ 和 $[S_{ij}^{\mathrm{m}}]$ 也是在初始温度 T_0 处定义的，如 $[S_{ij}^{\mathrm{m}}]$ 可能就不仅仅只含有弹性分量，还可能包括有塑性分量。

对单向复合材料而言，$\{\mathrm{d}\sigma_i\}$ 是加在该复合材料上的外载。但是对于单向复合材料的组分材料而言，纤维和基体中的内应力 $\{\mathrm{d}\sigma_i^{\mathrm{f}}\}$ 和 $\{\mathrm{d}\sigma_i^{\mathrm{m}}\}$，就是由机械 (mechanical) 外载引起的内应力与由温度 (thermal) 变化引起的内应力的总和，即

$$\{\mathrm{d}\sigma_i^{\mathrm{f}}\} = \{\mathrm{d}\sigma_i^{\mathrm{f}}\}^{(\mathrm{M})} + \{\mathrm{d}\sigma_i^{\mathrm{f}}\}^{(\mathrm{T})} \tag{8.4a}$$

$$\{\mathrm{d}\sigma_i^{\mathrm{m}}\} = \{\mathrm{d}\sigma_i^{\mathrm{m}}\}^{(\mathrm{M})} + \{\mathrm{d}\sigma_i^{\mathrm{m}}\}^{(\mathrm{T})} \tag{8.4b}$$

其中，由于机械外载引起的内应力可以用所谓的应力分配矩阵来表示：

$$\{\mathrm{d}\sigma_i^{\mathrm{f}}\}^{(\mathrm{M})} = [B_{ij}^{\mathrm{f}}]\{\mathrm{d}\sigma_j\} \tag{8.5a}$$

$$\{\mathrm{d}\sigma_i^{\mathrm{m}}\}^{(\mathrm{M})} = [B_{ij}^{\mathrm{m}}]\{\mathrm{d}\sigma_j\} \tag{8.5b}$$

式中，$[B_{ij}^{\mathrm{f}}]$ 和 $[B_{ij}^{\mathrm{m}}]$ 分别称为纤维和基体的应力分配矩阵，用于将施加在单向复合材料上的外载 $\{\mathrm{d}\sigma_i\}$“分配” 到纤维和基体中去。由于机械外载引起的内应力就是第 2 章中求解出的量，须满足基本方程 (2.1)。据此得到

$$\{\mathrm{d}\sigma_i\} = V_{\mathrm{f}}\{\mathrm{d}\sigma_i^{\mathrm{f}}\}^{(\mathrm{M})} + V_{\mathrm{m}}\{\mathrm{d}\sigma_i^{\mathrm{m}}\}^{(\mathrm{M})} = (V_{\mathrm{f}}[B_{ij}^{\mathrm{f}}] + V_{\mathrm{m}}[B_{ij}^{\mathrm{m}}])\{\mathrm{d}\sigma_j\}$$

因而有

$$V_{\mathrm{f}}[B_{ij}^{\mathrm{f}}] + V_{\mathrm{m}}[B_{ij}^{\mathrm{m}}] = [I] \tag{8.6}$$

但是，$\{\mathrm{d}\sigma_i^{\mathrm{f}}\}^{(\mathrm{M})}$ 和 $\{\mathrm{d}\sigma_i^{\mathrm{m}}\}^{(\mathrm{M})}$ 之间还须满足方程式 (2.3)，亦即

$$\{\mathrm{d}\sigma_i^{\mathrm{m}}\}^{(\mathrm{M})} = [A_{ij}]\{\mathrm{d}\sigma_j^{\mathrm{f}}\}^{(\mathrm{M})} \tag{8.7}$$

式中，$[A_{ij}]$ 是桥联矩阵。利用桥联矩阵，又可以将纤维和基体中的机械内应力表作为机械载荷的函数 (参见式 (2.4) 和式 (2.5))：

$$\{\mathrm{d}\sigma_i^{\mathrm{f}}\}^{(\mathrm{M})} = [B_{ij}]\{\mathrm{d}\sigma_j\} \tag{8.8a}$$

$$\{\mathrm{d}\sigma_i^{\mathrm{m}}\}^{(\mathrm{M})} = [A_{ij}][B_{ij}]\{\mathrm{d}\sigma_j\} \tag{8.8b}$$

比较式 (8.5) 和式 (8.8)，得到

$$[B_{ij}^{\mathrm{f}}] = [B_{ij}] = (V_{\mathrm{f}}[I] + V_{\mathrm{m}}[A_{ij}])^{-1} \tag{8.9a}$$

$$[B_{ij}^{\mathrm{m}}] = [A_{ij}][B_{ij}] \tag{8.9b}$$

下面考虑温度应力的计算。仅仅由于温度的变化在纤维和基体中所产生的内应力必然与温度梯度 (温差) 成比例，因而可以表作为

$$\{\mathrm{d}\sigma_i^{\mathrm{f}}\}^{(\mathrm{T})} = \{b_i^{\mathrm{f}}\}\mathrm{d}T \tag{8.10a}$$

$$\{\mathrm{d}\sigma_i^{\mathrm{m}}\}^{(\mathrm{T})} = \{b_i^{\mathrm{m}}\}\mathrm{d}T \tag{8.10b}$$

式中，$\{b_i^{\mathrm{f}}\}$ 和 $\{b_i^{\mathrm{m}}\}$ 分别称为纤维和基体中的热应力集中因子。将式 (8.5a)、式 (8.10a) 和式 (8.5b)、式 (8.10b) 分别代入式 (8.4a) 和式 (8.4b)，就有

$$\{\mathrm{d}\sigma_i^{\mathrm{f}}\} = [B_{ij}^{\mathrm{f}}]\{\mathrm{d}\sigma_j\} + \{b_i^{\mathrm{f}}\}\mathrm{d}T \tag{8.11a}$$

$$\{\mathrm{d}\sigma_i^{\mathrm{m}}\} = [B_{ij}^{\mathrm{m}}]\{\mathrm{d}\sigma_j\} + \{b_i^{\mathrm{m}}\}\mathrm{d}T \tag{8.11b}$$

这两个总应力增量同样必须满足基本方程式 (2.1)。注意到式 (8.6)，得到

$$V_{\mathrm{f}}\{\mathrm{d}\sigma_i^{\mathrm{f}}\}^{(\mathrm{T})} + V_{\mathrm{m}}\{\mathrm{d}\sigma_i^{\mathrm{m}}\}^{(\mathrm{T})} = \{0\} \tag{8.12}$$

这表明，仅仅由于温度改变引起的纤维和基体中的热应力 (或者热残余应力) 之间不能用式 (2.3) 相联系，桥联矩阵对它们不适用。这两个应力之间只有一个简单的比例关系，仅仅与纤维的体积含量 (注意 $V_{\mathrm{m}} = 1 - V_{\mathrm{f}}$) 有关，与其他参数均无关，并且无论热应力值的大小如何，这种简单的比例关系都不变。

最后，将式 (8.11a) 和式 (8.11b) 代入式 (8.1) 和式 (8.2) 并整理，就有

$$\{\mathrm{d}\varepsilon_i^{\mathrm{f}}\} = [S_{ij}^{\mathrm{f}}][B_{ij}^{\mathrm{f}}]\{\mathrm{d}\sigma_j\} + ([S_{ij}^{\mathrm{f}}]\{b_j^{\mathrm{f}}\} + \{\alpha_i^{\mathrm{f}}\})\mathrm{d}T \tag{8.13}$$

$$\{\mathrm{d}\varepsilon_i^{\mathrm{m}}\} = [S_{ij}^{\mathrm{m}}][B_{ij}^{\mathrm{m}}]\{\mathrm{d}\sigma_j\} + ([S_{ij}^{\mathrm{m}}]\{b_j^{\mathrm{m}}\} + \{\alpha_i^{\mathrm{m}}\})\mathrm{d}T \tag{8.14}$$

8.3　单向复合材料的热应力计算

假定单向复合材料不受任何外加机械载荷作用、且整体不受任何约束，这相当于图 2-5 中的复合材料不受任何外力，在温度梯度下自由地伸长或者缩短。注意，虽然这时单向复合材料作为一个整体可以自由地伸长或者缩短，但其中的纤维和基体却彼此互相约束。此时，机械外载为 0，即 $\{\mathrm{d}\sigma_i\}=\{0\}$。代入式 (8.11a) 和式 (8.11b)，得到纤维和基体中的应力为

$$\{\mathrm{d}\sigma_i^{\mathrm{f}}\} = \{\mathrm{d}\sigma_i^{\mathrm{f}}\}^{(\mathrm{T})} = \{b_i^{\mathrm{f}}\}\mathrm{d}T \tag{8.10a}$$

$$\{\mathrm{d}\sigma_i^{\mathrm{m}}\} = \{\mathrm{d}\sigma_i^{\mathrm{m}}\}^{(\mathrm{T})} = \{b_i^{\mathrm{m}}\}\mathrm{d}T \tag{8.10b}$$

因此，欲求热应力就必须要先确定纤维和基体的热应力集中因子 $\{b_i^{\mathrm{f}}\}$ 和 $\{b_i^{\mathrm{m}}\}$，这额外增添了两个未知量。但由于纤维和基体中的热应力必须满足方程式 (8.12)，即

$$V_{\mathrm{f}}\{b_i^{\mathrm{f}}\}+V_{\mathrm{m}}\{b_i^{\mathrm{m}}\}=\{0\} \tag{8.15}$$

因此，只需要确定其中一个热应力集中因子即可。Benveniste 和 Dvorak 在 1990 年基于热力学原理，导出了一个将基体的热应力集中因子表作为基体的应力分配矩阵的解析公式[105]：

$$\{b_i^{\mathrm{m}}\}=-\left([I]-[B_{ij}^{\mathrm{m}}]\right)([S_{ij}^{\mathrm{f}}]-[S_{ij}^{\mathrm{m}}])^{-1}(\{\alpha_j^{\mathrm{f}}\}-\{\alpha_j^{\mathrm{m}}\})$$

该公式与 Levin[106] 在 1967 年得到的结果等价[107]。应用桥联矩阵，将上述式子改写为

$$\{b_i^{\mathrm{m}}\}=-\left([I]-[A_{ij}](V_{\mathrm{f}}[I]+V_{\mathrm{m}}[A_{ij}])^{-1}\right)([S_{ij}^{\mathrm{f}}]-[S_{ij}^{\mathrm{m}}])^{-1}(\{\alpha_j^{\mathrm{f}}\}-\{\alpha_j^{\mathrm{m}}\}) \tag{8.16}$$

再从公式 (8.15)，解出

$$\{b_i^{\mathrm{f}}\}=\frac{V_{\mathrm{m}}}{V_{\mathrm{f}}}\left([I]-[A_{ij}](V_{\mathrm{f}}[I]+V_{\mathrm{m}}[A_{ij}])^{-1}\right)([S_{ij}^{\mathrm{f}}]-[S_{ij}^{\mathrm{m}}])^{-1}(\{\alpha_j^{\mathrm{f}}\}-\{\alpha_j^{\mathrm{m}}\}) \tag{8.17}$$

下面讨论如何确定单向复合材料的热膨胀系数。根据公式 (8.13)、式 (8.14) 和式 (8.3)，仅仅由温度的变化引起的纤维、基体以及单向复合材料中的温度应变为

$$\{\mathrm{d}\varepsilon_i^{\mathrm{f}}\}^{(\mathrm{T})}=([S_{ij}^{\mathrm{f}}]\{b_j^{\mathrm{f}}\}+\{\alpha_i^{\mathrm{f}}\})\mathrm{d}T \tag{8.18a}$$

$$\{\mathrm{d}\varepsilon_i^{\mathrm{m}}\}^{(\mathrm{T})}=([S_{ij}^{\mathrm{m}}]\{b_j^{\mathrm{m}}\}+\{\alpha_i^{\mathrm{m}}\})\mathrm{d}T \tag{8.18b}$$

$$\{\mathrm{d}\varepsilon_i\}^{(\mathrm{T})}=\{\alpha_j\}\mathrm{d}T \tag{8.18c}$$

由以上公式给出的应变同样须满足基本方程 (2.2)，即

$$\{\mathrm{d}\varepsilon_i\}^{(\mathrm{T})}=V_{\mathrm{f}}\{\mathrm{d}\varepsilon_i^{\mathrm{f}}\}^{(\mathrm{T})}+V_{\mathrm{m}}\{\mathrm{d}\varepsilon_i^{\mathrm{m}}\}^{(\mathrm{T})}$$

据此得到

$$\{\alpha_j\}\mathrm{d}T=V_{\mathrm{f}}([S_{ij}^{\mathrm{f}}]\{b_j^{\mathrm{f}}\}+\{\alpha_i^{\mathrm{f}}\})\mathrm{d}T+V_{\mathrm{m}}([S_{ij}^{\mathrm{m}}]\{b_j^{\mathrm{m}}\}+\{\alpha_i^{\mathrm{m}}\})\mathrm{d}T$$

于是，单向复合材料的热膨胀系数为

$$\{\alpha_i\}=V_{\mathrm{f}}([S_{ij}^{\mathrm{f}}]-[S_{ij}^{\mathrm{m}}])\{b_j^{\mathrm{f}}\}+V_{\mathrm{f}}\{\alpha_i^{\mathrm{f}}\}+V_{\mathrm{m}}\{\alpha_i^{\mathrm{m}}\} \tag{8.19}$$

注意，该热膨胀系数是局部 (主轴) 坐标系下对应于 $T=T_0$ 时的值。

例 8-1 四组单向复合材料纤维和基体的热–力学性能参数取自文献 [45] 并列于表 8-1 中。前两组的增强纤维为玻璃纤维，各向同性；后两组为碳纤维，各向异性。由表可见，碳纤维的轴向热膨胀系数为负值，这表明随温度升高，碳纤维沿轴向的自由变形不是伸长，而是缩短。假定工作温度为室温 (取为 25°C)，试计算：① 各复合材料中纤维和基体的热残余应力；② 单向复合材料的热膨胀系数。假定纤维和基体的性能参数自加工温度到室温保持不变。

表 8-1 单向复合材料的纤维和基体热 − 力学性能参数

性能	E-Glass/LY556 $T_0=120$°C		E-Glass/MY750 $T_0=120$°C		AS4/3501-6 $T_0=177$°C		T300/BSL914C $T_0=120$°C	
	纤维	基体	纤维	基体	纤维	基体	纤维	基体
E_{11}/GPa	80	3.35	74	3.35	225	4.2	230	4.0
E_{22}/GPa	80	3.35	74	3.35	15	4.2	15	4.0
G_{12}/GPa	33.33	1.24	30.8	1.24	15	1.567	15	1.481
ν_{12}	0.2	0.35	0.2	0.35	0.2	0.34	0.2	0.35
G_{23}/GPa	33.33	1.24	30.8	1.24	7	1.567	7	1.481
$\alpha_1\times10^{-6}$/°C^{-1}	4.9	58	4.9	58	−0.5	45	−0.7	55
$\alpha_2\times10^{-6}$/°C^{-1}	4.9	58	4.9	58	15	45	12	55
V_f	0.62		0.6		0.6		0.6	
$\alpha_1\times10^{-6}$/°C^{-1}	8.6		8.6		−1		−1	
$\alpha_2\times10^{-6}$/°C^{-1}	26.4		26.4		26		26	

解 首先定义温度梯度 (温差)。由于纤维和基体在复合材料固化开始时均处于 0 应力状态，因此，将各复合材料的加工温度取为参考温度 T_0。与之相应，室温 (25°C) 就是当前温度 T_1。于是，对 E-Glass/LY556 材料组合，有 $\Delta T=25°\text{C}-120°\text{C}=-95°\text{C}$。由于纤维和基体的性能在整个温差 ΔT 范围内都保持不变，可以不必细分温度区间。将有关参数 (取 $\mathrm{d}T=\Delta T$) 代入式 (8.16)，求得基体的热应力集中因子。根据三维理论 (纤维和基体的柔度矩阵、桥联矩阵等皆为三维量，热膨胀系数亦为 6 阶矢量) 求得的结果列在表 8-2 中。另外，采用退化的平面公式 (纤维和基体的柔度矩阵为二维公式、桥联矩阵亦为平面矩阵、热膨胀系数为 3 阶矢量) 求得的结果列于表 8-3 中。

对比表 8-2 和表 8-3 可见，三维理论和二维理论求得的复合材料的热膨胀系数完全相同，它们与实验对比 (表 8-1) 也具有合理性，但三维理论和二维理论计算的纤维和基体中的热应力值却存在较大差异。从唯象角度看，三维理论得到的纤维尤其是基体中的热应力值偏高，如果温差变化更大，基体中的热残余应力将会超过其极限强度。虽然实际中也不乏复合材料制品，脱模之际就发现有基体的损伤与破坏，但这种热残余应力引起的损伤破坏不应该是一种常态。由于复合材料厚度方向的尺寸远小于面内尺寸，这使得沿厚度方向的温度变化可以忽略，因此，二维理论

表 8-2　三维理论求得的纤维和基体热残余应力及复合材料热膨胀系数

	E-Glass/LY556 $T_0=120℃$		E-Glass/MY750 $T_0=120℃$		AS4/3501-6 $T_0=177℃$		T300/BSL914C $T_0=120℃$	
	纤维	基体	纤维	基体	纤维	基体	纤维	基体
σ_{11}/MPa	−25.1	40.9	−27.1	40.6	−48.3	73.3	−41.1	62.1
σ_{22}/MPa	−21	34.3	−22.6	33.9	−43.4	65	−38.9	58.4
σ_{33}/MPa	−21	34.3	−22.6	33.9	−43.4	65	−38.9	58.4
$\sigma_{23}=\sigma_{13}=\sigma_{12}$	0	0	0	0	0	0	0	0
$\alpha_1\times10^{-6}$/℃$^{-1}$	6.2		6.5		0.06		−0.06	
$\alpha_2=\alpha_3\times10^{-6}$/℃$^{-1}$	16.5		17.4		26.1		27.1	
$\alpha_4=\alpha_5=\alpha_6$	0		0		0		0	

表 8-3　二维理论求得的纤维和基体热残余应力及复合材料热膨胀系数

	E-Glass/LY556 $T_0=120℃$		E-Glass/MY750 $T_0=120℃$		AS4/3501-6 $T_0=177℃$		T300/BSL914C $T_0=120℃$	
	纤维	基体	纤维	基体	纤维	基体	纤维	基体
σ_{11}/MPa	−13.1	21.9	−14.5	21.8	−23.3	34.9	−17.5	26.3
σ_{22}/MPa	−9.4	15.3	−10.1	15.1	−12.2	18.2	−10.1	15.1
σ_{12}/MPa	0	0	0	0	0	0	0	0
$\alpha_1\times10^{-6}$/℃$^{-1}$	6.2		6.5		0.06		−0.06	
α_2	16.5		17.4		26.1		27.1	
α_6	0		0		0		0	

计算的热应力似乎更为可信。在本章的后续各节中，热应力或热残余应力的计算均基于二维理论。

本例亦说明，当单向复合材料由加工时的高温冷却到室温，纤维中产生压应力，基体中产生拉应力，原因是基体的热膨胀系数大于纤维的热膨胀系数。正如所预料的，纤维和基体中的热残余应力都只有正应力而没有剪应力。这从式 (8.16) 不难理解。因为分块后，桥联矩阵 $[A_{ij}]$ 和组分材料的柔度矩阵 $[S^{\mathrm{f}}_{ij}]$ 和 $[S^{\mathrm{m}}_{ij}]$ 都变成了对角矩阵。当纤维和基体的热膨胀系数矢量对应于剪应力的分量为 0 时，热应力集中因子中的相应分量也就自然为 0。不仅如此，单向复合材料的热膨胀系数矢量的相应分量 (α_3) 也为 0，见式 (8.19)。对比表 8-1 与表 8-2 或表 8-3，并考虑到实验中存在的偏差，细观力学理论预报的复合材料热膨胀系数的精度是可以接受的。

8.4　层合板的热应力计算

8.3 节分析单向复合材料的热应力时，假定其整体不受约束，可自由地伸长缩短。此时，仅仅由温度变化引起的纤维和基体中的热应力由式 (8.10a) 和式 (8.10b)

计算。但在层合板中，由于铺排角不同，每一个单层受到相邻层的约束，无法实现其自由地伸长或缩短。因此，即便层合板整体不受任何外载，仅仅有温度变化，但因层与层之间的相互约束，也将导致每一个单层受到约束外力的作用。这种由于叠层约束而分摊到每一个单层板上的力，相对该单层而言也是一种外载，简称为热外载。层合板中各层分担的热外载之和是自平衡的。现在讨论这种热外载的计算。不失一般性，本节的层合板分析基于拟三维层合板理论，参见 6.7 节。

但是，如例 8-1 所示，根据三维理论计算得到的纤维和基体中的热应力或热残余应力，一般而言不甚合理，原因是实际复合材料厚度很薄，沿该方向温差变化的影响可忽略不计。换言之，任何单向复合材料/单层板中基体和纤维的热应力集中因子以及单向复合材料的热膨胀系数，都必须基于二维理论计算。为方便起见，令

$$\begin{aligned}\{b_i^{\mathrm{m}}\}_{2\mathrm{D}} = &-\left([I]-[A_{ij}]_{2\mathrm{D}}(V_{\mathrm{f}}[I]+V_{\mathrm{m}}[A_{ij}]_{2\mathrm{D}})^{-1}\right)\\ &\times([S_{ij}^{\mathrm{f}}]_{2\mathrm{D}}-[S_{ij}^{\mathrm{m}}]_{2\mathrm{D}})^{-1}(\{\alpha_j^{\mathrm{f}}\}_{2\mathrm{D}}-\{\alpha_j^{\mathrm{m}}\}_{2\mathrm{D}})\end{aligned} \tag{8.20a}$$

$$\{b_i^{\mathrm{f}}\}_{2\mathrm{D}} = -V_{\mathrm{m}}\{b_i^{\mathrm{m}}\}_{2\mathrm{D}}/V_{\mathrm{f}} \tag{8.20b}$$

$$\{\alpha_i\}_{2\mathrm{D}} = V_{\mathrm{f}}([S_{ij}^{\mathrm{f}}]_{2\mathrm{D}}-[S_{ij}^{\mathrm{m}}]_{2\mathrm{D}})\{b_j^{\mathrm{f}}\}_{2\mathrm{D}}+V_{\mathrm{f}}\{\alpha_i^{\mathrm{f}}\}_{2\mathrm{D}}+V_{\mathrm{m}}\{\alpha_i^{\mathrm{m}}\}_{2\mathrm{D}} \tag{8.20c}$$

其中，下标 “2D” 表示所对应的量皆为缩减的二维量，即

$$[A_{ij}]_{2\mathrm{D}}=\begin{bmatrix} a_{11} & a_{12} & 0\\ 0 & a_{22} & 0\\ 0 & 0 & a_{66}\end{bmatrix},\quad [B_{ij}]_{2\mathrm{D}}=(V_{\mathrm{f}}[I]+V_{\mathrm{m}}[A_{ij}]_{2\mathrm{D}})^{-1}=\begin{bmatrix} b_{11} & b_{12} & 0\\ 0 & b_{22} & 0\\ 0 & 0 & b_{66}\end{bmatrix} \tag{8.21a}$$

$$[S_{ij}^{\mathrm{f}}]_{2\mathrm{D}}=\begin{bmatrix} S_{11}^{\mathrm{f}} & S_{12}^{\mathrm{f}} & 0\\ S_{12}^{\mathrm{f}} & S_{22}^{\mathrm{f}} & 0\\ 0 & 0 & S_{66}^{\mathrm{f}}\end{bmatrix},\quad [S_{ij}^{\mathrm{m}}]_{2\mathrm{D}}=\begin{bmatrix} S_{11}^{\mathrm{m}} & S_{12}^{\mathrm{m}} & 0\\ S_{12}^{\mathrm{m}} & S_{22}^{\mathrm{m}} & 0\\ 0 & 0 & S_{66}^{\mathrm{m}}\end{bmatrix}$$

$$\{\alpha_i^{\mathrm{f}}\}_{2\mathrm{D}}=\begin{Bmatrix} \alpha_1^{\mathrm{f}}\\ \alpha_2^{\mathrm{f}}\\ 0\end{Bmatrix},\quad \{\alpha_i^{\mathrm{m}}\}_{2\mathrm{D}}=\begin{Bmatrix} \alpha^{\mathrm{m}}\\ \alpha^{\mathrm{m}}\\ 0\end{Bmatrix} \tag{8.21b}$$

$$\{b_i^{\mathrm{f}}\}_{2\mathrm{D}}=\begin{Bmatrix} b_1^{\mathrm{f}}\\ b_2^{\mathrm{f}}\\ b_6^{\mathrm{f}}\end{Bmatrix},\quad \{b_i^{\mathrm{m}}\}_{2\mathrm{D}}=\begin{Bmatrix} b_1^{\mathrm{m}}\\ b_2^{\mathrm{m}}\\ b_6^{\mathrm{m}}\end{Bmatrix},\quad \{\alpha_i\}_{2\mathrm{D}}=\begin{Bmatrix} \alpha_1\\ \alpha_2\\ \alpha_6\end{Bmatrix} \tag{8.21c}$$

然后，再用

$$\{b_i^{\mathrm{f}}\}=\left\{\begin{array}{c}b_1^{\mathrm{f}}\\b_2^{\mathrm{f}}\\0\\0\\0\\b_6^{\mathrm{f}}\end{array}\right\},\quad \{b_i^{\mathrm{m}}\}=\left\{\begin{array}{c}b_1^{\mathrm{m}}\\b_2^{\mathrm{m}}\\0\\0\\0\\b_6^{\mathrm{m}}\end{array}\right\},\quad \{\alpha_i\}=\left\{\begin{array}{c}\alpha_1\\\alpha_2\\0\\0\\0\\\alpha_6\end{array}\right\} \tag{8.22}$$

分别表示扩展的单层板的纤维热应力集中因子、基体热应力集中因子以及热膨胀系数矢量。它们与三维理论中的对应量是不一样的。除非另有说明，以下公式中用到的有关量皆由式 (8.22) 定义。

由公式 (8.3)，得到

$$\{\mathrm{d}\sigma_i\}=[S_{ij}]^{-1}\{\mathrm{d}\varepsilon_j\}-[S_{ij}]^{-1}\{\alpha_j\}\mathrm{d}T$$

将其变换到总体坐标下表示，就有 (式 (1.65))

$$\{\mathrm{d}\sigma_i\}^{\mathrm{G,(T)}}=[T_{ij}]_{\mathrm{c}}\{\mathrm{d}\sigma_i\}=[K_{ij}^{\mathrm{G}}]\{\mathrm{d}\varepsilon_j\}^{\mathrm{G,(T)}}-\{\beta_i^{\mathrm{G}}\}\mathrm{d}T \tag{8.23}$$

这里，$[K_{ij}^{\mathrm{G}}]=([T_{ij}]_{\mathrm{c}})[S_{ij}]^{-1}([T_{ij}]_{\mathrm{c}})^{\mathrm{T}}$，$\{\beta_i^{\mathrm{G}}\}=[T_{ij}]_{\mathrm{c}}[S_{ij}]^{-1}\{\alpha_j\}$称为热载因子, 上标 “G” 表总体 (global) 坐标，$\{\mathrm{d}\varepsilon_i\}^{\mathrm{G,(T)}}=\{\mathrm{d}\varepsilon_{xx}^{0,(\mathrm{T})}+z\mathrm{d}\kappa_{xx}^{0,(\mathrm{T})},\mathrm{d}\varepsilon_{yy}^{0,(\mathrm{T})}+z\mathrm{d}\kappa_{yy}^{0,(\mathrm{T})},\mathrm{d}\varepsilon_{zz}^{k,(\mathrm{T})},2\mathrm{d}\varepsilon_{yz}^{k,(\mathrm{T})},2\mathrm{d}\varepsilon_{xz}^{k,(\mathrm{T})},2\mathrm{d}\varepsilon_{xy}^{0,(\mathrm{T})}+2z\mathrm{d}\kappa_{xy}^{0,(\mathrm{T})}\}^{\mathrm{T}}$，上标 “(T)” 表热效应，单独的上标 “T” 表转置。

必须指出的是，由于层合板的热效应只计入面内影响，单层板的热载因子 $\{\beta_i^{\mathrm{G}}\}$ 须类似式 (8.22) 得到：先计算出二维量，再扩展到三维，即

$$\{\beta_i^{\mathrm{G}}\}_{\mathrm{2D}}=([T_{ij}]_{\mathrm{c}})_{\mathrm{2D}}([S_{ij}]_{\mathrm{2D}})^{-1}\{\alpha_j\}_{\mathrm{2D}} \tag{8.24a}$$

$$[S_{ij}]_{\mathrm{2D}}=(V_{\mathrm{f}}[S_{ij}^{\mathrm{f}}]_{\mathrm{2D}}+V_{\mathrm{m}}[S_{ij}^{\mathrm{m}}]_{\mathrm{2D}}[A_{ij}]_{\mathrm{2D}})[B_{ij}]_{\mathrm{2D}} \tag{8.24b}$$

式中, $([T_{ij}]_{\mathrm{c}})_{\mathrm{2D}}$ 是平面坐标变换矩阵，见式 (1.73a)。

对于第 k 个单层，由热外载引起的应力为

$$\{\mathrm{d}\sigma_i\}_k^{\mathrm{G,(T)}}=[(K_{ij}^{\mathrm{G}})_k]\{\mathrm{d}\varepsilon_j\}_k^{\mathrm{G,(T)}}-\{\beta_i^{\mathrm{G}}\}_k\mathrm{d}T \tag{8.25a}$$

式中

$$\{\beta_i^{\mathrm{G}}\}_k=\{(\beta_1^{\mathrm{G}})_k,(\beta_2^{\mathrm{G}})_k,0,0,0,(\beta_6^{\mathrm{G}})_k\}^{\mathrm{T}} \tag{8.25b}$$

注意，式 (8.25b) 中非 0 的 β_i^{G} 由式 (8.24a) 计算，下标“k”代表第 k 层。第 k 层由热外载引起的应变 $\{\mathrm{d}\varepsilon_i\}_k^{\mathrm{G},(\mathrm{T})}$ 与层合板中面内的热载应变以及热载曲率之间的关系是 (式 (6.49))

$$\{\mathrm{d}\varepsilon_i\}_k^{\mathrm{G},(\mathrm{T})}=\Big\{\mathrm{d}\varepsilon_{xx}^{0,(\mathrm{T})}+\frac{z_{k+1}+z_k}{2}\mathrm{d}\kappa_{xx}^{0,(\mathrm{T})},\mathrm{d}\varepsilon_{yy}^{0,(\mathrm{T})}+\frac{z_{k+1}+z_k}{2}\mathrm{d}\kappa_{yy}^{0,(\mathrm{T})},\mathrm{d}\varepsilon_{zz}^{k,(\mathrm{T})},$$
$$2\mathrm{d}\varepsilon_{yz}^{k,(\mathrm{T})},2\mathrm{d}\varepsilon_{xz}^{k,(\mathrm{T})},2\mathrm{d}\varepsilon_{xy}^{0,(\mathrm{T})}+(z_{k+1}+z_k)\mathrm{d}\kappa_{xy}^{0,(\mathrm{T})}\Big\}^{\mathrm{T}} \tag{8.26}$$

热外载引起的各单层板应力必须满足如下的平衡方程：

$$\begin{Bmatrix}\mathrm{d}N_{xx}\\\mathrm{d}N_{yy}\\\mathrm{d}N_{xy}\end{Bmatrix}^{(\mathrm{T})}=\int_{-h/2}^{h/2}\begin{Bmatrix}\mathrm{d}\sigma_{xx}\\\mathrm{d}\sigma_{yy}\\\mathrm{d}\sigma_{xy}\end{Bmatrix}^{(\mathrm{T})}\mathrm{d}z=\begin{Bmatrix}0\\0\\0\end{Bmatrix} \tag{8.27a}$$

$$\begin{Bmatrix}\mathrm{d}M_{xx}\\\mathrm{d}M_{yy}\\\mathrm{d}M_{xy}\end{Bmatrix}^{(\mathrm{T})}=\int_{-h/2}^{h/2}\begin{Bmatrix}\mathrm{d}\sigma_{xx}\\\mathrm{d}\sigma_{yy}\\\mathrm{d}\sigma_{xy}\end{Bmatrix}^{(\mathrm{T})}z\mathrm{d}z=\begin{Bmatrix}0\\0\\0\end{Bmatrix} \tag{8.27b}$$

$$\begin{Bmatrix}\mathrm{d}\sigma_{yz}\\\mathrm{d}\sigma_{xz}\\\mathrm{d}\sigma_{zz}\end{Bmatrix}^{(\mathrm{T})}=\begin{Bmatrix}\mathrm{d}\sigma_{yz}^{(k)}\\\mathrm{d}\sigma_{xz}^{(k)}\\\mathrm{d}\sigma_{zz}^{(k)}\end{Bmatrix}^{(\mathrm{T})}=\begin{Bmatrix}0\\0\\0\end{Bmatrix},\quad k=1,\cdots,N \tag{8.27c}$$

这是因为当只考虑热外载时，层合板作为一个整体不受任何外载作用。由式 (6.40) 和式 (8.23)，当整体坐标 $(x,\ y,\ z)$ 位于某个第 k 层时，有

$$\begin{Bmatrix}\mathrm{d}\sigma_{xx}\\\mathrm{d}\sigma_{yy}\\\mathrm{d}\sigma_{xy}\end{Bmatrix}^{(\mathrm{T})}=[(K_{ij}^{\mathrm{G}})_k^1]\begin{Bmatrix}\mathrm{d}\varepsilon_{xx}\\\mathrm{d}\varepsilon_{yy}\\2\mathrm{d}\varepsilon_{xy}\end{Bmatrix}^{(\mathrm{T})}+[(K_{ij}^{\mathrm{G}})_k^2]\begin{Bmatrix}2\mathrm{d}\varepsilon_{yz}\\2\mathrm{d}\varepsilon_{xz}\\\mathrm{d}\varepsilon_{zz}\end{Bmatrix}^{(\mathrm{T})}-\begin{Bmatrix}(\beta_1^{\mathrm{G}})_k\\(\beta_2^{\mathrm{G}})_k\\(\beta_6^{\mathrm{G}})_k\end{Bmatrix}\mathrm{d}T \tag{8.28a}$$

$$\begin{Bmatrix}\mathrm{d}\sigma_{yz}\\\mathrm{d}\sigma_{xz}\\\mathrm{d}\sigma_{zz}\end{Bmatrix}^{(\mathrm{T})}=[(K_{ij}^{\mathrm{G}})_k^3]\begin{Bmatrix}\mathrm{d}\varepsilon_{xx}\\\mathrm{d}\varepsilon_{yy}\\2\mathrm{d}\varepsilon_{xy}\end{Bmatrix}^{(\mathrm{T})}+[(K_{ij}^{\mathrm{G}})_k^4]\begin{Bmatrix}2\mathrm{d}\varepsilon_{yz}\\2\mathrm{d}\varepsilon_{xz}\\\mathrm{d}\varepsilon_{zz}\end{Bmatrix}^{(\mathrm{T})} \tag{8.28b}$$

式中，分块矩阵 $[(K_{ij}^{\mathrm{G}})_k^l](l=1,\ 2,\ 3,\ 4)$ 见式 (6.41b)。将式 (8.28a) 和式 (8.28b) 代入式 (8.27a)、式 (8.27b)、式 (8.27c)，仿照式 (6.42a)、式 (6.42b) 和式 (6.43a) 进行积分并化简，得到

$$\begin{Bmatrix} d\Omega_1^{\mathrm{I}} \\ d\Omega_2^{\mathrm{I}} \\ d\Omega_6^{\mathrm{I}} \\ d\Omega_1^{\mathrm{II}} \\ d\Omega_2^{\mathrm{II}} \\ d\Omega_6^{\mathrm{II}} \end{Bmatrix} = \begin{bmatrix} \bar{Q}_{11}^{\mathrm{I}} & \bar{Q}_{12}^{\mathrm{I}} & \bar{Q}_{13}^{\mathrm{I}} & \bar{Q}_{11}^{\mathrm{II}} & \bar{Q}_{12}^{\mathrm{II}} & \bar{Q}_{13}^{\mathrm{II}} \\ \bar{Q}_{12}^{\mathrm{I}} & \bar{Q}_{22}^{\mathrm{I}} & \bar{Q}_{23}^{\mathrm{I}} & \bar{Q}_{12}^{\mathrm{II}} & \bar{Q}_{22}^{\mathrm{II}} & \bar{Q}_{23}^{\mathrm{II}} \\ \bar{Q}_{13}^{\mathrm{I}} & \bar{Q}_{23}^{\mathrm{I}} & \bar{Q}_{33}^{\mathrm{I}} & \bar{Q}_{13}^{\mathrm{II}} & \bar{Q}_{23}^{\mathrm{II}} & \bar{Q}_{33}^{\mathrm{II}} \\ \bar{Q}_{11}^{\mathrm{II}} & \bar{Q}_{12}^{\mathrm{II}} & \bar{Q}_{13}^{\mathrm{II}} & \bar{Q}_{11}^{\mathrm{III}} & \bar{Q}_{12}^{\mathrm{III}} & \bar{Q}_{13}^{\mathrm{III}} \\ \bar{Q}_{12}^{\mathrm{II}} & \bar{Q}_{22}^{\mathrm{II}} & \bar{Q}_{23}^{\mathrm{II}} & \bar{Q}_{12}^{\mathrm{III}} & \bar{Q}_{22}^{\mathrm{III}} & \bar{Q}_{23}^{\mathrm{III}} \\ \bar{Q}_{13}^{\mathrm{II}} & \bar{Q}_{23}^{\mathrm{II}} & \bar{Q}_{33}^{\mathrm{II}} & \bar{Q}_{13}^{\mathrm{III}} & \bar{Q}_{23}^{\mathrm{III}} & \bar{Q}_{33}^{\mathrm{III}} \end{bmatrix} \begin{Bmatrix} d\varepsilon_{xx}^{0,(\mathrm{T})} \\ d\varepsilon_{yy}^{0,(\mathrm{T})} \\ 2d\varepsilon_{xy}^{0,(\mathrm{T})} \\ d\kappa_{xx}^{0,(\mathrm{T})} \\ d\kappa_{yy}^{0,(\mathrm{T})} \\ 2d\kappa_{xy}^{0,(\mathrm{T})} \end{Bmatrix} \tag{8.29a}$$

$$\begin{Bmatrix} 2d\varepsilon_{yz}^{(k)} \\ 2d\varepsilon_{xz}^{(k)} \\ d\varepsilon_{zz}^{(k)} \end{Bmatrix}^{(\mathrm{T})} = -[(K_{ij}^{\mathrm{G}})_k^4]^{-1}[(K_{ij}^{\mathrm{G}})_k^3]\left(\begin{Bmatrix} d\varepsilon_{xx}^{0,(\mathrm{T})} \\ d\varepsilon_{yy}^{0,(\mathrm{T})} \\ 2d\varepsilon_{xy}^{0,(\mathrm{T})} \end{Bmatrix} + \frac{1}{2}(z_{k+1}+z_k)\begin{Bmatrix} d\kappa_{xx}^{0,(\mathrm{T})} \\ d\kappa_{yy}^{0,(\mathrm{T})} \\ 2d\kappa_{xy}^{0,(\mathrm{T})} \end{Bmatrix}\right), \quad k=1,\cdots,N \tag{8.29b}$$

式中

$$d\Omega_i^{\mathrm{I}} = \sum_{k=1}^{N}(\beta_i^{\mathrm{G}})_k(z_{k+1}-z_k)dT, \quad d\Omega_i^{\mathrm{II}} = \frac{1}{2}\sum_{k=1}^{N}(\beta_i^{\mathrm{G}})_k(z_{k+1}^2-z_k^2)dT, \quad i=1,2,6 \tag{8.30}$$

称为等效热载增量，式 (8.29a) 中的整体刚度矩阵元素 $\bar{Q}_{ij}^{\mathrm{I}}$、$\bar{Q}_{ij}^{\mathrm{II}}$ 和 $\bar{Q}_{ij}^{\mathrm{III}}$ 分别由公式 (6.47a)、式 (6.47b) 和式 (6.47c) 给出。

从方程 (8.29a) 解出中面内的热载应变增量以及热载曲率增量后，进一步由式 (8.29b) 得到面外热载应变增量。然后，代入式 (8.26)、再代入式 (8.25a)，就得到第 k 个单层分担的热外载。经坐标变换 (式 (6.50)) 后代入式 (8.11a) 和式 (8.11b)，分别求出纤维和基体中的内应力。这种内应力是纤维和基体在层合板只受温度载荷、不受其他外载且整体不受约束的情况下所产生的应力，故称为层合板中纤维和基体的热应力。

比较以上两种情况的计算过程，不难看到，“层合板中纤维和基体的热应力” 计算与 “单向复合材料中纤维和基体的热应力” 计算的区别。所谓 “热应力” 皆是指在纤维和基体中仅仅由温度效应 (温差) 而产生的应力。单向复合材料中的热应力是指单向复合材料不受任何外载作用、仅由温度效应 (温差) 而在纤维和基体中产生的应力，其计算将依据公式 (8.10a) 和式 (8.10b) 进行；而在层合板中的热应力计算时，虽然层合板本身也不受机械外载，但每一个单层 (用于构成层合板的单向复合材料) 则要受到 “热外载” 作用，因此，层合板中的热应力计算公式是式 (8.11a) 和式 (8.11b)，而不再是式 (8.10a) 和式 (8.10b)。

8.5 热–机械耦合载荷下层合板中的内应力分析

假定层合板受到任意的外载增量 $\{\mathrm{d}\sigma_i^0\}^{\mathrm{G}}=\{\mathrm{d}\sigma_{xx}^0,\ \mathrm{d}\sigma_{yy}^0,\ \mathrm{d}\sigma_{zz}^0,\ \mathrm{d}\sigma_{yz}^0,\ \mathrm{d}\sigma_{xz}^0,\ \mathrm{d}\sigma_{xy}^0\}^{\mathrm{T}}$ 和单位长度内的力矩增量$\{\mathrm{d}M\}^{\mathrm{G}}=\{\mathrm{d}M_{xx},\ \mathrm{d}M_{yy},\ \mathrm{d}M_{xy}\}^{\mathrm{T}}$ 作用，层合板厚度为 h。假定这些载荷增量都是均匀作用在层合板边界面上的。如果非均匀，例如, 有限单元计算得到 8 个角点 (节点) 处的应力增量，可通过静力等效，得到单元形心处的外载增量 $\{\mathrm{d}\sigma_i^0\}^{\mathrm{G}}$ 和单位长度上内力矩增量$\{\mathrm{d}M\}^{\mathrm{G}}$。由面内的应力增量，得到层合板所受的单位长度上的内力增量为

$$\begin{Bmatrix}\mathrm{d}N_{xx}\\ \mathrm{d}N_{yy}\\ \mathrm{d}N_{xy}\end{Bmatrix}=\int_{-h/2}^{h/2}\begin{Bmatrix}\mathrm{d}\sigma_{xx}^0\\ \mathrm{d}\sigma_{yy}^0\\ \mathrm{d}\sigma_{xy}^0\end{Bmatrix}\mathrm{d}z=\begin{Bmatrix}\mathrm{d}\sigma_{xx}^0\\ \mathrm{d}\sigma_{yy}^0\\ \mathrm{d}\sigma_{xy}^0\end{Bmatrix}h \tag{8.31}$$

假定这些载荷作用在层合板上的正方向如图 6-16 所示，并假定层合板受到温差 $\mathrm{d}T=T_1-T_0$ 作用，T_1 是当前温度，T_0 是初始温度，再假定纤维和基体材料的所有物理–力学性能参数在 T_0 都是已知的，现将层合板应力分析的公式汇集如下，以下公式中所涉及的材料性能参数皆是在 T_0 温度时刻的对应值。

8.5.1 层合板应变与曲率增量

层合板中面内的应变和曲率增量求解公式是

$$\begin{Bmatrix}\mathrm{d}N_{xx}+\mathrm{d}\Omega_1^{\mathrm{I}}-\mathrm{d}\bar{N}_{xx}\\ \mathrm{d}N_{yy}+\mathrm{d}\Omega_2^{\mathrm{I}}-\mathrm{d}\bar{N}_{yy}\\ \mathrm{d}N_{xy}+\mathrm{d}\Omega_6^{\mathrm{I}}-\mathrm{d}\bar{N}_{xy}\\ \mathrm{d}M_{xx}+\mathrm{d}\Omega_1^{\mathrm{II}}-\mathrm{d}\bar{M}_{xx}\\ \mathrm{d}M_{yy}+\mathrm{d}\Omega_2^{\mathrm{II}}-\mathrm{d}\bar{M}_{yy}\\ \mathrm{d}M_{xy}+\mathrm{d}\Omega_6^{\mathrm{II}}-\mathrm{d}\bar{M}_{xy}\end{Bmatrix}=\begin{bmatrix}\bar{Q}_{11}^{\mathrm{I}} & \bar{Q}_{12}^{\mathrm{I}} & \bar{Q}_{13}^{\mathrm{I}} & \bar{Q}_{11}^{\mathrm{II}} & \bar{Q}_{12}^{\mathrm{II}} & \bar{Q}_{13}^{\mathrm{II}}\\ \bar{Q}_{12}^{\mathrm{I}} & \bar{Q}_{22}^{\mathrm{I}} & \bar{Q}_{23}^{\mathrm{I}} & \bar{Q}_{12}^{\mathrm{II}} & \bar{Q}_{22}^{\mathrm{II}} & \bar{Q}_{23}^{\mathrm{II}}\\ \bar{Q}_{13}^{\mathrm{I}} & \bar{Q}_{23}^{\mathrm{I}} & \bar{Q}_{33}^{\mathrm{I}} & \bar{Q}_{13}^{\mathrm{II}} & \bar{Q}_{23}^{\mathrm{II}} & \bar{Q}_{33}^{\mathrm{II}}\\ \bar{Q}_{11}^{\mathrm{II}} & \bar{Q}_{12}^{\mathrm{II}} & \bar{Q}_{13}^{\mathrm{II}} & \bar{Q}_{11}^{\mathrm{III}} & \bar{Q}_{12}^{\mathrm{III}} & \bar{Q}_{13}^{\mathrm{III}}\\ \bar{Q}_{12}^{\mathrm{II}} & \bar{Q}_{22}^{\mathrm{II}} & \bar{Q}_{23}^{\mathrm{II}} & \bar{Q}_{12}^{\mathrm{III}} & \bar{Q}_{22}^{\mathrm{III}} & \bar{Q}_{23}^{\mathrm{III}}\\ \bar{Q}_{13}^{\mathrm{II}} & \bar{Q}_{23}^{\mathrm{II}} & \bar{Q}_{33}^{\mathrm{II}} & \bar{Q}_{13}^{\mathrm{III}} & \bar{Q}_{23}^{\mathrm{III}} & \bar{Q}_{33}^{\mathrm{III}}\end{bmatrix}\begin{Bmatrix}\mathrm{d}\varepsilon_{xx}^0\\ \mathrm{d}\varepsilon_{yy}^0\\ 2\mathrm{d}\varepsilon_{xy}^0\\ \mathrm{d}\kappa_{xx}^0\\ \mathrm{d}\kappa_{yy}^0\\ 2\mathrm{d}\kappa_{xy}^0\end{Bmatrix} \tag{8.32}$$

$$[\bar{Q}_{ij}^{\mathrm{I}}]=\sum_{k=1}^{N}\left([(K_{ij}^{\mathrm{G}})_k^1]-[(K_{ij}^{\mathrm{G}})_k^2][(K_{ij}^{\mathrm{G}})_k^4]^{-1}[(K_{ij}^{\mathrm{G}})_k^3]\right)(z_{k+1}-z_k) \tag{6.47a}$$

$$[\bar{Q}_{ij}^{\mathrm{II}}]=\frac{1}{2}\sum_{k=1}^{N}\left([(K_{ij}^{\mathrm{G}})_k^1]-[(K_{ij}^{\mathrm{G}})_k^2][(K_{ij}^{\mathrm{G}})_k^4]^{-1}[(K_{ij}^{\mathrm{G}})_k^3]\right)(z_{k+1}^2-z_k^2) \tag{6.47b}$$

$$[\bar{Q}_{ij}^{\mathrm{III}}]=\frac{1}{3}\sum_{k=1}^{N}[(K_{ij}^{\mathrm{G}})_k^1](z_{k+1}^3-z_k^3)$$

$$-\frac{1}{4}\sum_{k=1}^{N}(z_{k+1}-z_k)(z_{k+1}+z_k)^2[(K_{ij}^{\mathrm{G}})_k^2][(K_{ij}^{\mathrm{G}})_k^4]^{-1}[(K_{ij}^{\mathrm{G}})_k^3] \tag{6.47c}$$

$$[(K_{ij}^{\mathrm{G}})_k]=([T_{ij}]_{\mathrm{c}})_k([S_{ij}]_k)^{-1}([T_{ij}]_{\mathrm{c}}^{\mathrm{T}})_k = \begin{bmatrix} K_{11}^{\mathrm{G}} & K_{12}^{\mathrm{G}} & K_{13}^{\mathrm{G}} & K_{14}^{\mathrm{G}} & K_{15}^{\mathrm{G}} & K_{16}^{\mathrm{G}} \\ K_{21}^{\mathrm{G}} & K_{22}^{\mathrm{G}} & K_{23}^{\mathrm{G}} & K_{24}^{\mathrm{G}} & K_{25}^{\mathrm{G}} & K_{26}^{\mathrm{G}} \\ K_{31}^{\mathrm{G}} & K_{32}^{\mathrm{G}} & K_{33}^{\mathrm{G}} & K_{34}^{\mathrm{G}} & K_{35}^{\mathrm{G}} & K_{36}^{\mathrm{G}} \\ K_{41}^{\mathrm{G}} & K_{42}^{\mathrm{G}} & K_{43}^{\mathrm{G}} & K_{44}^{\mathrm{G}} & K_{45}^{\mathrm{G}} & K_{46}^{\mathrm{G}} \\ K_{51}^{\mathrm{G}} & K_{52}^{\mathrm{G}} & K_{53}^{\mathrm{G}} & K_{54}^{\mathrm{G}} & K_{55}^{\mathrm{G}} & K_{56}^{\mathrm{G}} \\ K_{61}^{\mathrm{G}} & K_{62}^{\mathrm{G}} & K_{63}^{\mathrm{G}} & K_{64}^{\mathrm{G}} & K_{65}^{\mathrm{G}} & K_{66}^{\mathrm{G}} \end{bmatrix}_k \tag{6.41a}$$

$$[(K_{ij}^{\mathrm{G}})_k^1]=\begin{bmatrix} K_{11}^{\mathrm{G}} & K_{12}^{\mathrm{G}} & K_{16}^{\mathrm{G}} \\ K_{21}^{\mathrm{G}} & K_{22}^{\mathrm{G}} & K_{26}^{\mathrm{G}} \\ K_{61}^{\mathrm{G}} & K_{62}^{\mathrm{G}} & K_{66}^{\mathrm{G}} \end{bmatrix}_k,\quad [(K_{ij}^{\mathrm{G}})_k^2]=\begin{bmatrix} K_{14}^{\mathrm{G}} & K_{15}^{\mathrm{G}} & K_{13}^{\mathrm{G}} \\ K_{24}^{\mathrm{G}} & K_{25}^{\mathrm{G}} & K_{23}^{\mathrm{G}} \\ K_{64}^{\mathrm{G}} & K_{65}^{\mathrm{G}} & K_{63}^{\mathrm{G}} \end{bmatrix}_k$$

$$[(K_{ij}^{\mathrm{G}})_k^3]=\begin{bmatrix} K_{41}^{\mathrm{G}} & K_{42}^{\mathrm{G}} & K_{46}^{\mathrm{G}} \\ K_{51}^{\mathrm{G}} & K_{52}^{\mathrm{G}} & K_{56}^{\mathrm{G}} \\ K_{31}^{\mathrm{G}} & K_{32}^{\mathrm{G}} & K_{36}^{\mathrm{G}} \end{bmatrix}_k,\quad [(K_{ij}^{\mathrm{G}})_k^4]=\begin{bmatrix} K_{44}^{\mathrm{G}} & K_{45}^{\mathrm{G}} & K_{43}^{\mathrm{G}} \\ K_{54}^{\mathrm{G}} & K_{55}^{\mathrm{G}} & K_{53}^{\mathrm{G}} \\ K_{34}^{\mathrm{G}} & K_{35}^{\mathrm{G}} & K_{33}^{\mathrm{G}} \end{bmatrix}_k \tag{6.41b}$$

$$\begin{Bmatrix} \mathrm{d}\bar{N}_{xx} \\ \mathrm{d}\bar{N}_{yy} \\ \mathrm{d}\bar{N}_{xy} \end{Bmatrix}=\sum_{l=1}^{N}[(K_{ij}^{\mathrm{G}})_l^2][(K_{ij}^{\mathrm{G}})_l^4]^{-1}(z_{l+1}-z_l)\begin{Bmatrix} \mathrm{d}\sigma_{yz}^0 \\ \mathrm{d}\sigma_{xz}^0 \\ \mathrm{d}\sigma_{zz}^0 \end{Bmatrix} \tag{8.33a}$$

$$\begin{Bmatrix} \mathrm{d}\bar{M}_{xx} \\ \mathrm{d}\bar{M}_{yy} \\ \mathrm{d}\bar{M}_{xy} \end{Bmatrix}=\frac{1}{2}\sum_{l=1}^{N}[(K_{ij}^{\mathrm{G}})_l^2][(K_{ij}^{\mathrm{G}})_l^4]^{-1}(z_{l+1}^2-z_l^2)\begin{Bmatrix} \mathrm{d}\sigma_{yz}^0 \\ \mathrm{d}\sigma_{xz}^0 \\ \mathrm{d}\sigma_{zz}^0 \end{Bmatrix} \tag{8.33b}$$

$$\begin{aligned}\begin{Bmatrix} 2\varepsilon_{yz}^{(k)} \\ 2\mathrm{d}\varepsilon_{xz}^{(k)} \\ \mathrm{d}\varepsilon_{zz}^{(k)} \end{Bmatrix}&=[(K_{ij}^{\mathrm{G}})_k^4]^{-1}\begin{Bmatrix} \mathrm{d}\sigma_{yz}^0 \\ \mathrm{d}\sigma_{xz}^0 \\ \mathrm{d}\sigma_{zz}^0 \end{Bmatrix} \\ &\quad -[(K_{ij}^{\mathrm{G}})_k^4]^{-1}[(K_{ij}^{\mathrm{G}})_k^3]\left(\begin{Bmatrix} \mathrm{d}\varepsilon_{xx}^0 \\ \mathrm{d}\varepsilon_{yy}^0 \\ 2\mathrm{d}\varepsilon_{xy}^0 \end{Bmatrix}\right. \\ &\quad \left.+\frac{1}{2}(z_{k+1}+z_k)\begin{Bmatrix} \mathrm{d}\kappa_{xx}^0 \\ \mathrm{d}\kappa_{yy}^0 \\ 2\mathrm{d}\kappa_{xy}^0 \end{Bmatrix}\right),\quad k=1,\cdots,N\end{aligned} \tag{8.34}$$

在式 (6.41a) 中，$[S_{ij}]_k$ 是第 k 层的三维柔度矩阵。式 (8.32) 左边的等效热载增量 $\mathrm{d}\Omega_i^{\mathrm{I}}$ 和 $\mathrm{d}\Omega_i^{\mathrm{II}}$ 由式 (8.30) 计算。由公式 (8.32) 和式 (8.34) 解出的应变和曲率增量包括了机械载荷和热载荷的共同作用。

8.5.2 单层板在局部 (主轴) 坐标下分担的应力增量

第 k 个单层板在层合板整体坐标下分担的应力增量为

$$\{\mathrm{d}\sigma_i\}_k^{\mathrm{G}} = [(K_{ij}^{\mathrm{G}})_k]\{\mathrm{d}\varepsilon_j\}_k^{\mathrm{G}} - \{\beta_i^{\mathrm{G}}\}_k \mathrm{d}T \tag{8.35a}$$

$$\begin{aligned}\{\mathrm{d}\varepsilon_i\}_k^{\mathrm{G}} = &\left\{\mathrm{d}\varepsilon_{xx}^0 + \frac{z_{k+1}+z_k}{2}\mathrm{d}\kappa_{xx}^0, \mathrm{d}\varepsilon_{yy}^0 + \frac{z_{k+1}+z_k}{2}\mathrm{d}\kappa_{yy}^0, \mathrm{d}\varepsilon_{zz}^{(k)},\right.\\ &\left. 2\mathrm{d}\varepsilon_{yz}^{(k)}, 2\mathrm{d}\varepsilon_{xz}^{(k)}, 2\mathrm{d}\varepsilon_{xy}^0 + (z_{k+1}+z_k)\mathrm{d}\kappa_{xy}^0\right\}^{\mathrm{T}}\end{aligned} \tag{8.35b}$$

式 (8.35a) 中，β_i^{G} 由式 (8.25b) 计算。局部坐标下的应力增量是

$$\{\mathrm{d}\sigma_i\}_k = ([T_{ij}]_{\mathrm{s}}^{\mathrm{T}})_k\{\mathrm{d}\sigma_j\}_k^{\mathrm{G}} \tag{8.36}$$

假定第 k 个单层板局部 (主轴) 坐标与层合板整体坐标按图 8-1 定义，即由 x_1 至 x_2 的旋转方向与 x 至 y 的旋转方向一致，均符合右手螺旋定则。根据式 (1.62)，即

$$l_i = \cos(x_i, x), \quad m_i = \cos(x_i, y), \quad n_i = \cos(x_i, z), \quad i = 1, 2, 3 \tag{1.62}$$

得

$$l_1 = \cos\theta, m_1 = \sin\theta, n_1 = 0, l_2 = -\sin\theta, m_2 = \cos\theta, n_2 = 0, l_3 = 0, m_3 = 0, n_3 = 1 \tag{8.37}$$

将如此定义的方向余弦分量代入式 (1.66) 和式 (1.68)，分别有

$$[T_{ij}]_{\mathrm{c}} = \begin{bmatrix} \cos^2\theta & \sin^2\theta & 0 & 0 & 0 & -\sin 2\theta \\ \sin^2\theta & \cos^2\theta & 0 & 0 & 0 & \sin 2\theta \\ 0 & 0 & 1 & 0 & 0 & 0 \\ 0 & 0 & 0 & \cos\theta & \sin\theta & 0 \\ 0 & 0 & 0 & -\sin\theta & \cos\theta & 0 \\ \dfrac{\sin 2\theta}{2} & -\dfrac{\sin 2\theta}{2} & 0 & 0 & 0 & \cos 2\theta \end{bmatrix} \tag{8.38a}$$

$$[T_{ij}]_{\mathrm{s}} = \begin{bmatrix} \cos^2\theta & \sin^2\theta & 0 & 0 & 0 & -\sin 2\theta/2 \\ \sin^2\theta & \cos^2\theta & 0 & 0 & 0 & \sin 2\theta/2 \\ 0 & 0 & 1 & 0 & 0 & 0 \\ 0 & 0 & 0 & \cos\theta & \sin\theta & 0 \\ 0 & 0 & 0 & -\sin\theta & \cos\theta & 0 \\ \sin 2\theta & -\sin 2\theta & 0 & 0 & 0 & \cos 2\theta \end{bmatrix} \tag{8.38b}$$

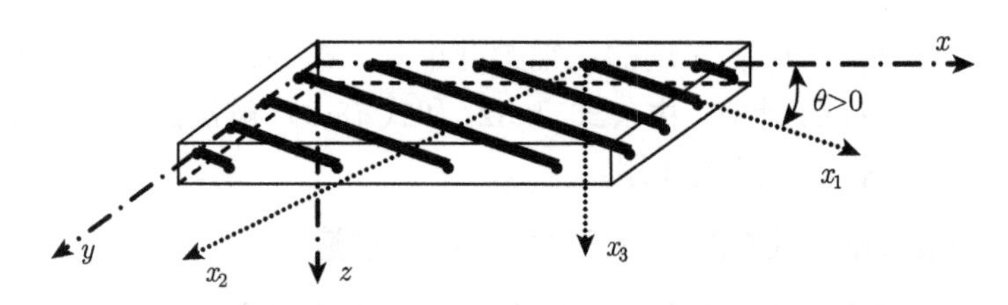

图 8-1 单层板整体坐标与局部 (主轴) 坐标之间的变换 (铺排角 $\theta > 0$)

注意，上述对坐标变换方向余弦的定义，同样适用于实际工程中铺排角为负值 $(-\theta)$ 的情况，如图 8-2 所示。将式 (1.62) 应用于图 8-2，有

$$l_1=\cos\theta,\ m_1=-\sin\theta,\ n_1=0,\ l_2=\sin\theta,\ m_2=\cos\theta,\ n_2=0,\ l_3=0,\ m_3=0,\ n_3=1 \tag{8.39}$$

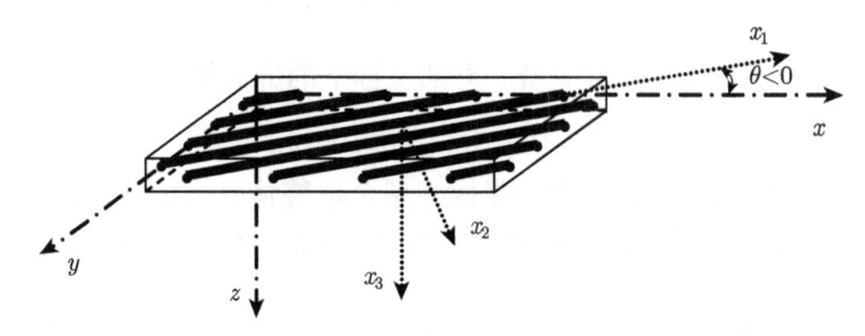

图 8-2 单层板整体坐标与局部 (主轴) 坐标之间的变换 (铺排角 $\theta < 0$)

另外，若将 $\theta = -\theta$ 代入式 (8.37)，所得方向余弦与式 (8.39) 完全一样。

8.5.3 纤维和基体的均值内应力增量

$$\{\mathrm{d}\sigma_i^{\mathrm{f}}\}_k = [B_{ij}]\{\mathrm{d}\sigma_j\}_k + \{b_i^{\mathrm{f}}\}_k\mathrm{d}T \tag{8.40a}$$

$$\{\mathrm{d}\sigma_i^{\mathrm{m}}\}_k = [A_{ij}][B_{ij}]\{\mathrm{d}\sigma_j\}_k + \{b_i^{\mathrm{m}}\}_k\mathrm{d}T \tag{8.40b}$$

$$[B_{ij}] = (V_{\mathrm{f}}[I]+V_{\mathrm{m}}[A_{ij}])^{-1} \tag{8.41}$$

注意，单层板的热应力集中因子矢量 $\{b_i^{\mathrm{f}}\}_k$ 和 $\{b_i^{\mathrm{m}}\}_k$ 必须基于式 (8.22) 定义。

8.5.4 纤维和基体的真实内应力

纤维的真实应力与其均值应力相同，由以下公式更新：

$$\{\sigma_i^{\mathrm{f}}\}_k^{l+1} = \{\sigma_i^{\mathrm{f}}\}_k^{l} + \{\mathrm{d}\sigma_i^{\mathrm{f}}\}_k,\quad l=0,1,\cdots \tag{8.42}$$

基体的真实应力由式 (4.45) 更新，即

$$\{\bar{\sigma}_i^{\mathrm{m}}\}_k^{l+1} = \{\bar{\sigma}_i^{\mathrm{m}}\}_k^{l} + \{\mathrm{d}\bar{\sigma}_i^{\mathrm{m}}\}_k,\quad l=0,1,\cdots \tag{8.43}$$

(1) 若 $\mathrm{d}\sigma_{22}^{\mathrm{m}} \times \mathrm{d}\sigma_{33}^{\mathrm{m}} \neq 0$ 且 $\mathrm{d}\sigma_{33}^{\mathrm{m}} - \mathrm{d}\sigma_{22}^{\mathrm{m}} \geqslant 0$，

$$\begin{aligned}\{\mathrm{d}\bar{\sigma}_i^{\mathrm{m}}\}_k = &\{\mathrm{d}\sigma_{11}^{\mathrm{m}}, K_{22}^{\mathrm{Bi}}\mathrm{d}\sigma_{22}^{\mathrm{m}}, K_{22}^{\mathrm{Bi}}\mathrm{d}\sigma_{22}^{\mathrm{m}} + \tilde{K}_{22}(\mathrm{d}\sigma_{33}^{\mathrm{m}} - \mathrm{d}\sigma_{22}^{\mathrm{m}}),\\ &K_{23}\mathrm{d}\sigma_{23}^{\mathrm{m}}, K_{12}\mathrm{d}\sigma_{13}^{\mathrm{m}}, K_{12}\mathrm{d}\sigma_{12}^{\mathrm{m}}\}_k^{\mathrm{T}}\end{aligned} \tag{8.44a}$$

$$K_{22}^{\mathrm{Bi}} = \begin{cases} K_{22}^{\mathrm{t,Bi}}, & \mathrm{d}\sigma_{22}^{\mathrm{m}} > 0 \\ K_{22}^{\mathrm{c,Bi}}, & \mathrm{d}\sigma_{22}^{\mathrm{m}} < 0 \end{cases}, \quad \tilde{K}_{22} = \begin{cases} K_{22}^{\mathrm{t}}, & \text{界面未开裂} \\ \hat{K}_{22}^{\mathrm{t}}, & \text{界面已开裂} \end{cases} \tag{8.44b}$$

(2) 若 $\mathrm{d}\sigma_{22}^{\mathrm{m}} \times \mathrm{d}\sigma_{33}^{\mathrm{m}} \neq 0$ 且 $\mathrm{d}\sigma_{22}^{\mathrm{m}} - \mathrm{d}\sigma_{33}^{\mathrm{m}} \geqslant 0$，

$$\begin{aligned}\{\mathrm{d}\bar{\sigma}_i^{\mathrm{m}}\}_k = &\{\mathrm{d}\sigma_{11}^{\mathrm{m}}, K_{33}^{\mathrm{Bi}}\mathrm{d}\sigma_{33}^{\mathrm{m}} + \tilde{K}_{22}(\mathrm{d}\sigma_{22}^{\mathrm{m}} - \mathrm{d}\sigma_{33}^{\mathrm{m}}), K_{33}^{\mathrm{Bi}}\mathrm{d}\sigma_{33}^{\mathrm{m}},\\ &K_{23}\mathrm{d}\sigma_{23}^{\mathrm{m}}, K_{12}\mathrm{d}\sigma_{13}^{\mathrm{m}}, K_{12}\mathrm{d}\sigma_{12}^{\mathrm{m}}\}_k^{\mathrm{T}}\end{aligned} \tag{8.44c}$$

$$K_{33}^{\mathrm{Bi}} = \begin{cases} K_{33}^{\mathrm{t,Bi}}, & \mathrm{d}\sigma_{33}^{\mathrm{m}} > 0 \\ K_{33}^{\mathrm{c,Bi}}, & \mathrm{d}\sigma_{33}^{\mathrm{m}} < 0 \end{cases} \tag{8.44d}$$

(3) 若 $\mathrm{d}\sigma_{33}^{\mathrm{m}}=0$，

$$\{\mathrm{d}\bar{\sigma}_i^{\mathrm{m}}\}_k = \{\mathrm{d}\sigma_{11}^{\mathrm{m}}, K_{22}^{\mathrm{eq}}\mathrm{d}\sigma_{22}^{\mathrm{m}}, 0, K_{23}\mathrm{d}\sigma_{23}^{\mathrm{m}}, K_{12}\mathrm{d}\sigma_{13}^{\mathrm{m}}, K_{12}\mathrm{d}\sigma_{12}^{\mathrm{m}}\}_k^{\mathrm{T}} \tag{8.44e}$$

$$K_{22}^{\mathrm{eq}} = \begin{cases} K_{22}^{\mathrm{t}}, & \mathrm{d}\sigma_{22}^{\mathrm{m}} > 0 \text{ 且界面未开裂} \\ \hat{K}_{22}^{\mathrm{t}}, & \mathrm{d}\sigma_{22}^{\mathrm{m}} > 0 \text{ 且界面已开裂} \\ K_{22}^{\mathrm{c}}, & \mathrm{d}\sigma_{22}^{\mathrm{m}} < 0 \end{cases} \tag{8.44f}$$

(4) 若 $\mathrm{d}\sigma_{22}^{\mathrm{m}}=0$，

$$\{\mathrm{d}\bar{\sigma}_i^{\mathrm{m}}\}_k = \{\mathrm{d}\sigma_{11}^{\mathrm{m}}, 0, K_{33}^{\mathrm{eq}}\mathrm{d}\sigma_{33}^{\mathrm{m}}, K_{23}\mathrm{d}\sigma_{23}^{\mathrm{m}}, K_{12}\mathrm{d}\sigma_{13}^{\mathrm{m}}, K_{12}\mathrm{d}\sigma_{12}^{\mathrm{m}}\}_k^{\mathrm{T}} \tag{8.44g}$$

$$K_{33}^{\mathrm{eq}} = \begin{cases} K_{22}^{\mathrm{t}}, & \mathrm{d}\sigma_{33}^{\mathrm{m}} > 0 \text{ 且界面未开裂} \\ \hat{K}_{22}^{\mathrm{t}}, & \mathrm{d}\sigma_{33}^{\mathrm{m}} > 0 \text{ 且界面已开裂} \\ K_{22}^{\mathrm{c}}, & \mathrm{d}\sigma_{33}^{\mathrm{m}} < 0 \end{cases} \tag{8.44h}$$

界面开裂条件是式 (7.45)，即

$$\bar{\sigma}_{\mathrm{e}}^{\mathrm{m}} \geqslant \hat{\sigma}_{\mathrm{e}}^{\mathrm{m}} \quad \text{且} \quad \bar{\sigma}_{\mathrm{m}}^{1} > 0 \tag{7.45}$$

$$\bar{\sigma}_{\mathrm{e}}^{\mathrm{m}} = \frac{1}{\sqrt{2}}\sqrt{(\bar{\sigma}_{\mathrm{m}}^{1} - \bar{\sigma}_{\mathrm{m}}^{2})^2 + (\bar{\sigma}_{\mathrm{m}}^{1} - \bar{\sigma}_{\mathrm{m}}^{3})^2 + (\bar{\sigma}_{\mathrm{m}}^{2} - \bar{\sigma}_{\mathrm{m}}^{3})^2} \tag{8.45}$$

式中，$\bar{\sigma}_{\mathrm{m}}^{1}$、$\bar{\sigma}_{\mathrm{m}}^{2}$、$\bar{\sigma}_{\mathrm{m}}^{3}(\bar{\sigma}_{\mathrm{m}}^{1} \geqslant \bar{\sigma}_{\mathrm{m}}^{2} \geqslant \bar{\sigma}_{\mathrm{m}}^{3})$ 是由 $\{\bar{\sigma}_i^{\mathrm{m}}\}_k^l$ 计算的基体的三个真实主应力，临界 Mises 等效应力见式 (7.44)。纤维和基体中的初应力 $\{\sigma_i^{\mathrm{f}}\}_k^0$ 和 $\{\bar{\sigma}_i^{\mathrm{m}}\}_k^0$，为热残余应力，可重复本节的计算过程得到，只需将所有外加载荷置于 0，然后计算出温度从 T_0 变化到 T_1(室温或其他感兴趣的温度) 时纤维和基体中的真实应力即可。在 T_0 时刻，纤维和基体中的真实应力均为 0 值。

最后，应用第 5 章和第 6 章建立的判据，检测单层板及层合板的破坏。

8.6　热应力计算的精度问题

很多不确定因素，影响了纤维和基体中热应力尤其是热残余应力的计算精度。首先，无论 Levin[106] 还是 Benveniste 和 Dvorak[105] 的热力学补充方程，都是针对绝热环境建立的，即在温度变化过程中没有考虑热耗散，这在实际中一般难以满足。当从高温降低到低温时，除了热传导，材料中还有一部分的热量以热辐射的形式耗散到周边环境。其次，材料温度，即纤维和基体中零应力的临界温度 T_0，往往难以准确指定。对树脂基复合材料，有三种特征温度，即成型温度 (如预浸料厂商推荐的成型温度，室温固化热固性复合材料的成型温度为室温)、玻璃化转变温度以及放热峰温度，究竟取这三者中的哪一个为初始温度，或者将它们之外的另一个温度取为初始 (加工) 温度，即纤维和基体中的临界零应力温度，都还有待研究确定。再次，正如例 8-1 所示，若按三维应力场分析，所得纤维和基体中的热应力明显偏大，但复合材料的厚度达到多大时需要考虑三维应力的影响，目前也尚无定论。最后，组分材料尤其是树脂基体材料的热膨胀系数、弹性模量等物性参数随温度的变化关系，往往缺少准确的数据，通常认为它们在整个温差范围内保持不变。这些因素，导致热应力的计算精度有可能偏离实际值，需要读者在应用中综合考虑。比如，将预浸料的成型温度取为初始温度并假定基体的弹性模量、热膨胀系数自成型温度到室温保持不变，计算所得的纤维和基体的热残余应力可能就略为偏高。

第 9 章　复合材料的塑性性能

实际材料进入破坏前都会或多或少经历非线性变形。大量的实验结果证实，单向复合材料受偏轴拉伸或压缩作用，尤其在剪切载荷下，非线性特性十分明显。由于层合板中每一个单层分担的应力，与其本构方程密切相关，忽略非线性变形势必会影响应力的计算精度，进而影响复合材料破坏与强度的预报精度。

一般而言，纤维直到破坏都是线性弹性的，因此，两相复合材料的非线性变形主要来自于基体的非线性变形。从经典连续介质力学可知，各向同性基体材料的非线性变形主要有两种类型：一类是非线弹性大变形，如橡胶类材料，受拉伸载荷作用，材料可产生数倍于自身的伸长，一旦外载解除，材料就几乎完全恢复到未受载的初始构型；另一类则是基体的弹–塑性变形，卸去外载后，恢复掉的部分为弹性变形，残留的部分为塑性变形。

本章只讨论因基体塑性变形导致的复合材料的非线性响应，也就是要建立计入基体塑性变形的复合材料的弹–塑性本构方程。为此，首先需要知道各向同性材料的弹–塑性本构理论。

9.1　Prandtl-Reuss 弹–塑性理论

首先定义材料的屈服。若材料受简单载荷作用，如单向拉伸、单向压缩或纯剪切作用，材料的屈服比较容易区分，即在应力–应变曲线上线性段最高点对应的应力。图 9-1 是某种材料的拉伸应力–应变曲线示意图，图中的 σ_Y 对应材料的屈服开始点，σ_Y 称为材料的屈服极限。单向载荷下的屈服条件就是：$\sigma_{11} \geqslant \sigma_Y$。

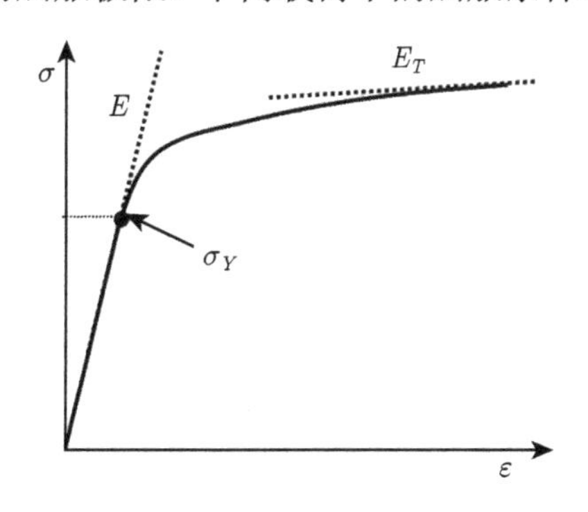

图 9-1　受拉伸载荷作用的应力–应变示意图

但是，当材料受到复杂载荷作用时，如何定义材料的屈服呢？各向同性材料普遍使用 Mises 屈服条件。对任意的三维应力$\{\sigma_{11}, \sigma_{22}, \sigma_{33}, \sigma_{23}, \sigma_{13}, \sigma_{12}\}$，Mises 屈服条件是

$$\sigma_{\mathrm{e}}=\frac{1}{\sqrt{2}}\sqrt{(\sigma_{11}-\sigma_{22})^2+(\sigma_{11}-\sigma_{33})^2+(\sigma_{22}-\sigma_{33})^2+6[(\sigma_{23})^2+(\sigma_{13})^2+(\sigma_{12})^2]} \geqslant \sigma_Y \tag{9.1}$$

式中，σ_{e} 称为 Mises 等效应力。Mises 等效应力总是一个大于 0 的量，需要借助式 (1.31) 来判断材料受等效拉伸还是等效压缩作用，进而确定式 (9.1) 中的屈服极限 σ_Y 是采用拉伸还是压缩实验测试值。

不同于线弹性材料仅需一个 Hooke 定律便可准确描述其本构响应，材料进入塑性变形后的性态变得十分复杂，迄今还没有一种普适的理论，可以准确给出各种实际材料的弹–塑性本构方程。事实上，针对各向同性材料，前人已建立起众多的塑性理论，其中 Prandtl-Reuss 弹–塑性理论是应用最为广泛的塑性理论之一，其增量形式的应力–应变方程 (本构方程)，对本章中将要建立的复合材料的非线性本构理论具有重要意义。

在线弹性变形范围内，联系材料线应变与正应力关系的 Hooke 定律取如下的形式：

$$\varepsilon_{11}^{\mathrm{e}}=[\sigma_{11}-\nu(\sigma_{22}+\sigma_{33})]/E \tag{9.2a}$$

$$\varepsilon_{22}^{\mathrm{e}}=[\sigma_{22}-\nu(\sigma_{11}+\sigma_{33})]/E \tag{9.2b}$$

$$\varepsilon_{33}^{\mathrm{e}}=[\sigma_{33}-\nu(\sigma_{11}+\sigma_{22})]/E \tag{9.2c}$$

式中，上标“e”表弹性 (elastic)，指材料处于弹性变形。消去 E，就有

$$\frac{\varepsilon_{11}^{\mathrm{e}}}{\sigma_{11}-\nu(\sigma_{22}+\sigma_{33})}=\frac{\varepsilon_{22}^{\mathrm{e}}}{\sigma_{22}-\nu(\sigma_{11}+\sigma_{33})}=\frac{\varepsilon_{33}^{\mathrm{e}}}{\sigma_{33}-\nu(\sigma_{11}+\sigma_{22})}=\frac{1}{E} \tag{9.3}$$

实验证实，各向同性材料屈服后具有两个显著特征：① 塑性应变增量与应力全量而不是与应力增量成比例；② 在塑性范围内材料是不可压缩 (体积不变) 的。第二个特征意味着 (在小应变下)$\mathrm{d}\varepsilon_{11}^{\mathrm{p}}+\mathrm{d}\varepsilon_{22}^{\mathrm{p}}+\mathrm{d}\varepsilon_{33}^{\mathrm{p}}=0$，这里，上标“p”代表塑性 (plastic) 变形。当弹性变形与塑性变形相比可以忽略时，基于第一个特征并参照式 (9.3)，Levy-Mises 提出了如下的本构关系[108,109]：

$$\mathrm{d}\varepsilon_{11}^{\mathrm{p}}=\mathrm{d}\lambda[\sigma_{11}-\nu(\sigma_{22}+\sigma_{33})] \tag{9.4a}$$

$$\mathrm{d}\varepsilon_{22}^{\mathrm{p}}=\mathrm{d}\lambda[\sigma_{22}-\nu(\sigma_{11}+\sigma_{33})] \tag{9.4b}$$

$$\mathrm{d}\varepsilon_{33}^{\mathrm{p}}=\mathrm{d}\lambda[\sigma_{33}-\nu(\sigma_{11}+\sigma_{22})] \tag{9.4c}$$

式中，$\mathrm{d}\lambda$ 是与材料有关的一个大于 0 的参数。根据不可压缩性条件 $\mathrm{d}\varepsilon_{11}^{\mathrm{p}}+\mathrm{d}\varepsilon_{22}^{\mathrm{p}}+\mathrm{d}\varepsilon_{33}^{\mathrm{p}}=0$，推出 $\nu=0.5$。进一步，从式 (9.4a)~(9.4c) 消去 $\mathrm{d}\lambda$，得到与式 (9.3) 相类似的方程:

$$\frac{\mathrm{d}\varepsilon_{11}^{\mathrm{p}}}{\sigma_{11}-\nu(\sigma_{22}+\sigma_{33})}=\frac{\mathrm{d}\varepsilon_{22}^{\mathrm{p}}}{\sigma_{22}-\nu(\sigma_{11}+\sigma_{33})}=\frac{\mathrm{d}\varepsilon_{33}^{\mathrm{p}}}{\sigma_{33}-\nu(\sigma_{11}+\sigma_{22})}=\mathrm{d}\lambda \tag{9.5}$$

式中，$\nu=0.5$。为简化上述方程，引入应力偏量:

$$\sigma_{ij}'=\sigma_{ij}-\frac{1}{3}\sigma_{kk}\delta_{ij}=\sigma_{ij}-\frac{1}{3}(\sigma_{11}+\sigma_{22}+\sigma_{33})\delta_{ij},\quad i,j=1,2,3 \tag{9.6}$$

式中，δ_{ij} 为 Kronecker 符号，即

$$\delta_{ij}=\begin{cases}0, & i\neq j\\ 1, & i=j\end{cases} \tag{9.7}$$

从而，式 (9.5) 变为 (注意 $\nu=0.5$)

$$\frac{\mathrm{d}\varepsilon_{11}^{\mathrm{p}}}{\sigma_{11}'}=\frac{\mathrm{d}\varepsilon_{22}^{\mathrm{p}}}{\sigma_{22}'}=\frac{\mathrm{d}\varepsilon_{33}^{\mathrm{p}}}{\sigma_{33}'}=\frac{3}{2}\mathrm{d}\lambda \tag{9.8}$$

称为 Levy-Mises 塑性流动理论，即塑性线应变增量与对应的法向应力偏量成比例，比例系数相同。

更一般的 Prandtl-Reuss 塑性流动法则，是将式 (9.8) 的比例关系，推广到适用于每一个塑性应变增量与应力偏量的一般情况[109] (注意，$\mathrm{d}\lambda$ 为待定量，可将 $3\mathrm{d}\lambda/2$ 用 $\mathrm{d}\lambda$ 替换)，即

$$\mathrm{d}\varepsilon_{ij}^{\mathrm{p}}=\mathrm{d}\lambda\sigma_{ij}',\quad i,j=1,2,3 \tag{9.9}$$

因此，式 (9.8) 的建立是基于实验观察，有明确的物理背景，而式 (9.9) 则是基于一种假说，是对式 (9.8) 合乎逻辑的推广。但是，基于式 (9.8)，无法建立起对所有加载情况都适用的弹–塑性本构方程，而从式 (9.9)，就可以导出各种这样的方程，不同方程之间的差异，就在于式 (9.9) 中比例系数的确定方案不同而已。

Prandtl-Reuss 定义 $\mathrm{d}\lambda$ 的方式是在式 (9.9) 两边乘以各自本身[109]，得到 (式 (9.9) 为矢量方程)

$$\mathrm{d}\lambda=\left[\mathrm{d}\varepsilon_{ij}^{\mathrm{p}}\mathrm{d}\varepsilon_{ij}^{\mathrm{p}}\right]^{1/2}/\left(\sigma_{ij}'\sigma_{ij}'\right)^{1/2} \tag{9.10}$$

注意，式 (9.10) 及后续方程应用了求和约定。

材料中任意一点的应变增量，可分为弹性应变与塑性应变增量之和，即

$$\mathrm{d}\varepsilon_{ij}=\mathrm{d}\varepsilon_{ij}^{\mathrm{e}}+\mathrm{d}\varepsilon_{ij}^{\mathrm{p}} \tag{9.11}$$

式中，弹性应变增量与应力增量之间满足：

$$\mathrm{d}\varepsilon_{ij}^{\mathrm{e}}=\frac{1-2\nu}{3E}\mathrm{d}\sigma_{kk}\delta_{ij}+\frac{1+\nu}{E}\mathrm{d}\sigma_{ij}' \tag{9.12}$$

式 (9.12) 与矩阵形式的本构方程式 (1.10a)(其中 $[S_{ij}]$ 由式 (1.13)~(1.15) 定义) 完全一样，只是将其中的应力和应变全量换成相应的增量即可。

定义八面体 (octahedral) 塑性剪应变增量为

$$\begin{aligned}\mathrm{d}\varepsilon_0^{\mathrm{p}}&=\left[\frac{1}{3}\mathrm{d}\varepsilon_{ij}^{\mathrm{p}}\mathrm{d}\varepsilon_{ij}^{\mathrm{p}}\right]^{1/2}\\&=\frac{1}{\sqrt{3}}\left[(\mathrm{d}\varepsilon_{11}^{\mathrm{p}})^2+(\mathrm{d}\varepsilon_{22}^{\mathrm{p}})^2+(\mathrm{d}\varepsilon_{33}^{\mathrm{p}})^2+2((\mathrm{d}\varepsilon_{12}^{\mathrm{p}})^2+(\mathrm{d}\varepsilon_{13}^{\mathrm{p}})^2+(\mathrm{d}\varepsilon_{23}^{\mathrm{p}})^2)\right]^{1/2}\end{aligned} \tag{9.13}$$

再定义八面体剪应力：

$$\tau_0=\left[\frac{1}{3}\sigma_{ij}'\sigma_{ij}'\right]^{1/2}=\frac{1}{\sqrt{3}}\left[(\sigma_{11}')^2+(\sigma_{22}')^2+(\sigma_{33}')^2+2((\sigma_{12}')^2+(\sigma_{13}')^2+(\sigma_{23}')^2)\right]^{1/2} \tag{9.14}$$

据此，方程 (9.10) 变为

$$\mathrm{d}\lambda=\mathrm{d}\varepsilon_0^{\mathrm{p}}/\tau_0 \tag{9.15}$$

将式 (9.15) 代入式 (9.9)，得到

$$\mathrm{d}\varepsilon_{ij}^{\mathrm{p}}=\left(\frac{\mathrm{d}\varepsilon_0^{\mathrm{p}}}{\tau_0}\right)\sigma_{ij}' \tag{9.16}$$

为了建立八面体塑性剪应变增量 $\mathrm{d}\varepsilon_0^{\mathrm{p}}$ 与八面体剪应力 τ_0 之间的关系，将式 (9.16) 应用于材料的单轴拉伸实验。此时 (取 1 方向为加载方向)，有

$$\sigma_{22}=\sigma_{33}=\sigma_{12}=\sigma_{13}=\sigma_{23}=0,\quad \sigma_{11}\neq 0 \tag{9.17}$$

假定实验加载已使材料产生了塑性变形。根据塑性不可压缩性条件，得到

$$\mathrm{d}\varepsilon_{12}^{\mathrm{p}}=\mathrm{d}\varepsilon_{23}^{\mathrm{p}}=\mathrm{d}\varepsilon_{13}^{\mathrm{p}}=0,\mathrm{d}\varepsilon_{22}^{\mathrm{p}}=\mathrm{d}\varepsilon_{33}^{\mathrm{p}}=-\frac{1}{2}\mathrm{d}\varepsilon_{11}^{\mathrm{p}},\quad \mathrm{d}\varepsilon_{11}^{\mathrm{p}}\neq 0 \tag{9.18}$$

将式 (9.18) 代入式 (9.13)，求得

$$\mathrm{d}\varepsilon_{11}^{\mathrm{p}}=\sqrt{2}\mathrm{d}\varepsilon_0^{\mathrm{p}} \tag{9.19}$$

再将式 (9.17) 代入式 (9.6) 后再代入式 (9.14)，则有

$$\tau_0=\frac{\sqrt{2}}{3}\sigma_{11} \tag{9.20}$$

假定材料的应力–应变曲线由分段直线构成。图 9-2 给出了一种典型的双直线 (或称双折线) 型应力–应变曲线。

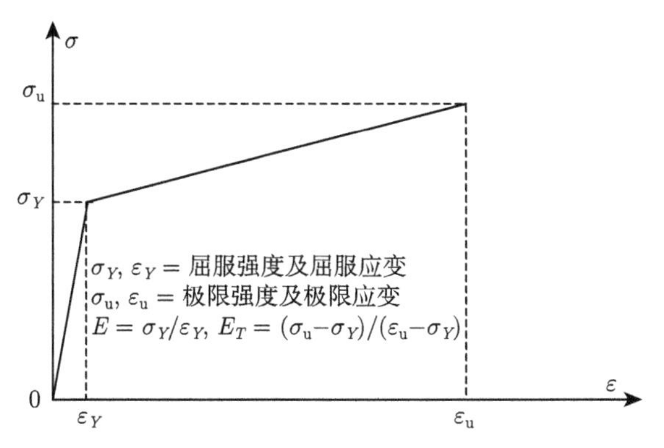

图 9-2 双折线型的弹–塑性应力–应变曲线示意图

用 E_T 表示材料的硬化模量，也就是应力–应变曲线在塑性阶段的切线斜率 (图 9-2)。根据熟知的卸载定律 (即在应力–应变曲线上任意一点卸载时沿与弹性段平行的直线进行，卸载服从 Hooke 定律)，可以将八面体塑性剪应变增量与拉伸应力增量之间的关系表作

$$\mathrm{d}\varepsilon_0^{\mathrm{p}} = \frac{1}{\sqrt{2}}\left(\frac{1}{E_T} - \frac{1}{E}\right)\mathrm{d}\sigma$$

由于 $E_T = \mathrm{d}\sigma/\mathrm{d}\varepsilon$，得到

$$\mathrm{d}\tau_0 = \frac{2M_T}{3}\mathrm{d}\varepsilon_0^{\mathrm{p}} \tag{9.21}$$

式中

$$M_T = \frac{EE_T}{E - E_T} \tag{9.22}$$

另外，对式 (9.14) 微分得到

$$\mathrm{d}\tau_0 = \frac{\sigma'_{ij}}{3\tau_0}\mathrm{d}\sigma'_{ij}$$

将式 (9.21) 代入上式，就有

$$\mathrm{d}\varepsilon_0^{\mathrm{p}} = \frac{\sigma'_{ij}}{2M_T\tau_0}\mathrm{d}\sigma'_{ij} \tag{9.23}$$

根据方程 (9.23) 和式 (9.16)，导出

$$\mathrm{d}\varepsilon_{ij}^{\mathrm{p}} = \frac{\sigma'_{kl}\mathrm{d}\sigma'_{kl}}{2M_T\tau_0^2}\sigma'_{ij} \tag{9.24}$$

再利用外加力的静水压力分量所做塑性功为 0 的条件 (根据式 (9.9)，$\sigma'_{ij}\mathrm{d}\sigma_{kk}\delta_{ij} = \mathrm{d}\varepsilon_{ij}^{\mathrm{p}}\mathrm{d}\sigma_{kk}\delta_{ij}/\mathrm{d}\lambda = \mathrm{d}\varepsilon_{kk}^{\mathrm{p}}\mathrm{d}\sigma_{kk} = 0$)，也就是，在塑性阶段，有

$$\sigma'_{ij}\mathrm{d}\sigma'_{ij} = \sigma'_{ij}\left(\mathrm{d}\sigma_{ij} - \frac{1}{3}\mathrm{d}\sigma_{kk}\delta_{ij}\right) = \sigma'_{ij}\mathrm{d}\sigma_{ij}$$

据此，将式 (9.24) 式改写为

$$
\mathrm{d}\varepsilon_{ij}^{\mathrm{p}} = \frac{\sigma'_{kl}\sigma'_{ij}}{2M_T\tau_0^2}\mathrm{d}\sigma_{kl} \tag{9.25}
$$

进一步，将式 (9.25) 和式 (9.12) 代入式 (9.11)，最终得到

$$
\mathrm{d}\varepsilon_{ij} = \frac{1-2\nu}{3E}\mathrm{d}\sigma_{kk}\delta_{ij} + \frac{1+\nu}{E}\mathrm{d}\sigma_{ij} + \frac{\sigma'_{kl}\sigma'_{ij}}{2M_T\tau_0^2}\mathrm{d}\sigma_{kl} \tag{9.26}
$$

方程 (9.26) 就是以总应变增量 (包括了弹性与塑性应变增量) 和当前应力增量表示的各向同性材料的弹–塑性本构方程，一般称为Prandtl-Reuss弹–塑性本构理论。

根据对号入座原则，将式 (9.26) 改写成矩阵形式，就有

$$
\{\mathrm{d}\varepsilon_i\} = [S_{ij}]\{\mathrm{d}\sigma_j\} \tag{9.27}
$$

式中的弹–塑性柔度矩阵 (亦称当前或者瞬态柔度矩阵) 为

$$
[S_{ij}] = \begin{cases} [S_{ij}]^{\mathrm{e}}, & \tau_0 \leqslant \dfrac{\sqrt{2}}{3}\sigma_Y \\ [S_{ij}]^{\mathrm{e}} + [S_{ij}]^{\mathrm{p}}, & \tau_0 > \dfrac{\sqrt{2}}{3}\sigma_Y \end{cases} \tag{9.28}
$$

式中，σ_Y 是材料在单向应力状态下的屈服极限; $[S_{ij}]^{\mathrm{e}}$ 是材料的弹性柔度矩阵分量，由 Hooke 定律定义 (式 (1.13)~(1.15))；$[S_{ij}]^{\mathrm{p}}$ 为塑性柔度矩阵分量，其定义为

$$
[S_{ij}]^{\mathrm{p}} = \frac{1}{2M_T\tau_0^2}\begin{bmatrix} \sigma'_{11}\sigma'_{11} & \sigma'_{22}\sigma'_{11} & \sigma'_{33}\sigma'_{11} & 2\sigma'_{23}\sigma'_{11} & 2\sigma'_{13}\sigma'_{11} & 2\sigma'_{12}\sigma'_{11} \\ & \sigma'_{22}\sigma'_{22} & \sigma'_{33}\sigma'_{22} & 2\sigma'_{23}\sigma'_{22} & 2\sigma'_{13}\sigma'_{22} & 2\sigma'_{12}\sigma'_{22} \\ & & \sigma'_{33}\sigma'_{33} & 2\sigma'_{23}\sigma'_{33} & 2\sigma'_{13}\sigma'_{33} & 2\sigma'_{12}\sigma'_{33} \\ & & & 4\sigma'_{23}\sigma'_{23} & 4\sigma'_{13}\sigma'_{23} & 4\sigma'_{12}\sigma'_{23} \\ & & & & 4\sigma'_{13}\sigma'_{13} & 4\sigma'_{12}\sigma'_{13} \\ & \text{对称} & & & & 4\sigma'_{12}\sigma'_{12} \end{bmatrix} \tag{9.29}
$$

注 9-1 由于在推导方程 (9.21) 的过程中用到了卸载定律，因此，式 (9.27) 和式 (9.28) 只适合于材料受加载作用的情况 (载荷不断增大称为加载，载荷不断减小称为卸载，这与载荷的正、负号即与材料受到拉伸或压缩作用形式无关)。卸载过程中，材料的应力–应变关系由 Hooke 定律描述。

注 9-2 应用 Prandtl-Reuss 塑性流动法则必须要正确度量应力和应变。如果采用 "名义" 度量方式 (这也是工程中测试材料性能参数的常用度量)，那么，塑性不可压缩性条件为 $(1+\varepsilon_{11}^{\mathrm{p}})(1+\varepsilon_{22}^{\mathrm{p}})(1+\varepsilon_{33}^{\mathrm{p}}) = 1$, 其中 1、2、3 是三个主伸长方向。这种情况下，$\varepsilon_{11}^{\mathrm{p}} + \varepsilon_{22}^{\mathrm{p}} + \varepsilon_{33}^{\mathrm{p}} = 0$ 并非是塑性不可压缩性条件，需要将名义应变转

换到对数应变、名义应力转换到“真实”应力后，方可应用 Prandtl-Reuss 理论。但若涉及的塑性应变仍然为小量，问题将得到大大简化，采用名义应力和名义应变即可，导致的误差在工程可接受范围。例如，若材料的塑性名义应变极限值 $\varepsilon_{\mathrm{u}}^{\mathrm{p}}$ 小于 10%，那么，分别应用 $\varepsilon_{\mathrm{u}}^{\mathrm{p}}$ 和 $\ln(1+\varepsilon_{\mathrm{u}}^{\mathrm{p}})$ 所导致的误差将小于 5%(为 4.68%)，这在工程可接受范围内。

注 9-3 假定由单轴加载实验得到了各向同性材料的名义应力–名义应变曲线，那么，将名义应力转换到真实应力、名义应变转换到对数应变的公式如下[111]：

$$\sigma_{\text{true}} = \sigma_{\text{nom}}(1+\varepsilon_{\text{nom}}) \tag{9.30a}$$

$$\varepsilon_{\ln}^{\mathrm{p}} = \ln(1+\varepsilon_{\text{nom}}) - \frac{\sigma_{\text{true}}}{E} \tag{9.30b}$$

式中，ε_{nom} 和 σ_{nom} 分别是名义应变和名义应力；E 为弹性模量。通过式 (9.30) 将测试得到的名义应力–名义应变曲线转换到真实应力与对数应变曲线后，对问题在真实应力与对数应变的框架下进行分析。若有必要，只需将最终分析结果变回到名义应力与名义应变框架下表示。

9.2 二维 Prandtl-Reuss 本构方程

实际应用中往往是平面问题居多。在平面应力情况下，假定 $\sigma_{13}=\sigma_{23}=\sigma_{33}=0$，代入三维 Prandtl-Reuss 理论，化简后得到增量型的二维弹–塑性本构方程为

$$\left\{\begin{array}{c} \mathrm{d}\varepsilon_{11} \\ \mathrm{d}\varepsilon_{22} \\ 2\mathrm{d}\varepsilon_{12} \end{array}\right\} = \left[\begin{array}{ccc} S_{11} & S_{12} & S_{16} \\ & S_{22} & S_{26} \\ \text{对称} & & S_{66} \end{array}\right] \left\{\begin{array}{c} \mathrm{d}\sigma_{11} \\ \mathrm{d}\sigma_{22} \\ \mathrm{d}\sigma_{12} \end{array}\right\} = [S_{ij}]_{3\times3} \left\{\begin{array}{c} \mathrm{d}\sigma_{11} \\ \mathrm{d}\sigma_{22} \\ \mathrm{d}\sigma_{12} \end{array}\right\} \tag{9.31}$$

其中

$$[S_{ij}]_{3\times3} = \left\{\begin{array}{ll} [S_{ij}]_{3\times3}^{\mathrm{e}}, & \sigma_{\mathrm{e}} \leqslant \sigma_Y \\ [S_{ij}]_{3\times3}^{\mathrm{e}} + [S_{ij}]_{3\times3}^{\mathrm{p}}, & \sigma_{\mathrm{e}} > \sigma_Y \end{array}\right. \tag{9.32a}$$

$$[S_{ij}]_{3\times3}^{\mathrm{e}} = \left[\begin{array}{ccc} \dfrac{1}{E} & -\dfrac{\nu}{E} & 0 \\ & \dfrac{1}{E} & 0 \\ \text{对称} & & \dfrac{1}{G} \end{array}\right] \tag{9.32b}$$

$$\sigma_{\mathrm{e}} = \sqrt{(\sigma_{11})^2 + (\sigma_{22})^2 - (\sigma_{11})(\sigma_{22}) + 3(\sigma_{12})^2} \tag{9.32c}$$

$$[S_{ij}]_{3\times3}^{\mathrm{p}} = \frac{9}{4M_T(\sigma_{\mathrm{e}})^2} \left[\begin{array}{ccc} \sigma'_{11}\sigma'_{11} & \sigma'_{22}\sigma'_{11} & 2\sigma'_{12}\sigma'_{11} \\ & \sigma'_{22}\sigma'_{22} & 2\sigma'_{12}\sigma'_{22} \\ \text{对称} & & 4\sigma'_{12}\sigma'_{12} \end{array}\right] \tag{9.32d}$$

$$\sigma'_{ij} = \sigma_{ij} - \frac{1}{3}(\sigma_{11} + \sigma_{22})\delta_{ij}, \quad i, j = 1, 2 \tag{9.32e}$$

注意，平面问题的屈服条件改由 Mises 等效应力式 (9.32c) 表征，而不再用八面体剪应力 τ_0。这是因为在平面问题中，Mises 等效应力更容易计算。

如果正应力 σ_{11}、σ_{22} 和剪应力 σ_{12} 不同时出现，那么，$S_{16} = S_{26} = 0$。

例 9-1 假定材料的单向拉伸和单向压缩应力–应变曲线由表 9-1 中的折线表示，但拉、压泊松比相同，皆为 $\nu = 0.3$。已知材料的当前应力状态为：$\{\sigma_{11}, \sigma_{22}, \sigma_{12}\} = \{29.5, -18, -25\}$(MPa)，求对应该瞬时的柔度矩阵 $[S_{ij}]$。

表 9-1 材料单向拉、压性能数据

	拉伸性能				压缩性能			
i	1	2	3	4	1	2	3	4
$(\sigma_Y)_i$/MPa	28	48	63	67	35	52	68	87
$(E_T)_i$/GPa	2.9	2.4	1.4	0.5	3.3	2.7	1.7	0.6

解 (1) 判断材料受等效拉伸抑或等效压缩作用。

根据式 (1.31)，$\sigma^1 + \sigma^2 + \sigma^3 = \sigma_{11}+\sigma_{22} = 11.5\text{MPa} > 0$，受等效拉伸作用。

(2) 求 Mises 等效应力，确定硬化模量及 M_T。

$$\begin{aligned}\sigma_{\text{e}} &= \sqrt{(\sigma_{11})^2 + (\sigma_{22})^2 - \sigma_{11}\sigma_{22} + 3(\sigma_{12})^2} \\ &= \sqrt{(29.5)^2 + (-18)^2 - 29.6 \times (-18) + 3(-25)^2} \\ &= 60(\text{MPa}) > \sigma_Y = (\sigma_Y)_1 = 28(\text{MPa}), \text{材料处于塑性变形。}\end{aligned}$$

$$E_T = 1.4\text{GPa}, \quad M_T = 2.9 \times 1.4/(2.9 - 1.4) = 2.71(\text{GPa})$$

(3) 求弹性柔度矩阵。

$$S^{\text{e}}_{11} = S^{\text{e}}_{22} = 1/2.9 = 0.345(\text{GPa}^{-1}), \quad S^{\text{e}}_{12} = S^{\text{e}}_{21} = -0.3/2.9 = -0.103(\text{GPa}^{-1})$$

$$S^{\text{e}}_{33} = 2(1+0.3)/2.9 = 0.897(\text{GPa}^{-1}), \quad S^{\text{e}}_{13} = S^{\text{e}}_{31} = S^{\text{e}}_{23} = S^{\text{e}}_{32} = 0$$

(4) 求应力偏量。

$$\sigma'_{11} = 29.5 - (29.5 - 18)/3 = 25.67(\text{MPa})$$

$$\sigma'_{22} = -18 - (29.5 - 18)/3 = -21.83(\text{MPa})$$

$$\sigma'_{12} = -25\text{MPa}$$

(5) 求塑性柔度矩阵。

系数 $c = 9/(4M_T(\sigma_{\text{e}})^2) = 9/[4\times2.71\times60^2] = 2.3\times10^{-4}(\text{GPa}^{-1})(\text{MPa}^{-2})$

$S^{\text{p}}_{11} = c\times(\sigma'_{11})^2 = 0.152(\text{GPa}^{-1})$，$S^{\text{p}}_{12} = S^{\text{p}}_{21} = c\times(\sigma'_{11})(\sigma'_{22}) = -0.129(\text{GPa}^{-1})$

$S^{\text{p}}_{13} = S^{\text{p}}_{31} = c \times (\sigma'_{11})(2\sigma'_{12}) = -0.296(\text{GPa}^{-1})$

$S_{22}^{\mathrm{p}} = c \times (\sigma'_{22})^2 = 0.11(\mathrm{GPa}^{-1})$,　$S_{23}^{\mathrm{p}} = S_{32}^{\mathrm{p}} = c \times (\sigma'_{22})(2\sigma'_{12}) = 0.252(\mathrm{GPa}^{-1})$

$S_{33}^{\mathrm{p}} = c \times (2\sigma'_{12})^2 = 0.577(\mathrm{GPa}^{-1})$

(6) 求瞬态柔度矩阵。

$$[S_{ij}] = [S_{ij}]^{\mathrm{e}} + [S_{ij}]^{\mathrm{p}} = \begin{bmatrix} 0.4969 & -0.2328 & -0.2963 \\ & 0.4549 & 0.2521 \\ \text{对称} & & 1.4738 \end{bmatrix} (\mathrm{GPa}^{-1})$$

9.3　莫尔屈服准则与最早屈服面

将纯剪切加载条件 $\sigma_{11} = \sigma_{22} = \sigma_{33} = \sigma_{23} = \sigma_{13} = 0$、$\sigma_{12} = \tau$ 代入 Mises 屈服条件式 (9.1)，有 $\sigma_{\mathrm{e}} = \sqrt{3}\sigma_{12} \geqslant \sigma_Y$。这就意味着，由材料纯剪切实验测定的屈服极限 τ_Y 与单向拉伸实验测定的屈服极限 σ_Y 之间须满足 $\sqrt{3}\tau_Y = \sigma_Y$，而实际材料往往并不满足这一关系。因此，Mises 屈服条件式 (9.1) 对剪应力主导的加载情况可能会带来误差。为克服 Mises 屈服条件所引起的不足，仿照 5.3 节中的莫尔定律，同样可建立起物理背景更加坚实、从而也可能与实际更为吻合的屈服准则。这是因为，当各向同性材料单元体受任意外载作用，斜截面上的法向 (正) 应力和剪应力组合使得所在截面达到屈服时，就在以正应力为横轴、剪应力为纵轴的应力平面内绘制出一个屈服应力圆，所有这些屈服应力圆的切点连线，称为莫尔屈服面包络线。然后，若以任何一个截面上的正应力和剪应力为基础绘制莫尔圆，只要与该包络线内切，就意味着该截面达到了屈服，截面上的应力值与切点坐标相同，据此给出屈服条件。类比 5.3 节中的莫尔破坏判据，我们只需将其中的强度极限，改换成相应的屈服极限即可。

单元体在给定载荷作用下，或者进一步受比例加载 (即所有应力分量都按相同比例增加或减少时)，总会有一个截面上的法向应力和剪应力组合绘制的应力圆，最先与莫尔屈服面包络线内切，将该截面定义为最早屈服面。如果此时截面上的法向应力为拉应力 (大于 0)，就说该点沿截面的外法向处于拉伸屈服，否则为压缩屈服 (小于 0) 或剪切屈服 (等于 0)。

假定 σ_Y^{t}、σ_Y^{c}、σ_Y^{s} 分别表示各向同性材料在单轴拉伸、单轴压缩和纯剪切下的屈服极限，并且假定它们满足以下条件：

$$0.828\sigma_Y^{\mathrm{s}} = \sqrt{12 - 8\sqrt{2}}\sigma_Y^{\mathrm{s}} \leqslant \sigma_Y^{\mathrm{c}} \leqslant \sqrt{12 + 8\sqrt{2}}\sigma_Y^{\mathrm{s}} = 4.828\sigma_Y^{\mathrm{s}} \tag{9.33a}$$

$$\sigma_Y^{\mathrm{s}} \leqslant \sigma_Y^{\mathrm{t}} \tag{9.33b}$$

类似 5.3 节中的做法，用 σ_Y^{t}、σ_Y^{c}、σ_Y^{s} 构建的二次曲线 (抛物线)，来近似莫尔屈服

面包络线，其中拉伸段和压缩段的二次曲线分别是

$$\sigma_n = -\frac{2\sigma_Y^{\mathrm{t}}}{4(\sigma_Y^{\mathrm{s}})^2-(\sigma_Y^{\mathrm{t}})^2}\tau_n^2+\frac{[4(\sigma_Y^{\mathrm{s}})^2+(\sigma_Y^{\mathrm{t}})^2]^2}{8(\sigma_Y^{\mathrm{t}})[4(\sigma_Y^{\mathrm{s}})^2-(\sigma_Y^{\mathrm{t}})^2]} \tag{9.34}$$

$$\sigma_n = \frac{2\sigma_Y^{\mathrm{c}}}{4(\sigma_Y^{\mathrm{s}})^2-(\sigma_Y^{\mathrm{c}})^2}\tau_n^2-\frac{[4(\sigma_Y^{\mathrm{s}})^2+(\sigma_Y^{\mathrm{c}})^2]^2}{8(\sigma_Y^{\mathrm{c}})[4(\sigma_Y^{\mathrm{s}})^2-(\sigma_Y^{\mathrm{c}})^2]} \tag{9.35}$$

如果某个斜截面上的法向应力和剪应力的组合 (σ_n, τ_n) 使式 (9.34) 成立且 $\sigma_n>0$，就说该截面产生了拉伸屈服；但若使式 (9.35) 满足且 $\sigma_n<0$，则表明该截面达到了压缩屈服。

9.3.1　平面应力下的屈服准则

假定单元体受任意的平面应力$\{\sigma_{11}, \sigma_{22}, \sigma_{12}\}$作用，如图 9-3(a) 所示。现建立其屈服条件并确定其最早屈服面方位角 θ_n。

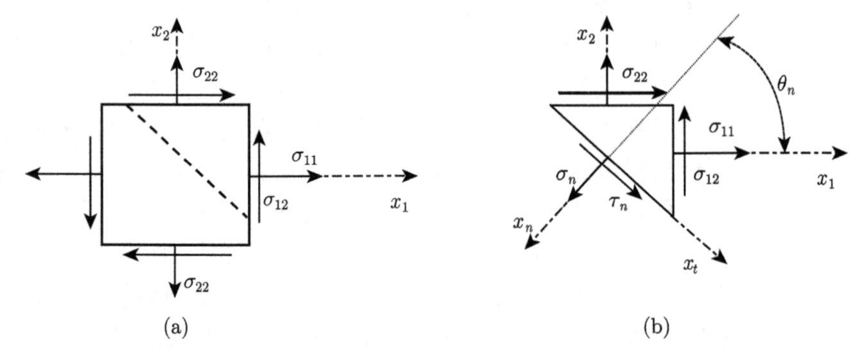

图 9-3　(a) 单元体受平面应力作用，(b) 最早屈服面方位角

令单元体受比例载荷作用，即$\{\sigma_{11}, \sigma_{22}, \sigma_{12}\} = \{\delta\sigma_{11}, \delta\sigma_{22}, \delta\sigma_{12}\}$，其中 δ 为比例系数。再令

$$\sigma_n^1 = \frac{\sigma_{11}+\sigma_{22}}{2} \tag{9.36a}$$

$$r = \sqrt{0.25(\sigma_{11}-\sigma_{22})^2+(\sigma_{12})^2} \tag{9.36b}$$

仿造 5.3 节的推导过程，建立起材料的屈服条件如下。

构造求解比例系数 δ 的两组方程式 (9.37) 和 (9.38)：

$$\delta = \frac{4c_2\sigma_n^1 \pm \sqrt{16(c_2)^2(\sigma_n^1)^2-16(c_2)^2r^2(1+4c_2c_3)}}{8(c_2)^2r^2} \tag{9.37a}$$

$$c_2 = -\frac{2\sigma_Y^{\mathrm{t}}}{4(\sigma_Y^{\mathrm{s}})^2-(\sigma_Y^{\mathrm{t}})^2},\quad c_3 = \frac{[4(\sigma_Y^{\mathrm{s}})^2+(\sigma_Y^{\mathrm{t}})^2]^2}{8(\sigma_Y^{\mathrm{t}})[4(\sigma_Y^{\mathrm{s}})^2-(\sigma_Y^{\mathrm{t}})^2]} \tag{9.37b}$$

$$\delta = \frac{4c_4\sigma_n^1 \pm \sqrt{16(c_4)^2(\sigma_n^1)^2-16(c_4)^2r^2(1+4c_4c_5)}}{8(c_4)^2r^2} \tag{9.38a}$$

$$c_4 = \frac{2\sigma_Y^{\mathrm{c}}}{4(\sigma_Y^{\mathrm{s}})^2 - (\sigma_Y^{\mathrm{c}})^2}, \quad c_5 = -\frac{[4(\sigma_Y^{\mathrm{s}})^2 + (\sigma_Y^{\mathrm{c}})^2]^2}{8(\sigma_Y^{\mathrm{c}})[4(\sigma_Y^{\mathrm{s}})^2 - (\sigma_Y^{\mathrm{c}})^2]} \tag{9.38b}$$

只要式 (9.37a) 和式 (9.38a) 有解，就一定存在一个正根。假定从方程组式 (9.37) 中解出的正根为 $\delta^{\mathrm{I}} > 0$，从式 (9.38) 中解出的正根为 $\delta^{\mathrm{II}} > 0$，δ^{I} 对应的截面受拉伸载荷，δ^{II} 对应的截面受压缩载荷。如果 $\delta^{\mathrm{I}} < \delta^{\mathrm{II}}$，意味着材料将首先达到拉伸屈服，屈服出现时的载荷比例系数 $\delta_0 = \delta^{\mathrm{I}}$；反之，材料将先达到压缩屈服，屈服出现时的载荷比例系数 $\delta_0 = \delta^{\mathrm{II}}$。如果 $\delta_0 \leqslant 1$，表明在给定载荷下，材料会发生屈服，并且屈服出现时对应的载荷值是$\{\delta_0\sigma_{11}, \delta_0\sigma_{22}, \delta_0\sigma_{12}\}$，否则，材料尚未达到屈服，需进一步增加外载。

最早屈服面方位角 θ_n 由如下方程确定：

$$\frac{\sigma_{11} - \sigma_{22}}{2}\cos 2\theta_n + \sigma_{12}\sin 2\theta_n = \frac{2c_2\sigma_n^1\delta^{\mathrm{I}} - 1}{2c_2\delta^{\mathrm{I}}} - \frac{\sigma_{11} + \sigma_{22}}{2}, \quad \delta^{\mathrm{I}} < \delta^{\mathrm{II}} \text{ 且 } \delta^{\mathrm{I}} \leqslant 1 \tag{9.39a}$$

$$\frac{\sigma_{11} - \sigma_{22}}{2}\cos 2\theta_n + \sigma_{12}\sin 2\theta_n = \frac{2c_4\sigma_n^1\delta^{\mathrm{II}} - 1}{2c_4\delta^{\mathrm{II}}} - \frac{\sigma_{11} + \sigma_{22}}{2}, \quad \delta^{\mathrm{II}} < \delta^{\mathrm{I}} \text{ 且 } \delta^{\mathrm{II}} \leqslant 1 \tag{9.39b}$$

例 9-2 假定材料的单向拉伸和单向压缩屈服极限分别是 $\sigma_Y^{\mathrm{t}} = 28\mathrm{MPa}$、$\sigma_Y^{\mathrm{c}} = 35\mathrm{MPa}$，已知材料当前的应力状态为$\{\sigma_{11}, \sigma_{22}, \sigma_{12}\} = \{29.5, -18, -25\}(\mathrm{MPa})$。试用莫尔屈服准则判定材料是否屈服？是拉伸还是压缩屈服？并求发生屈服时的载荷大小、最早屈服面方位角以及最早屈服面上的正应力与剪应力。

解 (1) 求 σ_Y^{s}。

材料的剪切屈服极限可根据式 (4.17) 计算，即

$$\sigma_Y^{\mathrm{s}} = \frac{1}{2}\sqrt{\sigma_Y^{\mathrm{t}}\sigma_Y^{\mathrm{c}}} \tag{9.40a}$$

代入有关数据后，求得 $\sigma_Y^{\mathrm{s}} = 15.7\mathrm{MPa}$。可见，三个屈服极限 σ_Y^{t}、σ_Y^{c}、σ_Y^{s} 满足式 (9.33)。

(2) 求 δ^{I} 和 δ^{II}。

根据式 (9.37) 和式 (9.38)，同时求得 $\delta^{\mathrm{I}} = \delta^{\mathrm{II}} = 0.446$，意味着最早屈服面是纯剪切面。由于测试的强度存在一定的离散性，亦可对式 (9.40a) 进行适度修正，令

$$\sigma_Y^{\mathrm{s}} = \frac{1}{2}\sqrt{\sigma_Y^{\mathrm{t}}\sigma_Y^{\mathrm{c}}} + 0.5 \tag{9.40b}$$

给出 $\sigma_Y^{\mathrm{s}} = 16.2\mathrm{MPa}$。据此，求得 $\delta^{\mathrm{I}} = 0.457$、$\delta^{\mathrm{II}} = 0.462$。

(3) 求屈服外载。

由于 $\delta^{\mathrm{I}} < \delta^{\mathrm{II}}$，材料有可能首先产生拉伸屈服，屈服时对应的外载是$\{\sigma_{11}, \sigma_{22}, \sigma_{12}\} = \{29.5\delta^{\mathrm{I}}, -18\delta^{\mathrm{I}}, -25\delta^{\mathrm{I}}\} = \{13.5, -8.2, -11.4\}$(MPa)。注意，此时的 Mises 等效应力为 $\sigma_{\mathrm{e}} = 27.4$MPa，接近材料的拉伸屈服极限 $\sigma_Y^{\mathrm{t}} = 28$MPa。然而，若在式 (9.40b) 中，适当减小剪切屈服极限，将给出 $\delta^{\mathrm{I}} > \delta^{\mathrm{II}}$，由此时外载计算的 Mises 等效应力将小于材料的压缩屈服极限。

(4) 求最早屈服面方位角 θ_n。

由式 (9.39a)，采用二分法，求解得到 $\theta_n = 17.55°$。

(5) 求最早屈服面上的应力。

屈服面上的正应力和剪应力由式 (5.5a) 和式 (5.5b) 计算，即

$$\sigma_n = \frac{\sigma_{11} + \sigma_{22}}{2} + \frac{\sigma_{11} - \sigma_{22}}{2}\cos 2\theta_n + \sigma_{12}\sin 2\theta_n \tag{5.5a}$$

$$\tau_n = -\frac{\sigma_{11} - \sigma_{22}}{2}\sin 2\theta_n + \sigma_{12}\cos 2\theta_n \tag{5.5b}$$

此时的外载为$\{\sigma_{11},\sigma_{22},\sigma_{12}\} = \{13.5,-8.2,-11.4\}$(MPa)。解得 $\sigma_n = 4.9$MPa、$\tau_n = -15.6$MPa，主要因剪切引起。由于 $\sigma_n > 0$，在给定载荷下的确对应于拉伸屈服。

注意，倘若 $\sigma_n<0$，此时，哪怕 $\delta^{\mathrm{I}} < \delta^{\mathrm{II}}$，材料也对应压缩屈服，屈服外载由 δ^{II} 确定。

对比本例和例 9-1 可见，虽然某些情况下由莫尔屈服准则与 Mises 屈服条件所给出的屈服外载接近，但莫尔屈服准则提供的信息更多。

9.3.2　三维应力下的屈服准则

在任意的三维应力$\{\sigma_{11}, \sigma_{22}, \sigma_{33}, \sigma_{23}, \sigma_{13}, \sigma_{12}\}$作用下，假定最早屈服面的外法向为 x_n，可由两个欧拉角 $\varPsi$ 和 $\varTheta$ 确定，参见图 9-4，但为方便起见，重新绘制在图 9-4 中。基于 x_n 构造的坐标系 (x_s, x_t, x_n) 与参考坐标系 (x_1, x_2, x_3) 之间的方向余弦为 (参见式 (5.26))

$$l_3 = \sin\varPsi\cos\varTheta,\quad m_3 = \sin\varPsi\sin\varTheta,\quad n_3 = \cos\varPsi,\quad 0 \leqslant \varPsi \leqslant \pi, 0 \leqslant \varTheta \leqslant 2\pi \tag{9.41a}$$

$$l_2 = -\cos\varPsi\cos\varTheta,\quad m_2 = -\cos\varPsi\sin\varTheta,\quad n_2 = \sin\varPsi \tag{9.41b}$$

$$l_1 = m_2 n_3 - n_2 m_3 = -\sin\varTheta,\quad m_1 = n_2 l_3 - l_2 n_3 = \cos\varTheta,\quad n_1 = l_2 m_3 - l_3 m_2 = 0 \tag{9.41c}$$

截面 x_n 上的法向应力和剪应力分别是 (参见式 (5.25))

$$\sigma_n^0 = l_3^2\sigma_{11} + m_3^2\sigma_{22} + n_3^2\sigma_{33} + 2m_3 n_3\sigma_{23} + 2n_3 l_3\sigma_{13} + 2l_3 m_3\sigma_{12} \tag{9.42a}$$

$$\tau_n^0 = \sqrt{(\sigma_{nt})^2 + (\sigma_{ns})^2} \tag{9.42b}$$

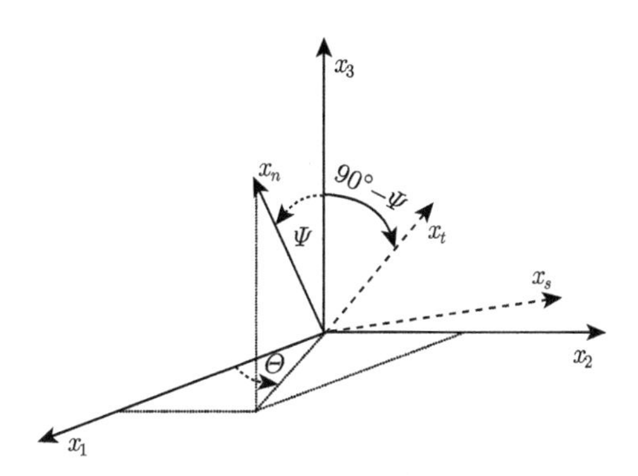

图 9-4 欧拉角确定的三维单元体斜截面的外法向坐标

其中

$$\begin{aligned}\sigma_{nt} =& l_2 l_3 \sigma_{11} + m_2 m_3 \sigma_{22} + n_2 n_3 \sigma_{33} \\ &+ (m_2 n_3 + m_3 n_2)\sigma_{23} + (l_2 n_3 + l_3 n_2)\sigma_{13} + (l_2 m_3 + l_3 m_2)\sigma_{12} \end{aligned} \tag{9.42c}$$

$$\begin{aligned}\sigma_{ns} =& l_3 l_1 \sigma_{11} + m_3 m_1 \sigma_{22} + n_3 n_1 \sigma_{33} \\ &+ (n_3 m_1 + n_1 m_3)\sigma_{23} + (n_3 l_1 + n_1 l_3)\sigma_{13} + (l_1 m_3 + l_3 m_1)\sigma_{12} \end{aligned} \tag{9.42d}$$

为了确定最早屈服面，采用“穷举法”，即令欧拉角取遍 $0 \leqslant \Psi \leqslant \pi$、$0 \leqslant \Theta \leqslant 2\pi$ 范围内的每个值 $\Psi_{i+1} = \Psi_i + \Delta\Psi$、$\Theta_{j+1} = \Theta_j + \Delta\Theta$，对应每一组$\{i, j\}$，令 δ_{ij}^{I} 是下述方程 (9.43) 的正根、$\delta_{ij}^{\mathrm{II}}$ 是方程 (9.44) 的正根：

$$\delta = \begin{cases} c_3/\sigma_n^0, & \tau_n^0 = 0 \\ \dfrac{\sigma_n^0 \pm \sqrt{(\sigma_n^0)^2 - 4c_2c_3(\tau_n^0)^2}}{2c_2(\tau_n^0)^2}, & \tau_n^0 \neq 0 \end{cases} \tag{9.43}$$

$$\delta = \begin{cases} c_5/\sigma_n^0, & \tau_n^0 = 0 \\ \dfrac{\sigma_n^0 \pm \sqrt{(\sigma_n^0)^2 - 4c_4c_5(\tau_n^0)^2}}{2c_4(\tau_n^0)^2}, & \tau_n^0 \neq 0 \end{cases} \tag{9.44}$$

式中，c_2 和 c_3 由式 (9.37b) 计算，c_5 和 c_6 则由式 (9.38b) 计算。再令 $\delta_{\min}^{\mathrm{I}} = \min\{\delta_{ij}^{\mathrm{I}}\}$，$\delta_{\min}^{\mathrm{II}} = \min\{\delta_{ij}^{\mathrm{II}}\}$。若 $\delta_{\min}^{\mathrm{I}} \leqslant 1$ 且 $\sigma_n^0 > 0$，表明在给定载荷下材料发生了屈服，且最早屈服面对应为拉伸屈服，屈服时的外载为$\{\sigma_{11}\delta_{\min}^{\mathrm{I}}, \sigma_{22}\delta_{\min}^{\mathrm{I}}, \sigma_{33}\delta_{\min}^{\mathrm{I}}, \sigma_{23}\delta_{\min}^{\mathrm{I}}, \sigma_{13}\delta_{\min}^{\mathrm{I}}, \sigma_{12}\delta_{\min}^{\mathrm{I}}\}$，最早屈服面上的法向应力和剪应力分别是 $\sigma_n = \delta_{\min}^{\mathrm{I}}\sigma_n^0$ 和 $\tau_n = \delta_{\min}^{\mathrm{I}}\tau_n^0$；反之，若 $\delta_{\min}^{\mathrm{II}} \leqslant 1$ 且 $\sigma_n^0 < 0$，最早屈服面为压缩屈服，屈服时的外载及屈服面上的法向应力和剪应力可类似得到；当 $\delta_{\min}^{\mathrm{II}} = \delta_{\min}^{\mathrm{I}} \leqslant 1$ 时，最早屈服面为纯剪切屈服；若 $\delta_{\min}^{\mathrm{I}} > 1$ 且 $\delta_{\min}^{\mathrm{II}} > 1$，意味着在给定外载下材料尚未达到屈服。

9.4　双参数塑性理论

Prandtl-Reuss 本构方程 (9.27)~(9.29) 的弹性部分 (Hooke 定律) 同时含有拉伸 (压缩) 模量和剪切模量，但基于单轴正应力实验数据导出的塑性部分只含有拉伸或压缩弹性模量和硬化模量，缺少了进入屈服后的剪切性能数据。这种由单一实验曲线确定材料塑性性能参数的单参数本构方程，难以准确描述材料在复杂载荷下的塑性响应。实际材料尤其是复合材料中的树脂基体，剪切下的塑性变形可能更为显著，复合材料的剪切非线性变形往往占主导地位，因此，材料瞬态柔度矩阵的塑性部分，理应同时包含有正应力和剪应力下的实验数据。也就是说，有必要建立一种双参数的塑性理论。

在寻求材料的八面体塑性剪应变增量与八面体剪应力之间的定量关系时，使用了材料的法向加载实验，见式 (9.17)。显而易见，也可以通过纯剪切加载实验来得到另一种定量关系，即选取

$$\sigma_{11}=\sigma_{22}=\sigma_{33}=\sigma_{13}=\sigma_{23}=0,\quad \sigma_{12}\neq 0 \tag{9.45}$$

同样认为实验加载已使材料进入了塑性变形，有如下塑性应变增量：

$$\mathrm{d}\varepsilon_{22}^{\mathrm{p}}=\mathrm{d}\varepsilon_{33}^{\mathrm{p}}=\mathrm{d}\varepsilon_{11}^{\mathrm{p}}=\mathrm{d}\varepsilon_{23}^{\mathrm{p}}=\mathrm{d}\varepsilon_{13}^{\mathrm{p}}=0,\quad \mathrm{d}\varepsilon_{12}^{\mathrm{p}}\neq 0 \tag{9.46}$$

将式 (9.46) 代入式 (9.13)，求得

$$\mathrm{d}\varepsilon_{12}^{\mathrm{p}}=\sqrt{\frac{3}{2}}\mathrm{d}\varepsilon_{0}^{\mathrm{p}} \tag{9.47}$$

另外，将式 (9.45) 代入式 (9.6) 后再代入式 (9.14)，导出

$$\tau_0=\sqrt{\frac{2}{3}}\sigma_{12} \tag{9.48}$$

进入塑性变形 (图 9-5) 后，有 $G_T=\mathrm{d}\sigma_{12}/(2\mathrm{d}\varepsilon_{12})$、$G=\mathrm{d}\sigma_{12}/(2\mathrm{d}\varepsilon_{12}^{\mathrm{e}})$ 及 $2\mathrm{d}\varepsilon_{12}=2\mathrm{d}\varepsilon_{12}^{\mathrm{e}}+2\mathrm{d}\varepsilon_{12}^{\mathrm{p}}$，其中 $2\mathrm{d}\varepsilon_{12}^{\mathrm{e}}$ 是弹性变形部分。由此导出

$$\mathrm{d}\varepsilon_{0}^{\mathrm{p}}=\frac{1}{\sqrt{6}}\left(\frac{1}{G_T}-\frac{1}{G}\right)\mathrm{d}\sigma_{12}=\frac{1}{2}\left(\frac{1}{G_T}-\frac{1}{G}\right)\mathrm{d}\tau_0$$

即

$$\mathrm{d}\tau_0=\frac{2N_T}{3}\mathrm{d}\varepsilon_{0}^{\mathrm{p}} \tag{9.49}$$

其中

$$N_T=\frac{3GG_T}{G-G_T} \tag{9.50}$$

将式 (9.49) 与式 (9.21) 合并，有

$$\mathrm{d}\tau_0 = \frac{2Q_T}{3}\mathrm{d}\varepsilon_0^{\mathrm{p}} \tag{9.51}$$

$$Q_T = \lambda\frac{EE_T}{E-E_T} + (1-\lambda)\frac{3GG_T}{G-G_T}, \quad 0 \leqslant \lambda \leqslant 1 \tag{9.52}$$

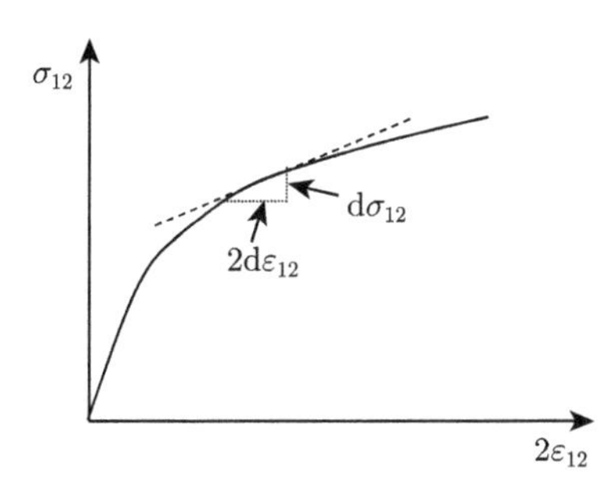

图 9-5 弹–塑性剪切应力–应变曲线示意图

无论是式 (9.22) 还是式 (9.50) 中的硬化模量，分别都是单个参数，只用到了一条实验应力–应变曲线，相应的弹–塑性本构理论，称为单参数理论，其中式 (9.22) 中的 E_T 由法向加载测试的应力–应变曲线确定，式 (9.50) 中的 G_T 则由剪切实验曲线的切线模量定义。式 (9.52) 综合了法向应力与剪应力的贡献，由此建立的本构理论称为双参数弹–塑性本构理论。式 (9.52) 中的 λ 为法向塑性参数与剪切塑性参数的耦合系数，尚待进一步研究确定。比如，可取 $\lambda = 0.5$。

余下的双参数本构方程推导过程与 9.1 节中的相应部分相同。因此，双参数塑性理论的本构方程与式 (9.28) 和式 (9.29)、或者式 (9.31) 和式 (9.32) 相同，只需将式 (9.29) 或式 (9.32d) 中的 M_T 换为 Q_T 并且将 Mises 屈服条件换成莫尔屈服准则即可。

最后的问题是，如何根据拉伸或压缩和剪切应力–应变曲线，确定每一个载荷的瞬时硬化模量 E_T 和 G_T? 单参数情况下，E_T 须根据当前 Mises 等效应力，从拉伸或压缩应力–应变曲线上对应点处的切线斜率得到。双参数情况下，基于 Mises 屈服准则是无法同时确定 E_T 和 G_T 的，但借助莫尔屈服准则和最早屈服面上的法向应力和剪应力，可以很方便地解决这一问题。

采用增量、比例加载，最早屈服面上的法向应变和剪应变由下述公式更新得到

$$(\varepsilon_n)_{l+1} = (\varepsilon_n)_l + \frac{\mathrm{d}\sigma_n}{(E_T)_l} \tag{9.53}$$

$$(\gamma_n)_{l+1} = (\gamma_n)_l + \frac{\mathrm{d}\tau_n}{(G_T)_l}, \quad l = 1, 2, \cdots \tag{9.54}$$

式中，l 是加载步；$\mathrm{d}\sigma_n$ 和 $\mathrm{d}\tau_n$ 分别是最早屈服面上的法向应力和剪应力增量，见 9.4 节。根据式 (9.53) 和式 (9.54)，当前载荷步 $(l+1)$ 所需的硬化模量 E_T 和 G_T，将基于前一步加载结束时总的线应变 $(\varepsilon_n)_l$ 和剪应变 $(\gamma_n)_l$，分别从拉伸 (或压缩) 和剪切应力–应变曲线上对应点处的切线斜率得到。当最早屈服面上的法向应力为拉应力时，E_T 由拉伸应力–应变曲线确定；若最早屈服面上的法向应力为压应力，E_T 由压缩应力–应变曲线确定。

之所以基于当前应变 (线应变和剪应变) 而不是当前应力 (正应力和剪应力) 来定义当前的硬化模量，主要是因为，实际中很多材料直到断裂破坏时所测试的应力–应变曲线，并非是单调上升或单调下降曲线，如图 7-15 所示。采用当前应力 (如 Mises 等效应力) 定义硬化模量，要求应力–应变曲线必须是单调的，否则，相同的应力对应曲线两个以上不同点，将无法唯一确定硬化模量。

9.5　弹–塑性桥联矩阵

与渐进破坏问题分析类似，复合材料的塑性性能计算也必须采用增量求解格式，其好处是，当载荷增量足够小时，在该增量区间内，复合材料的响应保持不变，即可以作为线性问题处理，称这种方案为线性化 (linearization)。

采用增量应力和增量应变，均质化后的应力和应变基本方程依然成立 (参见式 (1.36) 和式 (1.37))，即

$$\{\mathrm{d}\sigma_i\} = V_\mathrm{f}\{\mathrm{d}\sigma_i^\mathrm{f}\} + V_\mathrm{m}\{\mathrm{d}\sigma_i^\mathrm{m}\} \tag{9.55}$$

$$\{\mathrm{d}\varepsilon_i\} = V_\mathrm{f}\{\mathrm{d}\varepsilon_i^\mathrm{f}\} + V_\mathrm{m}\{\mathrm{d}\varepsilon_i^\mathrm{m}\} \tag{9.56}$$

同样，令两个内应力增量之间满足如下桥联方程：

$$\{\mathrm{d}\sigma_i^\mathrm{m}\} = [A_{ij}]\{\mathrm{d}\sigma_j^\mathrm{f}\} \tag{9.57}$$

式中，$[A_{ij}]$ 为瞬态桥联矩阵。从式 (9.55)~(9.57)，导出 (忽略热应力)

$$\{\mathrm{d}\sigma_i^\mathrm{f}\} = (V_\mathrm{f}[I] + V_\mathrm{m}[A_{ij}])^{-1}\{\mathrm{d}\sigma_j\} \tag{9.58a}$$

$$\{\mathrm{d}\sigma_i^\mathrm{m}\} = [A_{ij}](V_\mathrm{f}[I] + V_\mathrm{m}[A_{ij}])^{-1}\{\mathrm{d}\sigma_j\} \tag{9.58b}$$

增量式本构方程：

$$\{\mathrm{d}\varepsilon_i^\mathrm{f}\} = [S_{ij}^\mathrm{f}]\{\mathrm{d}\sigma_j^\mathrm{f}\} \tag{9.59a}$$

$$\{\mathrm{d}\varepsilon_i^\mathrm{m}\} = [S_{ij}^\mathrm{m}]\{\mathrm{d}\sigma_j^\mathrm{m}\} \tag{9.59b}$$

$$\{\mathrm{d}\varepsilon_i\} = [S_{ij}]\{\mathrm{d}\sigma_j\} \tag{9.59c}$$

将式 (9.58) 和式 (9.59) 代入式 (9.56), 导出

$$[S_{ij}] = (V_{\rm f}[S_{ij}^{\rm f}] + V_{\rm m}[S_{ij}^{\rm m}][A_{ij}])(V_{\rm f}[I] + V_{\rm m}[A_{ij}])^{-1} \tag{9.60}$$

式中，$[S_{ij}^{\rm f}]$ 和 $[S_{ij}^{\rm m}]$ 分别是纤维和基体的瞬态柔度矩阵。如果纤维直到破坏均保持线弹性，$[S_{ij}^{\rm f}]$ 由 Hooke 定律确定，$[S_{ij}^{\rm m}]$ 可由单参数或双参数 Prandtl-Reuss 理论确定。

我们首先来证明建立复合材料弹–塑性本构关系的充分必要条件是要知道纤维和基体中的内应力。

必要性证明：欲确定复合材料的弹–塑性本构方程，就必须要知道纤维和基体中的内应力。事实上，从式 (9.60) 可知，复合材料的柔度矩阵取决于纤维和基体的柔度矩阵, 后者在塑性阶段与其当前应力有关，见式 (9.29)，而若纤维直到破坏均为线弹性时，其柔度矩阵 $[S_{ij}^{\rm f}]$ 与其内应力等价。由此，必要性条件得证。

充分性证明：假定纤维和基体中的内应力已知，每个加载步的内应力增量亦知，其瞬态柔度矩阵 $[S_{ij}^{\rm f}]$ 和 $[S_{ij}^{\rm m}]$ 可完全确定，从而，得到纤维和基体的应变增量，再由式 (9.56)，计算出复合材料的应变增量，即任何载荷步的复合材料的应力和应变都已确定，充分性条件亦得证。

这表明，计算复合材料塑性性能的关键是要确定瞬态桥联矩阵。从弹性细观力学模型的建立可知，Mori-Tanaka 模型 (同心圆柱模型) 与自洽模型/广义自洽模型是两个精确解模型，但自洽模型或广义自洽模型的公式是隐式方程，需要迭代求解，显式的 Mori-Tanaka 模型，就更具有理论价值。当采用增量求解格式，由式 (2.40) 给出的桥联矩阵，即

$$[A_{ij}] = [K_{ij}^{\rm m}]\left[[I] + [L_{ij}][S_{ij}^{\rm m}]([K_{ij}^{\rm f}] - [K_{ij}^{\rm m}])\right][S_{ij}^{\rm f}] \tag{2.40}$$

将依然适用。只不过，$[S_{ij}^{\rm m}]$ 和 $[K_{ij}^{\rm m}]$ 分别是基体的瞬态柔度和刚度矩阵；$[S_{ij}^{\rm f}]$ 和 $[K_{ij}^{\rm f}]$ 分别是纤维的瞬态柔度和刚度矩阵；$[L_{ij}]$ 则是瞬态 Eshelby 张量。

在弹性阶段，基体是各向同性的，Eshelby 张量的解析表达式见式 (2.28)，一旦进入塑性变形，基体变成为各向异性的，即基体的柔度矩阵成为满阵，见式 (9.29)，此时，将再也得不到 Eshelby 张量的显式解[16]。如何根据式 (2.40) 确定瞬态桥联矩阵，常见的有三种处理方案。方案一：比例 (非循环) 加载时，将基体近似为分段线弹性，$[S_{ij}^{\rm m}]$ 由 Hooke 定律计算，仅将其中的弹性模量和泊松比分别用硬化参数置换，对应的 Eshelby 张量与弹性阶段类似[112−114]；方案二：$[S_{ij}^{\rm m}]$ 由塑性流动法则如式 (9.28) 确定，但认为 Eshelby 张量 $[L_{ij}]$ 依旧取各向同性线弹性公式，只是将其中的弹性泊松比置换成硬化泊松比[115−117]；方案三：对基体各向异性 (一般弹–塑性柔度矩阵) 下的 Eshelby 张量进行数值积分[28,118−120]。前两种方案的理论

基础似乎不够充分，方案三在每个增量步都需数值积分，且高斯积分点 (对每个张量分量) 超过 200 才能保证精度[28]，计算量过于庞大。

然而，根据桥联模型，进入塑性变形后的桥联矩阵同样可以很方便地确定。

9.5.1　桥联矩阵的因变量

由于基体的柔度矩阵变成为满阵，弹性阶段的桥联矩阵形式 (分块对角阵) 不再适用，必须增加更多的非 0 桥联矩阵元素，以适应出现更多的柔度矩阵元素。

如第 2 章所述，桥联矩阵的元素可分为自变量和因变量。我们有充足的理由认为，桥联矩阵的自变量在弹–塑性阶段是一脉相承的：弹性阶段的自变量元素，进入塑性变形后依然发挥自变量的作用，并且自变量的数目不会因基体进入塑性变形而增加或减少，因为单向复合材料始终是横观各向同性的。特别是，我们有 $a_{21}=0$。这就意味着，因基体进入塑性变形而需增加的桥联矩阵的非 0 元素皆为因变量，它们在桥联矩阵中的位置如何，对复合材料的性能计算不会产生影响。再考虑到内应力计算的一致性条件，即当复合材料仅受平面外载作用时，根据三维方程 (三维桥联矩阵) 求出的纤维和基体内应力，与根据二维方程 (缩减的平面桥联矩阵) 所求出的内应力相等，那么，瞬态弹–塑性桥联矩阵就只可能取如下的上三角阵形式：

$$[A_{ij}]=\begin{bmatrix} a_{11} & a_{12} & a_{13} & a_{14} & a_{15} & a_{16} \\ & a_{22} & a_{23} & a_{24} & a_{25} & a_{26} \\ & & a_{33} & a_{34} & a_{35} & a_{36} \\ & & & a_{44} & a_{45} & a_{46} \\ & & & & a_{55} & a_{56} \\ & & 0 & & & a_{66} \end{bmatrix} \tag{9.61}$$

这是因为，当 $[A_{ij}]$ 的下三角矩阵中有非零元素如 $a_{32}\neq 0$ 时，$[B_{ij}]=(V_{\mathrm{f}}[I]+V_{\mathrm{m}}[A_{ij}])^{-1}$ 中亦然，即 $b_{32}\neq 0$，此时，仅施加平面外载$\mathrm{d}\sigma_{11}$、$\mathrm{d}\sigma_{22}$、$\mathrm{d}\sigma_{12}$ ($\mathrm{d}\sigma_{33}=\mathrm{d}\sigma_{23}=\mathrm{d}\sigma_{13}=0$)，将会导致面外的内应力分量不恒为 0，$\mathrm{d}\sigma_{33}^{\mathrm{f}}=b_{32}\mathrm{d}\sigma_{22}\neq 0$ 及 $\mathrm{d}\sigma_{33}^{\mathrm{m}}=a_{32}\mathrm{d}\sigma_{22}^{\mathrm{f}}+a_{33}\mathrm{d}\sigma_{33}^{\mathrm{f}}\neq 0$，从而，不满足内应力计算的一致性条件。只有当 $[A_{ij}]$ 为上三角矩阵时，$(V_{\mathrm{f}}[I]+V_{\mathrm{m}}[A_{ij}])^{-1}$ 才总是上三角阵。在式 (9.61) 中，主对角线元素皆与自变量有关，参见第 2 章，其他 (上三角) 元素皆为因变量，共计 15 个，由柔度矩阵式 (9.60) 的对称性条件确定：

$$S_{ji}=S_{ij},\quad i=1,2,\cdots,5,\quad j=i+1,\cdots,6 \tag{9.62}$$

方程 (9.62) 共计 15 个，正好联立求解出 15 个自变量。

虽然式 (9.62) 是一组非线性代数方程，需要迭代求解，但因载荷增量足够小，两相邻载荷步对应的桥联矩阵之间的差异必然很有限，因此，将前一个载荷步的桥

联矩阵 (最初弹性阶段的桥联矩阵为解析式，见式 (2.59) 和式 (2.60)) 取作为当前载荷步桥联矩阵迭代解的初值，应用牛顿法可以很快收敛到所需要的解，通常只需 3~4 次、甚至 2 次迭代步即可。

9.5.2 桥联矩阵的自变量

进入塑性变形后，就能充分认识到桥联矩阵的自变量幂级数展开式 (2.56a)~式 (2.56e) 的价值所在。因为展开系数 λ_{ij} 只与纤维的几何特性有关，它们在组分材料如基体进入塑性变形后保持不变。换言之，在弹性阶段确定的展开系数，进入塑性变形后保持不变。这是因为，纤维的几何特性，如纤维的体积含量、纤维的截面形状、纤维的排列方式等，一旦复合材料加工成型，就保持相同，不会因复合材料的受力不同而改变，或者说改变量很小可忽略不计。因此，由式 (2.57) 给出的展开系数始终有效。

据此，只需考虑进入塑性变形后的展开变量即组分材料性能如何发生变化即可。如果采用 Mises 屈服准则判断基体的屈服，那么屈服前的基体弹性模量，将变为屈服后的基体硬化模量，屈服前的基体泊松比变为屈服后的 0.5(塑性不可压)，屈服前的基体剪切模量，屈服后依各向同性关系进行相应调整，参见图 9-6。

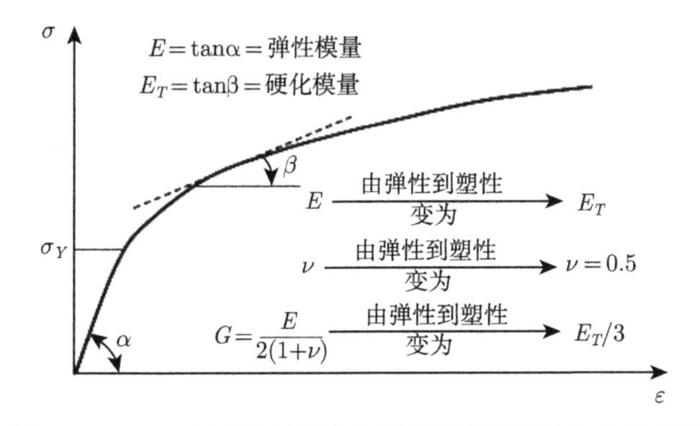

图 9-6 Mises 屈服准则描述的基体屈服后性能变化示意图

以 $a_{11} = 1+\lambda_{11}(1-E^{\rm m}/E_{11}^{\rm f})$ 为例，屈服后将变更为 $a_{11} = 1+\lambda_{11}(1-E_T^{\rm m}/E_{11}^{\rm f})$，因此，与自变量有关的桥联矩阵式 (9.61) 中主对角线元素须取如下值：

$$a_{11} = E_{\rm m}/E_{11}^{\rm f} \tag{9.63a}$$

$$a_{22} = a_{33} = a_{44} = \beta + (1-\beta)\frac{E_{\rm m}}{E_{22}^{\rm f}} \quad (0 < \beta < 1,\ 一般取\beta = 0.3) \tag{9.63b}$$

$$a_{55} = a_{66} = \alpha + (1-\alpha)\frac{G_{\rm m}}{G_{12}^{\rm f}} \quad (0 < \alpha < 1,\ 一般取\alpha = 0.3) \tag{9.63c}$$

式中，E_{m} 和 G_{m} 称为基体的等效模量，依据基体材料是否屈服而取值不同。必须指出的是，复合材料中基体的屈服必须基于其真实应力判定。换言之，采用 Mises 屈服准则，基体的等效模量定义如下 (图 9-6)：

$$E_{\mathrm{m}}=\begin{cases}E^{\mathrm{m}}, & \bar{\sigma}_{\mathrm{e}}^{\mathrm{m}}\leqslant\sigma_{Y}^{\mathrm{m}}\\ E_{T}^{\mathrm{m}}, & \bar{\sigma}_{\mathrm{e}}^{\mathrm{m}}>\sigma_{Y}^{\mathrm{m}}\end{cases}\tag{9.64a}$$

$$G_{\mathrm{m}}=\begin{cases}0.5E^{\mathrm{m}}/(1+\nu^{\mathrm{m}}), & \bar{\sigma}_{\mathrm{e}}^{\mathrm{m}}\leqslant\sigma_{Y}^{\mathrm{m}}\\ E_{T}^{\mathrm{m}}/3, & \bar{\sigma}_{\mathrm{e}}^{\mathrm{m}}>\sigma_{Y}^{\mathrm{m}}\end{cases}\tag{9.64b}$$

$$\bar{\sigma}_{\mathrm{e}}^{\mathrm{m}}=\frac{1}{\sqrt{2}}\sqrt{(\bar{\sigma}_{11}^{\mathrm{m}}-\bar{\sigma}_{22}^{\mathrm{m}})^2+(\bar{\sigma}_{11}^{\mathrm{m}}-\bar{\sigma}_{33}^{\mathrm{m}})^2+(\bar{\sigma}_{22}^{\mathrm{m}}-\bar{\sigma}_{33}^{\mathrm{m}})^2+6[(\bar{\sigma}_{23}^{\mathrm{m}})^2+(\bar{\sigma}_{13}^{\mathrm{m}})^2+(\bar{\sigma}_{12}^{\mathrm{m}})^2]}\tag{9.64c}$$

式中，$\bar{\sigma}_{ij}^{\mathrm{m}}$ 是基体的真实应力，界面开裂前由 4.9 节中有关公式确定。若产生界面开裂，还必须计入界面开裂的影响，参见式 (7.47) 和例 7.6。

若根据莫尔屈服准则判定基体的屈服并采用双参数塑性理论，那么，

$$E_{\mathrm{m}}=(E_{T}^{\mathrm{m}})_{l}=\text{法向应力–应变曲线上对应 }(\varepsilon_n)_l\text{ 处的切线斜率}\tag{9.65a}$$

$$G_{\mathrm{m}}=(G_{T}^{\mathrm{m}})_{l}=\text{剪切应力–应变曲线上对应 }(\gamma_n)_l\text{ 处的切线斜率}\tag{9.65b}$$

其中，最早屈服面上的法向应变 ε_n 和剪应变 γ_n 分别由式 (9.53) 和式 (9.54) 计算。此时，最早屈服面上的正应力和剪应力增量 $\mathrm{d}\bar{\sigma}_n^{\mathrm{m}}$ 和 $\mathrm{d}\bar{\tau}_n^{\mathrm{m}}$，同样必须基于基体的真实应力 $\bar{\sigma}_{ij}^{\mathrm{m}}$ 计算。

注意，若 Mises 等效应力或法向应变 (剪应变) 超出了所提供的曲线范围，假想曲线依端点处的斜率延伸。

显而易见，若纤维也是弹–塑性材料，只需将式 (9.63a)~(9.63c) 分母中的纤维性能换作为对应的硬化模量即可。为简单起见，假定纤维依各向同性进入塑性 (如纤维是各向同性弹–塑性材料)，可将式 (9.63a)~(9.63c) 改写为

$$a_{11}=E_{\mathrm{m}}/E_{\mathrm{f1}}\tag{9.66a}$$

$$a_{22}=a_{33}=a_{44}=\beta+(1-\beta)\frac{E_{\mathrm{m}}}{E_{\mathrm{f2}}}\quad(0<\beta<1,\ \text{一般取}\beta=0.3)\tag{9.66b}$$

$$a_{55}=a_{66}=\alpha+(1-\alpha)\frac{G_{\mathrm{m}}}{G_{\mathrm{f}}}\quad(0<\alpha<1,\ \text{一般取}\alpha=0.3)\tag{9.66c}$$

$$E_{\mathrm{f1}}=\begin{cases}E_{11}^{\mathrm{f}}, & \sigma_{\mathrm{e}}^{\mathrm{f}}\leqslant\sigma_{Y}^{\mathrm{f}}\\ E_{T}^{\mathrm{f}}, & \sigma_{\mathrm{e}}^{\mathrm{f}}>\sigma_{Y}^{\mathrm{f}}\end{cases}\tag{9.67a}$$

$$E_{\mathrm{f2}}=\begin{cases}E_{22}^{\mathrm{f}}, & \sigma_{\mathrm{e}}^{\mathrm{f}}\leqslant\sigma_{Y}^{\mathrm{f}}\\ E_{T}^{\mathrm{f}}, & \sigma_{\mathrm{e}}^{\mathrm{f}}>\sigma_{Y}^{\mathrm{f}}\end{cases}\tag{9.67b}$$

$$G_{\mathrm{f}} = \begin{cases} G_{12}^{\mathrm{f}}, & \sigma_{\mathrm{e}}^{\mathrm{f}} \leqslant \sigma_Y^{\mathrm{f}} \\ E_T^{\mathrm{f}}/3, & \sigma_{\mathrm{e}}^{\mathrm{f}} > \sigma_Y^{\mathrm{f}} \end{cases} \tag{9.67c}$$

$$\sigma_{\mathrm{e}}^{\mathrm{f}} = \frac{1}{\sqrt{2}}\sqrt{(\sigma_{11}^{\mathrm{f}} - \sigma_{22}^{\mathrm{f}})^2 + (\sigma_{11}^{\mathrm{f}} - \sigma_{33}^{\mathrm{f}})^2 + (\sigma_{22}^{\mathrm{f}} - \sigma_{33}^{\mathrm{f}})^2 + 6[(\sigma_{23}^{\mathrm{f}})^2 + (\sigma_{13}^{\mathrm{f}})^2 + (\sigma_{12}^{\mathrm{f}})^2]} \tag{9.67d}$$

式中，σ_Y^{f} 是纤维的 (拉伸或压缩) 屈服极限；E_T^{f} 是纤维的硬化模量。

9.5.3 平面弹–塑性桥联矩阵公式

当复合材料受到平面应力作用时，例如，假定受到$\{\sigma_{11},\ \sigma_{22},\ \sigma_{12}\}$作用，此时的桥联矩阵退化为

$$[A_{ij}] = \begin{bmatrix} a_{11} & a_{12} & a_{16} \\ 0 & a_{22} & a_{26} \\ 0 & 0 & a_{66} \end{bmatrix} \tag{9.68}$$

式中，a_{11}、a_{22} 和 a_{66} 分别由式 (9.63a)、式 (9.63b) 和式 (9.63c) 或式 (9.66a)、式 (9.66b) 和式 (9.66c) 给出。将退化的纤维和基体平面柔度矩阵 (式 (9.32)) 与式 (9.68) 代入式 (9.60)，令其满足对称性条件 ($S_{21} = S_{12}$、$S_{61} = S_{16}$、$S_{62} = S_{26}$)，解出非对角线元素 a_{12}(参见式 (2.60d))、a_{16}、a_{26} 的显式公式如下：

$$a_{12} = \frac{S_{12}^{\mathrm{f}} - S_{12}^{\mathrm{m}}}{S_{11}^{\mathrm{f}} - S_{11}^{\mathrm{m}}}(a_{11} - a_{22}) \tag{9.69a}$$

$$a_{16} = \frac{d_2\beta_{11} - d_1\beta_{21}}{\beta_{11}\beta_{22} - \beta_{12}\beta_{21}} \tag{9.69b}$$

$$a_{26} = \frac{d_1\beta_{22} - d_2\beta_{12}}{\beta_{11}\beta_{22} - \beta_{12}\beta_{21}} \tag{9.69c}$$

$$d_1 = (S_{16}^{\mathrm{m}} - S_{16}^{\mathrm{f}})(a_{11} - a_{66}) \tag{9.69d}$$

$$d_2 = (S_{26}^{\mathrm{m}} - S_{26}^{\mathrm{f}})(V_{\mathrm{f}} + V_{\mathrm{m}}a_{11})(a_{22} - a_{66}) + (S_{16}^{\mathrm{m}} - S_{16}^{\mathrm{f}})(V_{\mathrm{f}} + V_{\mathrm{m}}a_{66})a_{12} \tag{9.69e}$$

$$\beta_{11} = S_{12}^{\mathrm{m}} - S_{12}^{\mathrm{f}}, \quad \beta_{12} = S_{11}^{\mathrm{m}} - S_{11}^{\mathrm{f}}, \quad \beta_{22} = (V_{\mathrm{f}} + V_{\mathrm{m}}a_{22})(S_{12}^{\mathrm{m}} - S_{12}^{\mathrm{f}}) \tag{9.69f}$$

$$\beta_{21} = V_{\mathrm{m}}(S_{12}^{\mathrm{f}} - S_{12}^{\mathrm{m}})a_{12} - (V_{\mathrm{f}} + V_{\mathrm{m}}a_{11})(S_{22}^{\mathrm{f}} - S_{22}^{\mathrm{m}}) \tag{9.69g}$$

注意，上述公式中，假定纤维也可以产生弹–塑性变形，其瞬态柔度矩阵同样依据 Prandtl-Reuss 理论定义。若纤维直到破坏均保持线弹性，只需将 $S_{16}^{\mathrm{f}} = S_{26}^{\mathrm{f}} = 0$ 代入式 (9.69d) 和式 (9.69e) 中即可；此外，若基体中的真实正应力 $\bar{\sigma}_{11}^{\mathrm{m}}$、$\bar{\sigma}_{22}^{\mathrm{m}}$ 和剪应力 $\bar{\sigma}_{12}^{\mathrm{m}}$ 不同时出现，便有 $S_{16}^{\mathrm{m}} = S_{26}^{\mathrm{m}} = 0$。此时，$a_{16} = a_{26} = 0$。

对任意的外载增量$\{\mathrm{d}\sigma_{11}, \mathrm{d}\sigma_{22}, \mathrm{d}\sigma_{12}\}$，纤维和基体中的均值内应力增量由以下解析公式计算：

$$\begin{Bmatrix} \mathrm{d}\sigma_{11}^{\mathrm{f}} \\ \mathrm{d}\sigma_{22}^{\mathrm{f}} \\ \mathrm{d}\sigma_{12}^{\mathrm{f}} \end{Bmatrix} = (V_{\mathrm{f}}[I] + V_{\mathrm{m}}[A_{ij}])^{-1} \begin{Bmatrix} \mathrm{d}\sigma_{11} \\ \mathrm{d}\sigma_{22} \\ \mathrm{d}\sigma_{12} \end{Bmatrix} = \begin{bmatrix} b_{11} & b_{12} & b_{16} \\ 0 & b_{22} & b_{26} \\ 0 & 0 & b_{66} \end{bmatrix} \begin{Bmatrix} \mathrm{d}\sigma_{11} \\ \mathrm{d}\sigma_{22} \\ \mathrm{d}\sigma_{12} \end{Bmatrix} \tag{9.70a}$$

$$\begin{Bmatrix} \mathrm{d}\sigma_{11}^{\mathrm{m}} \\ \mathrm{d}\sigma_{22}^{\mathrm{m}} \\ \mathrm{d}\sigma_{12}^{\mathrm{m}} \end{Bmatrix} = \begin{bmatrix} a_{11} & a_{12} & a_{16} \\ 0 & a_{22} & a_{26} \\ 0 & 0 & a_{66} \end{bmatrix} \begin{bmatrix} b_{11} & b_{12} & b_{16} \\ 0 & b_{22} & b_{26} \\ 0 & 0 & b_{66} \end{bmatrix} \begin{Bmatrix} \mathrm{d}\sigma_{11} \\ \mathrm{d}\sigma_{22} \\ \mathrm{d}\sigma_{12} \end{Bmatrix} \tag{9.70b}$$

其中

$$b_{11} = (V_{\mathrm{f}} + V_{\mathrm{m}}a_{22})(V_{\mathrm{f}} + V_{\mathrm{m}}a_{66})/c \tag{9.71a}$$

$$b_{12} = -(V_{\mathrm{m}}a_{12})(V_{\mathrm{f}} + V_{\mathrm{m}}a_{66})/c \tag{9.71b}$$

$$b_{16} = [(V_{\mathrm{m}}a_{12})(V_{\mathrm{m}}a_{26}) - (V_{\mathrm{f}} + V_{\mathrm{m}}a_{22})(V_{\mathrm{m}}a_{16})]/c \tag{9.71c}$$

$$b_{22} = (V_{\mathrm{f}} + V_{\mathrm{m}}a_{11})(V_{\mathrm{f}} + V_{\mathrm{m}}a_{66})/c \tag{9.71d}$$

$$b_{26} = -(V_{\mathrm{m}}a_{26})(V_{\mathrm{f}} + V_{\mathrm{m}}a_{11})/c \tag{9.71e}$$

$$b_{66} = (V_{\mathrm{f}} + V_{\mathrm{m}}a_{22})(V_{\mathrm{f}} + V_{\mathrm{m}}a_{11})/c \tag{9.71f}$$

$$c = (V_{\mathrm{f}} + V_{\mathrm{m}}a_{11})(V_{\mathrm{f}} + V_{\mathrm{m}}a_{22})(V_{\mathrm{f}} + V_{\mathrm{m}}a_{66}) \tag{9.71g}$$

9.6　复合材料的非线性性能计算

下面用例题说明基体塑性变形对复合材料非线性响应以及层合板极限强度的影响。首先说明，如何根据复合材料的实验数据，反演得到组分尤其是基体材料的性能参数。

例 9-3　试确定 IM7/8552 复合材料体系中纤维和基体在常温下的性能参数，忽略热残余应力的影响。

解　IM7/8552 复合材料是广泛出现在文献中的一种复合材料，其预浸料由 Hexcel 公司提供，纤维体积含量为 $V_{\mathrm{f}} = 0.575$，但尚未提供完备的组分材料尤其是基体材料的性能数据。

(1) 求弹性性能。

IM7 纤维的弹性性能取自表 3-1，8552 基体的弹性模量和泊松比可通过反演确定，就是令桥联模型公式 (3.3) 计算的单向复合材料模量与 Hexcel 公司提供的模量之间的平均误差达到最小，结果列于表 9-2 中。注意，反演确定的 8552 基体弹性模量 (4.1GPa)，与 Hexcel 提供的纯基体模量 (4.67GPa) 之间相差 12.2%。

表 9-2 IM7/8552 纤维和基体弹性性能及强度数据 (Y = 64MPa)

材料	E_{11}/GPa	E_{22}/GPa	ν_{12}	G_{12}/GPa	ν_{23}	$\sigma_{u,t}$/MPa	$\sigma_{u,c}$/MPa	$\sigma_{u,s}$/MPa
IM7 纤维	276	19	0.2	27	0.36	4850	3000	—
8552 基体	4.1	4.1	0.46	1.4	0.46	121	210	76

(2) 强度数据。

虽然表 5-2中提供了 IM7 纤维的轴向拉、压强度，但参照 Hexcel 提供的单向复合材料的轴向拉、压强度，根据公式 (5.56a) 和 (5.56b) 对它们进行了适度调整，结果见表 9-2。对比表 9-2 与表 5-2 可见，纤维的拉、压强度之间相差 6.3%。

8552 基体的拉伸强度取自 Hexcel 提供的数据，压缩和剪切强度根据单向复合材料的横向压缩 (250MPa) 及轴向剪切 (120MPa) 强度分别由公式 (5.56d) 和 (5.56e) 反演确定。由于基体的横向压缩应力集中系数与基体的压缩强度有关，反演基体的压缩强度需要多次试算确定。结果列于表 9-2 中。

(3) 求应力集中系数。

根据表 9-2，计算得到基体的横向拉伸、压缩、剪切以及轴向剪切应力集中系数，横向双轴等值拉伸和压缩应力集中系数可一并计算得到，结果见表 9-3。Hexcel 还提供了单向复合材料的横向拉伸强度 (Y = 64MPa)，代入第 7 章的公式，求得基体的临界 Mises 等效应力，也列于表 9-3 中。

表 9-3 添加 IM7 纤维后的 8552 基体应力集中系数及临界 Mises 等效应力

K_{22}^{t}	K_{22}^{c}	$K_{22}^{Bi,t}$	$K_{22}^{Bi,c}$	$\hat{K}_{22}^{t}$	K_{23}	K_{12}	$\hat{\sigma}_{e}^{m}$/MPa
2.322	1.656	1.683	1.703	5.083	1.87	1.447	54.4

(4) 基体的剪切应力–应变曲线。

文献 [121] 提供了测试的 IM7/8552 单向复合材料的轴向剪切应力–应变曲线，见图 9-7。

首先，构造若干折线段，与测试的曲线具有良好的近似度，参见图 9-7，其中，第一段折线的上端点对应基体产生剪切屈服时的外载。折线应力–应变数据列于表 9-4 中。

然后，根据下述公式：

$$\mathrm{d}\sigma_{12}^{\mathrm{f}}=\frac{\mathrm{d}\sigma_{12}}{V_{\mathrm{f}}+V_{\mathrm{m}}a_{66}},\quad \mathrm{d}\sigma_{12}^{\mathrm{m}}=\frac{a_{66}\mathrm{d}\sigma_{12}}{V_{\mathrm{f}}+V_{\mathrm{m}}a_{66}},\quad a_{66}=0.3+0.7\frac{G_{\mathrm{m}}}{G_{12}^{\mathrm{f}}}$$

$$2\mathrm{d}\varepsilon_{12}^{\mathrm{f}}=\frac{\mathrm{d}\sigma_{12}^{\mathrm{f}}}{G_{12}^{\mathrm{f}}},\quad 2\mathrm{d}\varepsilon_{12}^{\mathrm{m}}=\frac{\mathrm{d}\sigma_{12}^{\mathrm{m}}}{G_{\mathrm{m}}},\quad G_{\mathrm{m}}=\begin{cases}G^{\mathrm{m}}, & \bar{\sigma}_{12}^{\mathrm{m}}\leqslant\sigma_{Y,\mathrm{s}}^{\mathrm{m}}\\ G_{T}^{\mathrm{m}}, & \bar{\sigma}_{12}^{\mathrm{m}}>\sigma_{Y,\mathrm{s}}^{\mathrm{m}}\end{cases}$$

$$2\mathrm{d}\varepsilon_{12} = V_{\mathrm{f}}(2\mathrm{d}\varepsilon_{12}^{\mathrm{f}}) + V_{\mathrm{m}}(2\mathrm{d}\varepsilon_{12}^{\mathrm{m}}), \quad \mathrm{d}\sigma_{12} = V_{\mathrm{f}}(\mathrm{d}\sigma_{12}^{\mathrm{f}}) + V_{\mathrm{m}}(\mathrm{d}\sigma_{12}^{\mathrm{m}})$$

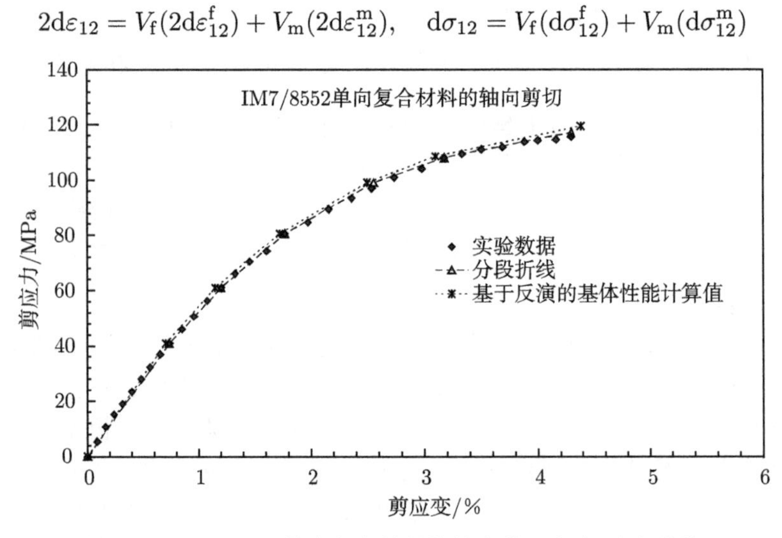

图 9-7　IM7/8552 单向复合材料的轴向剪切应力–应变曲线

反演出基体的剪切屈服极限 ($\sigma_{Y,\mathrm{s}}^{\mathrm{m}} = 28.5\mathrm{MPa}$)，使得计算的复合材料的剪应力 ($\sigma_{12} = \sigma_{12}+\mathrm{d}\sigma_{12}$)–剪应变 ($2\varepsilon_{12} = 2\varepsilon_{12}+2\mathrm{d}\varepsilon_{12}$) 曲线的第一段与测试的相应曲线段尽可能吻合。再依次调整后续各折线段对应的剪切硬化模量 G_T^{m}，同样使计算的剪应力–剪应变曲线与实验段吻合。必须指出的是，反演的基体应力–应变曲线必须是基于基体的真实应力得到的，即 $\bar{\sigma}_{12}^{\mathrm{m}} = \bar{\sigma}_{12}^{\mathrm{m}} + \mathrm{d}\bar{\sigma}_{12}^{\mathrm{m}}$、$2\bar{\varepsilon}_{12}^{\mathrm{m}} = 2\bar{\varepsilon}_{12}^{\mathrm{m}}+2\mathrm{d}\bar{\varepsilon}_{12}^{\mathrm{m}}$，其中 $2\mathrm{d}\bar{\varepsilon}_{12}^{\mathrm{m}} = \mathrm{d}\bar{\sigma}_{12}^{\mathrm{m}}/G_{\mathrm{m}}$，基体的初应力 $\bar{\sigma}_{12}^{\mathrm{m}}$ 和初应变 $2\bar{\varepsilon}_{12}^{\mathrm{m}}$ 设置为 0，$\mathrm{d}\bar{\sigma}_{12}^{\mathrm{m}} = K_{12}\mathrm{d}\sigma_{12}^{\mathrm{m}}$，$\sigma_{Y,\mathrm{s}}^{\mathrm{m}}$ 亦由对应的基体真实剪应力确定。如此确定的基体 (真实) 剪应力–剪应变数据列于表 9-5 中，计算的复合材料的轴向剪应力–剪应变曲线绘制在图 9-7 中。

表 9-4　IM7/8552 单向复合材料的 15° 偏轴拉伸、60° 偏轴压缩及轴向剪切应力–应变实验数据 (V_{f} = 57.5%)

15° 偏轴拉伸		60° 偏轴压缩		轴向剪切	
ε/%	σ/MPa	ε/%	σ/MPa	$2\varepsilon_{12}$/%	σ_{12}/MPa
0	0	0	0	0	0
0.228	140.1	0.448	55	0.737	41
0.306	177.1	1.065	110	1.203	60.9
0.472	246.1	1.882	165	1.77	80.6
0.697	320.1	2.573	200	2.554	99
0.832	349.9	3.426	230	3.173	108.1
0.982	364.7	5.154	260	4.297	117.2
1.167	383.5	8.818	280	—	—

表 9-5 8552 基体拉伸、压缩及剪切应力–应变数据

单轴拉伸		单轴压缩		纯剪切	
ε/%	σ/MPa	ε/%	σ/MPa	γ/%	τ/MPa
0	0	0	0	0	0
1.041	42.7	1.212	49.7	2.033	28.5
1.481	53.7	2.712	88.7	3.348	41.7
2.581	76.8	5.318	133	4.979	54.7
4.374	101.9	7.573	157.8	7.508	66.9
5.599	111.7	10.5	178.3	9.341	72.6
7.074	117.6	16.9	199.4	13.247	78.8
8.9	121.8	26.9	210.5	—	—

(5) 基体的拉伸应力–应变曲线。

文献 [122] 提供了 IM7/8552 单向复合材料 15°、30°、45° 及 90° 偏轴拉伸的实验数据，可用于反演确定基体的拉伸应力–应变曲线。对比后发现，基于 15° 偏轴拉伸反演的基体拉伸强度与表 9-2 中所给值最为接近，其他偏轴角的实验数据所得的基体拉伸强度偏低。15° 偏轴拉伸应力–应变曲线绘制在图 9-8 中，分段折线数据分别给在图 9-8 和表 9-4 中。

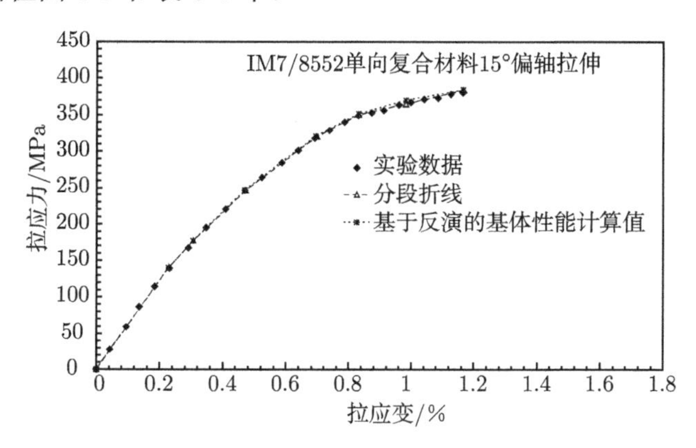

图 9-8 IM7/8552 单向复合材料的 15° 偏轴拉伸应力–应变曲线

为简单起见，基体的拉伸应力–应变曲线基于单参数 Prandtl-Reuss 理论和 Mises 屈服准确反演得到。反演所用公式列举如下：

$$\begin{Bmatrix} \mathrm{d}\sigma_{11}^{\mathrm{f}} \\ \mathrm{d}\sigma_{22}^{\mathrm{f}} \\ \mathrm{d}\sigma_{12}^{\mathrm{f}} \end{Bmatrix} = \begin{bmatrix} b_{11} & b_{12} & b_{16} \\ 0 & b_{22} & b_{26} \\ 0 & 0 & b_{66} \end{bmatrix} \begin{Bmatrix} \cos^2\theta \\ \sin^2\theta \\ -0.5\sin 2\theta \end{Bmatrix} \mathrm{d}\sigma_\theta \tag{9.72a}$$

$$\begin{Bmatrix} \mathrm{d}\sigma_{11}^{\mathrm{m}} \\ \mathrm{d}\sigma_{22}^{\mathrm{m}} \\ \mathrm{d}\sigma_{12}^{\mathrm{m}} \end{Bmatrix} = \begin{bmatrix} a_{11} & a_{12} & a_{16} \\ 0 & a_{22} & a_{26} \\ 0 & 0 & a_{66} \end{bmatrix} \begin{bmatrix} b_{11} & b_{12} & b_{16} \\ 0 & b_{22} & b_{26} \\ 0 & 0 & b_{66} \end{bmatrix} \begin{Bmatrix} \cos^2\theta \\ \sin^2\theta \\ -0.5\sin 2\theta \end{Bmatrix} \mathrm{d}\sigma_\theta \tag{9.72b}$$

$$\{\mathrm{d}\varepsilon_i^{\mathrm{f}}\} = [S_{ij}^{\mathrm{f}}]_{3\times3}\{\mathrm{d}\sigma_i^{\mathrm{f}}\}, \quad \{\mathrm{d}\varepsilon_i^{\mathrm{m}}\} = [S_{ij}^{\mathrm{m}}]_{3\times3}\{\mathrm{d}\sigma_i^{\mathrm{m}}\} \tag{9.72c}$$

$$\{\varepsilon_i\} = \{\varepsilon_i\} + V_{\mathrm{f}}\{\mathrm{d}\varepsilon_i^{\mathrm{f}}\} + V_{\mathrm{m}}\{\mathrm{d}\varepsilon_i^{\mathrm{m}}\}, \quad \{\sigma_i\} = \{\sigma_i\} + V_{\mathrm{f}}\{\sigma_i^{\mathrm{f}}\} + V_{\mathrm{m}}\{\sigma_i^{\mathrm{m}}\} \tag{9.72d}$$

$$(\sigma_\theta)_{\mathrm{l}+1} = (\sigma_\theta)_l + \mathrm{d}\sigma_\theta, \quad \mathrm{d}\sigma_\theta = \cos^2\theta\mathrm{d}\sigma_{11} + \cos^2\theta\mathrm{d}\sigma_{22} - \sin2\theta\mathrm{d}\sigma_{12} \tag{9.72e}$$

$$(\varepsilon_\theta)_{l+1} = (\varepsilon_\theta)_l + \mathrm{d}\varepsilon_\theta, \quad \mathrm{d}\varepsilon_\theta = \cos^2\theta\mathrm{d}\varepsilon_{11} + \cos^2\theta\mathrm{d}\varepsilon_{22} - \sin2\theta(2\mathrm{d}\varepsilon_{12}) \tag{9.72f}$$

$$\left\{\begin{array}{c}\bar{\sigma}_{11}^{\mathrm{m}}\\ \bar{\sigma}_{22}^{\mathrm{m}}\\ \bar{\sigma}_{12}^{\mathrm{m}}\end{array}\right\} = \left\{\begin{array}{c}\bar{\sigma}_{11}^{\mathrm{m}}\\ \bar{\sigma}_{22}^{\mathrm{m}}\\ \bar{\sigma}_{12}^{\mathrm{m}}\end{array}\right\} + \left\{\begin{array}{c}\mathrm{d}\sigma_{11}^{\mathrm{m}}\\ K_{22}\sigma_{22}^{\mathrm{m}}\\ K_{12}\mathrm{d}\sigma_{12}^{\mathrm{m}}\end{array}\right\}, \quad K_{22} = \begin{cases}\hat{K}_{22}^{\mathrm{t}}, & \mathrm{d}\sigma_{22}^{\mathrm{m}} > 0 \text{ 且界面已开裂}\\ K_{22}^{\mathrm{t}}, & \mathrm{d}\sigma_{22}^{\mathrm{m}} > 0 \text{ 但界面未开裂}\\ K_{22}^{\mathrm{c}}, & \mathrm{d}\sigma_{22}^{\mathrm{m}} < 0\end{cases} \tag{9.72g}$$

$$[S_{ij}^{\mathrm{m}}]_{3\times3} = \begin{cases}[S_{ij}^{\mathrm{m}}]_{3\times3}^{\mathrm{e}}, & \bar{\sigma}_{\mathrm{e}}^{\mathrm{m}} \leqslant \sigma_{Y,\mathrm{t}}^{\mathrm{m}}\\ [S_{ij}^{\mathrm{m}}]_{3\times3}^{\mathrm{e}} + [S_{ij}^{\mathrm{m}}]_{3\times3}^{\mathrm{p}}, & \bar{\sigma}_{\mathrm{e}}^{\mathrm{m}} > \sigma_{Y,\mathrm{t}}^{\mathrm{m}}\end{cases} \tag{9.72h}$$

$$[S_{ij}^{\mathrm{m}}]_{3\times3}^{\mathrm{p}} = \frac{9(E^{\mathrm{m}} - E_T^{\mathrm{m}})}{4E^{\mathrm{m}}E_T^{\mathrm{m}}(\bar{\sigma}_{\mathrm{e}}^{\mathrm{m}})^2}\begin{bmatrix}\sigma'_{11}\sigma'_{11} & \sigma'_{22}\sigma'_{11} & 2\sigma'_{12}\sigma'_{11}\\ & \sigma'_{22}\sigma'_{22} & 2\sigma'_{12}\sigma'_{22}\\ \text{对称} & & 4\sigma'_{12}\sigma'_{12}\end{bmatrix}, \quad \sigma'_{ij} = \bar{\sigma}_{ij}^{\mathrm{m}} - \frac{\bar{\sigma}_{11}^{\mathrm{m}} + \bar{\sigma}_{22}^{\mathrm{m}}}{3}\delta_{ij} \tag{9.72i}$$

$$\bar{\sigma}_{\mathrm{e}}^{\mathrm{m}} = \sqrt{(\bar{\sigma}_{11}^{\mathrm{m}})^2 + (\bar{\sigma}_{22}^{\mathrm{m}})^2 - (\bar{\sigma}_{11}^{\mathrm{m}})(\bar{\sigma}_{22}^{\mathrm{m}}) + 3(\bar{\sigma}_{12}^{\mathrm{m}})^2} \tag{9.72j}$$

$$(\varepsilon_e^m)_{l+1} = (\varepsilon_e^m)_l + \mathrm{d}\varepsilon_e^m, \quad \mathrm{d}\varepsilon_e^m = \frac{(\bar{\sigma}_e^m)_{l+1} - (\bar{\sigma}_e^m)_l}{E_{\mathrm{T}}^m} \tag{9.72k}$$

依据每个折线段的载荷增量$\mathrm{d}\sigma_\theta$(这里 $\theta = 15°$)，通过调整每一段硬化模量 E_T^{m} 的取值，定义该加载段基体的塑性柔度矩阵分量 $[S_{ij}^{\mathrm{m}}]_{3\times3}^{\mathrm{p}}$，使得由式 (9.72e) 和式 (9.72f) 计算的单向复合材料的偏轴拉伸应力–应变曲线尽可能与实验段曲线吻合。初始段 (第一段) 为弹性阶段，只需尝试在式 (9.72i) 中取不同的基体拉伸屈服极限 ($\sigma_{Y,\mathrm{t}}^{\mathrm{m}} = \bar{\sigma}_{\mathrm{e}}^{\mathrm{m}}$)，使得计算的曲线段与实验段吻合，见图 9-8。

确定每一段的 E_T^{m} 后，反演的基体的拉伸应力–应变曲线，必须基于每一段端点处对应的基体真实 Mises 等效应力确定，即由式 (9.72j) 和式 (9.72k) 定义基体的拉伸应力和应变，其中 l 表示第 l 折线段。由此反演的基体拉伸应力–应变数据列于表 9-5 中。因不计热残余应力，初始应力 $\bar{\sigma}_{ij}^{\mathrm{m}} = \sigma_{ij}^{\mathrm{m}} = 0$。

(6) 基体的压缩应力–应变曲线。

文献 [123] 报告了 IM7/8552 单向复合材料的 15°、30°、45°、60°、75° 及 90° 的偏轴压缩实验数据，结果发现 60° 偏轴压缩给出的基体压缩强度与表 9-2 的一致，而其他偏轴角数据得到的反演值存在差异。因此，8552 树脂基体的压缩性能参数由单向复合材料的 60° 偏轴压缩实验结果反演，折线段数据列于表 9-4 中。

反演过程完全类似上述对基体拉伸曲线的反演，仅将反演的基体压缩性能列在表 9-5 中。基于反演的基体压缩应力–应变曲线，采用单参数 Prandtl-Reuss 理论预测的 60° 偏轴压缩曲线与折线段实验曲线 (表 9-4) 的对比绘制在图 9-9 中。不同于图 9-8 中几乎一致的实验与预测偏轴拉伸曲线，图 9-9 中的理论与实验偏轴压缩曲线存在些微差异，基于反演的基体压缩性能预测的偏轴压缩曲线偏刚性。这主要是因为在压缩载荷下，复合材料的非线性变形除基体塑性变形的贡献外，还有纤维偏转的影响，参见 5.9 节。简单起见，这里忽略了纤维偏转的影响，而是使预报的曲线与实验曲线相比偏于刚性。

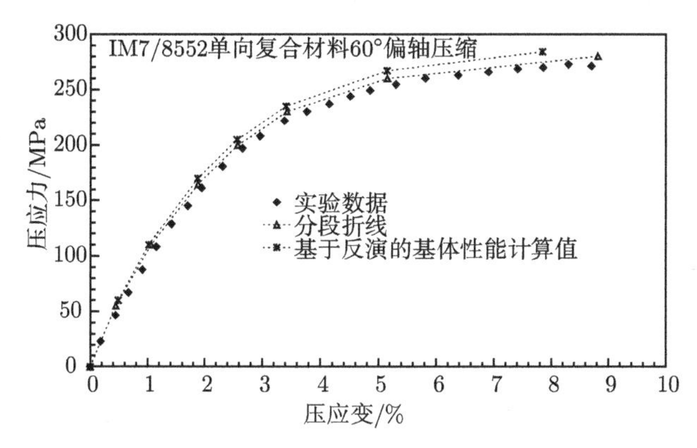

图 9-9 IM7/8552 单向复合材料的 60° 偏轴压缩应力–应变曲线

例 9-4 层合板 $[45/0/-45/0]_{2s}$ 由 IM7/8552 单向复合材料预浸料制成，每一层厚 $t = 0.125\text{mm}$，纤维体积含量 $V_f = 57.5\%$，纤维和基体性能见表 9-2 和表 9-5。层合板受 x 向的面内拉伸作用，试求直到极限破坏时的 x 及 y 方向应力–应变曲线。不计热残余应力。

解 由于仅受面内载荷作用，可采用经典层合板理论求解。根据所给条件，基体的拉伸、压缩、剪切屈服极限分别是 $\sigma_{Y,\text{t}}^{\text{m}} = 42.7\text{MPa}$、$\sigma_{Y,\text{c}}^{\text{m}} = 49.7\text{MPa}$、$\sigma_{Y,\text{s}}^{\text{m}} = 28.5\text{MPa}$，它们满足式 (9.33a) 和式 (9.33b)，可以应用莫尔屈服准则以及双参数塑性理论描述基体的塑性特性，基体的破坏亦由莫尔判据来判别，因为基体的三个强度参数，$\sigma_{\text{u,t}}^{\text{m}} = 121\text{MPa}$、$\sigma_{\text{u,c}}^{\text{m}} = 210\text{MPa}$、$\sigma_{\text{u,s}}^{\text{m}} = 76\text{MPa}$，同样满足对应的式 (5.11) 和式 (5.22)。注意，基体的应力集中系数及界面开裂时的临界 Mises 等效应力由表 9-3 给出。

(1) 求最小屈服载荷。

对层合板而言，只要其中任何一层中的基体达到了屈服，就说层合板进入了屈服。最小屈服载荷，由最先进入屈服的单层板确定。由于不计热残余应力，所有层的纤维和基体中的应力初值皆为 0，基体的初始柔度矩阵由 Hooke 定律定义，纤维直到破坏都假定为线弹性，柔度矩阵亦由 Hooke 定律定义且始终保持不变。采用双参数 Prandtl-Reuss 理论计算基体的塑性柔度矩阵分量，当最早屈服面上的正应力和剪应力皆进入屈服时，式 (9.52) 中的塑性耦合参数取为 $\lambda = 0.5$。

(2) 确定层合板的渐进破坏。

纤维直到破坏都是线弹性的，并且一旦纤维破坏出现，计算即刻终止，因此，层合板的非线性特性 (非线性的应力–应变曲线)，就主要源自于每一层中基体的特性变化。这些变化包括：界面开裂、基体的屈服、基体的硬化模量变动、基体达到强度破坏后的刚度衰减。我们将这些变化，都统一视为层合板的渐进破坏过程，因为它们的出现，引起层合板的响应不断改变，并最终达到极限破坏。

编制 Excel 表格，求得该层合板的渐进破坏特性列于表 9-6 中，其中一些特点说明如下：

① 采用经典层合板理论，$+45°$ 层和 $-45°$ 层中纤维和基体的内应力数值相等，仅仅剪应力符号有异。因此，它们对应的渐进破坏过程完全相同。

② 虽然 $\sigma_{xx} = 354.8\text{MPa}$ 对应最早屈服载荷，但直到 $\sigma_{xx} = 411.1\text{MPa}$ 时，基体的弹性模量 (并非每一层，只是发生了屈服的 $\pm45°$ 层) 才发生变化。换言之，直到 $\sigma_{xx} = 411.1\text{MPa}$，基体的柔度矩阵中才出现塑性分量，桥联矩阵也才发生变化。这是因为莫尔屈服面包络线仅仅是近似的二次曲线。除了单轴拉伸 ($\tau_n = 0$、$\sigma_n \geqslant \sigma_{Y,t}^{m}$)、单轴压缩 ($\tau_n = 0$、$\sigma_n \leqslant -\sigma_{Y,c}^{m}$)、纯剪切 ($|\tau_n| \geqslant \sigma_{Y,s}^{m}$、$\sigma_n=0$)，其他载荷下的最早屈服面上的应力，一般不会即刻使基体的拉伸 (或压缩) 和剪切曲线上的斜率发生变化。倘若采用单参数的 Mises 屈服判据，一旦基体出现屈服，基体的弹性模量势必会变更为硬化模量。

③ 无论 $\pm45°$ 层还是 $0°$ 层中的基体，都是剪应力 τ_n 首先进入塑性，换言之，都是基体的剪切模量首先发生变化。但是，将式 (9.52) 代入式 (9.32d) 可见，除非法向应力 σ_n 和剪应力 τ_n 同时进入了塑性，否则基体拉压硬化模量和剪切硬化模量以及柔度矩阵的塑性分量是否出现，将与塑性耦合系数 λ 的选择有关。这表明，采用双参数理论描述基体的塑性响应时，塑性耦合系数 λ 不应取为固定值，并且层合板中各层 λ 的取值应彼此独立。不然，基体的塑性柔度矩阵有可能始终不出现。唯象考虑，无论基体最早屈服面上的法向应力还是切向应力率先达到屈服，都会导致基体产生塑性变形，进而引起复合材料的非线性变形。因此，当法向应力 σ_n 达到了屈服而剪应力 τ_n 依然处于弹性阶段时，须取 $\lambda = 1$；反之，取 $\lambda = 0$；如果法向应力和剪切应力同时进入了塑性，可取 $\lambda = 0.5$。从表 9-6 可见，当外载加到 $\sigma_{xx} = 411.1\text{MPa}$ 时，$\pm45°$ 层基体最早屈服面上的剪应力 τ_n 便达到了屈服，但直到 σ_{xx} 继续施加到 958.4MPa 时，法向应力 σ_n 和剪应力 τ_n 才分别都超过了各自的屈服极限，基体的破坏出现在 $\sigma_{xx} = 1080.2$ MPa，对应的法向应力 σ_n 刚刚超过其屈服极限。

④ ±45° 层中基体破坏时，对应 $E_{\rm m} = 2.5{\rm GPa}$、$G_{\rm m} = 0.8{\rm GPa}$，表明基体最早屈服面上的拉应变和剪应变都还处在中等偏下水平。

⑤ 当外载施加到 $\sigma_{xx} = 427.3{\rm MPa}$ 时，±45° 层中纤维和基体的界面出现开裂，界面开裂时的外载为基体破坏时外载的 40%，开裂后对层合板的承载能力会产生影响，因为 ±45° 层中基体的横向应力分量为拉应力。另外，0° 层中纤维和基体界面在 $\sigma_{xx} = 787.9{\rm MPa}$(未列于表 9-6 中) 时开裂，但 0° 层的界面开裂对层合板的承载能力无任何影响，原因是 0° 层中基体的横向应力分量为压应力。

⑥ 只有当法向应力 σ_n 和剪应力 τ_n 始终处在弹性范围内，基体最早屈服面的方向角才保持不变。否则在不同的加载时刻，基体最早屈服面的方位角会发生改变。准确地说，公式 (9.53) 和 (9.54) 需总是针对每个加载时刻的最早屈服面进行，但如此会增加计算的复杂性，因为当前加载时刻无法预知下一个时刻的最早屈服面。可将最早屈服面近似认为始终不变，一旦由弹性应力场定出最早屈服面的位置后，后续硬化模量的更新都依据该截面的线应变和剪应变进行。这样会简化分析，前提条件是，后一加载步的最早屈服面方向角与前一步的方向角之间差异不大。不然，就需要采用第二种方案。在当前加载步，通过坐标变换，将前一加载步方向角截面的正应变和剪应变变换到当前方向角截面的正应变和剪应变，再叠加当前载荷步的应变增量。本例按第一种方案确定了一系列最早屈服面上的应变值。

⑦ 非致命破坏出现后的刚度衰减，不仅要对基体的弹性模量进行，还应对当前 (破坏出现时) 的基体硬化模量实施相同方案，并且桥联矩阵自变量中的基体模量，须用衰减后的基体等效模量。

表 9-6 预报的 IM7/8552 层合板 $[45/0/-45/0]_{2s}$ 渐进破坏特性

σ_{xx}/MPa	ε_{xx}/%	ε_{yy}/%	$\bar{\sigma}_{\rm e}^{\rm m}$/MPa		特征描述
			±45° 层	0° 层	
354.9	0.387	−0.264	45.5	23.9	±45° 层基体拉伸屈服
411.1	0.448	−0.305	52.8	27.6	±45° 层基体剪切模量改变
427.3	0.466	−0.318	54.4	28.8	±45° 层界面开裂
714.3	0.78	−0.548	86	49.4	±45° 层基体剪切模量改变
725.4	0.799	−0.557	87	50.3	0° 层基体剪切模量改变
958.4	1.09	−0.77	110.6	73.6	±45° 层基体拉伸模量改变
1080.2	1.241	−0.891	122.9	74	±45° 层基体拉伸破坏
1187.8	1.38	−1.0	123.1	83	0° 层基体剪切模量改变
1549	1.913	−1.494	123.9	111.6	0° 层纤维拉伸断裂

层合板直到破坏后的应力–应变曲线绘制在图 9-10 中。作为对比，始终取塑性耦合系数 $\lambda = 0.5$ 预报的曲线也绘制在图中，可见，始终取 $\lambda = 0.5$ 预报的加载方向的应力–应变曲线基本是一条直线，而在垂直加载方向的非线性变形主要源自非致命破坏后的刚度衰减。

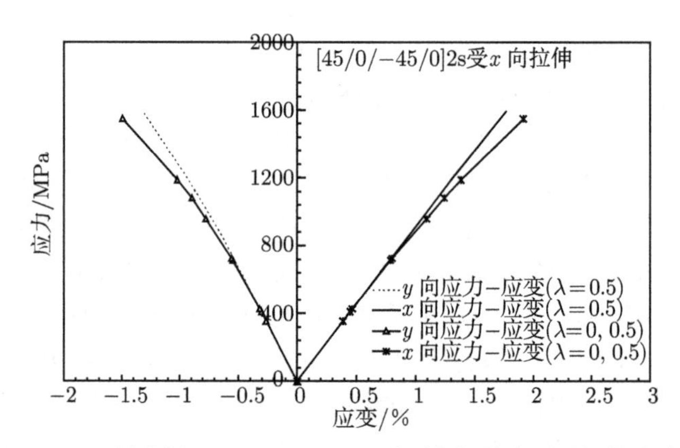

图 9-10　IM7/8552 层合板 $[45/0/-45/0]_{2s}$ 受面内拉伸直至破坏的应力–应变曲线

图中，"$\lambda=0.5$" 表示预报是始终取 $\lambda=0.5$ 得到，"$\lambda=0,\ 0.5$" 表明预报是由初始取 $\lambda=0$(仅仅 τ_n 达到屈服) 而后取 $\lambda=0.5$(σ_n 和 τ_n 同时达到屈服) 得到

9.7　人工初应变

应用双参数塑性理论描述基体的塑性性能，需要结合莫尔屈服判据。理论上，莫尔屈服面包络线是单元体 (某一点) 分别在所有可能载荷组合作用下，达到屈服时的应力圆公切线构成的，但实际的莫尔包络线，一般只能根据单向拉伸、单向压缩以及面内剪切时的屈服极限近似得到。这就导致莫尔屈服准则确定的最早屈服面上的正应力 σ_n 和剪应力 τ_n 通常都还处在弹性阶段，如例 9-4 所示。若 σ_n 和 τ_n 皆为正值，一般有 $\sigma_n<\sigma_{Y,\mathrm{t}}^{\mathrm{m}}$ 且 $\tau_n<\sigma_{Y,\mathrm{s}}^{\mathrm{m}}$。换言之，虽然材料已经进入屈服，但其状态方程依然还是弹性的，基于此预报的复合材料响应势必会偏于刚性。

解决该问题的一种有效方法，是引入人工初应变 (artificial initial strains)，使得最早屈服面上的正应力 σ_n 和剪应力 τ_n 中，至少有一个达到了屈服，也就是说，人为的使得最早屈服面上的正应变和剪应变中的至少一个达到了屈服极限所对应的应变值。假定最早屈服面上的法向应力和剪应力按比例放大，分别令 $\delta_1\sigma_n=\sigma_{Y,\mathrm{t}}^{\mathrm{m}}$(或 $\sigma_{Y,\mathrm{c}}^{\mathrm{m}}$)、$\delta_2\tau_n=\sigma_{Y,\mathrm{s}}^{\mathrm{m}}$，这里，$\sigma_n$ 和 τ_n 皆认为取绝对值。令 $\delta_{\min}=\min\{\delta_1,\delta_2\}$、$\delta_{\max}=\max\{\delta_1,\delta_2\}$，人工初应变可按如下方案选取：

$$(\varepsilon_n)_0=(\delta_{\min}-1)\frac{\sigma_n}{E^{\mathrm{m}}},\quad(\gamma_n)_0=(\delta_{\min}-1)\frac{\tau_n}{G^{\mathrm{m}}}\tag{9.73a}$$

$$(\varepsilon_n)_0=(\delta_{\max}-1)\frac{\sigma_n}{E^{\mathrm{m}}},\quad(\gamma_n)_0=(\delta_{\max}-1)\frac{\tau_n}{G^{\mathrm{m}}}\tag{9.73b}$$

其中，式 (9.73a) 称为最小初应变方案，式 (9.73b) 则是最大初应变方案。若 $\delta_{\max}\leqslant1$，人工初应变为 0。

例 9-5 求 IM7/8552 单向复合材料受 45° 偏轴拉伸 $\sigma_{xx} = \sigma_{45}$ 直到破坏时的应力–应变曲线。

解 纤维和基体的性能参数见表 9-2 和表 9-5，基体的应力集中系数列于表 9-3 中。采用增量加载，由式 (5.76) 求得局部坐标下的载荷增量，再依据方程 (9.68) 和式 (9.69) 求得每一个加载增量瞬时的桥联矩阵，其中基体的瞬态柔度矩阵由双参数 Prandtl-Reuss 塑性理论确定，屈服条件采用莫尔准则。纤维的破坏由最大正应力破坏判据检测 (本例中，纤维受力远未达到破坏)，基体的破坏则采用莫尔终极破坏判据。所有的运算均采用 Excel 表格完成。分别考虑了三种人工初应变方案：无初应变，即 $(\varepsilon_n)_0 = (\gamma_n)_0 = 0$；最小初应变方案，此时 $\delta_{\min} = \delta_2 = 1.43$；最大初应变方案，对应 $\delta_{\max} = \delta_1$=1.73。第二种方案的计算详情列于表 9-7 中，三种方案的预报值与实验值[122] 对比曲线绘制在图 9-11 中。

表 9-7 最小人工初应变方案预报的 IM7/8552 单向复合材料受 45° 偏轴拉伸

外载/MPa		基体真实应力/MPa			复合材料应变/$\times10^{-3}$			特征描述	初应变/$\times10^{-3}$		最早屈服面角
$\sigma_{xx}^{上限}$	$\sigma_{xx}^{下限}$	$\bar{\sigma}_{11}^{m}$	$\bar{\sigma}_{22}^{m}$	$\bar{\sigma}_{12}^{m}$	ε_{xx}	ε_{yy}	$2\varepsilon_{xy}$		$(\varepsilon_n)_{l-1}$	$(\gamma_n)_{l-1}$	
49.9	0	7.	34.1	−16.9	3.27	−1.01	−2.04	剪切模量变化	0.304	0.612	82.1°
50.8	49.9	7.3	35.5	−17.2	3.34	−1.03	−2.09	拉伸模量变化	1.01	2.033	81.7°
63.5	50.8	9.6	43.8	−21.4	4.	−1.36	−2.78	界面开裂	1.043	2.066	82.1°
72.1	63.5	11.2	56.1	−24.3	5.12	−1.59	−3.24	拉伸模量变化	1.215	2.412	80.2°
88.5	72.1	14.3	78.6	−29.7	6.5	−2.01	−4.15	剪切模量变化	1.483	2.731	78.1°
109.9	88.5	19	108.4	−36.7	8.45	−2.54	−5.49	拉伸模量变化	1.965	3.349	76.5°
112	109.9	19.4	111.1	−37.3	8.65	−2.6	−5.63	基体拉伸破坏	2.582	4.197	76.4°

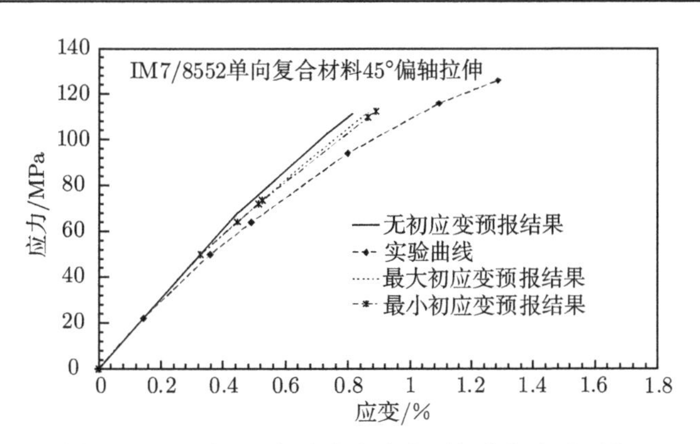

图 9.11 三种不同初应变方案的预报值与实验对比

从图 9-11 可以看出，无初应变的预报结果与实验对比明显偏于刚性而最大和最小人工初应变方案的预报结果彼此相差不大，虽然最大初应变得到的曲线与实验值更接近一些。

参 考 文 献

[1] 黄争鸣. 复合材料细观力学引论. 北京：科学出版社，2004.

[2] 铁摩辛柯 S P, 古地尔 J N. 弹性理论. 3 版. 徐芝纶, 译. 北京：高等教育出版社，2013.

[3] 陈建桥. 复合材料力学概论. 北京：科学出版社，2006.

[4] Huang Z M. Simulation of the mechanical properties of fibrous composites by the bridging micromechanics model. Composites Part A, 2001, 32: 143-172.

[5] 马军强，徐永东，张立同，等. 化学气相渗透 2.5 维 C/SiC 复合材料的拉伸性能. 硅酸盐学报, 2006, 34(6): 728-732.

[6] MIL-HDBK-17-1F. Department of Defense Handbook Composite Materials Handbook Volume 1: Polymer Matrix Composites Guidelines for Characterization of Structural Materials. USA: Department of Defense, 2002.

[7] Qu J, Cherkaoui M. Fundamentals of Micromechanics of Solids. New Jersey: John Wiley & Sons, 2016.

[8] Hill R. Elastic properties of reinforced solids: Some theoretical principles. J. Mech. Phys. Solids, 1963, 11(5): 357-372.

[9] Hill R. A self-consistent mechanics of composite materials. J. Mech. Phys. Solids, 1965, 13: 213-222.

[10] Hopkins D A, Chamis C C. A Unique set of micromechanics equations for high temperature metal matrix composites. NASA TM 87154, Prepared for the First Symposium on Testing Technology of Metal Matrix Composites Sponsored by ASTM, Nashville, 1985.

[11] Hopkins D A, Chamis C C. A unique set of micromechanics equations for high temperature metal matrix composites. In testing technology of metal matrix composites. ASTM STP 964. DiGiovanni P R, Adsit N R, Eds. American Society for Testing and Materials, Philadelphia, PA, 1988: 159-176.

[12] Chamis C C. Mechanics of composite materials: Past, present and future. J. Comp. Technol. Res. ASTM, 1989, 11: 3-14.

[13] Eshelby J D. The determination of the elastic field of an ellipsoidal inclusion, and related problems. Proceedings of the Royal Society of London Series A Mathematical and Physical Sciences，1957，241(1226)：376-396.

[14] Cheng S, Chen D. On the stress distribution in laminae. Journal of Reinforced Plastics and Composites, 1988, 7(2): 136-144.

[15] Benveniste Y, Dvorak G J, Chen T. Stress fields in composites with coated inclusions.

Mech. Mater., 1989, 7: 305-317.

[16] Mura T. Micromechanics of Defects in Solids. Dordrecht: Martinus Nijhoff Publisher, 1982.

[17] Huang Z M, Zhou Y X. Strength of Fibrous Composites. Hangzhou, New York: Zhejiang University Press & Springer, 2011.

[18] Love A E H. A Treatise on the Mathematical Theory of Elasticity. 4th Edition. Oxford: Cambridge, 1927: 183-186.

[19] Mura T, Cheng P C. The elastic field outside an ellipsoidal inclusion. J. Appl. Mech. ASME, 1977, 44: 591-594.

[20] Eshelby J D. The elastic field outside an ellipsoidal inclusion. Proceeding of Royal Society A, 1959, 252: 561-569.

[21] Mori T, Tanaka K. Average stress in matrix and average energy of materials with misfitting inclusions. Act. Matall., 1973, 21: 571-574.

[22] Benveniste Y. A new approach to the application of Mori-Tanaka's theory in composite materials. Mechanics of Materials, 1987, 6: 147-157.

[23] 张华山, 黄争鸣. 纤维增强复合材料弹塑性性能的细观研究. 复合材料学报，2008, 25(5): 157-162.

[24] Chen T, Dovrak J, Benveniste Y. Stress fields in composites reinforced by coated cylindrically orthotropic fibers. Mechanics of Materials, 1990, 9: 17-32.

[25] Wang Y C, Huang Z M. Bridging tensor with an imperfect interface. European Journal of Mechanics - A/Solids, 2016, 56: 73-91.

[26] Wang Y C, Huang Z M. A new approach to a bridging tensor. Polymer Composites, 2015, 36(8): 1417-1431.

[27] 张春春, 王艳超, 黄争鸣. 横观各向同性基体复合材料的等效弹性常数. 应用数学和力学 (待发表).

[28] Gavazzi A C, Lagoudas D C. On the numerical evaluation of Eshelby's tensor and its application to elastoplastic fibrous composites. Computational Mechanics, 1990, 7(1): 13-19.

[29] Huang Z M. A unified micromechanical model for the mechanical properties of two constituent composite materials, Part I: Elastic Behavior. J. Thermoplastic Comp. Mater., 2000, 13(4): 252-271.

[30] Huang Z M. Micromechanical prediction of ultimate strength of transversely isotropic fibrous composites. International Journal of Solids & Structures, 2001, 38(22-23): 4147-4172.

[31] Liu L, Huang Z M. A note on Mori-Tanaka's method. ACTA Mechanica Solida Sinica, 2014, 27(3): 234-244.

[32] Tsai S W, Hahn H T. Introduction to composite materials. Boca Raton: CRC Press, 1980.

[33] Halpin J C, Kardos J L. The Halpin-Tsai equations: A Review. Polymer Engineering & Science, 1976, 16: 344-352.

[34] Hashin Z. Analysis of properties of fiber composites with anisotropic constituents. J. Appl. Mech. ASME, 1979, 46: 543-550.

[35] Christensen R M, Lo K H. Solutions for effective shear properties in three phase sphere and cylinder models. J. Mech. Phys. Solids, 1979, 27: 315-330.

[36] Christensen R M. A critical evaluation for a class of micromechanics models. J. Mech. Phys. Solids, 38: 379-404, 1990.

[37] Barbero E J. Finite Element Analysis of Composite Materials Using Abaqus. Boca Raton: CRC press, 2013.

[38] Suquet P. Elements of Homogenization for Inelastic Solid Mechanics, in Homogenization techniques for composite media. Sanchez-Palencia E, Zaoui A, Eds. Lecture Notes in Physics, 272, New York: Springer, 1987, 193-278.

[39] Xia Z, Zhang Y, Ellyin F. A unified periodical boundary conditions for representative volume elements of composites and applications. Int. J. Solids Struct., 2003, 40: 1907-1921.

[40] Cavalcante M A A, Pindera M J, Khatam H. Finite-volume micromechanics of periodic materials: Past, present and future. Composites Part B: Engineering, 2012, 43: 2521-2543.

[41] Cavalcante M A A, Pindera M J. Generalized finite-volume theory for elastic stress analysis in solid mechanics—Part Ⅰ: Framework. Journal of Applied Mechanics ASME, 2012, 79: 051006.

[42] Bansal Y, Pindera M J. A Second look at the higher-order theory for periodic multiphase materials. Journal of Applied Mechanics ASME, 2005, 72(2): 177-195.

[43] Aboudi J, Arnold S M, Bednarcyk B A. Micromechanics of composite materials: A Generalized multiscale analysis approach. Oxford: Butterworth-Heinemann, 2012.

[44] Schulte K. World-wide failure exercise on failure prediction in composites. Comp. Sci. Tech., 1998, 62: 1479.

[45] Soden P D, Hinton M J, Kaddour A S. Lamina properties, lay-up configurations and loading conditions for a range of fiber-reinforced composite laminates. Comp. Sci. Tech., 1998, 58: 1011-1022.

[46] Kaddour A S, Hinton J M. Input data for test cases used in benchmarking triaxial failure theories of composites. J. Comp. Mater., 2012, 46: 2295-2312.

[47] Kaddour A S, Hinton M, Smith P, et al. Mechanical properties and details of composite laminates for test cases used in the third world-wide failure exercise. J. Comp.Mater., 2013, 47: 2427-2442.

[48] Nemat-Nasser S, Hori M. Micromechanics: Overall Properties of Heterogeneous Materials. Amsterdam-New York: Elsevier, 1993.

[49] Chen Q, Tu W, Liu R, et al. Parametric multiphysics finite-volume theory for periodic composites with thermo-electro-elastic phases. Journal of Intelligent Material Systems and Structures, 2017: 1045389X17711789.

[50] Pindera M J, Khatam H, Drago A S, et al. Micromechanics of spatially uniform heterogeneous media: A Critical review and emerging approaches. Composites Part B: Engineering, 2009, 40(5): 349-378.

[51] Bohm H J, Eckschlager A, Han W. Multi inclusion unit cell models for metal matrix composites with randomly oriented discontinuous reinforcedments. Computational Materials Science, 2002, 25: 42-53.

[52] Younes R, Hallal A, Fardoun F, et al. Comparative review study on elastic properties modeling for unidirectional composite materials//Composites and Their Properties. Hu N, ed. InTech, Chapter 17, 2012, 391-408.

[53] 王艳超，黄争鸣. 含界面相桥联矩阵. 固体力学学报，2015, 36: 95-104.

[54] Liu L, Huang Z M. Stress concentration factor in matrix of a composite reinforced with transversely isotropic fibers. J. Comp. Mater., 2014, 48(1): 81-98.

[55] Inglis C E. Stresses in a plate due to the presence of cracks and sharp corners. Trans. Inst. Naval Architects, 1913, 55: 219-241.

[56] Aragonés D. Fracture micromechanisms in C/epoxy composites under transverse compression. Universidad Politécnica de Madrid Ph.D. thesis., 2007.

[57] 幸理敏. 横向荷载作用下复合材料基体中的应力集中系数. 同济大学硕士学位论文, 2016.

[58] Huang Z M, Liu L. Predicting strength of fibrous laminates under triaxial loads only upon independently measured constituent properties. Int.J. Mech.Sci., 2014, 79: 105-129.

[59] Huang Z M, Xin L M. Stress concentration factor in matrix of a composite subjected to transverse compression. International Journal of Applied Mechanics, 2016, 8(3): 1650034.

[60] Talreja R. Assessment of the fundamentals of failure theories for composite materials. Comp. Sci. Tech., 2014, 105: 190-201.

[61] Ng W H, Salvi A G, Waas A M. Characterization of the in-situ non-linear shear response of laminated fiber-reinforced composites. Comp. Sci. Tech., 2010, 70(7): 1126-1134.

[62] Zhou Y, Huang Z M, Liu L. Prediction of interfacial debonding in fiber-reinforced composite laminates. Polymer Composites (in press).

[63] Hashin Z. Failure criteria for unidirectional fiber composites. J. Appl. Mech., ASME, 1980, 47(2): 329-334.

[64] Zhou Y X, Huang Z M. A Modified ultimate failure criterion and material degradation scheme in bridging model prediction for biaxial strength of laminates. Journal of

Composite Materials, 2008, 42(20): 2123-2141.
[65] 王凯. 主应力的计算公式. 力学与实践，2014, 36(6): 783-785.
[66] Jenkin C F. Report on Materials of Construction Used in Aircraft and Aircraft Engines. London: Aeronautical Research Committee, His Majesty's Stationery Office, 1920.
[67] Goldenblat I I, Kopnov V A. A generalized theory of plastic flow of anisotropic metals. Stroitelnaya Mekhanika, 1966, 307-319 (in Russian). See also: Ganczarski A, Lenczowski J. On the convexity of the Goldenblat-Kopnov yield condition. Arch. Mech., 1997, 49(3): 461-475. (Goldenblat I I, Kopnov V A. Strength of glass-reinforced plastics in the complex stress state. Polymer Mechanics, 1965, 1: 54-59.)
[68] Tsai S W, Wu E M. A General theory of strength for anisotropic materials. J. Comp. Mater., 1971, 5(1): 58-80.
[69] Hobbiebrunken T, Hojo M, Adachi T, et al. Evaluation of interfacial strength in CF/epoxies using FEM and in-situ experiments. Composites Part A, 2006, 37(12): 2248-2256.
[70] Mortell D J, Tanner D A, Mccarthy C T. In-situ SEM study of transverse cracking and delamination in laminated composite materials. Composites Science & Technology, 2014, 105: 118-126.
[71] Koyanagi J, Ogihara S, Nakatani H, et al. Mechanical properties of fiber/matrix interface in polymer matrix composites. Advanced Composite Materials, 2014, 23(5-6): 551-570.
[72] Budiansky B, Fleck N A. Compressive kinking of fiber composites: A topical review. Appl. Mech. Rev., 1994, 47(2): S246-S250.
[73] Budiansky B, Fleck N A. Compressive failure of fibre composites. Journal of Mechanics Physics of Solids, 1993, 41(1): 183-211.
[74] Yurgartis S W. Measurement of small angle fiber misalignments in continuous fiber composites. Composites Science & Technology, 1987, 30(4): 279-293.
[75] Smith C B. Some new types of orthotropic plates laminated of orthotropic materials. J. Appl. Mech., 1953, 20: 286-288.
[76] Reissner E, Stavsky Y. Bending and stretching of certain types of heterogeneous aeolotropic elastic plates. J. Appl. Mech., 1961, 28: 402-408.
[77] Lekhnitskii S G. Anisotropic Plates. Trans. from the 2nd Russian. Tsai S W, Cheron T, Eds. New York: Gordon and Breach Science Publishers, 1968.
[78] Timoshenko S P. Theory of Plates and Shells. New York: McGraw Hill, 1940.
[79] Huang Z M, Fujihara K, Ramakrishna S. Flexural failure behavior of laminated composites reinforced with braided fabrics. AIAA Journal, 2002, 40(7): 1415-1420.
[80] Huang Z M. Modeling and characterization of bending strength of braided fabric reinforced laminates. J. Compos. Mater., 2002, 36(22): 2537-2566.

[81] Zinoviev P A, Grigoriev S V, Lebedeva O V, et al. The strength of multilayered composites under a plane-stress state. Composite Science and Technology, 1998, 58: 1209-1223.

[82] Liu K S, Tsai S W. A Progressive quadratic failure criterion of a laminate. Composite Science and Technology, 1998, 58: 1123-1132.

[83] Soden P D, Hinton M J, Kaddour A S. Biaxial test results for strength and deformation of a range of E-glass and carbon fiber reinforced composite laminates: Failure exercise benchmark data. Comp. Sci. & Tech, 2002, 62: 1489-1514.

[84] Reddy J N. A Simple high order theory for laminated composite plates. J. Appl. Mech. ASME, 1984, 51(4): 745-751.

[85] 罗祖道，李思简. 各向异性材料力学. 上海: 上海交通大学出版社, 1994.

[86] Barbero E J. Introduction to Composite Materials Design. 2nd Edition. Boca Raton: CRC Press, 2010.

[87] Hyer M W. Stress Analysis of Fiber-reinforced Composite Materials. Boston: WCB, McGraw-Hill, 1997.

[88] Kim J K, Mai Y W. Engineered Interfaces in Fiber Reinforced Composites. Amsterdam: Elsevier, 1998.

[89] Hashin Z. Thin interphase/imperfect interface in elasticity with application to coated fiber composite. J. Mech. Phys. Solids, 2002, 50: 2509-2537.

[90] 穆斯海里什维里. 数学弹性力学的几个基本问题. 赵惠元, 译. 北京: 科学出版社, 1958.

[91] England A H. An Arc crack around a circular elastic inclusion. J. Appl. Mech. ASME, 1996, 33: 637-640.

[92] Toya M. A crack along the interface of a circular inclusion embedded in an infinite solid. J. Mech. Phys. Solids, 1974, 22: 325-348.

[93] Ahlfors L V. Complex Analysis. 3rd Edition. New York: Mcgraw-Hill, Inc., 1979.

[94] 戴瑛，稽醒，石川晴雄. 轴对称圆柱界面裂纹的奇异性. 上海力学，1994, 15(3): 29-39.

[95] Wisnom M R. Factors affecting the transverse tensile strength of unidirectional continuous silicon carbide fibre reinforced 6061 aluminum. J. Compos. Mater., 1990, 24(7): 707-726.

[96] París F, Correa E, Cañas J. Micromechanical view of failure of the matrix in fibrous composite materials. Compos. Sci. Tech., 2003, 63(7): 1041-1052.

[97] Távara L, Manti V, Graciani E, et al. BEM analysis of crack onset and propagation along fiber-matrix interface under transverse tension using a linear elastic-brittle interface model. Eng. Anal. Bound. Elem., 2011, 35(2): 207-222.

[98] Aboudi J. Micromechanical analysis of the strength of unidirectional fiber composites. Compos. Sci. Tech., 1988, 33(2): 79-96.

[99] Mayes S, Andrew C, Hansen J. Multicontinuum failure analysis of composite structural laminates. Mech. Compos. Mater. Struct., 2001, 8(4): 249-262.

[100] Pindera M J, Gurdal Z, Hidde J S, et al. Mechanical and Thermal Characterization of Unidirectional Aramid/Epoxy. CCMS-86-08. VPI-86-29, Virginia Polytechnic Institute and State University, 1986.

[101] Nishikawa M, Okabe T, Hemmi K, et al. Micromechanical modeling of the microbond test to quantify the interfacial properties of fiber-reinforced composites. International Journal of Solids & Structures, 2008, 45(14): 4098-4113.

[102] Llorca J, Gonzalez C, Molina-Aldareguia J M, et al. Multiscale modeling of composite materials: A roadmap towards virtual testing. Advanced Materials, 2011, 23(44): 5130-5147.

[103] Rodriguez M, Molina-Aldareguia J M, Gonzalez C, et al. A Methodology to measure the interface shear strength by means of the fiber push-in test. Composites Science & Technology, 2012, 72(15): 1924-1932.

[104] Lee J, Soutis C. A Study on the compressive strength of thick carbon fiber-epoxy laminates. Comp. Sci. Tech., 2007, 67: 2015-2026.

[105] Benveniste Y, Dvorak G J. On a Correspondence between Mechanical and Thermal Effects in Two-Phase Composites//Weng G J, Taya M, Abe H, Eds. The Toshio Muta Anniversary Volume: Micromechanics and Inhomogeneity. New York: Springer, 1990: 65-81.

[106] Levin V M. On the coefficients of thermal expansion of heterogeneous materials. Mekhanika Tverdovo Tela, 1967, (1): 88-94.

[107] 唐荣. 复合材料纤维和基体中的热应力计算. 同济大学学士学位论文，2016.

[108] Hill R. The Mathematical Theory of Plasticity. Oxford: Clarendon Press, 1950.

[109] Blazynski T Z. Applied Elasto-Plasticity of Solids. London: Macmillan Press , 1983.

[110] Adams D F. Elastoplastic behavior of composites//Sendeckyj G P, Mechanics of Composite Materials. New York: Academic Press, 1974: 169-208.

[111] ABAQUS—Theory Manual, Version 5.5, Hibbitt, Karlsson & Sorensen, Inc., 1995.

[112] Dvorak G J. Transformation field analysis of inelastic composite materials. Proc. Royal Soc. London A, 1992, 437: 311-327.

[113] Liu H T, Sun L Z. Effects of thermal residual stresses on effective elastoplastic behavior of metal matrix composites. Int. J. Solids & Struct., 2004, 41: 2189-2203.

[114] Yu W, Tang T. A variational asymptotic micromechanics model for predicting thermoelastic properties of heterogeneous materials. Int. J. Solids & Struct, 2007, 44: 7510-7525.

[115] Michel J, Moulinec H, Suquet P. Effective properties of composite materials with periodic microstructure: A computational approach. Comput. Meth. Appl. Mech. & Eng., 1999, 172: 109-143.

[116] Doghri I, Tinel L. Micromechanical modeling and computation of elasto-plastic materials reinforced with distributed-orientation fibers. Int. J. Plasticity, 2005, 21:

1919-1940.

[117] Lebensohn R A, Kanjarla A K, Eisenlohr P. An Elasto-viscoplastic formulation based on fast Fourier transforms for the prediction of micromechanical fields in polycrystalline materials. Int. J. Plasticity, 2012, 32-33: 59-69.

[118] Ghahremani F. Numerical evaluation of the stresses and strains in ellipsoidal inclusions in an anisotropic elastic material. Mechanics Research Communications, 1977, 4(2): 89-91.

[119] Lagoudas D C, Gavazzi A C, Nigam H. Elastoplastic behavior of metal matrix composites based on incremental plasticity and the Mori-Tanaka averaging scheme. Computational Mechanics, 1991, 8(3): 193-203.

[120] Pettermann H E, Plankensteiner A F, Böhm H J, et al. A thermo-elasto-plastic constitutive law for inhomogeneous materials based on an incremental Mori-Tanaka approach. Computers & structures, 1999, 71(2): 197-214.

[121] Makeev A, Seon G, Lee E. Failure predictions for carbon/epoxy tape laminates with wavy Plies. Journal of Composite Materials, 2015, 44(1): 95-112.

[122] Kuhn P, Ploeckl M, Koerber H. Experimental investigation of the failure envelope of unidirectional carbon-epoxy composite under high strain rate transverse and off-axis tensile loading. EPJ Web of Conferences, 2015, 94: 01040.

[123] Koerber H, Xavier J, Camanho P P. High strain rate characterisation of unidirectional carbon-epoxy IM7-8552 in transverse compression and in-plane shear using digital image correlation. Mechanics of Materials, 2010, 42(11): 1004-1019.